도시개발 이론과 실무

-개정판-

도시개발
이론과 실무

개정판

김석명 저

KSCE PRESS
KOREAN SOCIETY OF CIVIL ENGINEERS PRESS

추천사

4차 산업혁명에 선제적으로 대응하고 미래성장 동력 창출을 위한 스마트시티 개발이 국가적 전략으로 추진되고 있으며, 국내와 해외에서도 도시개발 사업이 활발해짐에 따라 도시 분야에서 토목 기술자의 역할은 더욱 커지고 있습니다. 특히 도시개발 분야는 다학제적 접근이 필요한 학문으로 그중에서도 토목 분야는 도시개발의 근간이 되고 있으며 토목 기술의 종합적인 지식이 필요한 분야입니다.

대한토목학회에서는 도시 분야에 대한 증가하는 수요에 대응하고자 많은 노력을 기울여왔습니다. 그 노력에 일환으로 본 학회에서도 "스마트도시개발위원회"를 구성하여 관련 분야의 전문가를 중심으로 연구 및 논의를 활발하게 진행하고 있습니다. 많은 토목기술자들이 도시 관련 분야에 종사하고 있음에도 초급기술자 양성을 위한 전문 도서가 보급되고 있지 못한 실정으로 도시개발에 관한 전공도서를 집필하기로 하여 그에 대한 결실로『도시개발 이론과 실무』를 편찬하게 되었습니다.

저자인 김석명 교수는 도시개발 분야의 실무현장에서 32년 동안 도시의 기획에서부터 구상, 계획, 설계, 시공에 이르기까지 다양한 기술을 체험한 바 있으며, 현재는 대학에서 이론과 실무를 겸비한 공학자로서 도시개발론을 직접 강의하며 후학 양성에 힘쓰고 있습니다. 도시개발 분야에서 경험한 노하우와 대학에서의 강의를 통한 이론을 체계적으로 정리하여『도시개발 이론과 실무』라는 책으로 집대성하였습니다. 도시의 일반적 고찰에서부터 미래의 도시까지 일반적인 내용은 물론 도시개발을 위한 구상, 계획 및 기준, 공종별 설계 프로세스 등 전문적인 내용을 함께 다루어 도시개발 분야의 입문서로서 대학의 교재는 물론이고 관련 분야에 종사하시는 분들께 참고서로서 큰 도움이 될 것으로 기대하고 있습니다.

『도시개발 이론과 실무』를 출판하기 위하여 많은 시간과 노력을 아끼지 않은 김석명 교수님의 노고에 감사드립니다. 그리고『도시개발 이론과 실무』의 자문과 교정에 참여해주신 많은 분들께 깊은 감사를 드리며, 이 책을 출간하는 KSCE PRESS 관계자들께도 감사의 말씀을 드립니다.

2019년 8월
대한토목학회 회장
이 종 세

개정판 머리말

도시는 인간이 만들지만 스스로 살아 움직이고 유기적인 산물로서 존재해갑니다. 그리고 그곳에는 인간이 만든 모든 문화가 담기는 아름다운 그릇이 되기도 합니다. 그런가 하면 도시는 인간이 필요로 하는 중요한 기능들을 보완하면서 인간의 신체적, 경제적 활동을 최대한 지원하는 공간으로서 재생하는 구조가 됩니다.

최근에는 4차 산업기술이 미래의 성장 동력 창출을 위한 스마트시티 개발에 반영되어 국가적으로 추진되고 있으며, 그 실행 사업지구들이 1, 2기 신도시 건설을 거쳐 3기 신도시 개발이 본격 추진 중에 있습니다. 이에 본 개정판이 새로운 도시개발 건설에 새로운 바람을 줄 수 있기를 기대합니다.

저는 오로지 도시개발 분야에 40여 년을 보냈습니다. 현장실무에서 32년, 그리고 대학에서 8년째 강의를 전담하고 있습니다. 이렇게 현장과 대학에 있으면서 도시개발 기술자 양성을 위한 전문도서가 보급되고 있지 못한 실정과 대학교육의 현실적인 한계를 느끼면서 도시개발에 관한 전문도서가 필요하다는 것을 실감하고 그 결실로『도시개발 이론과 실무』를 2019년 8월 출간하게 되었습니다. 하지만 출간하고 시간이 지나면서 도시에서 살아가는 주체인 인간의 삶의 패턴과 인간 본연의 욕구인 문화적 충족을 반영한 인문학적인 사고과정이 도시개발에서도 반드시 필요하다는 것을 깨닫게 되었습니다.

이 책의 개정 내용은 크게 두 가지로 요약할 수 있습니다.

첫째는 그동안 간과하였던 인문학적 관점의 도시개발을 새로운 장(2장)으로 추가하였습니다. 인간은 인문학적 사고과정을 거울삼아 살아갑니다. 즉 나와 다른 삶을 살았던 사람들의 경험을 문학에서 찾을 수 있고, 과거 사람들이 경험했던 시행착오는 역사 속에서 찾을 수 있습니다. 그런가 하면 철학은 이 모든 것을 관통하는 가장 본질적인 규칙을 찾아가려는 시도라고 봅니다. 이와 같이 도시개발 과정에서도 인간의 사고과정인 인문학적 기반 위에서 구상하고, 계획하고, 설계가 연계적으로 이루어져야 한다고 생각합니다. 그래서 본문 3장의 5절에서 '인문학적 도시개발 사례'를 실어 독자들의 이해를 돕고자 상세히 기술하였습니다.

둘째는 사회학적 현상인 대중문화 의식의 흐름을 반영한 도시개발입니다.

일반적으로 도시개발은 백년대계를 바라보아야 하며, 과거 살아온 사람보다는 앞으로 살아갈 사람들을 위한 도시공간과 구조가 되어야 합니다. 그러기 위해서는 대중문화 의식의 흐름을 읽을 수 있어야 합니다. 도시 측면에서 모더니즘에 가장 먼저 문제를 제기한 사람은 미국인 제인 제이콥스(Jane Jacobs)입니다. 그는 근대 도시계획과 용도지역제가 미국도시들이 갖고 있던 다양성을 파괴하였고 이로 인해 활력이 없고 단조로운 도시들로 전락하였다고 비판하며 모더니즘 시대 도시의 표준화와 단순화에 의한 효율성 추구에 반론을 제기한 바 있습니다. 공적 기관의 제도화된 범주 내에서 상용화된 도시개발이 아니라 실제로 살아가는 사람들의 시민의식과 문화적 욕구를 반영한 대중문화 의식이 자연스럽게 녹아들어간 새로운 도시개발로의 전환이 필요하다는 것을 제안·기술하였습니다.

위 내용을 종합한 이번 개정판은 인간이 좋아하고 가치 있는 도시를 만들기 위해서는 도시(단지)개발을 수행함에 있어 이 책에서 기술한 바와 같이 도시개발 과정에서 인문학적 관점을 기반으로 한 참신한 도시설계가 이루어질 수 있도록 대상지구의 무늬와 흔적을 살려내는 실상의 모습과 인간의 습관, 행태 등을 능동적으로 고려해야 합니다. 특히 대중문화 의식을 반영한 도시개발이 되어야 합니다. 앞으로 미래도시에서는 과거의 물리적이고 계량적인 모더니즘 효율성 중심의 도시개발기법에서 현대주의의 융합적이고 감성적인 개성 중심의 스마트한 도시개발 기법으로 더한층 발전하여야 할 것입니다. 이러한 지속 가능한 인간 존중형 설계기법에 대해서는 자연환경의 신비로움과 인간의 삶의 실사를 통한 지속적이고 창의적인 연구가 필요하다고 봅니다.

끝으로 이 개정판이 출간될 수 있도록 도와주신 대한토목학회 출판부와 원고 정리 및 교정에 수고해주신 씨아이알 출판부 관계자에게 감사드리며, 이 책의 부족한 부분에 대해서는 선배 제현의 지도편달을 통해 지속적으로 보완하도록 노력하겠습니다.

김석명

머리말

> "
> 도시는 인간이 만들어낸 산물로 인공의 자연물입니다.
> "

윌리엄 쿠퍼(William Cowper)는 "신은 자연을 만들고, 인간은 도시를 만든다."라고 전합니다. 도시는 인간이 만든 모든 문화가 담기는 산물이기도 합니다.

인간이 만들어온 도시는 살아 움직이고 변화하는 유기적 자연물로서 수 세기를 거치면서 인간의 꿈과 욕망을 실현하는 터전으로서 기획하고 실천하여 때로는 좌절하고, 갈등하고 그런가 하면 타협하면서 스스로의 도시 역사를 만들어왔습니다. 도시는 인간이 필요로 하는 중요한 기능들을 보유하면서 인간의 신체적 활동과 경제적인 활동 등을 최대한 지원하는 공간으로서 발전하는 장소이기도 합니다.

인간은 삶의 자족을 위해서 자연스럽게 모여 살게 되었으며 과거 수렵사회, 농경사회, 산업사회를 거쳐 현대의 정보사회에 이르기까지 도시의 패턴이 필요에 따라 끊임없이 변천, 변모하여왔습니다.

이런 과정에서 도시가 발전함에 따라 환경오염 문제가 대두되기 시작하였고 UN에서는 지구를 보존하기 위해서 1990년 이후 세계정상들이 모여 지구환경선언을 채택하여 환경보존과 효율적인 개발을 동시에 추구하려는 인식전환에 따라 모든 개발 사업 시 "환경적으로 건전하고 지속 가능한 개발", 즉 ESSD(Environmentally Sound and Sustainable Development)가 새로운 개발의 패러다임으로 정착 시행되어야 함을 강조하게 되었습니다.

또한 '92 브라질 리우 유엔환경회의 및 2005년 기후변화협약에 의한 교토의정서 발효 내용에서 천명한 이산화탄소 등의 최소화를 위해 각 국가에서는 환경변화에 대응한 미래비전 도시개발의 제반행위가 절실히 요구되었습니다.

이 책에서는 이러한 지구환경을 고려한 지속 가능한 도시개발이 이루어질 수 있도록 도시기획, 도시계획 부분을 다루었고 이어서 지속 가능한 도시개발을 위한 각 프로세스별 세부 내용을 기술하였으며, 특히 도시개발 사례 사업지구를 통해서 해당 도시의 지역적 정체성 및 테마를 드러낼 수 있는 도시설계기법을 소개하고 있으며 무엇보다 도시개발 전반에 대한 이론과 설계실무를 중심으로 편성하였습니다.

본인은 도시개발 분야에서 30년 넘게 근무한 실무경력과 대학에서 그동안 강의를 통해 보고 느끼고 경험한 내용 등을 종합적으로 참신하게 담아보려고 노력하였습니다.

이 책의 1장에서는 도시개발의 일반고찰, 2장에서는 도시개발계획 및 계획수립기준, 3장에서는 도시(단지)설계 프로세스별 내용, 제4장에서는 최근 도시개발기법 및 미래도시, 5장에서는 테마가 있는 도시개발 사업지구 사례 내용 등을 중심으로 기술하였습니다.

도시개발이야말로 여러 분야, 여러 전문가그룹이 총동원되는 융합적 기술이 필요한 학문으로서 그 나라의 산업기술의 총체적 수준을 가늠하는 지렛대가 되기도 합니다. 일상생활에서부터 고도의 지식산업까지 다양한 인간의 욕구를 담아내고 확대재생산이 가능한 생활공간이 되면서도 햇빛과 공기처럼 자연스럽고 순응적 필요를 채워줄 수 있는 삶의 터전이 되어준다면 가장 바람직한 도시가 만들어질 것입니다.

앞으로 미래도시에서는 과거의 물리적이고 계량적인 모더니즘 경제중심의 도시개발 기법에서 포스트모더니즘의 융합적이고 감성적인 인성 중심의 스마트한 도시개발 기법으로 더한층 발전하여야 할 것입니다. 특히 도시개발의 과정이 인간의 감성과 인성에 미치는 세심한 연구들이 이루어져 인간의 진정한 삶의 가치와 꿈을 이루어나갈 수 있는 인간중심의 지속 가능한 포용적 도시개발이 이루어져야 할 것입니다.

최근의 스마트도시는 4차 산업기술의 접목을 강조하다 보니 인간의 편리함을 위해 ICT 기술의 가치가 초점인 듯 보이고 있어 다소 편향된 것이 아닌가 생각합니다. 진정한 스마트도시는 지역문화의 정체성과 인간의 본성에 기반한 기본에 충실한 개발계획 위에 4차 산업기술이 덧입혀져서 어느 한 계층도 소외되지 않는 도시개발이 되도록 노력해 나아가야 할 것입니다.

이 책이 출간될 수 있도록 도와주신 대한토목학회 출판부와 원고 정리 및 교정에 수고해주신 씨아이알 출판부 관계자에게 감사드리며, 또한 현업에서 설계 부분을 도와주신 김필종 님에게도 감사드립니다.

끝으로 이 책의 부족한 부분에 대해서는 선배 제현의 지도편달을 통해 지속적으로 보완하여가도록 노력하겠습니다.

김석명

CONTENTS

추천사 v
개정판 머리말 vi
머리말 viii

CHAPTER **01**
도시개발의 일반적 고찰

1. 도시의 정의 ·· 3
   1.1 도시의 개념 ·· 3
   1.2 도시의 정의 ·· 3
   1.3 도시의 구성요소 ··· 4
2. 도시계획의 개념 ·· 5
   2.1 계획의 개념 ·· 5
   2.2 도시계획의 개념 ··· 6
   2.3 도시계획체계 ·· 7
3. 도시개발의 개관 ·· 8
   3.1 도시개발의 정의 ··· 8
   3.2 도시개발 종류와 개발방식 ·· 9
   3.3 도시개발의 일반적 절차 ·· 11
4. 도시개발의 역사 ·· 13
   4.1 근대 이전의 도시개발 ·· 13
   4.2 근대 이후의 도시개발 ·· 16
5. 시대별 도시의 형태 ·· 20
   5.1 15~17세기 : 르네상스 시대의 도시(방사형 도시) ·················· 20
   5.2 18~19세기 : 다원적인 도시형태(벌집형 도시) ······················ 21
   5.3 20세기 전후 : 위계적인 도시형태(격자형 도시) ···················· 22
   5.4 21세기 : 다양한 IT 등/감성적 도시형태(다양성 도시) ············ 23
6. 한국의 시대적 도시개발 ··· 24
   6.1 근대 이전의 도시발전 ·· 24
   6.2 개항 및 일제강점기의 도시성장 ·· 25
   6.3 건국 이후의 도시화와 도시개발 ·· 26
   6.4 산업도시화의 전개 ··· 26
   6.5 향후의 도시화 전개 전망 ·· 28

7. 도시개발(도시설계)의 일반관점 ·· 28
  7.1 지정학적·물리학적 측면 ·· 28
  7.2 사회적·문화적 측면 ·· 29
8. 도시개발(도시설계)의 미래관점 ·· 29
  8.1 기본원칙 ··· 29
  8.2 미래관점 ··· 30

CHAPTER 02
인문학적 관점의 도시개발

1. 인문학(Liberal Arts)이란 ··· 35
  1.1 인문학의 어원 ··· 35
  1.2 인문학의 의미 ··· 36
2. 인문학적 사고 과정(유형) ··· 36
  2.1 상상력(想像力) ·· 36
  2.2 연상력(聯想力) ·· 39
  2.3 구상(構想, Imagination) ·· 40
  2.4 개념(槪念, Concept) ··· 41
  2.5 이미지(Image) ·· 42
  2.6 자기인식(自己認識) ·· 45
  2.7 상징(象徵) ·· 49
  2.8 언어(言語) ·· 52
  2.9 문화(文化) ·· 54
3. 인문학적 도시개발 ··· 56
  3.1 인간과 언어 ··· 56
  3.2 언어와 문화 ··· 57
  3.3 인문학적 도시개발 모식 ·· 58

CHAPTER **03**

도시개발계획 및
계획수립 기준

1. 도시개발계획의 의의 및 수립절차 ································· 65
   1.1 개발계획의 의의 ·· 65
   1.2 개발계획 수립절차 ······································ 65
   1.3 개발사업의 업무흐름 ··································· 66
2. 개발계획 수립 세부 내용 ···································· 68
   2.1 기초조사 ··· 68
   2.2 기본구상 수립(TIPS) ··································· 71
   2.3 부문별 기본계획 수립기준 ···························· 80
3. 개발계획 수립 관련 협의·심의 제도 ························ 129
   3.1 전략환경영향평가 ····································· 129
   3.2 환경영향평가 ·· 130
   3.3 사전재해영향성 검토 ·································· 132
   3.4 교통영향분석·개선대책 ······························ 133
   3.5 광역교통개선대책 ····································· 135
   3.6 에너지사용계획 협의 ·································· 137
   3.7 집단에너지 공급에 관한 협의 ························ 138
4. 주요 도시개발 제도 ··· 140
   4.1 보금자리주택사업/택지개발사업/도시개발사업 비교 ········· 140
   4.2 보금자리주택건설사업 추진절차 ····················· 143
   4.3 택지개발사업 추진절차 ······························ 144
   4.4 도시개발사업 추진절차 ······························ 145
   4.5 최근의 도시재생사업 추진절차 ······················ 146
5. 인문학적 도시개발 사례 ···································· 150
   5.1 용어의 정의 ··· 150
   5.2 인간과 언어 ··· 151
   5.3 인문학적 도시개발의 흐름 ···························· 152

CHAPTER 04

도시설계 프로세스

1. 도시설계와 인문학 ·· 161
2. 단지설계 일반 ·· 163
   2.1 단지란 ·· 163
   2.2 단지설계 일반 ··· 163
   2.3 단지설계 관계인의 역할 ··· 163
   2.4 지속 가능한 단지설계(Sustainable Site Design) ············ 164
   2.5 단지설계 절차 및 내용 ··· 167
   2.6 단지(도시)설계 업무 PROCESS ··· 170
3. 단지조성 및 토공 ·· 174
   3.1 기본계획 ··· 174
   3.2 단지조성계획 ·· 176
   3.3 정지계획 ··· 177
   3.4 토공설계 ··· 181
4. 도로 및 포장공 ·· 213
   4.1 기본방향 ··· 213
   4.2 도로의 횡단구성 ··· 214
   4.3 선형설계 ··· 220
   4.4 도로 부대시설물 ··· 241
   4.5 포장공법 선정 ··· 245
   4.6 차도포장 ··· 246
5. 상수공 ··· 280
   5.1 기본방향 ··· 280
   5.2 용수공급 계획 ··· 280
   5.3 계획급수량 산정 ··· 281
   5.4 급수량 산정 ·· 282
   5.5 배수관망 계획 ··· 285
   5.6 관로설계 ··· 288
6. 우수공 ··· 294
   6.1 기본방향 ··· 294
   6.2 우수처리계획 ·· 294
   6.3 관거계획 ··· 303
   6.4 부대시설 ··· 307
   6.5 유지관리 계획 ··· 310
   6.6 비점오염원 처리시설 ·· 310

6.7 배수위 영향검토 ·································· 311

6.8 저류지 설계 ·· 311

7. 오수공 ··· 312

7.1 기본방향 ·· 312

7.2 하수처리 계획 ······································ 313

7.3 오수관거계획 ······································· 317

7.4 부대시설물 계획 ·································· 320

7.5 유지관리 계획 ······································ 321

8. 구조물공 ·· 321

8.1 기본방향 ·· 321

8.2 옹벽설계 ·· 322

8.3 암거설계 ·· 330

9. 교량공 ·· 339

9.1 기본방향 ·· 339

9.2 교량계획 ·· 340

9.3 교량설계 ·· 343

9.4 교량 부대시설 ······································ 385

CHAPTER 05

최근 도시개발기법 및 미래도시

1. 도시개발 방향 ·································· 393

1.1 지속 가능한 환경친화적 도시개발 ············· 393

1.2 자원·에너지 절약형 도시개발 ·················· 394

1.3 대중문화 의식을 반영한 도시개발 ············· 395

2. 최근도시개발기법 ····························· 398

2.1 복합용도개발(MXD, Mixed-use Development) ········ 398

2.2 압축도시개발(Compact city Development) ············ 399

2.3 스마트시티 도시개발(Smart city Development) ········· 400

2.4 스마트성장관리(Smart urban growth management) ······· 402

2.5 대중교통지향형 개발(TOD, Transit Oriented Development) ··· 404

2.6 뉴어버니즘(New Urbanism) ···························· 405

3. 앞으로의 미래도시 ·························· 406

3.1 미래도시 개념 ······································ 406

3.2 통일시대를 대비한 한반도 구상안 ············· 407

3.3 저성장 및 인구감소에 따른 도시환경변화 ·························· 412
3.4 다문화·다양성 시대의 도시 ····································· 413
3.5 기후변화에 대비한 도시구상 ··································· 415
3.6 우주환경의 도시 ··· 418
3.7 도시설계의 미래방향 ··· 419

CHAPTER 06
테마가 있는 도시개발

1. 하남풍산지구 생태 및 경관 주거단지 조성계획 ······················· 427
   1.1 생태 및 경관 주거단지 계획의 필요성 ·························· 427
   1.2 선진신도시 주요 벤치마킹 ···································· 428
   1.3 생태 및 경관 주거단지 개발계획 수립 - 하남풍산 택지개발사업지구
      ··· 434
   1.4 하남풍산 생태 및 경관 주거단지 주요 계획내용 ·················· 445
   1.5 생태 및 경관 주거단지의 개발방향 제언 ························ 455
2. 평택소사벌지구 신·재생에너지 시범도시 개발계획 ···················· 459
   2.1 신·재생에너지란 ·· 459
   2.2 신·재생에너지 기술개발 및 이용·보급 정책 ····················· 464
   2.3 선진국 신·재생에너지 적용사례 ······························· 468
   2.4 신·재생에너지 시범도시(Solar - Geo City) 조성계획 ··········· 476
   2.5 부문별 신·재생에너지 조성계획 ······························· 485
   2.6 성공적 신·재생에너지 시스템 구축을 위한 제언 ·················· 490
3. 화성향남 2지구 도농복합형 전원시범도시 개발계획 ·················· 493
   3.1 도농복합형 전원도시 계획방향 ································· 493
   3.2 화성향남 2지구 개발개요 ····································· 498
   3.3 화성향남 2지구 도농복합형 전원도시 개발전략 및 기본구상수립 ·· 501
   3.4 도농복합형 전원도시 특화를 위한 조성계획 ······················ 532

참고문헌 590
찾아보기 593
저자 소개 602
나의 토목인상 604

CHAPTER **01**

도시개발의 일반적 고찰

도시개발의 일반적 고찰

1. 도시의 정의

1.1 도시의 개념

도시란 비교적 한정된 공간 내에 많은 인구가 집중하여 주거 활동, 생산 활동, 위락활동, 문화·예술 활동 등 창조적인 행위와 정치, 경제 문화의 중심지로서의 역할을 수행하는 곳이다. 도시는 우리 삶의 형태를 만들어가게 하고 그 삶을 주도적으로 영위할 수 있도록 담을 수 있는 그릇이며, 안착할 수 있는 생활방식의 장이라고 할 수 있다.

1.2 도시의 정의

18세기 영국시인 윌리엄 쿠퍼(William Cowper)는 도시란 신이 아닌 인간이 만들어낸 산물(인공의 자연)이라며, 신은 인간을 만들었고, 인간은 도시를 만들었다고 말한 바 있다.

그래서 인간이 만든 모든 문화가 도시에 담긴다. 도시의 모습은 너무나 다양하고 지형, 환경, 사회, 문화 등 제반 영향을 받으며 변화한다. 또한 도시는 자연의 패턴을, 그렇지만 불규칙한 모습을 지니며 역사의 뒷모습을 자아내기도 한다. 도시(city)의 어원은 라틴어 civic, civitas(시민)에서 유래되었으며, 인류문명의 시초이자 그 자체를 표현하기도 한다.

1) 인구·물리적 측면

도시는 우선 농촌보다 상대적으로 많은 정주인구와 높은 인구밀도를 유지하고, 인구구성 측면에서 2·3차 산업에 종사하는 비율이 높은 지역이다. 또한 이들의 활동을 담고 지탱할 수 있는 고층의 건물군(建物群)과 도로, 상하수도, 기타 물리적인 시설물이 집적(集積)되고 잘 정비된 공간으로 정의를 내릴 수 있다.

2) 사회·경제·문화적 측면

도시는 사회·경제적 측면에서 지적(知的) 엘리트를 포함한 비농업적 전문가가 많은 공동체, 주민의 대부분이 공업적·상업적 영리수입에 의해 생계를 꾸려나가는 거주지, 인공환경이 우월하며, 인구구성의 이질성, 사회계층의 심화, 유동성과 익명성이 강한 곳이다. 문화적 측면에서 도시는 다양한 생각과 사고가 서로 만나는 터전으로서 시대를 이끌어가는 새로운 사상(思想)을 담는 창고이며 농촌과는 구별되는 다양한 거주형태와 사회적인 공간배치(social arrangements)를 이루고 있다.

3) 기능적 측면

도시는 사회제도의 중심부로서 정치·행정조직, 종교 등의 중심지 기능을 담당하고, 농업과 공업 생산물을 거래하는 중심지 역할을 수행하며, 상업 활동과 교통의 중심지이다. 또한 문화의 중심지 기능을 담당하며, 삶을 영위하고 생활하는 자에게 터전을 제공해주는 역할을 수행한다.

1.3 도시의 구성요소

1) 시민(citizen)

시민은 도시를 구성하는 가장 기본적인 요소인 동시에 도시가 존재하는 근원적인 이유이다. 도시에 살고 있는 시민의 수와 밀도는 도시화나 도시화율이라는 시간적·공간적 특성으로 파악되기도 하고, 도시의 본질과 규모를 이해하는 중요한 수단으로 활용된다. 물리적 계획에 있어서 계획초기에 토지와 시설의 규모를 정하는 착수계수(initial factor)로 사용된다.

2) 활동(activity)

도시의 본질을 파악하고자 하는 궁극적인 목적은 도시를 구성하는 시민들의 각종 활동을 미리 파악하여 이들 활동이 적절히 수행될 수 있도록 하는 데 있다. 영국의 도시계획가 게데스(P.Geddes)는 도시 활동을 생활, 생산, 위락의 세 가지 요소로 구분하고 있다.

프랑스의 르코르뷔지에(Le Corbusier)는 도시활동의 기본요소로 생활, 생산, 위락, 교통으로 구분하였으며, 교통과 통신의 발달이 생활, 생산, 위락 등의 기본적인 도시 활동을 기능적으로 분화시키거나 통합시키는 역할을 수행한다고 보았다.

3) 토지(land) 및 시설(facility)

도시의 여러 활동을 효율적으로 유지하고 발전시키기 위해서는 이들 활동을 수용하고 지원해줄 수 있는 도시를 구성하는 모든 물리적 구조물을 포함한 시설(facility)이 필요하고, 시설을 설치하기 위해서는 토지(land)가 필요하다. 토지와 시설은 도시공간상에서 물리적인 상태로 존재하면서 도시형태를 만들어내게 되며, 물리적 계획의 대상이 된다.

토지와 시설에 대한 밀도, 동선, 배치를 물리적 계획(physical planning)의 3대 요소로 칭한다.

2. 도시계획의 개념

2.1 계획의 개념

도시계획이란 도시를 계획하는 것이다. 여기에서 도시란 일반적으로 많은 인구와 높은 인구밀도, 비농업적 생산 활동 그리고 정치, 경제, 문화의 중심기능을 갖는 지역이라 할 수 있다. 그리고 그 계획은 계획안을 수립하고 실천에 옮기는 것을 의미하며, 이를 통하여 미래에 있을 일에 영향을 미침으로써 우리가 얻고자 하는 목표를 성취하는 행동을 의미한다. 따라서 도시계획이란 도시라는 공간을 계획의 대상으로 하여 도시가 원활히 기능하고 미래에 더욱 발전할 수 있도록 계획하고 실천하는 것이라고 할 수 있다.

여기서 계획을 '보다 나은 미래를 위한 계획을 세우는 일'이라고 단순하게 정의할 수 있으며 이때의 계획은 일정한 과정을 거쳐서 계획안을 생산해내는 과정을 의미하게 된다. 계획안은 우리가 추구하는 목표와 목표의 실현을 위한 수단 등에 대한 의사결정 결과를 포함하는 문서화된 행위 지침을 의미하는 반면, 계획은 계획안을 생산해내는 과정과 계획안의 실행을 통하여 목표를 달성하고 미래에 있을 일에 대하여 영향을 미치는 행위과정 모두를 포함한다. 따라서 계획을 일반적으로 개념화하는 일은 첫째, 미래 예측을 통한 가장 합리적인 행동 지침의 결정방법과 둘째, 그 결과가 공공의 이익을 가장 잘 보호하느냐의 두 가지 질문에 대한 해답을 찾는 것이다. 결국 이러한 두 가지 질문에 따라서 계획은 다양하게 정의될 수 있다.

2.2 도시계획의 개념

현대 도시계획의 시초라고 할 수 있는 전문적·물리적 계획은 19세기부터 시작된 도시의 산업화에 대한 20세기적 대응에서 시작되었다고 할 수 있다. 20세기 초반 자본주의가 성숙하면서, 사회 병리현상이 나타나고 주기적 공황의 문제가 노정되는 등 여러 가지 문제에 직면하게 되었다. 물리적으로 퇴락해가는 도시환경 속에서 개혁운동의 전통이 생겨나기 시작했다. 개혁가들은 퇴락해가는 도시의 물리적 환경은 사회적 책임하에 개선되어야 한다고 주장하면서 도시계획 분야에 사회개혁운동의 전통을 세우기 시작했다. 19세기 말 20세기 초에 이르러 가시화되기 시작한 도시계획은 다분히 물리적 계획(physical planning)의 속성을 나타내었으며, 이 기간 동안은 정부가 적극적으로 개입하여 도시의 물리적 환경을 개선하려는 기술적 행위가 계획의 주종을 이루었고, 효율적 성장과 개발을 주도하기 위하여 과학적 분석방법을 사용하는 기술적 행위로서의 도시계획이 수십 년간 물리적 계획 분야의 주된 관심사였다.

1) 1960년부터 물리적 계획의 전통하에서는 과히 중요하게 인식하지 못했던, 계획이 가지는 정치, 경제, 사회적 영향이 비로소 중요하게 인식되기 시작하였다.
2) 1970년대에 들어서면서 계획가들에 의해 제기된 사회적 문제의 범위는 삶의 질에서 도시의 성장관리 문제로 확대되기 시작하였다.
3) 이후 계획의 사회적 관심범위는 개발의 지속 가능성과 환경보존의 문제에 이르기까지 우리 삶의 질과 관련된 모든 문제를 포함하게 되었다.

이에 따라 물리적 계획의 범위를 넘어 경제계획 및 사회계획을 포함하는 포괄적 의미의 종합적인 계획으로 발전하였다.

우리나라의 경우 과거 「도시계획법」을 포괄하여 새로 개정된 「국토의 계획 및 이용에 관한 법률」에서 보면, 이 법의 목적이 "국토의 이용·개발 및 보전을 위한 계획의 수립 및 집행 등에 관하여 필요한 사항을 정함으로써 공공복리의 증진과 국민의 삶의 질을 향상하게 하기 위함"이라고 규정되어 있으며 도시계획이란 "특별시·광역시·시 또는 군의 관할 구역에 대하여 수립하는 공간구조와 발전방향에 대한 계획으로서 도시·군 기본계획과 도시·군 관리계획으로 구분한다"고 규정되어 있다. 또한 도시·군 기본계획은 "기본적인 공간구조와 장기 발전방향을 제시하는 종합계획"으로 규정되고 있는 반면, 도시·군 관리계획은 토지이용, 교통, 환경, 경관, 안전, 산업, 정보통신, 보건, 후생, 안보, 문화 등에 관한 계획을 포함한다. 이와 같이 도시계획은 기본적으로 물리적 계획이지만, 오늘날의 도시에서와 같이 다양한 도시 활동을 효과적으로 지원할 수 있는 종합적인 계획인 셈이다.

즉, 도시계획이란 상위계획인 국토계획 및 지역계획에서 정해진 기본방향에 따라 국토의 일부분인 도시의 토지이용, 개발 및 정비 그리고 개발제한, 도시시설 등에 대해 구체적으로 계획함으로써, 도시의 여러 기능을 원활하게 영위하고 주민을 위해 안전하고 양호한 생활환경을 확보하며, 미래의 도시발전을 도모하기 위한 계획이라고 정의할 수 있다.

2.3 도시계획체계

도시계획체계는 '도시계획'과 '체계'라는 두 가지 용어가 결합된 복합어이다. 체계(system)를 "일련의 목표를 달성하기 위하여 상호 조정되는 부분들의 집합"이라고 한다면, 도시계획체계는 "도시계획활동이 나름대로의 목표달성을 위해 상호 조정되어야 할 부분들의 집합"이라고 정의할 수 있을 것이다. 도시계획 활동의 목표는 바로 도시·군 기본계획 및 도시·군 관리계획을 통해 각종 공간계획이 의도하는 바를 합리적으로 구현시켜가는 일이다.

1) 공간계획과 도시계획제도

우리나라의 국토공간계획체계는 "국토 및 지역계획 – 도시계획 – 개별건축계획"의 3단계로 나눈다. 시·군 지방자치단체의 공간계획은 비단 법률로 계획수립을 제도화하고 있는 법정 계획에 국한되는 것이 아니다. 최근 여러 시·군에서 자율적으로 수립 운용하고 있는 장기발전계획도 그 내용에 공간계획 사항을 많이 포함하고 있다. 또 법정 계획 입안을 위한 기초자료로 제시되는 ○○지역 개발구상이나 정비구상들도 모두 공간계획의 종류들이다. 이와 같이 공간계획은 법정계획을 포함하여 그보다 훨씬 많은 종류의 계획들이 있을 수 있다. 법정계획은 관련 공간계획을 고려하거나 검토하여 필요한 부분을 합법적으로 확정지은 결과의 계획이다.

법정의 공간계획을 운용하고 있는 대표적인 것이 바로 「국토의 계획 및 이용에 관한 법률」이 규정하는 도시계획제도이다. 도시계획제도의 도시·군 기본계획은 시·군 지방자치단체가 국가, 광역 지방자치단체와 공식적으로 약속한 장기계획이다. 또한 도시·군 관리계획은 개별토지의 토지이용활동을 제한하는 내용을 토지소유자, 지방자치단체, 국가 등이 법률을 통해 합법적으로 확정하는 것이 된다.

도시계획제도는 시·군의 계획 및 관련 사항을 법적으로 확정시키는 역할을 하는 제도라는 점에서 중요하며, 도시계획제도에 기대하는 역할이 큰 이유도 바로 여기에 있다.

2) 우리나라 도시계획체계

우리나라의 도시계획체계는 「국토의 계획 및 이용에 관한 법률」에 의해 규정되고 있으며, 도시계획에 해당하는 것은 광역도시계획, 도시·군 기본계획, 도시·군 관리계획 3가지이다. 이 중에서 광역도시계획은 장기적인 발전방향을 제시한다는 점에서는 도시·군 기본계획과 유사하지만 2개 이상의 행정구역에 대한 계획이라는 차이가 있다. 한편 같은 행정구역에 대해 수립되고, 국민의 삶과 밀접한 연관이 있는 나머지 2개 계획에도 다른 점이 있다. 우선 도시·군 기본계획은 대상지역에 대해 공간구조의 변화에서 사회경제적인 측면까지 미래상을 제시하며, 일반 시민에게는 직접적인 구속력이 없고 행정청에 구속력을 가지는 계획인 반면에 도시·군 관리계획은 도시·군 기본계획이 제시한 방향을 도시 공간상에 구체적으로 구현하는 방법을 제시하며, 일반 시민의 건축 활동 등을 규제하는 법적 구속력을 가진다.

3. 도시개발의 개관

3.1 도시개발의 정의

도시개발이란 아직 도시적 형태와 기능을 갖추지 못한 시가지를 조성하거나 도시공간을 생산, 공급하기 위한 개발행위로서 새로운 시가지 조성과 기존 시가지의 정비나 재개발을 포함한다. 개발행위에는 건축물의 건축 또는 재건축, 토목 구조물의 설치, 토지의 구획 및 형질변경, 토석의 채취, 물건을 적치하는 행위, 건축물 또는 토지의 용도에 대한 중대한 변경을 포함한다.

3.2 도시개발 종류와 개발방식

1) 도시개발 종류

가. 신개발

신개발이란 아직 도시적 형태와 기능을 지니지 않은 토지에서 도시적 기능을 부여하기 위해 토지의 형질을 변경하고 건축물의 건축이나 시설물의 설치를 실시하는 개발행위를 의미한다. 신개발의 유형은 토지 개발(land development), 건축물 개발(building development), 토지와 건축물의 종합개발 등으로 구분된다.

토지 개발(land development)은 토지의 절토와 성토를 통해 정지작업을 하고 도로와 상하수도 등 각종 도시의 공공기반시설을 설치하여 건축물을 건축할 수 있도록 부지나 대지를 조성하는 개발을 의미한다. (ex 택지개발촉진법에 의한 택지개발사업)

건축물 개발(building development)은 토지 개발에 의해 조성된 부지나 대지에 건축물을 건축하는 개발행위를 의미하는 것으로 건축물 개발주체는 토지 개발주체로부터 조성된 부지나 대지를 매입 또는 임대하여 개발한다. (ex 건축법에 의한 개별사업)

토지와 건축물의 종합개발은 토지 개발과 건축물 개발을 하나의 사업으로 시행하는 개발행위를 의미한다. (ex 주택법에 의한 주택건설사업)

나. 재개발

재개발은 기존 도시의 사회·경제적인 변화, 건축물 및 도시시설의 노후화, 공공기반시설의 과부족, 도시환경 악화 등 도시문제를 개선하기 위하여 기존 시가지의 일부를 개수 혹은 재건축하고 시설을 확충하는 개발행위를 의미한다. (ex 도시 및 주거환경정비법에 의한 도시정비사업)

2) 도시개발 방식

도시개발 방식은 개발주체, 개발방식, 관련법 등에 따라 표 1.1과 같이 여러 방식이 있으며 개발목적에 따라 선정하여 시행해야 한다.

표 1.1 도시개발 주체 및 방식

개발주체	토지취득방식	토지용도	법적 근거
공공개발 민간개발 민관 합동개발 제3섹터 개발	전면매수방식 환지방식 혼용방식 신탁개발방식	택지개발 공업용지 개발 관광용지 개발 유통단지 개발 복합단지 개발	도시개발법 도시 및 주거환경정비법 주택법 택지개발촉진법 산업입지 및 개발에 관한 법률 기타 도시개발 관련 법률

주) 국토도시계획학회, 도시개발론, 2009

가. 개발사업 시행주체에 따른 개발방식

공공개발은 국가나 지자체, 정부투자기관인 공사 또는 지방공기업 등이 사업시행을 하는 개발방식이며, 민간개발은 토지소유자 또는 이들로 구성된 조합, 민간 개발사업자, 컨소시엄 등이 사업시행을 하는 개발방식이다.

이에 반해 민관 합동개발은 공공기관과 민간부문의 역할과 책임의 분담에 의해 중앙정부와 지방정부가 도시개발을 계획, 유도, 조정, 지도하고 계획의 집행과정에서 토지소유자, 조합, 민간개발사업자 등 민간부문의 광범위한 참여를 유도하는 방식이다.

그리고 제3섹터 개발은 민·관 양 부문이 공동출자하여 설립된 반관반민의 법인조직이 도시를 개발하는 방식이다. (표 1.1 참고)

나. 토지의 취득방식에 따른 개발방식

전면매수방식(수용·사용방식)은 국가 및 공공단체가 사회정책적 목적에 따라서 민간의 토지를 전면적으로 매수한 다음 도시개발을 추진하는 방식이다.

환지방식은 도시개발사업 후 개발 토지 중 사업에 소요된 비용을 충당하기 위한 토지와 공공용지를 제외한 토지를 원소유자에게 되돌려주는 방식이다.

혼용방식은 전면매수방식(수용·사용방식)과 환지방식을 혼합하여 적용하는 방식이다.

신탁개발 방식은 신탁회사가 토지소유권을 이전받아 토지를 개발한 후 분양하거나 임대하여 그 수익을 신탁자에게 돌려주는 방식이다.

다. 토지의 용도에 따른 개발방식

주택용지 개발방식은 주거, 상업, 업무용 건축물을 건축하기 위한 용지조성을 목적으로 한다.

공업용지 개발방식은 공장의 설치를 목적으로 계획 개발하는 것이며 관광용지 개발방식은 관광자원을 이용할 수 있도록 관광시설의 설치를 목적으로 한다.

또한 유통단지 개발방식은 유통시설용지와 지원시설용지 등의 조성을 목적으로 개발하는 것이며 복합단지개발방식은 주거단지를 비롯하여 산업단지, 교육·연구단지, 문화단지, 관광단지, 유통시설, 기반시설 등을 종합적으로 계획하여 일단의 단지로 개발하는 것을 목적으로 한다.

라. 근거법률에 따른 개발방식

도시개발 사업시행 근거법률에 따라 크게 도시계획사업과 비도시계획사업으로 구분된다. 도시계획사업은 「국토의 계획 및 이용에 관한 법률」에 의한 도시계획시설사업, 개발행위허가와 「도시개발법」에 따른 도시개발사업, 「도시 및 주거환경정비법」에 따른 4가지의 도시정비사업을 말하며 특별법 또는 촉진법에 의한 개발사업은 비도시계획사업으로 종류가 매우 다양하다. (표 1.2 참고)

표 1.2 도시계획사업 및 유형

대분류	사업시행 근거법률	도시개발의 유형
도시계획사업	국토의 계획 및 이용에 관한 법률	도시계획시설사업, 개발행위허가
	도시개발법	도시개발사업
	도시 및 주거환경 정비법	주거환경개선사업
		주택재개발사업
		주택재건축사업
		도시환경정비사업
특별법 또는 촉진법에 의한 개발사업 (비도시계획사업)	택지개발촉진법	택지개발사업
	주택법	주택건설사업
	보금자리주택건설 특별법	보금자리주택사업
	산업입지 및 개발에 관한 법률	산업단지개발사업
	유통단지개발촉진법	유통단지개발사업
	행복도시특별법	행복도시개발사업
	혁신도시특별법	혁신도시건설사업
	경제자유구역특별법	경제자유구역 개발사업
	기타 관련법률	기타사업

주) 국토도시계획학회, 도시개발론, 2009

3.3 도시개발의 일반적 절차

도시개발의 일반적 절차는 개발하는 근거 법에 따라 다소 상이하나 그림 1.1과 같이 기초조사 단계, 개발계획수립 단계, 시행 단계로 구분해볼 수 있다.

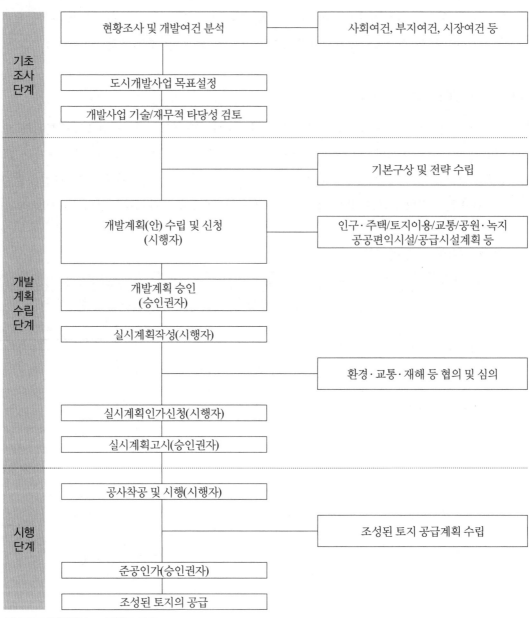

주) 국토도시계획학회, 도시개발론, 2009

그림 1.1 도시개발 일반절차

4. 도시개발의 역사

4.1 근대 이전의 도시개발

1) 고대문명 도시

고대도시는 나일(Nile)강, 티그리스·유프라테스(Tigris-Euphrates)강, 인더스(Indus)강, 황하(黃河) 등의 비옥한 하천유역에서 농경, 어획, 편리한 수상 교통을 기반으로 발생하였다.

그림 1.2 4대 문명 발생지

고대도시는 정치, 군사, 문화의 중심을 이루면서 성장하였으며 집락(集落)의 규모가 커지고 발전하면서 부족 간, 지역 간에 종교 등으로 인한 분쟁과 대립이 빈번하였다. 이에 따라 자체적 방어수단으로 보루형(堡壘形) 성벽이 축조되고, 집락의 지배계급과 지배자가 출현하여 권력을 강화하고 군림하였다. 이 시기의 도시형태와 시설 등의 도시개발은 통치자의 의지가 반영되어 나타났으며, 노예경제를 바탕으로 세워진 전제군주제도의 채택과 하천과 관련된 토목기술 등이 학문에 의해 발달되었다.

가. 나일강 연안의 이집트(Egypt)

멤피스(Memphis)는 고대도시에서 세계 최초의 도시형태를 갖춘 고대왕국의 수도이다.

카훈(Kahun)단지는 피라미드 건설을 목적으로 노예, 기능인을 수용하기 위해 건설하였으며 도

시주변의 장방형 성벽, 격자형 가로망, 광장, 궁전, 신전, 공공건축물을 미관적으로 배치시킨 것이
유명하다.

나. 티그리스강과 유프라테스강 사이의 메소포타미아

강의 범람이 잦은 메소포타미아(Mesopotamia) 지방은 제방, 운하 등의 토목공사 기술이 발달하
였고 관개농업이 이루어졌으며, 항해술의 발달로 상업이 성했다.

특히 바빌론(Babylon)은 B.C. 8세기경의 바빌로니아(Babylonia)의 수도로 유프라테스강을 따라
13km에 이르는 벽돌조 성벽, 왕궁, 신전, 포장도로, 성탑 등이 장엄하게 축조되고 화려했다.

다. 인더스강 유역의 모헨조다로

규격화된 소성벽돌이 사용된 계획도시로서 배수설비, 포장도로가 잘 알려져 있다.

모헨조다로(Mohenjo-Daro)는 고대 인더스강 유역 문명권에서 가장 중요한 도시 중 하나였다. 인
더스 문명은 기원전 2600년에서 기원전 1900년 사이에 꽃피었던 믿기 어려울 만큼 세련된 도시 문
명으로, 1920년대에 들어서야 밝혀지게 되었다. 인더스강 삼각주에 위치한 모헨조다로('죽은 자의
흙무덤'이라는 의미로 이 도시는 여러 개의 흙무덤으로 이루어져 있음)는 아마 제대로 계획해 세운
최초의 도시들 중 하나일 것이다.

2) 그리스, 로마시대 도시

가. 그리스

아테네를 중심으로 한 수많은 폴리스(Polis)의 집합체로 구성된 그리스는 대부분의 도시들이 편
리한 교통을 바탕으로 평야지대에 위치했다. 도시국가형태의 그리스는 지대가 높은 구릉지 언덕에
신을 모시는 아크로폴리스(Acropolis)를 성역으로 만들었다. 그리고 도시 중심부에 아고라(Agora)
를 배치하여 시민들의 교역, 사교, 민주 정치장, 집회장으로 활용하였다. 아고라 주변에는 신전, 극
장, 시청 등의 공공건물이 위치하였고 그 외곽으로는 중정식·폐쇄형 시민주거를 건설하고 주변에
성벽을 축조하였다.

그리스의 도시규모는 대개 인구 1만~1만 5천 명 내외였으며, 과잉인구는 지중해 연안으로 진
출하여 건설한 식민도시에 수용하였다. 식민 상업도시의 계획에 있어서 기본이 된 것은 격자형 도
로망 패턴이었다. 이를 바탕으로 도시의 자연적 상황을 고려한 도시구성계획을 시행하였다. 또한
지역제를 도입하여 주거지역, 공공지역, 상업지역을 구분하고, 도시하부구조인 상·하수도를 도시

내에 설치함으로써 훌륭한 도시를 건설하기 위한 체계적인 접근 방식을 사용하였다.

나. 로마

로마는 정치적 조직체인 소도시 국가연합체 성격의 그리스와 같이 폴리스를 중심으로 한 도시 국가형태를 기반으로 제국을 건설하였다. 로마의 도시는 아고라에 해당되는 시민광장 포럼(Forum)을 중심으로 하여 불규칙한 방사형 도로와 원형경기장 콜로세움(Coloseum), 바실리카(Basilica) 극장, 카라칼라(Caracalla) 욕장(浴場), 판테온(Pantheon) 등의 신전과 개선문 등의 기념시설 및 공공건축물을 축조하였다.

로마의 신도시는 주로 식민도시들로 이루어졌으며, 특히 군사기지의 성격을 지닌 카스트라(Castra)가 있었는데, 이 도시는 적의 공격 시 군대의 보급기지와 본부로서의 기능을 수행하는 병영도시였다. 이 도시의 특이한 점은 군대가 이동한 뒤 그 지역이 그대로 도시로 발전하여 현존하는 유럽도시의 기본이 되었다는 점이다. 이 도시들은 정연한 격자구성을 갖추고 있으며 중심부에 행정중심이 배치되어 있었다.

3) 중세도시(A.D. 400~1400)

중세도시의 특징은 영주들 간의 영토확장 등 분쟁을 위한 도시형태로서 한 마디로 표현해서 성곽도시라고 할 수 있다. 그리하여 중세도시는 다른 시대의 도시와 다른 폐쇄적 사회로 특징지어진다. 방어수단인 교외 구릉지에 위치한 요새 및 성벽축조, 불규칙하고 굴곡이 심한 비포장의 가로망, 목조위주의 시민주거건축은 중세도시들의 대표적인 도시 내용이 되었다.

중세도시의 형태는 역사적 기원, 지리적 환경, 발전형에 따라 3종류로 나눌 수 있다.

- 로마제국시대로부터 계속되어온 도시로 보통 중심부에서 직교형 설계를 유지하고 도시의 발달에 따라 이 직교형 부분에서 서서히 외부로 향해서 확대된 것이다.
- 그 이전의 문화를 뚜렷이 계승하지 않은 도시로 불규칙적이고 무질서한 형태를 가지고 있다. 대부분의 중세도시는 이러한 자연발생적 도시에 속한다고 볼 수 있다.
- 계획적 설정도시(設定都市)로서 그 대부분이 격자형으로 설계되었고 중심부에 시장과 광장을 둔 것이다.

중세 초기의 도시들은 주로 구릉에 성곽을 구축한 성곽도시들로서 그 크기가 소규모였고 한정된 크기를 가졌다. 따라서 인구가 증가함에 따라 새로운 성벽을 도시의 주변에 건설하거나 토지를 획득하기 위하여 전쟁을 일으키는 일이 종종 있었다.

중세 후기의 도시들은 주로 해안 및 하안에 위치한 상업도시들이다. 이는 중상주의를 바탕으로 한 당시의 대외무역이 선박을 이용한 해상교통에 근거를 두고 있었기 때문이다. 이에 따라 중세 후기의 도시들은 이전에 비해 보다 개방적인 도시성격을 지니게 되었다. 대표적인 상업도시로는 해상무역을 제패하고 동방제국과의 무역의 근거지였던 베니스(Venice), 십자군의 병참수송기지로 번영하였던 항구도시 제노바(Genova), 알프스산을 넘는 육상교통의 중핵이었던 밀라노(Milano), 공업과 금융업의 중심이었던 피렌체(Firenze) 등을 들 수 있다.

4) 근세도시(A.D.1400~1800)

14~16세기에는 이탈리아를 비롯한 유럽 각국에 영향을 미친 르네상스(Renaissance) 운동의 결과로 기독교적 속박으로부터의 인간성 회복과 인본주의 정신의 강조, 신세계를 동경하는 문화확산, 그리스·로마시대의 학문과 예술 그리고 건축 등에 대한 복고의식이 강하게 나타났다. 근세도시는 공공정신과 도시 배경미를 강조한 르네상스 정신에 의해 건설되었으며, 형태면에서는 중심선과 축, 형식미, 건축미가 특히 강조되었다.

15~16세기경에는 많은 이상 도시안들이 대두되었는데 이들의 공통적인 특징은 폐쇄형으로 된 다각형의 기하학적 형태를 취하고 있다는 점이다. 평면의 형태는 대부분이 성형(星形), 8각형, 5각형 등의 형태를 이루고 있다. 지배계급은 자기의 부와 권력을 자랑하기 위하여 도시의 형태에 강한 중심축을 가지고 좌우대칭으로 배치하는 기하학적 형태를 취하게 되었으며, 이것이 도시미의 정형을 이루게 되었다. 도로와 광장은 근세도시의 형태를 대표하는 가장 특징적인 형태로 나타났다. 도로는 가로에 접한 대지의 이용률 증대와 공동구 설치, 도로정비의 효율성 등 교통계획에 이점이 많은 격자형으로 전환되었고, 지형에 우선한 직선광로가 건설되었다. 광장은 전정(前庭)광장, 시장(市場)광장, 기념광장, 교통광장, 근린(近隣)광장 등의 형태로 건설되었고, 조경 및 장식적 기념물 배치 등으로 도시미의 중심을 이루었다.

4.2 근대 이후의 도시개발

근대도시개발의 흐름은 영국에서부터 근간이 이루어지고 있다. 영국에서 시작된 산업혁명 이후, 도시개발의 방향은 크게 전환되었는데, 도시가 인간의 경제적 활동 및 사회적 활동의 장소로 파악되었고, 복잡한 도시기능을 갖게 되었다.

산업혁명 이후 대부분의 대도시들은 인구와 산업의 도시집중을 치밀한 계획 없이 받아들여 엄청나게 비대해졌을 뿐만 아니라 주택문제, 교통문제 등의 사회문제를 안게 되었다. 이러한 도시문제의 해결을 위한 노력은 19세기 후반의 이상주의적 도시개발계획에서 시작되었으며, 20세기 초반의 전원도시 개발 및 근대도시운동의 전개를 통하여 현재의 신도시 및 도시재개발로 이어지고 있다.

1) 산업도시 발생과 이상주의적 도시개발

산업도시는 산업혁명의 제 변혁을 배경으로 성립되었다. 당시의 급격한 변혁은 다양한 도시문제를 야기했으며, 이러한 도시문제의 해결을 위한 노력은 산업도시 발전의 동기가 되었다. 산업혁명에 따른 급격한 농촌인구의 도시유입과 상업인구의 폭발적 증대는 과밀주거군인 슬럼가를 형성하였으며, 이로 인해 빈곤 및 위생문제 등의 사회적 문제가 유발되었다. 나아가 도시의 과밀주거는 도시의 스프롤(sprawl) 현상을 유발하였고 그 결과 도시의 무질서한 거대화가 야기되었다. 이러한 상황하에 도시문제를 해결하고자 하는 이상도시계획안들이 속출하였는데, 이들 계획들 중 대표적인 계획으로는 프랑스의 건축가 레도우(Ledoux)가 계획한 시계산업의 중심지 쇼우(Chaux)와 오웬(R. Owen)의 공장촌계획, 소리아 이 마타(A. Soria Y Mata)의 선형도시(Linear City) 등이 있다. 그러나 이러한 계획안들의 대부분은 그들의 획기적인 아이디어에도 불구하고 자유방임주의와 자유경쟁 속에서 도시문제해결이 불가능하여 실현되지 못하였다. 다만, 이상도시안들은 현대도시의 공간적 구성에 영향을 미쳤으며, 특히 오웬의 이상도시안은 현대적인 도시기능에 부응하기 위하여 제안된 전원도시운동에 커다란 영향을 주었다.

2) 전원도시(田園都市, garden city)

전원도시란 1898년 영국의 도시계획가 에버니저 하워드(Ebenezer Howard)에 의해서 제시된 개념으로 근대도시화과정의 문제를 해결하기 위해 전원자연환경을 쾌적하고 충분하게 조성한 소규모 자립도시를 말한다.

18세기 말 이후 영국의 산업혁명에 의한 공업화는 인구의 도시집중을 촉진시켜 위생과 환경이 불량한 과밀주거지를 형성시켰고, 산업 활동으로 인한 대량의 매연과 오수가 도시환경을 오염시키는 등 다양한 도시문제를 야기했다. 이러한 도시문제를 해결하기 위해 여러 가지 이상도시 구상이 제안되었으나 현실적인 해결책이 되지는 못했다. 이에 따라 1898년 영국의 실천적인 도시계획가 하워드는 공업화와 도시적 생활양식의 장점으로 인한 인구의 도시집중을 억제하기 위하여 전원지대에 공업과 문화를 정착시켜 전원적 자연환경이 풍부한 주거형태인 전원도시 개념을 제시하여 이를 실현시키고자 하였다.

주) 서울시 도시계획 포털(http://urban.seoul.go.kr)
건설용어 : 전원도시(http://www.conschool.com/) 서울시 도시 계획국, 2016

그림 1.3 전원도시

하워드는 도시와 농촌의 장점만을 결합시킨 전원도시의 6가지 조건을 제시하였다.

① 도시인구를 제한할 것(3～5만)
② 도시주위에 넓은 농업지대를 영구히 보유, 이 공지를 도시의 물리적 확장을 제한하는 데 사용하며 시중에도 충분한 공지를 보유할 것
③ 시민경제 유지에 만족할 만한 산업을 확보할 것
④ 상하수도, 가스, 전기, 철도는 도시전용의 것을 사용, 도시의 성장과 번영에 의해 생기는 이익은 지역사회를 위해 보유할 것
⑤ 토지는 경영주체 자신에 의한 공유로 하여 사유를 인정하지 않으며 차지의 이용에 관해서는 규제를 가할 것
⑥ 주민의 자유결합의 권리를 최대한으로 향유할 수 있을 것

하워드의 전원도시개념은 레치워스와 웰윈의 건설로 실현되었고, 이후 페리의 근린주구 단위 개념 등 여러 나라의 근대적 도시개발의 방향 제시에 광범위한 영향을 미쳤으며, 각국에서 위성도시 및 신도시의 개발방향으로 계승되었다.

3) 근린주구(Neighbourhood Unit) 단위계획

제1차 세계대전 이후 미국은 자동차시대를 맞이하게 된다. 이에 따라 하워드의 전원도시사상을 추종한 미국의 도시계획가들은 도시 내 자동차의 급속한 증가 속에 자동차를 어떻게 다룰 것인가 하는 문제를 제기하여왔다. 이에 대한 해결책으로 1928년 미국의 페리(Clarence Arthur Perry)는 근린주구가 지역성을 유지할 수 있으며 영국의 작은 마을처럼 민주적인 참여가 가능한 하나의 사회단위로 인식하였다. 근린주구(Neighbourhood Unit)란 주구 내 도보 통학이 가능한 초등학교를 중심으로 공공시설을 적절히 배치함으로써 어린이놀이터, 상점, 교회당, 학교와 같이 주민생활에 필요한 공공시설의 기준을 마련하고 주민생활의 안전성과 편리성, 쾌적성을 확보함은 물론 주민들 상호 간의 사회적 교류를 촉진시키기 위한 도시계획 접근 개념이다.

주) 서울시 도시계획 포털(http://urban.seoul.go.kr)
　건설용어 : 전원도시(http://www.conschool.com/) 서울시 도시 계획국, 2016

그림 1.4 근린주구

페리에 의한 근린주구 조성의 6가지 계획원칙은 다음과 같다.

① 규모 : 주거단위는 하나의 초등학교 운영에 필요한 인구규모를 가져야 하고 면적은 인구밀도에 따라 달라진다.

② 주구의 경계 : 주구 내 통과교통을 방지하고 차량을 우회시킬 수 있는 충분한 폭원의 간선도로로 계획한다.

③ 오픈스페이스 : 주민의 욕구를 충족시킬 수 있도록 계획된 소공원과 레크리에이션 체계를 갖춘다.

④ 공공시설 : 학교와 공공시설은 주구 중심부에 적절히 통합 배치한다.

⑤ 상업시설 : 주구 내 인구를 서비스할 수 있는 적당한 상업시설을 1개소 이상 설치하되, 인접 근린주구와 면해 있는 주구외곽의 교통결절부에 배치한다.

⑥ 내부도로체계 : 순환교통을 촉진하고 통과교통을 배제하도록 일체적인 가로망으로 계획한다.

근린주구는 사회적으로 주민 생활 공동체를 제시하여 주민들 상호 간의 공동연대를 강화하고 물리적·공간적으로 안전하고 쾌적한 생활환경을 조성하기 위한 공공시설의 효율적인 배치를 제시한다는 점에서 의의를 가진다. 이러한 초등학교를 기준으로 물리적 생활환경에 필요한 근린시설을 포함하는 주거지역을 근린주구로 정의하는 페리에 근린주구 개념은, 현대의 도시계획에서 초등학교, 중학교 학군을 중심으로 하는 인구 2~3만인 규모의 소생활권(근린생활권)의 개념으로 이어지고 있다. 하지만 현대사회의 생활은 과거보다 훨씬 복잡 다양화되었으며, 교통수단의 발달, 커뮤니케이션의 발달로 인한 생활권의 지속적 확대와 대두되고 있는 직주근접(職住近接) 개념의 측면에서 볼 때 경직성을 탈피해야 할 필요성도 지적된다. 근린주구의 기본이념은 근대도시의 주택지계획과 나아가 신도시개발계획의 기본적 요소가 되었으며 전 세계적으로 폭넓게 영향을 미쳤다.

5. 시대별 도시의 형태

5.1 15~17세기 : 르네상스 시대의 도시(방사형 도시)

서유럽 중심의 문명사에 나타난 문화운동으로 학문 및 예술의 재생·부흥이라는 의미를 가진다(고대 그리스, 로마 문화를 부흥). 르네상스시대에 유행한 것은 거대한 해자로 둘러싼 도시의 풍경이 있었으며, 도시의 중앙에는 영주가 사는 집 및 거처가 있었다. 이 집 및 거처를 중심으로 방사형의 도로와 마을이 조성되어 영주의 안전 및 지휘체계가 우선하는 도시형태이다.

도시에서의 주요 도로를 방사형으로 배치하는 방식이며 대부분의 경우 환상 도로망과 조합시킨 방사 환상형 도로망(radial and ring street system)으로 하는 것이 많다. 또 격자형 도로망과 병용한 방사 종횡형 도로망도 있다.

방사형 도시는 방사(放射)도로와 원형(圓型)도로가 합쳐진 방사동심원형(同心圓型)과 방사로와 직교식 도로가 합쳐진 방사직교형(直交型)을 뜻한다. 예부터 원촌(圓村)을 형성하여 발달했던 슬라브족의 도시는 거의 방사동심원형을 보이고 있다. (그림 1.5 참고)

방사동심원형은 근세 이후 주로 유럽의 여러 도시에서 발달되었는데, 대표적인 도시로 파리를 꼽을 수 있다. 파리는 개선문을 중심으로 12개의 방사형가로와 광장을 중심으로 동심원상의 환상가로(環狀街路)가 시가지의 주요 가로를 구성하고 있다. 최근 기하학적 방사동심원형 도시로는 오스트레일리아의 수도 캔버라를 들 수 있는데, 캔버라는 정치지구·도심지구·공업지구 등 기능 중심을 핵으로 한 다핵적 방사동심원형 도시이다. 한국의 경우 진해시를 예로 들 수 있다.

미국의 수도 워싱턴 또한 대표적인 방사직교형으로 워싱턴의 가로는 직교형이 많으나, 방사형의 사선(斜線) 가로가 이와 교차하고 있다. 따라서 방사상의 기점이 되는 중심부는 팔방으로 통할 수 있어 매우 편리하지만 도처에 다차로(多叉路)가 형성되어 있어 자동차의 소통이 원활하지 않은 것으로 알려져 있다.

주) KU Study Abroad - The University of Kansas(카를루슈 기술 연구원)

그림 1.5 방사형 도시

5.2 18~19세기 : 다원적인 도시형태(벌집형 도시)

각자 마당을 지닌 집들이 벌집처럼 붙어 있어 이곳을 중심으로 열채 이상씩 공동체가 하나의 개별 블록(단지)을 형성하였다. 이런 블록들이 모여 자연적으로 증식된 벌집형 도시형태이며 하나의 블록이 도시전체와 같은 역할을 수행(민주주의 개념 도입)한 도시형태이다. 이런 도시의 형태는 주거지역, 상업지역, 농업지역 등의 구분이 필요치 않았다. 도시의 다원적 기능이 모여 블록을 이룬 도

시로 모로코의 마라케시를 들 수 있다. (그림 1.6 참고)

그림 1.6 다원적인 도시

5.3 20세기 전후 : 위계적인 도시형태(격자형 도시)

도시의 구조가 도심과 부도심·변두리 등 위계적으로 구분된다. 도로변에는 건물의 높이·층수·종류 등을 규제해 상당한 계층적 도시가 생기기 시작하였으며, 모더니즘의 이성과 합리를 최대의 덕목으로 통계적 수치를 근거로 하여 효율적이라는 명목하에 모든 걸 두부 자르듯 격자형태의 도시가 탄생하였다. 격자형 도시로 필라델피아의 윌리엄 펜(William Penn, 1644~1718)이 자신의 광활한 사유지에 계획적인 타운을 만든 사례가 있다. (그림 1.7)

도시를 직각의 도로로 나누어서 동일한 블록으로 만들어 어떠한 방향으로도 확장할 수 있으며, 변화와 성장이 내부와 외부 어느 쪽으로도 가능한 도시형태이다.

문제점으로 앞뒤 좌우의 환경 속에서 위계적인 인간형이 대두되었다. 그리고 계층 간 분쟁이 일어나면서 많은 사회학자들이 이러한 도시를 비판하기 시작하였다.

그림 1.7 격자형 도시

5.4 21세기 : 다양한 IT 등/감성적 도시형태(다양성 도시)

모든 공간, 모든 삶에 자기만의 중심을 느낄 수 있는 도시형태로 발전하였으며 디지털(유비쿼터스) 도시, U-ECO city, 지속 가능한 생태도시, 신·재생에너지 도시, 탄소저감도시, 에너지 절약형도시, 미래 산업형 도시, 친환경적 도시모형, 스마트 도시 등 다양한 형태의 도시들이 탄생하였다.

주) https://m.blog.naver.com/PostView.nhn?blogId(행복중심복합도시건설청)

그림 1.8 감성적인 도시

특히 스마트시티는 ICT 기술을 활용해 도시생활 속에서 유발되는 교통, 환경, 주거, 시설 등의 제반 문제를 해결하고 시민들이 쾌적한 삶을 누릴 수 있도록 도시를 만드는 첨단도시를 말한다.

6. 한국의 시대적 도시개발

6.1 근대 이전의 도시발전

전통문화를 가진 나라의 도시는 정도의 차이는 있으나 대부분 오래전부터 서서히 형성되어 오늘날에 이르고 있다. 우리나라의 경우도 지금까지 학계의 정설이 확립된 바는 없지만 한반도에 국가 형태의 계급사회가 형성되기 시작한 B.C. 2000년경부터 어떤 형태로든지 도시적 집단촌락이 발달해왔던 것으로 생각된다. 그러나 그 형성배경과 과정 등에 대한 기록과 논의는 거의 전무한 실정이다.

삼국시대 이후의 도시발달에 대해서는 국가의 지방통치조직과 관련해 비교적 근거 있는 설명이 가능하며 고구려의 평양, 백제의 공주와 부여, 신라의 경주 및 통일신라의 5소경(五小京), 고려시대의 4경(四京) 등은 당시의 가장 중요한 중심도시로서 현재까지도 우리나라의 도시체계상 중요한 위치를 점하고 있다. 다만 이들 도시에 대해서는 명칭·위치 등의 기초적 사항 이외에 도시적 생활상, 인구규모 등에 관해서는 알려진 바가 거의 없기 때문에 의미 있는 설명은 가능하지 않다. 예를 들어 통일신라시대 경주의 도시규모 및 생활상 등 단편적으로 전해오는 자료에 의하면, 당시로서는 상당한 수준의 도시사회를 이미 형성하고 있었음을 짐작할 수 있다. 그러나 전통적으로 농업이 국가의 근간산업으로 인식되고 있었을 뿐 제조업·상업 등은 천한 것으로 인식되어 오히려 억압정책이 취해졌다. 따라서 당시 도시는 존재했으나 주로 귀족과 양반을 중심으로 한 통치·행정 기능의 중심이었을 뿐 경제적인 산업기반은 극히 취약했다고 할 수 있고, 일부 학자들은 19세기 말 개항 이전의 한국도시는 인구가 밀집된 취락에 불과하고 근대적 의미의 도시라고는 볼 수 없다는 주장도 있다.

파악이 가능한 자료를 중심으로 우리나라의 도시발달과정을 소급해보면 대략 조선시대의 정조대(正祖代, 18세기 말)까지 거슬러 올라가게 된다는 것이 학계의 의견이다. 이때부터 개항 이전까지의 기간은 우리나라 경제·사회의 발전단계상 전 산업(前産業) 사회로 분류되는 바 이 당시 인구가 2만 명을 넘어서는 곳은 한성(서울)·개성·평양의 3곳으로 나타난다. 이 3개 도시는 각각 우리나라의 역사상 역대왕조의 수도로서 발전하던 곳이며, 당시의 중추행정기능이 이들 도시에 집중되어 있었음을 알 수 있다. 그러나 이밖에 인구규모는 작지만 오래전부터 발달해온 지방의 중심지인 소 도읍을 함께 포함하면 현재의 도시체계의 골격이 이미 이 당시부터 갖추어졌음을 알 수 있다. 이 같은 전산업 시기의 우리나라 도시발달은 주로 국가통치를 유지하기 위한 행정의 중심지가 모태가 되어 도시체계를 구성하고 있었으며, 근대적 산업기능을 주축으로 한 경제기반은 훨씬 후대에 들어서야 나타나게 되었다. 당시의 교통수단은 주로 도보가 중심이 되었고 우마차의 활용도 극히 일부에 한정되어 지역 간의 인구 및 물자의 이동과 교류는 매우 제한적이었다. 따라서 도시는 인근 배후지역과의 소규모 유통만을 수행하는 폐쇄자급형의 경제적 특성을 지닌 지방중심지였다. 조선시대 후기의 도시인구 조사결과를 분석한 연구에 의하면 18세기 말(1789) 당시 인구 2,500명 이상의 도시인구 총규모는 약 87만 명이며, 이것은 당시 전국인구의 11.8%에 달했다고 한다.

6.2 개항 및 일제강점기의 도시성장

19세기 후반(1876)의 개항은 우리나라 도시체계 발달에 큰 영향을 주는 계기가 되었다. 오랫동안 외국과의 교류를 배척하는 정책의 추진과정에서 상대적으로 낙후했던 해안지방 항구도시가 발달한 것이 이 시기의 특징이다. 이때 부산·인천·남포·원산 등이 주요 도시로 대두되기 시작했으며 함흥·목포·통영·군산·신의주·청진 등 항구도시도 1, 2만 정도의 인구규모로 성장해 우리나라 도시체계의 변화를 주도했다. 상대적으로 의주·상주·충주 등 내륙의 주요 도시가 쇠퇴하기 시작한 것도 이때이다. 특히 이러한 항구 중심의 도시발달은 일본의 대륙진출 및 우리나라의 농산물과 기타 산물의 반출목적이 중요한 배경으로 작용했다. 이처럼 연안의 항구도시가 교역기능을 중심으로 근대적 기능을 급속히 키워간 것과 대조적으로 내륙의 전통적 행정중심도시들은 육상교통수단의 발달 부진과 불리한 입지여건으로 성장이 미약했고 도시기능도 지방행정 또는 지방의 시장중심지 정도의 역할을 유지하는 데 불과했다. 일제강점기의 도시발달은 개항 초기의 패턴을 대체로 유지했으나 중반 이후 만주사변·중일전쟁·태평양전쟁 등의 발발과 관련해 우리나라 도시기능의 상당 부분이 공업위주로 병참기지화된 점이 특징이다. 이에 따라 도시의 팽창이 급속도로 이루어져 1945년에는 전국 74개 도시에 500여 만 명의 인구가 거주해 거의 20%에 육박하는 도시화를 기록하게 되었다. 일제강점기 전반기는 주로 식량 및 농업부문의 산물반출과 관련해 항구도시, 그것도 농업생산이 상대적으로 우월했던 남한지역에서 도시발달이 두드러졌던 반면 일제강점기 후반기에는 상대적으로 공업의 집적이 존재했던 북한지역에서 공업도시와 광산도시들이 새롭게 개발되었다.

한편 이 시기의 철도망 형성은 도시개발 및 도시체계 형성에 커다란 영향을 미쳤다. 철도의 연결을 통해 항구와 내륙의 연결이 가능해졌고, 철도를 중심으로 주변지역 간의 도로개설이 촉진됨으로써 도시성장과 발전의 원동력이 되었다. 또한 1930년대 중반에는 '조선시가지 계획령'의 제정·도입을 통해 서구적 개념에 의한 도시계획제도가 최초로 소개되기도 했다. 물론 이의 배경에는 조선반도를 통한 북방침략의 준비와 이를 위한 반도 북쪽의 새로운 항구도시 건설(나진 등) 그리고 이 같은 건설을 보다 효과적으로 추진하기 위해 개인의 토지에 대한 이용권을 통제할 필요성이 근저에 있었다고 평가된다.

6.3 건국 이후의 도시화와 도시개발

1945년 태평양전쟁의 종식으로 일제로부터 해방을 맞이한 우리나라는 이후 약 10여 년 동안 정치·경제·사회 전반에 걸친 엄청난 격동기를 거치게 되었다. 식민통치의 종식, 남북의 분단, 6·25전쟁 등은 우리나라의 도시성장과 발달과정에도 큰 변화를 초래했다. 물론 일제강점기에도 도시인구 증가는 지속적으로 이루어졌지만 해방 후의 도시인구 증가는 주로 대규모의 인구이동에 의한 급격한 변화라는 점에서 우리나라 도시화의 역사상 매우 특기할 만하다. 일제강점기에 해외로 유출되었던 약 300만 명의 교포가 귀환했고, 북한지역에서 이주한 인구가 약 150만 명에 달했으며, 6·25전쟁 과정에서도 약 150만 명의 피난민이 남쪽으로 이동해 각 지역에 정착했다. 이들 중 상당한 사람들이 도시지역의 고용기회와 도시가 제공하는 익명성 등의 이유로 남한의 몇몇 대도시지역에 집중적으로 정착함으로써 도시인구의 급격한 증가를 초래했다.

1955년의 자료에 의하면 남한에 있는 인구 2만 명 이상 도시는 77개였으며 도시인구는 660만 명을 초과하여 31%의 도시화율을 기록하였다. 또한 이 기간 중 임시피난정부가 위치했던 부산시는 인구 100만 이상의 대도시로 부상하여 서울·부산의 양극도시화(兩極都市化) 시대의 막을 열게 되었다.

6.4 산업도시화의 전개

해방 후부터 대략 1960년까지의 도시성장과 발달은 주로 정치적·사회적 변동에 의해 주도된 것인 데 반해 1960년에 들어서면서 우리나라 도시화의 성격은 본질적으로 변화를 겪게 되었다. 이 시기의 도시화 및 도시성장은 같은 기간 중 강력히 추진되었던 경제개발과 긴밀한 관련을 맺으면서 이루어졌다. 1960년대와 1970년대에 걸쳐 지속된 경제개발정책은 부족한 재원을 가장 효과적으로 활용하기 위해서 어느 정도 기반시설이 갖추어지고 경제적 집적이 이루어진 기존의 대도시에 의존하게 되었다. 이 같은 경제전략에 따라 서울·부산·대구·인천 등 기존 대도시를 중심으로 한 제조업 부문의 성장이 두드러지게 되었으며, 이와 같은 우리나라 산업화·도시화의 기본적인 틀은 사실상 오늘날까지도 이어지고 있다고 할 수 있다. 이와 함께 수입대체 및 수출을 위한 공업화정책에 따라 업종별 특성을 살려 일부 기존도시 및 신도시에 공업단지를 육성함으로써 적지 않은 숫자의 공업특화도시가 발달했다.

이 같은 급속한 도시성장으로 1970년에는 인구 2만 명 이상의 도시수가 전국에 총 114개, 총도시인구가 1,530만 명으로 도시화율 50%를 최초로 넘어서게 되었다. 당시의 도시인구 성장은 농촌과잉인구의 압출현상과 함께 도·농간 경제적 격차의 심화에 따른 이농향도(離農向都)에 따른 것으로서, 1960년대 후반과 1970년대 초 도시인구 증가의 약 2/3 이상은 이러한 요인에 의한 것으로 밝혀지고 있다. 그러나 도시인구와 주요 도시기능의 분포는 몇몇 특별한 예외를 제외하고는 대체로 서울과 부산의 양 대도시권에 집중되는 경향을 나타내기 시작했다. 즉 1970년대 이후부터 우리나라 도시화정책의 최대 문제라 할 수 있는 수도권의 과도한 집중과 서울의 과밀현상이 심각해졌다. 1971년 도시계획법의 개정을 통해 도입된 개발제한구역도 사실상 서울 및 수도권의 이상비대현상을 막기 위한 조치였으며, 1972년부터 계속 수립되어온 10년간의 국토개발종합계획 역시 과밀한 수도권과 여타지역 간의 균형을 달성하기 위한 계획이라고 할 수 있다. 이밖에 수도권 정비계획 등 각종 정책과 계획을 통해 수도권문제를 해결하고자 했으나 큰 효과를 거두지는 못하고 있다. 오히려 일부 학계에서는 수도권의 인구집중현상 그 자체가 심각한 문제가 될 것은 없으며 어차피 자연스런 경제 흐름에 따라 이루어지는 성장을 어떻게 무리 없이 효과적으로 수용하는가 하는 것이 수도권정책의 과제라는 주장도 제기되고 있다.

한편 대도시, 특히 수도권으로의 인구유입에 따른 주택난과 비교적 양호한 도시교통수단이 확충됨으로써 직장과 거주지의 분리효과를 조장하였고, 서구도시와는 성격이 다른 주거지역의 교외화와 함께 기존도시권역의 확산·팽창 현상이 급속도로 진전되고 있다. 이에 따라 서울을 중심으로 한 통근권 내의 중소도시들이 1970년대 이후 급격한 성장을 거듭하여 대도시화 과정의 가장 주도적 요인이 되고 있음은 여러 가지 분석에서 밝혀지고 있다. 이와 같은 수도권 팽창 이외에도 최근 부산을 중심으로 하여 울산·김해·창원·마산 등에 이르기까지 경남해안지역의 도시들도 연담도시화의 특성을 강하게 나타내고 있다.

서울을 핵으로 하는 수도권 집중형의 도시화는 인구뿐만 아니라 국가의 거의 모든 중요기능이 동시에 집중되는 경향을 보인다. 전국인구대비 수도권인구의 비율은 1960년 20.8%에서 1970년 28.3%로, 1980년에는 35.5%로 지속적인 상승을 보였으며, 1990년에는 그 비율이 42.7%에 달하였다. 그뿐 아니라 신설되는 제조업체 및 신규고용자 중 40~50% 이상이 수도권에 입지하는 것으로 밝혀지고 있다.

6.5 향후의 도시화 전개 전망

우리나라의 도시화율(인구 2만 명 이상 도시인구)은 1990년에 79.6%를 기록하여 이제 우리나라는 명실상부한 도시화국가로 변모되고 있다. 더욱이 분석에 의하면 21세기가 시작되는 2001년까지는 도시인구가 600만 명 더 늘어나 전국의 인구 중 86% 이상이 도시지역에 거주하는 완전도시화된 구조를 이루고 있다. 이는 향후에도 농촌으로부터의 도시지향형 인구이동이 지속되는 것을 의미한다. 그러나 앞으로의 도시화과정은 그 내용상 구조적인 변화가 예상된다. 과거보다 도시화의 속도는 다소 줄어들겠지만 교통망의 발달로 도시로의 통근·통학 인구는 계속 늘어나게 될 것이므로 실질적으로는 국토 전체가 하나의 도시화된 사회로 변모되어갈 것이다. 즉 도시화가 지속되면서 대도시의 외연적 확산이 가속화되어 대도시 주변지역에서는 주거·상업·여가·산업·공공시설 용지수요가 계속 증가할 것이다. 중소도시의 경우도 도농 간의 교류가 더욱 활성화되어 도시권이 형성되고 교통·통신 기술의 발달은 도시권 간의 연계와 결합을 촉진해 도시와 농어촌의 구별이 사실상 어려워지게 될 것이다. 이와 같은 구조적 변화를 동반하는 도시화의 진전과정에서 수도권으로의 인구집중추세는 계속될 가능성이 높다. 이미 심각한 문제가 되고 있지만 수도권으로의 인구·산업의 추가집중은 주택·교통 등 새로운 각종 시설수요를 유발하고, 이에 따른 수도권의 투자확대와 지방의 투자여력감소는 수도권으로의 인구유입을 다시 유발하는 수도권집중의 악순환구조가 형성될 것으로 보인다. 따라서 앞으로의 도시화과정에서도 이 문제는 계속적인 논란 대상이 될 것이다.

7. 도시개발(도시설계)의 일반관점

7.1 지정학적·물리학적 측면

도시구조의 위계적 질서가 형성되고, 도시공간이 기능적인 도심과 부도심의 역할을 수행한다. 도시를 용도지역별로 한정(빨간색 – 상업지역, 노란색 – 주거지역, 보라색 – 공업지역)하고 도시 세부지역의 체계(등급) 등을 형성한다. 이와 같이 도시개발 시 지정학적·물리학적 측면을 충분히 반영해야 한다.

신도시개발은 계획적으로 개발되는 유형의 하나로서 자족성을 어느 정도 유지할 수 있는 인구 규모와 기능을 수용하는 신시가지를 말하며 자족성의 의미와 요구되는 정도는 지정학적, 물리학적 측면에서 국가마다 다르며 규모와 입지여건에 따라 달라진다.

일반적으로 자족성의 첫째는 판단기준으로는 독립적 행정기구의 존재 여부인데 독립된 시 행정기능을 갖는다면 다른 자족기능이 다소 부족하더라도 신도시라고 할 수 있으며, 둘째 기준은 경제적 자족성인데 도시재정의 자립성, 산업구조의 균형, 고용의 자족성 등이 판단 근거가 되고, 셋째 기준은 주변시가지와의 구별성 등을 들 수 있는데 생활권의 분리 여부가 중요한 요인이다.

7.2 사회적 · 문화적 측면

"신은 인간을 만들고, 인간은 도시를 만든다."

도시공간이 거주자의 습관을 만들고 행동을 제한하며, 사고와 표정에까지 영향을 미친다. 이와 같이 도시개발 시 사회적 · 문화적 측면을 충분히 고려해야 한다.

도시개발은 새롭게 건설되는 도시형 정주공간으로서 국가정책과제와 관련하여 설정된 분명한 개발목표를 달성하기 위해 수립된 종합계획에 의해 건설되어야 하며 사회적, 문화적 측면에서 주민의 생업과 생활에 필요한 일자리와 시설이 두루 갖추어진 자족형 정주공간은 물론 위성도시, 교외주택 도시와 기성내부도시에 건설되는 신시가지 등 다양한 형태의 비자족형 정주공간도 포함하는 개념으로 설명할 수 있다.

8. 도시개발(도시설계)의 미래관점

8.1 기본원칙

자연, 인간, 개발이 조화를 이루는 가운데 도시공간의 위계적 질서를 형성하며 거주자의 인성을 배려하는 지속 가능한 계획 및 설계(Sustainable Site Design)를 추구해야 한다.

앞으로 도시설계 및 개발의 방향은 ICT를 기반으로 하는 소비자의 니즈에 맞는 다양성의 도시가 열릴 것이다. 즉, 앞으로는 4차 산업혁명과 연계된 도시개발이 이루어져야 할 것이다.

8.2 미래관점

지속 가능한 단지설계(SSD, Sustainable Site Design)를 지향한다.

현재 및 후세대에 지속적으로 대물림할 수 있는 인간 존중형 환경도시를 목표로 환경 여건에 맞는 유형별 적용 가능한 설계모델을 제시하여 쾌적하고, 생산적이며 차별성이 있어 경쟁력 있는 도시설계로 인간의 인성을 체득화할 수 있는 공간구조의 창출을 추구한다.

특히, 4차 산업과 기술에 있어 기술혁신과 융합이 가속화되고 있다. 4차 산업혁명에서 3D 프린팅, 사물인터넷(IoT), 바이오 공학 등이 부상하고 있다. 이러한 기술들은 기존 기술 간 융합을 바탕으로 새로운 기술이 창출된 것이다. 장차 물리학적 기술에서는 무인운송수단, 3D 프린팅, 로봇 공학 등, 디지털 기술에서는 사물인터넷, 빅데이터 등, 생물학적 기술에서는 유전공학 등이 부상할 것이다. 특히, 3D 프린팅과 유전공학이 결합하여 생체조직 프린팅이 발명되고, 물리학적·디지털·생물학적 기술이 사이버물리시스템으로 연결되면서 새로운 부가가치를 창출할 것으로 전망된다. (그림 1.9 참고)

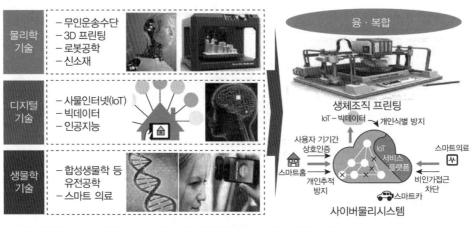

주) 한국지역정보화학회, 추계학술대회, 발표논문집, 제4차 산업혁명과 제도적 대응, 한세억, 2017

그림 1.9 4차 산업혁명 이용기술

4차 산업혁명 시대에는 혁신적 기술의 활용으로 공공서비스도 알고리즘에 기반을 둔 플랫폼 도시서비스로 전환되고 생산성 증대 및 비용절감이 가능하다. 공공 데이터의 개방뿐만 아니라 공공부문이 직접 제공하는 서비스도 컴퓨팅 서비스의 활용을 통하여 플랫폼 구축이 가능할 것이다. 교통안전, 벌칙부과 등 생활 속의 다양한 규제도 스마트도시 인프라를 통하여 모니터링이 되고 공공 분야에서 빅데이터를 활용한 마이크로 서비스가 알고리즘을 활용하여 가능할 것이다. 가령 주차 위반

자동 처리, 의료·복지제도의 수혜자 선별, 집행 여부 확인 등 다양한 법제도 구현이 알고리즘을 통하여 가능하여, 장기적으로 공공 서비스도 알고리즘에 기반을 둔 플랫폼 도시서비스로 진화할 것으로 전망된다.

CHAPTER **02**

인문학적 관점의 도시개발

인문학적 관점의 도시개발

1. 인문학(Liberal Arts)이란

1.1 인문학의 어원

인문학(人文學, humanities)은 자연과학(自然科學, natural science)의 상대적인 개념으로 인간과 관련된 근원적인 문제나 사상, 문화 등을 주로 연구한다. 객관적인 자연현상을 다루는 자연과학에 반해 인문학은 인간의 가치와 관련된 제반 문제를 다루는 학문이다.

본래 Liberal Arts는 라틴어로 '자유 교육'을 의미한다. 고대 그리스에서 자유민의 교양에 필요한 것으로 여겨 가르쳤던 과목으로 중세 유럽에서는 신학 이외의 학문을 뜻하며, 문법(文法), 수사학(修辭學), 변증법(辨證法), 산술(算術), 기하학(幾何學), 천문학(天文學), 음악(音樂)의 일곱 과목을 말한다. 자유시민의 소양에 필요한 지식 획득의 과목이란 뜻으로 Liberal이 붙었다.

아리스토텔레스는 자유 교육을 직업교육과 전문기술교육이 아니라는 의미에서 자유민에게 적합한 교육이라고 보았다. 중세에는 3학과(trivium)(문법·수사학·논리학) 4과(quadrivium)(산술·기하·음악·천문학)를 묶어서 자유학문(Liberal Arts)이라고 했으며, 르네상스 시대에는 정신과 신체의 완전한 발달을 기할 수 있다고 하여 고어(古語)와 고문예(古文藝)에 중점을 두었다. 또한 아리스토텔레스는 다음과 같이 정의했다. 즉, 직업교육과 전문기술교육이 아닌, 자신의 자유를 효과적으로 사용하기 위한 교육이라고 전하고 있다. Liberal Arts는 Liberal을 본바탕으로 하여 Arts를 발휘하는 교육이라고 말하며, Liberal은 자유로움, 관대한, 지혜로운, 너그러움의 의미로 과정을 통해서 지혜를 습득하는 것이고, Arts는 그로 인한 예술, 기술, 솜씨 등을 의미하는 것으로 결과를 창조한다는 것이다.

1.2 인문학의 의미

인간은 일정한 시간과 공간에서 구체적인 삶을 살아간다. 삶은 그 안에서 느끼고 이해하며, 생각하고 계획하는 조각들의 묶음이며, 그 묶음은 매 순간 살아가는 실존과 사건의 연속이다. 인문학은 이런 인간의 삶에 바탕한 학문이다. 인문학의 토대는 인간과 삶이며, 방법론은 이해와 해석이며, 목적은 의미와 진리에 관계된다. 삶의 묶음은 지금 그리고 바로 이곳에서 이루어지는 구체적이고 직접적인 어떤 것들이다. 거론하기조차 힘든 수많은 삶의 행위 가운데서도 이 삶을 이해하고 해석하는 것은 매우 중요한 일임이 틀림없다. 인간을 인간이라 말할 수 있는 이유는 현재를 이해하고 해석하는 행위를 한다는 데 있다. 인문학은 이런 인간의 행위에 관계되는 학문으로, 인간의 삶과 역사는 물론, 존재와 실존의 문제, 내적이며 외적인 지평 모두와 관계한다. 그 학문은 인간존재와 삶의 현재에 대한 이해와 해석의 작업이다. 인문학은 그런 행위에 의한 의미의 학문이다.

피터 드러커는 저서『새로운 현실』(1989)에서 경영에 필요한 인문학을 이렇게 말했다. "경영이란 사람들이 전통적으로 일컬어온 리버럴 아트 그것이다. 즉 자유로움을 아는 것이다. 경영은 지식의 근본, 자신을 아는 것, 지혜 그리고 리더십을 다루기 때문에 리버럴(liberal)이고, 실제와 응용을 다루고 있기 때문에 아트(art)다." 이 시대에 필요한 인문학은 단순히 고전 읽기와 예술작품 감상의 문제가 아니다. 리버럴의 질문을 던짐과 동시에 아트의 성과를 내야만 하는 절대적인 과제를 안고 있는 것이다. 리버럴이 없는 아트는 맹목이고, 아트 없는 리버럴은 공허하다. 대학이든 기업이든 인문학을 리버럴과 아트의 조화로 바라볼 수만 있다면 인문학의 혼란은 조금이나마 해소될 수 있다.

2. 인문학적 사고 과정(유형)

2.1 상상력(想像力)

상상은 현재의 지각에는 없는 사물이나 현상을 과거의 경험이나 관념에 근거하여 재생시키거나 만들어내는 일종의 마음작용이다.

상상력은 상상을 하는 심적 능력(心的能力). 구상력(構想力)이라고도 한다. 인간이 대상을 인지하는 것은 감각-지각 과정을 거쳐서만 되는 것이 아니라 상상의 도움을 받는다. 감각-지각의 경우 그 대상이 실제로 존재한다. 따라서 내가 그것에 물리적인 영향을 끼칠 수 있다. 물리적 영향이란 만진 다든지 움직이게 해서 시공간이나 에너지의 변화를 초래하는 행동을 말한다. 반면, 상상이란 자신이 의도적으로 만들어낸 것이며, 외부적인 지각이라는 의미에서는 실재하지 않는다. 상상을 의미하는 imagination의 원래 의미는 외부 대상의 이미지를 우리 마음속에 만드는 능력을 말하지만, 현대에는 외부 대상이 없는 상태에서 마음속에서만 만들어내는 이미지나 사고 경험이라는 의미로 더 많이 사용된다. 상상과 유사한 용어로 공상(환상, fantasy)이 있다. 상상과 공상은 비슷해 보이지만, 공상이나 환상이 좀 더 현실성이 떨어진다는 의미로 사용된다.

정상적인 의식을 가진 사람이라면 자신이 실제로 존재하는 사물을 지각하고 있는지, 단지 상상하고 있는지를 바로 확신을 가지고 구분할 수 있다. 우리는 지금 당장 보고 싶은 애인에 대해서 바로 옆에 있는 것처럼 모습이나 표정, 혹은 냄새까지도 세세하게 느낄 수 있다. 그러나 애인이 현재 여기에 있지 않다는 것을 알고 있으면, 공상에서 깨어났을 때의 아쉬움이 진짜 만나고 헤어질 때의 아쉬움과는 다르다는 것도 안다.

누군가가 자신이 과거에 경험한 감각에 대해 이야기한다면, 그 말에는 다음과 같은 단계가 일어났다는 사실이 내포되어 있다. 즉 당시에 그 감각을 의미 있는 것이라 지각하여 내적으로 등록하였고, 그 지각을 나중에 재현할 수 있도록 기억저장고에 저장된 것이다. 이렇게 기억된 지각을 재현하는 것이 상상이다. 그런데 상상은 이런 과정을 거쳐서만 생기는 것은 아니다. 어떤 감각은 당시에 의미 있는 것으로 지각되지 않고서도 기억저장고에 기록된다. 이를 무의식적 기억이라고 한다. 꿈은 이렇게 저장된 감각에 의지해 나타나기도 한다. 또 상상은 의식적인 혹은 무의식적인 과거의 기억에만 의존하는 것이 아니다. 전혀 경험해보지 못한 이미지도 우리는 상상할 수 있다. 그래서 우리는 지나온 유형, 무형의 흔적에 대하여 고귀하게 살펴볼 수 있어야 한다. 특히 도시개발에 있어서는 그 지역이 가지고 있는 내력과 흔적, 무늬에 대해서는 더욱 그렇다.

대상에 대한 지각은 현재의 즉각적인 감각과 이와 동시에 발생하는 기억이나 상상이 섞이면서 경험하는 복합적인 결과다. 따라서 상상은 정신 활동의 본질적인 요소다. 상상은 오감 중 어떤 것에도 해당할 수 있지만 특히 시각적인 것이 많다. 하지만 직접적인 이미지로는 떠올릴 수 없는 의도를 머릿속에 그려보는 것도 상상의 일종이다. 누군가 자기 자신은 전혀 공상을 하지 않는다고 해도, 이를 곧이곧대로 받아들여서는 안 된다. 그는 다만 시각적인 이미지를 자주 갖지 않는다고 말하는 것뿐이다.

우리 일상생활에는 실제 감각과 상상이 항상 섞여 있다. 우리가 제주도행 비행기 표를 살 때는 단지 비행기를 탈 수 있는 권리를 사는 것뿐만 아니라 비행기를 탔을 때의 즐거움도 사는 것이다. 이처럼 조금만 생각해보면 실제 감각 지각과 상상을 쉽게 구별할 수 있지만, 일상생활에서는 굳이 구분하여 생각하지 않는다. 일반적으로 풍부한 상상은 허울적인 경향이 있음을 의미한다기보다는 오히려 삶에 대한 만족이나 정서적 안정과 연관되어 있다. 상상은 자신만이 가질 수 있는 고유 권한이다.

인간에게는 상상력이라는 불가해한 능력이 내재해 있다. 인간은 상상하는 존재다. 상상하지 않는 사람은 없다. 상상은 인간의 내면에 그림을 그린다. 이미지(image)는 다르게 말하면 상상력이 그린 내면의 그림(mental picture)이다. 인류의 문명이 시작됨과 동시에 만들어진 문화와 신화, 전설 등의 모든 문학 작품의 원동력이 되는 근원이자 개념이다. 상상력은 우리 인류가 나올 때부터 시작되었으며 옛날 사람들이 쉽게 설명할 수 없는 자연현상이나 사건을 환상의 동물이나 신들이 했다고 상상을 했기에 지금 우리가 알고 있는 신화 생명체들이 나온 것이다. 지금도 상상력이 많은 작가들 덕분에 새로운 작품들이 나오고 있다. 소설이나 만화를 창작해서 만들어내는 것을 직업으로 하는 작가들에게 필요한 에너지가 바로 상상력이다. 과학을 하는 사람에게도 상상력이 필요한데 똑같은 데이터나 현상을 가지고 기발한 발상으로 새로운 결론을 도출해내는 상상력은 훌륭한 과학자에게도 필요한 능력이다.

상상력은 무엇인가? 상상력은 이미지를 만드는 힘이며 원천이다. 그것은 인간이란 존재의 본질이면서 동시에 순진무구한 자동 연상활동이다. 생각 없는 사람이 없듯이 상상하지 않는 사람 또한 없다. 나아가 상상력은 의도된, 그러나 기대 이상의 결과를 가져오는 사유의 과정이다. 문명사에서 위대한 전환점을 가져온 사건들, 인물들 혹은 그들의 발명, 발견들, 그 곁에는 언제나 위대한 상상력이 함께 했다. 이미지는 그런 상상력이 낳은 결실이며 이로서 인간의 사유는 확장되고 구체적인 동력을 얻는다.

William Blake(영국, 1757~1827)는 "상상력은 어떤 상태를 말하는 것이 아니라 인간 존재, 그 자체를 가리키는 것"이라고 했다. 그의 말을 분석해보면 상상력이란 공상(fancy)이나 환상(illusion)과 같은 단순한 연상의 과정이 아니라 현실화할 수 있는 "창조적 과정"으로서 인간 정신과 육체에 대한 근원적인 해석 수단이며 인간과 세계의 상태를 설명하는 근본원리며 법칙이라는 것이다. 다시 말해서 인간이란 곧 상상에 의해 투영된 이미지의 합이며, 세상이란 그 투영된 이미지들의 장(field)이라는 생각이다.

"아는 것이 힘"이라고 경험주의 철학자 프랜시스 베이컨은 말했다. 아는 것, 즉 지식은 세상 만물의 이치를 이해하는 힘이다. 세상은 아는 만큼 보인다. 그러나 세기의 물리학자 알베르트 아인슈타인은 "상상력은 지식보다 중요하다."라고 말했다. 지식은 한계가 있지만 상상력은 무한하기 때문이다. 지식도 질문과 호기심, 상상력으로부터 시작된다. 상상의 힘은 위대하다. 존재하지 않는 허구적인 것을 상상하고 오지 않은 미래를 예측하는 등의 상상력은 지구의 생명체 중 오직 인간만이 가지고 있다. 상상으로부터 창의적 아이디어가 탄생하고 미래의 중요한 가상 시나리오도 그려진다는 것이다.

우리가 도시를 구상할 때에는 그 지역만이 가지고 있는 정체성을 표현하기 위해 실재로 경험하지 않은 현상이나 사물에 대하여 그 지역이 가지고 있는 인문·사회적, 역사·문화적, 지형·지리학적, 환경·생태적 요소 등 여러 소재에 대하여 상상(력)을 통해 여러 가지로 이미지화해볼 수 있다는 것이다. 상상력에 의한 창의적인 이미지의 결정체가 도시의 골격으로 표현되어야 한다. 그리고 이러한 상상은 재생적 상상과 창조적 상상으로 구분할 수 있다.

2.2 연상력(聯想力)

연상력이란 단어나 문장 하나가 머리에 떠오르면 꼬리에 꼬리를 무는 생각으로 그와 연관된 단어나 이미지를 떠올릴 수 있는 능력을 말한다.

어떤 사물을 보거나 듣거나 생각할 때 그것과 관련된 사물을 머릿속에 떠올리는 능력으로 연상력 발상법의 원리는 브레인스토밍 원리와 거의 유사하다. 브레인스토밍에서는 아이디어 창출과 평가를 여럿이 함께 모여 진행한다면, 연상력 발상법에서는 각자가 흩어져 홀로 아이디어를 낸다는 점이 다르다. 그렇지만 자료를 충분히 수집하고 분석한 다음, 자유롭게 어떤 아이디어라도 창출한다는 점은 두 방법 모두에 공통적인 특징이다.

케이플즈의 연상력 발상법은 지금도 광고 창작 현장에서 금과옥조처럼 활용되고 있다. 그는 광고 실무계에서 장기간에 걸쳐 집행한 수백 가지 광고 사례를 분석한 다음, 경험적으로 정리한 아이디어 발상법을 제시했다. 연상력 발상법이란 머릿속에서 무의식적으로 연상되는 단어와 문장을 연속으로 써 내려가는 방법이다(Caples, 1957). 이 방법은 실제 카피 창작에서 매우 효과적으로 활용할 수 있다.

연상적 발상은 시각적 아이디어를 찾는 데도 많은 도움이 되지만 카피 아이디어를 추출하는 데도 유용하다. 케이플즈의 연상력 발상법은 키워드법과 유사하게 보일 수 있다. 그렇지만 키워드법이 카피 아이디어를 얻기 위해 여러 명이 함께 행하는 집단적 발상법이라면, 이 방법은 혼자서 행하는 독자적 발상 기법이라는 데에 중요한 차이가 있다(김동규, 2003, 224).

연상력 발상법은 이를 참고하여 다음과 같이 진행한다.

첫째, 주제에 대한 관련 자료를 수집하고, 읽어보고 숙지해 충분히 소화한다.

둘째, 큰 종이를 준비하고 펜을 들어 쓸 준비를 한다.

셋째, 주제나 상품과 관련하여 머릿속에 가장 먼저 떠오르는 단어를 적는다.

넷째, 잇따라 머릿속에 연상되는 단어나 문장을 계속 써 내려간다. 이때 단어나 문장이 서로 연결되는지 논리적으로 분석하거나 비판하지 않고, 무의식적인 상태에서 떠오르는 대로 계속 써 내려가는 것이 중요하다. 제대로 하면 종이 위에 써 내려가는 단어나 문장의 속도가 머릿속에 연속으로 떠오르는 단어나 문장의 속도를 따라가지 못할 수도 있다. 그렇다 하더라도 계속 쉬지 않고 써 내려가는 것이 중요하다. 지나간 단어나 문장을 되돌아볼 필요는 없다. 그냥 떠오르는 것들을 충실히 적기만 하는 것이 중요하다. 이렇게 해서 태어나는 단어나 문장이 모두 완벽한 아이디어의 형태를 갖추지는 않지만, 나중에 놀라운 아이디어로 발전될 가능성이 있는 것이다.

다섯째, 단어나 문장을 계속 쓰다 보면 머릿속이 점점 뜨거워지며, 시간이 흐를수록 연상의 속도가 빨라지다 나중에는 느려지고 결국 아이디어가 고갈되어 아무 생각도 나지 않게 된다.

여섯째, 머릿속이 텅 빌 정도로 더 이상 새로운 아이디어가 떠오르지 않으면 추진 기법(booster technique)을 사용한다. 추진 기법이란 주제를 정리한 자료나 이전의 성과물을 검토하는 것인데, 이 과정에서 문제 해결의 실마리가 발견되어 아이디어가 재충전되면 처음으로 돌아가 다시 아이디어를 써 내려간다. 더 이상 불가능해질 때까지 이 과정을 반복한다. 계속 써 내려가다 보면 단어와 단어가 구절로, 구절과 구절이 문장으로, 문장과 문장이 때로는 하나의 단락으로 발전되기도 한다.

일곱째, 아이디어를 충분히 낸 다음에는 휴식을 취한 후 아이디어를 간추리거나 정리한다. 큰 종이에 적혀 있는 많은 단어나 문장은 문제를 해결하는 데 풍부한 재료가 될 것이다(『아이디어발상법』, 2014, 김병희).

2.3 구상(構想, Imagination)

어떤 일을 어떠한 계획(計劃)으로 하겠다고 하는 생각, 즉 생각을 얽어놓는 것을 말한다. 실제 설계자나 작가가 작품을 위한 펜을 들기 전까지 그의 상상력에 포착된 내용들을 어떻게 정리하고 배열할 것인가를 그려보는 과정이다. 즉 구상이란 쓰고 싶은 제재(題材)를 어떻게 배열할 것인가를 결정하는 문장의 설계도를 말하며, 문장에 통일적인 맥락을 부여하는 일이다. 마치 하나의 건축물을 지을 때 미리 조감도를 마련하는 것처럼 작품이라는 건축물을 짓기 위한 문학의 청사진을 그리는 것이다.

『음향과 분노(The Sound and the Fury)』미국인 작가 포크너(W. Faulkner, 1897~1962)는 어느 날 창문 너머로 할머니의 장례식을 목도한다. 그리고 배나무 가지 사이로 속옷이 흙투성이인 소녀의 엉덩이를 볼 수 있었다. 이 괴이한 풍경이 하나의 소설적 상상력으로 발전하여 초현실주의 소설『음향과 분노』가 탄생되었다. 이처럼 구상은 창작의 일정한 과정, 즉 착상과 기필(起筆) 사이의 과정을 의미한다.

작품을 구상할 때 주의해야 할 세 가지 원칙이 있다. 첫째는 중(中)인 바, 중심이 없는 산만한 글이 되지 않도록 해야 할 것이고, 둘째는 요(要)인데 요점을 살펴 지리한 글이 되지 않게 하는 것이고, 셋째는 관(貫)으로 처음 쓰고자 했던 바를 글 쓰는 중도에서 변경시키는 일이 없도록 일관하는 일이다. 중, 요, 관의 3원칙을 지킬 때 구상의 효과는 배가할 것이다.

구상의 방법에는 크게 질서체계에 기초를 둔 전개적 구상과 논리체계에 의존하는 종합적 구상으로 나뉜다. 전개적 구상은 시간질서에 기초한 시간적 구상과 공간질서에 근거한 공간적 구상으로 나뉜다. 시간적 구상은 사건의 시간적 순서에 따라 제재를 배열하는 것이고, 공간적 구상은 먼저 전체 윤곽을 밝히고 점차로 각 부분이 어떤 관련이 있는지 밝혀가는 것이다.

종합적 구상은 쓰고자 하는 바를 인위적으로 논리를 세우는 논리적 구상방법인 바 여기에는 계단식 구상(3단 구상, 4단 구상, 5단 구상), 포괄식 구상(두괄 구상, 미괄 구상, 쌍괄 구상), 열거식 구상(의견을 간결하게 진술한다든지 중요하다고 생각되는 문제를 특별히 몇 가지 밝힐 때 쓰임), 점층식 구상(중요성이 덜한 것에서 더한 것으로 발전시키는 방식) 등이 있다.

도시개발에서의 구상은 해당 사업지구에 대하여 상상력에 의해 포착된 내용들을 어떻게 정리하고 배열할 것인지를 그려보는 과정이다. 상상력을 발휘하여 그 어떤 주제의 단어나 문장을 머리에 떠올리면서 꼬리에 꼬리를 무는 생각을 그와 연관된 단어나 이미지를 다양한 상상력의 능력으로 구상해야 한다. 즉 기본구상을 실시할 때는 그 대상지구가 실상(source)으로 가지고 있는 이미지 조사를 근거로 앞에서 기술한 상상력을 총동원하여 다양성 있는 구상안을 만들어야 한다.

2.4 개념(槪念, Concept)

사물 현상에 대한 일반적인 관념이나 지식, 다시 말해서 개개의 사물로부터 공통적·일반적 성질을 뽑아내서 이루어진 표상(表象)을 개념이라 한다. 한 무리의 개개의 것에서 공통적인 성질을 빼내어 새로 만든 관념이 곧 표상이다.

어떤 학문에서나 '개념'이라는 말을 많이 쓴다. 행정학에서도 공익성의 개념이니 관료제의 개념이니 하며 '개념'이라는 말을 쓴다. 그러나 개념(槪念) 그 자체에 대하여 정확하게 정의하기는 사실상 쉽지는 않다.

개념은 감각에 의한 인상(印象)·지각(知覺) 또는 상당히 복잡한 경험에서 창조된 논리적인 구성이며, 어디까지나 진술된 준거틀(frame of reference, → 준거기준) 안에서만 의미를 갖는 것이지 실제로 현상(現象)으로서 존재하는 것이 아니기 때문이다. 예를 들면, 나무로 만든 책상 형태의 물건이 있다고 하자, 학생이 그것을 공부하는 도구로 이용할 때에는 '책상'이라 말할 수 있다. 그러나 추워서 떨고 있는 사람에게는 아마도 '땔감'으로 보일 수도 있고, 데모하는 학생에게는 '몽둥이'의 재료로 보일 수도 있다. 이와 같이 책상이라는 용어는 특정의 용도와 성질만을 가진 것이지 그 물건이 가지고 있는 본질(本質)을 말한 것이 아니므로 준거틀을 달리하면 그 개념도 달라질 수 있는 것이다.

그러나 어떤 특정 사물의 본질을 준거틀로 하였을 경우에는 개념은 정립된다. 즉, 개개의 사물로부터 비본질적인 것을 버리고 본질적인 것만을 추출(抽出)해내는 사유(思惟)의 표현을 개념이라 정의할 수 있다. 이를테면 가을 시냇물에 발을 담갔을 때, 눈이나 얼음을 만졌을 때, 겨울에 쇠붙이에 손을 대었을 때의 촉감 등에서 알게 되는 공통된 감각적(感覺的) 느낌이 총괄되어 '차다' 또는 '차가움'과 같은 개념이 구성되는 것이 그 예이다.

2.5 이미지(Image)

이미지를 효과적으로 관리하려면 개념에 대한 명확한 이해가 필수적이다. 어떤 사물에 대하여 마음에 떠오르는 직관적인 인상, 표상을 말한다. 즉 마음속에 언어로 그린 내면의 그림(mental picture)으로 정의할 수 있다. 이 개념을 제대로 이해하려면 '브랜드'와 같은 유사 용어와의 차이점, 유사점도 구별할 필요가 있다. 이미지를 '관리'한다는 것은 인위적인 노력을 기울이는 것이다. 이미지가 없다면 새로 만들고, 부정적이라면 긍정적으로 바꾸고, 이미 호의적인 이미지를 구축해 왔다면 이를 지속적으로 유지, 발전시켜 나가는 것이 이미지 관리의 핵심이다.

1) 이미지의 정의

'이미지(image)'란 말은 우리 일상생활뿐만 아니라 여러 학문 분야에서 광범하게 사용하고 있으나 이를 명료하게 정의하기란 쉽지 않다.

이미지는 라틴어 '이마고(imago)'에서 유래한 것으로, '모방하다'란 뜻을 가진 라틴어 '이미타리(imitari)'에서 파생한 것이다(이도훈, 2007; 최윤희, 1996). 이미지에 대한 학술적 정의를 보면 인지적 측면에서 주관적 지식(subjective knowledge)을 강조하고 있는 것이 눈에 띈다. 예컨대, 리프먼은 대상에 대해 개인이나 집단이 머릿속에 그리는 주관적 그림을 이미지라고 규정한다(Lippman, 1961). 대상에 대해 갖는 마음속의 그림이나 대상에 대해 자신이 맞다고 믿는 모든 것(Boulding, 1956), 임의의 물건이나 장소에 대해 개인 또는 집단이 지니고 있는 주관적인 지식, 인상, 상상력, 감정 등 모든 것의 표출(Lawson and Baud-Boby, 1997) 등도 비슷한 유의 개념 정의다.

조금 어렵지만, 이미지의 개념을 규정함에 있어 '인지'의 범주를 보다 넓게 보아 감정적, 행동적 측면까지 포함하는 것으로 정의하는 견해도 있다(Scott, 1966). 이미지란 인간이 어떤 대상에 대해 갖고 있는 신념(belief)이나 인상(impression) 등의 집합으로서, 자신이 지각하고 중요하게 고려하는 관점에 대한 평가라는 주장(Kotler, 1980)도 이러한 범주로 분류할 수 있다.

이를 종합해보면 이미지란 인간이 어떤 대상에 대해 갖고 있는 주관적 지식이자 상상, 신념, 인상의 집합으로 인지적 측면뿐만 아니라 감정적, 행동적 측면을 포괄하는 개념이라고 할 수 있다(유재웅, 2013).

2) 브랜드

이미지라는 용어만큼이나 자주 사용되는 단어로 '브랜드(brand)'가 있다. 이미지의 개념을 명확히 이해하기 위해서도 이미지와 브랜드의 차이와 관계를 이해할 필요가 있다. 브랜드라는 용어는 '태우다'라는 의미의 옛 노르웨이 말인 'brandr'에서 유래되었다. 브랜드는 오래전에 가축 소유주들이 자신의 가축을 식별하기 위해 표시하는 수단이었다(Keller, 1998/2001).

중세 유럽의 상인 조합은 고객들에게 제품의 질에 확신을 심어주고 유사 제품으로부터 생산자를 보호하기 위해 브랜드를 사용하기도 했다. 16세기 초 영국의 위스키 제조업자들은 위스키 나무통에 불로 달군 쇠로 제조자의 이름을 찍어 출하해 소비자들에게 제조업자가 누구인지 식별시키고, 가격이 낮은 모방 제품으로부터 자신을 보호하기도 했다(안광호·한상만·전성률, 2003).

브랜드라는 용어는 구체적으로 어떻게 정의할 수 있을까. 미국마케팅협회(AMA, American Marketing Association)는 "브랜드란 개인이나 단체가 재화나 서비스를 특징짓고 이들을 경쟁자의 재화와 서비스로부터 차별화시킬 의도로 만들어진 이름, 용어, 사인, 심벌"로 정의한다. 코틀러(Kotler, 1994)는 판매자의 제품이나 서비스를 소비자가 식별하고, 경쟁자의 그것과 구별할 수 있도록 고안된 이름(name), 용어(term), 기호(sign), 상징(symbol), 디자인(design)을 브랜드라고 규정한다.

이러한 브랜드는 특정 판매자나 판매 집단이 다른 판매 경쟁자나 경쟁 집단으로부터 차별화해서 그들의 상품이나 서비스의 정체성을 확보하려는 목적 아래 장기적으로 만들어지거나 형성된다(심재철·윤태일, 2003). 또 브랜드는 제품과 서비스를 넘어서 광범하게 적용된다. 사람과 조직 역시 브랜드로 간주될 수 있다(Keller, 1998).

그렇다면 브랜드와 이미지는 어떻게 다른가. 브랜드는 쉽게 압축해 한마디로 표현한다면 나와 남을 구별하는 모든 것이라고 할 수 있다(나운봉 등, 2005). 반면 이미지는 상대가 나(개인, 조직, 기업, 국가를 포함)에 대해 갖고 있는 주관적 지식이자 신념, 인상의 집합이라고 할 수 있다.

3) 이미지 유형

이미지의 개념이 포괄적인 만큼 그 유형 또한 다양하다. 이미지는 사람, 조직, 사물, 사건 등 모든 것이 대상이 될 수 있다. 이미지 형성 '대상(객체)'을 기준으로 보면 개인 이미지는 물론 기업, 조직이나 단체 이미지, 국가 이미지, 상품 이미지 등이 있을 수 있다.

개인 이미지는 일반 개인에서부터 조직의 CEO, 대통령 등 국가 원수의 이미지에 이르기까지 범주가 광범하다. 기업, 조직이나 단체는 영리, 비영리 법인을 망라하며 NGO도 여기에 해당된다고 할 수 있다. 국가는 개인, 기업, 조직이나 단체보다 상위의 단위라고 할 수 있으며 이 역시 이미지의 대상이 된다. 상품 이미지는 휴대전화, 가전제품, 자동차, 선박, 항공기 등 유형의 상품뿐만 아니라 관광, 서비스 등 무형의 상품도 포함한다. 이미지는 사람이나 조직, 사물뿐만 아니라 추상적인 사건도 대상이 될 수 있다는 점에서 세분하면 다양한 유형으로 분류해볼 수 있다.

이미지는 형성 '주체'를 기준으로 구분해볼 수도 있다. 이미지를 형성하는 이들이 조직이나 단체의 내부인지 외부인지에 따라 조직(단체) 내부 이미지와 외부(고객) 이미지로 나눌 수 있고, 내국인이냐 외국인이냐를 기준으로 자국민 이미지와 외국인 이미지로 구분해볼 수 있다. 일반인이냐 전문가 집단이냐를 기준으로 일반인 이미지, 전문가 집단 이미지로 나누어볼 수도 있다. 이처럼 주체를 기준으로 한 이미지 유형은 국적, 성, 연령, 직업, 학력, 소득 등에 따라 다양하게 세분할 수 있다 (유재웅, 2013).

이미지 유형을 구분하는 가장 큰 목적과 이유는 이미지 관리 전략과 맞물려 있다. 모든 이미지 관리 주체마다 각기 나름의 특수성이 있다면 효율적인 이미지 관리를 위해서는 당연히 이에 대한 고려가 필요하기 때문이다.

4) 이미지 관리

이미지를 관리하는 이유는 이미지가 더 이상 관념적이거나 추상적인 차원에 머물러 있지 않고 개인이나 조직, 나아가 국가에 실질적이고 경제적인 이득을 가져오기 때문이다.

그렇다면 이미지 관리란 무엇을 의미하는가. 압축해서 이야기하자면, 이미지 관리란 부정적인 이미지를 긍정적이거나 최소한 중립적인 수준으로 변화시키는 것을 의미한다. 만일 어떤 조직, 기업이나 개인의 이미지가 형성되어 있지 않다면 새롭고 긍정적인 이미지를 창출하는 것도 이미지 관리에 포함될 것이다. 아울러 기왕에 수용자나 공중으로부터 일정 수준의 긍정적인 이미지를 형성해 온 조직이나 개인이라면 위기 등으로 인해 이미 쌓아온 이미지가 무너지거나 후퇴하지 않도록 하는 것도 이미지 관리의 영역에 속한다고 할 것이다.

특히 도시의 이미지 관리는 단순히 리모델링, 재개발 등이 전부가 아니라 생활환경 활성화를 통해 주민들과 긴밀하게 상권, 경제, 문화 등이 활성화되도록 개선 관리되어야 한다.

2.6 자기인식(自己認識)

인간은 인문학적 사고과정을 거울삼아 삶을 살아간다. 나와 다른 삶을 살았던 사람들의 경험을 문학에서 찾을 수 있고, 과거 사람들이 경험했던 시행착오는 역사 속에서 찾을 수 있다. 한편 철학은 이 모든 것을 관통하는 가장 본질적인 규칙을 찾아가려는 시도이다. 이와 같이 인간의 인문학적 탐구를 위해서 독일의 철학자 카시러(Cassirer, 1874~1945)는 자기인식이 필요하다고 강조한다. 자기인식을 통해서 각자의 정체성이 무엇인지를 고민하고 생각해볼 수 있기 때문이다. 본 절에서는 카시러가 기술(신응철 역, 2016)한 자기인식에 대한 시대적 흐름을 소개하고자 한다.

독일의 철학자 카시러는 고대철학에서 현대철학까지 이루어온 역사 과정을 통해서 풍부한 자료들과 개량된 기술들을 통해서 이제 인간 문화의 일반적 성격을 규명하려고 시도해왔다. 카시러는 20세기 초반 철학적 관념론의 입장에서 문화 철학과 생철학을 대변하는 대표적인 사상가이다.

카시러는 인문학적(철학적) 탐구의 최고 목표는 자기인식에 있다고 말한다. 그리고 이 목표는 모든 사상이 가지고 있는 아르키메데스의 점, 즉 고정불변의 중심이다. 카시러는 서양 인문철학사에서 나타나는 자기인식의 문제를 인간의 자기이해의 과정으로 "인간이란 무엇인가"라는 물음에 답하려는 인류의 끊임없는 노력으로 파악하였다. (아르키메데스 점이란 관찰자가 탐구 주제를 총체적 관점에서 객관적으로 지각할 수 있는 유리한 가설적 지점을 가리킨다. 연구 대상(주제)을 그 밖의 모든 것과 관계에서 볼 수 있도록 하며, 그것들을 독립적인 것들로 유지하도록 하는, 그 연구 대상(주제)에서 '자신(관찰자) 제거하기'라는 이상(ideal)은 바로 아르키메데스 점의 관점으로 묘사된다.)

1) 고대철학에서 자기인식의 문제

고대철학에서 자기인식(self-knowledge)은 플라톤주의와 아리스토텔레스주의로 대립하는 두 개의 사상 조류를 이루어 왔다.

플라톤에 의하면 우리가 경험하는 이 현실 세계는 그림자에 지나지 않고, 불변하고 영원한 이데아의 세계만이 참으로 존재하는 세계다. 이데아란 사물들의 원형이다. 그리고 감각은 우리에게 사물의 그림자를 보여줄 따름이므로 순수한 생각, 즉 상기(想起)에 의해서만 볼 수 있고 진리를 인식할 수 있다는 것이다.

이와 반대로 아리스토텔레스는 인간의 모든 지식이 감각, 특히 시각에서 시작된다고 보며, 또한 이상적 세계와 경험적 세계가 연결되어 있다고 보았다. 이 두 영역에서 우리가 발견하는 것은 똑같은 끊임없는 연속이라는 것이다. 인간의 지식에서와 마찬가지로 자연에서도 낮은 형태에서 보다 높은 형태가 발전해나온다. 감각, 지각, 기억, 경험, 상상, 이성은 모두 하나의 공통되는 유대에 의하여 함께 연결되어 있다. 이것들은 그저 하나의 동일한 근본적 활동의 여러 다른 단계, 다른 표현에 지나지 않는 것이다.

플라톤의 이데아적 관점과 아리스토텔레스의 실체적 관점을 보면서 자기인식의 문제를 인간의 자기 이해의 과정으로 답하려고 노력하였다. 특히 인간은 자신을 둘러싸고 있는 유동하는 세계의 조건들에 끊임없이 자기 자신을 적응시키지 않고서는 살아갈 수 없다는 것이다.

카시러는 소크라테스 철학의 지적인 독백인 독특성(반어 내지 대화를 통한)에서 어떤 새로운 객관적 내용에서가 아니라 사고의 새로운 활동과 기능에서 찾고 있다. 소크라테스적 반어법으로 오직 대화적 사고 혹은 변증법적 사고에 의해서만 우리가 인간의 본성에 관한 지식으로 나아갈 수 있게 되었다는 점을 강조한다. 소크라테스에게서 인간은 합리적 질문을 받았을 때 합리적 대답을 할 줄 아는 존재로 정의된다.

카시러는 진리란 본래 변증법적 사고의 소산이라고 생각했다. 때문에 진리는 서로 묻고 대답하는 주체들이 끊임없이 협동하지 않고서는 얻어질 수 없다고 한다. 그래서 카시러는 진리는 경험적 대상과 같은 그 어떤 것이 아니라 사회적 행동의 산물로 이해해야 한다고 주장한다.

2) 중세철학에서 자기인식의 문제

아우렐리우스(121～180)는 소크라테스의 정신을 따라 사색한 인물이다. 인간의 참된 성질이나 본질을 찾으려면 무엇보다도 먼저 인간 존재로부터 모든 외적, 우연적 특성을 제거하지 않으면 안 된다는 확신을 가지고 있다. 그는 외부로부터 인간에게 주어지거나 일어나는 것은 인간의 본질을 이루는 것이 아니라고 간주한다. 인간의 본질은 바깥 환경에 의거하지 않고 자기가 자기 자신에게 주는 가치에만 의존한다는 것이다.

인간 자신의 핵심은 '이성'인데 이 이성이 확고하게 서 있어서 판단하고 우리로 하여금 행동하게 하면 우리는 올바른 행위를 할 수가 있다. 이성은 인간의 자족적 능력이다.

다시 말해 우리가 이성적으로 생각하고 행동하기만 하면 올바른 행위나 행복한 생활을 위하여 신의 도움 같은 것이 필요하지 않다는 말이다. 스토아철학에서는 자기 자신의 깊은 자아와 조화롭게 사는 사람은 또한 우주와 더불어 조화롭게 산다고 본다.

카시러에 따르면 우리가 우주의 질서와 인격의 질서를 파악할 수 있는 것은 우리들의 감각 세계에서가 아니라 오직 우리의 판단력에 의해서 가능하다는 것이다. 말하자면 판단은 인간에게 있어 중심적인 힘이요, 진리와 도덕이 한 가지로 거기서 나오는 근원이라는 것이다. 왜냐하면 그것이야 말로 인간이 그 속에서 자기 자신에게 전적으로 의지하는 유일한 것이기 때문이다.

아우구스티누스(354~430)는 「고백론」에서 그리스도가 태어나기 전 이성은 인간 최고의 힘으로 찬미되었지만 아우구스티누스에게 이성은 하나의 단순하고 독특한 성질을 가지고 있는 것이 아니라 오히려 이중의 분열된 성질을 가지고 있다는 것이다. 인간이 하나님의 형상으로 창조되었던 깨끗한 이성이 아담의 타락으로 처음에 가지고 있었던 이성의 힘이 희미해졌다. 그리고 그 이성은 절대로 단독으로는 자체의 능력을 가지고서 본래로 돌아갈 수 없게 되었다는 것이다. 이성은 자기 자신을 재건할 수 없으며, 그 자신의 노력에 의하여 이전의 순수한 본질로 더 이상 돌아갈 수가 없다는 것이다. 만일 그 일이 가능하다면 오직 초자연적인 도움에 의한 신적 은혜의 힘에 의해서만 가능하다. 이것이 아우구스티누스에 의해 이해된 중세 사상의 위대한 체계 속에 유지된 하나의 새로운 인간학이었다고 카시러는 파악하고 있다.

토마스 아퀴나스(1225~1274)는 인간의 이성에 대해 아우구스티누스보다도 높은 능력을 인정하고 있으나, 그는 이성이 하나님의 은혜에 의하여 인도되고 빛을 받게 되지 않는 한, 이 능력들을 바로 사용할 수 없다는 데 확신을 가지고 있다. 카시러는 지금까지 논의를 통해 그리스 철학이 받들던 모든 가치가 완전히 전도되었음을 보고 있다. 한때 인간 최고의 특권으로 보였던 것이 이제는 인간에 대한 위험이자 유혹이 되었다는 것이다. 즉 인간의 자랑인 것처럼 보였던 것이 이제는 가장 깊은 부끄러움이 되었다는 것이다.

3) 근세철학에서 자기인식의 문제

파스칼(1623~1662)은 합리주의적 사고방식이 지배적이던 17세기에 오히려 인간의 신비적 성격을 긍정하고 종교를 옹호하였다. 그에 따르면 인간에 대한 모든 정의는 우리의 경험을 기초로 하며, 또 이 경험에 의하여 확립되지 않는 한 한낱 공허한 사변에 지나지 않게 된다는 것이다. 파스칼은 인간의 본성은 모순으로 가득 차 있다고 말한다. 인간은 단순하거나 혹은 자기 동일적 존재를 가지고 있지 않다고 말한다. 인간은 존재와 비존재의 이상한 혼합물이어서 정반대되는 두 극 사이에 있다. 따라서 인간성의 비밀로 나아가는 길은 오직 하나밖에 없는데 그 길이 바로 종교라고 한다. 그 종교는 우리에게 이중의 인간인 타락 이전의 인간과 타락 이후의 인간이 있음을 보여준다. 인간은 가장 높은 목표를 향해 나아갈 운명을 짊어진 자였으나 그 지위를 잃게 되었다. 타락으로 말미암아 인간은 힘을 잃어버렸으며 그의 이성과 의지는 그릇된 길로 빠져들게 되었다.

몽테뉴(1533~1592)는 지구가 우주 전체에 비하면 작은 점에 지나지 않는다는 회의론에서 코페르니쿠스의 태양중심설은 16세기와 17세기 새로운 인간관의 출발점이 되었다. 이 시기에는 인간의 과학적 정신에 의하여, 다시금 인간의 이성의 힘에 의하여 우주의 신비와 인간의 신비를 알려는 노력이 전개되었다. 카시러는 근대의 모든 형이상학의 길을 연 최초의 인물은 조르다노 브루노라고 한다.

조르다노 부르노(1548~1600)는 근대의 모든 형이상학을 연 최초의 인물이다. 플라톤에게 '무한'은 인간의 이성으로는 알 수 없는 부정적인 것이었지만, 부르노에게 무한은 현실의 헤아릴 수 없고 그침 없는 풍요함과 인간 예지의 한정 없는 힘을 의미했다. 즉 인간의 이성은 그 무한한 힘에 의하여 무한한 우주의 신비를 알 수 있게 되었다는 것이다. 17세기에 새로운 우주관과 인간관이 확정되는 데에는 갈릴레이, 데카르트, 라이프니츠, 스피노자 등의 공동 노력이 있었던 덕분이라고 카시러는 말하고 있다. 17세기 위대한 사상가들은 수학적 이성에 의하여 우주와 인간의 문제를 해결하려고 하였던 것이다. 파스칼 같은 예외가 있었음에도 17세기는 합리주의 시대라 할 수 있다고 카시러는 말한다.

4) 현대철학에서 자기인식의 문제

19세기 생물학적 사상이 수학 사상보다 우위를 차지하고, 종래의 인간관을 뒤집는 혁신이 일어났다. 다윈(Dawin, 1809~1882)의 진화론과 관련하여 아리스토텔레스의 경우는 형상적 의미의 진화론이었고, 다윈의 경우는 물리적 의미의 진화론이었다. 아리스토텔레스의 경우 모든 생명체가 인간을 목적으로 삼고 진보한다고 보는 목적론적인 것이었는데 반해, 다윈은 아리스토텔레스가 '우연한 것'으로 본 질료(質料), 즉 물질을 가지고서 생명 현상을 설명하였다.

이상과 같이 카시러는 고대 그리스 철학으로부터 19세기의 진화론에 이르기까지 인간의 자기인식과 관련된 인간관의 변천 과정을 살펴보았다. 현대철학에서도 인간의 사상과 의지의 메커니즘 전체를 움직이게 하는 숨은 노력들이 계속되었다. 니체는 힘에의 의지, 프로이트는 성적 본능, 마르크스는 경제적 본능이 인간의 모든 행동의 근본 동기라고 주장하였다. 이렇듯 인간에 대한 현대 철학의 이론은 그 지적 중심을 상실해버렸고, 그 결과 사상의 완전한 무정부 상태에 직면하게 되었다고 카시러는 지적한다.

그러면서 현대에는 자연과학과 인문과학이 세분화되어 각기 자기의 전문 분야의 입장에서 인간을 바라보게 되었다. 그 결과 오늘 날에는 인간관의 초점이 사라지고 말았다. 그래서 카시러는 풍부한 자료들과 개량된 기술들을 통해서 이제 인간 문화의 일반적 성격을 규명하려고 시도하고 있다. 카시러의 이 일련의 계획에서 가장 중요한 것은 그 중심적 관점이다. 인간 문화의 성격을 규명하기 위한 하나의 잣대를 카시러는 제시하고 있다. 그는 문화를 만들어낸 인간, 그 인간을 다시 규정함으로써 문화에 대한 새로운 이해를 하려고 한다. 인간에 대한 새로운 규정, 그것은 바로 인간이 더 이상 '이성적 동물'이 아니라 '상징적 동물'이라는 것이다. 상징적 동물이라는 새로운 인간 규정을 토대로 카시러는 인간의 자기인식, 자기이해, 나아가 인간이 만들어놓은 정신 활동의 총체인 문화 이해를 시도한다.

2.7 상징(象徵)

상징이란 사물을 전달하는 매개적 작용을 하는 것을 통틀어 이르는 말이다.

첫째로 정신적 의미가 함축된 일체의 감각적 현상들을 말한다. 둘째로 관계적 사고를 근거로 하는 상징은 그것이 의미하는 대상의 총체적 경험 내용을 재현하는 성격을 가지고 있다. 그리고 상징적 기능은 세계를 향한 우리의 객관화 관점이나 의미 실현 방향들의 차이에 의해 나타나게 낸다. 다시 말해 의식의 상징적 기능은 표현적 기능, 직관적 기능, 개념적 기능으로 구분되는데 이러한 기능에 따라 각기 다른 의미 세계의 상징들, 즉 신화, 언어, 과학의 세계가 우리 앞에 나타난다.

카시러에 의하면 인간은 상징형식을 통해 삶을 표현하는 자유로운 존재라는 것이다.

인간이나 사물 집단 등을 전달할 때 복잡한 개념을 단순화해 매개적 작용을 하는 것을 통틀어 이르는 말로 그리스어의 symbolon(증표, 기호, 표시 등을 뜻함)이 그 어원이다. 상징을 매개로 다른 것을 알아차리게 하는 작용이므로 인간에게만 부여된 정신작용 중 하나이다.

1) 이성적 동물에서 상징적 동물

카시러는 자신의 문화철학을 전개하면서 지금까지 인정해 오던 이성이라는 관점보다 상징(symbol)이라는 틀을 통해 자기인식의 문제, 더 나아가 '인간이란 무엇인가'라는 문제에 대답하려는 것이다. 상징이란 개념은 생물학자 윅스퀼(1864~1944)의 견해를 따르며 모든 생명체는 인지계통과 작용계통이 있다는 주장이다. 이 계통의 협동과 평형이 없으면 유기체는 살아남을 수 없다고 한다. 카시러는 인간 세계도 기본적으로는 인지계통(자극)과 작용계통(반응)으로 이루어져 있지만 인간 세계에서만 나타나는 상징계통이라는 새로운 특징이 있다는 것이다. 이것을 통해 인간은 다른 동물보다 더 넓은 세계에서 살아갈 수 있고 새로운 차원 속에서 살 수 있게 되었다는 것이다.

생물들에게서 나타나는 반작용과 인간에게서 나타나는 반응 사이에는 분명한 차이가 있다고 카시러는 말한다. 생물의 반작용은 외부로부터의 자극에 직접적이고 즉각적인 응답으로 주어지는 데 비해, 인간의 반응은 느리고 복잡한 사고과정에 의해 지체된다고 한다.

인간은 상징계통을 통해 비로소 물리적 우주에만 머물러 사는 것이 아니라 상징적 우주에서도 살 수 있게 되었다는 것이다. 언어, 예술, 종교, 역사, 과학은 이러한 상징적 우주를 이루고 있는 것들로, 이것들은 상징의 그물을 짜고 있는 가지각색의 실이자 인간 경험의 엉클어진 거미줄이라고 카시러는 말한다.

인간은 언어적 형식, 예술적 심상, 신화적 상징, 종교적 의식에 깊게 둘러싸여 있기 때문에 이러한 인위적 매개물의 개입에 의하지 않고서는 아무것도 볼 수 없고 또 알 수 없다고 카시러는 말한다. 카시러는 인간의 지식은 본성상 "상징적 지식(symbolic knowledge)"이라고 말한다. 이 상징적 지식이 인간 인식의 힘과 그 한계를 특징짓는다고 한다.

카시러는 본래 언어란 사고나 사상을 표현하는 것이 아니라 감정과 감동을 표현하는 것이라고 한다. 이 주장은 '이성'이라는 말이 인간 문화생활의 여러 형태들을 그 모든 풍부함과 다양성에서 전체적으로 이해하는 데는 매우 부적당하다는 의미이기도 하다. 카시러가 볼 때 인간 문화의 여러 형태들은 '상징적 형태'로 되어 있다는 것이다. 그렇기 때문에 카시러는 인간을 '이성적 동물'로 정의하는 대신 '상징적 동물'로 새롭게 정의하고, 그것에 근거하여 인간의 문화 현상들을 이해하고 있다. 이상과 같이 카시러의 인간에 대한 새로운 정의는 신화, 예술, 언어, 역사, 과학에 대한 논의의 근간이 된다.

2) 문화를 통한 인간의 정의

고대 소크라테스는 '너 자신을 알라'라는 델포이 신전의 명령을 따라 개인에 대한 자기검토와 자기인식의 문제에 정진하였다. 그는 개인적 인간을 문제 삼았다.

플라톤은 소크라테스의 인간 탐구방법의 한계를 깨달았다. 개인의 생활과 경험만을 살피는 일로는 인간이 무엇인지 알 수 없다는 것이다. 그래서 플라톤은 인간이 무엇인지 알기 위해서 인간의 사회생활과 정치생활을 연구해야 한다고 생각하였다.

이에 반해 카시러는 플라톤의 사상에 대해 정치생활이나 국가만이 인간의 공공적 생존 형태가 아니라 오히려 문화를 통해 인간이 정의되어야 한다고 주장한다. 오히려 국가보다도 더 오랜 생명을 지니고 있고 인간의 생명력을 나타내고 있는 여러 가지 '문화의 본성'을 찾아 거기에서 인간의 본성을 파악해야 한다고 생각하고 있는 것이다.

카시러는 인간이 무엇인지를 알려면 인간의 여러 활동들 하나하나의 근본적 구조를 이해하는 동시에 이 모든 활동들을 하나의 '유기적 전체'로서 이해해야 한다고 말한다. 또한 인간 문화의 개별적 형식들을 분석하는 것만으로 만족할 수 없고 전체적으로 이해해야 한다고 말한다.

3) 상징, 상징적 형식을 통한 인간의 이해

인간은 늘 언어적 형식, 예술적 심상, 신화적 상징, 종교적 의식에 깊게 둘러싸여 있기 때문에 이러한 매개물의 개입을 통해 세계를 인식하게 된다. 신화, 예술, 언어, 역사. 과학은 인간에게서 상징적 우주를 이루고 있는 갖가지 요소들이다. 그렇다면 도대체 상징과 상징적 기능, 상징적 형식은 어떻게 연결되어 있는가 하는 점이다. 앞에서 카시러는 인간을 상징적 동물로 정의하면서 인간의 상징은 물리적 세계가 아니라 의미의 세계를 지칭한다는 사실을 살펴보았다.

카시러에 따르면 상징이란 사물을 전달하는 매개적 작용을 하는 것을 통틀어 이르는 말이다.

① 정신적 의미가 함축된 일체의 감각적 현상을 말한다.
② 관계적 사고를 근거로 하는 상징은 그것이 의미하는 대상의 총체적 경험 내용을 재현한다는 성격을 가지고 있다.

상징적 기능은 세계를 향한 우리의 객관화 관점이나 의미 실현 방향들의 차이에 의해 나타나게 된다. 다시 말해 의식의 상징적 기능은 표현적 기능, 직관적 기능, 개념적 기능으로 구분하는데 각기 다른 의미 세계들, 즉 신화, 언어, 과학의 세계가 우리 앞에 나타나게 된다.

상징적 형식은 상징적 기능에 의해 만들어진 결과물들 예컨대 신화, 예술, 언어, 과학 등을 말한다.

카시러의 상징이론은 크게 세 가지 방식으로 요약될 수 있다.

첫째, 인간의 세계 이해는 우리가 만들어낸 상징을 통해 간접적으로 이루어진다.

둘째, 모든 상징은 우리 의식의 선험적 능력인 상징적 기능과 상징적 형식에 의해 만들어진다.

　－상징적 기능은 우리의 의식에 주어진 경험내용을 조직화하고 의미화하는 구성적 종합행위를 말한다.

　－상징적 형식은 상징적 기능에 의해 만들어진 결과물들 예컨대 신화, 예술, 언어, 과학 등을 말한다.

셋째, 모든 상징은 인간의 단순한 의사소통의 매개체가 아니라 인식 행위의 산물이고, 세계 이해를 향한 인간의 관점을 형성한다.

※ '상징적 형식' 이라는 개념은 1921년 바르부르크연구소에서 발표한 논문 "정신과학의 구조에서 상징적 형식 개념"에서 처음 사용되었다.

카시러는 그의 논문에서 "모든 정신의 에네르기는 상징형식하에서 이해되어야 하며 정신적 의미 내용은 상징형식을 통해 구체적인 기호와 연결된다."라고 말한다. 카시러가 상징형식을 정신의 에네르기와 연결시킬 때 '정신의 에네르기'란 의미를 찾거나 의미를 부여하는 모든 해석 행위를 의미한다. 여기서 구체적인 감각적 기호는 경험될 수 있는 것이라면 그것은 어떤 것이든지 기호일 수있다고 말한다. 그렇다고 상징형식이 무한정 존재한다는 의미는 아니다.

구체적 감각 기호들이 의미내용을 담고 있을 때에만 상징형식이 된다는 뜻이다. 이와 같이 의미내용을 담고 있는 상징형식이란 인간의 언어, 예술, 역사, 과학 등 인간의 문화 현상들이 된다.

카시러의 상징개념에 기초한 '상징적 인간관'은 그의 문화철학 전체를 꿰뚫고 있는 핵심 관점으로서 신화, 예술, 언어, 역사, 과학에 대한 논의 속에서 시종일관 나타나고 있다. 카시러는 현대인이이루어놓은 이성 중심의, 합리성 중심의 과학적 사고가 인간 삶의 질적인 변화와 풍요를 어느 정도가져다준 사실은 인정하지만, 그에 반해 현대인이 상실해버리고 망각하는 여러 근원적 측면을 이러한 관점을 통해 지적하고 있다. 다시 말해 카시러는 현대인들의 사고 속에서 평가절하되고 있는 신화적 사고, 예술적 직관, 상징, 상상력 등을 통해 보다 다양하고 폭넓은 인간 이해를 시도하고 있는것이다(막연한 이성보다 상징형식을 중요시함).

2.8 언어(言語)

생각이나 느낌 따위를 나타내거나 전달하는 데에 쓰는 음성, 문자 따위의 수단을 말한다. 또는그 음성이나 문자 따위의 사회 관습적인 체계. 언어는 인간만이 가진 독특한 것이다. 인간이 음성이나 문자를 이용하여 의사소통을 하는 도구이다.

1) 명제적 언어와 정서적 언어

언어는 단순하고 또 그 형태가 한결같은 현상이 아니다. 그것은 생물학적으로 또 계통적으로 동일한 수준에 있지 않은 서로 다른 요소들로 이루어져 있다. 그렇기 때문에 언어의 다양한 지층들을구별해야 한다는 것이다.

카시러는 가장 근본적인 언어의 층은 정서적 언어(language of the emotions)라고 한다. 정서적 언어의 특징은 감탄사적으로 사용된다. 이 때문에 정서적 언어에는 단연히 감정의 폭발이 들어 있게된다. 정서적 언어와 비슷한 것을 동물의 세계에서 많이 찾아볼 수 있다.

또한 모든 인간 언어의 특색이 되는 명제적 언어가 있다. 명제적 언어란 감정의 무의식적 표현이나 감정의 표출이 아니고 일정한 수사법적, 논리적 구조를 가지고 있어서 객관적 지시 대상이나 의미를 가지고 있다. 인간은 명제적 언어를 통해 하나의 객관적 세계 또는 경험적 사물들의 세계를 발견하게 된다. 이것이 오직 인간 언어에서만 찾아 볼 수 있는 특징이라는 것이다. 카시러는 이런 언어적 차이를 드러내기 위해서 동물의 행동에 대해서는 반동(reaction)이라는 용어를 쓰고, 인간 행동에 대해서는 반응(response)이라는 용어를 사용한다. 동물에게는 정서적 언어만 있을 뿐이다.

2) 신호와 상징의 차이

카시러는 동물의 행동에는 상당히 복잡한 신호(sign)의 조직이 들어 있다고 말한다. 그러나 동물에게는 인간의 '말'에 해당하는 것은 없다. 그리고 신호는 상징이 될 수 없다.

신호와 상징의 차이는 어디에 있는가?

상징은 단순히 신호로 환원될 수가 없다. 신호는 물리적 세계의 일부요, 상징은 인간 '의미세계'의 일부다. 신호는 '조작자(operators)'이고 상징은 '지시자(designator)'이다. 신호는 신호로 이해되고 사용될 때에도 역시 일종의 물질적 혹은 실체적 존재이지만, 상징은 다만 기능적 가치를 가지고 있을 따름이다. 카시러는 신호의 차원은 인간과 동물들 모두에게서 볼 수 있지만 상징의 차원은 오직 인간에게서만 볼 수 있는 고유한 특징이라는 사실을 강조하고 있다.

3) 상징적 기능으로서의 '이름(naming)'

우리는 다양한 개념 단위를 결합하고 연합하는 일을 인간에게서만 발견하게 된다. 이러한 연합의 과정에서 언어는 결정적인 역할을 담당한다. 언어는 개념 세계에 대한 이해의 문을 열어주는 열쇠다. 상징적 차원은 오직 인간에게서만 볼 수 있는 고유한 특징이라는 사실을 강조하고 있다.

예를 들어 우리가 '집'에 관하여 이해할 경우 거기에는 수많은 다양한 요소들이 포함되어 있다. 말하자면 관찰자의 관점에 따라, 그리고 다양한 설명 조건들에 따라, 집의 형태는 쉴 새 없이 변하게 된다. 그렇지만 우리는 이 모든 광범위한 변화에도 불구하고 '집'을 하나의 동일한 대상, 동일한 사물로 생각하게 된다. 이러한 객관적 동일성을 유지하고 간직하기 위해서는 '이름(명칭)'의 동일성, '언어적 상징'의 동일성이 가장 중요한 보조 수단 중의 하나가 된다. 언어 속에서 생기는 고정화는 경험적 대상들의 이해나 인식이 의존하고 있는 지적인 통합을 뒷받침해주는 것이 된다.

상징성의 원리는 그 보편성, 타당성, 일반적 적용성과 더불어 특별히 인간적인 세계, 인간의 문화 세계에 접근할 수 있는 열쇠라고 카시러는 말한다. 인간은 가장 빈약하고 보잘것없는 재료를 가지고서도 상징적 세계를 만들어낼 수 있다. 보편적 적용성은 모든 것이 이름을 가지고 있다는 사실로 인하여 인간의 상징성의 가장 큰 특성 가운데 하나가 된다. 진정한 인간의 상징은 제일성(齊一性, 기능적 분류체계의 묶음)이 아니라 변통성을 그 특징으로 한다. 그것은 고정되어 있거나 불변적인 것이 아니라 자유로이 변화한다. 카시러는 만일 상징이 없었다면 인간의 생활은 마치 유명한 플라톤의 비유인 "동굴 속"의 그것과 다를 바 없었을 것이라고 말한다.

2.9 문화(文化)

인간이 습득하는 모든 능력과 습관을 포함하는 복합적인 총체로서 정신문화, 행동문화, 물질문화의 3가지 문화가 있다.

1) 문화 개념

카시러의 문화 개념은 칸트의 영향을 받은 것이라 할 수 있다.

칸트에게서 문화는 인간이 스스로 만든 작품이고 인간은 문화를 통해 자신의 삶을 만들어가는 존재라는 것이다. 이때 인간은 한 개인으로서 인간이 아니라 인류로서 인간이다.

인간의 문화는 한 개인에 그치지 않고 세대에서 세대로 인류 공동체의 공동 노력을 통해 축적될 수 있는 것이다. 문화는 거칠고 조야한 자연 상태에서 좀 더 세련된 상태로의 변화를 일컫는다. 문화는 물건이 아니라 한 상태에서 다른 상태로의 이행이라는 것이다. 문화는 실체적이 아니라 과정적이다. 이런 생각은 칸트의 '추측해본 인류 역사의 기원'에서도 확인할 수 있다. 인간이 이성에 의해 인류 최초의 거주지로 생각되었던 낙원으로부터 나온 것은 결국 인간이 동물의 조야한 상태로부터 인간성의 상태로, 또 본능의 유모차로부터 이성의 인도에로 옮아간 것을 의미한다.

이와 같은 칸트의 문화란 곧 '자연의 보호 상태에서 자유 상태로의 이행'을 뜻하는 것이다. 따라서 에덴동산에서 인간의 타락을 칸트는 자유 상태로의 진보, 곧 자연에서 문화로 이행하기 위한 필연적 과정으로 이해한다. 그것은 루소가 보았듯이 분명히 악이었지만 자연적 질서가 아닌 이성의 질서에 의해 시민사회를 형성하기 위해 인류가 필연적으로 내디뎌야 했던 발걸음이었다. 문화의 최종 목적은 시민적 정치 체제를 이루는 것이기 때문에 자연 상태를 벗어나지 않으면 안 되었다. 자연의 역사는 신(神)의 작품이므로 선(善)으로부터 시작되고, 자유(自由)의 역사는 인간의 작품이므로 악(惡)으로부터 시작한다는 말에서도 볼 수 있듯이, 인간의 문화는 타락에서 시작하고 타락은 인간 문화의 원동력이 된다.

인간의 반사회적 사회성은 끊임없이 사회를 파괴하고 자신을 사회로부터 고립시키려는 성향을 가지고 있으면서도, 그와 같은 성향으로 인해 타인과의 갈등을 조장할 수 있는 위험을 예측하기 때문에 오히려 타인과 함께 사회를 이루고 살려는 성향을 일컫는다. 타인과의 끊임없는 경쟁심과 투쟁, 자신의 명예욕과 지배욕, 소유욕을 만족시키고자 하는 욕망이 없었다면 문화의 진보, 곧 조야함으로부터 본래 인간의 사회적 가치에서 성립하는 문화로의 최초의 진보가 불가능했을 것이라고 칸트는 본다. 그러므로 칸트는 불화라든가 악의적 경쟁심, 만족할 줄 모르는 소유욕이나 지배욕을 있게 한 자연에 감사해야 한다고 말한다. 자연 속의 인간은 필연적으로 서로 불화를 일으킬 수밖에 없으며, 불화로 인해 오히려 공동체적 삶을 갈구하고 문화를 이룩할 수 있다고 본 것이다.

이상에서 논의한 칸트의 문화 개념의 특징을 세 가지로 요약할 수 있다.

첫째, 칸트는 인간의 의식주를 포함해 인간 활동의 산물, 곧 정치, 경제체제, 법률, 예술, 종교 등을 모두 문화로 보고 있고 특히 문화를 동물 세계의 연장선상에서 보기보다는 인간의 고유한 활동 또는 행위로 보고 있다.

둘째, 문화는 과정적이라는 사실이다. 문화를 자연에서 자유로의 이행으로 보고 있다는 점은 문화 개념의 발전과 관련해서 중요한 의미를 갖는다. 문화의 본질은 자유에 있다. 이것은 그냥 주어진 것이 아니라 자연 상태에서 벗어나는 사건을 통해 획득된다.

셋째, 문화 발전의 원동력이 선이 아니라 악, 곧 인간의 반사회적 사회성이라는 주장은 문화 발전이 인간의 자기 보존 욕망과 밀접하게 연관되어 있음을 보여준다. 자신의 존재를 유지하고자 하는 욕구로 인해 인간은 노동의 고통을 감수하며 지식을 추구하고 법을 만들어내며 시민 사회를 형성한다. 그러므로 문화화된 상황 또는 문명화된 상황이란 학문과 예술, 법질서와 도덕체계를 갖는 것을 뜻한다. 문화는 단지 문명화에 그치지 않고 도덕화를 겨냥해야 한다고 칸트는 보고 있다. 문화는 본질적으로 도덕성의 이념을 담고 있기 때문에 도덕적으로 선한 심성에 기초하지 않는 모든 좋은 것들은 단지 헛된 가상일 뿐이며 겉만 번지르르한 비참함일 뿐이라고 칸트는 생각한다.

칸트는 '교육론'에서 인간 교육의 목표를 네 가지로 제시한다. 이런 교육의 목표가 문화로 이어진다.

① 동물성을 제어하기 위한 훈련
② 자신이 설정한 목적을 위해 수단을 찾아낼 수 있는 능력 개발과 적성 개발
③ 시민으로 적합하게 살 수 있는 능력 배양(문명화)
④ 단지 목적을 위해 수단을 선택할 수 있는 능력뿐만 아니라 항상 선한 목적만을 선택할 수 있는 심성을 갖게 하는 도덕적 훈련이 그것이다.

2) 문화철학의 실천적 성격

칸트가 사용한 철학의 두 개념, 즉 학술적 개념으로서의 슐베그리프(Schulbegriff)와 실천적 개념으로서 벨트베그리프(Weltbegriff) 중 카시러는 오늘날 분명하게 요청되고 있는 것은 세계와 관계된 실천적 개념으로서의 철학이라고 말한다. 카시러의 생각은 자신의 문화철학의 내용과 성격, 그리고 나아갈 방향이 칸트가 말한 실천적 철학 개념에 해당되고 있음을 의미하는 것이라 할 수 있다. 이 시대의 문화 철학자인 알베르트 슈바이처(1875~1965)에 따르면 인간 문화의 정신적이고 윤리

적인 이념이 이렇게 분열되고 붕괴될 수 있었던 것은 철학의 책임이 아니라, 사상의 전개과정에서 또 다른 조건들이 나타났기 때문이라고 한다.

슈바이처에 따르면 철학이란 이성 일반의 안내자요 관리인이다. 철학은 우리의 문화가 기대고 있는 그 이념들에 대해 우리가 투쟁해야만 한다는 사실을 제시해주었어야 했다. 이와 같이 카시러는 우리가 전문적인 학술 개념으로서의 철학에만 매달리게 될 경우, 우리 모두는 너무나 자주 철학과 세계와의 참된 관계를 망각하게 된다는 사실을 말하기 위해서다.

카시러는 철학은 '세계'와 관계되어야 하고 세계와의 관계 속에서 '책임'의 문제를 나름의 방식으로 수행해야 한다고 강조하고 있다. 그리고 "하나의 객관적이고 이론적인 진리와 같은 어떤 것이 실제로 존재하는가?", "일반적으로 개인을 초월하는, 국가를 초월하는, 민족을 초월하는 그러한 윤리적 주장이 존재하는가?" 등의 물음이 제기될 때, 철학은 옆으로 비켜 있거나 침묵하거나 방관해서는 안 된다고 카시러는 말한다. 과거 철학이 그동안 그러한 역할을 하지 못했다면, 지금 철학은 다시 한번 자기 자신에 대해 반성할 시기이며, 현재의 모습은 어떠한지, 그동안 무엇을 해 왔는지, 그것의 체계적 근본적 목적은 무엇이었는지, 그것의 정신적, 역사적 과거는 어떠했는지 등에 대해 반성할 시기라고 카시러는 말한다.

헤겔은 "이성적인 것은 현실적이며, 현실적인 것은 이성적이다."라고 인용한 것에 대하여 카시러는 이성은 결코 단순히 현실적이지 않다고 말한다. 이성은 실제적인 것이라기보다 불변하는 것, 이미 실제화된 것이다. 다시 말해 이성은 주어져 있는 것이 아니라 하나의 과제다. 그래서 카시러는 이성의 참된 본질은 '정신의 지속적인 자기혁신 활동'에서 찾으려 한다.

철학은 사회에 대해 어떤 의무를 가지고 있어야 한다. 말하자면, 철학은 사회적 삶과 문명의 토대를 이루는 이념들을 유지하고, 나아가 일반적으로 이해하게끔 하는 의무를 가지고 있어야 한다는 것이다.

3. 인문학적 도시개발

3.1 인간과 언어

인간은 언어적 존재이다. 우리는 언어를 통해서만 의사를 전달한다. 물론 언어에는 말만 있는 것은 아니다. 우리의 몸짓, 표정 등 다양한 도구를 사용한다.

언어는 생각에서 언어로 표현된다. 언어의 발달 과정을 살펴보면 기억과 관련된 해마(hippocampus)

는 만 3세가 되면 완성된다. 따라서 언어는 이미 형성된 내면의 정서 상태나 생각들이 표현되는 도구일 뿐이다. 즉 언어는 그 사람의 내면세계를 반영하는 표상(representation)이다. "언어는 그 사람의 인격이다." 언어 표현의 과정을 자세히 살펴보면 아주 복잡한 성격을 가지고 있다. 말을 한다는 것은 먼저 일정한 정신적인 정리 기능과 일정한 사회적이고 객관적인 언어 자체가 실제로 작용하는 나의 말로서 나타나는 데는 또한 여러 가지 특수하고 개성적인 차이를 나타내는데, 일정한 언어적인 표현의 차이는 결국 인격의 차이에 근거한다. 언어는 하나의 광장이며 지평이다. 그 속에서 무엇을, 어떻게 선택 하느냐에 따라서 말하는 사람의 인격이 드러난다. 이런 언어 사용의 결과가 그 결과를 만들어낸다.

일반적으로 언어 사용의 과정을 살펴보면 다음 그림 2.1과 같은 단계를 거쳐서 이루어지는 것을 알 수 있다. 예를 들어 어떤 사건이나 주제가 주어지면 그 대상에 대하여 실마리를 풀기 위해 여러 가지 상상력을 총동원하여 나름대로 가장 적합한 답안을 찾아 그것을 구체적으로 이미지화하게 된다. 이렇게 이미지화가 이루지면 그 이미지화한 내용을 이야기로 풀어낼 수 있다. 이야기로 풀어지면 그 이야기를 하나의 상징으로 나타낼 수 있으며 이런 내용을 종합하여 새로운 이론이나 교안, 책 등으로 만들어지게 된다. 이것이 인간만이 가지고 있는 유일하고도 독특한 특성이라고 볼 수 있다.

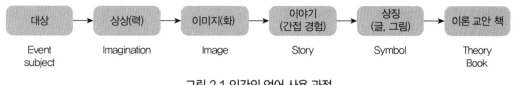

그림 2.1 인간의 언어 사용 과정

3.2 언어와 문화

언어와 문화는 밀접한 관계를 지닌다. 언어를 고려하지 않고 문화를 이해할 수 없으며 문화를 배제하고 언어를 이해한다는 것은 불가능한 일이다. 그러나 이러한 밀접한 관계에도 불구하고 그 관계가 완전하거나 절대적인 것은 아니다. 그 예로 공통적인 문화적 전통을 공유하지만 서로 통하지 않는 언어를 사용하는 사회들도 있다. 반면 상이한 문화권 사람들이 서로 통하는 언어를 말하기도 한다. 그러나 문화는 언어에 영향을 미치고 언어는 여러 가지 측면에서 문화에 영향을 미친다.

우리가 사용하는 언어상식은 대부분 문화적으로 결정된다. 문화적 언어상식은 일상습관에 국한되지 않고 우리 행동의 모든 영역에 영향을 미친다. 사실 학습 자체가 새로운 언어상식을 개발하는 과정이라고 할 수 있다.

언어상식이 문화를 결정한다. 그런가 하면 문화가 언어상식을 결정한다. 우리가 살아가고 있는 이 시대, 그리고 환경, 문화, 직업, 경험 등 모든 것이 우리의 내면 구조에 커다란 영향을 미친다. 제럴드 에델먼은 자신의 책 『기억된 현재(Remembered Present)』라는 제목을 붙였는데 이는 과거의 기억이 어떻게 현재 이 순간에 영향을 미치는지 보여주는 단적인 제목이라고 볼 수 있다. 이와 같이 우리가 사용하는 언어가 문화를 만들어내는 단초가 된다고 볼 수 있다.

기호학(記號學)의 창시자인 스위스의 언어학자 페르디낭 소쉬르(F. Saussure, 1857~1913)에 의하면 언어는 기호학이며, 기호체계로 이루어져 있으며, 기호는 기표(記標)와 기의(記意)의 결합이라고 한다. 그리고 이 둘은 필연적 관계이긴 하나 매우 자의적이고 관습적이라는 것이다. 예를 들어 '장미'라는 언어가 있다고 하자.

① 기표에 해당하는 부분은 장미라는 문자이고 대개는 물질적으로 표현된다.
② 기의에 해당하는 부분은 사랑을 떠올릴 수 있는 개념(의미)적으로 표현이 된다.

이와 같이 기표에 기의가 결합되어 기호로서 '장미'가 된다는 것이다. 즉, 기표로서의 장미꽃과 기의로서 사랑이란 개념이 결합하여 하나의 기호가 완성되는 것이다. 이런 관점에서 도시개발 부분도 언어의 표현과정을 따라서 상상력, 이미지화, 스토리 형식을 통해 하나의 상징인 완성된 계획으로 표현되어, 그 지역만이 가지고 있었던 흔적, 기억을 되살려 지상에 새롭게 남겨지는 도시문화의 기호가 되어야 한다고 본다.

3.3 인문학적 도시개발 모식

도시개발의 패러다임을 이해하기 위해서는 도시에서 일어나는 변화를 살펴봄이 우선되어야 하는데, 도시의 변화는 크게 도시사회 문화 전반에 걸친 변화와 도시계획 이론의 변화, 도시 공간의 변화 등으로 세분되어 살펴볼 수 있다. 도시사회 문화의 전반적인 변화는 도시계획이론의 변화를 이끌고, 이는 도시 공간의 변화에 영향을 미치며 공간의 변화는 다시 도시사회 문화 전반의 변화로 이어지는 등 이들은 서로 매우 밀접한 상호관계를 가지고 시간이 지남에 따라 순환하는 체계를 이룬다.

삶을 위해 필요한 건 용적률 좋은 아파트도 아니고, 기능적으로 잘 구성된 시 외곽 계획도시도 아니다. 필요한 건 자고 일하고 팔고 즐기는 이 모든 다양한 삶의 양태들이 서로 맞물려 돌아가고 다양한 사람들이 끊임없이 생활을 지속하는 거리이다. 거리들 사이에는 단지 풍경으로써 존재하는 공원이 아닌 다양한 삶의 양태들을 역동적으로 뒤섞어 활력을 뿜어내는 공원이 있으면 더더욱 좋다.

이런 공간들 속에서는 사생활과 공적인 삶의 경계가 절묘하게 맞닿아 있어 서로 간의 응시와 시선 교환, 그리고 그에 따른 책임감이 존재한다. 이 책임감은 도시 생활의 필연적인 위험으로부터 서로를 보호하고 지켜주며 삶의 온도를 높여준다. 제인 제이콥스는 이런 모습들이 실제 미국 대도시의 오래된 거리들에서 일어나고 있음을 확인한다.

윌리엄 쿠퍼(William Cowper)는 "신은 자연을 만들고, 인간은 도시를 만든다."라고 전한다. 하지만 도시는 인간이 만든 모든 문화가 담기는 산물이라고 말한다.

인간이 만들어온 도시는 살아 움직이고 변화하는 유기적 자연물로서 수 세기를 거치면서 인간의 꿈과 욕망을 실현하는 터전으로서 기획하고 실천하여 때로는 좌절하고, 갈등하고 그런가 하면 타협하면서 스스로의 도시 역사를 만들어왔다. 도시는 인간이 필요로 하는 중요한 기능들을 보유하면서 인간의 신체적 활동과 경제적인 활동 등을 최대한 지원하는 공간으로서 발전하는 장소이기도 하다. 인간은 도시의 생태계가 유기적인 다양성을 가지고 성장할 수 있도록 도시재생 등을 통해서 끊임없이 돌보아야만 더불어서 함께 살아갈 수 있다.

앞으로의 미래도시는 낯선 사람들이 살아가는 과거의 신도시 개발과는 다르게 낮익고 익숙한 사람들끼리 살아갈 수 있도록 새로운 도시구조가 되어야 한다. 이렇게 도시구조를 만들기 위해서는 우리 인간이 사고하는 인문학적 기반 위에서 도시가 만들어져야 한다고 본다. 그렇다면 이를 순차적으로 살펴보면 그림 2.2와 같은 과정으로 설명할 수 있다.

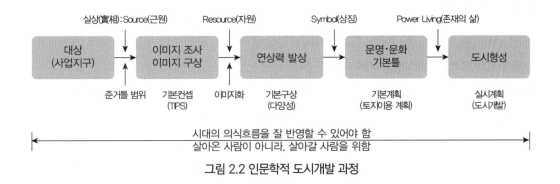

그림 2.2 인문학적 도시개발 과정

1) 대상사업지구

일반적으로 대상 사업지구의 선정은 국가나 지방자치단체가 개발 목적에 따라 관계법에 의거 지정되는 경우가 대부분이다. 실제적으로 실존하는 대상이며 그 지역의 문화나 문명을 여러 무늬와 흔적으로 가지고 있다고 본다.

2) 이미지조사 및 도시미래이미지구상

대상지구의 실상에 대하여 모든 것을 대상으로 조사하고 이를 근간으로 그림 2.3과 같이 도시미래이미지구상(TIPS)에 담겨져서 모든 것이 표현되어야 하지만 현실적으로 그 모든 것을 표현하기에는 불가능하기 때문에 일정한 준거틀 범위 내에서 조사한 결과를 가지고 분석·종합하여 기본 콘셉트를 설정해야 한다. 특히 이런 콘셉트를 정할 때는 그 대상지역의 모든 근원(source)을 자원(resource)화할 수 있어야 한다.

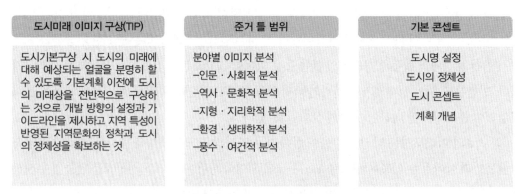

도시미래 이미지 구상(TIP)	준거 틀 범위	기본 콘셉트
도시기본구상 시 도시의 미래에 대해 예상되는 얼굴을 분명히 할 수 있도록 기본계획 이전에 도시의 미래상을 전반적으로 구상하는 것으로 개발 방향의 설정과 가이드라인을 제시하고 지역 특성이 반영된 지역문화의 정착과 도시의 정체성을 확보하는 것	분야별 이미지 분석 -인문·사회적 분석 -역사·문화적 분석 -지형·지리학적 분석 -환경·생태학적 분석 -풍수·여건적 분석	도시명 설정 도시의 정체성 도시 콘셉트 계획 개념

그림 2.3 도시미래이미지구상 체계

3) 연상력 발상

연상력이란 이미지 조사나 도시미래이미지구상에서 기본 콘셉트가 결정될 때 그 콘셉트 단어나 문장이 머리에 떠오르면 꼬리에 꼬리를 무는 생각으로 그와 연관된 단어나 이미지를 떠올릴 수 있는 다양한 능력을 말한다. 그 대상지구가 실상(source)으로 가지고 있는 이미지 조사를 근거로 도시미래이미지구상을 통해 설정된 다양성 있는 기본구상을 상상해야 한다. 즉 기본구상을 실시할 때는 앞에서 기술한 상상력을 총동원하여 다양성 있는 구상안을 결정해야 한다. 특히 그 대상지구만이 가지고 있는 정체성을 도시명과 함께 최적의 구상안이 표현되어야 한다. 이때 어떤 연상력을 가지고 설정하느냐에 따라 구상안이 매우 달라진다는 것을 유념해야 한다. 그러므로 어떤 연상력을 발휘하느냐가 매우 중요하다.

인간은 가장 빈약하고 보잘것없는 재료를 가지고서도 상징적 세계를 만들어낼 수 있다. 보편적 적용성은 모든 것이 이름을 가지고 있다는 사실로 인하여 인간의 상징성의 가장 큰 특성 가운데 하나가 된다. 진정한 인간의 상징은 제일성(齊一性, 기능적 분류체계의 묶음)이 아니라 변통성을 그 특징으로 한다. 그것은 고정되어 있거나 불변적인 것이 아니라 자유로이 변화한다.

4) 문화·문명의 기본 틀, 토지이용계획

인간의 문화는 한 개인에 그치지 않고 세대에서 세대로 인류 공동체의 공동 노력을 통해 축적될 수 있는 것이다. 문화는 거칠고 조야한 자연 상태에서 좀 더 세련된 상태로의 변화를 일컫는다. 문화는 물건이 아니라 한 상태에서 다른 상태로의 이행이라는 것이다. 문화는 실체적이 아니라 과정적이다. 이와 같이 기본계획의 결정체인 토지이용계획은 문화와 문명을 이루어가는 기본적인 토대가 된다. 위와 같은 과정을 거쳐서 마련된 토지이용계획 위에 이곳에서 살아가는 사람들이 어떤 형태의 문화와 문명을 만들어갈 것인지는 전적으로 그들의 책임이라고 볼 수 있다. 그런 측면에서 새로운 도시개발은 친숙하고 익숙한 사람들이 모여서 그들만의 문화와 문명을 만들고 북돋아가는 출발점(base camp)이라고 볼 수 있다. 이런 것들이 시간이 지나면서 하나의 심벌(symbol)인 상징적인 도시의 문화·문명을 이루어간다.

5) 도시형성

도시를 한마디로 정의하기는 쉽지 않다. 어떤 국어사전에 도시는 '사람들이 많이 모여 살고 있고 교통이 번잡한 곳'으로 나와 있다. 그렇다면 얼마나 많은 사람이 모여 살아야 도시라고 부를 수 있는가? 여기에 대해서는 나라마다 다른 기준이 적용되고 있다. 우리나라의 경우 지방자치법 및 동법 시행령 제7조는 도시가 되기 위해서는 인구가 5만 명 이상이고 시가지 내에 거주하는 인구와 상업·공업 기타 도시산업에 종사하는 가구의 비율이 각각 60% 이상이며 1인당 지방세 납부액, 인구밀도, 인구증가 경향들이 행정자치부령이 정하는 기준 이상이어야 한다고 규정하고 있다. 그러나 전국인구에서 도시에 거주하는 인구의 비율인 도시화율을 추산할 때 도시는 다른 기준을 따르고 있는데 이때 도시는 인구 2만 명 이상인 읍도 포함한다. 따라서 우리나라에서는 인구가 2만 명 이상이면 도시라고 불러도 무방할 것이다. 1997년 말 현재 우리나라의 도시화율은 86.8%에 달하고 있다.

도시의 형성은 도시를 이루는 각 요소들 간에 서로 조화롭게 결합되고 배치되는 일 또는 그런 모습의 일체라고 볼 수 있다. 사람들이 왜 모여서 살게 되었을까? 고고학자들이 유적을 발굴하다 보면 신전 주위에 촌락이 형성되어 있는 것을 발견하곤 한다. 또한 자신들을 보호하기 위해 성곽을 만들고 그 내부에 무리 지어 살기도 했을 것이다. 이렇게 종교적인 이유 또는 정치적인 이유로 인해 사람들이 모여서 살게 되고 그래서 도시가 형성되었을 수도 있다. 경제적인 측면에서 보았을 때 사람들이 완전한 자급자족 생활을 한다면 굳이 모여서 살 필요가 없다. 그러나 실제로 사람들은 자신이 필요로 하는 모든 재화나 서비스를 생산하지 않고 특정한 재화나 서비스의 생산에만 참여한다. 그리고 많은 경우 이러한 생산에 여러 사람이 동시에 참여한다. 즉, 기업이 생겨나고 그 기업에 생산요소를 공급하는 사람들이 기업 주위에 모여 살게 되면서 도시가 생성된다. 그렇다면 도시를 생성시키는 기업이 왜 존재하게 되었는가? 우리는 지역 간 비교우위이론과 규모의 경제이론으로서 그 이유를 설명한다. 기업이 하나만 있어도 도시는 만들어지겠지만 실제로 우리가 살고 있는 도시에는 수많은 기업들이 있다. 왜 이렇게 많은 기업이 도시라는 좁은 지역에 모여 있게 되었는지는 집적의 경제에서 그 이유를 찾을 수 있다.

이렇게 다양한 용도 속에서 많은 사람들이 삶을 살아가는 과정에서 문화와 문명은 자연스럽게 생성된다. 그래서 도시마다 특징이 있고 그 도시의 정체성을 만들어간다. 도시가 형성되는 주요 인자들을 보면 교통부분, 교육부분, 환경부분, 상권부분 등이 서로 어떤 연결고리를 가지면서 성장하는지가 중요한 요소라고 본다. 이런 것들이 종합되어 우리 자신들의 존재의 삶(Power Living)을 이루어간다고 볼 수 있다. 이와 같이 도시개발의 종점은 서로 필요에 의해서 익숙한 사람들로 그들의 문화와 문명을 만들어 그들만의 정체성 있는 도시를 표방하며 아름다운 도시문화를 만들어가는 것이라고 본다.

CHAPTER 03

도시개발계획 및 계획수립 기준

도시개발계획 및 계획수립 기준

1. 도시개발계획의 의의 및 수립절차

1.1 개발계획의 의의

개발계획은 주택단지·신도시개발사업의 업무단계별로 볼 때, 개발 대상지역에 대한 기본적인 사업목표 및 개발방향 설정과 공간골격 및 구조, 공간계획(수용인구 및 주택, 토지이용, 교통, 공원·녹지, 기반시설 등)을 형성하는 작업으로 공사시행을 위한 실시계획 수립의 사전 업무단계에 해당된다.

개발계획은 개발의 기본방향과 공간계획은 물론 개발하는 토지의 위치와 권리에 관한 사항을 포함하고 있어 개발의 범위를 명확히 하여 사업 착수에 의한 사업인정의 법률적 효력이 있다.

1.2 개발계획 수립절차

개발계획의 수립절차는 그림 3.1과 같이 목표 설정에서부터 개발계획안까지 종합적으로 수립하는 것을 말한다.

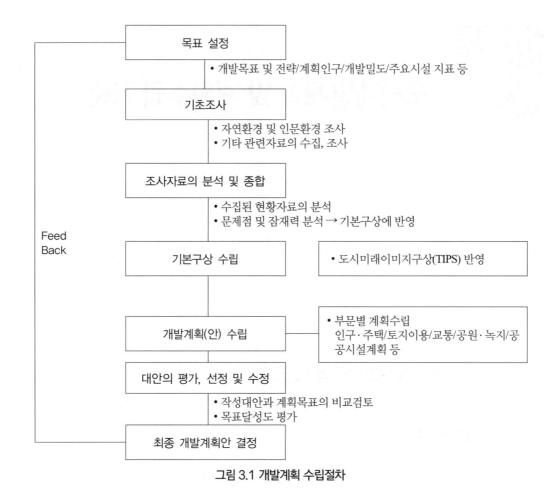

그림 3.1 개발계획 수립절차

1.3 개발사업의 업무흐름

개발사업은 개발예정지역에 대하여 먼저 지구지정을 거쳐야 하며 개발계획을 수립하여 세부계획인 실시계획을 완성한 후 관계기관 협의를 거쳐 개발계획이 확정되면 확정된 내용대로 공종별 설계과정을 거쳐 공사착수 등 그림 3.2와 같이 개발사업을 실시한다.

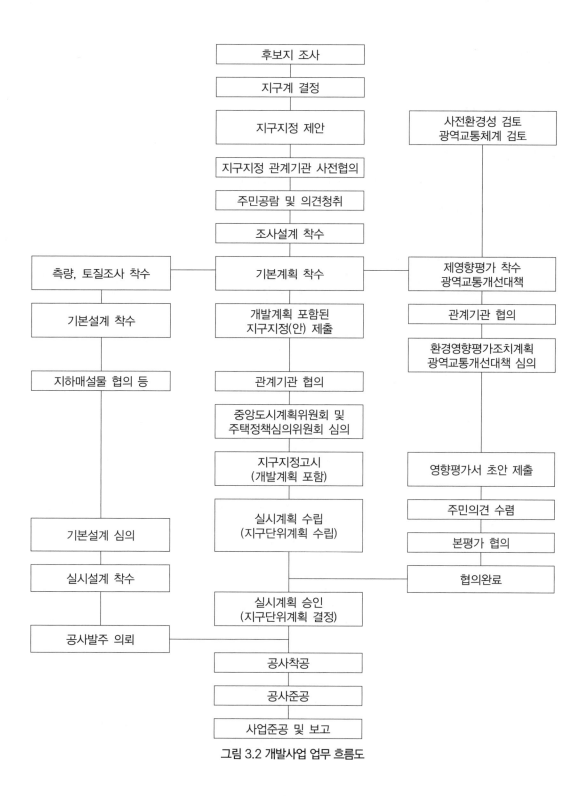

그림 3.2 개발사업 업무 흐름도

2. 개발계획 수립 세부 내용

2.1 기초조사

▎토지이용정보의 조사범위 및 내용

　토지이용정보의 조사범위는 표 3.1과 같이 토지이용현황, 각종상위계획, 자연환경조사, 사회환경조사, 환경조건조사 등을 들 수 있다.

표 3.1 개발계획 시 조사범위 및 항목

조사범위	조사항목	조사의 구체적 내용
1. 토지이용현황	1.1 토지에 관한사항	지목, 토지이용(용도별, 소유별, 활동별 등), 필지규모, 형상, 세장비, 방위(향), 접도조건, 토지등급, 지가(공시지가, 거래지가) 등
	1.2 건축물에 관한 사항	대지면적, 건물면적(연상면적, 건축면적, 층별면적), 층수, 구조, 건축재료, 용도(주용도, 층별용도), 건폐율, 용적률, 건축연도, 증·개축 여부, 주요설비, 노후도 및 건물수준 등
	1.3 기타 구조물에 관한 사항	구조물의 종류, 기능, 점유면적, 설치형태, 구조, 높이, 설치연도, 주요설비 등
2. 상위계획	2.1 상위계획	국토종합계획, 특정지역종합계획, 도종합계획, 시종합계획, 군종합계획 등
	2.2 기존계획	도시기본계획, 도시관리계획 등 기존의 도시계획 등
	2.3 관련계획	교통계획, 산업개발계획, 공원녹지계획, 사회개발계획, 도시방재계획, 재정계획 등
3. 자연환경조사	3.1 기후 및 기상	기온(평균온도와 최저·최고온도 및 이의 변화 등), 강수량(평균강수량과 최소·최대강수량 및 이의 변화 등), 풍향 및 풍속(연별·월별 주풍향과 풍속, 최대풍속 등), 천기일수, 서리일수, 미기후 등
	3.2 지형 및 지세	지리적 구성(하천의 탁도나 오염도 지리적 구성요소의 일부로 조사), 표고, 경사도, 식생 및 토양, 천연자원(기개발, 미개발) 및 기타
4. 사회·경제·환경조사	4.1 인구	연령별 구조 및 성별구조, 경제활동인구, 산업별인구, 인구밀도, 상주인구, 주간인구 등
	4.2 산업개발	자원조사(유·무형), 토지자원, 인적자원, 문화자원, 지하자원, 수자원, 산림자원, 도시경관자원, 자원의 지속성 등, 산업개발방향(신규산업개발, 기존산업의 이전 등)
5. 환경조건조사	5.1 안전성	자연재해(지진, 태풍, 홍수, 설해, 냉해 등), 화재, 산업재해, 지반침하, 교통사고 등
	5.2 보건성	불량주택지구, 대기오염, 수질오염, 소음·진동, 냄새(악취), 산업폐기물, 위해폐기물, 생활장애요인 등
	5.3 편리성	도로조건(폭원, 차선수, 기능), 교통량(차량, 보행량), 교통류, 지하철역·철도역·버스터미널과의 접근성, 주요시설과의 접근성(교육시설, 공공시설, 보건의료시설, 상업시설, 문화시설 등) 등
	5.4 쾌적성	도시경관, 공원녹지 및 오픈스페이스, 녹피도, 도시공간시설과의 접근성, 시설밀도 등

주) 국토도시계획학회, 토지이용계획론, 2009

▎기초조사 세부항목 및 조사내용

토지이용 정보의 조사를 위한 기초조사 세부항목 및 조사 내용은 표 3.2와 같이 환경, 토지이용, 인구, 경제, 주거, 각종 시설 등을 들 수 있다.

표 3.2 개발계획 시 조사항목

대항목	세부항목	조사내용	비고
자연환경	지형 및 경사도	고도분석, 경사도분석	기존 지형도
	지질, 토양	지질도, 토양도	기존 지질도
	자원	지하자원, 수자원, 임상자원	지질도, GIS 데이터
	지하수	지하수용량, 개발현황, 지하수질, 지하수오염	기존자료
	수리/수문/수질	수계분석, 하천별 수량, 수변여건	기존자료
	기후	기온, 강수량, 일조, 주풍방향, 풍속, 안개일수	기상청 자료
	풍수해 기록, 가능성	과거 100년간 풍수해 기록	기상청 자료
	지진 기록, 가능성	인근지역 과거 100년간 지진발생 기록	기상청 자료
	생태/식생	국토환경성평가지도, 생태자연도, 생태적 민감지역, 수림대, 보호식물, 비오톱	국토환경성평가지도, 생태자연도, 현지조사
	동식물 서식지	동식물 집단서식지, 주요 야생동물, 이동경로	현지조사, 기존자료
	녹지현황	녹지 현황도, 녹지 현황조서	
인문환경	시·군의 역사	시·군의 기원, 성장과정, 발전연혁	기존자료
	행정	행정구역변천도, 도시·군계획구역변천도, 행정조직, 행정동·법정동 경계도	기존자료
	문화재, 전통건물 등	지정문화재, 전통양식 건축물, 역사적 건축물, 역사적 장소 및 가로, 관광현황도	기존자료, 현지조사
	기타 문화자원	유·무형의 문화자원, 마을 신앙 및 상징물	기존자료, 현지조사
	각종 관련계획	상위계획, 관련계획상의 관련부분	기존자료
토지이용	용도별 면적, 분포	용도지역·용도지구·용도구역별 현황도, 면적, 각종 지구, 구역 분포도 및 조서, 도시·군계획의 변천도 및 조서	기존자료
	토지의 소유	국·공유지, 사유지 구분도 및 조서	기존자료
	지가	공시지가 분포도 및 조서(지역별 비교), 지가의 시계열적 변화 현황도, 시가와 호가	기존자료, 현장조사
	지목별 면적, 분포	지목별 분포도 및 조서, 면적	기존자료
	농업진흥구역	농업진흥구역의 면적 및 분포도 및 조서	기존자료
	임상	보전임지, 공익임지 분포도 및 조서	기존자료, 현장조사
	시가화 동향	지난 10년간의 용도지역 분포, 면적변화 모습, 시가화용지내 전, 답, 임 등 미이용지 현황도 및 조서	기존자료
	주거용지 조사	시가화용지내 주거용도 입지 현황도 및 조서	기존자료
	상업환경조사	상업시설 입지 현황도, 중심시가지 현황도 및 조서	기존자료
	공장적지 지정현황	공장적지 지정현황도 및 조서	기존자료
	GIS 구축내용	토지이용 및 건축물에 대한 시군의 GIS 자료	기존자료

주) 도시·군기본계획 수립지침(2012. 8.) 별표

표 3.2 개발계획 시 조사항목(계속)

대항목	세부항목	조사내용	비고
토지이용	주요 개발사업	10만m² 이상의 기 허가된 개발사업 정부가 추진하는 주요 개발사업	자료조사
	재해위험요소	재해위험 지역의 판단, 재해발생 현황도, 방재관련 현황도, 해저드 맵(긴급대피경로도)	기존자료, 현지조사
	미기후 환경 변화요소	바람길 유동분석 및 열섬현상 분석	기존자료, 현지조사
인구	인구총수의 변화	과거 20년간의 인구추이	기존자료
	인구밀도	계획대상구역 전체 또는 지구별 인구밀도, 시가화밀도 분포도	기존자료
	인구의 구성	연령별 인구, 성별인구, 노령인구, 장애자	기존자료
	주야간 인구	주간 거주인구, 활동인구의 구분	기존자료
	산업별 인구	1, 2, 3차 산업별 인구, 주요 특화산업인구 고용현황, 고용유형별 인구, 고용연령별 인구	기존자료
	가구	가구수 변화, 보통가구, 단독가구	기존자료
	생활권별 인구	행정구역단위별 인구상황	기존자료
	인구이동현황	전출, 전입인구의 현황 및 변동추세	기존자료
주거	주택수	유형별, 규모별 주택수	기존자료
	주택보급률	무주택가구, 주택보급율 변동추이	기존자료
	주거수준	평균 주택규모, 인당 주거상면적	자료조사
	임대주택	임대주택 유형별 주택수, 사업계획	기존자료
	주택공급	재건축, 재개발, 주거환경개선사업 등의 사업대상지, 공급규모	자료조사
경제	지역총생산	지역총생산	기존자료
	산업	산업별 매출총액, 사업체수, 종사자수	기존자료
	특화산업	시·군 대표산업, 성장산업과 쇠퇴산업	자료조사
	경제활동인구	경제활동인구	기존자료
	기업체	산업별·규모별 업체수와 종사자수	기존자료
교통시설	도로	도로기능별 총연장, 도로율, 주요노선	기존자료
	철도	철도연장, 노선, 철도역	기존자료
	항만	화물 처리능력, 선좌수, 화물유형	기존자료
	공항	게이트 수, 소음권, 연간 이용객, 처리화물	기존자료
	버스터미널	시외버스터미널, 고속버스터이널, 버스하차장	기존자료
	교통량	도시 내 교통, 지역교통, 출퇴근 교통, 교통수단 별 분담, 기종점 교통량, 여객교통, 화물교통	자료조사, 기존자료
유통·공급시설	상수도	상수원(댐, 대·중규모저수지 등), 상수공급량과 공급률, 상수시설	기존자료
	전기	전력생산, 소비, 고압선루트, 전력선지중화	기존자료
	통신	전화공급, 광케이블보급	기존자료
	가스공급	가스공급량, 저장소	기존자료
	열원공급	지역난방 보급면적 등	기존자료

주) 도시·군기본계획 수립지침(2012. 8.) 별표

표 3.2 개발계획 시 조사항목(계속)

대항목	세부항목	조사내용	비고
공공·문화체육시설	교육문화시설	각급 학교, 박물관, 공공도서관, 공연장, 종합운동장, 시민회관	기존자료
	복지시설	아동, 여성, 노인, 장애자 보호시설	기존자료
	공공청사	행정관리시설 등 공용의 청사	기존자료
공간시설	공원/유원지	공원유형별 위치, 면적	기존자료
	녹지	시설녹지의 위치, 성격	기존자료, 현장조사
	광장/공공공지	광장 및 공공공지의 위치, 개소, 면적	기존자료, 현장조사
환경기초시설	대기오염	지역별 대기오염 물질별 오염정도, 오염원	현장조사
	소음/진동/악취	주요 거주지 주야간 소음 및 진동정도, 공장지대 악취정도	현장조사
	수질오염	하천의 수질	현장조사
	토양오염	토양오염의 유형	현장조사
	폐수의 발생	생활하수 및 산업폐수로 구분하여 발생량, 처리능력, 하수배관, 하수구거 등	기존자료, 현장조사
	쓰레기/폐기물처리	생활폐기물 및 산업폐기물로 구분하여 발생현황, 처리시설의 위치 및 처리능력	기존자료
보건위생시설	화장장/납골시설	화장장/납골당의 위치, 용량	기존자료
	공동묘지	공동묘지의 수량 및 위치, 면적	기존자료
	도축장	도축장 위치, 처리능력	기존자료
	의료시설	종합병원, 보건소, 병상수, 특수병원	기존자료
방재시설	하천/유수지/저수지	위치 및 수량	기존자료, 현장조사
	방화/방수/방풍/사방/방조설비	설비의 위치 및 개소	기존자료, 현장조사

주) 도시·군기본계획 수립지침(2012. 8.) 별표

2.2 기본구상 수립(TIPS)

1) 기본구상의 정의

계획의 기본 전제가 되는 달성목표를 설정하고 이를 구체적으로 실천하기 위한 계획지침과 개발방향(테마)을 정하여 계획의 기본골격이 되는 도시 미래이미지 창출과 기본적인 개발패턴을 결정하는 과정이다.

2) 도시미래(통합)이미지구상(TIPS)

가. TIPS의 정의

> *TIPS : Total Image Planning System*

도시개발 시 도시의 미래에 대해서 예상되는 지역의 얼굴을 분명히 할 수 있도록 도시기본계획 이전에 도시의 미래상을 전반적으로 구상하는 것이다. 도시형성 계획 이전에 보다 바람직한 개발방향의 설정과 가이드라인을 제시하고 지역의 잠재적인 특성이 반영된 지역문화의 정착과 도시의 정체성을 확보하고자 하는 것이다.

나. TIPS의 기법과 추진 방안

대규모의 도시개발사업의 기본계획 이전에 그 지역의 고유한 지역성과 풍토성, 잠재력, 환경 등을 각 전문가 집단이 조사, 분석하여 지역의 개성적 특성을 도출하여 미래 이미지의 방향을 설정하고, 사업지구에 대한 최초의 구상에서 도시기본 계획, 개발에 이르기까지의 구체적인 이미지 구현 방법과 이를 실현하기 위한 기본 틀을 마련하여 상세한 부분까지 지역 전체의 통합적인 이미지를 계획하는 기법이다. 기능 위주의 평면적인 계획에서 더 나아가 도시의 입체적인 미래상과 눈에 보이지 않는 그 지역의 문화, 색깔, 생태, 수자원, 풍경 등의 다양한 이미지까지도 담아 어우러지게 할 수 있는 통합이미지구상 방안이다. 지금까지의 개발로 인하여 훼손되고 등한시되었던 자연환경을 생태적으로 건전하고 지속 가능한 개발이 이루어지도록 성장을 위한 핵심주제 및 테마를 발굴하여 이를 기본계획에 반영하고 향후 기본계획과 실시계획 등 단지형성과정에서 필수적 기본가이드라인을 제시하여 자연친화적이고 풍토성이 강한 도시 미래이미지상을 구현한다.

다. 계획의 추진방법

도시계획을 하기 전 단계에서 장래 예상되는 도시 입체물에 대한 효율적 배치와 안배를 하기 위해 도시패턴의 결정과 토지이용 계획과정에서 기술적, 공학적인 면에서뿐만 아니라 감성적, 심미적 관점에서의 비중을 강화하여 보다 가치 있는 도시형성을 위해 도시계획에서의 평면적 공간이용 상황을 보다 바람직한 방향으로 유도하고 지역이 가지는 잠재적 특성을 살려내는 개성적인 이미지 형성을 위한 토지이용계획을 유도한다.

도시미래(통합)이미지구상은 그 지역이 고유하게 갖고 있는 인문·사회적 분석, 역사·문화적 분석, 지형·지리학적 분석, 환경·생태학적 분석, 풍수·여건적 분석 등을 통해서 그 도시가 나아가야 할 정체성을 확립할 수 있어야 한다.

▌도시공간 구성 계획

도시의 공간 구성 계획은 그림 3.3과 같이 도시미래이미지구상에 따라 도시의 정체성을 담을 수 있어야 한다. 이 TIPS 구상이 기본계획과 실시계획까지 일관성 있게 연결되어야 한다. (그림 3.3, 그림 3.4 참고)

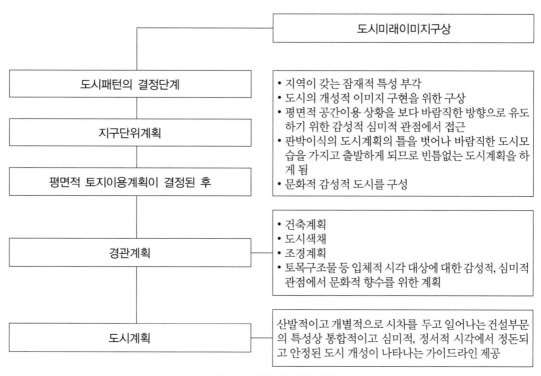

그림 3.3 도시공간 구성 계획

▌TIPS 사업방식 특징과 업무과정

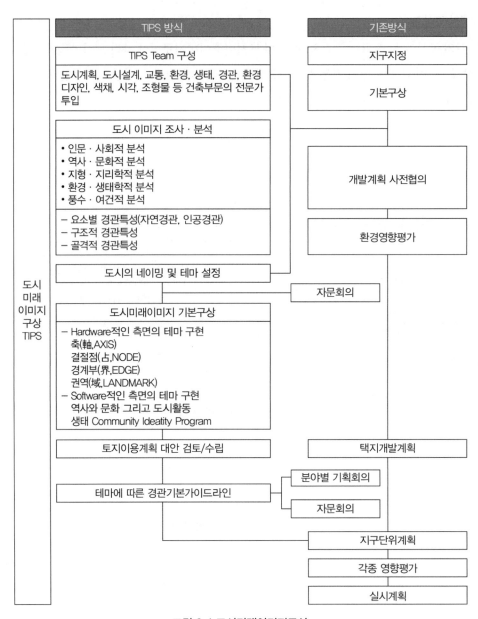

그림 3.4 도시미래이미지구상

3) 테마계획

가. 목적

기존의 주택단지·신도시에서는 일률적인 계획지표와 기준이 적용됨에 따라 특색 없이 정형화된 단지가 많이 조성되는 문제가 도출되고 있다. 따라서 이 같은 획일적인 계획단지를 극복하기 위해서는 향후 단지계획 수립 시에는 사업지구별로 도시이미지구상을 통하여 테마를 부여함으로써 다음과 같은 효과를 얻을 수 있다.

① 사업지구별 제품 차별화
② 사업지구 특징적 이미지 부각 및 문화적 상징성 확보
③ 주변맥락(Context)과 고유이미지 복원으로 단지의 정체성(Identity) 확보
④ 거주민의 자긍심 고양을 위한 정체성 부여

다만, 테마계획의 근본취지는 단순히 시설투자를 부가시키는 데 있지 않고 일상적인 계획과정을 통해 사업지구의 긍정적 이미지와 문화적 맥락을 극대화시키는 데 있다.

나. 테마단지 개념도

단지가 위치하고 있는 지역의 정체성인 인문, 사회, 역사, 문화 지형지리 등을 그림 3.5와 같이 고려하여 독자적이고 개성 있는 매력적인 아이덴티티인 테마를 발굴하여 반영 수립해야 한다.

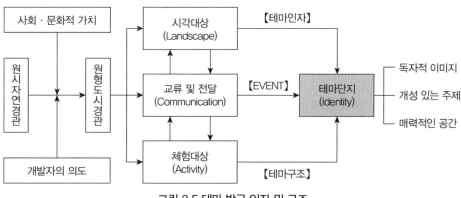

그림 3.5 테마 발굴 인자 및 구조

다. 테마단지

해당지역의 테마단지는 그 지역이 위치하고 있는 여러 요소들을 분석하여 표 3.3과 같이 그 지역 만의 특색을 연출할 수 있는 테마로 그 지역만의 정체성을 표현해야 한다.

표 3.3 테마 발굴을 위한 요소

유형	내용
1) 학원·연구형	대학 등의 교육연구시설, 첨단기술개발시설, 학술문화연구를 위한 정보의 제공·교류·연수시설과 연구지원시설 등으로 집적된 단지
2) 문화·역사형	역사적·문화적 가치가 있는 유·무형의 경관자원을 보존하여 지역의 상징공간이나 커뮤니티의 장으로 활용함으로써 연대감을 향유할 수 있는 향토적 문화공간을 창조 발산하는 단지
3) 환경공생형	수자원의 재활용, 원지형과 기존수림 보호 및 도시 내의 녹화 추진, 자연환경의 보전과 재창조, 에너지 절약형 시스템 구축 등 생태적으로 건전하고 지속적인 유지가 가능하도록 조성하는 단지
4) 레저·위락형	위락공간을 구성하고 고객을 유치하여 주거, 여가, 음식, 쇼핑, 숙박 등을 종합적으로 즐기도록 하는 테마파크형 단지
5) 특화산업형	당해 지역에 생산 기반을 둔 산업으로 소득 및 고용 증대와 인구의 정착으로 연결 짓는 형태의 자족도시형 단지
6) 친수·친녹형	공원·녹지의 기능과 유치시설을 입지조건에 따라 특성화하고 독창적인 수변 공간 조성 및 주제공원 등을 도입하여 지역의 사회문화 활동의 장으로 활용토록 계획한 단지
7) 기타 유형	추출 가능한 천연자원이나 인문자원의 테마적인 요소가 미약하거나 개발자의 계획의도에 따라 전체적인 단지형 테마보다 국지적인 시설입지를 선호할 경우 등 테마시설의 범위, 종류가 복합적이거나 위 유형에 속하지 않는 테마단지

주) 한국토지공사, 코랜드형 단지조성을 위한 계획기법, 1999

라. 테마단지 사례

기존 지역별로 계획된 테마단지 사례와 그 내용은 공간영역별 그리고 특정거리, 특산물, 소재 및 이벤트에 따라 표 3.4와 표 3.5와 같으며 무엇보다 지역 특성을 살려야 한다.

▌공간영역별

표 3.4 공간영역별 테마안

분류	테마안	내용	
광역권	수도권 권역별 기능특성화	• 남북교류 산업벨트 • 전원휴양벨트 • 국제물류·첨단산업벨트	• 해상물류 산업벨트 • 업무 및 도시형 산업벨트
도시생활권	부산광역시 11개구별 Amenity plan	• 영도구 : 열려 있는 해양낙원 • 부산진구 : 푸른 부산의 오아시스	• 북구 : 강변의 이상향 • 해운대구 : 자유가 넘치는 관광낙원 등
지역 내	전북남원시-21C 사랑의 테마도시	춘향 테마공원 내 사랑의 12마당을 주제별로 인연·사랑·연약의 3공간으로 구성, 공간마다 4개씩의 소공원으로 조성 및 관광단지 내 관련시설 추가 설치	

주) 한국토지공사, 코랜드형 단지조성을 위한 계획기법, 1999

▎도입범위 및 소재별

표 3.5 소재별 테마안

분류	테마안 사례지구	내용
1) 단지전체 콘셉트에 따라	Technopia	대상지역의 산·학·연 기능을 연계하여 교육, 문화. 자연환경이 잘 조화된 생활환경을 육성하는 미래지향적인 도시 건설 테마
	대덕연구단지, 쓰쿠바연구학원도시	
	Forestopia	산림자원을 이용한 산악휴양공간에 관광레저·실버·전원주거기능 도입한 미래 자족형 사계절 산림휴양지 구상 테마
	강원도 평창군 봉평면 일대 스위스 라보스 산촌휴양도시	
	Ecocity, Greentopia Clean·Green Town	수자원의 활용, 도시 내의 녹화추진 및 자연환경의 보전과 재창조, 쓰레기처리, 중수도도입, 생태계를 고려한 토지이용계획 등 인간과 자연과의 새로운 공존공간을 창조
	대상아파트단지 용인수지2지구 쓰레기수송관로	
	China Town	세계 대도시 어느 곳에서나 화교 집단촌으로 랜드마크화와 동시에 관광의 명소
	L.A, 송도 신시가지	
2) 특정거리를 위주로	먹자거리, 민속거리, 카페촌, 회상의 거리	일정구역의 용도나 특정가로의 환경을 특색 있게 조성하도록 계획
3) 특산물에 따라	테마마을	지역경제 활성화와 주민화합 분위기조성을 위해 문화, 예술, 특산품, 전통음식 등 지역별 이미지를 최대한 반영하고 관광자원화할 수 있는 테마 마련
	먹골배마을, 대부포도마을, 청계분재촌마을, 모새관광촌 등(경기도 내 28개)	
4) 조경소재에 따라	마을 상징숲	충북도내 리(里)가운데 나무이름에서 유래한 지명을 골라 나무식재가 필요한 마을이나, 사후관리 능력이 인정된 마을을 대상으로 전통나무 마을로 특화
	행정리 – 살구, 도원리 – 복숭아, 시동리 – 감나무 등(충북도내 25개)	
5) 이벤트종류에따라	스포츠형	올림픽이나 대규모의 체육행사를 유치하기 위해 마련된 장소를 활용해서 대규모적이고 광범위하게 도시를 정비
	도쿄올림픽, 뮌헨올림픽	
	박람회형	전시회, 박람회를 통해 도시이미지를 상승 및 활성화시키고 행사장소가 장래 신도시로 조성되는 것을 널리 홍보하며 도시기반을 마련

	• 공공사업의 질적 전환
	  – 베를린 국제건축박람회
	  – 넥서스 월드
	• 도시건설을 전제
	  – 고베 포토피아 박람회
	  – 요코하마 박람회
	• 도시정비 차원
	  – 일본 만국박람회
	  – 네덜란드 꽃박람회	

	지역이미지 개선형	C.I(City Identity)의 통일성을 갖춘 이미지를 내세워 도시경제의 활성화와 주민의식 향상 도모
	서울 : "I·SEOUL·U" 뉴욕 : "I love N.Y." 도쿄 : "My Town 도쿄"	

주) 한국토지공사, 코랜드형 단지조성을 위한 계획기법, 1999

마. 마을명 등 명칭 부여계획

(1) 개요

주택단지·신도시개발사업 시행으로 해당지역의 전통문화가 단절되는 부정적인 측면을 극복하고 기존부락의 전통문화의 계승과 자연환경의 독자성을 계승하여 전통의 맥을 이어나가 공감대를 형성하며 지구별 테마계획의 실현의 일환으로 각 행정단위별로 마을명 등 명칭부여계획을 수립해야 한다. 개발계획 및 지구단위계획 수립 시 명칭부여 여부 및 대상을 선정하며 부여대상은 행정구역 및 주요시설에 한하고 행정구역은 새로이 부여될 행정 동을 기본으로 부여한다. 명칭 작성은 사업시행자가 주관하고 대안작성은 해당 지자체의 지명위원회 또는 자문위원회의 심의 및 지자체 등 관련부서의 협의를 거쳐 확정한다.

(2) 명칭부여 과정

- 자료조사 : 마을 특성을 살릴 수 있는 사라진 옛 이름을 발굴하고, 전통문화를 보존할 수 있도록 현지주민들의 관습 등을 파악하며, 지구 내 지형, 문화재의 특성을 조사한다.
- 관계전문가의 자문 : 행정구역의 명칭은 이름관련 전문단체의 자문과, 현지주민과의 면담을 통하여 의견을 수렴하며, 주요 시설명칭은 각 시설관련 교수 등 전문가에 자문을 의뢰하여 2~3개 안을 작성한다.
- 지명위원회 또는 자문위원회의 심의 : 자문을 거쳐 선정된 대안은 관련 지자체의 지명위원회 또는 자문위원회의 심의를 거쳐 최종안 선정
- 지자체 등 관련 부서 협의
- 마을명 등 명칭 부여 및 지구단위계획 등에 반영

(3) 마을 이름 부여방법

- 행정 동, 단지(대블록), 건물 동 단위 순으로 위계를 구성한다.
- 단지의 이름부여 방법은 동 부지가 매각되었을 경우 부지를 매수한 사업시행자와 협의하여 결정한다.
- 단지의 이름은 지역의 전통문화나 자연환경 등을 상징하는 것이어야 하며, 아울러 가능한 한 테마와 부합되는 말 또는 순수 우리말로 부여한다.
- 부여된 단지 이름은 단지조경의 상징으로 하고, 식재 및 색채계획 시 반영한다.

하남풍산지구 테마계획 및 마을명칭 부여 사례

○ 하남풍산지구 택지개발사업은 개발제한구역을 해제하여 국민 임대 주택지를 제공하는 사업으로서 뛰어난 계획과 우수한 마을이름 작명 등을 통하여 시범적인 도시로 발전시켜 향후 지역주민에게 자긍심 및 정체성을 부여하고자 함
○ 지역주민의 참여를 통하여 하남풍산지구에 대한 홍보효과 및 지자체와 관계개선에 기여하고자 함

1. 하남풍산지구 개황
▷ 개요
• 위치 : 하남시 풍산동, 덕풍동 일원   • 면적 : 약 1,016,000㎡   • 수용인구 : 약 17,304

▷ 인근 현황
• 하남시청에서 서측으로 약 500m 지점에 위치
• 동측에 검단산, 북측에 한강과 조정경기장, 미사리 카페촌 인접

2. 테마계획 및 마을 명칭 부여
1) 테마계획
이 지구는 개발계획 수립 전에 "도시미래이미지구상 연구용역"을 수립하였으며, 지구 인근에 한강과 조정경기장, 카페촌이 인접한 점을 감안하여 지구 콘셉트를 "물과 음악이 흐르는 생태도시"로 설정하였음

▷ 도시이미지구상(TIPS)
• 지구콘셉트 : 「물과 음악이 흐르는 생태도시」
• 공원 : 인체의 오감을 주제로 테마공원 계획(후각, 촉각, 미각, 청각, 시각공원)
• 중앙공원에는 전통사상인 "태극" 이미지를 연출하는 태극연못을 계획
• 녹지축 : 약 20m 폭의 녹지를 상호 연결하여 그린 네트워크 형성
• 실개천계획 : 녹지를 따라 폭 2~3m 실개천을 도입하고 곳곳에 소규모 광장 계획
• 진입부 : 음과 양의 이미지광장계획
• 기타 : 스카이라인 등 경관요소 반영

2) 마을명칭 부여
• 꽃메마을 : 왕바위산과 인접하고 검단산, 예봉산 등이 바라보이는 자연조건을 고려해 마을명을 산과 꽃으로 상징
• 여울마을 : 한강과 인접하여 있고, 팔당대교 하류는 하남시에서 서해안까지 이어지는 한강유역 중 유일하게 여울이 생기는 지역으로 단지 내에 조성되는 하천과 잘 어울리고 청정하남의 이미지에 부합됨
• 가람마을 : 사업지구는 주로 나루개울, 방죽개울, 농수로가 이어져 있고 한강물이 유입되어 진등이라는 포구가 형성될 정도로 강, 나루와 밀접한 지역으로 강(江)의 순우리말인 '가람'을 이용
• 새뜰마을 : '새뜰'은 늪지대에 억새풀이 많았던 현 신평(新坪)리의 옛 지명임
• 하남풍산지구 마을구분도

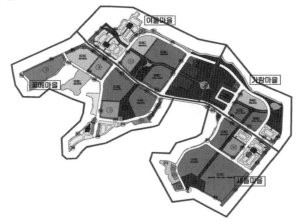

2.3 부문별 기본계획 수립기준

1) 인구 및 주택계획

가. 정의 및 계획방향

　　개발계획에 있어 인구계획은 기본구상에서 제시된 계획지침 및 계획인구지표에 의거하여 장래 인구구성을 파악하고 공간적 배분과 연계해가는 일련의 계획과정이다. 인구계획은 교통계획, 공공시설계획 등 시설계획 입안의 주요 전제조건이 되는 것이므로 다른 부문계획에 앞서며 주택계획과 연계하여 계획을 수립한다. 인구계획을 위한 조사 시 광역적 관점에서 대상지역의 인구동태, 주택·택지수요의 특성 등과 가구 및 가족구성, 연령구성, 소득 등 인구구조 특성을 파악하여 계획 수립 시 반영한다. 기본구상에서 제시된 공간계획 지침에 따라 주택의 공급형식을 산정하여 지구의 인구 배분계획을 수립한다. 지구의 주간인구는 상주인구 외에 이용인구를 구분하는 개념으로 시설계획의 수립이나 시가지의 공간적 이미지를 검토하는 기초자료로 활용한다.

나. 계획수립절차

　　개발계획의 수립절차는 그림 3.6에 따라 조사내용을 충분히 반영하여 개발목표에 따라 수립되어야 한다.

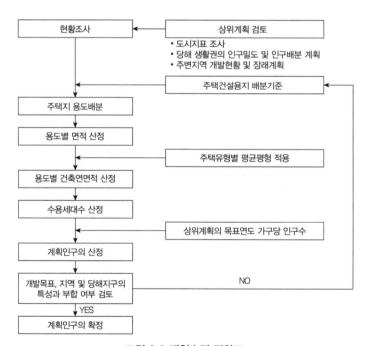

그림 3.6 계획수립 절차도

다. 상위계획 검토

해당 지역의 도시기본계획 및 도시관리계획 상의 도시인구지표 등을 조사한다.

인구수는 전체, 연령별, 성별, 경제활동별, 증가율 등을 고려하여 산정하고 가구수는 가구원수, 가족 단위원 수 등을 참고하여 정하되, 주택수는 주택 보급률, 주택 유형별 주택수 등을 종합적으로 비교하여 결정한다.

더불어 당해 생활권의 인구밀도 및 인구배분계획을 검토한다.

(1) 용도별계획

- 주거지역 : 고밀도, 중밀도, 저밀도
- 상업지역 : 중심, 일반, 근린, 유통
- 공업지역 : 도시형 공업지 내 거주인구
- 녹지지역 : 공간적 배분

(2) 인구 배분계획 : 면적, 인구수, 인구밀도

주변지역의 개발시기, 수용시설 및 인구 등 개발현황 및 장래 개발계획을 연계 검토한다.

라. 계획인구 산정

(1) 개발밀도 결정

상위계획 등 관련 자료의 분석을 토대로 환경수준, 소득구조 및 지역여건을 검토하여 당해 사업지구 특성에 맞는 개발밀도를 결정한다.

밀도계획 내용은 주택단지계획에 있어서 밀도는 단지의 규모, 건물과 옥외공간과의 관계, 프라이버시 보호 등 다른 계획사항과 연계되어 주거단지 생활의 질이나 토지이용, 시설의 공간적 배분, 활동의 강도 등을 결정하게 되는 중요한 요소이므로, 당해 지구의 여건 및 특성에 따라 적정밀도 기준을 설정하여 쾌적한 주거환경이 조성될 수 있도록 배려해야 한다.

밀도계획 시 착안사항은 공간구성의 특징 부여와 도시경관을 고려하고 이를 위해 주구구성, 시설배치의 균형을 도모하고 조성계획과의 적합성 도모, 인접한 토지이용을 고려, 특정조건(고압선, 전파장애, 지구 외에서의 조망 등)에 대해 고려해야 한다. (표 3.6 참고)

① 밀도의 유형

개발계획 시 밀도의 유형은 표 3.6과 같이 총밀도, 순밀도, 호수밀도 등의 유형으로 구분한다.

표 3.6 밀도의 유형

유형	개념
총밀도(인/ha)	계획대상지의 총면적에 대한 인구수
순밀도(인/ha)	공공시설용지를 제외한 순수 주택건설용지에 대한 인구수
호수밀도(호/ha)	계획대상지 총면적에 대한 주택수

② 밀도상호 간의 관계

용적률＝평균층수×건폐율

(2) 토지용도 배분 및 주택건설용지 면적 산출

주택건설용지 유형별 인구배분형태

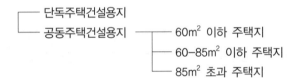

(3) 계획인구 산정

주택건설용지 블록별로 적정 용적률을 설정하여 건축연면적을 산출하고, 주택 유형별 평균평형을 적용하여 수용세대수를 산출한 후 상위계획에 의한 목표연도의 가구당 인구수를 곱하여 계획인구를 산정한다. 또한 산정된 계획인구는 개발목표, 지역 및 당해 지구의 특성을 고려하여 조정한다.

마. 주택계획

(1) 개발밀도 결정

주택계획은 기본구상에서 제시하는 주택공급 기본방향에 의거 주택지 유형, 규모, 배치 및 형상을 구체화하여 적극성이 확보되는 쾌적한 주거환경을 창조하고 주민의 커뮤니티 형성, 도시경관의 향상을 도모하는 것이다. 주택공급의 기본방침과 인구배분계획 및 입주 인구특성의 추정에 의거 당해 지구의 택지 및 주택의 기본방침을 설정한다.

① 공급주택호수와 주택배분비율

② 택지와 주택규모의 수준

③ 주택지의 밀도수준

(2) 계획수립기준 및 방법

① 주택건설용지의 분류

주택건설용지는 단독주택건설용지, 공동주택건설용지, 근린생활시설용지로 구분한다.

※ 필요한 경우 준주거용지 포함

② 주택건설계획 수립

단독주택건설용지는 단독주택지의 규모 및 필지수 계획을 수립하여 필지 단위 또는 블록단위로 계획한다.

공동주택건설용지는 가구별로 호수, 평형, 층수, 용적률을 정하여 계획을 수립하고 이에 의거하여 가구별로 주택규모별 배분계획을 수립하되, 평형은 $60m^2$ 이하 $60 \sim 85m^2$, $85m^2$ 초과로 구분하여 적정하게 배치되도록 하고, 층수를 표시하는 경우 연립주택, 저·중·고층아파트로 구분한다. (그림 3.7 참고)

▌인구 및 주택계획 수립절차(예시)

개발계획 수립 시 인구 및 주택계획은 그림 3.7과 같이 상위계획 검토 후 용도배분과 면적산정 등의 절차에 따라 산정한다.

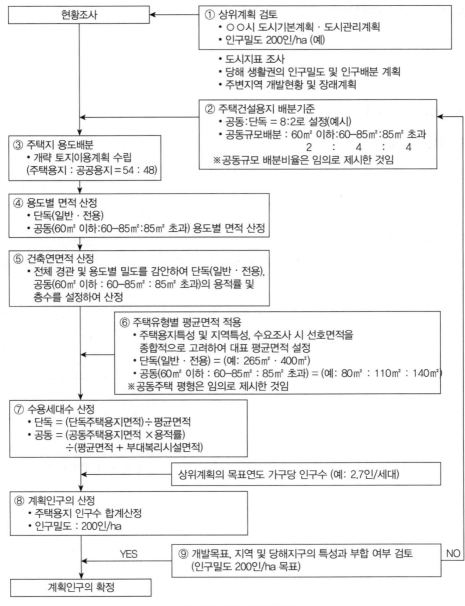

그림 3.7 인구 및 주택계획

2) 생활권 계획

가. 정의

생활권이란 일상생활을 영위하는 데 필요한 생활편익 및 서비스시설을 중심으로 군집된 지역적 범위를 말하며, 정주단위별로 생활권을 위계화하여 공동의 서비스나 사회활동을 긴밀하게 유지하여 나가는 유기적 집합체로서 활동패턴에 따라 단위주거로부터 대도시에 이르기까지 사회조직 구성을 계층화한 것으로, 생활권계획은 인구규모, 생활환경수준, 공동서비스시설의 종류 등에 따라 정주 단위를 위계화하고 정주단위별로 특성을 부여하여 목표를 설정, 사회·물리적 기능과 요소를 배분 설치하는 계획을 말한다. (그림 3.8 참고)

▌계획수립절차

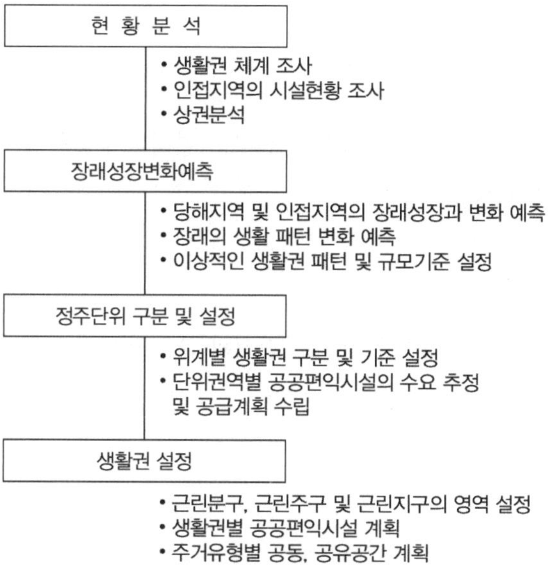

```
┌─────────────────────────┐
│       현 황 분 석        │
└─────────────────────────┘
  • 생활권 체계 조사
  • 인접지역의 시설현황 조사
  • 상권분석

┌─────────────────────────┐
│      장래성장변화예측      │
└─────────────────────────┘
  • 당해지역 및 인접지역의 장래성장과 변화 예측
  • 장래의 생활 패턴 변화 예측
  • 이상적인 생활권 패턴 및 규모기준 설정

┌─────────────────────────┐
│     정주단위 구분 및 설정    │
└─────────────────────────┘
  • 위계별 생활권 구분 및 기준 설정
  • 단위권역별 공공편익시설의 수요 추정
    및 공급계획 수립

┌─────────────────────────┐
│        생활권 설정        │
└─────────────────────────┘
  • 근린분구, 근린주구 및 근린지구의 영역 설정
  • 생활권별 공공편익시설 계획
  • 주거유형별 공동. 공유공간 계획
```

그림 3.8 계획수립절차

나. 계획방향

(1) 사회적 측면

① 공동체 의식 형성과 주민 간 교류기회 확대

② 주민 간의 동질성 및 연대의식 형성

③ 지역문화 창달 및 가치관의 공유

(2) 물리적 측면

① 자족적 도시적 편의성 제공

② 교통수단별 단위 생활권의 체계화

③ 생활권 계층에 따른 공공편익시설 및 서비스의 제공

④ 생활권별 다양한 욕구 및 가치관의 수용

다. 생활권 설정기준

(1) 생활권 구성단위

생활권 계획은 거주민들의 생활양식, 편익시설의 이용 행태에 의한 이용거리, 이용 가구수 및 소득수준, 행정구역의 범위 등에 따라 위계별로 구성하며, 보통 단위생활권이 하나의 보행권이 되도록 하는 것이 바람직하고 생활권 특성에 따라 보행권, 통학권, 일상생활권 및 행정단위권 등을 고려하여 설정한다.

① 보행권

보행동선을 중심으로 하여 보행권 내에서 안전하고 편리하게 활동할 수 있도록 보행가능거리를 기준으로 생활권을 구성한다.

② 통학권

교육시설을 통학권 내에 배치하여 통학의 안전성과 접근성이 도모될 수 있도록 통학거리를 기준으로 생활권을 구성한다.

③ 일상생활권

일상생활을 영위하는 데 필요한 생활편익과 서비스 활동을 중심으로 자족적 생활을 유지할 수 있도록 생활권을 구성한다.

④ 행정단위권

도시지역의 최소 행정단위인 동을 기준으로 하여 생활권을 구성한다.

(2) 생활권 위계별 구분

① 근린주구

도시의 가장 기초적인 공동지역사회(Community)를 근린주구(Neighbourhood Unit) 또는 근린생활권이라 한다. 근린주구라는 용어는 매우 광범위하고 가변적이며, 주거단지계획의 기본적인 생활권 계획단위 등으로 사용된다.

근린주구(Neighbourhood Unit)라는 용어는 1929년 페리가 주거단지의 커뮤니티 조성을 위해 이를 계획단위로 채용한 후 널리 사용되기 시작하였다. 초등학교의 학구를 표준단위로 설정하여 주구 내에서의 생활의 안정을 추구하고 편리성과 쾌적성을 확보하자는 것이며, 일반적으로 2천 세대에서 3천 세대를 1개의 근린주거구역의 결정기준으로 하고 있다.

② 생활권 구분

생활권 구분은 소생활권, 중생활권, 대생활권으로 구분한다.

구분 생활권	설정기준	인구규모(명)	고려사항	비고
소생활권	행정동 기준	2~3만	• 초·중학교의 학군·시장권역 • 역세권역·지역적 특수성 • 지형적, 인위적 제약성 • 지역적 특수성	근린주구 중심 (Neighbourhood)
중생활권	2~4개 소생활권	10만	• 중·고교의 학군 • 계획의도적 구분 • 산세, 하천 등 자연환경 • 시설배치 기준을 고려	지역·커뮤니티 (Community)
대생활권	구단위	50만	• 도로, 철도 등의 인문적 환경 • 부도심권 형성 및 도심 기능분산을 유도한 계획성	부도심권 중심 (Sub-core)

주) 도시계획학 원론, 박영사, 1999

(3) 생활권별 공공배치시설

생활권 배치시설은 표 3.7과 같이 소생활권, 중생활권, 대생활권으로 구분하여 배치한다.

표 3.7 생활권별 배치계획

구분 생활권	행정계	공원계	교육계	사회복지계	보건계	유통계
소생활권	• 동사무소 • 우체국 • 파출소	• 어린이공원 • 근린공원 • 소단위운동장	• 유치원 • 초등학교 • 중학교	• 복지센터 • 탁아소 • 경로당 • 새마을회관 • 집회소	• 병원 • 치과 • 한의원 • 약국	• 근린중심쇼핑센터 • 소매시장 • 슈퍼마켓 • 은행 • 지역사회금고
중생활권		• 지구공원 • 운동장	• 고등학교 • 도서관	• 종합복지센터 • 청소년회관 • 직업보도소 • 상담소	• 보건소 • 종합병원	• 지구중심쇼핑센터 • 소단위 도매시장
대생활권	• 구청 • 경찰서 • 소방서	• 종합운동장	• 대학 • 연구기관	• 특수복지센터 • 양로원 • 고아원 • 갱생원 • 장애인보호소	• 대단위종합병원 • 특수병원 • 보건연구소	• 지역중심쇼핑센터 • 백화점 • 유통단지

주) 도시계획학 원론, 박영사, 1999

(4) 생활권의 분절과 중첩

도시 전체 규모 또는 주거지에 있어서도 각 생활권을 적정한 수준으로 나누고 위계를 설정하되 각기 특성을 강화시키고 이들 시설의 배치, 오픈스페이스의 체계화로 변질된 부분을 전체적으로 연결시키도록 한다.

3) 토지이용계획

가. 정의

도시계획에서 토지이용계획은 토지의 용도를 배분하는 계획으로 주거, 상업, 공업, 녹지지역의 4가지 기능공간으로 계획하는 것을 말한다. 주택단지 또는 신도시개발계획에서는 바람직한 주거환경을 조성하기 위해 먼저 활동의 종류를 고려하여 토지의 용도를 구분하고, 다양한 용도의 토지수요를 예측하여 용도 간의 상호관계와 자연 및 경제·사회적 여건을 고려하고 용도별로 토지를 합리적으로 배분하는 것을 말한다.

나. 토지이용계획의 기본방향

대상지역의 물리적, 지리적, 역사·문화적 특성을 계획에 반영하고, 수용능력의 한계를 감안하여 개발과 보전의 조화·균형이 유지되도록 계획해야 한다. 장래 개발의 확장과 토지이용의 변화에 무리 없이 대응할 수 있도록 융통성 있는 토지이용 패턴을 형성한다. 도시기반시설의 건설·관리비용을 최소화할 수 있도록 효율적인 토지이용 패턴을 구성한다. 대상지의 가로망체계·녹지체계 및 공공편익시설체계와 조화를 이루도록 하고 서로 상충되는 용도 간의 분리와 보완적인 용도 간의 연계를 유도한다.

〈토지이용계획의 일반내용〉

(1) 토지이용계획(土地利用計劃)은 계획구역 내의 토지를 어떻게 이용할 것인가를 결정하는 계획이다. 즉, 도시공간 속에서 이루어지는 제반 활동들의 양적 수요를 예측하고, 그것을 합리적으로 배치하기 위한 계획 작업이다.

(2) 따라서 토지이용계획은 교통계획, 도시계획시설계획, 공원녹지계획과 더불어 도시계획의 근간을 이루는 가장 중요한 부문이다.

(3) 도시의 토지이용계획에 대한 미국적 시각은 토지이용계획을 교통계획 및 시설계획과 상호 긴밀한 관계를 갖고 있는 광범위한 도시계획의 한 분야라고 보는 관점이다.

(4) 다른 하나는 유럽적 시각인데, 토지이용계획을 교통계획이나 시설계획을 포함하는 종합적인 기본계획(독일) 내지 구체적인 토지이용계획(프랑스)으로 보는 것으로서, 토지이용계획은 도시계획의 내용과 궁극적으로 동일하다고 생각하는 것이다.

(5) 두 가지 시각은 모두 토지이용계획은 도시계획의 기본이라는 점에서는 일치하고 있다. 토지이용계획을 교통계획이나 시설계획과 대응시켜 도시계획의 한 과정(Process)으로 보는 견지에서는 토지이용계획이 정해진 다음에 여기에 대응하는 교통·주택·공공시설 등의 계획을 결정하게 되며, 토지이용계획과 이들 계획들과의 상호관계는 서로 영향을 주고받는 가역적 관계를 가지고 있다.

(6) 우리나라에서는 토지이용계획이 지역·지구제와 혼돈되는 경우가 종종 있다. 지역·지구제는 토지이용계획을 구체적으로 실현하는 법적·행정적 방안 중의 하나이며, 토지이용계획을 질서 있고 합리적으로 실행하기 위한 제도적 장치이다. 따라서 일단의 토지이용계획을 수립하여 그 토지이용계획을 집행하는 수단의 하나로 지역·지구제라는 수법이 활용된다.

다. 수립과정과 단계별 내용

(1) 수립과정

토지이용계획은 그림 3.9와 같이 먼저 목표를 설정하고 그에 따라 계획을 구상하면서 토지이용 현황을 조사·해석 하여 문제점을 파악하고, 장래의 동향을 전망하여 계획과제를 정리해야 한다.

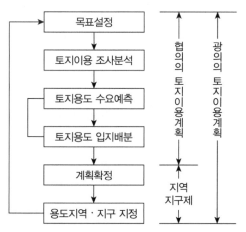

주) 국토도시계획학회, 토지이용계획론, 2005

그림 3.9 토지이용계획과정

(2) 단계별 내용

① 목표설정

토지이용계획의 목표설정의 기본전제는 계획대상지의 물리적·지리적·역사문화적 특성을 반영하고 개발과 자연환경의 조화가 이루어지는 계획 및 장래개발의 확장과 토지이용변화를 수용할 수 있도록 융통성을 부여하는 계획, 안전성·건전성·보건성·편의성·쾌적성·경제성과 같은 공공이익이 확보되도록 계획하는 것을 의미한다.

② 현황조사·분석

현황조사·분석에서 주로 활용하는 기초자료는 각종 통계자료이지만 이런 자료는 토지의 물리적 상태 또는 이용 상태 등에 대한 조사이기 때문에 사회·경제적 자료를 주로 담고 있는 통계자료만으로는 충분한 정보를 얻기 어렵다. 따라서 공간적 정보를 담고 있는 지도 등 도면자료와 현지답사 등을 통한 실태자료의 수집이 반드시 필요하다. 또한 현지 주민 또는 주변지역 주민을 대상으로 하는 설문조사 등이 보완적으로 활용될 수 있고, 당해 지역과 관련된 계획이나 정책도 현재의 상황을 정확하게 이해하는 데 중요한 분석대상 자료가 된다.

③ 토지이용의 수요예측

용도별 수요예측은 바람직한 토지이용상태를 이루기 위해서 계획기간 중 어떤 용도의 토지가 얼마만큼 필요한지를 예측하는 일이다. 이는 다음과 같은 3단계로 이루어진다.

계획구역 내에 입지하게 될 인간 활동의 종류를 선별한다. 선별된 인간 활동이 계획기간 동안 어느 정도로 발생할 것인가를 예측한다. 예측된 각각의 인간 활동의 양을 수용할 토지의 규모를 추정한다.

④ 토지용도별 입지 배분

주택단지·신도시의 현재와 장래의 토지용도별 수요를 공간적으로 적절히 배분시키는 일은 토지이용계획의 핵심적인 사항임은 물론 계획과정에서 계획입안자가 결정해야 할 가장 중요한 과제 중의 하나이다. 용도별 입지배분 시 주요 고려요소는 다음과 같다.

- 각각의 용도가 갖는 고유의 입지 특성을 충족시켜야 한다.
- 용도 간의 호혜적 또는 상충적 관계를 고려하여 토지이용 효율을 극대화한다.
- 인간 활동의 입지와 관련된 시장의 원리를 존중하여 순리에 따라 바라는 상태가 이루어질 수 있도록 유도한다.

• 주어진 여건을 충실히 감안하여 계획의 실행력을 제고한다.

⑤ 대안평가

토지이용계획의 대안평가는 일반적인 계획과정에서 제시한 평가기법을 활용하여 평가하고 대안을 선택한다.

라. 토지이용 기본방향

(1) 기능의 충족성(function)

주택단지·신도시 구성요소를 합리적으로 토지이용계획에 배분·배치함으로써 다양한 생활기능을 충족시킬 수 있어야 한다.

(2) 이웃과 교류(communication)

단지 내 물리적 환경에 의하여 주민들이 이웃과의 단절이 아닌 교류관계를 서로 자연스럽게 불러일으킬 수 있게 한다.

(3) 선택의 기회 부여(choice)

주거환경의 수요자인 주민에게 다양한 주거형식, 규모, 양식 등은 물론 편익시설의 배치에서도 선택의 기회를 부여함으로써 안전성을 유지한다.

(4) 경제성과 효율성(efficiency)

주거환경을 조성함에 있어서 비용을 효율적으로 절감할 수 있게 하면서 토지의 효율적 이용도 함께 도모하여야 한다.

(5) 건강(Health)과 쾌적성(Amenity)

공공복리와 주민의 이익증진 및 정신적·육체적 긴장과 피로의 해소를 위해 단지계획 및 설계를 함으로써 주민의 건강과 쾌적한 생활을 보장하도록 한다.

(6) 적응성(Flexibility)

단지 전체의 밀도계획이나 유보지의 확보 또는 구조적으로 증축가능성과 공급처리시설의 확장

가능성 등 미래의 변화에 대처할 수 있는 적합성과 융통성 있는 계획을 수립한다.

마. 토지용도 분류

▌토지이용계획의 용지 분류

토지이용계획의 용지 분류는 표 3.8과 같이 주택건설용지와 공공시설용지로 크게 분류하고 후에 세분하여 분류한다.

표 3.8 토지이용계획의 분류

구분	용지분류	비고
주택 건설 용지	• 공동주택용지 　－아파트건설용지 　－연립주택건설용지 • 단독주택용지 • 근린생활시설용지	• 건축법시행령 별표 1 제3호 및 제4호에 게기한 시설 ※ 제1·2종 근린생활시설
공공 시설 용지	• 도시계획시설용지	• 국토의 계획 및 이용에 관한 법률 제2조 제7호에 게기한 시설 ※ "도시계획시설"이라 함은 기반시설중 제30조의 규정에 의한 도시관리계획으로 결정된 시설을 말한다. ※ "기반시설"이라 함은 다음 각목의 시설로서 대통령령이 정하는 시설을 말한다. 　가. 도로·철도·항만·공항·주차장 등 교통시설 　나. 광장·공원·녹지 등 공간시설 　다. 유통업무설비, 수도·전기·가스공급설비, 방송·통신시설, 공동구 등 유통·공급시설 　라. 학교·운동장·공공청사·문화시설·체육시설 등 공공·문화체육시설 　마. 하천·유수지·방화설비 등 방재시설 　바. 화장장·공동묘지·납골시설 등 보건위생시설 　사. 하수도·폐기물처리시설 등 환경기초시설
	• 주거편익시설용지	• 택지개발촉진법시행령 제2조 제1호에 게기한 시설 ※ 어린이놀이터·노인정·집회소(마을회관을 포함한다) 기타 주거생활의 편익을 위하여 이용되는 시설
	• 상업·업무시설용지	• 택지개발촉진법시행령 제2조 제2호에 게기한 시설 ※ 판매시설·업무시설·의료시설 등 거주자의 생활복리를 위하여 필요한 시설
	• 도시형공장 등 자족기능 용지	• 택지개발촉진법시행령 제2조 제3호 가목 내지 다목에 게기한 시설 ※ 가. 산업집적활성화 및 공장설립에 관한 법률 제28조의 규정에 의한 도시형공장 　나. 벤처기업육성에 관한 특별조치법 제2조 제4항의 규정에 의한 벤처기업집적시설 　다. 소프트웨어개발촉진법 제5조의 규정에 의한 소프트웨어 개발사업관련시설
	• 농업관련 용지	• 택지개발촉진법시행령 제2조 제3호 라목에 게기한 시설 • 택지개발촉진법시행령 제2조 제4호에 게기한 시설 및 택지개발예정지구 지정권자가 결정한 시설
	• 기타시설용지	※ 공공시설 등의 관리시설

주) 택지개발업무처리지침 별표 2, 국토계획 및 이용에 관한 법률

바. 용도별 입지 성향·조건

(1) 주택건설용지

주택건설용지는 유형별로 단독주택지, 연립, 저·중·고층아파트 단지로 구분하고 단지의 크기는 건축물의 배치 및 시설물의 유치거리 및 적정 관리단위 등을 감안하여 최소거리, 폭을 결정한다.

① 단독주택지

개발지 주변의 기존 단독주택지와 인접하도록 배치하여 기존 주택지의 일조권, 프라이버시 등에 침해가 되지 않도록 하거나 자투리땅에 배치한다. 지형의 고저차가 심하여 공동주택지로 개발이 곤란한 곳에 지형 대응이 쉬운 단독주택지로 설정한다. 개발지 전체의 Skyline을 고려하여 인접 건축물과의 고저차가 적은 곳에 설정한다. 주택지의 정온성을 위해 중심지와 간선도로에서 접근 거리가 먼 곳을 선정한다. 지형적으로는 절토 구간 등 지반조건이 좋고 배수가 양호한 곳을 택한다. 경관이 좋거나 주요 상징물, 역사적 유물 주변에 높은 건물로 인하여 개발 시 시각적 차단이 우려되는 것을 선택한다. 특히 소음 등 환경피해가 예상되는 지역에 저밀도로 개발을 유도하기 위한 지역에 배치한다.

② 연립주택지

단독주택지와 중층아파트 사이에 층고의 급격한 변화를 피하고 완만하게 하기 위하거나 대형 건축물로는 지형 극복이 어려운 지형을 택한다. 지형적으로는 절토 부분이나 지반상태가 양호한 부분에 설치한다. 경사지형에 대응하기 위하여 테라스하우스를 설치하거나 전원적인 분위기를 주기 위하여 타운하우스 등을 개발지의 진입부에 배치할 수 있다.

③ 아파트용지

단지 지역별로 중심지나 간선도로변에 접근이 양호한 지역에 배치한다. 주변의 주택과 급격한 높이의 변화를 주지 않도록 인접지역의 건축물과 조화를 꾀할 수 있는 지역을 택한다.

기존 지반상태는 양호하나 성토된 지역에 계획하여 상대적으로 기초 공사비를 절감할 수 있는 곳을 택한다. 해안 및 강변 주변에 다수의 주민이 좋은 경관을 즐길 수 있는 지역을 택한다.

타워형은 조망이 좋은 곳을 차단할 우려가 있는 부분에 개방감을 주기 위하여 설정할 수 있다.

그리고 초고층은 Land mark로 상징적인 위치나 고층군 내에 층고 변화를 주기 위하여 설치할 수 있다.

④ 임대주택용지(국민임대주택 포함)

임대주택은 가능한 대중교통여건이 양호한 지역에 배치하되, 다양한 소득계층이 더불어 사는 사회적 혼합(Social-Mix)을 고려하여 서로 어울릴 수 있도록 균형 있게 배치해야 한다.

(2) 상업용지

간선도로변 진입부분에 위치하여 화물의 진출입 및 소비자의 접근이 용이한 곳에 설치하여 주거·환경을 저해하는 통과교통이 주택용지를 통과하는 것을 억제하고 대규모 개발지는 거리가 멀어 주민이 보행으로 이용키 어려울 경우 보조기능을 갖춘 상업용지를 부가하여 계획한다.

특히 상업기능을 효율적으로 이용 할 수 있도록 오픈스페이스 등을 고려하여 배치한다.

(3) 공공시설용지

공공시설은 각 시설별 입지성향과 이용권을 감안하여 설치하여야 한다.

공공시설용지는 해당 기관들과 면밀히 협의하여 공공성이 확보되도록 배치한다.

(4) 토지용도 입지조건

토지용도의 입지조건은 용도지역에 따라 구분하여 배치해야 한다. (표 3.9 참고)

표 3.9 토지입지 조건

구분	적지조건	배치기준	구성형태	도상색
주거지역	1. 토지가 비교적 높고 언덕지고 한적한 곳 2. 하수처리가 잘되는 곳 3. 남향 4. 통근·통학이 편리한 곳 5. 매연, 분진, 유독가스, 소음 등 공해를 유발시키지 않는 곳	1. 역사적으로 주거지인 곳 2. 근린분구·주구·커뮤니티를 구성하도록 집단주택지 기법에 입각하여 구성 배치	대도시에서 도심·부도심에 가까운 주거지역은 고밀도의 주거, 중간부에서는 중층(3~5층), 외곽지에서는 저밀도의 독립주택가구로 배치	노랑
상업지역	1. 교통이 편리 2. 토지는 평탄 3. 주거지역에서 통근소비 동선이 연결되는 위치	1. 가능한 한 소집단으로 전용화 시킴 2. 주거지역과 상대적 위치 배치 및 분산배치 3. 도시·부도심·지구중심 등을 형성하게 함	도시 내의 위치·업태에 따라 배치하고 중심지는 주차시설을 마련해야 함	분홍
공업지역	1. 교통·동력·용수·노동력 획득이 편리한 곳 2. 평탄한 지형 3. 광대한 지역으로 지가가 저렴한 곳 4. 철도의 연변, 하천, 항만의 연안 5. 오수·배수가능 여부	1. 공업밀도별로 유형화 2. 위험한 공업은 시가지에서 멀리 떨어진 곳에 배치 3. 가능한 전용화시키도록 그룹화하는 것이 필요	낮은 건폐율을 적용하고 업태에 따라 건축밀도 조정	보라

주) 도시계획, 기문당, 2004

사. 토지용도별 면적 산정

(1) 기본방향

① 용도별 소요면적의 예측

계획목표연도의 인구규모와 인구구조, 시설이용인구 등을 기초로 하여 개발목표를 달성하기 위한 계획의 원칙과 상위계획에서 전제된 계획기준 등을 근거로 하여 적정한 개발밀도를 설정한다.

② 용도별 가용토지면적 추정

계획대상지의 용도별 적지를 분석하여 각 용도별로 개발 가능한 토지면적을 추정개발밀도를 적용하여 계획대상지가 수용할 수 있는 인구규모를 계산한다.

③ 용도별 적정면적 추정

장래 예측되는 용도별 소요면적과 개발가능면적을 상호 조정하여 적정면적을 결정한다.

특정용도를 위한 적지가 소요면적보다 적을 경우는 타 용도의 적지 중 미개발지를 전용하여 부족량을 채우도록 한다. 용도전용으로 소요면적에 미달되는 경우 장래 계획지표 및 개발밀도를 수정한다.

④ 용도별 적정면적 결정

이상에서 구한 면적을 토지이용계획의 기본 전제조건으로 하여 가로망의 유형, 녹지체계, 공공편익시설 배치 등과 조화가 이루어지도록 계속 재조정하여 최종적으로 용도별 면적을 확정하도록 한다.

(2) 주택건설용지 면적산정 방법

개발계획에서 주택건설용지의 소요면적 산정은 계획대상지구 전체면적 중 도로, 공원 등의 공공시설용지 면적을 제외한 면적을 건설교통부 택지개발업무처리지침에서 정하는 지역별 용도배분비율 및 규모별 공동주택건설용지의 배분기준에 따라 건설용지의 면적을 산정함을 원칙으로 하며, 이론적인 주택건설용지 면적산정 방법은 다음과 같다.

① 상정인구밀도에 의한 방법

$$R_a = \sum_{i=1}^{n} \frac{P_i}{d_i}$$

여기서, R_a : 주거지역면적 총량(ha),

P_i : 주거입지별 배분된 상정인구(인)

d_i : 주거입지별 상정인구밀도(인/ha)

i : 주거입지별 인구밀도 계층 구분

② 주택수와 1호당 부지면적에 의한 방법

- 주거지역면적＝주택용지×1/(1－혼합율)

- 주택용지＝주택부지면적×1/(1－공공용지율)

- 주택부지면적＝주택수×주택 1호당 부지면적

- 주택수＝계획인구/가구당 인구

 ※ 공공용지율 : 30~40%

(3) 상업용지 면적산정 방법

계획대상 사업지구 내에 도시계획상 상업지역이 계획되어 있는 경우에는 그 규모 및 위치를 가능한 반영하고 상권의 특성과 규모, 상업지역의 기능 및 성격에 따라 소요면적을 산출하며, 소규모 사업지구에는 준 주거용지 및 근린생활시설용지로 상업기능을 대체할 수 있다.

택지개발지구 내에서 상업용지 계획수립 시 일률적으로 적용기준을 제시할 수는 없으며, 지구 특성이나 주변상권 등을 고려하여 적정한 방법을 채택해야 할 것이며, 마케팅 분석기법을 활용할 수도 있다.

① 이용인구에 의한 방법(도시기본계획 수립 시 주로 이용)

$$A \ = \ \frac{n \cdot a}{N \cdot r(1 - P)}$$

여기서, n : 상업지역이용인구,

A : 상업지역면적

r : 건폐율(약 70%)

P : 공공용지율(약 30~40%)

a : 1인당 평균상면적($15m^2$, 임의로 적용한 수치임)

N : 평균층수

② 원단위에 의한 방법

종업원 1인당 점포의 건축바닥면적의 원단위를 채택하여 건축면적을 산출한 후 부지면적과 그 부대용지를 합하여 상업지역면적을 산출한다.

$$상업부지면적 = \sum 업종별종업원수 \times 1인당바닥면적 \times \frac{1}{평균층수} \times \frac{1}{평균건폐율}$$

$$상업용지면적 = 상업부지면적 \times \frac{1}{1 - 공공공지율}$$

③ 기능에 의한 방법

기능에 의한 상업부지면적은 표 3.10과 같이 지구, 지역, 중심상업지역까지 산출한다.

표 3.10 기능에 의한 상업부지면적

구분	지구중심상업지역	지역중심상업지역	중심상업업무지역
면적(천 m²)	16~32	40~120	160~400
이용반경	800m	3km	6km
최소이용인구(인)	4,000	35,000	150,000
지구 전체면적에 대한 면적비율(%)	1.25	1.0	0.5
주요기능	일상용품 및 개인서비스	일상용품, 가정 장치제품, 기호품	고급장신구, 전문 서비스, 문화, 오락
주요시설	시장, 슈퍼마켓, 노선상가	백화점 분점, 쇼핑 센터, 노선상가	백화점, 호텔, 금융기관, 사무실

주) 한국토지공사, 상업편익시설의 획지 규모 및 형상연구, 1993

④ 일반적 기준에 의한 방법

시설별에 의한 상업부지면적은 표 3.11과 같이 시설구분별로 산출한다.

표 3.11 시설별 부지면적

용도구분	시설구분	면적기준(m²)	적용범위(m²)
판매시설	백화점	• 대규모 : 10,000 이상 • 중규모 : 4,000~8,000 • 소규모 : 1,500~4,000	• 매장면적 20,000 이상 • 매장면적 8,000~16,000 • 매장면적 8,000 이하
	쇼핑센터	• 대규모 : 20,000 이상 • 중규모 : 10,000~20,000 • 소규모 : 4,000~10,000	• 매장면적 14,000 이상 • 매장면적 7,000~14,000 • 매장면적 7,000 이하
	시장	3,400~5,600	• 이용인구 : 4,500인 • 용적률 : 100%
업무시설	사무소	• 10층 이상 : 2,000 이상 • 10층 이하 : 1,000~3,000	
	금융지점	800~1,200	

주) 한국토지공사, 상업편익시설의 획지 규모 및 형상연구, 1993

표 3.11 시설별 부지면적(계속)

용도구분	시설구분	면적기준(m²)	적용범위(m²)
근린생활 시설	근린상가	300~600	
	대중음식점	300~500	
	의원	400~600	
숙박시설	호텔	• 대규모 : 8,000 이상 • 중규모 : 4,000~6,000 • 소규모 : 1,000~3,000	
	여관	300~600	
의료시설	종합병원	24,000~28,000	400병상인 경우 병상당 평균 대지면적 : 66m²
	병원	500~1,500	30~60병상
기타	주유소	1,000~1,500	주유기 10~12기
	영화관	1,500~1,500	1,000~1,200석
	예식장	1,300~2,000	4실, 630석

주) 한국토지공사, 상업편익시설의 획지 규모 및 형상연구, 1993

(4) 공공시설 면적산정기준

공공시설은 도시계획시설의 결정·구조 및 설치 기준에 관한 규칙 및 개별법 등 관계법령이 정하는 바에 따라 적합하게 규모를 산출하고 자족적인 도시기능의 확보 및 건전한 주거환경 보호 등을 위하여 다양하고 적정한 공공시설이 확보되도록 하여야 한다.

4) 가구 및 획지계획

가. 정의

(1) 획지계획

획지(Lot)란 계획적 입장에서의 토지분할행위를 말하기도 하나 물리적으로는 건축물의 구조와 형태를 달리하는 개별단위로서의 토지 또는 경제적으로는 동일한 가격평가의 기준이 되는 단위토지의 개념으로 이는 동질적인 것과 이질적인 것을 구획하는 기준으로서의 의미를 갖는다.

획지는 개발이 이루어지는 최소 단위이며, 획지계획은 장래 일어날 단위개발의 토지기반을 마련해주는 과정이다.

(2) 가구계획

가구(Block)는 도로에 의해 구획되는 하나의 토지단위로서 보통 여러 필지로 구성되며 집산도로 이상의 도로로 구획되는 대가구와 그 내부의 수개의 소가구로 구분할 수 있다.

소가구 구성은 개별획지로의 공공서비스시설을 유효적절하게 공급할 수 있도록 가로망과 획지와의 결합관계를 설정해주는 계획이며 대가구 구성은 가구의 내부생활공간을 조성하기 위한 소가구를 배치계획한다.

나. 계획방향

(1) 획지계획

획지계획은 주택지의 경우 적정규모의 필지구획, 즉 토지이용의 효율성 및 주거의 쾌적성 확보와 동시에 여러 수요계층을 골고루 만족시킬 수 있는 다양한 규모의 배분을 추구하도록 하며 상업지의 경우 용도에 맞는 적정한 획지의 규모기준을 추구한다.

(2) 가구계획

가구계획은 토지이용의 효율을 높이고 부근의 통행과 각 필지로의 접근 및 서비스가 잘 이루어지도록 해야 하며 장래변화에 적응할 수 있는 방향으로 계획한다. 토지이용별, 용도지역별로 가구구성 방식이나 규모를 달리함으로써 지역적 특성이 가구계획에 반영되도록 한다.

주택지의 경우 국지도로를 적정하게 배치하여 토지이용의 효율을 높이고 주거의 외부공간의 질을 높일 수 있도록 하며, 상업지의 유형에 따라 적합한 가구배치 형태를 추구한다.

다. 용도별 계획기준

(1) 단독주택건설용지 획지 및 가구 기준

일반적으로 단독주택지의 획지분할은 가구가 주어진 후에 평균대지규모가 충족되도록 검토하나, 가로의 위치, 방위 등의 조건에 큰 제약을 받게 되므로 가로를 결정하는 단계에서 개략적인 획지분할을 할 필요가 있다. 획지분할에 있어서는 각 대지의 거주환경 조건을 고려하는 것이 중요하며 특히 평균 대지규모가 작을 경우에는 주택의 형태 등이 제약되기 때문에 주의하여야 한다. 다가구주택이나 다세대주택용지를 별도로 지정하는 경우 수용세대수, 세대당 평형규모 등을 고려하여 순수 단독주택용지보다 획지규모를 크게 구획한다.

① 획지 및 가구규모, 형상과의 관계

획지 및 가구의 적정규모와 형상은 사용목적 및 세장비(깊이/앞너비)에 의해 결정된다. 또한 주택을 건축하고 거주하기에 적합하도록 그 규모와 형상이 결정되어야 하는데, 규모는 경제적 측면에서 형상은 주거환경적인 측면에서 적합성을 고려해야 한다.

② 적정배치기준

일반인들이 선호하는 향(남, 동향)을 감안할 경우, 블록축이 정 남북방향인 경우에는 대지깊이가 작을수록, 블록축이 정 남북방향이 아닌 경우에는 대지깊이가 클수록 남동방향으로 공간을 많이 확보할 수 있으므로 선호한다. (표 3.12 참고)

표 3.12 획지의 앞너비, 깊이에 따른 적정규모

| 구분 | | 최소(m) | 최대(m) | 적정규모 | | 적정세장비 |
				블록축이 정남북향이 아닌 경우(m)	블록축이 정남북향인 경우(m)	
60평	앞너비	12	16	13	15.5	0.8~1.4
	깊이	12.5	17	15.5	13	
70평	앞너비	12.5	17	13	17	0.8~1.5
	깊이	13.5	18.5	18	14	
80평	앞너비	13.5	18	14	18	0.8~1.5
	깊이	14.5	20	20	15	
100평	앞너비	15	20.5	15.5	21	0.8~1.5
	깊이	16	22	21.5	16	
120평	앞너비	16.5	22.5	17	22	0.8~1.5
	깊이	17.5	24	24	18	

주) 한국토지공사, 단독주택용지 블록 및 획지분할규모 적정성 분석, 1999
　세장비 : 획지의 깊이/앞너비

③ 획지분할 규모기준

분할원칙은 165~660m² 정도로 획지분할을 원칙으로 하고 협의양도인택지 : 165~230m²로 하며 이주자택지의 경우에도 원칙적으로 165~265m²의 규모로 산정한다.

④ 획지분할 시 유의사항

탄력적 획지규모의 설정은 단독주택의 규모는 주거의 쾌적성을 보장하는 동시에 택지구입 가능 소득계층별 구매자의 욕구를 충족시킬 수 있도록 다양한 규모로 설정되어야 하는 바, 획지분할 규모의 최소 및 최대기준보다는 지구특성에 따라 적정 획지규모를 탄력적으로 운용한다.

그리고 용도의 다양화는 단독주택지 용도배분계획 수립 시 입지적 조건, 지역적 특성 및 주변지역 현황 등을 면밀히 분석하여 단독주택용도를 당해 토지가 갖고 있는 기능과 적성에 맞는 다양한 용도의 획지를 계획한다.

획지규모의 다양화는 획지분할규모 설정 시 당해 지역주민의 거주실태나 택지수요실태 조사를 통하여 입주민의 연령구조, 소득수준, 가족구성 등을 철저히 조사 분석하여 사회경제적 택지수요에 부응할 수 있도록 규모를 다양화한다. 획지계획 수립 시 당해지역의 주택부족률, 지가수준, 택지개발 가능지 및 토지에 대한 가치관 등의 조사 분석을 통해 인구, 주택 및 도시계획여건과 연계된 도시별 획지규모를 산정하여 차별화된 획지계획을 수립한다. (그림 3.10 참고)

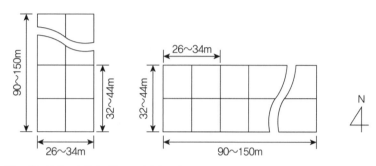

주) 한국토지공사, 단독주택용지 블록 및 획지분할규모 적정성 분석, 1999

그림 3.10 획지규모

⑤ 가구의 구성

소가구 구성의 일반원칙은 도로변의 완충녹지와 접하거나 전면도로에서 직접적인 차량진입을 허용하지 아니하고 이면도로에서 진입해야 하는 가구는 가능한 한 1열 가구로, 내부가구는 2열 가구로 구성한다. 가구의 방향은 주택의 남향배치가 용이하도록 가능한 남북장방형으로 배치한다. 가구의 단변길이는 남북, 동서 간의 가구구성에 따라 영향을 받게 되는데 일반적으로 남북 간은 좁게 동서 간은 길게 형성하는 것이 적합하다.

┌─ 남북방향의 가구 단변의 길이 : 26~34m
└─ 동서방향의 가구 단변의 길이 : 32~44m

가구의 장변은 도로율 감소와 지루하지 않은 보행거리를 고려할 때 90~150m 범위가 일반적으로 적당하다.

대가구 구성의 일반원칙은 대가구 단위의 적정규모를 결정해주는 것은 근린생활시설인 어린이 놀이터의 이용반경과 주거가구를 인지할 수 있는 소가구의 적절한 조합방식으로 볼 수 있다.

큰길을 건너지 않고 어린이 놀이터 하나를 유치하는 거리는 반경 100~150m이고 소가구들의 조합에 의한 대가구의 구성 시에는 국지도로 4~5개가 평행으로 배치되는 것이 적절하다.

주택지 전반에 걸쳐서 다양한 계층의 수요에 맞는 다양한 규모의 획지를 배치토록 하되 하나의 대가구 안에는 서로 유사한 규모의 획지를 군집시키고 골목단위로는 같은 규모의 획지를 군집시켜 계층 간 큰 차이가 없도록 하며 대가구 외곽에는 규모가 큰 획지, 내부에는 작은 획지 위주로 배치한다.

(2) 공동주택건설용지 획지 및 가구 기준

① 연립주택

획지의 규모는 일반적으로 연립주택의 유형과 주호 당 평형규모를 고려하여 결정하며, 연립주택건설용지의 획지분할규모는 5,000㎡ 이상으로 하되 택지수요, 지형조건 등을 감안하여 필요한 경우에는 예외로 한다.

획지의 형상은 연립주택의 배치가 용이하도록 가능한 정방형 또는 장방형으로 획지를 분할하며, 개별 주거동의 남향배치가 용이하도록 가능한 동서장방형 획지가 되도록 한다.

차량 및 보행동선, 판매시설, 부대복리시설의 배치 등을 종합적으로 고려하여 각종 시설의 이용이 편리하도록 획지를 분할한다.

연립주택용지의 가구구성은 2~3개의 소가구가 모여 하나의 대가구를 구성하도록 한다. 근린공원, 학교, 공용의 청사 등을 위한 공공시설용지를 대가구내에 확보하고 가급적 모든 소가구가 이러한 공공시설들을 연결하는 보행자전용도로와 접하도록 계획한다.

가구의 규모는 근린편익시설과 공급처리시설의 이용편의, 경제성, 교통량의 분산 등을 종합적으로 고려하여 적정한 규모가 되도록 계획한다.

② 아파트

아파트는 도시의 특성, 주변여건, 자연환경, 도로, 어린이공원 및 놀이터, 가구 내 상가배치 필요성 등을 감안하여 결정한다. 공동주택건설용지는 지역별로 배분기준에 적합하도록 하여야 한다. 아파트건설용지의 최소 획지규모는 10,000㎡ 이상을 원칙으로 하고, 적정획지규모는 지역별, 평형별, 세대수 등을 고려하여 분할하여야 한다. 지역별 특성을 고려하여 크게 수도권·광역시권과 기타 도시권으로 나눈다. 수도권 및 광역시권에서 많이 선호하는 획지는 500세대 이상이 입지할 수 있는 규모이다. 500세대 이상은 입주민이 판매시설, 부대복리시설, 아파트매매 등을 고려한 가장 선호하는 세대수로 볼 수 있으며, 주택건설업체도 공사비, 건설단가, 분양성 등을 고려해서 선호하는 세대수로 볼 수 있다. 기타 도시권에서 아파트건설용지 적정규모는 수요예측, 지방주택건설업체 등 지역 특성을 감안해 최소 300세대 이상이 적정하다고 할 수 있다. 아파트건설용지 적정규모는 주택의 유형, 규모, 용적률 등에 따라 달라질 수 있으며 고층의 경우 일반적으로 300세대 이상으로 분할하고 아파트단지의 효율적인 운영·관리 측면에서 가급적 500~1,000세대가 바람직하다.

❚ 세대수를 감안한 획지분할면적(예시)

세대수에 따른 규모, 면적, 용적률은 표 3.13과 같이 세대, 규모 등 각 요소를 고려하여 산정한다.

표 3.13 세대, 규모별 획지분할면적

세대수	규모별 배분기준(m²)	평균면적(m²)	용적률(%)	획지분할면적(m²)
300	60 이하	81	200	13,000 내외
	60~85 이하	114	200	17,500 내외
	85 초과	141	200	22,000 내외
500	60 이하	81	200	21,000 내외
	60~85 이하	114	200	27,500 내외
	85 초과	141	200	36,000 내외
1,000	60 이하	81	200	40,000 내외
	60~85 이하	114	200	53,000 내외
	85 초과	141	200	66,000 내외

(3) 상업·편익시설용지

① 획지규모의 기본방향은 획일적 기준설정을 지양하고 다양성을 기질 수 있도록 분양 및 관리방식을 고려해야 한다. 여건변화 및 수요자 요구에 부합하게 해야 한다.

② 획지의 규모 : 획지규모는 도로의 위계에 큰 영향을 받게 되며 동일 용도의 경우 도로 규모와 비례하여 규모가 증가한다. 도로에 접한 정도에 따라 간선도로에 접한 획지는 변화 있는 외부공간을 창출하도록 획지를 분할한다. 건물의 용도나 토지소유자의 개발능력 측면에서 볼 때 획지 규모가 과대하거나 과소함으로 인하여 경제적인 손실과 환경의 질적 저하를 초래하는 경우가 있으므로 용도, 수요성, 지역적 특성을 고려하여 결정한다.

　㉠ 소규모(300~1,000m²) : 근린생활시설, 근린공공시설, 소규모 종교시설

　㉡ 중규모(1,000~2,000m²) : 소규모 업무시설, 중규모 종교시설, 병원

　㉢ 대규모(2,000m² 이상) : 판매시설, 공공업무시설, 종교시설, 도서관

③ 획지의 형상 : 획지의 형상은 건축물의 형태 및 가로경관 형성에 중요한 요소이다. 무엇보다 획지

의 형상은 건축하고자 하는 건축물의 용도와 관련하여 적합하게 결정하는 것이 바람직하나 택지개발사업에 의해 새로이 조성되는 토지는 우선적으로 대지만을 조성하므로 적정한 형상의 제시가 필요하다. 또한 획지의 형상은 내부도로의 활용 및 차량 보행자의 진출입을 고려하여 결정하되 가급적 정형화하도록 한다. 획지의 방향과 세장비는 보행접근성, 서비스동선, 개방/폐쇄성, 채광 등 건물의 이용도 및 기능을 고려하여 결정한다. 일반적으로 과도한 세장비를 피하여 보통 1 : 0.8~1.5가 되도록 하는 것이 좋다.

④ 도로에 면한 획지의 앞너비가 깊이에 비해 길어야 하는 획지 형상(세장비 1.0 이하)이 좋고, 도로에 면하여 보행자의 접근성이 요구되는 용도는 근린상가, 백화점, 판매시설 등을 고려하고, 건물의 상징성이 요구되는 용도는 경찰서, 소방서, 우체국 등의 공공업무시설을 배치해야 한다. 기능적으로 요구되는 용도는 주유소, 판매시설 등을 고려할 수 있다.

⑤ 도로에 면한 획지의 앞너비가 깊이보다 짧아도 되는 것(세장비 1.0 이상)으로 남향 쪽 획지 길이가 길어야 하는 것은 자연채광을 요하는 여관, 호텔 등 숙박시설, 종합병원 의료시설 등이다.

⑥ 가구의 구성 : 인접도로의 성격과 가구의 위치, 건물의 용도, 수용획지 수 등을 고려하여 가구의 규모를 결정한다.

일반적으로 획지 규모를 고려하여 대로변에 접하게 되는 바깥가구를 안가구보다 크게 구획한다. 가구 내에 서비스도로를 두어 화물을 적치하거나 운반할 수 있도록 함으로써 전면도로의 교통혼잡과 미관의 저하를 방지한다. 건축물부설주차장을 대지의 후면에 두고 주차장으로의 차량진출입도 후면 서비스도로에서 하도록 함으로써 주차동선과 보행동선의 상충을 방지한다.

용도의 입지와 도로의 폭원 간에는 어느 정도 상관성이 높다고 할 수 있으며 도로의 기능과는 더 큰 상관성을 갖는다.

▌도로와 용도의 상관관계

구분	관련 용도시설
소로	근린생활시설, 근린공공시설, 유치원 등
중로	대규모 판매시설, 공공업무시설, 대규모 업무시설, 종합병원 등 을 제외한 대부분의 용도
대로	백화점, 쇼핑센터, 대규모 업무시설, 의료시설 등
광로	도시의 상징성을 갖는 대규모 판매 및 업무시설 등

주) 한국토지공사, 상업편익시설의 획지규모 및 형상연구, 1993

▌선형 상업지역의 가구구성

구분	내용
대로변	대로변에 접하는 가구는 차량이 전면도로 대신 이면도로에서 진출입하도록 하고 판매시설이나 업무시설 등 대규모 건축물을 수용할 수 있는 중대형 필지로 획지를 분할한다.
중로변	중로 이하의 가로에 접하는 가구에서는 대규모 건축물의 입지가 어려우므로 중소규모의 필지를 수용하도록 획지를 분할한다.

주) 한국토지공사, 상업편익시설의 획지규모 및 형상연구, 1993

▌집중형 상업지역의 가구구성

구분	내용
대로변	업무시설, 백화점 등 대형필지를 배치한다.
중로변	전문상업 및 일반상업 등 중형필지를 배치한다.
소로변	소규모 숙박시설, 기타 서비스시설 등 소형필지를 배치한다.

▌용도별 일반적 계획기준

개발계획 시 용도시설별 배치기준은 표 3.14와 같이 시설별로 배치기준을 검토해야 한다.

표 3.14 용도시설별 기준

구분		규모(m²)	형상 (세장비)	도로와의 관계				적용범위
				소로	중로	대로	광로	
판매 시설	백화점	• 대규모 : 10,000 이상 • 중규모 : 4,000~8,000 • 소규모 : 1,500~4,000	0.8~1.2	−	○	●	●	
	쇼핑센터	• 대규모 : 20,000 이상 • 중규모 : 10,000~20,000 • 소규모 : 4,000~10,000	0.8~1.2	−	○	●	●	
	시장	3,375~5,625	0.8~1.2	○	●	●	○	평균이용인구 45,000인 용적률 100%
업무 시설	경찰서	7,000~9,000 (경찰서 기준 : 2,500평)	0.7~0.9	−	○	●	○	관할인구 40~50만
	소방서	4,000~6,000	0.7~0.9	−	○	●	○	관할인구 60~80만
	우체국		0.7~0.9	−	○	●	○	주사국 제외
	사무소 (10층 이하)	1,000~3,000	1.0~1.2	○	●	●	○	
	사무소 (10층 이상)	2,000 이상	1.2~	−	○	●	●	
	금융지점	800~1,200	1.1~1.3	○	●	●	○	

● : 강한 관계, ○ : 약한 관계
주) 한국토지공사, 상업편익시설의 획지규모 및 형상연구, 1993

표 3.14 용도시설별 기준(계속)

구분		규모(m²)	형상(세장비)	도로와의 관계				적용범위
				소로	중로	대로	광로	
근린생활	근린상가	300~600	1.1~1.3	●	●	○	–	
	대중음식점	300~500	1.3~1.5	○	●	●	○	
	의원	400~600	1.1~1.3	○	●	●		
근린공공시설	동사무소	600~700	0.7~0.9	○	●	○	–	
	파출소	600~700	0.7~0.9	○	●	○	–	
	소방파출소	800~1,200	0.8~1.2	○	●	○	–	
	우체국(주사국)	600~700	0.7~0.9	○	●	○	–	
종교시설	교회	• 대규모 : 4,000~6,000 • 중규모 : 2,000~3,000 • 소규모 : 500~700	1.2~2.0	–	●	●	○	
	성당	• 대규모 : 7,000 이상 • 중규모 : 3,000~5,000 • 소규모 : 1,000~2,000	1.2~2.0	–	○	●	○	
	사찰	• 대규모 : 3,000 이상 • 중규모 : 1,000~2,000 • 소규모 : 300~600	1.2~2.0	○	●	○	–	
의료시설	종합병원	24,000~28,000	0.5~0.8	–	○	●	●	400병상인 경우 병상당 평균대지면적 66m²
	병원	500~1,500	0.6~1.0	○	●	●	○	30~60병상
기타	도서관	3,000~5,000	0.8~1.2	○	●	○	–	좌석수 1,000~1,200
	유치원	4학급 : 800 6학급 : 1,080	0.8~1.2	●	○	–	–	학급당 원아수 30인 기준

● : 강한 관계, ○ : 약한 관계
주) 한국토지공사, 상업편익시설의 획지규모 및 형상연구, 1993

5) 교통계획

가. 교통계획의 정의

교통계획이란 일반적으로 자동차를 중심으로 한 가로망을 도시의 공간질서와 관련지어 도시계획적으로 계획하는 것이라고 할 수 있다. 교통계획은 사람이나 화물을 안전하고 신속, 편리, 쾌적, 저렴하게 이동할 수 있도록 과학적인 방법을 이용하여 장래를 예측하고 대안을 분석, 평가하여 최선의 대안을 선택하여 시행하는 과정이다.

나. 도로

(1) 사용 및 형태별 구분

도로 배치의 근거는 「국토의 계획 및 이용에 관한 법률」 시행령 제2조 및 「도시·군계획시설의 결정·구조 및 설치기준에 관한 규칙」 제9조 등을 준하여 계획한다.

도로의 구분은 일반적으로 다음과 같다.

① **일반도로** : 폭 4m 이상의 도로로서 통상의 교통소통을 위하여 설치되는 도로

② **자동차전용도로** : 시·군 내 주요지역 간이나 시·군 상호 간에 발생하는 대량교통량을 처리하기 위한 도로로서 자동차만 통행할 수 있도록 하기 위하여 설치하는 도로

③ **보행자전용도로** : 폭 1.5m 이상의 도로로서 보행자의 안전하고 편리한 통행을 위하여 설치하는 도로

④ **보행자우선도로** : 폭 10m 미만의 도로로서 보행자와 차량이 혼합하여 이용하되 보행자의 안전과 편의를 우선적으로 고려하여 설치하는 도로

⑤ **자전거전용도로** : 하나의 차로를 기준으로 폭 1.5m(지역 상황 등에 따라 부득이하다고 인정되는 경우에는 1.2m) 이상의 도로로서 자전거의 통행을 위하여 설치하는 도로

⑥ **고가도로** : 시·군 내 주요지역을 연결하거나 시·군 상호 간을 연결하는 도로로서 지상교통의 원활한 소통을 위하여 공중에 설치하는 도로

⑦ **지하도로** : 시·군 내 주요지역을 연결하거나 시·군 상호 간을 연결하는 도로로서 지상교통의 원활한 소통을 위하여 지하에 설치하는 도로(도로·광장 등의 지하에 설치된 지하공공보도시설을 포함한다). 다만, 입체교차를 목적으로 지하에 도로를 설치하는 경우를 제외한다.

(2) 기능별 구분

기능별 구분의 근거는 「도시·군계획시설의 결정·구조 및 설치기준에 관한 규칙」 제9조이며 그 구분은 다음과 같다.

① **주간선도로** : 시·군 내 주요지역을 연결하거나 시·군 상호 간을 연결하여 대량통과교통을 처리하는 도로로서 시·군의 골격을 형성하는 도로

② **보조간선도로** : 주간선도로를 집산도로 또는 주요 교통발생원과 연결하여 시·군 교통의 집산기능을 하는 도로로서 근린주거구역의 외곽을 형성하는 도로

③ **집산도로** : 근린주거구역의 교통을 보조간선도로에 연결하여 근린주거구역 내 교통의 집산기능

을 하는 도로로서 근린주거구역의 내부를 구획하는 도로

④ **국지도로** : 가구(도로로 둘러싸인 일단의 지역)를 구획하는 도로

(3) 규모별 구분

규모별 구분의 근거는 「도시 · 군계획시설의 결정 · 구조 및 설치기준에 관한 규칙」 제9조이며 그 구분의 근거는 다음과 같다. (표 3.15 참고)

표 3.15 노선별 세 분류

노선명	세 분류	폭원(m)
광로	1류 2류 3류	70 이상 50 이상 70 미만 40 이상 50 미만
대로	1류 2류 3류	35 이상 40 미만 30 이상 35 미만 25 이상 30 미만
중로	1류 2류 3류	20 이상 25 미만 15 이상 20 미만 12 이상 15 미만
소로	1류 2류 3류	10 이상 12 미만 8 이상 10 미만 8 미만

(4) 가로망 배치간격

근거는 「도시 · 군계획시설의 결정 · 구조 및 설치기준에 관한 규칙」 제10조, 가로망계획 수립지침에 의거 도로의 배치간격은 다음 각목의 기준에 의하되, 도시의 규모, 지형조건, 토지이용계획, 인구밀도 등을 감안하여야 한다. (표 3.16 참고)

표 3.16 도로 종류별 배치간격

구분	배치간격(m)
주간선도로와 주간선도로의 간격	1,000 내외
주간선도로와 보조간선도로의 간격	500 내외
보조간선도로와 집산도로의 간격	250 내외
국지도로의 배치간격	장축 90~150, 단축 25~60

시 · 군의 장래 외곽부에서는 주간선도로 간의 배치간격을 2,000m 또는 그 이상, 보조간선도로 간 또는 보조간선도로와 주간선도로 간의 배치간격을 1,000m 내외로 계획할 수 있다.

보조간선과 집산도로 간의 배치간격은 도심지에서는 상업·업무지역의 효율적인 이용을 위하여 배치간격을 100m까지 좁힐 수 있으며, 외곽부에서는 500m까지 넓힐 수 있다. 공업지역에서는 공장의 규모에 따라 배치간격을 달리할 수 있다.

새로이 주거·상업·공업지역으로 용도변경(편입)할 경우에는 장기적인 안목에서 가로의 폭 및 배치간격을 고려하고 규정상의 배치간격이 반드시 준수되도록 한다.

(5) 도로율

도로율의 근거는 「도시·군계획시설의 결정·구조 및 설치기준에 관한 규칙」 제11조이며 용도지역별 도로율은 표 3.17과 같이 다음 각 호의 구분에 의하되, 주택의 형태와 지역여건에 따라 적절히 증감할 수 있다.

표 3.17 도로지역별 도로율

구분	합계(%)	주간선도로(%)	비고
주거지역	20~30	10~15	
상업지역	25~35	10~15	
공업지역	10~20	5~10	

도로율이란 시가화되는 면적에 대한 도로면적의 백분율을 말하며, 위의 용도지역별 도로율의 기준은 일반적으로 계획인구 50만 이상의 도시에서 상업지역 및 공업지역이 집단화된 경우에 적용되는 기준이며, 상업지역 및 공업지역이 집단화되지 않은 도시에서는 당해 도시의 전체 도로율이 위 표의 주거지역 도로율 이상이 확보되도록 계획한다.

(6) 보도

보도면적의 근거는 「도로의 구조·시설기준에 관한 규칙」 제16조이며, 보도는 보행자의 안전과 자동차 등의 원활한 통행을 위하여 필요하다고 인정하는 경우에는 도로에 보도를 설치하여야 한다. 이 경우 보도는 연석이나 방호울타리 등의 시설물을 이용하여 차도와 분리하여야 하고, 필요하다고 인정되는 지역에는 「교통약자의 이동편의 증진법」 의한 편의시설을 설치하여야 한다.

일반적으로 차도와 보도를 구분하는 경우에는 다음 각 호의 기준에 의한다.

① 차도에 접하여 연석을 설치하는 경우 그 높이는 25cm 이하로 할 것
② 횡단보도에 접한 구간으로서 필요하다고 인정되는 지역에는 「교통약자의 이동편의 증진」에 의

한 편의시설을 설치하여야 하며, 자전거도로에 접한 구간은 자전거의 통행에 불편이 없도록 할 것

보도의 유효폭은 보행자의 통행량과 주변 토지 이용 상황을 고려하여 결정하되, 최소 2m 이상으로 하여야 한다. 다만, 지방지역의 도로와 도시지역의 국지도로는 지형상 불가능하거나 기존도로의 증설·개설 시 불가피하다고 인정되는 경우에는 1.5m 이상으로 할 수 있다.

보도는 보행자의 통행 경로를 따라 연속성과 일관성이 유지되도록 설치하며, 보도에 가로수 등 노상시설을 설치하는 경우 노상시설 설치에 필요한 폭을 추가로 확보하여야 한다.

(7) 도로폭원 최소계획기준

도로폭원의 근거는 「도로구조 기준에 관한 규칙」에 근거하며, 단지조성공사 설계 및 적산 기준(한국토지주택공사, 2007) 기준에 의하면 표 3.18과 같이 산정할 수 있다.

표 3.18 도로기능별 도로 폭원(예)

기능 분류	해당규모		구성요소별 적용기준 및 횡단구성 개선(m)							최소 소요 폭원
			차로수	측구	차로폭	좌회전 차로	중앙선	보도	자전거도로	
주간선도로	광3류 (40~45)		8	0.5	3.5, 3.25	3.0	0.5	양측 3.0	1.5	40
			1.5＋3.0＋0.5＋3.5＋3.25×3＋3.0＋0.5＋3.25×3＋3.5＋0.5＋3＋1.5＝40							
	대1류, 대2류 (30~40)		6	0.5	3.5, 3.25	3.0	0.5	양측 3.0	1.5	34
			1.5＋3.0＋0.5＋3.5＋3.25×2＋3.0＋0.5＋3.25×2＋3.5＋0.5＋3＋1.5＝34							
보조간선도로	대3류 (25~30)		4	0.5	3.5, 3.25	3.0	0.5	양측 3.0	1.5	27
			1.5＋3＋0.5＋3.5＋3.25＋3.0＋0.5＋3.25＋3.5＋0.5＋3＋1.5＝27							
	중1류 (20~25)		4	0.5	3.25, 3.0	3.0	0.5	양측 3.0	보도공용	23
			3＋0.5＋3.25＋3.0＋3.0＋0.5＋3.0＋3.25＋0.5＋3＝23							
집산도로	중2류 (15~20)	상업 근생	3	0.5	3.0	3.0	0	양측 3.0	×	16
			3＋0.5＋3.0＋3.0＋3.0＋0.5＋3＝16(능률차로제 운영) ※ 상업, 근생 이외 구간의 경우 보도 축소 가능(최소 2.5m 이상)							
	중3류 (12~15)	근생	2	0.5	3.0	×	0	양측 3.0	×	13
			3＋0.5＋3.0＋3.0＋0.5＋3＝13 ※ 근생 이외 구간의 경우 보도 축소 가능(최소 2.5m 이상)							
국지도로	소1류 (10~12)	단독	차로 미구분	0.5	5.0	×	×	양측 2.0	×	10
			보차분리 시 : 2＋0.5＋5.0＋0.5＋2＝10 ※ 연도변 토지이용이 없을 경우 보도 삭제 가능 ※ 보도 : 수도권(양측 2m), 지방권(선택적 고려) - 2.0＋0.5＋5.0＋0.5＋노상주차(2.0) 등							
	소2류 (8~10)	단독	차로 미구분	0.5	7.0	×	×	×	×	8
			보차공존 시 : 0.5＋7.0＋0.5＝8							

다. 보행자전용도로

(1) 결정기준

① 보행자전용도로의 근거는 「도시·군계획시설의 결정·구조 및 설치기준에 관한 규칙」 제18조

② 차량 통행으로 인하여 보행자의 통행에 지장이 많을 것으로 예상되는 지역에 설치할 것

③ 도심지역·부도심지역·주택지·학교·하천주변지역 등에서는 일반도로와 그 기능이 서로 보완 관계가 유지되도록 할 것

④ 보행의 쾌적성을 높이기 위하여 녹지체계와의 연관성을 고려할 것

⑤ 보행자통행량의 주된 발생원과 버스정류장·지하철역 등 대중교통시설이 체계적으로 연결되도록 할 것

⑥ 보행자전용도로의 규모는 보행자통행량, 환경여건, 보행목적 등을 충분히 고려하여 정하되, 장래의 보행자통행량을 예측하여 보행형태, 도시의 사회적 특성, 토지이용밀도, 토지이용의 특성을 고려할 것

⑦ 보행네트워크 형성을 위하여 공원·녹지·학교·공공청사 및 문화시설 등과 원활하게 연결되도록 할 것

(2) 공간 조성기준

공간 조성기준은 「보행자전용도로 계획 및 시설기준에 관한 지침」(도시관리계획수립지침 별첨 5)

① 도심형 보행자전용도로

유형은 중심지구의 보행자전용도로. 상업·업무시설이 밀집되어 있는 지역의 일정구간에 대하여 몰(mall) 개념을 도입하여 많은 보행 인구를 수용하고 활발한 상행위를 유도하는 보행자전용도로를 구성한다.

폭원은 주변여건과 상황에 따라 달리할 수 있지만 최소한 6m 이상(쇼핑몰은 10~20m)으로 하고 선형은 직선 또는 완만한 곡선으로 구성(쇼핑몰과 같이 활발한 상행위가 유도되는 공간은 직선과 곡선을 조화롭게 겸용하여 구성)한다. 공간구성은 통근·통학·구매 등의 목적통행 위주의 동적 공간과 집회·만남·휴식 등을 위한 광장적 성격의 공간으로 구성한다.

〈조성기준〉

유동활동이 많은 공간이므로 내부광장, 가로시설물 등을 과다하게 설치하지 않도록 한다.

전철역, 버스정류장 등 보행집결지와 연접하여 있을 때에는 소규모 광장 등을 두어 보행의 혼잡이 일어나지 않도록 한다.

보행자 덱크(deck)를 설치할 경우에는 지상 활동이 방해받지 않도록 아래층의 천정 고를 최소한 4.5m를 확보하고 지상의 보행자전용도로와 체계적인 연결이 이루어지도록 에스컬레이터(Escalator) 등의 수직 동선체계를 갖추도록 한다.

② 주거형 보행자전용도로

유형은 간선보행자전용도로(중심지구의 보행자전용도로에서 주거지로 연결되는 동선)와 지선보행자전용도로(간선보행자전용도로에서 주택으로 진입하는 동선)로 구성한다.

폭원은 간선보행자전용도로는 6m 이상(주변지형여건 등에 따라 달리할 수 있음)으로 하고 지선보행자전용도로는 3~4m(주변지형여건 등에 따라 1.5m 이상도 가능)로 한다.

선형은 일반적으로 직선으로 설치하거나 기능적 연속성을 확보하면서 공간적 변화의 창출을 위하여 지형조건에 따라 곡선형 등으로 설치도 가능하다.

공간구성은 통근·통학·구매 등의 주요한 목적동선을 수용하는 공간과 산책 등 회유 동선의 성격을 반영하는 공간으로 구성한다.

〈조성기준〉

근린주구중심 내 시민회관, 어린이공원 등이 접하는 입구부분에 소광장을 설치하여 휴식·정보전달, 유아들의 놀이활동, 소집회 등 개개인의 일상적 활동의 장소로 이용될 수 있도록 하고 경관목이나 시설물을 설치하여 랜드마크(landmark)적 성격을 갖도록 조성하는 것이 바람직하다.

보행자전용도로가 교차하는 부분에 소광장 등을 설치하여 보행의 상충이 없도록 하고 주민 간의 대화·휴식공간으로 이용될 수 있도록 한다.

보행에 장애가 되는 시설물의 설치는 금지하고 특히, 보행로에 자동차가 주·정차를 못 하도록 진입부에 단주(bollard) 등을 설치하여 자동차의 진입을 차단하도록 한다.

③ 녹도형 보행자전용도로

폭원은 가급적 3m 이상으로 하되, 자전거 이용을 고려하는 경우에는 최소한 전체 폭원을 6m 이상으로 하고 개발공간을 확보하고자 하는 경우에는 가급적 넓게 한다.

선형은 부정형의 자연스러운 곡선으로 하고 폭원의 넓고 좁음을 이용하여 다양한 분위기를 조성할 수 있도록 한다.

공간구성은 녹지대, 자연녹지, 고수부지, 제방, 공원 등의 주변 오픈스페이스와 서로 유기적으로 연결되어 일체화되도록 공간을 구성한다.

〈조성기준〉

넓은 폭원의 녹도에서 자전거도로를 분리하여 설치할 경우에는 곡선형의 중앙분리대나 식수대 등을 이용하여 변화 있는 공간으로 조성할 수 있다.

부정형의 보행로로 인하여 생기는 소공간에는 벤치, 파고라 등이 설치된 휴게공간이나 어린이들의 놀이공간 등 다양한 활동도 수용할 수 있도록 한다.

지형상의 특성에 따라 계단을 설치할 경우에는 경사로를 병행 설치하도록 하여 노약자나 신체장애자의 보행에 지장이 없도록 한다.

라. 자전거도로

(1) 자전거도로의 구분

자전거도로의 구분은 「자전거이용 활성화에 관한 법률」 제3조 의거 표 3.19와 같이 계획한다.

표 3.19 자전거도로의 구분

구분	정의
자전거전용도로	자전거만이 통행할 수 있도록 분리대·연석 기타 이와 유사한 시설물에 의하여 차도 및 보도와 구분하여 설치된 자전거도로
자전거보행자겸용도로	자전거 외에 보행자도 통행할 수 있도록 분리대·연석 기타 이와 유사한 시설물에 의하여 차도와 구분하거나 별도로 설치된 자전거도로
자전거자동차겸용도로	자전거 외에 자동차도 일시 통행할 수 있도록 차도에 노면표시로 구분하여 설치된 자전거도로

① 자전거전용도로의 결정기준

근거는 「도시계획시설의 결정·구조 및 설치기준에 관한 규칙」 제20조이며 통근·통학·산책 등 일상생활에 필요한 교통을 위하여 필요한 경우에는 당해 지역의 토지이용현황을 고려하여 자전거전용도로를 따로 설치하거나 일반도로에 자전거전용차로를 확보할 것이며 자전거전용도로는 단절되지 아니하고 버스정류장 및 지하철역과 서로 연계되도록 설치할 것이며 학교·공공청사·도서관·문화시설 등과 원활하게 연결되도록 설치한다.

② 자전거도로망 구성의 일반원칙

근거는 「가로망계획 수립에 관한 지침」이며 통근·통학·산책 등 일상생활에 필요한 교통처리를 위하여 주거지역과 학교·공원·운동장 등의 주요 교통유발시설을 연결하는 자전거전용도로(또는 자전거 및 보행자전용도로)를 결정하거나 일반도로 부분의 차도 우측에 자전거전용차선 또는 자전거도(또는 자전거 및 보행자도)를 확보하도록 결정한다.

보·차도와의 분리는 보도 연접차선의 양방향 자동차 교통량이 3,000대/일 이상이고 자전거 교통량이 700대/일 이상이면 자전거 교통을 차도로부터 분리 설치한다. 자전거와 보행자의 합계가 일 3,000 이상이면 자전거도로와 보도를 분리한다.

도로의 폭원은 자전거도로의 폭은 1.1m 이상으로 한다. 다만, 연장 100m 미만의 터널·교량 등의 경우에는 0.9m 이상으로 할 수 있다.

마. 주차장

(1) 정의

근거는 「주차장법」 제2조이며 주차장은 자동차의 주차를 위한 시설로서 다음의 하나에 해당하는 종류의 것을 말하고 노상주차장은 도로의 노면 또는 교통광장(교차점광장에 한함)의 일정한 구역에 설치된 주차장으로서 일반의 이용에 제공되는 것이다. 노외주차장은 도로의 노면 및 교통광장 외의 장소에 설치된 주차장으로서 일반의 이용에 제공되는 것이며, 부설주차장은 건축물, 골프연습장 기타 주차수요를 유발하는 시설에 부대하여 설치된 주차장으로서 당해 건축물·시설의 이용자 또는 일반의 이용에 제공되는 것이다.

주차전용건축물은 건축물의 연면적 중 95% 이상이 주차장으로 사용되는 건축물을 말한다. 다만, 주차장외의 용도로 사용되는 부분이 제1종 및 제2종 근린생활시설, 문화 및 집회시설, 판매 및 영업시설, 운동시설, 업무시설 또는 자동차관련 시설인 경우에는 주차장으로 사용되는 부분의 비율이 70퍼센트 이상인 것을 말한다.

(2) 주차장의 구분

① 주차장의 형태

근거는 「주차장법」 시행규칙 제2조, 「기계식주차장의 안전기준 및 검사기준 등에 관한 규정」 제2조를 말한다. 형태는 자주식주차장은 운전자가 자동차를 직접 운전하여 들어가는 형태의 주차장을 지하식·지평식·건축물식(공작물식 포함)으로 구분한다. 기계식주차장은 자동차가 기계장치에 의하여 주차장으로 들어가는 형태의 주차장으로 지하식·건축물식(공작물식 포함)으로 구분한다.

(3) 노외주차장

① 원단위법에 의한 주차수요 예측

원단위법은 주차수요의 발생을 건물에 기초하여 각 건물의 용도에 따라 주차수요량을 산출하고, 이것을 용도별 주차발생 원단위화하여 장래의 주차수요량을 구하는 방법이다.

〈원단위법에 의한 주차수요 산출식〉

$$P = (U \cdot F)/1,000e$$

여기서, P : 주차수요(대)

U : 피크 시 건물 단위면적당 주차발생량(대/1,000m^2)

F : 건물연면적(m^2)

e : 주차효율

(4) 법정주차대수(주차장법 시행령 별표 8)

부설주차장의 설치대상시설물 종류 및 설치기준은 다음 표 3.20과 같이 그 시설물에 따라 설치할 수 있다.

표 3.20 부설주차장 설치대상시설물의 종류 및 설치기준

시설물	설치기준
1. 위락시설	시설면적 100m^{2}당 1대(시설면적/100m^2)
2. 문화 및 집회시설(관람장을 제외한다), 종교시설, 판매시설, 운수시설, 의료시설(정신병원·요양병원 및 격리병원은 제외한다), 운동시설(골프장·골프연습장 및 옥외수영장은 제외한다), 업무시설(외국공관 및 오피스텔은 제외한다), 방송통신시설 중 방송국, 장례식장	시설면적 150m^{2}당 1대(시설면적/150m^2)
3. 제1종 근린생활시설(건축법시행령 별표 1 제3호 바목 및 사목을 제외한다), 제2종 근린생활시설, 숙박시설	시설면적 200m^{2}당 1대(시설면적/200m^2)
4. 단독주택(다가구주택을 제외한다)	시설면적 50m^2 초과 150m^2 이하 : 1대, 시설면적 150m^2 초과 : 1대에 150m^{2}를 초과하는 100m^{2}당 1대를 더한 대수 [1 + {(시설면적 − 150m^2)/100m^2}]

주) 주차장법 시행령 별표 8

표 3.20 부설주차장 설치대상시설물의 종류 및 설치기준(계속)

시설물	설치기준
5. 다가구주택, 공동주택(기숙사는 제외한다). 업무시설 중 오피스텔	다가구주택, 업무시설 중 오피스텔은 「주택건설기준 등에 관한 규정」 제27조 제1항에 따라 산정된 주차 대수. 이 경우 다가구주택 및 오피스텔의 전용면적은 공동주택의 전용면적 산정방법을 따른다. 공동주택은 「주택건설기준 등에 관한 규정」 제27조 제1항에 따라 산정된 주차대수의 1.3배 이상으로 하며 세대당 1대에 미달되는 경우에는 세대당 1대 이상으로 한다. 다만, 주택법시행령 제3조 제1항 제2호에 다른 원룸형주택으로 건축법 제11조에 따른 건축허가대상인 도시형 생활주택에 한하여 세대당 0.7대 이상으로 한다.
6. 골프장, 골프연습장, 옥외수영장, 관람장	골프장 : 1홀당 10대(홀의 수×10) 골프연습장 : 1타석당 1대(타석의 수×1) 옥외수영장 : 정원 15명당 1대(정원/15명) 관람장 : 정원 100명당 1대(정원/100명)
7. 수련시설, 공장(아파트형은 제외한다), 발전시설	시설면적 350m²당 1대(시설면적/350m²)
8. 창고시설	시설면적 400m²당 1대(시설면적/400m²)
9. 그 밖의 건축물	시설면적 300m²당 1대(시설면적/300m²)

주) 주차장법 시행령 별표 8

6) 공원·녹지계획

가. 도시공원의 세분 및 규모(근거 : 도시공원 및 녹지 등에 관한 법률)

도시공원은 그 기능 및 주제에 따라 다양한 목적에 맞게 설치하여야 한다.

제15조(도시공원의 세분 및 규모)
① 도시공원은 그 **기능 및 주제**에 의하여 다음과 같이 세분한다.
　1. 생활권공원 : 도시생활권의 기반공원 성격으로 설치·관리되는 공원으로서 다음 각목의 공원
　　가. 소공원 : 소규모 토지를 이용하여 도시민의 휴식 및 정서함양을 도모하기 위하여 설치하는 공원
　　나. 어린이공원 : 어린이의 보건 및 정서생활의 향상에 기여함을 목적으로 설치된 공원
　　다. 근린공원 : 근린거주자 또는 근린생활권으로 구성된 지역생활권 거주자의 보건·휴양 및 정서생활의 향상에 기여함을 목적으로 설치된 공원
　2. 주제공원 : 생활권공원 외에 다양한 목적으로 설치되는 다음 각목의 공원
　　가. 역사공원 : 도시의 역사적 장소나 시설물, 유적·유물 등을 활용하여 도시민의 휴식·교육을 목적으로 설치하는 공원
　　나. 문화공원 : 도시의 각종 문화적 특징을 활용하여 도시민의 휴식·교육을 목적으로 설치하는 공원
　　다. 수변공원 : 도시의 하천변·호수변 등 수변공간을 활용하여 도시민의 여가·휴식을 목적으로 설치하는 공원
　　라. 묘지공원 : 묘지이용자에게 휴식 등을 제공하기 위하여 일정한 구역 안에 「장사 등에 관한 법률」 제2조 제6호의 규정에 의한 묘지와 공원시설을 혼합하여 설치하는 공원
　　마. 체육공원 : 주로 운동경기나 야외활동 등 체육활동을 통하여 건전한 신체와 정신을 배양함을 목적으로 설치하는 공원
　　바. 도시농업공원 : 도시민의 정서순화 및 공동체의식 함양을 위하여 도시농업을 주된 목적으로 설치하는 공원
　　사. 그 밖에 특별시·광역시 또는 도의 조례가 정하는 공원

나. 녹지구분

녹지는 세부기능에 따라 목적에 맞게 설치하여야 한다.

제35조(녹지의 세분) 녹지는 그 기능에 의하여 다음과 같이 세분한다.
1. 완충녹지 : 대기오염·소음·진동·악취 그 밖에 이에 준하는 공해와 각종 사고나 자연재해 그 밖에 이에 준하는 재해 등의 방지를 위하여 설치하는 녹지
2. 경관녹지 : 도시의 자연적 환경을 보전하거나 이를 개선하고 이미 자연이 훼손된 지역을 복원·개선함으로써 도시경관을 향상시키기 위하여 설치하는 녹지
3. 연결녹지 : 도시 안의 공원·하천·산지 등을 유기적으로 연결하고 도시민에게 산책공간의 역할을 하는 등 여가·휴식을 제공하는 선형(線型)의 녹지

다. 개발계획 수립 시 도시공원 및 녹지계획

개별법에 의한 개발계획 규모별 도시공원 또는 녹지의 확보기준(제5조 관련)은 표 3.21과 같다.

표 3.21 도시공원 또는 녹지 확보기준

개발계획　　　　　　기준	도시공원 또는 녹지의 확보기준
「도시개발법」에 의한 개발계획	• 1만 제곱미터 이상 30만 제곱미터 미만의 개발계획 : 상주인구 1인당 3제곱미터 이상 또는 개발 부지면적의 5퍼센트 이상 중 큰 면적 • 30만 제곱미터 이상 100만 제곱미터 미만의 개발계획 : 상주인구 1인당 6제곱미터 이상 또는 개발 부지면적의 9퍼센트 이상 중 큰 면적 • 100만 제곱미터 이상 : 상주인구 1인당 9제곱미터 이상 또는 개발 부지면적의 12퍼센트 이상 중 큰 면적
「주택법」에 의한 주택건설사업계획	1천 세대 이상의 주택건설사업계획 : 1세대당 3제곱미터 이상 또는 개발 부지면적의 5퍼센트 이상 중 큰 면적
「주택법」에 의한 대지조성사업계획	10만 제곱미터 이상의 대지조성사업계획 : 1세대당 3제곱미터 이상 또는 개발 부지면적의 5퍼센트 이상 중 큰 면적
「도시 및 주거환경 정비법」에 의한 정비계획	5만 제곱미터 이상의 정비계획 : 1세대당 2제곱미터 이상 또는 개발 부지면적의 5퍼센트 이상 중 큰 면적
「산업입지 및 개발에 관한 법률」에 의한 개발계획	전체계획구역에 대하여는 「기업활동 규제완화에 관한 특별조치법」 제21조의 규정에 의한 공공녹지 확보기준을 적용한다.
「택지개발촉진법」에 의한 택지개발계획	• 10만 제곱미터 이상 30만 제곱미터 미만의 개발계획 : 상주인구 1인당 6제곱미터 이상 또는 개발 부지면적의 12퍼센트 이상 중 큰 면적 • 30만 제곱미터 이상 100만 제곱미터 미만의 개발계획 : 상주인구 1인당 7제곱미터 이상 또는 개발 부지면적의 15퍼센트 이상 중 큰 면적 • 100만 제곱미터 이상 330만 제곱미터 미만의 개발계획 : 상주인구 1인당 9제곱미터 이상 또는 개발 부지면적의 18퍼센트 이상 중 큰 면적 • 330만 제곱미터 이상의 개발계획 : 상주인구 1인당 12제곱미터 이상 또는 개발 부지면적의 20퍼센트 이상 중 큰 면적
「유통산업발전법」에 의한 사업계획	• 주거용도로 계획된 지역 : 상주인구 1인당 3제곱미터 이상 • 전체계획구역에 대하여는 「산업입지 및 개발에 관한 법률」 제5조의 규정에 의하여 작성된 산업입지개발지침에서 정한 공공녹지 확보기준을 적용한다.
「지역균형개발 및 지방중소기업 육성에 관한 법률」에 의한 개발계획	• 주거용도로 계획된 지역 : 상주인구 1인당 3제곱미터 이상 • 전체계획구역에 대하여는 「산업입지 및 개발에 관한 법률」 제5조의 규정에 의하여 작성된 산업입지개발지침에서 정한 공공녹지 확보기준을 적용한다.
그 밖의 개발계획	주거용도로 계획된 지역 : 상주인구 1인당 3제곱미터 이상

도시공원의 설치 및 규모의 기준(제6조 관련)은 다음과 같다.

표 3.22 도시공원의 설치 및 규모기준

공원구분	설치기준	유치거리	규모
1. 생활권 공원			
가. 소공원	제한 없음	제한 없음	제한 없음
나. 어린이공원	제한 없음	250m 이하	1천5백m² 이상
다. 근린공원			
(1) 근린생활권 근린공원(주로 인근에 거주하는 자의 이용에 제공할 것을 목적으로 하는 근린공원)	제한 없음	500m 이하	1만 m² 이상
(2) 도보권 근린공원(주로 도보권 안에 거주하는 자의 이용에 제공할 것을 목적으로 하는 근린공원)	제한 없음	1천m 이하	3만 m² 이상
(3) 도시지역권 근린공원(도시지역 안에 거주하는 전체 주민의 종합적인 이용에 제공할 것을 목적으로 하는 근린공원)	해당 도시공원의 기능을 충분히 발휘할 수 있는 장소에 설치	제한 없음	10만 m² 이상
(4) 광역권 근린공원(하나의 도시 지역을 초과하는 광역적인 이용에 제공할 것을 목적으로 하는 근린공원)	해당 도시공원의 기능을 충분히 발휘할 수 있는 장소에 설치	제한 없음	100만 m² 이상
2. 주제공원			
가. 역사공원	제한 없음	제한 없음	제한 없음
나. 문화공원	제한 없음	제한 없음	제한 없음
다. 수변공원	하천·호수 등의 수변과 접하고 있어 친수공간을 조성할 수 있는 곳에 설치	제한 없음	제한 없음
라. 묘지공원	정숙한 장소로 장래 시가화가 예상되지 아니하는 자연녹지지역에 설치	제한 없음	10만 m² 이상
마. 체육공원	해당 도시공원의 기능을 충분히 발휘할 수 있는 장소에 설치	제한 없음	1만 m² 이상
바. 특별시·광역시 또는 도의 조례가 정하는 공원	제한 없음	제한 없음	제한 없음

라. 「국토교통부, 지속 가능한 신도시계획 기준」상 공원녹지율

「택지개발촉진법」에 의하여 추진되는 면적 330만m² 이상의 택지개발사업에 적용한다. 그리고 하천의 분포 여부, 지역 특성, 조성공원 면적 등을 감안하여 달리 설정 가능하다. (표 3.23 참고)

표 3.23 사업규모별 계획기준

구분	사업지구 규모(m²)	계획기준(%)
공원녹지율	1,650만 이상	25 이상
	990만 이상	23 이상
	330만 이상	20 이상

마. 녹지의 설치기준(「도시공원법」 영 제18조)

「도시공원법」의 녹지 설치기준은 다음과 같이 표 3.24 녹지설치 기준을 적용한다.

표 3.24 녹지 설치기준

구분	설치기준
완충녹지	• 주로 공장·사업장 그 밖에 이와 유사한 시설 등에서 발생하는 매연·소음·진동·악취 등의 공해를 차단 또는 완화하고 재해 등의 발생 시 피난지대로서 기능을 하는 완충녹지는 해당지역의 풍향과 지형·지물의 여건을 감안하여 다음이 정하는 바에 따라 설치하고 그 설치면적은 해당 공해 등이 주변지역에 미치는 영향의 정도에 따라 녹지의 기능을 충분히 발휘할 수 있는 규모로 하여야 한다. • 전용주거지역이나 교육 및 연구시설 등 특히 조용한 환경이어야 하는 시설이 있는 지역에 인접하여 설치하는 녹지는 교목(나무가 다 자란 때의 나무높이가 4m 이상이 되는 나무를 말한다)을 심는 등 해당녹지의 설치원인이 되는 시설(원인시설)을 은폐할 수 있는 형태로 설치하며, 그 녹화면적률(녹지면적에 대한 식물 등의 가지 및 잎의 수평투영면적의 비율을 말한다. 이하 같다)이 50퍼센트 이상이 되도록 할 것 • 재해발생 시의 피난 그 밖에 이와 유사한 경우를 위하여 설치하는 녹지에는 관목 또는 잔디 그 밖의 지피식물을 심으며, 그 녹화면적률이 70퍼센트 이상이 되도록 할 것 • 원인시설에 대한 보안대책 또는 사람·말 등의 접근억제, 상충되는 토지이용의 조절 그 밖에 이와 유사한 경우를 위하여 설치하는 녹지에는 가목 및 나목의 규정에 의한 나무 또는 잔디 • 완충녹지의 폭은 원인시설에 접한 부분부터 최소 10m 이상이 되도록 할 것 • 주로 철도·고속도로 그 밖에 이와 유사한 교통시설 등에서 발생하는 매연·소음·진동 등의 공해를 차단 또는 완화하고 사고발생 시의 피난지대로서 기능을 하는 완충녹지는 해당지역의 지형·지물의 여건을 감안하여 다음이 정하는 바에 따라 녹지의 기능을 충분히 발휘할 수 있는 규모로 하여야 한다. • 해당원인시설을 이용하는 교통기관의 안전하고 원활한 운행에 기여할 수 있도록 차광·명암순응·시선유도·지표제공 등을 감안하여 제1호의 규정에 의한 식물 등을 심으며, 그 녹화면적률이 80퍼센트 이상이 되도록 할 것 • 원칙적으로 연속된 대상의 형태로 해당원인시설 등의 양측에 균등하게 설치할 것 • 고속도로 및 도로에 관한 녹지의 규모에 대하여는 「도로법」 제49조의 규정에 의한 접도구역에 관한 사항을, 철도에 관한 녹지의 규모에 대하여는 「철도안전법」 제45조의 규정에 의한 철도보호지구의 지정에 관한 사항을 각각 참작할 것 • 완충녹지의 폭은 원인시설에 접한 부분부터 최소 10m 이상이 되도록 할 것
경관녹지	• 도시경관의 확보와 향상에 기여하게 하기 위하여 설치하는 경관녹지는 해당지역 주변의 토지이용현황을 감안하여 다음이 정하는 바에 따라 설치하여야 한다. • 주로 도시 내의 자연환경의 보전을 목적으로 설치하는 경관녹지의 규모는 원칙적으로 해당녹지의 설치원인이 되는 자연환경의 보전에 필요한 면적 이내로 할 것 • 주로 주민의 일상생활에 있어서의 쾌적성과 안전성의 확보를 목적으로 설치하는 경관녹지의 규모는 원칙적으로 해당녹지의 기능발휘를 위하여 필요한 조경시설의 설치에 필요한 면적 이내로 할 것 • 가목 및 나목의 규정에 의한 녹지는 그 기능이 도시공원과 상충되지 아니하도록 할 것
연결녹지	• 녹지공간과 일상생활의 동선이 연결되도록 하기 위하여 설치하는 연결녹지는 다음 각 목이 정하는 바에 따라 설치하여야 한다. • 연결녹지는 다음의 기능을 고려하여 설치할 것 — 비교적 규모가 큰 숲으로 이어지거나 하천을 따라 조성되는 상징적인 녹지축 혹은 생태통로가 되도록 할 것 — 도시 내 주요 공원 및 녹지는 주거지역·상업지역·학교 그 밖에 공공시설과 연결하는 망이 형성되도록 할 것 — 산책 및 휴식을 위한 소규모 가로(街路)공원이 되도록 할 것 • 연결녹지의 폭은 녹지로서의 기능을 고려하여 최소 10m 이상으로 하고 녹지율(도시계획시설면적분의 녹지면적을 말한다)은 70퍼센트 이상으로 할 것

바. 「국토교통부, 지속 가능한 신도시계획 기준」상 완충녹지 확보기준

「택지개발촉진법」에 의하여 추진되는 면적 330만m² 이상의 택지개발사업에 적용하고 있으나 철도 및 도로 등 유형별 완충녹지 확보기준은 다음과 같다. (표 3.25 참고)

표 3.25 녹지 확보기준

구분			확보기준
철도변			30m 이상 녹화면적률 : 80% 이상
고속국도변 완충녹지대		주거단지+완충녹지+도로	50m 이상
		주거단지+완충녹지(마운딩)+도로	30m 이상
		주거단지+완충녹지(마운딩+방음벽)+도로	20m 이상
간선도로변 완충녹지대	8차선 (28m 이상)	주거단지+완충녹지+도로	40m 이상
		주거단지+완충녹지(마운딩)+도로	20m 이상
		주거단지+완충녹지(마운딩+방음벽)+도로	15m 이상
	6차선 (21m 이상)	주거단지+완충녹지+도로	30m 이상
		주거단지+완충녹지(마운딩)+도로	10m 이상

항목	세부 항목			확보기준
도로변 완충녹지 설치의 적정성	학교용지와 도로변사이의 완충녹지대 확보의 적정성	8차선 (28m 이상)	학교용지+완충녹지+도로	40~60m
			학교용지+완충녹지(마운딩)+도로	20~40m
			학교용지+완충녹지(마운딩+방음벽)+도로	15~30m
		6차선 (21m 이상)	학교용지+완충녹지+도로	30~50m
			학교용지+완충녹지(마운딩)+도로	10~15m
		4차선 (14m 이상)	학교용지+완충녹지+도로	20~40m
			학교용지+완충녹지(마운딩)+도로	10~15m
용도지역 간 완충녹지 설치의 적정성	주택용지와 공장용지 사이 완충녹지확보의 적정성		100만 평 이상	50~100m
			100만 평 이하	30~50m
	학교용지와 주거용지사이 완충녹지확보의 적정성			10~20m
	차폐식재의 적정성 (다층적 수림구조, 녹화율)		녹화면적률	70~90%
			수림구조	교목위주(상록, 낙엽) 관목+중목+교목(상록)
	혐오시설에 대한 완충녹지대 확보의 적정성(하수처리장, 폐기물처리장 등)		녹지대	30~50m
			이격거리	50~200m
			녹지율	55~75%

하천변 양안의 완충녹지는 다음과 같이 적용한다.

구분	확보기준
주요 하천변 양안에 대한 녹지대 확보의 적정성	10~30m

7) 학교시설계획

가. 학교의 범위

근거는 「도시·군계획시설의 결정·구조 및 설치기준에 관한 규칙」 제88조에 의한다.

나. 학교의 결정기준

통학권의 범위, 주변 환경의 정비상태 등을 종합적으로 검토하여 건전한 교육목적 달성과 주민의 문화교육향상에 기여할 수 있는 중심시설이 되도록 해야 한다. 지역 전체의 인구규모 및 취학률을 감안한 학생수를 추정하여 지역별 인구밀도에 따라 적절한 배치간격을 유지해야 한다.

재해취약지역에는 설치를 가급적 억제하고 부득이 설치하는 경우에는 재해발생 가능성을 충분히 고려하여 설치해야 한다. 위생·교육·보안상 지장을 초래하는 공장·쓰레기처리장·유흥업소·관람장과 소음·진동 등으로 교육활동에 장애가 되는 고속국도·철도 등에 근접한 지역에는 설치해서는 안 된다. 다만, 근로청소년의 교육을 위하여 산업체가 당해 산업체 안에 부설학교를 설치하는 경우에는 그러하지 아니하다.

통학에 위험하거나 지장이 되는 요인이 없어야 하며, 교통이 빈번한 도로·철도 등이 관통하지 아니하는 곳에 설치해야 한다. 일조·통풍 및 배수가 잘 되는 지역에 설치해야 한다.

학교주변에는 녹지 등 차단공간을 두어야 한다. 옥외체육장은 「고등학교 이하 각급 학교 설립·운영 규정」 제5조에 따라 설치하되, 원칙적으로 교사부지와 연접된 곳에 설치해야 한다.

도서관·강당 등 일반주민들이 사용할 수 있는 시설을 설치하는 경우에는 관리상 또는 방화상

지장이 없도록 해야 한다.

초등학교는 2개의 근린주거구역단위에 1개의 비율로, 중학교 및 고등학교는 3개 근린주거구역 단위에 1개의 비율로 배치한다. 다만, 초등학교는 관할 교육장이 필요하다고 인정하여 요청하는 경우에는 2개의 근린주거구역단위에 1개의 비율보다 낮은 비율로 설치할 수 있다.

초등학교는 학생들이 안전하고 편리하게 통학할 수 있도록 다른 공공시설의 이용관계를 고려하여야 하며, 통학거리는 1천5백m 이내로 해야 한다. 다만, 도시지역외의 지역에 설치하는 초등학교중 학생수의 확보가 어려운 경우에는 학생수가 학년당 1개 학급 이상을 유지할 수 있는 범위까지 통학거리를 확대할 수 있으나, 통학을 위한 교통수단의 이용 가능성을 고려해야 한다.

다. 학교환경위생정화구역

학교의 보건 위생 및 학습 환경 보호를 위하여 학교 환경 위생 정화 구역을 아래와 같이 설정하여 보호하여야 한다.

㉠ 구역의 설정
- 근거 : 학교보건법 제5조, 동법시행령 제3조 학교의 보건, 위생 및 학습환경보호를 위하여 교육감은 학교경계선으로부터 200m 이내에서 구역 설정 공고함
  - 절대정화구역 : 학교출입문으로부터 직선거리 50m까지의 지역
  - 상대정화구역 : 학교경계선으로부터 직선거리 200m까지의 지역 중 절대정화구역을 제외한 지역
㉡ 금지 행위 및 시설
- 근거 : 학교보건법 제6조, 동법 시행령 제6조
- 학교환경위생정화구역 내 금지행위 및 시설의 종류

구분		초·중·고		유치원·대학		비고
		절대구역	상대구역	절대구역	상대구역	
1	대기/수질/소음/진동	×	×	×	×	
2	극장총포화약고압천연액화가스저장소	×	△	×	△	
3	도축장화장장	×	×	×	×	
4	폐기물수집장소	×	△	×	△	
5	폐기물폐수축산폐수분뇨처리시설	×	×	×	×	
6	가축사체가죽가공시설	×	×	×	×	
7	전염병원격리병사	×	×	×	×	

× : 절대적 금지시설 △ : 상대적 금지시설 - : 금지규정 적용제외
※ 상대적 금지시설 : 행위제한이 완화되는 구역(상대정화구역, 당구장은 절대구역 포함)안에서 지역교육청 학교환경위생정화위원회 심의를 거쳐 학습과 학교보건위생에 나쁜 영향을 주지 않는다고 인정(해제)을 받는 장소에는 제한적으로 설치가능
※ 자료 : 1999년 교육부 업무지침(교육부)

구분		초·중·고		유치원·대학		비고
		절대구역	상대구역	절대구역	상대구역	
8	전염병요양소진료소	×	△	×	△	
9	가축시장	×	×	×	×	
10	유흥주점단란주점	×	△	×	△	
11	호텔여관여인숙	×	△	×	△	
12	당구장	△	△	–	–	
13	사행행위장경마장	×	△	×	△	
14	게임제공업시설	×	△	–	–	
15	특수목욕장 중 증기탕	×	△	×	△	
16	만화가게	×	△	–	–	
17	무도학원무도장	×	△	–	△	
18	노래연습장	×	△	–	–	
19	담배자동판매기	×	△	–	–	
20	비디오물감상실	×	△	–	–	
21	전화방	×	×	×	×	
22	성기구취급업소	×	×	×	×	

× : 절대적 금지시설 △ : 상대적 금지시설 – : 금지규정 적용제외

※ 상대적 금지시설 : 행위제한이 완화되는 구역(상대정화구역, 당구장은 절대구역 포함)안에서 지역교육청 학교환경위생정화위원회 심의를 거쳐 학습과 학교보건위생에 나쁜 영향을 주지 않는다고 인정(해제)을 받는 장소에는 제한적으로 설치가능

※ 자료 : 1999년 교육부 업무지침(교육부)

8) 공공편익시설계획

가. 공공·문화·편익시설 등의 규모

공공편익시설계획 시 공공문화편익시설의 규모는 표 3.26과 같이 적용한다.

표 3.26 공공·문화·편익시설 규모

구분	종류	대지면적(m²)		이용세대수(호)	유치거리(m)		
					저밀	중밀	고밀
학교	유치원	600~1,000		2,000	350~650	200~350	200~300
	초등학교	11,000~12,500		2,500	〃	〃	〃
	중학교	11,000~13,500		5,000	500~700		
	고등학교	14,000~15,500		6,000	700~1,200		
근린 공공시설	동사무소	600~700	300	3,000	500~700		
	파출소	600~700	150	5,000	700~1,200		
	소방파출소	800~1,200	300	7,000	1,500 내외		
	우체분국	600~700	250	7,000	700~1,200		
	보건지소	–		10,000	1,500 내외		

주) 건설교통부, 택지개발편람, 1990
한국토지개발공사, 상업편익시설의 획지규모 및 형상연구, 1993

표 3.26 공공·문화·편익시설 규모(계속)

구분	종류	대지면적(m²)	이용세대수(호)	유치거리(m) 저밀	유치거리(m) 중밀	유치거리(m) 고밀
도서관분관		3,000~5,000	10,000	700~1,200		
시장		3,375~5,625	10,000	900		
노인회관		–	2,000	350~600	200~350	200~300
의료시설	종합병원 (80병상 이상)	24,000~28,000	–	–		
의료시설	병원 (20병상 이상)	500~1,500	5,000	700~1,200		
의료시설	의원	–	1,000	350~600		
종교시설	교회	대규모 : 4,000~6,000 중규모 : 2,000~3,000 소규모 : 500~700	8,000~12,000	–		
종교시설	성당	대규모 : 7,000 이상 중규모 : 3,000~5,000 소규모 : 1,000~2,000	40,000~50,000	–		
종교시설	사찰	대규모 : 3,000 이상 중규모 : 1,000~2,000 소규모 : 300~600	100,000	–		

주) 건설교통부, 택지개발편람, 1990
   한국토지개발공사, 상업편익시설의 획지규모 및 형상연구, 1993

나. 공공·편익시설 관련 설치 및 규모

공공·편익시설 계획 시 커뮤니티시설, 공공시설의 설치 및 규모는 ①, ② 기준에 의한다.

① 커뮤니티 시설

구분	설치기준	부지규모(m²)
시민센터	시 행정단위	15,000~20,000(시청사 부지와 연계 가능)
구민센터	구 행정단위	5,000 이상(구청사 부지와 연계 가능)
주민자치센터	동 행정단위	800 이상(문화, 복지, 체육시설 통합)

② 공공시설

위계	시설분류	인구(명)	규모(m²)
근린 공공시설	동사무소	9,000~30,000	600~700
근린 공공시설	파출소	15,000~30,000	600~700
근린 공공시설	소방파출소	15,000~30,000	800~1,200
근린 공공시설	우체국	15,000~30,000	600~800
지역시설	도서관	20,000~30,000	3,000~5,000
지역시설	종합병원	도시인구 전체	25,000~30,000
지역시설	일반병원	9,000~12,000	500~1,500
지역시설	스포츠센터	25,000~40,000	–

주) 지속 가능한 신도시계획 기준, 2007

9) 공급처리시설계획

① 상수도

┃계획급수량 산정

　계획급수인구의 산정은 택지개발계획상 계획인구를 기준으로 하되, 단독택지의 경우 세입자를 감안하며, 필요시 지구 경계 부근의 기존급수인구 등도 계획급수인구에 반영한다.

　　　단독택지 필지당 세대수(단지조성공사 설계 및 적산기준, 한국토지공사, 2005)
- 서울·부산권 : 4세대/필지
- 지방대도시권 : 3세대/필지
- 지방중소도시권 : 2.5세대/필지

　계획 1인 1일 최대급수량 산정은 해당 지자체의 상수도계획 또는 도시계획 목표연도의 급수량에 의거 산정한다. 당해 지구가 속한 도시의 상위계획에서 계획 1인 1일 평균급수량을 제시하고 있을 경우 충분한 검토를 통하여 반영한다.

　　　계획 1인 1일 최대급수량 = 계획 1인 1일 평균급수량 × 부하율(1.18~1.43)
　　　계획 1인 1일 평균급수량 = 계획 1인 1일 최대급수량의 70~85%

계획 1일 최대급수량 산정은

　　　계획급수인구 × 계획 1인 1일 최대급수량
　　　(계획 1일 최대급수량은 상수도시설의 규모결정의 기초가 되는 수량임)

계획시간 최대급수량은

　　　계획 1일 최대급수량/24 × 적용계수
- 적용계수 : 대도시와 공업도시 1.3, 중도시 1.5, 소도시 또는 특수지역 2.0
- 계획시간 최대급수량은 배수관경 결정 시 사용되는 수량이다.

② 하수도

▌계획오수량 산정

㉠ 계획 1인 1일 최대오수량

계획오수량은 생활오수량(가정오수량 및 영업오수량), 공장배수량, 지하수량으로 구분하여 정한다.

> 계획 1인 1일 최대오수량(생활오수량) = 계획 1인 1일 최대급수량×유수율×오수화율
> - 유수율 : 목표연도의 상수도 유수율이 파악된 지역은 해당 유수율을 적용하고, 파악되지 않은 지역은 0.8을 적용
> - 오수전환률 : 0.9를 적용

㉡ 계획 1일 최대오수량

> 계획인구×(계획 1인 1일 최대오수량＋지하수유입량)
> - 지하수유입량 = 계획 1인 1일 최대오수량의 10% 이하로 산정

㉢ 계획시간 최대오수량

> 계획인구×(계획 1인 1일 최대오수량×적용계수＋지하수유입량)÷24
> - 적용계수 : 1.3～1.8

▌계획우수량 산정

우수량 산정식

계획최대우수량은 원칙적으로 합리식에 의하는 것으로 한다. 단, 충분한 실적에 의한 검토를 추가한 경우에는 실험식에 의할 수 있다.
- 합리식 : $Q = 1/360×C×I×A$

  $Q = $유출량$(m^3/sec)$, $C = $유출계수

  $I = $강우강도$(mm/hr)$, $A = $유역면적$(ha)$

▌하수종말처리시설

　㉠ 정의(근거 : 하수도법 제2조)

　　하수를 최종적으로 처리하여 하천·바다 기타 공유수면에 방류하기 위한 하수도의 처리시설과 이를 보완하는 시설(하수도법 제2조)을 설치하여야 한다.

　㉡ 택지개발사업지구 하수종말처리장 현황

지구명	시설용량(m^3/일)	부지면적(m^2)
고양일산	135,000	151,928
용인수지	15,000	20,000
여천돌산	12,000	15,352
아산포승	40,000	77,000
왜관공단	20,000	74,000
아산고대·부곡	34,000	42,438

③ 폐기물처리시설

▌정의

　㉠ 폐기물이란 쓰레기·연소재·오니·폐유·폐산·폐알칼리·동물의 사체 등으로 사람의 생활이나 사업활동에 필요하지 아니하게 된 물질을 말한다.

　　a. 생활폐기물은 사업장폐기물 외의 폐기물을 말한다.

　　b. 사업장폐기물은 대기환경보전법·수질환경보전법 또는 소음·진동규제법의 규정에 의하여 배출시설을 설치·운영하는 사업장 기타 대통령령이 정하는 사업장에서 발생되는 폐기물을 말한다.

　　c. 지정폐기물은 사업장 폐기물 중 폐유사업장 폐기물 중 폐유·폐산 등 주변 환경을 오염시킬 수 있거나 감염성 폐기물 등 인체에 위해를 줄 수 있는 유해한 물질로서 대통령령이 정하는 폐기물을 말한다.

　㉡ 폐기물의 처리는 폐기물의 소각·중화·파쇄·고형화 등에 의한 중간처리와 매립·해역 배출 등에 의한 최종처리를 말한다.

▌쓰레기소각시설 용량 산정

㉠ 쓰레기 배출량 추정은

$$배출량\ 원단위 = 발생량\ 원단위 \times (1 - 재활용율) \times (1 - 불연성폐기물비율)$$

연도(년)	2000	2002	2004	2006
배출량 원단위 (kg/인,일)	0.59	0.55	0.56	0.56

주) 한국토지주택공사, 단지조성공사 설계 및 적산 기준, 2007

㉡ 쓰레기소각시설용량은 목표연도 인구수×배출량 원단위로 산정한다.

▌쓰레기소각장 설치현황(예)

지구명	시설용량(톤/일)	부지면적(m²)
안양평촌	200	13,191
고양일산	600	32,597
수원영통	600	35,383
용인수지(2)	70	12,226
대전노은	70	6,623

④ 열공급설비

열공급설비는「집단에너지사업법」제9조의 규정에 의한 집단에너지사업의 허가를 받은 자가 설치하는 동법시행규칙 제2조 제1호의 규정에 의한 열원시설과 동법시행규칙 제2조 제2호의 규정에 의한 열수송시설을 말한다. 그리고 집단에너지는 다수의 사용자를 대상으로 공급되는 열 또는 전기를 말한다.

㉠ 집단에너지시설은 집단에너지의 생산·수송·분배 또는 사용을 위한 시설을 말한다.
㉡ 집단에너지사업은
  • 지역냉난방사업은 난방용, 급탕용, 냉방용의 열 또는 열과 전기를 공급하는 사업으로서 자가소비량을 제외한 열생산용량이 시간당 5백만kcal 이상인 사업을 말한다.
  • 산업단지집단에너지사업은 산업단지에 공장용의 열 또는 열과 전기를 공급하는 사업으로서 자가소비량을 제외한 열생산용량이 시간당 3천만kcal 이상인 사업을 말한다.

⑤ 가스공급설비

가스공급설비는「고압가스안전관리법」제3조 제1호의 규정에 의한 저장소를 말한다. (저장능력 30톤 이하의 액화가스저장소 및 저장능력 3천 세제곱미터 이하인 압축가스저장소를 제외한다.)

액화석유가스의 안전 및 사업관리법 시행규칙 별표 3 제1호 가목 및 다목의 규정에 의한 용기충전시설과 자동차에 고정된 탱크충전시설이며「도시가스사업법」제2조 제5호의 규정에 의한 가스공급시설을 말한다.

3. 개발계획 수립 관련 협의·심의 제도

3.1 전략환경영향평가

1) 법적 근거

전략환경영향평가의 법적 근거는「환경영향평가법」제9조

제9조(전략환경영향평가의 대상) ① 다음 각 호의 어느 하나에 해당하는 계획을 수립하려는 행정기관의 장은 전략환경영향평가를 실시하여야 한다.
1. 도시의 개발에 관한 계획 등

2) 대상계획의 구분

정책계획은 국토의 전 지역이나 일부 지역을 대상으로 개발 및 보전 등에 관한 기본방향이나 지침 등을 일반적으로 제시하는 계획이다.

개발기본계획은 국토의 일부 지역을 대상으로 하는 계획으로서 다음의 어느 하나에 해당하는 계획으로 구체적인 개발구역의 지정에 관한 계획(지구지정)과 개별 법령에서 실시계획 등을 수립하기 전에 수립하도록 하는 계획으로서 실시계획 등의 기준이 되는 계획(개발계획)이다.

3) 전략환경영향평가 내용

• 계획의 개요, 계획 및 입지에 대한 대안, 전략환경영향평가 대상지역

- 계획의 적정성(환경정책의 부합성, 관련계획과의 연계성, 계획의 건전성 및 지속성), 입지의 타당성(자연환경의 건전성, 생활환경의 안전성, 주변 환경과의 조화성)
- 환경영향평가협의회 심의내용 및 주민의견 검토내용, 평가협의회의 평가항목 등의 결정 및 조치내용, 주민의견 검토내용
- 전략환경영향평가서 초안에 대한 주민 및 관계 행정기관의 의견과 이에 대한 반영 여부

4) 전략환경영향평가서 작성 및 협의요청

승인 등을 받아야 하는 대상계획을 수립하는 행정기관 장은 전략환경영향평가서를 작성하여 승인기관장에게 제출하고 승인기관장이 환경부장관에게 협의요청하여야 한다.

5) 협의시기(시행령 별표 2)

각 법에 따라 지정권자가 관계중앙행정기관장의 장과 협의하는 때를 말한다.

6) 시행주체

전략환경영향평가 대상계획을 수립하려는 행정기관 장(지정권자)이 수행한다.

3.2 환경영향평가

1) 법적 근거

법적 근거는 「환경영향평가법」 제22조

제22조(환경영향평가의 대상) ① 다음 각 호의 어느 하나에 해당하는 사업(이하 "환경영향평가 대상사업" 이라 한다)을 하려는 자(이하 이 장에서 "사업자"라 한다)는 환경영향평가를 실시하여야 한다.
1. 도시의 개발사업

2) 대상개발사업

- 도시의 개발사업

- 산업입지 및 산업단지의 조성사업
- 도로의 건설사업, 하천의 이용 및 개발 사업
- 특정 지역의 개발사업, 토석·모래·자갈·광물 등의 채취사업 등

3) 환경영향평가 항목

평가항목은 '환경영향평가서 작성 등에 관한 규정'에 21개 평가항목으로 표 3.27과 같다.

표 3.27 환경 평가항목

분야	평가항목
대기환경	기상, 대기질, 악취
수환경	수질, 수리·수문, 해양환경
토지환경	토지이용, 토양, 지형·지질
자연생태환경	동·식물상, 자연환경자산
생활환경	친환경적 자원순환, 소음·진동, 위락, 경관, 위생·공중보건, 전파장해, 일조장해
사회·경제환경	인구, 주거, 산업

4) 주무부서 및 협의(심의)부서

주무부서는 환경부(중앙행정기관), 유역환경처장 또는 지방환경처장이며 유역환경청장 또는 지방환경청장에 위임된 사항은 다음과 같다.

① 환경영향평가 대상사업 중 국가기관 또는 지방자치단체가 시행하는 대상사업으로서 그 사업자가 중앙행정기관의 장이 아닌 사업
② 환경영향평가 대상사업 중 국가기관 또는 지방자치단체가 시행하지 아니하는 대상사업으로서 그 승인기관의 장이 중앙행정기관의 장이 아닌 사업

5) 협의시기(시행령 별표 3)

협의시기는 실시계획 승인 전에 시행한다.

6) 수립권자

수립절차는 환경영향평가 대상 개발사업을 시행하려는 자(사업자)를 말한다.

3.3 사전재해영향성 검토

1) 법적 근거

법적 근거는 「자연재해대책법」 제4조

> 제4조(사전재해영향성검토협의) ①관계중앙행정기관의 장, 시·도지사, 시장·군수·구청장 및 특별지방행정기관의 장(이하 "관계행정기관의 장"이라 한다)은 자연재해에 영향을 미치는 행정계획을 수립·확정(지역·지구·단지 등의 지정을 포함한다. 이하 같다)하거나 개발사업의 허가·인가·승인·면허·결정·지정 등(이하 "허가 등"이라 한다)을 하고자 하는 경우에는 해당 행정계획 및 개발사업의 확정·허가 등을 하기 전에 기본법 제14조의 규정에 의한 중앙재난안전대책본부(이하 "중앙대책본부"라 한다)의 본부장(이하 "중앙본부장"이라 한다) 또는 기본법 제16조의 규정에 의한 지역재난안전대책본부(이하 "지역대책본부"라 한다)의 본부장(이하 "지역본부장"이라 한다)과 재해영향의 검토에 관한 사전협의(이하 "사전재해영향성검토협의"라 한다)를 하여야 한다.

2) 대상면적 및 사업

면적에 관계없이 협의하되 택지개발·보금자리사업 등 48개 행정계획 및 60개 개발사업

3) 협의요청 시 포함하여야 할 사항

① 사업의 목적·필요성·추진배경·추진절차 등 사업계획에 관한 내용
② 배수처리계획도, 사면경사 현황도 등 재해영향의 검토에 필요한 도면
③ 행정계획의 수립 시 재해예방에 관한 사항
④ 개발사업의 시행으로 인한 재해영향의 예측 및 저감대책에 관한 사항

4) 협의기관(법 제4조)

협의기관은 협의신청을 받은 날로부터 30일 이내에 검토결과를 통보해야 한다(10일 연장 가능).

관계행정기관의 장	협의기관
중앙행정기관의 장	중앙 재난안전대책본부장(소방방재청)
시·도지사 및 시·도를 관할구역으로 하는 특별지방행정기관의 장	해당 시·도재난안전대책본부의 본부장
시장·군수·구청장 및 시·군·구를 관할 구역으로 하는 특별지방행정기관의 장	해당 시·군·구 재난안전대책본부의 본부장

5) 협의시기(시행령 제6조 1)

협의시기는 예정지구 지정 전(관계중앙행정기관장과 협의 시)이며 실시계획 승인 전 협의 완료해야 한다.

6) 수립권자

사전재해영향성 검토는 사업시행자가 수립한다.

3.4 교통영향분석 · 개선대책

1) 법적 근거

법적 근거는 도시교통정비촉진법 제15조

> 제15조(교통영향분석 · 개선대책의 수립대상 지역 및 사업) ①도시교통정비지역 또는 도시교통정비지역의 교통권역에서 다음 각 호의 사업(이하 "대상사업"이라 한다)을 하려는 자(국가와 지방자치단체를 포함하며, 이하 "사업자"라 한다)는 교통영향분석 · 개선대책을 수립하여야 한다.
> 1. 도시의 개발

2) 대상면적 및 사업

① 10만m² 이상
② 도시개발, 사업단지 등의 개발사업 및 건축물(영 제13조의 2)

3) 수립내용(지침 별표 1)

수립범위는 공간적 범위와 시간적 범위로 나눌 수 있다.

① 공간적 범위 : 사업규모에 따라 반경 2~4km 이내 4~12개 교차로
② 시간적 범위 : 개발사업의 준공 후 1 · 5년, 건축물의 준공 후 1 · 3년

교통영향분석·개선대책의 내용항목	
1. 서론 　• 사업의 개요 　• 교통영향분석·개선대책의 수립 사유 및 시기의 적정성 　• 교통영향분석범위(시간적·공간적 범위 및 중점분석항목) 　• 교통영향분석·개선대책의 수립 결과 요약 　　－중점분석항목별 분석결과 　　－교통영향분석 및 문제점 　　－종합개선안 2. 교통환경조사 분석 　• 교통시설 및 교통소통현황 　• 토지이용현황·토지이용계획 및 주변지역개발계획 　• 교통시설의 설치계획 및 교통관련계획 3. 사업지구 및 주변지역의 장래 교통수요 　• 사업 미시행 시 수요예측 　• 사업시행 시 수요예측 　• 주차수요예측 4. 사업의 시행에 따른 문제점 및 개선대책 　• 사업지구의 외부 　　－현황 및 문제점 　　－개선방안	• 사업지구의 내부 　　－현황 및 문제점 　　－개선방안 　• 대중교통, 자전거 및 보행 　　－현황 및 문제점 　　－개선방안 　• 주차 　　－현황 및 문제점 　　－개선방안 　• 교통안전 및 기타 　　－현황 및 문제점 　　－개선방안 5. 교통개선대책안의 시행계획 　• 사업시행주체 및 시행시기 　• 공사 중 교통처리대책 6. 참고자료 　• 교통량 조사자료 　• 원단위 조사자료 　• 기타 교통영향분석·개선대책수립 내용의 근거가 되는 자료

4) 협의(심의)부서

승인관청(교통영향분석·개선대책 심의위원회)이 주관하여 시행한다.

5) 협의시기

실시계획 승인 전에 실시한다.

6) 수립권자

교통영향분석개선 대책은 사업시행자가 시행한다.

3.5 광역교통개선대책

1) 법적 근거

법적 근거는 대도시권광역교통관리에 관한 특별법 제7조의2에 의한다.

제7조의 2(대규모 개발사업의 광역교통개선대책) ① 대도시권의 광역교통에 영향을 미치는 대규모 개발사업 등 대통령령으로 정하는 사업에 대하여 당해 사업이 시행되는 지역의 시·도지사는 개발사업에 따른 광역교통개선대책을 수립하여 국토교통부 장관에게 제출하여야 한다.

② 국토교통부장관은 제1항의 규정에 따른 개발사업 중 국가가 직접 시행하거나 허가·승인 또는 인가(허가·승인 또는 인가의 권한이 시·도지사에게 위임되어 있는 경우를 제외한다)를 하는 사업으로서 주택난의 긴급한 해소 또는 지역균형발전 등 국가의 정책적 목적을 달성하기 위하여 필요하다고 인정되는 사업의 경우에는 제1항의 규정에 불구하고 당해 사업이 시행되는 지역의 시·도지사와 협의를 거쳐 그 사업에 따른 광역교통개선대책을 수립할 수 있다.

③ 국토교통부장관은 제1항 또는 제2항의 규정에 따라 제출 또는 수립된 광역교통개선대책을 위원회의 심의를 거쳐 확정하고, 이를 광역교통개선대책을 제출하였거나 그 사업이 시행되는 지역을 관할하는 시·도지사에게 통보하여야 한다. 확정된 광역교통개선대책을 변경할 때에도 또한 같다.

④ 관계 중앙행정기관의 장, 지방자치단체의 장 및 개발사업의 시행자는 제3항의 규정에 따라 확정된 광역교통개선대책을 충실히 이행하여야 한다.

2) 대상면적(영 제9조)

5대도시권 지역에서 100만㎡ 이상이거나 수용인구 2만 명 이상인 대규모개발사업

제 9조(대규모개발사업의 범위 등) ① 법 제7조의2 제1항에서 "대통령령으로 정하는 사업"이라 함은 다음 각 호의 어느 하나에 해당하는 사업으로서 그 면적(제5호 내지 제8호의 경우에는 시설계획지구의 면적을 말한다)이 100만 제곱미터 이상이거나 수용인구 또는 수용인원이 2만 명 이상인 것(이하 "대규모개발사업"이라 한다)을 말한다.

1. 「택지개발촉진법」에 의한 택지개발사업

3) 수립내용

수립범위는 공간적 범위와 시간적 범위로 나눌 수 있다.

① 시간적 범위 : 사업완공목표연도 1·5·10년

② 공간적 범위 : 사업지구 경계선으로부터 20km 이내

개선대책의 내용체계(제5조 관련)	
1. 서론 　• 사업의 개요 　• 개선대책 수립사유 및 시기의 적절성 　• 개선대책 수립범위(중점분석항목 포함) 　• 개선대책 결과요약 2. 관련계획 검토 및 현황조사 분석 　• 관련계획 검토 　• 광역교통 시설계획 및 교통 관련계획 　• 사업대상의 조사 및 분석 3. 장래교통수요 　• 교통관련지표 예측 　• 사업미시행 시 교통수요 예측 　• 사업시행 시 교통수요 예측 4. 사업시행으로 인한 예상 문제점 　• 광역교통시설 공급상의 예상 문제점 분석 　• 광역교통시설 운영상의 예상 문제점 분석 　• 기타 예상 문제점 분석 　• 예상 문제점 종합	5. 개선대책 　• 광역교통시설 확충 등 개선대책 　• 광역교통시설 운영대책 　• 광역대중교통대책 　• 교통안전 제고대책 　• 개선대책의 종합 6. 타당성 검토 　• 예비 경제적 타당성 검토 　• 예비 기술적 타당성 검토 　• 타당성 검토결과의 종합 7. 개선대책의 시행계획 　• 재원분담 기준 　• 개선대책의 시행주체 및 시행시기

주) 특별시 및 광역시 소재 시 10km 이내

4) 주무부서 및 협의(심의)부서

① 주무부서는 국토교통부 주관하여 시행한다.

② 심의는 대도시권광역교통위원회에서 수행한다.

5) 수립시기(대광법 시행령 별표 2)

　실시계획 승인 전. 다만, 2007년 7월 20일 이전에 같은 법 제3조의3에 따라 주민 등의 의견청취를 위하여 공고를 한 예정지구의 경우에는 종전의 같은 법(법률 제8384호로 개정되기 전의 것) 제8조에 따른 택지개발계획의 승인 이전까지 실시한다.

6) 수립권자

① 국토해양부장관(시행자 자료 제출)

② 사업지 관할 시·도지사(시행자 자료 제출)

3.6 에너지사용계획 협의

1) 법적 근거

에너지사용계획 협의는 에너지이용합리화법 제8조

> 제8조(에너지사용계획의 협의) ① 도시개발사업이나 산업단지개발사업 등 대통령령으로 정하는 일정규모 이상의 에너지를 사용하는 사업을 실시하거나 시설을 설치하려는 자(이하 "사업주관자"라 한다)는 그 사업의 실시와 시설의 설치로 에너지수급에 미칠 영향과 에너지소비로 인한 온실가스(이산화탄소만을 말한다)의 배출에 미칠 영향을 분석하고, 소요에너지의 공급계획 및 에너지의 합리적 사용과 그 평가에 관한 계획(이하 "에너지사용계획"이라 한다)을 수립하여, 그 사업의 실시 또는 시설의 설치 전에 산업통상자원부장관에게 제출하여야 한다.

2) 대상사업(시행령 제20조)

도시개발사업, 산업단지개발사업, 에너지개발사업, 항만건설사업, 철도건설사업, 공항건설사업, 관광단지개발사업, 개발촉진지구개발사업 또는 지역종합개발사업

3) 대상면적(시행령 제20조 4항 및 별표 1)

30만m² 이상

4) 수립내용(시행령 제21조)

1. 사업의 개요
2. 에너지 수요예측 및 공급계획
3. 에너지 수급에 미치게 될 영향 분석
4. 에너지 소비가 온실가스(이산화탄소만 해당한다)의 배출에 미치게 될 영향 분석
5. 에너지이용 효율 향상 방안
6. 에너지이용의 합리화를 통한 온실가스(이산화탄소만 해당한다)의 배출감소 방안
7. 사후관리계획
8. 그 밖에 에너지이용 효율 향상을 위하여 필요하다고 산업통상자원부장관이 정하는 사항

5) 주무부서 및 협의(심의)부서

산업통상자원부가 주관하여 시행한다.

6) 협의시기(시행령 제20조 및 별표 1)

실시계획 승인신청 전에 실시한다.

7) 수립권자

에너지 사용 협의는 시행자가 수행한다.

3.7 집단에너지 공급에 관한 협의

1) 법적 근거

법적 근거는 「집단에너지사업법」 제4조

> 제4조(집단에너지의 공급에 관한 협의) 중앙행정기관, 지방자치단체, 「공공기관의 운영에 관한 법률」 제5조에 따른 공기업(이하 "공기업"이라 한다) 또는 공공단체의 장은 주택건설사업, 택지개발사업, 산업단지개발사업, 그 밖에 대통령령으로 정하는 사업(이하 "개발사업"이라 한다)에 관한 계획을 수립하려면 산업통상자원부령으로 정하는 바에 따라 산업통상자원부장관과 집단에너지의 공급 타당성에 관한 협의를 하여야 한다. 그 계획을 변경하려는 경우에도 또한 같다.

2) 대상사업(시행령 제5조)

주택건설사업, 대지조성사업, 도시개발사업, 택지개발사업, 산업단지개발사업, 관광지 및 관광단지개발사업을 말한다.

3) 대상면적(시행규칙 제3조 1)

① 60만㎡ 이상 : 주택건설사업, 대지조성사업, 도시개발사업, 택지개발사업
② 30만㎡ 이상 : 산업단지개발사업, 관광지 및 관광단지개발사업

4) 협의자료(시행규칙 제3조 2)

① 개발사업에 관한 계획서
② 개발사업지역의 위치도 및 토지이용에 관한 계획도
③ 개발지역의 열수요, 사용연료, 열밀도, 사용전력, 입주형태
④ 인근 5km 이내 이용 가능한 열원시설
⑤ 인근지역 개발사업
⑥ 개발지역 또는 인근 5km 이내 쓰레기소각장 건설계획

5) 주무부서 및 협의(심의)부서

산업통상자원부가 주관하여 시행한다.

6) 협의시기(시행규칙 제3조 및 별표 2)

개발계획 승인신청 전에 실시한다.

7) 수립권자

집단에너지 공급 협의는 사업시행자가 수행한다.

4. 주요 도시개발 제도

4.1 보금자리주택사업/택지개발사업/도시개발사업 비교

주택사업, 택지개발사업, 도시개발사업 등의 각 부분별 제도 내용은 표 3.28과 같다.

표 3.28 사업근거법 비교

구분	보금자리주택사업	택지개발사업	도시개발사업
근거법	보금자리주택건설 등에 관한 특별법	택지개발촉진법	도시개발법
사업목적	• 저소득층 주거안정 및 주거수준향상 도모 • 무주택자의 주거마련 촉진	도시지역의 시급한 주택난 해소	계획적/체계적 도시개발 도모하고 쾌적한 도시환경 조성
개발방식	공영개발방식	공영개발방식	수용사용/환지방식/혼용방식
사업절차	지구지정 ↓ 지구계획(개발·실시계획) 승인 ↓ 사업시행	지구지정(개발계획) ↓ 실시계획 승인 ↓ 사업시행	구역지정(개발계획) ↓ 실시계획 인가 ↓ 사업시행
지정권자	• 국토해양부장관 • 30만㎡ 미만 : 시·도지사 위임	시·도지사 ※ 330만㎡ 이상 : 국토부장관 승인	• 시·도지사 • 시장(인구 50만 이상) • 국토부장관(공공기관이 30만㎡ 이상 제안 시)
사업시행 주체	• 국가·지자체·LH·지방공사 • 공공기관(농어촌공사, 철도공사 등) (공공민간 공동시행 시) • 상기 중 50% 출자·설립 법인 • 상기 중 주택건설업자와 공동시행자	• 국가·지자체·지방공사 • 주택건설등 사업자 　(공공민간 공동시행 시)	• 국가·지자체·공공기관·지방공사 • 토지소유자(수용사용, 2/3 이상 소유) • 토지소유자가 설립한 조합(환지방식) • 제3섹터, 민간기업 등
사업인정시점 (토지수용법)	지구지정·고시	예정지구 지정·고시	구역지정 시
민간의 토지 수용권 부여	없음	없음	토지면적 2/3 이상 매입하고 토지소유자 2/3 이상 동의
선수공급 시기	지구지정 후 전체면적의 50% 이상 토지소유권 확보 시(택촉법 준용)	지구지정 후 전체면적의 50% 이상 토지소유권 확보 시	개발계획수립·고시 후 25% 이상 토지소유권 확보 시
지정대상 지역	• 도시지역, 비도시지역 • 개발제한구역(GB)	도시지역, 비도시지역 (도시기본계획상 시가화예정용지)	• 도시지역 　- 주거/자연·생산녹지 1만㎡ 이상 ※ 생산녹지는 구역면적의 30% 이하 　- 공업지역 3만㎡ 이상 • 도시지역 외 : 30만㎡ 이상
재원조달 방안	• 국가 및 지자체 재정 • 국민주택기금	• 선수금, 토지상환채권 발행 • 국가·지자체의 보조/융자금	• 선수금, 토지상환채권 발행 • 국가·지자체의 보조/자금 • 수익자부담금 • 도시개발특별회계

표 3.28 사업근거법 비교(계속)

구분	보금자리주택사업	택지개발사업	도시개발사업
토지취득 방법	전면매수방식	• 전면매수 ※ 필요시 환지방식 가능 　(도시개발법 준용)	전면매수 또는 환지
개발계획 내용	• 지구계획의 개요 　- 지구계획의 명칭 　- 시행자의 명칭, 주소와 대표자의 성명 　- 사업시행기간 • 토지이용계획 　- 주택건설용지에 관한 계획 　- 공공시설용지에 관한 계획 • 인구·주택 수용계획 　- 수용인구 및 주택산정 내용 　- 인구 및 호수밀도 　- 블록별 용적률, 호수, 전용면적 • 기반시설 설치계획 　- 교통계획 　- 공원, 녹지계획 　- 공공 및 편익시설계획 　- 공급처리시설계획 　- 에너지공급계획 및 기타 시설계획 • 환경보전 및 탄소저감 등 환경계획 • 대상토지의 단계별 조성계획에 관한사항 • 재원조달 및 자금투자에 관한 계획 • 도시관리계획 결정에 관한 사항 　- 용도지역·지구·구역 및 도시계획시설 결정 　- 지구단위계획 • 택지공급에 관한 계획 　- 블록별 택지공급 시기에 관한 사항 • 기타사항 　- 공공시설 등의 명세서 및 처분계획서 　- 계획평면도 및 개략설계도서 　- 관련기관의 의견 및 이의 반영 여부	• 개발계획의 개요 　- 개발계획의 명칭 　- 시행자의 명칭, 주소와 대표자의 성명 　- 개발기간 • 토지이용계획 　- 주택건설용지에 관한 계획 　- 공공시설용지에 관한 계획 • 수용인구 및 주택계획 　- 수용인구 및 주택산정 내용 　- 인구 및 호수밀도 　- 블럭별 용적율, 호수, 표준면적형 • 도시계획시설 설치계획 　- 교통계획 　- 공원, 녹지계획 　- 공공 및 편익시설계획 　- 공급처리시설계획 　- 에너지공급계획 　- 자전거도로 설치계획 • 단계별 조성계획에 관한사항 • 재원조달 및 자금투자에 관한 계획 • 기타사항 　- 관련기관의 의견 및 이의 반영 여부 　- 건축부문의 에너지 효율향상 대책	• 사업의 개요 　- 사업의 명칭·목적·범위 　- 사업추진방식 　- 계획수립 방법 • 기본구상 　- 기초현황 분석 　- 목표 및 전략의 설정 　- 주요지표의 설정 　- 공간구성의 기본골격 • 부문별 계획 　- 인구수용계획 　- 토지이용계획 　- 교통처리계획 　- 환경보전계획 　- 도시기반시설 계획 　- 문화재계획 　- 도시·군관리계획 변경 　- 토지수용·사용 및 환지계획 　- 재원조달 및 사업시행계획 • 타당성 검토 　- 사업 타당성 검토 　- 사업의 효과
토지용도 배분	• 주택건설용지(공동, 단독, 근생) • 공공시설용지	• 주택건설용지(공동, 단독, 근생) • 공공시설용지 　- 도시계획/주거편익/상업·업무시설용지 　- 도시형공장 등 자족기능용지 　- 농업관련 용지 및 기타시설용지	• 주거용지(아파트, 연립, 다세대) • 상업용지(중심, 근린, 일반, 유통) • 산업/관광/유통시설용지 • 도시기반시설용지(국계법 제2조 제6호) • 기타시설용지(종교, 의료, 체육, 공공용시설 등)

표 3.28 사업근거법 비교(계속)

구분	보금자리주택사업	택지개발사업	도시개발사업
주택 배분계획	• 보금자리주택=전체 주택수×50% 이상 　－임대주택 : 전체 주택수×35% 이상 　－분양주택 : 전체 주택수×25% 이상 (아래 배분비율 표) 　－60m² 이하 : 보금자리주택 건설호수×45% 이상 　(승인권자가 여건에 따라 10%P 범위 내 조정 가능) 　－승인권자가 여건에 따라 5%P 범위 내 조정 가능 　－영구임대주택은 여건에 따라 미확보 가능	• 공동주택 규모배분 　－60m² 이하 : 수도권·광역시 30% 이상(기타 20% 이상) 　－85m² 이하 : 70% 이상(상기 포함) 　－85m² 이상 : 30% 미만 • 임대주택(공동주택호수 대비) (아래 임대용지비율 표) ① : 국토부장관이 수요분석결과에 따라 조정 가능 ② : 60만m² 이하 미적용 가능 ③ : 투기과열지구 내 5% 추가 확보·공급단, 국토부장관이 임대주택 수요 등 지구 특수성 감안하여 달리 정할 수 있고, 국토부장관이 국민임대주택 수요분석 결과에 따라 조정 가능	• 공동주택 규모배분 　－60m² 이하 : 수도권·광역시 30% 이상(기타 20% 이상) 　－85m² 이하 : 60% 이상(상기 포함) 　－85m² 이상 : 40% 미만 • 임대주택(사업면적 대비) (아래 임대주택 표) 　－면적 10만m² 미만, 임대주택 용지 면적 1만m² 미만, 집단·입체환지대상 용지는 미적용 　－공공시행자 : 국가·지자체·정부투자기관·지방공사 및 이들이 50% 이상 공동출자한 법인

보금자리주택사업 배분비율 표

구분			배분비율
임대주택	장기공공임대주택	소계	15~25%
		영구임대 영구적인 임대	3~6%
		국민임대 30년 임대	10~20%
	공공임대주택	소계	
		10년임대 10년 임대	
		분납임대 임대보증금 없이 분양전환금 분할 납부	7~10%
		장기전세 20년 범위 안에서 전세계약	
		5년임대 5년 임대	5% 이하
분양주택	공공분양(85m² 이하)		30~40%
	일반분양		–

택지개발사업 임대용지비율 표

규모	계	30년임대(국민, 영구)①	10년임대②		
			85m² 이하	85m² 초과 149m² 이하③	
60만m² 이하	40% 이상	25% 이상	10% 이상		
60만m² 초과	45% 이상	25% 이상	10% 이상	5% 이상	
			40% 이상		
330만m² 이상	30% 이상	임대주택의 40% 이상	–		

도시개발사업 임대주택 표

구분	사업시행자		국민임대①	85m² 이하(①포함)
수도권 광역시	공공시행자	10만m² 이상	15% 이상	25% 이상
	공공시행자 외	100만m² 이상		
		100만m² 미만		
기타 지역	모두	10만m² 이상	–	20% 이상

구분	보금자리주택사업	택지개발사업	도시개발사업
자족기능용지	≪도시지원시설 용지≫ 택지개발촉진법 시행령 제2조 제3호 각 목의 시설과 상업·업무용지, 공공청사, 연구소, 사회복지시설 등 ※ 100만~330만m² 미만 : 10% 내외 　330만m² 이상 : 15% 수준 * 5%p 범위 내 조정 가능	≪도시형공장 등 자족기능 용지≫ • 도시형공장, 벤처기업집적시설, 소프트웨어진흥시설, 호텔업 시설 • 문화 및 집회시설(집회장 중 제2종 근린생활시설이 아닌 공회당·회의장 및 전시장) • 제2종 근린생활시설이 아닌 교육연구시설(교육원 및 연구소) • 일반업무시설(오피스텔 제외), 원예시설 등 농업관련 시설(시행령 제2조 제3호) ※ 지구면적의 10% 범위 * 지구규모, 지역 특성 감안 20% 범위 가능	• 규정 없음 * 인허가 과정에서 지자체 요구 시 택촉법에 준하여 반영 도시개발업무지침 2-8-2-2, (1), ③ 고용 및 경제규모의 설정은 기반시설과 주변지역의 여건을 고려하되 해당 사업구역의 인구규모와 비교하여 가급적 사업구역 안에서 자족성을 가질 수 있도록 고려한다.

4.2 보금자리주택건설사업 추진절차

주택건설사업의 추진절차는 그림 3.11과 같이 지구지정 제안에서부터 순차적으로 이루어진다.

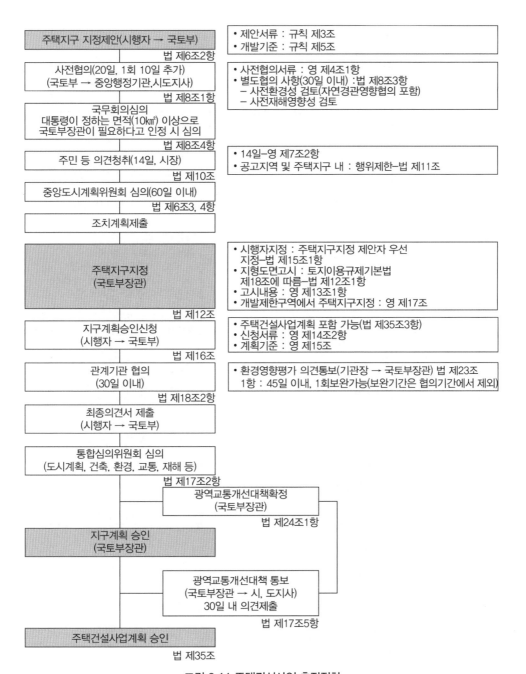

그림 3.11 주택건설사업 추진절차

4.3 택지개발사업 추진절차

택지개발사업의 추진절차는 그림 3.12와 같이 순차적으로 이루어진다.

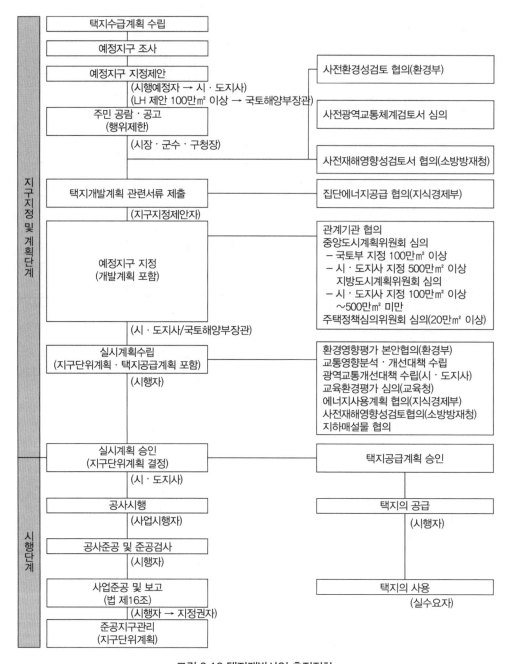

그림 3.12 택지개발사업 추진절차

4.4 도시개발사업 추진절차

도시개발사업의 추진절차는 그림 3.13과 같이 순차적으로 이루어진다.

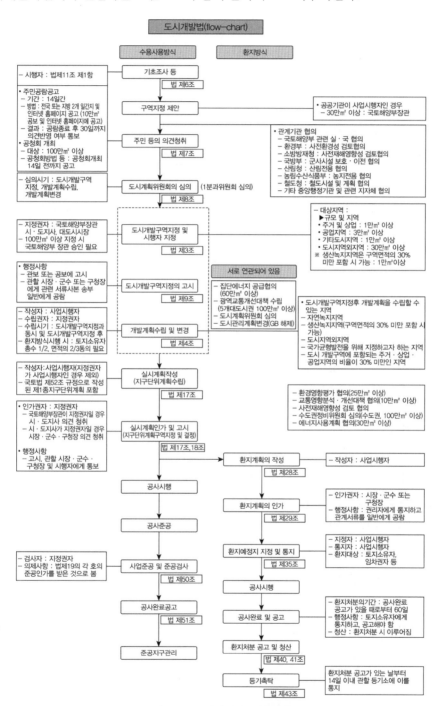

그림 3.13 도시개발사업 추진절차

4.5 최근의 도시재생사업 추진절차

1) 개요

도시재생사업이란 기존의 노후된 시가지를 재정비하는 사업이다.

인구의 감소, 산업구조의 변화, 도시의 무분별한 확장, 주거환경의 노후화 등으로 쇠퇴하는 도시를 지역 역량의 강화, 새로운 기능의 도입·창출 및 지역자원의 활용을 통하여 경제적·사회적·물리적·환경적으로 활성화시키는 것을 말한다.

낙후지역 개선을 위해 기존에 많이 시행한 전면 철거 후 재개발이 부동산 가치나 거주 환경을 향상시켰으나, 정작 그 지역에 정착하여 살던 원주민들이 높은 부담금을 감당하지 못해 결국 지역을 떠나고, 이로 인해 유지되었던 지역공동체가 해체되어 결국엔 도시 거주민들의 전반적인 삶의 질을 하락시킨다는 반성에서 시작된 개념 사업으로 서양에선 쇠락한 공업지역을 중심으로 1970년대부터 시작되었다.

2) 추진 경위

국내에는 2000년대 참여정부 당시 서울시장이 추진한 청계천 복원사업 등과 더불어 관련 개념이 관심을 받아 뉴타운 사업이 없어진 지역을 중심으로 2010년 뽑힌 민선 5기 지자체장들이 시정철학으로 많이 도입해 본격적으로 추진되기 시작하였다. 이런 노력에 힘입어 도시재생활성화 및 지원에 관한 법률도 2017년 제정되었다.

2017년 들어선 현 정부에서도 부동산, 주거복지, 일자리 창출 등 여러 분야가 얽힌 핵심 공약으로 추진되고 있다. "도시재생 뉴딜사업"이란 이름으로 정부펀드를 조성, 5년간 총 50조 원가량을 전국 500여 곳에 노후주택 공공임대주택화, 공원이나 유치원 등 아파트 수준의 인프라 조성에 투자하기로 한 것이다. 2017년에는 투기과열지역에 전 지역이 포함된 서울특별시를 제외한 전국 69곳이 첫 시범 대상자로 선정되었다.

기존 뉴타운 및 재개발과는 달리 도시재생사업은 지자체에서 운영하는 도시재생 교육 프로그램을 이수한 도시재생 전문가들 그리고 공무원들이 재생대상지에 파견되어 현지에 도시재생지원센터를 구축하게 된다.

여기에서 지역의 현재 현황과 쇠퇴 이유 그리고 이를 통해 도출된 사업 목표와 목표 달성을 위한 예산조달 등 기초계획을 수립한다. 이 과정에서 지역 주민들과 도시재생 당국 사이에 적극적인 의견교류를 통해 지역의 현안을 파악하고, 이를 반영하는 작업도 함께 진행한다.

우선 순서로는 다음과 같이 추진한다.

- 국가 차원에서 수립하는 "국가도시재생기본방침"
- 특별시·도·광역시 차원에서 재생 지역을 선정하는 "도시재생전략계획"
- 대상 지역의 지자체장이 수립하는 세부 계획인 "도시재생활성화계획"

으로 짜여 세부적으로 추진하는 사업이다.

도시재생이란 산업구조의 변화 및 신도시 위주의 도시 확장으로 상대적으로 낙후되고 있는 기존 도시를 새로운 기능을 도입·창출함으로써 경제적, 사회적, 물리적으로 부흥시키는 것을 말한다.

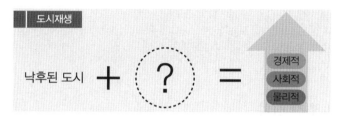

출처 : 국토교통부 블로그 http://korealand.tistory.com/3499

3) 도시재생사업의 종류

도시재생활성화 지역에서 도시재생활성화계획에 따라 시행하는 다음 각 목의 사업을 말한다 (도시재생 법 제2조).

① 국가 차원에서 지역발전 및 도시재생을 위하여 추진하는 일련의 사업
② 지방자치단체가 지역발전 및 도시재생을 위하여 추진하는 일련의 사업
③ 주민 제안에 따라 해당 지역의 물리적·사회적·인적 자원을 활용함으로써 공동체를 활성화하는 사업
④ 「도시 및 주거환경정비법」에 따른 정비사업 및 「도시재정비 촉진을 위한 특별법」에 따른 재정비촉진사업
⑤ 「도시개발법」에 따른 도시개발사업 및 「역세권의 개발 및 이용에 관한 법률」에 따른 역세권개발사업
⑥ 「산업입지 및 개발에 관한 법률」에 따른 산업단지개발사업 및 산업단지 재생사업
⑦ 「항만법」에 따른 항만재개발사업
⑧ 「전통시장 및 상점가 육성을 위한 특별법」에 따른 상권활성화사업 및 시장정비사업
⑨ 「국토의 계획 및 이용에 관한 법률」에 따른 도시·군계획시설사업 및 시범도시(시범지구 및

시범단지를 포함한다) 지정에 따른 사업

⑩ 「경관법」에 따른 경관사업

⑪ 「빈집 및 소규모주택 정비에 관한 특례법」에 따른 빈집정비사업 및 소규모주택정비사업

⑫ 「공공주택 특별법」에 따른 공공주택사업

⑬ 그 밖에 도시재생에 필요한 사업으로서 대통령령으로 정하는 사업

(예) 핵심 거점복합시설 2021년 준공, 연면적 4500m² 규모 재생거점시설

'마장청계플랫폼 거점복합시설' 조성 본격화

마장청계플랫폼 거점복합시설은 마장동 525번지(1704m²) 내 연면적 4500m², 지하 3층 지상 3층 규모로 조성되는 재생거점시설이다. 지하엔 주민과 상인들이 지속적으로 요구했던 주차장이 들어서 주차문제를 해결한다. 지상엔 시장 환경 개선 시설, 지역요구를 반영한 생활편의 시설이 조성될 예정이다.

---

4) 도시재생사업 추진 절차

도시재생사업의 추진 절차는 그림 3.14와 같이 순차적으로 이루어진다.

추진 체계도를 보면 3단계로 나누고 있는데 국가기본계획단계, 전략계획단계, 활성화계획단계로 구분하고 있다.

도시재생이라는 것은 도시개발 사업으로만 이루어지지 않는다. 도시재생을 위해 해당 지역이 무엇을 가지고 할 것인지 심사숙고 해야만 한다. 여기에는 하드웨어가 아니라 지역의 다양한 인재와 지역 고유의 역사와 문화와 환경이 자아내는 무형의 것(콘텐츠)을 창의적으로 전개해나가기 위한 프로그램의 개발과 안정적으로 전개되도록 하기 위한 제도의 구축, 주민참여 및 주민주도를 위한 체제 마련이 선행되고, 이러한 것들을 전개하는 데 필요한 조직적인 모멘텀(momentum)을 찾아내야 하는 것이다.

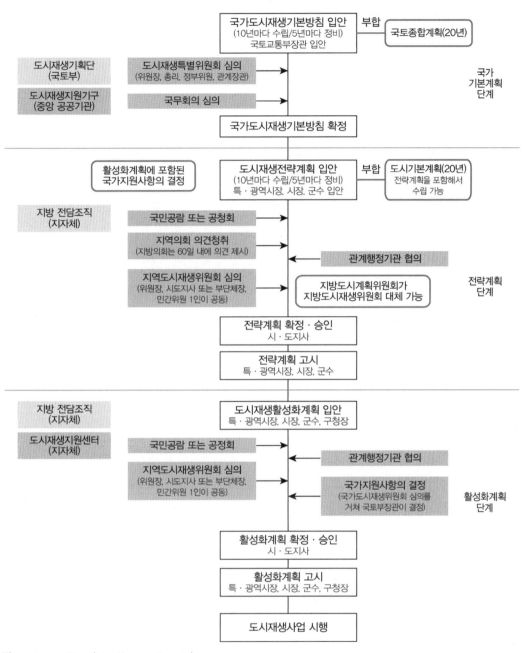

주) Landscape Times(http://www.latimes.kr)

그림 3.14 도시재생사업 추진 절차

5. 인문학적 도시개발 사례

5.1 용어의 정의

1) 상상(想像)

실제로 경험하지 않은 현상이나 사물에 대하여 마음속으로 그려 보는 것으로 재생적 상상과 창조적 상상이 있다. 상상은 의식적이든 무의식적이든 과거의 기억에만 의존하는 것이 아니라 전혀 경험해보지 못한 이미지도 상상할 수 있다. 그래서 우리는 지나온 유형, 무형의 흔적에 대하여 고귀하게 살펴볼 수 있어야 한다. 상상력은 이미지를 만드는 힘이며 원천이다.

2) 연상력(聯想力)

어떤 사물을 가지고 다른 것을 계속하여 머릿속에서 떠 올리는 능력을 말한다. 즉 어떤 단어나 문장 하나가 머리에 떠오르면 그와 연관된 단어 혹은 상황이 연결되어 꼬리에 꼬리를 이어 떠오르는 능력이다.

3) 구상(構想)

어떤 일을 어떠한 계획으로 하겠다는 생각으로 그것을 실재로 그려보는 과정이다. 어떤 것을 구상 시 3가지 원칙인 중(中), 요(要), 관(貫)이 있어야 한다. 실제 설계자가 작품을 위한 펜을 들기 전까지의 그의 상상력에 포착된 내용들을 어떻게 정리하고 배열할 것인가를 그려보는 과정이다.

4) 개념(concept)

개개의 사물로부터 공통적 성질을 뽑아서 이루어진 표상(表象), 관념이다. 즉 개념은 그 진술된 준거 틀(frame of reference) 안에서 의미를 갖는다. 실재의 현상으로서 존재하는 것이 아니기 때문에 준거 틀을 달리하면 그 개념도 달라질 수 있는 것이다. 즉 개개의 사물로부터 본질적인 것만을 추출해내는 사유의 표현을 개념이라 할 수 있다.

5) 이미지(image)

어떤 사물, 대상에 대하여 개인의 내면에 떠오르는 직관적 인상, 표상을 말한다. 즉 마음속에 언어로 그린 내면의 그림(mental picture)으로 정의할 수 있다. 인간이 어떤 대상에 대해 갖고 있는 주관적 지식이자 상상, 신념, 인상의 집합으로 인지적 측면뿐만 아니라 감정적·행동적 측면을 포괄하는 개념이라 할 수 있다.

6) 토지이용계획

계획대상의 토지공간을 전문가들의 전문적인 지식과 경험을 동원하여 ① 토지이용의 효율성과 가치를 높이고 ②사람들의 삶의 편의를 증진하며 ③토지를 합리적으로 이용하는데, 필요한 기본 틀을 구성하는 행위를 일컫는다.

※ CHAPTER 02의 2. 인문학적 사고 과정(유형) 참고

5.2 인간과 언어

인간은 언어적 존재이다. 그 모든 것이 언어(말)로 표현된다. 언어는 실체 그 자체가 아니고 실체를 설명하는 추상적 개념이다.

언어는 볼 수 없는 것을 볼 수 있게(느끼게) 하는 신비한 능력을 소유하고 있다. 그럼에도 불구하고 인간은 언어에 조건화되어 살아갈 수밖에 없다. 그리고 인간은 언어를 통해서 그들만의 문화를 만들어간다. 그 문화가 정체성으로 이어진다.

우리는 언어를 통해서만 의사를 전달한다. 물론 언어에는 말만 있는 것은 아니다. 우리의 몸짓, 표정 등 다양한 도구를 사용한다. 언어는 생각에서 언어로 표현된다.

일반적으로 언어 사용의 과정을 살펴보면 그림 3.15와 같은 단계를 거쳐서 이루어지는 것을 알 수 있다. 예를 들어 어떤 사건이나 주제가 주어지면 그 대상에 대하여 실마리를 풀기 위해 여러 가지 상상력을 총동원하여 나름대로 가장 적합한 답안을 찾아 그것을 구체적으로 이미지화하게 된다. 이렇게 이미지화가 이루어지면 그 이미지화한 내용을 이야기로 풀어낼 수 있다. 이야기로 풀어지면 그 이야기를 하나의 상징으로 나타낼 수 있으며 이런 내용을 종합하여 새로운 이론이나 교안, 책 등으로 만들어지게 된다. 이것은 인간만이 가지고 있는 유일하고도 독특한 특성이라고 볼 수 있다.

그림 3.15 언어 사용의 과정

5.3 인문학적 도시개발의 흐름

윌리엄 쿠퍼(William Cowper)는 "신은 자연을 만들고, 인간은 도시를 만든다."라고 전하고 있지만, 도시는 인간이 만든 모든 문화와 역사가 고스란히 담기는 산물이기도 한 것이다.

인간이 만들어온 도시는 살아 움직이고 변화하는 유기적 자연물로서 수 세기를 거치면서 인간의 꿈과 욕망을 실현하는 터전으로서 기획하고 실천하여 때로는 좌절하고, 갈등하고 그런가 하면 타협하면서 스스로의 도시역사를 만들어왔다. 도시는 인간이 필요로 하는 중요한 기능들을 보유하면서 인간의 신체적 활동과 경제적인 활동 등을 최대한 지원하는 공간으로서 발전하는 장소이기도 하다. 인간은 도시의 생태계가 유기적인 다양성을 가지고 성장할 수 있도록 도시재생 등을 통해서 끊임없이 돌보아야만 더불어서 함께 살아갈 수 있는 것이다.

앞으로의 미래도시는 낯선 사람들이 살아가는 과거의 신도시 개발과는 다르게 낯익고 익숙한 사람들끼리 살아갈 수 있도록 새로운 도시구조가 되어야 한다. 이렇게 인간 중심적 도시구조를 만들기 위해서는 우리 인간이 사고하는 유형에 맞는 인문학적 기반 위에서 도시가 만들어져야 한다고 본다. 그렇다면 이를 인문학적 관점에서 순차적으로 살펴보면 그림 3.16과 같은 과정으로 설명할 수 있다. 즉 대상 사업지구가 선정되면 그 지구만이 가지고 있는 실상인 흔적과 무늬 등 모든 소스(source)에 대하여 준거 틀 범위 내에서 제반자료 조사 결과를 토대로 도시미래이미지구상(TIPS)을 통해 기본 콘셉트를 정하고, 이 콘셉트를 구체적으로 성안하기 위하여 상상력과 연상력을 동원하여 기본 콘셉트를 맞는 기본 구상안을 창출해야 한다. 이후 상세한 작업을 거쳐 문화, 문명의 기본 틀인 토지이용계획을 최종적으로 결정해야 한다.

※ CHAPTER 02의 2. 인문학적 사고 과정(유형) 참고

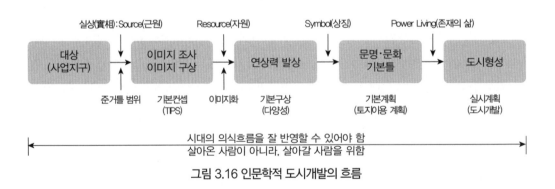

그림 3.16 인문학적 도시개발의 흐름

이를 순차적으로 기술해보면 다음과 같다(예 : 평택소사벌지구).

1) 도시개발 개략 절차

일반적으로 대상 사업지구의 선정은 국가나 지방자치단체가 개발목적에 따라 관계법에 의거 지정되는 경우가 대부분이다. 실제적으로 실존하는 대상이며 그 지역이 이루어놓은 문화나 문명을 무늬와 흔적으로 가지고 있다고 본다(대상지구 선정).

개발목표는 그 대상 지구에 따라서 어떤 목표를 설정할 경우에 그 개발특성에 맞게 부여할 수 있다. 그리고 그에 따라 기초조사 및 조사내용을 토대로 자료 분석을 실시하여 그림 3.17과 같이 개략적인 도시개발 절차에 따라 시행해야 한다(개발목표).

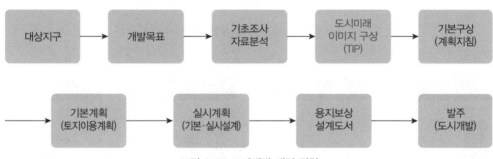

그림 3.17 도시개발 개략 절차

2) 도시미래이미지구상(TIPS)

대상지구의 실상에 대하여 모든 것을 대상으로 조사, 분석한 이후 이를 근간으로 그림 3.18과 같이 도시미래이미지구상(TIPS)에 담겨져서 모든 것이 표현되어야 하지만 현실적으로 그 모든 것을 담아내기에는 한계가 있기 때문에 일정한 준거 틀 범위 내에서 조사한 내용을 가지고 분석 자료를 종합하여 상상력을 동원하여 기본 콘셉트를 설정해야 한다. 특히 이런 콘셉트를 정할 때는 그 대상 지역의 모든 근원(source)을 유용하게 자원(resource)화할 수 있어야 한다. 이와 같이 도시미래이미지구상은 기본계획 이전에 그 지역만이 가지고 있는 무늬와 흔적의 자원을 토대로 도시의 정체성을 부여하는 것으로 향후 개발 방향의 설정과 가이드라인을 제시하고 그 지역의 특성이 반영된 미래상의 기본 틀이 되어야 한다. (그림 3.19 참고)

▌이미지조사, 도시이미지구상(TIPS, Total Image Planning System) 과정

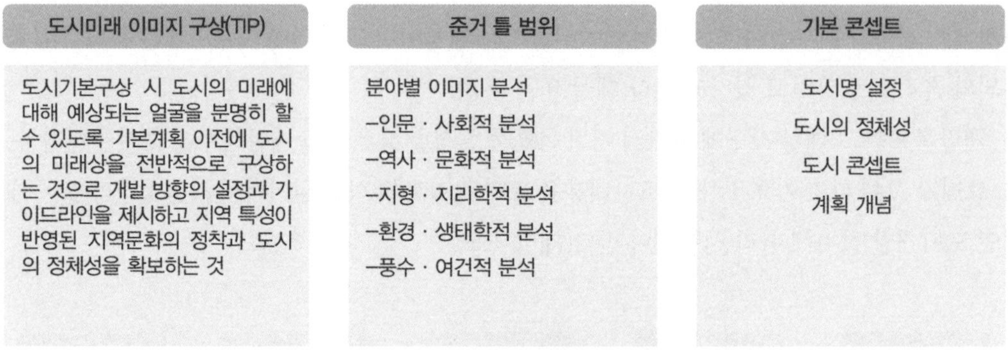

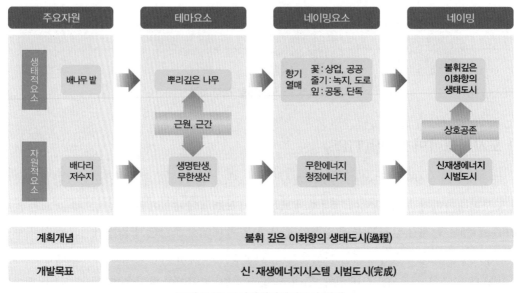

도시미래 이미지 구상(TIP)	준거 틀 범위	기본 콘셉트
도시기본구상 시 도시의 미래에 대해 예상되는 얼굴을 분명히 할 수 있도록 기본계획 이전에 도시의 미래상을 전반적으로 구상하는 것으로 개발 방향의 설정과 가이드라인을 제시하고 지역 특성이 반영된 지역문화의 정착과 도시의 정체성을 확보하는 것	분야별 이미지 분석 –인문 · 사회적 분석 –역사 · 문화적 분석 –지형 · 지리학적 분석 –환경 · 생태학적 분석 –풍수 · 여건적 분석	도시명 설정 도시의 정체성 도시 콘셉트 계획 개념

그림 3.18 도시미래이미지구상 절차

주요자원		테마요소	네이밍요소	네이밍
생태적요소	배나무 밭	뿌리깊은 나무	꽃 : 상업, 공공 줄기 : 녹지, 도로 잎 : 공동, 단독	불휘깊은 이화향의 생태도시
		근원, 근간		상호공존
자원적요소	배다리 저수지	생명탄생, 무한생산	무한에너지 청정에너지	신재생에너지 시범도시

계획개념	불휘 깊은 이화향의 생태도시(過程)
개발목표	신 · 재생에너지시스템 시범도시(完成)

그림 3.19 도시미래이미지구상 전개

3) 기본구상

기본구상은 이미지조사나 도시미래 이미지구상에서 기본 콘셉트가 결정되면, 이후 상상력을 발휘하여 그 콘셉트의 단어나 문장을 머리에 떠올리면서 꼬리에 꼬리를 무는 생각을 연상력으로 그와 연관된 단어나 이미지를 떠올릴 수 있는 다양한 상상력의 능력으로 다양성을 구상해야 한다. 즉 기본구상을 실시할 때는 그 대상지구가 실상(source)으로 가지고 있는 이미지 조사를 근거로 앞에서 기술한 상상력을 총동원하여 다양성 있는 구상안을 만들어야 한다. 특히 그 대상지구만이 가지고 있는 정체성을 도시명과 함께 최적의 구상안이 표현되어야 한다. 이때 어떤 연상력을 가지고 설정하느냐에 따라 구상안이 매우 달라진다는 것을 유념해야 한다. 그러므로 어떤 준거 틀을 가지고, 어떤 연상력을 발휘하느냐가 매우 중요하다. (그림 3.20, 그림 3.21 참고)

┃ 도시이미지구상(TIPS, Total Image Planning System), 기본구상, 연상력 발상

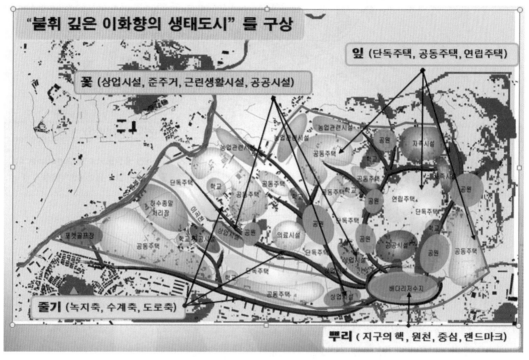

그림 3.20 기본구상을 위한 연상력 발상 전개

그림 3.21 기본구상의 연상력에 의한 상징 표현

4) 기본계획(토지이용계획)

각종 도시계획사업을 위한 도시계획 또는 세부 시설계획의 기초가 되는 방향을 주기 위해 입안되는 도시의 중요 시설 전반에 관한 기본적, 종합적인 구상계획을 말한다. 기본계획의 주요 내용은 토지이용계획, 교통계획, 공원녹지계획, 각종시설계획 등으로 이루어진다.

각종 상상력과 도시미래이미지구상을 거쳐 만들어지는 기본구상을 가지고 구체적이고 상세하게 문화, 문명의 기본 틀이 될 토지이용계획을 결정해야한다. 토지이용계획의 결정은 도시의 기본 골격을 결정할 뿐만 아니라 각 세부 토지에 대한 토지이용은 물론 그 토지에 대한 규제가 따르게 된다. 그러므로 토지이용계획의 결정은 충분한 갖가지 검토가 이루어진 후에 신중하게 토지이용을 결정해야 한다. 나머지 계획도 병행하여 추진되어야 한다(상세 내용은 Chapter 03 참조).

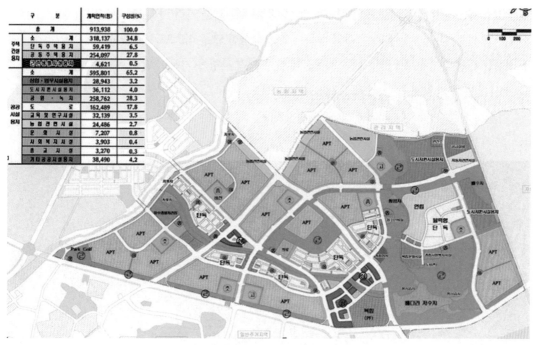

그림 3.22 문화, 문명의 기본 틀인 토지이용계획

5) 실시계획

개발계획을 수립한 이후에 개발 사업의 시행자가 작성하는 계획. 각 부문별 공사 방법, 공사 진행 과정, 설계도서, 자금 계획, 시행기간 따위를 명시하여 행정기관의 승인을 받아 실시할 실시계획을 작성해야 한다. 이 실시계획에서 중요한 부분은 설계도서의 작성이라고 볼 수 있다. 즉 도시개발을 위한 기본설계, 실시설계를 각 공종, 시설물별로 상세히 작성해야 한다. (각 공종별 설계는 이 책의 도시설계 프로세스를 참조 바란다.)

6) 발주(도시개발)

도시개발에서 발주란 공사 계약에서 주문을 하는 것을 말하는데, 주로 공사나 용역 등의 큰 규모는 일반적으로 계약에 의해서 이루어진다. 발주를 계획할 때에는 철저한 계획을 세우고 진행하는 것이 중요하며, 그렇지 않을 경우 발주사와 수주사 모두 경제적, 시간적 손해를 입을 수 있다.

또한 발주를 진행할 때에는 발주 금액 및 수량, 일정 등을 정확하게 조율하는 것이 중요하며, 최후로 목적별로 설계도서를 각 규정에 맞게 작성하여야 한다. 추후 이와 관련하여 문제가 발생하는 것을 예방할 수 있다. 발주 방식에는 일반발주, 병행발주, 집중발주, 분산발주, 일괄발주 등이 있다. 입찰방식에는 공개경쟁입찰, 제한경쟁입찰, 지명경쟁입찰 등 여러 가지 방법이 있다. 발주와 관련한 양식으로는 발주 현황에 따른 내역을 목록으로 작성한 발주 리스트, 발주 사항 등에 관한 검토를 요청하는 내용의 발주 기안서, 제품 발주 전에 발주 예정 사항을 기록한 발주 예정서, 발주계약 내용을 명시한 발주 계약서 등이 있다. (그림 3.23 참고)

이렇게 발주 계약서에 의거 사업을 진행하게 된다.

그림 3.23 대상지구의 설계 후 모형도

CHAPTER **04**

도시설계 프로세스

도시설계 프로세스

1. 도시설계와 인문학

도시설계란 도시공간의 입체적인 조화, 기능의 능률화, 각종시설의 미적 특성 등을 강조하는 설계로 도시에 필요한 모든 시설을 계획하고 설계하는 행위로 표현할 수 있다, 도시설계과정이 독립된 분야로 등장한 것은 19세기 영국의 뉴타운정책이라고 볼 수 있으며, 이후 미국의 뉴커뮤니티 정책으로 채택되어, 도시의 정체성을 강조하는 여러 가지 새로운 설계기법이 도입되었다.

도시설계를 역사적으로 보면 고대도시에서는 아테네의 아크로폴리스신전과 아고라광장, 로마의 포룸(forum, 광장)에서 나타난 도시설계의 특징은 충분히 세부적으로 계획된 설계는 찾아볼 수 없지만 장소·공간 등에서 인간교류·모임 등의 공간이용 형태를 이해할 수 있다.

중세에 와서는 도시가 성곽도시(城廓都市)로 바뀌면서 도시설계의 요소가 주택·정원·성곽·플라자·교회·공공회당·가로(街路) 등으로 구성되어 기능적이면서 좀 더 구체성이 배려된 경험에 의한 형태를 이루고 있는 것이 특징이다.

14, 15세기 르네상스를 맞으면서 도시설계는 새로운 국면에 접어들게 되었다. 대규모의 가로·광장, 상징적인 기념물, 공원 등이 주요 설계요소로 등장한 르네상스시대의 도시설계는 문예부흥과 함께 찬란한 시기를 맞았다.

산업혁명과 함께 산업화가 급속히 진행됨에 따라 초기 바로크식의 도시가 그 기능을 다 못하고 비위생적인 주택에 인구가 집중됨으로써 19세기의 도시는 새로운 문제에 당면하게 되었다. 한편

1893년 시카고 박람회를 계기로 도시미화운동이 일기 시작하면서 도시설계의 새 물결이 일기도 했다.

20세기 들어 도시설계로서 성공한 예는 오스트레일리아의 캔버라, 브라질의 브라질리아 등이고, 뉴욕의 록펠러 센터, 링컨 센터 등은 재개발을 통해 새로운 도시설계의 기법을 적용하여 성공한 사례들이다.

최근의 도시설계는 IT와 ICT를 기반으로 하는 첨단 스마트도시가 전 세계적으로 회자되고 있다. 스마트시티는 ICT기술을 통해 건물, 주택뿐만 아니라 교통, 환경, 상하수도, 행정, 의료, 교육 등 모든 자원적 시스템을 효율적으로 사용할 수 있도록 하여 인문학적 사고에 기반을 둔 시민들에게 편의와 안전을 제공하는 도시를 의미한다. 인터넷을 통해 교통 상황을 미리 받아볼 수 있고 주변 환경과 변화에 대해 즉각적인 판단을 할 수 있으며 시민의 더 나은 인프라 시설과 시스템의 향유에 도움을 주는 것이다.

이번 4장에서는 도시설계와 단지설계를 구분하여 사용할 수도 있겠지만 이 책에서는 도시도 하나의 커다란 단지라는 개념으로 사용하여 도시설계 프로세스로 표현하고 세부적인 설계내용은 단지설계의 주요 공종별로 기술하였다.

또한 단지설계는 도시의 생활에 필요한 공간, 인프라 등을 설계하는 행위로 도시는 사회적·경제적·정치적 활동의 중심이 되는 장소로, 상시 수천 혹은 수만의 사람들이 집단적으로 거주하고, 가옥이 밀집하며 생활하는 공간으로 인간들이 살아온 모습들을 면밀히 분석하여 이들 삶의 공간에 필요한 시설들을 세밀하게 반영하여 설계되어야 한다.

한편 도시개발사업의 원활한 진행을 위해 계획 및 설계, 시공은 연속적으로 이뤄져야 하나 현재의 대학 교육과목을 살펴보면 이러한 연속성을 기대하기에는 어려움이 있다. 이에 도시개발 계획수립의 전문가는 기초적인 엔지니어링 지식으로 확보하고 있는 실정이며 또한 단지개발사업의 설계 및 시공인력도 도시개발 전반을 이해할 수 있도록 대학의 교과목 또는 내용이 개선되어 사회에 진출할 수 있는 교과과정의 개편이 필요하다고 본다.

앞으로 인간이 좋아하는 가치 있는 도시를 만들기 위해서는 도시(단지)설계를 수행함에 있어 앞장에서 기술한 바와 같이 인문학적 관점의 도시개발을 기반으로 한 단지설계가 이루어질 수 있도록 인간의 습관, 행태 등을 고려한 각 시설, 공종별로 설계가 세심하게 이루어져야 한다. 이러한 지속가능한 인간 존중형 설계기법에 대해서는 매시브한(massive) 도시의 설계에서부터 작은(tiny) 시설 설계에 이르기까지 인간의 삶의 실사를 통한 지속적이고 창의적인 연구가 필요하다고 본다.

2. 단지설계 일반

2.1 단지란

일반적으로 단지란 주택, 공장 등이 집단을 이루고 있는 일정지역을 말하며 주거시설, 상업시설, 산업시설, 문화시설 및 교육시설, 유희시설 등의 일단의 토지로써 도시로 확대되는 기본 단위이며 이를 토대로 그 도시의 고유한 도시문화가 형성된다.

2.2 단지설계 일반

단지설계란 자연 상태의 형상 및 토지 등을 특정 목적의 단지 또는 토지로 개발시키기 위해 활용하는 일체의 기술적 디자인을 말한다. 단지 등을 쾌적하고 편리, 안전하게 만들기 위해 개발도구를 이용하여 합리적, 경제적으로 토지이용을 실현하기 위한 복합적 기술의 총칭을 의미한다.

일반적으로 단지분야는 신도시, 택지개발지구, 산업단지, 기업도시, 관광단지 등이며 그에 필요한 세부 개발도구는 도로공학, 교통공학, 상하수도공학, 측량학, 토질역학, 수공학 등이며 그 외 건축, 디자인, 도시계획, 경관 등 상호기술을 연계하는 요소융합기술이라고 할 수 있다.

2.3 단지설계 관계인의 역할

가. 사업시행자(Developer)의 역할

토지개발의 주체는 사람 — 개인과 조직 — 공공기관·회사·조합 등을 가리키며, 사업시행의 잠재적 평가 및 자금조달의 가능성을 판단하는 것으로 토지이용 가능성조사, 각종권리 및 이해관계, 건설원가 등에 대한 금융·비용 등을 말한다. 또한 사업시행의 단계 접근방법 등을 결정하게 되며 소규모사업 — 동시개발과 대규모사업 — 단계별개발 등으로 구분할 수 있다. 4차 산업혁명과 같이 현재의 급변하는 사회에서 디벨로퍼에게 요구되는 자질과 소양은 창조적이고 통찰력 있는 능력이 요구된다.

나. 설계전문가(Designer)의 역할

사업시행자가 계획한 사업완수를 위한 조사·계획·설계 등을 수행하는 것으로 관계전문가그

룹에 의한 설계를 수행한다. 일반적으로 도시계획전문가·토목기술전문가·건축가·조경기술자 등을 말한다.

필요시 관련전문가그룹의 자문을 수행하는 것으로 부동산, 지역계획, 전기, 기계, 환경 등을 포함할 수 있다. 그리고 설계과정 중 여러 가지 대안검토 등을 통해 최적의 과업 이행 및 결과물 도출해야 한다.

2.4 지속 가능한 단지설계(Sustainable Site Design)

가. S.S.D의 목적

도시개발 경험을 통한 축적된 기술과 삶의 가치 향상을 위한 우리나라 고유의 단지설계기술의 지속적인 구축이 필요하다. 도시개발을 위한 단지설계는 세계적 환경보존 강화흐름의 인식 전환에 따른 새로운 패러다임의 유형개발로 디지털(유비쿼터스)도시, 신·재생에너지도시－탄소저감도시, 에너지절약형도시 등을 말할 수 있다. 이를 위한 관련법의 개정 및 제정 등을 통해 다른 국가와는 차별화된 우리나라 고유의 단지설계기술의 계승발전이 무엇보다 필요하다.

나. S.S.D의 개념

지속 가능한 인간 존중형 단지설계를 기본개념으로 주거환경 쾌적성, 생활환경 편리성, 재해대비 안전성, 원가절감 경제성, 기술수준 선진성 등을 말할 수 있다.

S.S.D개념은 "현 세대뿐만 아니라 후세대에 지속적으로 대물림할 수 있는 인간 존중형 단지설계"로 정의할 수 있다. 우리나라 고유의 설계모델로 지속 가능한 개발(Sustainable Site Design)이 되어야 한다.

다. S.S.D의 모토

도시개발을 위한 단지설계의 모토는 "SUSTAINABLE"의 머리글자로부터 그 기원을 구성해보았다. S.S.D의 모토(인간존중형 의미 창출)는 다음과 같이 표현할 수 있다.

> S : Safety → 주민의 안전을 고려한 단지
>   (주민의 안전과 재산피해를 최소화할 수 있는 구조물 및 현지여건을 감안한 안전한 공법으로 설계)
> U : Utility & Functionalism → 사용성과 기능성을 고려한 단지

(공용기간 중의 내구성 확보를 고려한 설계)

S : Security → 보안성이 확보된 단지

(단지 내 배수지 등에 CCTV 시설설치, 범죄사전예방형 시설물배치 등 보안성을 중요시
한 설계)

T : Technology & Executional → 최신 기술이 집약된 단지

(최신의 성능과 신뢰도를 확보하고, 시공 가능한 신기술과 신공법을 채택한 설계)

A : Aesthetic → 미관성이 제고된 보기 좋은 단지

(구조역학적으로 안정할 뿐만 아니라 미관성이 고려된 설계)

I : Impressiveness → 고유의 상징성이 잘 나타나는 단지

(주민들의 인상에 남는, 상징성을 가진 Land-Mark적인 설계)

N : Naturalism → 자연과 어울리는 단지

(주민들의 자연성, 쾌적성이 보장되는 설계)

A : Amenity → 쾌적한 단지

(주민들의 쾌적성이 보장되는 설계)

B : Beneficial → 공익성이 반영되어 서로 도움을 주는 단지

(자연에게 이익을 줌으로써 자연과 인간이 공생하도록 설계)

L : Liveliness → 생활에 활기를 주는 단지

(합리적인 시설물 배치, 보행자 전용도로 설계 등으로 주민생활이 활기에 넘치도록 하
는 설계)

E : Economically & Environmentally-Oriented → 경제적이고 환경 친화적인 단지

(에너지사용을 최소화하는 공법도입, 단지개발에 따른 주변 환경 침해 예방 및 친수환
경도입 등으로 경제적이고 주위환경과 어울리는 설계)

(1) 단지설계의 정의

지속 가능한 단지설계의 정의는 그림 4.1과 같이 인간 존중형 도시개발을 위한 주요 요소는 다음
과 같이 정의할 수 있다.

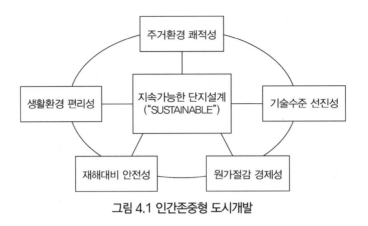

그림 4.1 인간존중형 도시개발

(2) 단지설계의 모토

지속 가능한 단지설계의 모토는 그림 4.2와 같이 인간 존중형 의미의 창출 요소로 말할 수 있다.

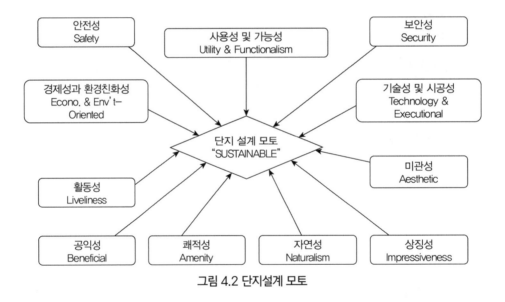

그림 4.2 단지설계 모토

라. 지속 가능한 단지설계의 기본방향

(1) cost를 고려한 원가목표형 설계

지역·환경·시기 등 각종 여건을 고려하고 판매 가능한 원가를 비교 분석하여 그 원가에 맞는 원가목표형 설계를 수행(타켓코스트에 의한 원가관리기법)해야 한다.

(2) 공익·공생하는 친환경적 설계

최근 세계적인 환경기준강화 및 수요자의 삶의 가치 향상 등으로 친환경적이고 쾌적한 주거단지를 요구하고 있어 자연생태계의 보존을 상위개념으로 한 자연과 환경 그리고 인간이 공익·공생하는 개념의 친환경적 설계를 우선해야 한다.

(3) 각종 첨단기술의 집약적 설계

최근 IT 등 첨단기술이 발전됨에 따라 다양한 ICT를 기반으로 하는 디지털(유비쿼터스)도시, u-eco city, 지속 가능한 생태도시와 최근 기후온난화 등과 관련한 신·재생에너지·탄소저감도시·에너지절약형도시 등 다양한 각종첨단기술이 집약된 미래도시의 설계방안을 강구해야 한다.

(4) 안전성·사용성·기능성 등을 겸비한 설계

최근 기상이변 등의 각종재해가 발생하고 있어 재해발생 등에 대한 안전하고 건강한 도시의 건설이 더욱 중요해지고 있는바 각종시설이나 기준 등을 설계 시 안전성·사용성·기능성 등이 확보되는 설계를 지향해야 한다.

(5) 도시의 상징성 및 정체성이 있는 설계

도시의 계획구상 초기단계에서부터 도시의 미래이미지구상 등을 통해 도시별 그 지역에 맞는 상징성 및 정체성 등을 부여하여 차별화된 개성 있고 독특한 설계를 수행해야 한다.

(6) 설계부실이 없는 완벽 설계

설계부실은 잦은 설계변경 및 부실시공의 원인이 되고 그로 인해서 사업비 증가 등으로 원가관리에 어려움을 주게 되어 선행적인 사업추진을 곤란하게 하므로 최초 계획단계에서부터 설계부실 없는 완벽 설계를 지향해야 한다.

2.5 단지설계 절차 및 내용

가. 단지설계업무 프로세스

단지설계업무 프로세스는 그림 4.3과 같이 각종 현장조사 및 자료 분석에서부터 공종별로 진행한다.

그림 4.3 단지설계업무 프로세스

나. 설계 단계별 프로세스 내용

(1) 현장조사

단지설계 계획 시 처리방향과 토지이용계획과의 연관성, 사면처리구간, 우수배제현황, 인근하천현황, 주요구조물현황, 지구 외 배수처리 현황, 사업시행으로 인한 지구 외 침수예상지역 조사, 주요간선도로철도의 교차구간의 존재 여부, 존치·제척지구간의 현황, 문화재 구간 등을 조사한다.

(2) 자료 분석

지역의 토질, 기상, 기후, 수리, 수문 기초자료 및 관련 참고자료 분석하고 통계연보, 하천(소하천)정비기본계획, 하수도정비기본계획, 수도정비기본계획 등을 분석해야 하며 단지설계 및 적산기준, 단지계획설계편람, 환경영향평가, 교통영향평가, 재해영향평가 등을 종합적으로 분석해야 한다.

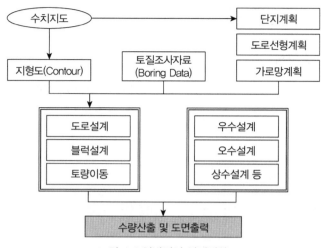

그림 4.4 일반적인 설계절차

(3) 도로 및 토공설계

도로선형을 계획하고 도로종단설계, 도로횡단설계 그리고 블록 계획을 실시하여 토량이동은 물론 수량산출하고 도면출력 등을 실시한다.

(4) 수설계(우수, 오수설계)

우·오수설계는 관로계획을 먼저 수행하여 유역면적 및 유출계수를 산정하고 수리계산 및 홍수위를 검토하여 수량산출 후 도면을 출력한다.

(5) 상수설계

상수설계는 관망을 형성하고 수리계산한 후 유속 및 수압을 체크한 다음 격점별 상세도를 작성한 후 수량산출 및 도면을 출력한다.

(6) 포장설계

포장설계는 교통량 자료수집하고 포장설계법을 선정하여 동결심도를 고려한 다음 포장두께산정한 후 표준횡단면도 작성하고 도면 및 수량산출을 실시한다.

(7) 구조물설계

구조물설계는 일반적으로 옹벽, 암거 등을 구조해석 및 단면 결정한 후 수량산출 및 도면을 작성한다.

2.6 단지(도시)설계 업무 PROCESS

가. 현장조사 및 자료 분석

현장조사 및 자료 분석을 통해 그림 4.5와 같이 공종별 설계의 내용은 개략적으로 다음과 같이 나타낼 수 있다.

현장조사 및 자료분석	
토공설계	단지계획고 결정, 토공량산정, 토공균형, 토량이동, 토공부대(비옥토, 폐기물 등)
우수공 설계	배수구역의 결정, 우수배제계획, 관로계획, 관종결정, 수리계산, 부대시설(초기우수처리시설, 맨홀 등)
상수공 설계	계획급수량, 계획급수인구, 배수관망형성, 관종결정, 수리계산, 인입시설물, 부대시설(점검구 등)
오수공 설계	배제계획, 계획오수량 산정, 관종결정, 수리계산, 관기초 검토, 부대시설(중계 펌프장 등)
도로 및 포장 설계	기하구조 결정, 포장설계, 동결심도, 설계CBR, 포장형식, 포장구조계산, 부대시설(자전거 도로 등)
하천설계	수계현황 등 수리 · 수문 분석, 선형계획, 종 · 횡단계획, 축제공, 호안공, 하천유지 유량
구조물(옹벽) 설계 등	지반조건, 형식선정, 구조계산, 부대시설(신축이음 등)

그림 4.5 공종별 현장조사 및 자료 분석

나. 토공설계 PROCESS

토공설계의 주요 절차는 그림 4.6과 같이 현장조사와 기초자료 분석을 통해 단지계획고 결정, 토공량 산정, 토공 균형, 토량 이동, 부대시설 등이 있다.

다. 우수공 설계 PROCESS

우수공 설계의 주요 절차는 그림 4.7과 같이 현장조사와 기초자료 분석을 통해 주변 및 본 지역의 배제계획, 관거계획, 부대시설 등이 있다.

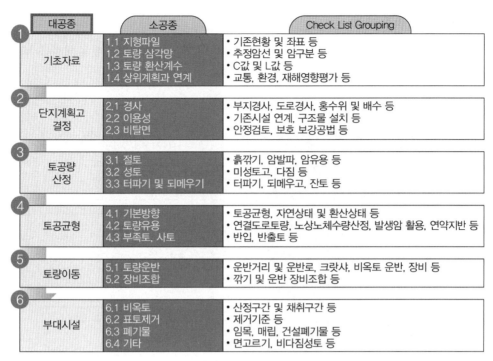

대공종	소공종	Check List Grouping
① 기초자료	1.1 지형파일 1.2 토량 삼각망 1.3 토량 환산계수 1.4 상위계획과 연계	• 기존현황 및 좌표 등 • 추정암선 및 암구분 등 • C값 및 L값 등 • 교통, 환경, 재해영향평가 등
② 단지계획고 결정	2.1 경사 2.2 이용성 2.3 비탈면	• 부지경사, 도로경사, 홍수위 및 배수 등 • 기존시설 연계, 구조물 설치 등 • 안정검토, 보호 보강공법 등
③ 토공량 산정	3.1 절토 3.2 성토 3.3 터파기 및 되메우기	• 흙깎기, 암발파, 암유용 등 • 미성토고, 다짐 등 • 터파기, 되메우고, 잔토 등
④ 토공균형	4.1 기본방향 4.2 토량유용 4.3 부족토, 사토	• 토공균형, 자연상태 및 환산상태 등 • 연결도로토량, 노상노체수량산정, 발생암 활용, 연약지반 등 • 반입, 반출토 등
⑤ 토량이동	5.1 토량운반 5.2 장비조합	• 운반거리 및 운반로, 크랏샤, 비옥토 운반, 장비 등 • 깎기 및 운반 장비조합 등
⑥ 부대시설	6.1 비옥토 6.2 표토제거 6.3 폐기물 6.4 기타	• 산정구간 및 채취구간 등 • 제거기준 등 • 임목, 매립, 건설폐기물 등 • 면고르기, 비다짐성토 등

그림 4.6 토공설계 프로세스

대공종	소공종	Check List Grouping
① 자료수집 및 현황조사	1.1 기초자료 수집 1.2 현황조사	• 평가서검토, 하천정비 및 하수도정비기본계획 등 • 지구내·외 조사, 기존 유로 조사 등
② 배제계획	2.1 배수구역의 결정 2.2 우수배제계획	• 유역면적, 유출조사 등 • 적정관로배치, 배수계획 등
③ 관거계획	3.1 관종결정 3.2 수리계산 3.3 관경결정 3.4 관기초 검토 3.5 배수위 검토	• 안정성, 시공성, 경제성 등 • 설계기준, 평균유출계수, 조도계수 등 • 최적관경 결정 • 토질별 구조적 안정계산 • 홍수위 고려
④ 부대시설	4.1 초기우수시설 설계 4.2 우수암거 설계 4.3 부대시설 설계	• 적정배수면적, 초기강우량 산정 • 최적단면검토, 보강검토 • 맨홀, 종·횡배수로, 우수받이, 측구, 집수정, CCTV 등
⑤ 기타	5.1 관로종합망도	• 운지별 인입, 설치위치(우수, 오수, 상수)

그림 4.7 우수공 설계 프로세스

라. 상수공 설계 PROCESS

상수공 설계의 주요 절차는 그림 4.8과 같이 현장조사와 기초자료 분석을 통해 계획급수량 산정, 관망계획, 인입시설물, 부대시설 등이 있다.

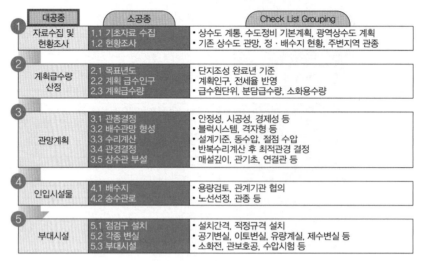

그림 4.8 상수공 설계 프로세스

마. 오수공 설계 PROCESS

오수공 설계의 주요 절차는 그림 4.9와 같이 현장조사와 기초자료 분석을 통해 계획 오수량 산정, 관거계획, 부대시설 등이 있다.

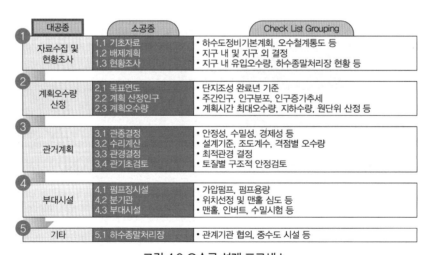

그림 4.9 오수공 설계 프로세스

바. 도로 및 포장설계 PROCESS

도로 및 포장설계의 주요 절차는 그림 4.10과 같이 현장조사와 기초자료 분석을 통해 기하구조 결정, 포장설계, 부대시설 등이 있다.

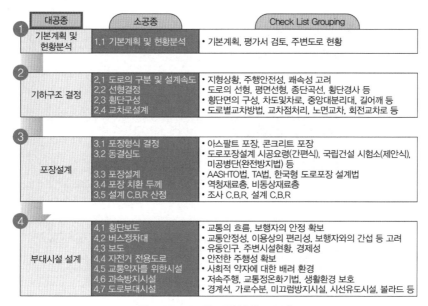

그림 4.10 도로 및 포장설계 프로세스

사. 하천설계 PROCESS

하천설계의 주요 절차는 그림 4.11과 같이 현장조사와 기초자료 분석을 통해 수리·수문분석, 하천설계, 하천유지유량 등이 있다.

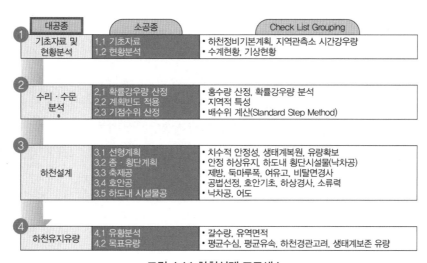

그림 4.11 하천설계 프로세스

아. 구조물(옹벽)설계 PROCESS

구조물설계의 주요 절차는 그림 4.12와 같이 현장조사와 기초자료 분석을 통해 세부 구조물 특성에 따라 설계를 수행해야 한다.

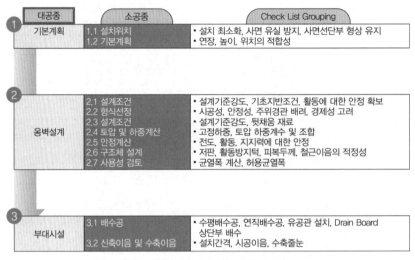

그림 4.12 옹벽 구조물설계 프로세스

3. 단지조성 및 토공

3.1 기본계획

1) 기본방향

해당지역의 기초조사 분석에 따른 충실한 데이터베이스 구축으로 설계신뢰도 향상을 제고해야 하며 기본적으로 환경적 개발유도로 쾌적한 산업 및 주거공간을 조성해야 한다. 특히 자연지형, 지세의 훼손 최소화에 의한 토량의 최소화 및 절·성토 균형을 유지해야 한다. 그리고 지형특성과 계획적 측면을 종합 검토한 원가절감 향상을 고려한 단지조성을 계획해야 한다.

2) 단지계획 기본구상

가. 단지계획 도입목적

단지계획의 기본구상은 도시경관상 중요한 요소인 하천 및 주변 야산을 고려한 계획으로 친환경적 단지계획 수립의 필요성이 충족되어야 한다. 그리고 입주시설의 특성 및 필요를 고려한 단지조성계획을 수립해야 한다. 특히 자연환경과 주변지역, 기존도로 및 인접도로 등을 고려한 유기적인 단지계획을 수립해야 한다. 또한 쾌적한 생산 환경과 적정사업성 보장과 공사비가 절감된 계획안을 수립해야 한다.

나. 단지조성계획 시 고려할 기본원칙

기본원칙은 원형 보존이 가능한 구역을 고려하여 자연환경보존 및 조화를 이루는 단지조성계획을 수립해야 한다. 지구 내 기존도로의 활용과 주변지역 및 도로와의 원활한 동선체계를 확보해야 하고 지구 내 실개천과 지구 외 인접하천의 홍수위를 감안한 단지조성을 계획해야 한다.

다. 중점 고려사항

단지계획구상 시 고려할 사항은 표 4.1과 같이 도시경관, 자연친화, 경제성 등을 고려해야 한다.

표 4.1 단지계획 시 중점 고려사항

계획목표	중점 고려사항
도시경관성	• 보행자를 고려한 공원, 녹지 및 단지 내 녹지(Green-Network)를 계획 • 입주시설의 특성을 고려한 단지계획 • 기존 하천과 연계한 단지계획으로 접근성 및 쾌적성 증대 • 경관기능의 강화로 주변 환경과 주거공간의 조화 유도
자연친화성	• 생태네트워크(Eco-Network)를 구축하는 단지설계 • 원형 보존 가능한 지역을 최대한 고려 연계한 단지설계 • 지형변화를 최소화한 계획으로 자연환경피해 최소화 유도
경제성	• 균형적인 토공계획의 수립으로 토량발생의 최소화를 통한 사업비 절감 • 토량 유용계획을 통한 토량이동거리의 최소화 • 공동주택지와 상업지역의 주차장 및 지하시설물설치를 고려한 미성토 계획 수립

3.2 단지조성계획

1) 기본방향

조성계획은 지형특성을 고려한 자연환경 유지 및 복원으로 쾌적한 생산 및 업무환경을 제공해야 한다. 부지 내 실개천의 계획홍수위에 여유고를 감안한 부지정지계획고를 수립하여 이수와 치수에 안전한 단지조성을 수립해야 한다. 지구계 인접한지역의 녹지보존 및 주변구조물 등을 고려한 단지조성계획을 고려해야 하고 우·오수 및 상수 등의 관로계획 등을 고려하여 부지 정지를 계획해야 한다. 사업지구 내 도로 및 주변도로와 접속도로 등을 고려한 도로 및 단지계획을 수립해야 한다. 또한 경관 및 조경 등의 계획과 연계한 도로 및 단지계획을 수립해야 한다.

2) 단지정지계획고 결정 흐름

단지계획고 결정은 도시환경, 기술공학, 경관성 등을 고려하여 다음과 같이 결정해야 한다. (그림 4.13 참고)

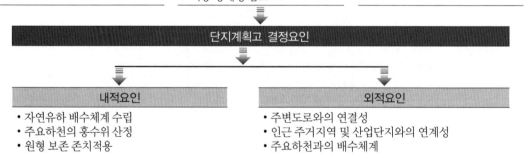

주) 한국토지주택공사, 토목공사 설계 및 적산지침, 2012

그림 4.13 단지계획고 결정 흐름도

3.3 정지계획

1) 부지토공

가. 단지 내 블록경사 유사 사업지

(1) 단지 내 경사기준

블록 내 횡단경사는 가능한 4% 이내로 하며 가능한 도로경사와 일치 시켜야 한다.

공동주택지, 학교 등 대단위 블록 내 경사는 2% 이하로 하며 불가피하게 토사 단을 설치할 경우 단의 경사는 1 : 2로 한다. 산업단지의 대형 필지에서 블록 내 경사는 1% 이하로 하며 불가피하게 필지 내에 단을 설치할 경우 단차는 2m 이하로 하며 단의 경사는 1 : 2로 한다.

단지 내의 도로 기울기는 최대 10% 이내를 원칙으로 하며 단지 내 도로가 도시계획도로일 경우 도로구조·시설 기준에 관한 규칙에 따른다. 단지 기울기는 인접도와의 역 기울기는 최대한 억제한다. 상업지역 등 판매시설은 시설의 건축 및 접근성을 고려하여 2% 이내로 하되 단차발생을 최대한 억제해야 한다. 그리고 단지 내 블록의 원활한 빗물 배제를 고려해야 하고 배수에 대한 문제점 및 과다한 배수관로가 되지 않도록 블록경사를 고려해야 한다.

(2) 블록경사도 계획

단지 내 블록경사기준을 그림 4.14와 같이 적용하되 주택단지의 소블록은 4% 이내로 하고 대블록은 2% 이내로 계획하여 우수의 표면유출로 인한 토사 유실을 방지한다. 산업단지의 소블록은 2% 이내로 하고 대블록은 1% 이내로 계획한다. 단지 내 블록의 원활한 빗물 배제를 고려하여 블록경사 과소로 배수에 대한 문제점이 발생하지 않도록 한다. 이를 위해 1/1000 이상을 유지토록 그림 4.14와 같이 블록경사도를 계획한다.

관거 내 우수의 유속을 0.8m/sec 이상으로 유지시키기 위한 최소 경사도를 고려하여 계획하고 블록 중앙부를 높이고 블록 양측을 낮추는 방법으로 양방향의 블록경사를 계획한다.

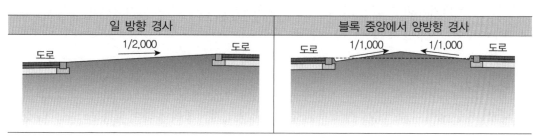

주) 한국토지주택공사, 토목공사 설계 및 적산지침, 2012

그림 4.14 블록경사도

나. 토지 용도별 정지계획

(1) 산업용지

산업용지는 화물차 진출입이 용이하도록 도로에서 단지 인입부는 가급적 단차 발생이 없도록 계획한다. 블록 주변의 도로 계획을 유지하면서 블록 내부에서 경사도를 형성 할 수 있도록 계획한다. 산업시설의 최대 종·횡단 구배는 중·소블록에서는 2% 이내 대블록에서는 1% 이내로 계획 불가피하게 필지 내에 단을 설치할 경우 단차는 2m 이하로 하며 단의 경사는 1 : 2로 계획한다.

그리고 도로와 블록의 단차는 최소화하되 부득이할 경우 토사법면설치를 계획하고 도로와 인접한 필지의 양측은 도로 계획고보다 현저히 낮아지지 않도록 계획한다.

(2) 주거용지

주거용지는 진출입이 용이하도록 도로에서 택지 인입부는 가급적 단차 발생이 없도록 계획한다. 블록 주변의 도로 계획을 유지하면서 블록 내부에서 경사도를 형성할 수 있도록 계획한다.

공동주택지의 종·횡단 구배는 2% 이내로 계획 불가피하게 필지 내에 단을 설치할 경우 단차는 2m 이하로 하며 단의 경사는 1 : 2로 계획한다. 단독주택용지의 블록 횡단경사는 가능한 4% 이내로 하며 불가피하게 블록 내에 단을 설치할 경우 단차는 2m 이하로 하며 단의 경사는 1 : 2로 계획한다. 단독주택지필지가 도로와 접한 면은 가능한 도로경사와 일치시키되 도로 계획고보다 현저히 낮아지지 않도록 계획한다. 단독주택지 내 풍화암과 발파암 발생지역은 건축 시 터파기 식재 등을 고려하여 계획고 이하 1m까지 굴착하여 토사로 치환하도록 계획한다. 그리고 도로와 블록의 단차는 최소화하되 부득이할 경우 토사법면설치를 계획한다. 배수를 고려하여 도로와 인접한 블록의 한쪽 면은 도로 계획고보다 낮아지지 않도록 계획하여야 한다.

(3) 상업, 근린생활시설 용지

상업지역 등 판매시설은 시설의 건축 및 접근성을 고려하여 종·횡단경사를 2% 이내로 하되 단차 발생을 억제하여야 하고 필지가 도로와 접한 면은 가능한 도로경사와 일치시키되 도로 계획고보다 현저히 낮아지지 않도록 계획한다.

(4) 학교 용지

학교부지는 블록이 크고 양호한 교육환경을 위하여 입지가 좋아야 하며 일정규모 이상의 정형화된 운동장이 있어야 하고 운동장의 경사는 LEVEL에 가까워야 한다. 학교부지는 일반택지보다 조성기준이 더 엄격하게 지켜져야 하며 설계 시 미리 배치계획 등을 고려하여 조성하는 방안을 강

구해야 한다. (그림 4.15 참고)

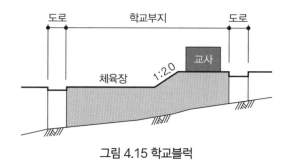

그림 4.15 학교블럭

또한 학교시설 부지는 가능한 경사를 LEVEL로 조성하고 그림 4.15와 같이 학교블럭 지형여건 상 경사발생이 부득이한 경우에는 교사대비 체육장부지 면적 비를 참고하여 교사부지와 체육장부지 경계에 토사 단의 경사는 1 : 2로 계획한다. 교사부지와 체육장부지 경계에 토사 단을 설치하여도 단차 처리가 해소되지 않을 때에는 진입로 및 교문설치계획 등을 감안하여 학교부지 경계에 구조물 또는 토사 단을 설치하여 필요한 체육장부지와 교사부지를 확보한다.

특히 비탈면으로 인하여 축소되는 학교 유효면적을 고려하여 교사 및 체육장부지 면적을 확보 해야 한다. 이외에 공공용지의 종·횡단 구배는 가급적 2% 이내로 설계한다.

(5) 기타시설

가능한 부지 정지는 우수배제가 용이하도록 하며 구조물설치를 최소화한다.

완충녹지에는 지역에 따라 마운딩과 법면으로 계획하되 식재가 가능한 법면경사로 설치하고 암 발생지역 내 공원녹지 부분은 식재 등을 고려하여 생육심도까지 굴착하여 토사로 치환하도록 계 획한다. 기타 시설은 규모 및 용도에 따라 주택용지, 산업용지, 학교 등의 기준에 따라 정지계획을 수 립한다.

2) 단지 내 각 지점별 계획고 결정

가. 단지여유고 산정기준

단지 내 계획고는 홍수 시 내수배제를 위한 안전성과 환경성을 고려해야 하고, 주변 기존시설과 연관되어야 하며, 이용이 편리해야 하므로 다음과 같이 각종 기준과 참고문헌, 유사 단지의 적용사 례를 조사하여 타당성 있는 값을 적용토록 한다. 하수도 시설기준에 의한 동수경사선이 지표면 위

에 오지 않도록 한다. (그림 4.16 참고)

┃참고문헌

구분	여유고 기준	비고
하수도공학 (김원만, 박중현 저)	동수경사선과 지표의 차이는 0.5m 이상	국내
상하수도설계시공핸드북 (상하수도기술개발연구회)	동수경사선과 지반고의 차이는 0.5m 이상	국내
하수도강좌-1[하수도계획의 책정] (본항문남)	동수경사선이 적어도 지반고보다 60cm 이하	일본
하수도강좌-2[관거설계 시 고찰할 사항] (본항문남)	지반고와 수위 차는 통상 50~60cm가 위험 한계로 규정	일본

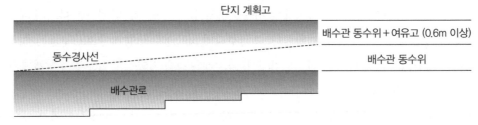

주) 환경부, 하수도 시설기준, 2011

그림 4.16 동수경사선

나. 단지 최저계획고 결정

(1) 기본방향

단지 최저계획고 결정은 홍수량에 따른 하천 제방 여유고에 의한 방법과 참고문헌에 의한 방법, 유사 단지 사례조사 방법을 비교하여 안정적이고 경제적인 최저 단지계획고를 적용한다.

┃여유고 기준 비교

하천제방고 및 단지계획고의 여유고는 표 4.2와 같이 비교 결정해야 한다.

표 4.2 제방고 및 계획고 기준

구분	여유고 기준	비고
하천 제방고	계획 홍수위+0.6m 이상	하천 시설기준
내수배제를 위한 계획고	동수경사선+(0.5~0.6m) 이상	참고문헌
	동수경사선+(0.0~0.8m) 이상	유사사례
	동수경사선 이상	하수도 시설기준

(2) 각종 단지계획을 위한 여유고 기준 결정

단지 최저계획고 결정은 홍수량에 따른 하천제방 여유고에 의한 방법과 참고문헌에 의한 방법, 유사지역 사례를 비교하여 경제적이고 안정적인 최저 단지계획고를 결정해야 한다. 더불어 단지 최저계획고는 국지적인 홍수 시 안전성과 경제성을 고려한다. (표 4.3 참고)

경제적이고 안정적인 최저 단지여유고는 호안부분은 홍수량, 물의흐름 등을 고려하나 단지 내는 국지적 홍수 시 배수관의 동수위보다 단지가 낮아 Back-Water 의하여 침수되는 것을 방지하여야 하고 기존 현황과의 연계성 및 이용성을 고려하여야 하므로 호안 부분과 단지 부분으로 구분하여 결정토록 한다.

▌적용 여유고 결정

표 4.3 단지계획 여유고

구분	여유고 적용	비고
하천제방고	사업지구 내 실개천(홍수량 $Q=35m^3/sec$) : 홍수위＋0.6m 이상	
내수배제를위한계획고	우수관 동수경사선＋0.3m 이상	

3.4 토공설계

1) 단지 토공

가. 건축물 사토의 단지 내 처리방안

단지조성 중 또는 조성 후 단지 내외에서 발생하는 건축사토를 최소화하고 단지 내 발생사토를 단지 외 원거리로 이동치 않고 최대한 단지 내의 근거리에 사토처리토록 조치함으로써 토지사용 단계의 경제성 및 편의성을 제고한다. 특히 단지 외 원거리 사토 시 발생할 수 있는 교통 혼잡, 비산먼지 등 생활환경 악영향을 예방한다.

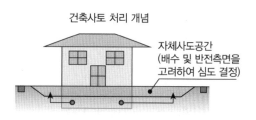

건축사토 처리 개념

자체사도공간
(배수 및 반전측면을
고려하여 심도 결정)

▌사토처리 사례(주택단지의 경우)

아파트 단지에서 지하주차장, 기계실, 관로, 도로 포장 등의 잔토량과 판매시설의 지하주차장 및 지하실 기계실 등의 잔토량을 산출한다. 그리고 총 잔토량을 단지 성토부 면적으로 나누어 그림 4.17과 같이 미성토고를 산정한 후, 빗물배제 등을 고려한 미성토 적용높이를 산정하여 단지계획고보다 낮게 성토해야 한다. 단지조성 후 건축공사 시행 시 지하 잔토를 부지 내에 사토한다.

공사비를 절감하고 건축공사 시행단계에 외부사토 시행에 따른 문제점을 최소화하는 것이 일반적인이다.

미성토 심도＝총 발생 잔토량÷부지 면적으로 하되 우수 배제 등을 감안하여 미성토 심도를 조정하여 적용한다. (그림 4.17 참고)

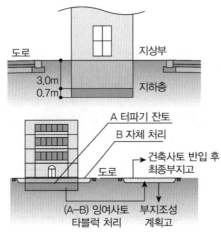

그림 4.17 단지 미성토고

▌건축사토량 산정

① 공동주택 지하터파기 사토량은 1.64×건축부지면적＋0.425×건축부지 면적＋7.2×세대수＋104× 지하주차율×총 주차대수

② 건축 지하 터파기 사토량(판매시설)＝V＝Ab×(H×N＋0.7)×K÷부지면적

V : 지하터파기 사토량

Ab : 지하층 면적(건폐율, 지하터파기 면적)－건축 관계법규를 고려한 평균(지하화율)

H : 지하 1층 깊이(3m로 추정)

N : 지하층 층수 ※ 지하층 바닥부 기초지정 및 바닥 슬라브 두께는 0.7m로 산정

K : 사토화 비율(80%)

그리고 전체 터파기량 중 자체녹지 조경용등으로 활용 20%, 외부 반출토량 80% 적용한다.

③ 건폐율은 일반적으로 17%를 적용하고, 해당지역 여건에 따라 변경 적용가능하다.

주) 한국토지주택공사, 토목공사 설계 및 적산지침, 2013

▌사토처리를 고려한 미성토고 적용

① 단지 내 건축공사 시 공동주택용지에서의 사토량은 부지면적대비 심도 환산 값이 1.5m 이상이나 심도 1.5m 이상은 부지 내 사토 처리가 곤란하고 블록 내 우수배제를 고려한 성토 높이를 1.5m로 가정하고 또한 건축 전까지 블록 내의 우수처리를 위하여 미성토고를 1.5m로 적용한다.

② 생산지원시설은 지하실이 없는 것으로 계획한다.

나. 건축물 잔토 처리계획

(1) 기본방향

단지조성 후 건축 시에 지하매설물에 의한 잔토량을 산정하여 건축 시 토량이 단지외부로 사토되는 것을 토량이동의 최소화로 효과적인 단지계획을 수립한다. 공사 시 사업지구 외부로 반출 사토가 동시다발적으로 발생하여 교통, 환경, 소음, 비산먼지 등 지역주민과의 갈등 사회적 문제를 사전에 예방하고자 건축물 사토계획을 수립한다. (그림 4.18 참고)

(2) 공동주택 미성토고 산정

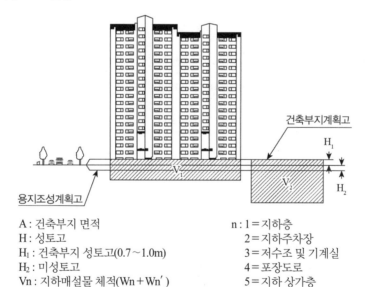

A : 건축부지 면적
H : 성토고
H_1 : 건축부지 성토고(0.7~1.0m)
H_2 : 미성토고
Vn : 지하매설물 체적(Wn + Wn′)
Wn : 터파기 체적
Wn′ : 성토부 내 지하매설물 체적

n : 1 = 지하층
　　2 = 지하주차장
　　3 = 저수조 및 기계실
　　4 = 포장도로
　　5 = 지하 상가층
　　6 = 우·오수관
　　7 = 공동구

※ 공동주택지 미성토고 : $H2 = Vn/A - H1$

주) 한국토지주택공사, 토목공사 설계 및 적산지침, 2012

그림 4.18 공동주택 미성토고

▍지하매설물 체적산정공식

각 시설별 지하매설물 체적 산정 공식은 표 4.4를 표준으로 검토해야 한다.

표 4.4 시설별 지하매설물 체적공식

지하매설물	체적 산정식	비고
1. 아파트 지하층	$V = 2.24 \cdot A \cdot e$	A : 건축부지면적 e : 건폐율(20%) C : 세대수 P : 총 주차대수 D : 지하주차장률 • 일반지역(50%) • 60m² 이하(50%) • 60~85m²(60%) • 85m² 초과(70%)
2. 지하주차장(V)	$V = 104PD$	
3. 저수조, 기계실(V)	$V = 3C$	
4. 포장도로(V)	$V = 0.6A(0.6-e)$	
5. 지하상가층	$V = 4.2C$	
6. 우·오수관(V)	$V = 0.025A$	
7. 공동구(V)	$V = 0.04A$	
8. 총체적	$V = 1.64Ae + 0.425A + 7.2C + 104PD$	

주 1) 한국토지주택공사, 토목공사 설계 및 적산지침, 2013
 2) 건폐율은 일반적으로 17%를 적용, 해당지역 여건에 따라 변경 적용 가능함
 3) 특별시·광역시 및 수도권 내 시 지역 300세대 이상의 주택단지

▍주차장의 지하화율

공동주택의 주차장의 지하화율은 토목공사 설계 및 적산지침에서 일반적으로 50%를 제시하고 있으나 아파트단지의 지상공간을 활용하고 주차편리성을 고려하여 지하주차장 설치를 선호하는 추세이므로 주택규모별(60m² 이하, 60~85m², 85m² 초과)로 차등하여 계획한다.

▍지하주차장 설치기준

주거시설 법정주차대수 산정기준은 표 4.5와 같이 시설 규모별로 설치해야 한다.

표 4.5 주차장 설치기준

시설물		주차장 설치기준(대/m²)			
		서울특별시	광역시 및 수도권 내 시 지역	시 지역 및 수도권 내 읍면 지역	기타 지역
주거 시설	전용면적 85m² 이하	1/75	1/85	1/95	1/110
	전용면적 85m² 초과	1/65	1/70	1/75	1/85

주) 「주택건설기준 등에 관한 규정」, 대통령령 18372호

▌지하주차장률에 따른 체적

지하주차장 대당 차지하는 체적은 지하주차장률(P)×대당면적×높이로 한다.

구분(m²)		지하주차장률	산식	비고
아파트	60 이하	D≥0.5	1.64A·e+0.425A+7.2C+52.0P	A : 건축부지면적 e : 건폐율(20%) C : 세대수 P : 총 주차대수 D : 지하주차장률
	60~85	D≥0.6	1.64A·e+0.425A+7.2C+62.4P	
	85 초과	D≥0.7	1.64A·e+0.425A+7.2C+72.8P	

주) 「주택건설기준 등에 관한 규정」, 대통령령 18372호

2) 도로 토공설계

가. 노상

포장 밑에 위치하는 흙쌓기, 흙깎기의 최상부 약 100cm 부분으로 KS F 2312 흙의 다짐시험에 의한 D다짐(95% 적용)하여 포장과 일체가 되어 교통하중을 지지하는 역할을 하는 부위이다.

노상 층의 두께 100cm 중에서 상부 40cm층을 상부노상, 그 이하 부분(60cm)을 하부노상이라고 하며 땅깎기부의 원지반이 암반이거나 상부노상 재료로서 합당한 재료인 경우에는 원지반을 노상으로 취급한다. (표 4.6 참고)

▌노상재료의 품질기준

도로 노상재료의 품질기준은 표 4.6과 같이 시험규정에 따라야 한다.

표 4.6 상부 및 하부노상 품질기준

구분	상부노상(상부 0.4m)		하부노상(하부 0.6m)		시험법
최대치수	100mm 이하		150mm 이하		
4.75mm 체 통과량	25~100%		–		
0.074mm 체 통과량	0~25%		50% 이하		
0.425mm 체 통과분에 대한 소성지수(PI, %)	10 이하		20 이하		
수침 CBR	일반노상	안정처리 노상	일반노상	안정처리 노상	
	10 이상	20 이상	5 이상	10 이상	
다짐도(%)	95% 이상		90% 이상		KSF 2312
시공 시의 함수비(%)	다짐도 및 수정 CBR 10 이상을 얻을 수 있는 함수비, 최적함수비±2%		다짐도 및 수정 CBR 5 이상을 얻을 수 있는 함수비		KSF 2306 KSF 2312
시공층 두께	20cm 이하		20cm 이하		한 층당 마무리 두께

주) 국토해양부, 도로설계편람, 2001

나. 노체

도로에서 포장 밑에 위치하는 노상부 100cm를 제외한 부분으로 KS F 2312 흙의 다짐시험에 의한 최대건조밀도 90% 이상이 되도록 다짐한다. (표 4.7 참고)

▌노체재료의 품질기준

도로 노체재료의 품질기준은 표 4.7과 같이 시험규정에 따라야 한다.

표 4.7 노체재료의 품질기준

항목 \ 공종	노체		시험법
	토사[1]	암괴[2]	
수정CBR(시방 다짐)	2.5 이상	–	KS F 2320
다짐도	90% 이상	시험시공에 의하여 결정	KS F 2312 A, B 방법
시공함수비	다짐시험방법에 의한 최적 함수비 부근과 다짐곡선의 90% 밀도에 대응하는 습윤 측 함수비 사이	자연함수비	
다짐 후의 건조밀도	15kN/m³ 이상	15kN/m³ 이상	
시공층 두께	300mm 이하	600mm 이하	다짐 완료 후의 두께

주 1) 토사란 암괴에 해당하지 않는 일반적인 흙쌓기 재료를 말함
　　2) 암괴란 단단한 암석으로 된 지반을 땅깎기 또는 터널굴착을 했을 때 발생하는 암석 조각을 말함
　　3) 이암, 혈암, 의회암 등의 재료를 사용한 흙쌓기 중에는 시공 후 큰 압축침하를 일으키는 것이 있으므로 충분한 대책을 강구하여야 함
　　4) 수침 CBR 값이 2.5 이하인 토사의 경우라도 안정처리대책을 강구하여 사용할 수 있음
　　5) 폐콘크리트 등의 건설부산물은 최대입경 100mm 이하로 파쇄하여 사용함
　　6) 한국도로공사, 도로설계요령, 2009

▌도로부 다짐 예시도

도로부 다짐은 보도 유무에 따라 그림 4.19, 그림 4.20과 같이 다짐을 실시한다.

〈보도가 있는 경우〉

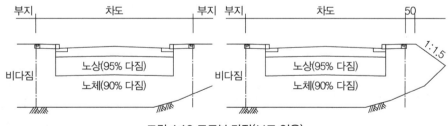

그림 4.19 도로부 다짐(보도 있음)

〈보도가 없는 경우〉

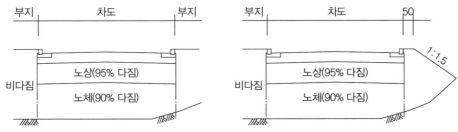

그림 4.20 도로부 다짐(보도 없음)

3) 토공량 산출

가. 토공량 산출방법

토공은 도로부분과 단지부분을 구분하여 토공량을 설계한다.

도로부의 성토는 노상, 노체로 구분하여 다짐상태로 설계한다. 단지부의 성토는 자연상태로 하여 비다짐 상태로 설계한다.

위와 같이 토공설계 시 기준이 되는 토량환산계수는 토질시험결과를 활용하고 적용은 평균값을 이용한다.

나. 토공량 산출기준

토공량 산출기준은 표 4.8과 같이 토공 산출 목적에 따라 적용해야 한다.

표 4.8 토공량 산출방법 기준

구분	산출방법	비고
• 도로 토공 • 블록 토공 • 구조물 터파기	지형측량도상에 측점을 정하여 지반횡단면도를 작성한 후 계획선을 넣어 면적을 구하고 토적표를 작성한 다음 양단면을 평균한 값에 양 단면 간의 거리를 곱하여 토공량을 산출	양단면 평균법
표토 제거	차량운행구간(도로부분)의 흙쌓기부가 노면에서 1.5m 이하인 곳(답구간)	T=20cm
구조물 깨기	• 기존도로 포장재는 지형평면도상의 면적에 포장두께를 곱하여 산정 • 콘크리트 및 건축구조물은 입체화된 입적을 산정·산출	• 콘크리트 포장 및 콘크리트 구조물 깨기 • 아스팔트 포장 깨기
벌개 제근	현장조사 및 지형평면도를 기준하여 절·성토 구간 내 해당면적으로 산출	

주) 한국토지주택공사, 토목공사 설계 및 적산지침, 2012

▎기준토량

토공량 산정기준은 표 4.9와 같이 토공 목적에 따라 산출해야 한다.

표 4.9 토공량 산정기준

구분			산출방법	비고
절토			자연 상태의 토량	
성토	부지	토사	1m³ 절토 → 1m³ 성토	
		암류	선정된 "C"치에 따라 결정	
	공원, 녹지	토사	1m³ 절토 → 1m³ 성토	
		암류	선정된 "C"치에 따라 결정	
	도로	노체	A다짐(90%)	시험결과 반영
		노상	D다짐(95%)	시험결과 반영

주) 한국토지주택공사, 토목공사 설계 및 적산지침, 2012

▎토량환산계수의 적용

토질조사 및 시험으로 산정이 가능한 토사의 토량환산계수는 토질조사 보고서에서 제시한 값을 사용하였으며, 풍화암, 연암, 보통암은 다짐시험이 불가하여『토목공사 설계 및 적산지침』에 의한다. (참고, 한국토지주택공사, 2012에서 제시한 토량환산계수를 적용)

토질 종류별로 C값, L값을 적용하여 산정한다. (표 4.10 참고)

표 4.10 토량환산계수

항목				토량환산계수	비고
토사	C값	사업지구 평균	비다짐	1.000	
			A방법	0.982	노체(90% 다짐)
			D방법	0.873	노상(95% 다짐)
	L값	사업지구 평균		1.351	중량 : 1.343(t/m3)
풍화암	"C" 값			1.10	
	"L" 값			1.30	
연암	"C" 값			1.15	『토목공사 설계 및 적산지침』, (한국토지주택공사, 2012)
	"L" 값			1.40	
보통암	"C" 값			1.30	
	"L" 값			1.62	

4) 암 절취

가. 암 절취공법 비교 검토

토공 암 절취공법 선정은 그림 4.21과 같이 절차도에 따라 결정해야 한다.

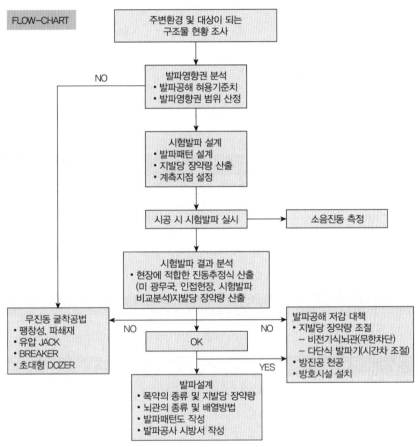

주) 한국토지주택공사, 토목공사 설계 및 적산지침, 2012

그림 4.21 암 절취공법 비교

(1) 암 절취공법 선정 기본방향

암 절취공법의 선정은 발파진동과 폭음 등의 발파공해의 특성 및 건물, 시설물 및 인근주민에 미치는 사전영향을 파악한다. 인근건물과 시설물의 특성 및 주민들의 인체영향 등을 고려한 허용기준치 검토한다. 시공 사전 시험발파를 실시하여, 사업지구와 지반조건에 부합되는 발파공해 전파특성을 파악한다. 인근의 자연산지와 수목을 이용한 환경 친화적 분진, 소음 저감대책을 수립한다. 그리고 피해와 민원을 방지할 수 있는 시공관리 및 계측방안을 수립한다.

(2) 암발파 검토

국토해양부에서 새로 개정된『도로공사 노천발파공법 설계－시공지침』(국토해양부, 2012)에 제시된 노천발파공법을 지발당 장약량 등을 기준으로 하여 6 TYPE으로 표준화된 보안시설물의 허용진동 규제기준과 이격거리에 따라 적용되게 한『거리 지발당 장약 조건표』에 의거 현장실정에 적당한 발파공법을 선정한다. 암발파 시 고려할 보안시설물은 인근 단일가옥 및 축사 등 주변 보안시설물을 고려한다.

나. 발파설계 흐름도

발파설계는 그림 4.22와 같이 보안시설물에 대한 제 요소를 고려하여 설정한다.

보안시설물에 대한 진동, 소음 허용기준치 설정	
진동	소음
• 가축 : 0.1cm/sec • 유적문화재 : 0.2cm/sec • 주택아파트 : 0.3~0.5cm/sec • 철근콘크리트 및 공장 : 1.0~5.0cm/sec	• 소음 • 축사 : 70dB(A) • 거주지 : 80dB(A)

보안시설물과의 이격거리 ⇒ 사거리기준

보안시설물과의 이격거리와 진동수준에 적합한 지발당 장약량 산출
설계단계 진동추정식 $V=200\left(D/W\frac{1}{2}\right)-1.6$

발파설계(실시설계) : 장약량별 표준발파패턴 선정						
구분	TYPE-I	TYPE-II	TYPE-III	TYPE-IV	TYPE-V	TYPE-VI
발파공법	미진동 굴착공법	정밀진동 제어발파	소규모 진동제어	중규모 진동제어	일반발파	대규모발파
허용지발당 장약량 (kg/delay)	0.125 이하	0.125~0.5	0.5~1.6	1.6~5.0	5.0~15.0	15.0 이상
설계지발당 장약량 (kg/delay)	0.125 이하	0.25	1.0	3.0	7.5	20.0

주) 한국토지주택공사, 토목공사 설계 및 적산지침, 2012

그림 4.22 발파설계 흐름도

다. 진동규제

지진의 경우 진동피해 정도를 가속도로 표기하고 있으나 발파진동에 의한 구조물의 피해정도는 진동속도에 비례하기 때문에 세계 각국의 경우 발파진동의 규제기준을 진동속도의 최대치로 정하고 있다. (표 4.11, 표 4.12, 표 4.13 참고)

▮ 발파진동과 지진의 주요특성 비교

표 4.11 발파진동 비교

구분	발파진동	자연진동	비고
진원의 깊이	지표 또는 지표 가까운 내부	지하 10km 이상	
진동 주파수	수 10~수 100Hz	1Hz 정도 또는 그 이하	
진동지속시간	0.1sec 정도 이내	10sec 이상	
진동파형	비교적 단순	복잡	

▮ 진동의 영향

표 4.12 진동의 영향 유형

대상	종류		적요	비고
	양태	구분		
구조물	미관적 손상	파손	단독주택 및 소규모 건축물의 내 외벽의 미장재가 떨어져 나가거나 균열을 일으키는 정도로서 큰 어려움 없이 원상회복이 가능한 손상	균열의 형태 깊이 등에 대한 면밀한 조사 필요
		파손	토목 건축구조물의 구조 요소 간 연결부위의 이탈, 이완, 골격부재내의 균열 발생 및 파단 침하 뒤틀림 등 내부 구조물의 구조적 안정과 기능에 심각한 위협이 되는 중대한 손상	
기기	오작동	기능 장애	충격진동 등에 의해 기기가 일시적으로 오작동되는 정도로서 커다란 물적 작업방해 피해를 유발하지 않는 정도의 피해	• 전자저울 등을 이용한 정밀계측 현미경 촬영 등 • 컴퓨터 및 컴퓨터를 이용한 기기에서 데이터 처리 오류 및 초정밀 분석 가공 제조기기의 오작동
	품질 손상	기능 장애	기기 자체의 항구적 고장을 유발하는 정도는 아니나, 기기를 이용한 사람의 작업에 큰 지장을 주거나 기기의 처리 가공으로 얻어지는 성과 제품의 질을 크게 떨어뜨리는 수준의 피해	
	고장	파손	기기를 구성하는 주요 구성부품의 이탈, 접속부의 단절 파단을 초래하여 기기 자체의 수리를 요하는 중대한 피해	

주) 생활진동 규제기준(시행규칙 제29조의2 제3항 관련)

표 4.12 진동의 영향 유형(계속)

대상	종류		적요	비고
	양태	구분		
사람 및 가축	심리 피해	공해성	신경이 전혀 안 쓰이지는 않으나 참을 만한 정도의 피해	주변 환경 여건, 사람에 따라 가변, 사전예고 설득으로 어느 정도 해결 가능
	생산성 저하	공해성	• 참기 어려울 정도의 심한 불안감 및 불쾌감을 유발하는 정신적 피해를 일으키고 휴식여건 및 작업수행 성과에 영향을 미침으로써 근무효율 및 생산성을 크게 떨어뜨리는 수준의 피해 • 가축의 경우는 불안을 유발하여 축산생산을 저하시키는 수준	수면방해, 집중도가 높은 정밀 작업 지장 등
	생리적 피해	기능 장애	의학적으로 사람 및 가축의 생리상태에 직접적인 영향을 미쳐 육체적 건강을 해치는 수준의 피해. 가축의 경우는 수태불능 등의 중대한 축산 피해	돌발적인 강한 충격진동 및 지속적인 큰 진동

주) 생활진동 규제기준(시행규칙 제29조의2 제3항 관련)

▌발파진동에 따른 건물피해 및 인체에 미치는 감응

표 4.13 진동속도가 인체에 미치는 영향

진동속도(cm/sec)	인체에 미치는 영향
50	건물에 큰 피해가 일어남
10	건물에 균열이 생김
5	건물에 가벼운 피해가 일어남
5~0.5	건물에 극히 가벼운 피해가 생김(건물이 무너질 듯한 느낌을 사람이 받음)
0.5~0.2	인체에 심하게 느끼나 건물에는 피해가 없음
0.2~0.05	일반적으로 많은 사람이 진동을 느낌
0.05~0.01	매우 민감한 사람이 진동을 느낌
0.005~0.01	인체로 느낄 수 없음

주) 생활진동 규제기준(시행규칙 제29조의2 제3항 관련)

라. 발파진동의 허용기준치

터널공사 표준 안전작업지침(노동부고시 94-25호) 및 발파작업 표준 안전작업지침(노동부 고시 94-26호)에 발파작업에서의 진동 및 파손의 우려가 있을 때 준용할 수 있는 기준은 다음과 같다. (표 4.14, 표 4.15, 표 4.16 참고)

▌ 발파작업 시 구조물 특성에 따른 허용진동치

표 4.14 건물별 허용진동치

건물분류	문화재	주택 아파트	상가 (금이 없는 상태)	철골콘크리트 빌딩 및 상가
건물 기초에서의 허용진동치(cm/sec)	0.2	0.5	1.0	1.0~4.0

발파 작업 시 기존구조물에 금이 있거나 노후 구조물 등에 대하여는 상기표의 기준을 실정에 따라 허용범위를 하향 조정하여야 한다. 이 기준을 초과할 때에는 발파를 중지하고 그 원인을 규명하여 적정한 패턴(발파기준)에 의하여 작업을 재개한다. 저주파의 진동은 건물의 고유주파수(일반적으로 30Hz 이하)와 공명을 일으켜 건물에 더욱 큰 피해를 유발할 가능성이 크므로 더욱 엄격하게 규제할 필요가 있고, 실제로 외국의 발파진동 허용기준치는 주파수를 고려한 경우가 많다.

▌ 특정 공사에 의한 건설 진동 규제기준

표 4.15 생활진동 규제기준

생활진동 규제기준[단위 : dB(V)]		
대상지역	주간 (06:00~22:00)	심야 (22:00~06:00)
주거지역, 녹지지역, 준 도시지역 중 취락지구 및 운동·휴양지구, 자연환경보전지역, 학교·병원·공공도서관의 부지경계선에서 50m 이내 지역	65	60
상업지역, 공업 지역, 농림지역, 및 준 도시지역 중 취락지구 및 운동 휴양지구 외의 지역, 미고시 지역 등	70	65
1. 대상지역의 구분은 국토이용관리법에 의하며, 도시지역은 도시계획법에 의함 2. 본 규제기준은 주간에 한해 진동발생 시간이 1일 4시간 이하일 때에는 +5dB를 보정한 값으로 함		

주) 생활진동 규제기준(시행규칙 제29조의2 제3항 관련)

▌ 진동허용기준치

표 4.16 진동허용 기준치(단위 : cm/sec)

구분	건물의 종류	허용진동치
한국토지공사 (암발파 설계기법에 관한 연구 1993.3.)	• 문화재 • 결함 또는 균열이 있는 건물 • 균열이 있고 결함이 없는 건물 • 회벽이 없는 공업용 콘크리트 구조물	0.2 0.5 1.0 1.0~4.0

주) 생활진동 규제기준(시행규칙 제29조의2 제3항 관련)

표 4.16 진동허용 기준치(단위 : cm/sec) (계속)

구분	건물의 종류	허용진동치
(구)주택공사	• 문화재, 정밀기기가 설치된 건물 • 주택, 아파트(균열이 없는 양호한 건축물) • 상가, 사무실, 공공건물 • 인체가 진동을 느끼지만 불편이나 고통을 호소하지 않는 범위 • RC, 철골조 공장	0.2 0.5 1.0 1.0 4.0
서울 지하철	• 문화재 • 주택, APT(실금이 나타나 있는 정도) • 상가(금이 나타나 있는 블록 구조물) • 철근콘크리트 빌딩 및 공장	0.2 0.5 1.0 1.0~4.0
부산 지하철	• 문화재 • 주택, 아파트 • 상가 • 철근콘크리트 빌딩 및 공장 • COMPUTER 시설물 주변	0.2 0.5 1.0 1.0~4.0 0.5

주) 생활진동 규제기준(시행규칙 제29조의2 제3항 관련)

마. 발파진동 및 진동 가속도

국내에서 진동에 대한 기준을 환경 보전법에서 진동 규제기준 dB(V)로 발파진동을 적용할 때 다음과 같은 문제점이 있다.

① 진동 Level(dB)이란 인체의 진동 감각치를 대상으로 하는 진동의 평가 척도의 단위로써 20log10(A/A0)으로 정의한 보정 가속도 Level의 값을 말하고 수직 성분은 dB(V), 수평 성분은 dB(H)로 표시한다.

② 건물이나 시설물 등의 물질을 피해기준으로 적용할 때는 매우 낮은 수치로 실제 건물피해와 일치되지 않는다.

③ 일본에서 시작된 진동 Level 측정기는 주파수 범위가 1~90Hz로 공장 시설물 진동, 기계진동, 교통진동 등은 그 범위에 포함되나 발파진동의 경우에는 민원 대상이 근거리이므로 대부분 주파수가 90Hz를 초과하여 측정이 불가피하다.

④ 발파진동은 타 종류의 진동에 비교하여 진동지속시간이 10초 이하의 극히 짧은 시간의 지속시간을 갖는 특성으로 인체의 영향 감도는 타 진동에 비하여 크지 않으며 또한 진동 규제기준을 마련하기 위해서 극히 짧은 진동지속시간에 대한 보정 기준을 마련하여 실현 가능한 규제기준이 마련되어야 한다.

바. 암발파 설계

(1) 개요

암발파 설계는 지발당 장약량 등을 기준으로 하여 6가지 Type으로 표준화하고, 보안물건의 허용진동기준과 이격거리에 따라 「거리~지발당 장약량 조견표」에 의거 설계자가 쉽게 현지에 맞는 적정 발파공법을 선정할 수 있도록 한다. 공사에서 불가피하게 수행되는 발파의 영향으로 진동, 발파소음 등 민원이 발생하고 있는 점을 감안하여, 환경피해를 저감시키고 효율적인 설계 및 공사추진을 도모함으로써 민원을 예방하고 예산을 절감할 수 있다. 발파공사 시행 전에는 반드시 시험발파를 통하여 발파진동추정식을 구하고, 시공성과 경제성 및 인근 보안 물건의 안전성 등을 종합적으로 검토하여 적정발파공법을 적용해야 한다. (표 4.17~표 4.19 참고)

(2) 발파공법 설계

① 현장조사를 거쳐 보안물건(가옥, 상가, 축사, APT 등)에 대한 허용 발파소음·진동 규제기준을 대상물을 고려하여 정한다.

② 이격거리는 발파 원으로부터 보안물건까지의 사거리를 기준으로 측정하여 적용한다.

③ 설계 발파진동추정식 $V = 200 \left(\dfrac{D}{W^{1/2}} \right)^{-1.6}$ 을 이용한 「거리~지발당 장약량 조견표」를 참고하여 보안물건에 대한 발파진동 허용기준 및 이격거리에 맞는 지발당 장약량을 구하고, 이에 적합한 발파공법을 선정한다.

④ 시험발파 적용대상은 일반발파, 대발파를 제외한 암파쇄굴착, 정밀진동제어, 진동제어(소규모, 중규모)를 적용하되, 일반발파, 대발파인 경우에도 보안물건에 발파영향을 미친다고 판단되는 경우에는 시험발파를 실시할 수 있다.

⑤ 시험발파는 발파영향권 내에 보안물건이 있는 경우에 실시하며, 시험발파 횟수는 실시설계 단계에서 보안물건에 발파영향을 미치는 도로공사연장 4km마다 1회 정도를 설계에 반영하고, 시공단계에서 현장조건과 암반특성 등에 따라 조정할 수 있다.

(3) 설계 발파진동추정식(설계단계)

① 발파진동식은 시험발파 등을 통하여 결정되는 것이나 설계단계에서 이러한 절차수행에는 현실적으로 적용하기에 무리가 있으므로, 효율적인 설계추진을 위하여 진동예측을 위한 설계단계에서의 진동추정식 결정이 필요하다.

② 설계단계에서 예비검토를 위한 추정식은 다음과 같다.

$$V = 200\left(\frac{D}{W^{1/2}}\right)^{-1.6} \quad \cdots\cdots\cdots\cdots \text{설계 발파진동추정식(설계단계)}$$

여기서, V : 진동속도(cm/sec)

D : 폭원으로부터 이격거리(m)

W : 지발당 장약량(kg/delay)

③ 본 지침에서 제시한 상수는 국내 암발파 관련 저서 등에서 널리 적용하고 있는 $K=200, n=-1.6$ 상수를 사용한다.

④ 발파규모는 「발파소음·진동·비석 영향권」 분석에 의해 설정한다.

▮ 거리별 지발당 장약량(kg)

표 4.17 타입, 거리별 지발당 장약량

적용공법	진동속도 이격거리(m)	0.1cm/s	0.2cm/s	0.3cm/s	0.5cm/s	1.0cm/s	5.0cm/s	적용공법
TYPE I 미진동 굴착공법	5	0.00	0.00	0.01	0.01	0.03	0.25	TYPE II
	10	0.01	0.02	0.03	0.06	0.13	0.99	TYPE III
	15	0.02	0.04	0.07	0.13	0.30	2.24	TYPE IV
	20	0.03	0.07	0.12	0.22	0.53	3.98	
	25	0.05	0.11	0.18	0.35	0.83	6.21	TYPE V 일반발파
	30	0.07	0.16	0.27	0.50	1.20	8.95	
	40	0.12	0.28	0.47	0.89	2.13	15.9	
TYPE II 정밀진동 제어발파	50	0.19	0.44	0.74	1.40	3.32	24.9	
	60	0.27	0.64	1.06	2.01	4.79	35.8	
	70	0.37	0.87	1.45	2.74	6.51	48.7	
	80	0.48	1.14	1.89	3.58	8.51	63.6	
TYPE III 소규모 진동제어	90	0.61	1.44	2.39	4.53	10.8	80.5	TYPE VI 대규모발파
	100	0.75	1.78	2.95	5.59	13.3	99.4	
	110	0.90	2.15	3.57	6.76	16.1	120	
	120	1.08	2.56	4.25	8.05	19.1	143	
	130	1.26	3.01	4.99	9.45	22.5	168	
	140	1.47	3.49	5.79	11.0	26.1	195	

0.06	미진동 굴착공법	0.25	정밀진동제어발파	1.00	소규모 진동제어발파
3.00	중규모진동제어발파	7.50	일반발파	20.0	대규모발파

주) 국토해양부, 국도건설공사 설계실무 요령, 2012

표 4.17 타입, 거리별 지발당 장약량(계속)

적용공법	진동속도 이격거리(m)	0.1cm/s	0.2cm/s	0.3cm/s	0.5cm/s	1.0cm/s	5.0cm/s	적용공법
TYPE IV 중규모 진동제어	150	1.68	4.00	6.64	12.6	29.9	224	
	160	1.91	4.55	7.56	14.3	34.0	254	
	170	2.16	5.14	8.53	16.2	38.4	287	
	180	2.42	5.76	9.56	18.1	43.1	322	
	190	2.70	6.42	10.7	20.2	48.0	359	
	200	2.99	7.11	11.8	22.4	53.2	398	
	210	3.30	7.84	13.0	24.7	58.6	438	
	220	3.62	8.61	14.3	27.1	64.4	481	
	230	3.96	9.41	15.6	29.6	70.3	526	
	240	4.31	10.2	17.0	32.2	76.6	573	
	250	4.67	11.1	18.4	34.9	83.1	621	
TYPE V 일반발파	260	5.05	12.0	20.0	37.8	89.9	672	
	270	5.45	13.0	21.5	40.8	96.9	725	
	280	5.86	13.9	23.1	43.8	104	779	
	290	6.29	15.0	24.8	47.0	112	836	
	300	6.73	16.0	26.6	50.3	120	895	
TYPE VI	450	15.1	36.0	59.8	113	269	2013	

0.06	미진동 굴착공법	0.25	정밀진동제어발파	1.00	소규모 진동제어발파
3.00	중규모진동제어발파	7.50	일반발파	20.0	대규모발파

주) 국토해양부, 국도건설공사 설계실무 요령, 2012

▌발파공법 분류기준

구분	TYPE I 미진동 굴착공법	TYPE II 정밀진동 제어발파	TYPE III·IV 진동제어발파 소규모	TYPE III·IV 진동제어발파 중규모	TYPE V 일반발파	TYPE VI 대규모 발파
공법개요	보안물건 주변에서 TYPE II 공법 이내 수준으로 진동을 저감시킬 수 있는 공법으로서 대형 브레이커로 2차 파쇄를 실시하는 공법	소량의 폭약으로 암반에 균열을 발생시킨 후, 대형 브레이커에 의한 2차 파쇄를 실시하는 공법	발파영향권 내에 보안물건이 존재하는 경우 "시험발파" 결과에 의해 발파설계를 실시하여 규제기준을 준수할 수 있는 공법		1공당 최대장약 량이 발파 규제기준을 충족시킬 수 있을 만큼 보안물건과 이격된 영역에 대해 적용 하는 공법	발파영향권 내에 보안 물건이 전혀 존재하지 않는 산간 오지 등에서 발파 효율 만을 고려하는 공법
주 사용 폭약 또는 화공품	• 최소단위미만폭약 • 미진동파쇄기 • 미진동파쇄약 등	에멀견계열 폭약	에멀견계열 폭약		에멀견계열 폭약	• 주폭약 : 초유폭약 • 기폭약 : 에멀견
지발당 장약범위(kg)	폭약기준 0.125 미만	0.125 이상 0.5 미만	0.5 이상 1.6 미만	1.6 이상 5.0 미만	5.0 이상 15.0 미만	15.0 이상
천공직경	ϕ51mm 이내	ϕ51mm 이내	ϕ51mm 이내	ϕ76mm	ϕ76mm	ϕ76mm 이상
천공장비	공기압축기식 크롤러 드릴 또는 유압식 크롤러 드릴 선택 사용 					

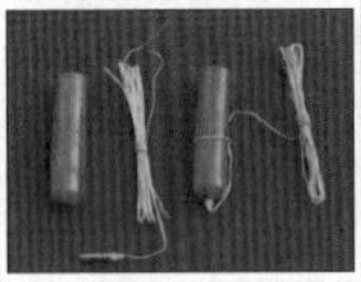

표준패턴	미진동 굴착공법	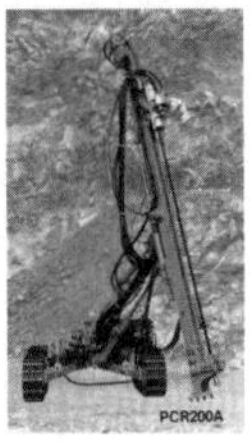 정밀진동 제어발파	진동제어발파 소규모	진동제어발파 중규모	 일반발파	대규모 발파
천공깊이(m)	1.5	2.0	2.7	3.4	5.7	8.7
최소저항선 (m)	0.7	0.7	1.0	1.6	2.0	2.8
천공간격(m)	0.7	0.8~1.0	1.2~1.4	1.9~2.2	2.4~2.8	3.0~3.6
표준지발당 장약량(kg)	–	0.25	1.0	3.0	7.5	20.0
파쇄 정도	균열만 발생 (보통암 이하)	파쇄＋균열	파쇄＋균열	파쇄＋대괴	파쇄＋대괴	
계측관리	필수	필수	필수	선택	선택	
발파보호공	필수	필수	필수	불필요	불필요	
2차 파쇄	대형브레이커 적용	대형브레이커 적용	–	–		

주) 국토해양부, 국도건설공사 설계실무 요령, 2012

그림 4.23 발파공법 분류기준

표준발파공법 패턴별 특성

표 4.18 발파공법별 특징

Type	명칭	설계 지발당 장약량(kg)	발파제원 W×E×H(m)	천공경 (mm)	공당 파쇄량 (m³/공)	사용폭약
I	미진동 굴착공법	폭약기준 0.125 미만	0.7×0.7×1.3	ϕ51 이내	0.637	
II	정밀 진동제어발파	0.25	0.7×0.8×1.8	ϕ51 이내	1.01	에멀전폭약 등 (ϕ25~32mm)
III	소규모 진동제어발파	1.0	1.0×1.2×2.4	ϕ51 이내	2.88	〃 (ϕ32mm)
IV	중규모 진동제어발파	3.0	1.6×1.9×3.0	ϕ76	9.12	〃 (ϕ50mm)
V	일반발파	7.5	2.0×2.5×4.8	ϕ76	24.0	〃 (ϕ50mm)
VI	대규모발파	20.0	2.8×3.2×7.3	ϕ76 이상	65.4	주폭약 : 초유폭약 기폭약 : 에멀전

주 1) W : 최소저항선 E : 공간간격 H : 벤치고 ‡ : 공당파쇄량은 평균값임

 2) 설계 지발당 장약량 기준은 설계 발파진동추정식 $v = K(D/W^b)^n$ 에 의한 「거리~지발당 장약량」 조견표 기준임(진동상수 $K=200$, $n=-1.6$, $b=1/2$)

 3) 발파대상 암반의 강도나 지형특성 등에 따라 설계 지발당 장약량과 발파제원이 변동될 수 있음

 4) 미진동파쇄기와 유압잭 및 브레이커 파쇄공법 등은 진동전파 특성에 따라 일반폭약과는 상이하므로 시험시공에 의해 지발당 장약량과 천공패턴 등의 굴착방법을 설정할 것

 5) 장소가 협소하거나 현장 여건상 크롤러드릴의 사용이 곤란한 장소에서는 착암기를 사용한 발파공법을 적용할 수 있음

표준발파공법 및 진동 규제기준별 적용되는 이격거리(m)

표 4.19 발파공법별 진동 규제기준(단위 : cm/sec, kine)

TYPE	발파공법	v=0.1	0.2	0.3	0.5	1.0	5.0
I	미진동 굴착공법	40m까지	25m까지	20m까지	15m까지	5m까지	3m까지
II	정밀 진동제어발파	40~80	25~50	20~40	15~30	5~20	3~7
III	소규모 진동제어발파	80~140	50~90	40~70	30~50	20~30	7~10
IV	중규모 진동제어발파	140~260	90~170	70~130	50~90	30~60	10~25
V	일반발파	260~450	170~290	130~220	90~160	60~110	25~40
VI	대규모발파	450m 이상	290m 이상	220m 이상	160m 이상	110m 이상	40m 이상

주 1) 한국토지주택공사, 토목공사 설계 및 적산지침, 2012

 2) 국토해양부, 국도건설공사 설계실무 요령, 2012

사. 발파진동의 조절

발파공법에서 진동 조절을 위해 그림 4.24와 같이 순차적으로 정해야 한다.

(1) 제어법

① 표준발파의 실시를 검토하고 자유면을 최대한 이용한다.

② 공간거리와 저항거리의 비를 1 이상으로 실시한다.

③ 벤치발파에서 Subdrill 길이를 알맞게 설계한다.

④ 지발 뇌관당 장약량을 최소화한다.

⑤ 물이 발생하는 곳, 수중 발파 시, 공간거리가 가까운 곳에서 잘 발생하는 전폭현상(Flash over)이 생기지 않도록 외부충격에 둔감한 폭약과 뇌관을 사용한다.

⑥ 소 단면 굴진발파는 Cylinder cut 발파를, 대 단면 굴진발파는 Cylinder cut 또는 Fan cut 발파를 실시한다.

⑦ 콘크리트 파쇄기를 이용한다.

⑧ 팽창성 파쇄 재를 이용한다.

⑨ 선행 이완발파의 이용한다.

⑩ 심발발파를 실시할 때는 다음의 방법을 고려하여야 한다.

- 순발뇌관을 사용하지 말고 MS뇌관을 사용
- 심발보조공을 천공하여 저항거리를 적게 하여 약량을 줄임
- 대공경의 공공을 뚫어줌
- 터널 주변에 Presplitting 발파를 실시한 후 심발발파

⑪ 저폭 속의 폭약을 사용한다.

⑫ 참호(Trench)나 Presplitting으로 지반진동의 전파경로를 차단한다.

(2) 진동제어 발파공법

건물, 구조물, 사람 등에 근접한 발파로 진동에 의한 피해가 예측될 때에는 진동제어 발파설계를 하여야 한다.

(3) 미진동 발파공법

근접한 시설물을 보호해야 하는 특수한 발파조건이 요망될 때 사용한다.

(4) 차단벽을 이용한 진동 저감공법

① 오픈 트렌치(Open Trench) 또는 채움재 차단벽(Infilled Trench)

② 주열상방진공(Row of Piles)

③ 구형 차단벽(Rectanger Wave Barrier)

주) 국토해양부, 국도건설공사 설계실무 요령, 2012

그림 4.24 발파절차도

5) 비탈면 설계

가. 비탈면 설계기준 산정

▌기본방향

비탈면의 안정을 장기간 유지하기 위해서는 체계적이고 합리적인 비탈면의 분석과정을 거쳐야 하며, 지반조사 및 설계단계에서 보다 신뢰도가 높은 안정된 비탈면 기울기가 결정되어야 한다.

비탈면 설계기준은 그림 4.25와 같이 한국토지주택공사, 국토해양부 및 한국도로공사 등의 적용기준 및 사례를 종합·분석하여 과업구간의 기준을 결정한다. 안정성 해석결과, 지층 구성 상태, 토질의 역학적 특성, 용출수의 유무, 절취에 따른 이완 정도, 주변 지형조건 등을 종합적으로 고려하여 최종 설계기준을 결정한다.

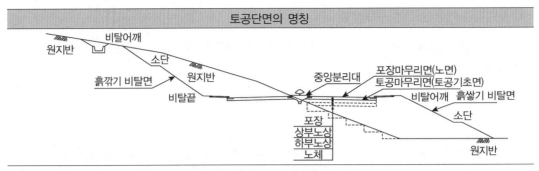

주) 한국토지주택공사, 토목공사 설계 및 적산지침, 2012

그림 4.25 토공 일반 단면도

(1) 비탈면 기울기 기준

흙쌓기 및 흙깎기비탈면의 표준기울기는 비탈면이 안정성 확보에 필요한 최소기울기를 나타내는 것으로 흙쌓기 높이 및 재료의 구성토질에 따라 구분한다. 특히 단일 소단 내에서는 미관을 고려하여 토질의 변화에도 불구하고 단일경사로 적용한다. (표 4.20, 표 4.21 참고)

❚ 비탈면 표준기울기

표 4.20 원지반 토질의 기울기

지층명	원지반의 토질	기울기		
		0~5m	5~10m	10m 이상
흙쌓기	토사	1 : 1.5	1 : 2.0	별도 검토
흙깎기	토사	1 : 1.5		
	풍화암	1 : 1.2	1 : 1.5	
	발파암	1 : 0.8	1 : 1.0	1 : 1.0 이상

주 1) 한국토지주택공사, 토목공사 설계 및 적산지침, 2012
　　2) 비탈면의 수직높이는 15m 이내로 계획하여야 함. 다만, 지구계 결정 및 지형여건상 불가피한 경우에는 15m 이상으로 설계할 수 있음
　　3) 대지를 접한 비탈면 조성에 있어서는 건축법 시행규칙 제26조를 적용하여 직고 3m마다 그 비탈면 면적의 5분의 1 이상에 해당하는 면적의 단을 설치함. 단, 비탈면의 토질·경사도 등으로 보아 건축물의 안전상 지장이 없다고 인정되는 경우에는 그러하지 아니함

❚ 소단설치 기준

소단설치 기준
• 직고 5m마다 토사의 경우 1~1.5m, 암법면인 경우 1.5m 이상의 소단을 설치하는 것을 원칙으로 하되, 소단상에 조경수목을 실재할 경우 뿌리분의 크기 등을 감안한 적정 폭으로 설치한다.
• 필요시는 직고 10m마다 폭 1.5m 이상의 소단과 적절한 배수공을 설치한다.

주) 한국토지주택공사, 토목공사 설계 및 적산지침, 2012

▌설계적용비탈면경사

표 4.21 토질별 표준경사

비탈면 구분	토질	비탈면 높이(m)	적용 경사	비고
깎기 비탈면	토사층	5 미만	1 : 1.5	• 토사, 리핑암 및 발파암 : 깎기 높이 5m마다 소 단 1m 설치 • 깎기 높이 20m마다 3m 소단설치 • 산지전용 : 최초 단은 높이 2m 설치 후 소단 이 후 높이 5m마다 2m 소단설치, 높이 15m 초과 시 높이 15m마다 15m 소단설치 후 비탈면설치
	리핑암	5 미만	1 : 1.2	
		5 이상	1 : 1.5	
	발파암	5 미만	1 : 0.8	
		5 이상	1 : 1.0	
쌓기 비탈면	토사층	5 미만	1 : 1.5	• 흙쌓기 높이 5m마다 소단 1m 설치 • 흙쌓기 높이 10m 이상은 별도 검토
		5 이상	1 : 2.0	

주) 한국토지주택공사, 토목공사 설계 및 적산지침, 2012

(2) 비탈면 안전율 기준

비탈면 안정해석에서 허용안전율은 자료의 불확실성에 대한 대비 및 비탈면 변형을 허용치 이내로 제한하며, 이론상 안전율이 1.0 이상이면 안전한 것으로 판단되나, 비탈면 실제거동의 불확실성에 대한 여건을 감안하여 허용안전율의 개념을 도입하여 설계에 적용한다. 비탈면의 안전율은 입지조건과 공사내용, 비탈면의 중요도, 비탈면의 파괴 시 주변에 미치는 영향 및 경제성에 따라 결정한다. 또한 우기 시 지하수위를 고려하여 해석하고 기준안전율은 합리적인 값을 적용한다. (표 4.22, 표 4.23, 표 4.24 참고)

▌쌓기비탈면의 허용안전율

표 4.22 표준안전율

구분	허용안전율	비고
건기 시	Fs > 1.5	지하수가 없는 것으로 해석하는 경우
우기 시	Fs > 1.3	• 일반적인 쌓기비탈면은 별도의 지하수위 조건 없음 • 쌓기 표면에 강우침투가 발생하는 경우에는 강우침투를 고려한 해석 실시
지진 시	Fs > 1.1	• 지진관성력은 파괴토체 중심에 수평방향으로 작용시킴 • 지하수위는 실제측정 또는 침투해석 수행한 지하수위

주) 한국토지주택공사, 토목공사 설계 및 적산지침, 2012

깎기비칼면의 허용안전율

표 4.23 깎기비탈면의 허용안전율

구분	허용안전율	비고
건기 시	Fs > 1.5	지하수가 없는 것으로 해석하는 경우
우기 시	Fs > 1.2 또는 Fs > 1.3	• 암반비탈면은 인장균열의 1/2 심도까지 지하수위를 위치시키고 해석수행, 토층 및 풍화암은 지표면에 지하수를 위치시키고 해석수행(Fs = 1.2 적용) • 강우의 침투를 고려한 해석을 실시하는 경우(Fs = 1.3) • 두 가지 조건 중 선택적으로 1가지 조건을 만족시켜야 함
지진 시	Fs > 1.1	• 지진관성력은 파괴토체 중심에 수평방향으로 작용시킴 • 지하수위는 실제측정 또는 침투해석 수행한 지하수위

주) 한국토지주택공사, 토목공사 설계 및 적산지침, 2012

설계적용 기준안전율

표 4.24 쌓기, 깎기비탈면 안전율

구분	쌓기비탈면	깎기비탈면	비고
건기 시	Fs > 1.5	Fs > 1.5	공내지하수위 적용
우기 시	Fs > 1.3	Fs > 1.2	지하수위는 지표 위치
		Fs > 1.3	침투해석 수행 시
지진 시	Fs > 1.1	Fs > 1.1	

나. 내진설계기준

설계적용 지진계수

공학적으로 구조물이 지진에 안전하도록 설계하는 기준이다. 내진설계기법은 내진구조, 면진구조, 제진구조로 나누어진다.

$$설계 \ 수평지진계수는 \ 지진가속도 \ 계수(A) = 구역계수(z) \times 지진위험도 \ 계수(I)$$
$$= 0.11(충청남도) \times 1.0(500년 \ 빈도) = 0.11g$$

지진구역 구분 및 지진구역계수(재현주기 500년), 위험도계수

표 4.25 지진 구역별 지진구역계수

지진구역		행정구역	지진구역계수, z(g)
I	시	서울특별시, 인천광역시, 대전광역시, 부산광역시, 대구광역시, 울산광역시, 광주광역시	0.11
	도	경기도, 강원도 남부, 충청북도, 충청남도, 경상북도, 경상남도, 전라북도, 전라남도 북동부	
II	도	강원도 북부, 전라남도 남서부, 제주도	0.07

재현주기(년)	50	100	200	500	1000	2400
위험도 계수, I	0.4	0.57	0.73	1.0	1.4	2.0

주) 한국토지주택공사, 토목공사 설계 및 적산지침, 2012

다. 비탈면 안정해석

(1) 비탈면 안정해석 방법

비탈면 활동면을 따라 파괴가 일어나려는 순간에 있는 토체의 안정성을 해석하는 한계평형이론(Limit Equilibrium Theory)을 적용한다. 한계평형해석 방법의 목적은 활동면을 따라 파괴발생이 예상되는 토체의 안정성을 해석하는 것으로 검토를 단순화하기 위한 조건을 가정한다.

해석 프로그램으로서 Slop/W를 하였으며, Bishop의 간편법을 이용한 한계평형해석을 수행한다. (표 4.26, 그림 4.26 참고)

▌검토방법 선정

표 4.26 비탈면 안정해석 방법

구분	쌓기비탈면	한계평형 조건		
		모멘트	수직력	수평력
Fellenius	절편력의 합은 각 절편의 바닥에 평행	○	×	×
Bishop	절편력 간 작용력은 수평방향으로 작용	○	○	×
Janbu	절편축력은 수평방향	○	○	○
Morgenstern-Price	X/E=λf(X)	○	○	○
Spencer 간편법	X/E는 모든 비탈면에 대해 일정	○	○	○

구분	Bishop 간편법
안전율 계산식	안전율 $Fs = \dfrac{\displaystyle\sum_{n=1}^{n=p}(cb_n + W_n\tan\phi + \Delta T\tan\phi)\dfrac{1}{m}\alpha(n)}{\displaystyle\sum_{n=1}^{n=p}(\sin\alpha_n)}$ $m\alpha(n) = \cos + \alpha_n\dfrac{\tan\phi \cdot \sin\alpha_n}{F_S}$ • W : 절편 흙의 전체중량(tf/m³) • α : 경사각(°) • c : 흙의 점착력(tf/m²) • b : 절편 폭(m) • ϕ : 흙의 내부 마찰각(°) • $\Delta T : T_n - T_{n+1}$
비탈면 해석 기본원리	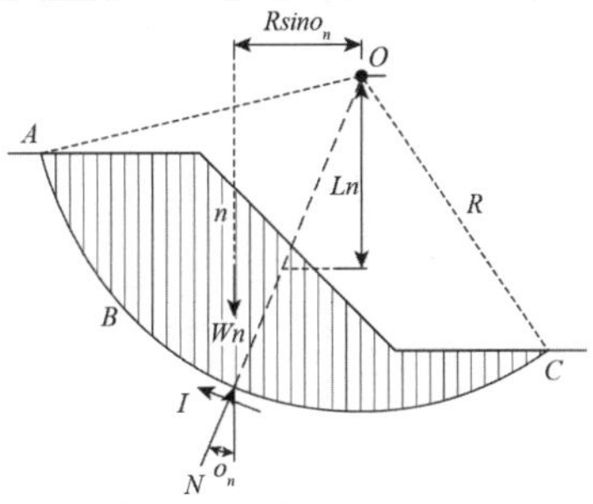

주) 한국토지주택공사, 토목공사 설계 및 적산지침, 2012

그림 4.26 비탈면 안정해석

라. 비탈면 보호공법

(1) 비탈면 보호공법의 종류 및 목적

도로 및 단지 조성 사업 시 불가피하게 훼손되어 발생하는 비탈면의 식물 생육 기반인 토양층이 유실 또는 망실되어 주변 자연환경과의 연계성이 단절되며 훼손된 비탈면은 식물생육 기반인 토양층이 유실 또는 망실되었기 때문에 자연의 회복력만으로 자연 복구되는 데 오랜 시일이 소요된다.

훼손된 비탈면을 조기에 안정, 녹화시켜 우수 등에 의한 침식, 유실, 풍화 및 붕락을 예방 하여 물리적 안정을 도모하고 경관을 주위환경에 조화되게 하며 생태적으로 녹화·복원하여 자연환경을 보전하는 것을 목적으로 한다. 비탈면보호공은 다음과 표와 같이 식생에 의한 비탈면보호(식생공)와 구조물에 의한 비탈면 보호공으로 대별된다. (표 4.27, 표 4.28, 표 4.29 참고)

▌비탈면 보호공의 종류 및 목적

표 4.27 비탈면 보호공의 기준

구분	보호공	주요 목적
식생공	씨앗 뿜어붙이기공, 식생 매트공, 식생줄떼공, 평떼공, 식생판공, 식생망태공, 부분객토 식생공	식생에 의한 비탈면 보호, 녹화, 구조물에 의한 비탈면 보호공과의 병용
구조물에 의한 보호공	콘크리트 블럭격자공, 모르타르 뿜어 붙이기공, 블럭붙임공, 돌붙임공	비탈 표면의 풍화침식 및 동상 등의 방지
	현장타설 콘크리트 격자공, 콘크리트 붙임공, 비탈면 앵커공	비탈 표면부의 붕락방지, 약간의 토압을 받는 흙막이
	비탈면 돌망태공, 콘크리트 블럭 정형공	용수가 많은 곳 부등침하가 예상되는 곳 또는 다소 튀어 나올 우려가 있는 곳의 흙막이

주) 한국토지주택공사, 토목공사 설계 및 적산지침, 2012

▌비탈면 보호공 적용 시 고려사항

표 4.28 비탈면 보호공의 고려사항

고려사항	내용
비탈면 녹화의 목표 설정	• 자연경관에 친화성 • 다양성이 풍부한 군락 조성 • 특정한 환경보전 기능 유지 • 조경, 조형이 주체가 된 군락
비탈면의 환경	위도, 표고, 기온, 강수량, 적설량, 토지이용, 주변식생, 주변지형, 산림과의 거리
비탈면의 구조와 입지여건	비탈면 높이, 방위, 경사, 지질, 토질, 토양
비탈면 경관 및 유지관리	생태계의 분포양식, 비탈면 유지관리 방안

주) 한국토지주택공사, 토목공사 설계 및 적산지침, 2012

▌비탈면 보호공의 선정조건

표 4.29 비탈면 보호공의 선정조건

구분	식생공	구조물보호공
선정조건	• 강우에 의한 침식 및 세굴 방지 • 지표면의 온도변화에 따른 표층 붕락 방지 • 녹화에 의한 미관향상 및 환경 보전	• 붕괴, 낙석, 동상 등이 예상되는 비탈면의 안정성 확보 • 경사를 급하게 하여 적절한 구조물에 의해 비탈면을 안정시키는 것이 경제적인 경우
일반기준	• 식생공을 원칙으로 하되 식생이 부적합하거나 식생으로 비탈면안정을 확보할 수 없는 경우는 구조물 보호공 실시 • 최근 화학섬유 등 신재료나 신공법의 적극적 활용	

(2) 비탈면 보호공의 목표

비탈면 보호공의 목표는 자연생태계복원 기능, 생물 서식공간기능, 경관 보존기능에 있다.

▌비탈면 기반의 생육적합도 판정기준(경사 및 토양 경도)

표 4.30 비탈면 경사의 생육 특성

판정기준		식생생육 특성
비탈면 경사도	30도 이하	• 교목 위주의 식물군락 복원과 주위 재래종의 침입이 가능함 • 식물의 생육이 양호하고, 피복이 완성되면 표면침식은 거의 없게 됨
	30~35도	주변으로부터의 자연 침입으로 식물군락이 성립되는 한계각도이며 식물의 생육은 왕성함
	35~40도	식물의 생육은 양호한 편이나 관목, 중교목이 많고 초본류가 지표면을 덮는 군락의 조성이 바람직함
	45~60도	• 식물의 생육은 다소 불량하고 침입종이 줄어듦 • 관목이나 초본류로 형성되는 키가 작은 식물군락의 조성이 바람직함 • 키가 크게 자라는 수목을 도입하면 장래에 기반이 불안정하게 되는 일도 있음
	60도 이상	• 생육이 현저하게 불량해지고 수목의 키가 낮게 자람 • 초본류의 쇠퇴가 빨리 일어남 • 바위의 틈 사이로 뿌리가 성장하는 것을 기대하여 키가 낮은 수목을 도입하는 것이 바람직함
토양 경도	10mm 미만	건조하기 쉽기 때문에 종자 발아가 저조해지기 쉬우나 식물의 생육은 양호함
	점성토 10~23mm 사질토 10~25mm	지상부, 지하부 모두 생육이 양호하고 수목의 식재도 적합함
	점성토 23~30mm 사질토 25~30mm	• 일반적으로 토양 속 식물뿌리의 성장이 장해를 받음 • 수목식재에는 부적합함
	30mm 이상	뿌리의 성장이 거의 불가능하므로 뿌리 부근의 토양을 재조성할 필요가 있음
	암석	뿌리의 신장이 불가능해지므로 인위적인 생육기반의 조성이 필요함 암석에 틈새가 있는 경우에는 수목류의 뿌리 신장은 가능함

주) 토양 경도는 산중식 경도계에 의한 경도임

(3) 비탈면 보호공법 종류

비탈면 보호공법의 종류는 토질에 따라 표 4.31과 같이 녹화공법을 검토 결정해야 한다.

ㅣ 토질에 따른 녹화 공법

표 4.31 녹화공법의 종류

토질	녹화공법	비고
보통토사	• 떼 붙임 • 종자 뿜어 붙이기(Seed spray) • 원지반 식생정착공법(CODRA)	
경질토사 및 자갈 섞인 토사, 풍화토	• 종자 뿜어 붙이기(Seed spray) • 시드스프레이 + 거적 덮기 • 코아네트, 그린네트	
호박돌 섞인 토사 풍화토	• 객토종자 뿜어 붙이기(CO-MAT) • SF 분사 녹화공법	
리핑암, 연암 및 보통암	• PVC능형망 및 덩굴식물 식재 • 종비토(종자, 비료, 토양)뿜어 붙이기 • 암반사면 부분녹화공법 • 텍솔 녹화토 • 원지반 식생정착공법(CODRA) • 자연생태복원공법(JSB) • 자연표토복원공법(SF) • 사면녹화배토습식공법(ASNA)	

6) 토공계획

가. 암석의 유용성 검토

(1) 기본방향

암석의 유용은 실내암석시험에 의한 발생암의 품질기준치 및 성과 확인에 따라 유용계획을 수립한다. 자원 활용 측면의 각 공종별 암 유용재료 소요전량을 활용한다. 특별히 조성원가절감을 위한 경제적인 암 유용재료 생산·공급 계획을 검토한다. (표 4.32, 표 4.33 참고)

(2) 포장용 골재의 품질규격기준(표준시방서)

표 4.32 골재시험 기준

시험종목	시험규정	품질기준			비고
		입도조정기층	보조기층	동상방지층	
액성한계	KS F 2303		25% 이하		
소성지수	KS F 2303~4	4 이하	6 이하	10 이하	
모래담량	KS F 2340	–	25 이상	20 이상	
마모율	KS F 2508	40% 이하	50% 이하	–	
안정성	KS F 2507	20% 이하	–	–	

주) 한국토지주택공사, 토목공사 설계 및 적산지침, 2012

(3) 시험 성과 분석

암 유용성은 시험결과 발주기관의 시방기준에 의한 포장골재 품질기준치 기층기준(일반적으로 안정성 20% 이하, 마모율 40% 이하)을 만족하는 포장용 골재로 유용할 수 있다.

시공 시 현장에서 품질관리 시험을 통하여 선별 사용하는 것이 바람직하다.

(4) 암 유용성 평가

공사에 소요될 포장용골재의 확보를 위하여 절토부의 굴착작업 과정에서 발생하는 암석의 유용성 여부를 우선적으로 검토하여 경제적인 토공설계가 되도록 계획한다.

(5) 암 유용계획 기준

① 현장에서 발생하는 암을 활용할 시는 다음과 같이 활용함을 원칙으로 한다.
  ㉠ 깬돌 등 규격품 생산 가능량 : 40%
  ㉡ 잡석 등 생산 가능량 : 50%
  ㉢ 기타 : 10%(석분 발생량)
  ㉣ 크랏샤 투입용 원석으로 활용 시(기층, 보조기층) : 90%

② 잡석생산 : 원석 1m³ 중에서 선별하여 소할 활용한다.
  ㉠ 선별 : 50%
  ㉡ 소할 : 50%(단, 암질에 따라 소할을 50~75%로 조정)

(6) 암 유용계획

표 4.33 시설부위별 암 유용계획

구분	내용	비고
단지 내 도로	표층 중간층 기층 인도조정기층 보조기층 동상방지층 노상	• 설치위치 : 하부성토재 규격 – 보조기층 : ϕ80mm 이하 – 동상방지층 : ϕ100mm 이하
단지 내 연약지반 (도로 및 블록)	비다짐 |VAR	• 설치위치 : 하부성토재 규격(연약지반, 수평배수층) – 잡석 : $\varnothing$40mm 이하
단지 내 보도	100 190	• 설치위치 : 하부성토재 규격 – 보조기층 : ϕ40mm 이하
자전거도로	210	• 설치위치 : 하부성토재 규격 – 보조기층 : ϕ40mm 이하
마운딩 (암버력)		• 설치위치 : 마운딩 하부성토재(암버력) • 규격 : ϕ300mm 이하
단지 내 부족토구간	비다짐 |VAR	• 설치위치 : 단지 내 하부성토재 • 규격 – 잡석 : 300mm 이하
우수관기초		• 설치위치 : 하부성토재 규격 – 석분(우수관기초)

주) 한국토지주택공사, 토목공사 설계 및 적산지침, 2012

나. 토량 산정기준

대상 사업지구의 토공 계획 시는 도로부분과 단지부분으로 구분하여 사토장 또는 토취장이 발생하지 않도록 토공량을 산정한다. (그림 4.27 참고)

(1) 도로부의 성토

노상	포장하부에 위치하는 흙쌓기의 최상부 약 100cm 부분으로, KS F 2312 흙의 다짐 시험에 의한 D–다짐으로 최대 건조밀도의 95% 이상이 되도록 다짐하여, 포장과 일체가 되어 교통하중을 지지하는 역할을 하는 부위
노체	포장하부에 위치하는 노상부 100cm를 제외한 부분으로 KS F 2312 흙의 다짐시험에 의한 A–다짐으로 최대 건조밀도의 90% 이상이 되도록 다짐하여, 포장과 일체가 되어 교통하중을 지지하는 역할을 하는 부위

주) 한국토지주택공사, 토목공사 설계 및 적산지침, 2012

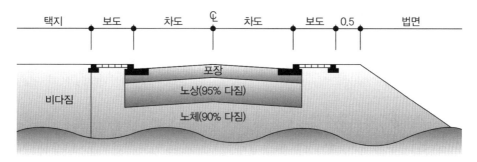

그림 4.27 도로부 표준단면

(2) 단지부의 성토

일반적인 건축물 부지를 말하며 자연상태로 비다짐을 원칙으로 한다.

다. 표토 및 비옥토 활용계획

(1) 비옥토 활용 기본방향

비옥토 활용은 토양학 분류에 의한 0.3m층(가장 윗부분의 유기물 층)과 A층(광물질이 부식화된 유기물과 혼합된 암흑색의 용탈 층)을 포함한 표층 토양으로 한다. 토양산도는 pH 5.5~6.5, 유기물 함량은 2% 이상이다. 일반적으로 지표면에서 30~50cm 깊이 정도이다. 특히 비옥토는 공사 초기에 발생하며 활용은 부분적으로 수목 및 수초 등을 고려한 녹지, 공원 등 대부분 토공 마무리 단계 조성 시 필요하다.

(2) 비옥토 활용 단계별 계획

① 사전준비

표토채집은 분포현황을 사전에 조사하여 위치도, 현황사진, 채집예정일, 예상물량, 채집방법, 적치장소 등을 사전에 검토한다.

② 부지정리

비옥토 수거에 장해가 되는 수목이나 구조물 등을 제거하고, 큰 돌이나 나무뿌리 등의 잔재물을 완전히 제거한다.

③ 채취방법

절토지역을 대상으로 밭, 임야, 잡종지의 순으로 표토를 확보하여 적치할 지역에서 근거리에 있는 표토를 우선 확보한다. 밭의 경우 지표면으로부터 30cm를 채취하고 임야의 경우 부식되지 않은 유기물층 바로 하부의 표토층을 50cm 채취한다.

④ 운반 및 보호

가적치 후 재이동하여 사용치 않도록 공원, 녹지 등 바로 사용이 가능한 장소로 적치 시 안식각을 유지하여 사다리꼴로 쌓되, 높이가 2.5m을 넘지 않도록 하고, 비닐 등으로 덮어 단단히 고정하며, 주변에 배수로를 설치한다.

⑤ 활용(포설)

포설의 두께는 포설 장소의 식재수목 종류에 따라 결정하며 하층토와 복원 비옥토와의 조화를 위하여 최소한 깊이 20cm 이상의 지반을 기경한 후 그 위에 비옥토를 포설하며 비옥토의 다짐은 수목의 생육에 지장이 없는 정도로 시행한다.

(3) 비옥토 적치 장소

부지조성 여건을 감안하여 공원, 녹지 중 적정위치를 산정하며 표토유실은 최소화하기 위해 공정상 지장이 없는 곳에 선별하여 강우에 의해 유실될 우려가 없는 평탄지 및 가배수로 설치하며 운반거리가 가능한 가까운 곳에 적치하는 것이 좋다.

7) 사용 장비조합 기본방향

건설 장비의 조합은 장비의 효율성, 경제성 등을 감안하여 다음과 같은 용량, 거리 규모 등에 따라 시공장비를 조합하여 사용한다. (표 4.34 참고)

ǀ 사용 장비조합

표 4.34 사용 장비기준

구분			사용장비
도쟈	표토 제거		도쟈 32TON
	절취	토사	도쟈 32TON
		풍화암	도쟈 32TON + 리퍼 2본
		발파암	대형브레이카 + 백호우 0.7㎥

주) 한국토지주택공사, 토목공사 설계 및 적산지침, 2012

표 4.34 사용 장비기준(계속)

구분			사용장비
백호우	집토	풍화암	도쟈 32TON
		발파암	도쟈 32TON
	절취 및 상차	토사	백호우 1.0m³
		풍화암	리퍼도쟈 32TON + 로우더 2.87m³
로우더	운반	토사	덤프 15TON
		풍화암	덤프 15TON
		발파암	덤프 15TON
	기계 터파기	토사	백호우 1.0m³
탄템로올러		풍화암	대형브레이카 + 백호우 0.7m³
		발파암	대형브레이카 + 백호우 0.7m³
	기계다짐되메우기(BOX)		백호우 1.0m³ + 플레이트콤팩트 1.5TON
	기계다짐 되메우기 (PIPE)	상부	백호우 1.0m³ + 플레이트콤팩트 1.5TON
콤펙터		하부	백호우 1.0m³ + 램머 80kg
	잔토 처리		도쟈 19TON
	단지 정지		도쟈 32TON
	자재 운반		구역화물 12TON

주) 한국토지주택공사, 토목공사 설계 및 적산지침, 2012

4. 도로 및 포장공

4.1 기본방향

토지이용과 대중교통체계 연계한 도로를 계획하고, 도로선형 및 시설물은 단지의 특수성 및 도로기능을 고려하여 계획한다. 가로망은 도로의 중심점 선형 및 좌표에 의하여 설계하고 사업지구와 인접한 기존도로 및 주거지역, 기존 농로와 연계성을 고려하여야 한다. 단지 내 도로의 특성을 고려하여 각 BLOCK별 연계성 및 동선체계를 확보한다.

포장두께는 토지이용계획, 도로기능, 교통량, 동결심도 등을 고려하여 결정하고 도시지역 이용자 특성을 고려하여 보행자, 고령자, 교통약자를 배려한 도로횡단 및 시설을 결정한다. 이때 도시지역은 보행자 안전을 고려하여 교통정온화기법(Traffic Calming)을 도입하여야 한다.

도로 계획고는 지구 외 기존도로와의 접속 및 주변 시설지와의 연계가 가능토록 검토하고, 기존지역의 지반고를 고려하여 우·오, 폐수의 원활한 처리를 도모하도록 결정한다. 또한 지구 내 하천의 홍수위 및 횡단 교량 설계높이 등을 고려하여 계획고를 결정하여야 한다.

설계는 도로의 구조·시설기준에 관한 규칙 및 도시계획시설기준 등에 부합되도록 하여야 하며 도로포장은 한국형 포장설계법 적용을 원칙으로 한다.

4.2 도로의 횡단구성

1) 기본방향

도로의 횡단구성은 일반적으로 차도, 중앙분리대, 길어깨, 보도, 자전거도로 등으로 이루어지나 각 요소 조합과 제원은 각 도로의 특성에 따라 자동차 교통 및 보행통행의 안전성과 쾌적성이 조화를 이루도록 계획한다. 계획도로의 기능에 따라 횡단면을 구성, 설계속도가 높고 계획교통량이 많은 노선에 대해서는 높은 규격의 횡단구성요소를 확보한다. 계획목표연도에 대한 교통수요와 요구되는 계획수준에 적응할 수 있는 교통처리 능력을 확보하며 교통의 안정성과 효율성을 검토하여 구성한다. 단지 내 간선도로의 폭은 단지 외부 가로망의 폭을 고려하여 결정하며, 교차로 보차도 경계선의 회전반경은 대형차량의 회전반경을 고려하여 계획한다.

도로의 횡단구성은 출입제한 방식, 교차 접속부의 교통처리능력, 교통처리방식도 연관하여 계획한다. 도로의 횡단구성 표준화를 도모하여 도로의 유지관리, 양호한 도시경관 확보, 유연한 도로기능 확보한다. 차도부 횡단구성 요소의 폭을 크게 하면, 자동차 통행에 쾌적성이 향상되기는 하나, 소형차량이 2대가 통행할 우려가 있으므로 횡단구성 요소를 결정하는데, 해당 노선의 기능 및 교통상황을 충분히 감안하여 안정성과 효율성을 고려하여 결정한다.

도로폭원 구성은 연계도로와의 폭원을 감안하여 교통수요에 따라 도로폭을 결정하며, 지하매설물 설치를 고려하여 구성한다. 폭원구성은 해당 노선의 기능 및 교통상황(자동차 교통량, 설계속도, 보행자 및 기타 교통량)에 따라 결정하되 교통 상황을 감안하여 필요에 따라 보행자 및 자전거도로를 분리한다. 도로의 등급별 폭원구성 기준은「도로구조, 시설기준에 관한 규정」에 의거 설계속도를 결정한 후 횡단구성을 한다.

도시지역의 도로 횡단구성 시 자전거 및 보행자 통행을 위한 공간을 우선 배려하여야 하며 자동차 통행과 분리토록 구성하여야 한다.

2) 차로 및 차도

가. 차로폭

도로의 차로폭은 「도로의 구조·설계기준에 관한 규칙」에 의거 구성한다. 차로 폭은 대형차와 엇갈림, 추월 또는 주행에 대하여 충분한 여유를 가져야 하나, 지나치게 넓으면 한 차로에 2대의 차량이 주행하게 되어 교통사고를 유발하고, 통행을 혼잡하게 할 뿐만 아니라 효과적인 면에서도 교통량증대에 따른 이익보다 유발사고 손실이 많으므로 경제성을 상실하게 된다. 차로폭이 너무 좁으면 바퀴자국이 일정한 선상에 집중되며, 이는 포장파손요인이 되어 유지관리 및 보수가 증가하게 된다. 차로폭원 결정은 설계속도와 교통량 및 대형차의 혼입율에 따라 추월 등을 감안, 차로폭을 결정한다. 차로의 폭은 차선의 중심선에서 인접한 중심선까지로 하며, 도로의 구분, 설계속도에 따라 제원을 고려하여 결정하여야 한다. 다만, 설계기준자동차 및 경제성을 고려하여 필요한 경우에는 차로폭을 3.0m 이상으로 할 수 있다. 상기 차로폭원에 불구하고 회전차로(좌회전, 우회전, U-Turn)의 폭은 3.0m 이상을 원칙으로 하되, 부득이 필요하다고 인정하는 경우에는 2.75m 이상으로 할 수 있다.

도시지역은 자전거 통행 등을 고려하여 차로폭을 조정할 수 있으며 도로 다이어트(Road Diet) 등을 통하여 보행자 안전을 우선 고려하여야 한다.

나. 차로수 결정

차로수 결정은 연평균 일교통량에서 설계시간을 산정하고, 교통량과 해당도로의 차로당 교통량을 고려하여 결정한다. 차로수 결정은 자동차의 교차교행을 고려하여야 하며, 도시의 기능성 및 상징성 부여를 위해 결정된 도로규모 측면과 주변도로와의 연계성 유지 측면을 고려한다.

차로수는 교통영향평가 결과에 따른 장래 추정 교통량 및 서비스 수준, 회전 교통처리 및 진출입의 편리성 등을 고려하여 결정되므로 교통영향평가의 종합개선안를 설계에 반영하며, 도로폭원별 횡단구성은 도로기능 및 여건에 따라 결정한다.

도시지역의 차로수는 다음과 같은 도로의 여건에 따라 홀수차로를 설치할 수 있다.

① 교차로 구간에 우회전 진입을 위한 특기차로

② 좌회전 또는 U-Turn 차로로 이용

③ 시간적 교통량이 변할 때 가변차로 이용

3) 중앙분리대

중앙분리대는 반대방향의 교통류를 서로 분리시키기 위한 시설로서 자동차전용 도로나 설계속도가 높은 도로 등에서 특히 필요하다. 4차로 이상의 일반 도로에서도 원활한 교통류 확보를 위해서는 설치하는 것이 바람직하나 기타 도로에서는 경제성이나 용지 문제를 고려할 때 반드시 필요한 것은 아니다.

가. 중앙분리대의 기능

중앙분리대의 기능은 도로 중앙에 분리대와 측대를 설치할 수 있고, 왕복 교통류의 분리로 차량의 충돌사고 방지할 수 있으며 교통관리시설을 설치할 수 있는 장소로 제공할 수 있다. 또한 야간 현광방지와 보행자 횡단 시 안전섬 역할을 할 수 있다.

나. 중앙분리대의 구성과 폭

중앙분리대의 구성은 양쪽에 설치하는 측대로 구성하며 분리대의 폭은 그림 4.28과 같이 측방여유폭과 시설대를 고려하고 연석이나 유사 공작물로 구분할 수 있으며 중앙분리대의 최소 폭은 2.0m 이상으로 한다.

▌중앙분리대 형식

구분	노면표시	시설물에 의한 중분대		
		콘크리트 방호벽	가드레일	녹지대
폭원	0.5~4.0m	2.0m	1.5~2.0m	3.0~4.0m
형식	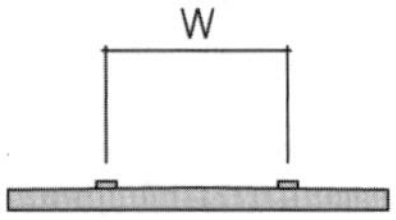	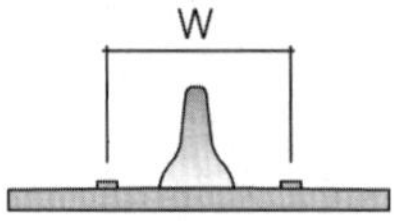	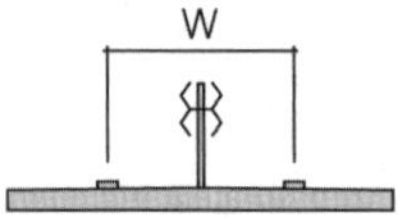	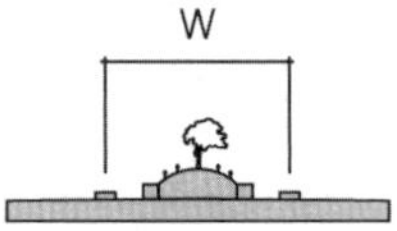
장단점	• 4차로 이하 일반적으로 적용 • 공사비 저렴 • 차량 안전주행에 불리 (대향차량)	• 대향교통에 의한 안전주행 다소 유리 • 공사비 다소 고가 • 미관 불리	• 대향교통에 의한 안전주행에 유리 • 공사비 다소 저렴 • 미관 불리	• 대향교통에 의한 안전주행에 유리 • 공사비 고가 • 미관 양호 • 배수시설 설치 필요

주) 국토해양부, 국도건설공사 설계실무 요령, 2012

그림 4.28 중앙분리대 형식

4) 보 도

가. 보도의 설치

보도는 보행자의 통행경로를 따라 연속성과 일관성이 유지되도록 설치하며, 보도에 가로수 등 노상 시설을 설치하는 경우 노상시설 설치에 필요한 폭을 추가로 확보하여야 한다. 보도는 보행자의 안전과 교통의 원활을 기할 필요가 있는 경우에 설치하며, 보행량이 많지 않은 도로구간에 대해서는 보도의 폭을 최소규모로 계획한다.

도시 내 도로에서는 일반적으로 중로 이상의 도로에서 보도를 설치하며 필요시 소로에서도 보도를 설치하여 보행자 안전을 고려한다.

나. 보도의 폭

보도의 폭은 보행자가 엇갈려 지나갈 수 있는 최소 2.0m 이상으로 하고 보도의 유효폭은 노상시설 등이 차지하는 폭을 제외한 보행자의 통행에만 이용되는 폭을 말한다.

5) 자전거도로

가. 설치목적

자전거는 교통체증으로 인한 막대한 경제적 손실과 환경문제를 해결하고 저탄소 녹색성장을 위한 생태문화를 확산시키는 데 효과적이다. 자전거도로의 설치는 자전거 이용의 활성화에 기여함은 물론 타 교통수단에서의 전환을 유도하여 교통수요의 억제를 도모하고 도심교통문제인 가로소통 및 주차문제를 해결하도록 계획한다.

나. 자전거도로 유형

사업지 내 자전거도로 설치 및 자전거 동선체계를 확보하고 자전거도로와 보행자도로를 분리하여 보행자 및 자전거운행자의 안전성을 확보한다. 자전거도로망은 이용목적을 고려하여 대중교통수단 및 시설물에 대한 연계교통수단으로 자전거도로망을 구성하며 주요 버스정류장 및 공원에 자전거보관소를 설치하여 자전거도로의 접근성을 확대한다.

다. 자전거도로의 횡단구성

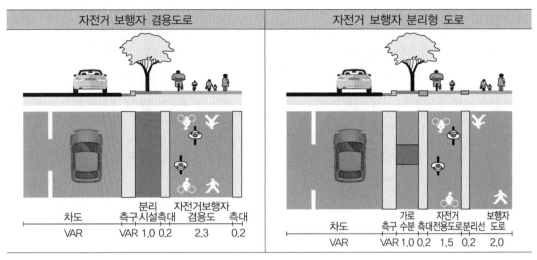

주) 국토해양부, 국도건설공사 설계실무 요령, 2012

그림 4.29 자전거도로 횡단구성

6) 버스 정차대

사업지구와 외부를 연계하는 광역버스노선 및 지역순환버스 노선망을 고려하여 적정 위치에 버스 정류장 설치를 계획한다.

가. 버스 정차대 위치 선정

버스 정차대는 버스이용객의 편의를 위하여 폭 20m 이상의 도로에 설치하며 가능한 주 보행동선과 원활한 연계체계를 도모할 수 있는 장소에 배치한다. 원활한 교통소통과 이용객의 편의를 위해 정류장 간의 간격은 도보권(200~500m)을 감안하여 설치한다. (그림 4.30 참고)

버스 정차대의 위치는 교통영향평가에 제시한 버스운행노선에 제시된 버스베이와 버스정류장 위치에 설치한다. 규모는 버스 1대 정차 시 정차구간 15m에 가속구간 20m, 감속구간 15m로 총 50m의 포켓형 버스베이를 설치하였으며, 가속 및 감속차로가 인접한 경우는 가속 및 감속차로를 연장하여 연속하여 설치토록 계획한다. 교통량, 이용횟수, 도로 주변상황 등을 감안하여 버스 정차시간이 길어질 경우는 버스 1대당 15m를 가산하여 계획한다.

지역별 설계속도에 따라 일반도로의 버스정류장 설치는 공사비 증가 및 이용에 최적인 위치의 지형적인 장애등으로 도로조건, 지역적 특성, 경제성 등을 감안하여 간이시설로 계획할 수 있다.

▌버스정류장 제원(일반도로)

설계속도 (km/h)	지방지역				도시지역		
구분	80	60	50	40	60	50	40
감속차로길이 (m)	35 (95)	25	20	20	20	15	12
버스정차로길이 (m)	15	15	15	15	15	15	15
가속차로길이 (m)	40 (140)	30	25	25	25	20	13
버스정류장길이 (m)	90 (250)	70	60	60	60	50	40
엇갈림길이 (m)	80	50	40	30	50	40	30

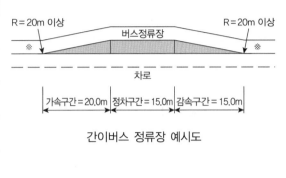

간이버스 정류장 예시도

주 1) ( )는 일부 출입제한 시 값
   2) 국토해양부, 도로의 구조·시설기준에 관한 규칙 해설 및 지침, 2008

그림 4.30 버스정류장 제원

7) 횡단구성

가. 횡단구성요소

도로의 횡단구성은 계획도로의 설계속도와 계획교통량 결과에 따라 구성한다. 이때 계획목표 연도의 교통수요와 교통처리능력을 조화롭게 한다. 교통상황을 감안하여 필요에 따라 보행자 및 자전거도로를 분리한다. 도로의 횡단구성은 교통의 안전성과 효율성을 검토하여 구성하며, 출입제한 방식, 교차접속부의 교통처리능력 및 방식관계를 검토한다. 또한 접속지역 토지이용실태를 감안하여 연도에 대한 생활환경 보전대책을 강구한다. (그림 4.31 참고)

▌도로표준단면도

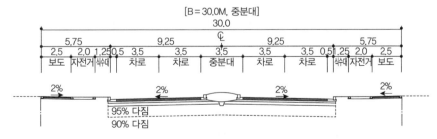

그림 4.31 도로표준단면도

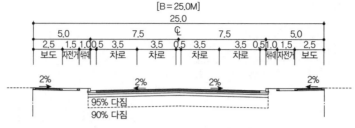

그림 4.31 도로표준단면도(계속)

나. 횡단면 구성계획 시 고려사항

도로의 횡단구성은 도로 횡방향의 구성요소를 말하며 도로 선형 계획 시 평면, 단선형과 더불어 아주 중요한 요소이다. 도로횡단 구성요소의 결정은 도로의 기능 및 교통상황을 충분히 감안하고 교통의 안전성과 효율성을 고려하여 결정한다.

① 설계속도가 높고 교통량이 많은 노선은 높은 규격의 횡단구성요소를 가질 것
② 계획목표연도의 교통수요에 요구되는 서비스 수준에 적합할 것
③ 교통의 안전성과 효율성을 검토하여 구성할 것
④ 교통상황을 고려하여 기능별로 분리하여 결정
⑤ 도로의 진출입 및 교차접속부는 교통처리능력, 교통처리방식을 관련하여 검토

4.3 선형설계

1) 설계방향

도로의 선형은 「도로의 구조·시설기준에 관한 규칙」에 의하여 설계한다. 지형 및 토지이용 계획과의 조화를 이루고 선형의 연속성을 유지하며, 평면 및 종단선형을 종합적으로 고려한 입체적인 선형을 계획한다. 또한 기존 가로망과의 관계와 단지진입의 편리성을 고려하여 선형을 계획한다.

교통운영상의 안전성과 경제성을 검토하고 차량의 안전운행을 고려한 충분한 시거를 확보하며, 기술적인 측면과 환경적인 측면을 함께 고려한 설계를 한다. (표 4.35, 표 4.36 참고)

2) 일반사항

도로의 선형설계는 일반적으로 종단선형이 중요하다고 할 수 있으나 운전자의 심미적 안정을 감안하여 경관설계를 고려해야 한다. 무엇보다 각종 곡선 반경, 시거 등을 설계 시 주변 환경과도 잘

조화되도록 기하구조를 설계하여야 한다.

가. 규모별 구분

도로 종류별 표준시거는 표 4.35를 기준하여 설계하여야 한다.

표 4.35 도로 종류별 표준시거

구분	광로(m)	대로(m)	중로(m)	소로(m)
1류	70 이상	35 이상~40 미만	20 이상~25 미만	10 이상~12 미만
2류	50 이상~70 미만	30 이상~35 미만	15 이상~20 미만	8 이상~10 미만
3류	40 이상~50 미만	25 이상~30 미만	12 이상~15 미만	8 미만

나. 도시계획도로 기준에 의한 분류

도시계획도로의 분류기준은 표 4.36을 기준하여 설계하여야 한다.

표 4.36 도시계획도로 분류기준

구분	도시계획도로 분류기준
주간선도로 보조간선도로 집산도로 국지도로	광로, 대로 대로, 중로 · 중로 소로

3) 설계속도

설계속도란 도로설계요소의 기능이 충분히 발휘될 수 있는 조건에서 보통 운전기술을 가진 자가 쾌적성을 잃지 않고 안전하게 주행 할 수 있는 속도를 말한다. 설계속도는 한 노선에 대하여 일정한 것이 좋으나 지형 기타조건으로 비경제적이 될 경우에는 구간에 따라 설계속도를 변경하는 것이 합리적이다. 설계속도는 다음을 기준으로 하며, 단 지형상황 및 경제성 등으로 부득이할 경우 20km/hr를 뺀 속도를 설계속도로 할 수 있다. (표 4.37 참고)

표 4.37 도로구분별 설계속도

도로의 구분		설계속도(km/hr)			
		지방지역			도시지역
		평지	구릉지	산지	
고속도로		120	110	100	100
일반도로	주간선도로	80	70	60	80
	보조간선도로	70	60	50	60
	집산도로	60	50	40	50
	국지도로	50	40	40	40

※ 자동차전용도로의 설계속도는 시속 80km 이상으로 한다. 다만, 자동차 전용도로가 도시지역에 있거나 소형차도로일 경우에는 시속 60km 이상으로 할 수 있다.
주) 국토해양부, 도로의 구조 · 시설기준에 관한 규칙 해설 및 지침, 2008

또한 설계속도는 기하구조를 결정하는 기본이 되는 요소이며 곡선반경, 종단구배, 시거, 폭 등의 선형요소는 직접적인 관계가 있다. 설계속도의 결정시 고려사항으로는 도로의 중요도(도로성격, 도로기능), 경제성, 계획교통량, 지역 및 환경조건 등을 들 수 있다.

4) 평면선형

평면선형 구성요소에는 직선, 원곡선, 완화곡선이 있다. 이 요소는 적절한 길이 및 크기로 연속적이며 일관성 있는 흐름을 갖도록 하여야 한다. 평면곡선부의 원곡선과 완화곡선구간에서는 설계속도와 평면곡선 반경의 관계는 물론 횡방향 미끄럼 마찰계수, 편경사, 확폭 등의 설계요소들이 조화를 이루어야 한다.

도로의 선형은 자동차가 안전하게 주행할 수 있도록 직선, 원곡선으로 구성되며, 설계속도에 따른 곡선반경, 곡선의 길이 등이 있으며, 도로의 기능에 따라 선형이 부합되도록 설계한다.

가. 직선과 평면곡선의 적용

직선은 딱딱한 선형이 되기 쉽고, 너무 길면 운전자는 권태를 느끼고 주의력이 산만해져 사고원인이 되기도 한다. 평면곡선은 지형에 맞도록 적용시키되 가능한 큰 곡선반경을 사용한다. (그림 4.32 참고)

나. 평면곡선의 종류

(1) 단원곡선

단원곡선은 1개의 원곡선을 중간에 두고 양쪽에서 직선으로 연결한 곡선을 말한다.

(2) 복합곡선

복합곡선은 같은 방향으로 곡률이 다른 2개 이상의 원곡선이 직접 접속하는 곡선을 말한다.

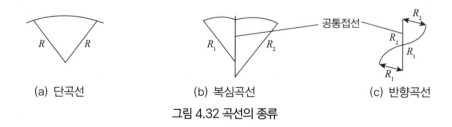

(a) 단곡선 (b) 복심곡선 (c) 반향곡선

그림 4.32 곡선의 종류

(3) 반향곡선

반향곡선은 방향이 다른 2개의 원곡선이 직접 접속하고 있는 곡선을 말한다.

(4) 배향곡선

배향곡선은 헤어핀(hair pin) 모양으로 된 곡선을 말하며, 산악지역 도로에서 종단경사를 지그재그 식으로 올라가는 도로에서 필요하다.

(5) 루프곡선

루프곡선은 평면상에서 폐합된 모양의 곡선이며 입체교차부의 연결로(rampway)에 쓰인다.

(6) 크로소이드곡선

크로소이드곡선은 곡률이 서서히 변화하는 곡선을 완화곡선이라 하며, 크로소이드곡선은 완화곡선의 일종으로 직선과 원곡선 또는 곡률이 다른 두 원곡선 사이의 접속부에 쓰인다.

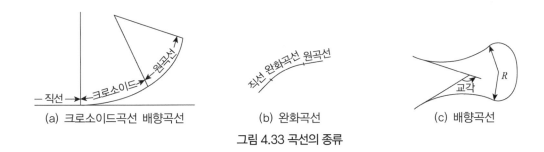

(a) 크로소이드곡선 배향곡선 (b) 완화곡선 (c) 배향곡선

그림 4.33 곡선의 종류

▍도로별 평면선형 설계기준

도로 곡선설계 시 설계속도별 평면곡선의 최소길이는 표 4.38을 기준하여 설계하여야 한다.

표 4.38 설계속도별 평면곡선의 최소길이

설계속도 (km/hr)	평면곡선의 최소길이(m)	
	도로의 교각이 5도 미만인 경우	도로의 교각이 5도 이상인 경우
120	700	140
110	650	130
100	550	110

※ θ는 도로 교각의 값(도)이며, 2도 미만인 경우에는 2도로 한다.
주) 국토해양부, 도로의 구조·시설기준에 관한 규칙 해설 및 지침, 2008

표 4.38 설계속도별 평면곡선의 최소길이(계속)

설계속도 (km/hr)	평면곡선의 최소 길이(m)	
	도로의 교각이 5도 미만인 경우	도로의 교각이 5도 이상인 경우
90	500	100
80	450	90
70	400	80
60	350	70
50	300	60
40	250	50
30	200	40
20	150	30

※ θ는 도로 교각의 값(도)이며, 2도 미만인 경우에는 2도로 한다.
주) 국토해양부, 도로의 구조·시설기준에 관한 규칙 해설 및 지침, 2008

5) 종단선형

종단선형은 평면선형과 조화를 이루도록 계획하고 토지이용계획에 따른 자연지형을 최대한 고려하여 비탈면 및 토공량이 최소화되도록 설계하며, 주변지역 도로와의 연계성을 고려한 종단계획으로 민원발생이 최소화되도록 설계한다. 또한 단지 내 도로 특성을 고려한 교차로 구간 종단선형 설계기법 적용으로 주행성 향상 및 교차로 구간의 배수처리가 원활하도록 설계하고 설계속도에 따른 종단경사, 종단곡선 변화비율 등 해당도로기능에 적합한 종단기하구조로 설계한다.

가. 종단경사

종단경사는 도로의 진행방향 중심선의 길이에 대한 높이의 변화비율을 말하며 차량의 쾌적한 주행을 위해서는 종단경사를 완만하게 하는 것이 좋다. 자동차의 오르막 능력에서 승용차는 종단경사의 영향을 거의 받지 않으나 중량 대 마력비가 높고 잉여마력이 적은 트럭은 종단경사가 커짐에 따라 주행속도가 떨어져 다른 고속차의 주행을 방해하고 도로의 교통용량을 저하시킨다.

차로의 종단경사는 도로의 구분, 지형상황과 설계속도에 따라 도로구조시설기준에서 정하는 기준 이하로 해야 한다.

차도의 종단경사

도로 설계 시 설계속도별 종단경사는 표 4.39를 기준하여 설계하여야 한다.

표 4.39 설계속도별 종단경사

설계속도 (km/hr)	고속도로		간선도로		집산도로 연결로		국지도로		비고
	평지	산지 등	평지	산지 등	평지	산지 등	평지	산지 등	
120	3	4							지형 상황, 주변지장물 및 경제성을 고려하여 필요하다고 인정되는 경우에는 종단경사 기준값에서 1%를 더한 값 이하로 할 수 있다.
110	3	5							
100	3	5	3	6					
90	4	6	4	6					
80	4	6	4	7	6	9			
70			5	7	7	10			
60			5	8	7	10	7	13	
50			5	8	7	10	7	14	
40			6	9	7	11	7	15	
30					7	12	8	16	
20							8	16	

주) 국토해양부, 도로의 구조·시설기준에 관한 규칙 해설 및 지침, 2008

소형차로의 종단경사

도로 설계 시 소형차로의 종단경사는 표 4.40을 기준하여 설계하여야 한다.

표 4.40 소형차로의 종단경사

설계속도 (km/hr)	고속도로		간선도로		집산도로 연결로		국지도로		비고
	평지	산지 등	평지	산지 등	평지	산지 등	평지	산지 등	
120	4	5							지형 상황, 주변지장물 및 경제성을 고려하여 필요하다고 인정되는 경우에는 종단경사 기준값에서 1%를 더한 값 이하로 할 수 있다.
110	4	6							
100	4	6	4	7					
90	6	7	6	7					
80	6	7	6	8	8	10			
70			7	8	9	11			
60			7	9	9	11	9	14	
50			7	9	9	11	9	15	
40			8	10	9	12	9	16	
30					9	13	10	17	
20							10	17	

주) 국토해양부, 도로의 구조·시설기준에 관한 규칙 해설 및 지침, 2008

나. 오르막차로

오르막경사 구간에서 트럭 등 저속차량을 교통류로부터 분리시켜 교통용량을 확보하기 위하여 설치한 차로를 오르막차로라고 한다.

오르막차로 설치가 필요한 장소로는 대형차 혼입율이 커서 용량 저하가 발생하는 장소이며 종단경사가 제한길이를 넘는 지역으로 속도－경사도를 작성하여 허용 최저속도 이하로 떨어지는 구간에 대하여 오르막차로를 검토해야 한다.

다. 종단곡선

차도의 종단경사가 변경되는 부분에는 종단곡선을 설치한다. 종단곡선의 변화비율을 해당도로의 설계속도 및 종단곡선의 형태에 따라 결정한다. 종단곡선의 변화비율은 종단경사의 대수차가 1% 변화하는 데 확보하여야 하는 수평거리로서 다음과 같이 산출한다. (그림 4.34 참고)

(1) 종단곡선 반경의 계산법

$$K = \frac{L}{S}$$

여기서, K : 종단곡선변화비율(m/%)

S : 종단곡선길이(m)

L : 종단곡선의 대수차(%)

(2) 종단곡선 반경의 중간값 계산방법

종단곡선의 길이는 수평거리와 같다고 보아도 지장이 없다. 그림 4.34와 같이 S_1, S_2의 경사변이점에서 종단곡선의 시종점을 VBC, VEC라고 할 때 두 종단경사에 접하는 종단곡선의 포물선 식에서 이정량을 구하면 아래와 같다.

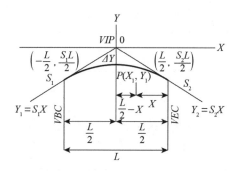

그림 4.34 종단곡선의 중간값

$$\varDelta Y = \frac{|S_1 - S_2|}{800} \times L \qquad Y = \frac{|S_1 - S_2|}{200L} \times X^2$$

여기서, X : VBC 혹은 VEC에서 임의의 점 P까지의 수평거리(m)

Y : VBC 혹은 VEC에서 X의 거리에 있는 점의 종단곡선까지의 이정량(m)

S_1 : VBC상의 종단경사(%)

S_2 : VEC상의 종단경사(%)

L : 종단곡선의 길이(m)

라. 종단곡선 최소길이

종단곡선의 변화비율을 종단곡선 최소변화율 규정에 따라 설계하더라도 곡선구간의 길이가 너무 짧게 되면 운전자의 눈에 비치는 도로의 선형이 원활하지 못하므로 설계속도로 3초간 주행하는 거리를 기준하여 표 4.41에서 정한 최소길이 이상이 되도록 한다.

∥ 설계속도별 종단곡선 최소변화비율 및 종단곡선 최소길이

표 4.41 종단곡선 최소변화비율 및 종단곡선 최소길이

설계속도(km/hr)	종단곡선 형태	종단곡선 최소변화비율(m/%)	종단곡선 최소길이(m)
120	볼록곡선	120	100
	오목곡선	55	
110	볼록곡선	90	90
	오목곡선	45	
100	볼록곡선	60	85
	오목곡선	35	
90	볼록곡선	45	75
	오목곡선	30	
80	볼록곡선	30	70
	오목곡선	25	
70	볼록곡선	25	60
	오목곡선	20	
60	볼록곡선	15	50
	오목곡선	15	

주) 국토해양부, 도로의 구조·시설기준에 관한 규칙 해설 및 지침, 2008

표 4.41 종단곡선 최소변화비율 및 종단곡선 최소길이(계속)

설계속도(km/hr)	종단곡선 형태	종단곡선 최소변화비율(m/%)	종단곡선 최소길이(m)
50	볼록곡선	8	40
	오목곡선	10	
40	볼록곡선	4	35
	오목곡선	6	
30	볼록곡선	3	25
	오목곡선	4	
20	볼록곡선	1	20
	오목곡선	2	

주) 국토해양부, 도로의 구조·시설기준에 관한 규칙 해설 및 지침, 2008

마. 교차로 구간 종단선형

교차로 구간에서의 주도로의 종단경사는 표 4.42 기준 이하로 설치한다. 단, 공사 현장여건상 부득이한 경우 기준 이상으로 설치할 수 있다.

표 4.42 교차로 구간 종단경사

구분	교차형태	교차구간	완경사구간	비고
일반적인 경우	부도로 직진 가능(4지)	2%	2%	
	부도로 직진 불가 (3지, 4지)	3%	3%	교통량 보통 이상
		4%	4%	교통량이 적을 때
급경사지의 소로	부도로 직진 가능(4지)	4%	종단곡선 설치	
	부도로 직진 불가(3지)	5%	종단곡선 설치	

주) 국토해양부, 도로의 구조·시설기준에 관한 규칙 해설 및 지침, 2008

도로종류에 따른 완경사구간의 최소길이는 표 4.43과 같이 설치한다.

표 4.43 도로종류별 완경사구간의 길이

구분	도로폭원(m)	완경사구간의 길이(m)
주간선도로	30~40	40
보조간선도로	20~30	35
집산도로	12~20	15
국지도로	6~10	10

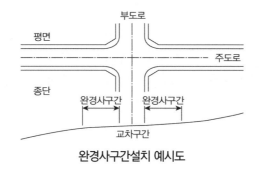

완경사구간설치 예시도

부도로의 접속등급에 따라 주도로의 횡단경사를 표 4.44와 같이 설치한다.

표 4.44 주도로의 횡단경사

부도로의 접속등급	주도로의 횡단경사	단면도
동급도로	LEVEL	
대로 이상 또는 1등급차	−1.0%	
2등급차	−1.5%	
3등급차 이상 • 부도로의 직전성이 없다. • 주도로의 규모와 중요도가 크다. • 부도로의 경사가 완경사(3% 이내)	−2.0%	

※ 위 사항은 오르막도로와 접속되는 반폭부분의 횡단경사로 내리막 도로와 접속되는 도로반폭 부분은 표준횡단경사(-2%)의 범위 내에서 내리막 도로경사를 적용
　등급차란 도로의 구조 · 시설 기준에 관한 규칙상 일반도로의 기능에 따른 분류에 의한 차이를 의미(예 : 주간선도로와 집산도로는 2등급차)
주) 국토해양부, 도로의 구조 · 시설기준에 관한 규칙 해설 및 지침, 2008

　　주도로 횡단선형과 부도로 종단선형의 접속은 다음 표를 기준으로 하고 주도로의 횡단경사를 부도로등급과 비교 조정한 후 부도로 경사에 따라 종단선형을 조정한다. (표 4.45 참고)

표 4.45 종단경사 접속방법

구분	접속방법	단면도
주도로 부도로의 차이가 2% 이내일 경우	종단곡선 또는 완경사 구간을 생략하고 주도로 횡단끝 지점에 그대로 접속	
주도로 부도로가 2~4% 차이 나고 부도로 종단경사가 ±3% 이내일 경우	부도로 끝부분에 종단곡선 설치	
주도로 부도로가 2% 이상 차이 나고 부도로 종단경사가 ±3% 이상	부도로에 완경사구간설치 완경사는 ±3% 이내, 길이는 도로에 따라 10~40m 이상	

주) 국토해양부, 도로의 구조 · 시설기준에 관한 규칙 해설 및 지침, 2008

6) 편경사 설치

도로에 편경사를 설치할 경우 주행의 쾌적성 및 안전성, 적설 및 결빙 등의 기상조건, 지역구분
(도시지역, 지방지역), 노면배수 최소 경사, 저속 주행자동차의 빈도, 시공성 및 유지관리 등을 고려
하여 설치하여야 한다.

가. 최대편경사

차도의 평면곡선부에는 도로가 위치하는 지역, 적설정도, 설계속도, 평면곡선 반경 및 지역상황
에 따라 표 4.46과 같이 최대편경사를 둔다.

▎적용최대 편경사

표 4.46 평면곡선부 최대경사

설계속도(km/hr)		최대편경사(%)
지방지역	적설·한랭 지역	6
	그 밖의 지역	8
도시지역		6
연결로		8

주) 국토해양부, 도로의 구조·시설기준에 관한 규칙 해설 및 지침, 2008

단, 평면곡선 반경을 고려하여 편경사가 필요 없는 경우와 설계속도가 60km/hr 이하인 도시지역
의 도로에서 도로 주변과의 접근과 다른 도로와의 접속을 위하여 편경사 설치가 곤란한 경우에는
편경사를 두지 않아도 된다.

나. 최소곡선 반경 산정

평면곡선부를 주행하는 운전자의 안전과 쾌적감을 확보하기 위해 표 4.47과 같이 설계속도에
따른 최소평면 곡선 반경을 규정하며 타이어의 횡방향 마찰력이 원심력보다 크도록 산정한다. 횡방
향 미끄럼 마찰계수의 성질은 속도가 증가하면 횡방향 미끄럼 마찰계수의 값은 감소하고, 습윤, 빙
설 상태의 포장면에서 횡방향 미끄럼 마찰계수의 값은 감소하며, 타이어의 마모가 증가함에 따라
횡방향 미끄럼 마찰계수의 값은 감소한다.

$$R = \frac{V^2}{127(i+f)}$$

여기서, i : 편경사(%/100)

V : 자동차의 속도(km/h)

f : 횡방향 미끄럼 마찰계수

R : 곡선반경(m)

▌설계속도별 최소 평면곡선 반경

표 4.47 설계속도별 평면곡선 반경

설계속도		120	110	100	90	80	70	60	50	40	30	20
횡방향 미끄럼마찰계수		0.10	0.10	0.11	0.11	0.12	0.13	0.14	0.16	0.16	0.16	0.16
최소평면 곡선반경	최대평경사 6%	710	600	460	380	280	200	140	90	60	30	15
	최대평경사 7%	670	560	440	360	265	190	135	85	55	30	15
	최대평경사 8%	630	530	420	340	250	180	130	80	50	30	15

주) 국토해양부, 도로의 구조·시설기준에 관한 규칙 해설 및 지침, 2008

다. 평면곡선 반경에 따른 편경사

평면곡선 반경의 크기가 결정되면 곡선부의 원심력에 대하여 운전자가 불쾌감을 느끼지 않고 안전하게 주행하도록 표 4.48과 같이 설계속도와 평면곡선 반경에 따른 적절한 편경사를 결정하여 야 한다. 이때 도시지역 내 도로의 횡방향 미끄럼 마찰계수는 설계속도 60km/hr 이상인 도로에서는 0.14, 60km/hr 미만도로에서는 0.15를 넘지 않도록 한다. 도시고속도로, 도시 내 우회도로 등 설계속 도 70km/hr 이상인 도로, 입체교차로 구간 및 도로의 주변 상황에 제약조건이 없는 경우에는 지방지 역 도로의 기준으로 편경사를 설치한다. (표 4.48 ~ 표 4.51 참고)

▌평면곡선 반경에 따른 편경사(최대편경사 = 6%)

표 4.48 평면곡선에 따른 편경사

설계속도 (km/h)	평면곡선 반지름에 따른 편경사					
	NC	2%	3%	4%	5%	6%
120	6,900 이상	6,900~3,840	3,840~2,470	2,470~1,610	1,610~1,050	1,050~710
110	5,800 이상	5,800~3,230	3,230~2,070	2,070~1,360	1,360~880	880~600
100	4,800 이상	4,800~2,650	2,650~1,690	1,690~1,070	1,070~690	690~460
90	3,900 이상	3,900~2,150	2,150~1,370	1,370~880	880~560	560~380
80	3,100 이상	3,100~1,680	1,680~1,060	1,060~670	670~420	420~280

주) NC는 표준횡단경사 적용(편경사 생략)이며, 단위는 m
　이때의 횡방향 미끄럼 마찰계수의 값은 f = 0.034~0.0368의 범위로서 원심력에 대하여 주행의 안정성과 쾌적성을 충분히 확보할 수 있다.
　국토해양부, 도로의 구조·시설기준에 관한 규칙 해설 및 지침, 2008

표 4.48 평면곡선애 따른 편경사(계속)

설계속도 (km/h)	평면곡선 반지름에 따른 편경사					
	NC	2%	3%	4%	5%	6%
70	2,300 이상	2,300~1,280	1,280~800	800~490	490~310	310~200
60	1,700 이상	1,700~940	940~580	580~350	350~220	220~140
50	1,200 이상	1,200~650	650~400	400~230	230~140	140~90
40	800 이상	800~420	420~260	260~150	150~90	90~60
30	400 이상	400~240	420~150	150~85	85~50	50~30
20	200 이상	200~110	110~65	65~35	35~25	25~15

※ NC는 표준횡단경사 적용(편경사 생략)이며, 단위는 m
　이때의 횡방향 미끄럼 마찰계수의 값은 $f=0.034{\sim}0.0368$의 범위로서 원심력에 대항하여 주행의 안정성과 쾌적성을 충분히 확보할 수 있다.
주) 국토해양부, 도로의 구조·시설기준에 관한 규칙 해설 및 지침, 2008

▌평면곡선 반경에 따른 편경사(최대편경사 = 7%)

표 4.49 평면곡선 반경에 따른 편경사(경사 7%)

설계속도 (km/h)	평면곡선 반지름에 따른 편경사						
	NC	2%	3%	4%	5%	6%	7%
120	7,100 이상	7,100~4,000	4,000~2,660	2,600~1,890	1,890~1,340	1,340~940	940~670
110	5,900 이상	5,900~3,360	3,360~2,240	2,240~1,590	1,590~1,130	1,130~790	790~560
100	4,900 이상	4,900~2,760	2,760~1,830	1,830~1,280	1,280~900	900~630	630~440
90	4,000 이상	4,000~2,240	2,240~1,480	1,480~1,040	1,040~730	730~480	480~360
80	3,100 이상	3,100~1,760	1,760~1,160	1,160~810	810~560	560~380	380~265
70	2,400 이상	2,400~1,340	1,340~880	880~610	610~410	410~280	280~190
60	1,800 이상	1,800~980	980~640	640~440	440~290	290~200	200~135
50	1,200 이상	1,200~680	680~440	440~290	290~190	190~130	130~85
40	800 이상	800~440	440~280	280~190	190~130	130~80	80~55
30	450 이상	450~250	250~160	160~110	110~70	70~45	45~30
20	200 이상	200~110	110~70	70~45	45~30	30~20	20~15

※ NC는 표준횡단경사 적용(편경사 생략)이며, 단위는 m
　이때의 횡방향 미끄럼 마찰계수의 값은 $f=0.034{\sim}0.0368$의 범위로서 원심력에 대항하여 주행의 안정성과 쾌적성을 충분히 확보할 수 있다.
주) 국토해양부, 도로의 구조·시설기준에 관한 규칙 해설 및 지침, 2008

▌평면곡선 반경에 따른 편경사(최대편경사＝8%)

표 4.50 평면곡선 반경에 따른 편경사(경사 8%)

설계속도 (km/h)	평면곡선 반지름에 따른 편경사							
	NC	2%	3%	4%	5%	6%	7%	8%
120	7,200 이상	7,200~4,110	4,110~2,790	2,790~2,040	2,040~1,540	1,540~1,160	1,160~860	860~630
110	6,000 이상	6,000~3,450	3,450~2,340	2,340~1,710	1,710~1,290	1,290~980	980~720	720~530
100	5,000 이상	5,000~2,840	2,840~1,920	1,920~1,400	1,400~1,040	1,040~780	780~570	570~420
90	4,000 이상	4,000~2,300	2,300~1,560	1,560~1,130	1,130~850	850~630	630~460	460~340
80	3,200 이상	3,200~1,810	1,810~1,220	1,220~880	880~650	650~480	480~350	350~250
70	2,400 이상	2,400~1,380	1,380~930	930~670	670~490	490~360	360~260	260~180
60	1,800 이상	1,800~1,010	1,010~680	680~490	490~350	350~260	260~180	180~130
50	1,200 이상	1,200~700	700~470	470~330	330~240	240~170	170~120	120~80
40	800 이상	800~450	450~300	300~210	210~150	150~110	110~75	75~50
30	500 이상	500~250	250~170	170~120	120~85	85~60	60~40	40~30
20	200 이상	200~120	120~75	75~55	55~40	40~25	25~20	20~15

※ NC는 표준횡단경사 적용(편경사 생략)이며, 단위는 m
　이때의 횡방향 미끄럼 마찰계수의 값은 $f=0.034\sim0.0368$의 범위로서 원심력에 대항하여 주행의 안정성과 쾌적성을 충분히 확보할 수 있다.
주) 국토해양부, 도로의 구조·시설기준에 관한 규칙 해설 및 지침, 2008

▌도시지역 도로의 편경사와 평면곡선 반경의 관계

표 4.51 도로의 편경사와 평면곡선 반경

편경사의값 (%)	평면곡선반경(m)				
	60km/h	50km/h	40km/h	30km/h	20km/h
6	140 이상 145 이상	90 이상 95 이상	60 이상 63 이상	30 이상 32 이상	15 이상 16 이상
5	145 이상 155 이상	95 이상 100 이상	63 이상 65 이상	32 이상 35 이상	16 이상 17 이상
4	155 이상 165 이상	100 이상 110 이상	65 이상 70 이상	35 이상 38 이상	17 이상 18 이상
3	165 이상 175 이상	110 이상 115 이상	70 이상 75 이상	38 이상 40 이상	18 이상 19 이상
2	175 이상 240 이상	115 이상 155 이상	75 이상 90 이상	40 이상 55 이상	19 이상 25 이상
NC	240 이상	155 이상	90 이상	55 이상	25 이상

※ NC는 표준횡단경사 적용(편경사 생략)이며, 단위는 m
주) 국토해양부, 도로의 구조·시설기준에 관한 규칙 해설 및 지침, 2008

라. 편경사의 접속설치

▌편경사의 접속설치율

도로설계 시 편경사의 접속설치율은 표 4.52에 의거 설계하여야 한다.

표 4.52 편경사의 접속설치율

나라별 \ 설계속도	120	110	100	90	80	70	60	50
AASHTO(미국)	1/250	1/238	1/222	1/210	1/200	1/182	1/167	1/150
일본	1/200	–	1/175	–	1/150	–	1/125	1/115
우리나라 적용기준	1/200	1/185	1/175	1/160	1/150	1/135	1/125	1/115

주) 국토해양부, 도로의 구조·시설기준에 관한 규칙 해설 및 지침, 2008

편경사의 설치는 원칙적으로 완화곡선 전길이에 걸쳐서 설치한다. 즉, 완화곡선 길이는 편경사를 완전하게 변화시킬 수 있는 길이 이상이어야 하며 그 길이는 다음 식에 의해 결정된다.

$$Ls = \frac{B \times \Delta i}{q}$$

여기서, Ls : 편경사의 접속설치길이(m)

B : 기준선에서 편경사가 설치되는 곳까지의 폭(m)

ΔEi : 횡단경사 값의 변화량(%/100)

q : 편경사 접속설치율(m/m)

적용은 편경사 접속 설치 길이와 최소 완화구간 길이를 비교하여 큰 값으로 정한다.

마. 편경사의 구간별 구성

도로설계 시 편경사의 구간별 구성은 표 4.53과 같이 구분된다.

표 4.53 편경사의 구간별 구성

구간		편경사의 구간별 구성 내용
직선구간		표준 횡단경사만을 갖는 직선부
편경사 접속 설치구간(TL)	표준경사 변화구간(T)	도로의 직선부 표준 횡단경사의 바깥쪽 차로 횡단경사를 어느 정도 길이로 내어서 0으로 함
	편경사 변화구간(L)	안쪽차로는 도로의 정상 횡단경사를 유지하고 바깥쪽 차로는 계속 기울기를 높여 정상 횡단경사를 유지
		바깥차로와 안쪽차로의 횡단경사가 모두 정상 횡단경사가 된 후 계속해서 경사를 높여 최대편경사 유지
평면곡선구간		최대편경사가 유지되는 곡선부

주) 국토해양부, 도로의 구조·시설기준에 관한 규칙 해설 및 지침, 2008

일반적인 편경사의 설치도는 그림 4.35와 같다.

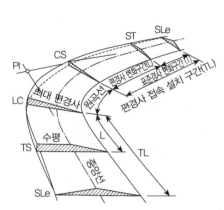
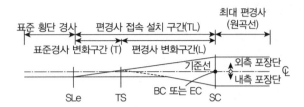

PI : 두 직선부 도로, 중심선의 교차점
TS/PT : 직선구간과 완화곡선 구간의 전이 시점
SC/CS : 완화곡선 구간과 곡선부의 전이 시점(BC 또는 EC)
SLe : 편경사 접속설치 구간의 시점
TL : 편경사 접속설치 구간
T : 표준경사 변화구간
I : 표준횡단경사(%)
L : 편경사 변화구간
E : 편경사(%)

주) 국토해양부, 도로의 구조·시설기준에 관한 규칙 해설 및 지침, 2008

그림 4.35 편경사의 설치도

7) 평면교차 설계

교차로는 토지이용계획 및 교통영향평가 결과를 검토 반영하여 교차로 구간에서의 원활한 교통처리 및 신속하고 안전한 교통신호체계수립, 보행자와 차량, 차량과 차량의 상충을 최소화하도록 안전을 고려하여 설계한다.

가. 평면교차로의 형태

차로에서의 상충은 교차상충, 합류상충, 분류상충으로 그림 4.36과 같이 구분한다. 평면교차로의 형태는 교차하는 갈래의 수, 교차 각 및 교차 위치에 따라 구분된다. (그림 4.37 참고)

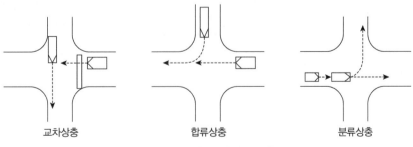

그림 4.36 평면교차로의 상충

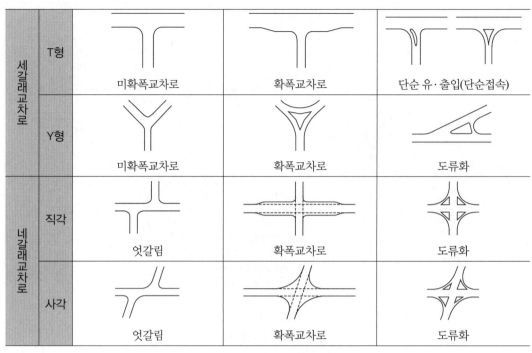

	T형	미확폭교차로	확폭교차로	단순 유·출입(단순접속)
세갈래교차로	Y형	미확폭교차로	확폭교차로	도류화
네갈래교차로	직각	엇갈림	확폭교차로	도류화
	사각	엇갈림	확폭교차로	도류화

그림 4.37 평면교차로 갈래의 수

나. 좌회전 차로

신설교차로에서 좌회전 차량의 영향을 최소화하여 교차로 운영 효율을 제고하기 위하여 좌회전 차로의 설치기준을 표 4.54와 같이 검토한 후 교차로 설계에 반영한다.

▌좌회전 차로 설치기준

표 4.54 좌회전 차로 설치기준

구분		내용
설치 기준	차로폭원	3.0m 이상
	차로길이	첨두시 신호 1주기당 도착하는 좌회전차량수의 1.5배에 해당하는 길이로 하되 최소한 신호 1주기당 도착하는 좌회전차량수에 두 배를 한 값보다 길어야 함
테이퍼비		• 설계속도 60km/hr 이상, 1 : 15 • 설계속도 50km/hr 이하, 1 : 8 • 시가지 최소 설계기준, 1 : 4

주) 국토해양부, 도로의 구조·시설기준에 관한 규칙 해설 및 지침, 2008

다. 가·감속차로 설치계획

우회전 차로는 교통량이 많아 직진 교통량에 지장을 초래할 것으로 예상되는 지점에 설치계획하고 사업지구 내 교차로 중 간선도로와 간선도로 또는 보조간선도로가 교차하여 우회전 교통량 및 우회전 차량속도가 높을 것으로 예상되는 교차로에 설치토록 계획한다. 단지 내 가로구간의 운영 효율성 및 소통기능 제고를 위하여 주요교차로에는 가·감속차로를 표 4.55와 같이 설치한다.

표 4.55 가·감속차로 설치기준

구분		80km/hr	70km/hr	60km/hr	50km/hr	40km/hr	30km/hr	비고
가속차로길이	지방지역 (a=1.5m/sec)	160	130	90	60	40	20	
	도시지역 (a=2.5m/sec)	100	80	60	40	30	–	
감속차로길이	지방지역 (a=2.0m/sec)	120	90	70	50	30	20	
	도시지역 (a=3.0m/sec)	80	60	40	30	20	10	

주) 국토해양부, 도로의 구조·시설기준에 관한 규칙 해설 및 지침, 2008

라. 교차로 가각부 처리

도로경계선의 가각설치는 표 4.56과 같이 교차로 내의 시거가 확보될 수 있도록 시거삼각형의 투시선을 따라 가각을 정리하는 것이 원칙으로 교차로 구간의 접속도로 양변의 길이를 동일하게 계획하고, 보차도 경계석 회전반경이 확보되는 범위 이상으로 산정한다.

표 4.56 교차로의 가각처리

교차 각도	도로 너비	40	35	30	25	20	15	12	10	8	6	비고
90° 전후	40	12	10	10	10	10	8	6	–	–	–	
	35	10	10	10	10	10	8	6	–	–	–	
	30	10	10	10	10	10	8	6	5	–	–	
	25	10	10	10	10	10	8	6	5	–	–	
	20	10	10	10	10	10	8	6	5	5	5	
	15	8	8	8	8	8	8	6	5	5	5	
	12	6	6	6	6	6	6	6	5	5	5	
	10			5	5	5	5	5	5	5	5	
	8					5	5	5	5	5	5	
	6					5	5	5	5	5	5	

주) 국토해양부, 도로의 구조·시설기준에 관한 규칙 해설 및 지침, 2008

표 4.56 교차로의 가각처리(계속)

교차각도	도로너비	40	35	30	25	20	15	12	10	8	6	비고
60° 전후	40	15	12	12	12	12	10	8	6	−	−	
	35	12	12	12	12	12	10	8	6	−	−	
	30	12	12	12	12	12	10	8	6	−	−	
	25	12	12	12	12	12	10	8	6	−	−	
	20	12	12	12	12	12	10	8	6	6	6	
	15	10	10	10	10	10	10	8	6	6	6	
	12	8	8	8	8	8	8	8	6	6	6	
	10	6	6	6	6	6	6	6	6	6	6	
	8	−	−	−	−	6	6	6	6	6	6	
	6	−	−	−	−	6	6	6	6	6	6	
120° 전후	40	8	8	8	8	8	6	5	−	−	−	
	35	8	8	8	8	8	6	5	−	−	−	
	30	8	8	8	8	8	6	5	4	−	−	
	25	8	8	8	8	8	6	5	4	−	−	
	20	8	8	8	8	8	6	5	4	4	4	
	15	6	6	6	6	6	6	5	4	4	4	
	12	5	5	5	5	5	5	5	4	4	4	
	10	−	−	4	4	4	4	4	4	4	4	
	8	−	−	−	−	4	4	4	4	4	4	
	6	−	−	−	−	4	4	4	4	4	4	

주) 국토해양부, 도로의 구조·시설기준에 관한 규칙 해설 및 지침, 2008

8) 입체교차 설계

가. 개요

입체교차(Interchange)란 도로와 도로 혹은 도로와 철도가 서로 다른 높이로 교차하는 것을 말한다. 입체교차에서 서로 교차하는 도로를 연결하거나 서로 높이 차이가 있는 도로를 연결하여 주는 도로를 연결로(Ramp)라 한다.

입체교차는 연결로가 붙어 있는 경우의 입체구조물을 인터체인지라 하고, 연결로가 붙어 있지 않은 경우의 입체구조물을 단순입체교차라 한다. 인터체인지는 자동차전용도로 상호 간을 분기점 인터체인지(Junction interchange) 및 일반도로와의 출입을 위한 일반인터체인지(Interchange)로 구분한다.

나. 단순 입체교차

도시 내 도로의 단순 입체교차의 형식으로 그림 4.38과 같이 본선, 측도, 및 입체교차 유, 출입부로 구성된다.

(1) 본선

본선의 차로수는 편도 2차로 이상을 원칙으로 부득이 편도1차로의 경우는 고장차 대피를 위한 길어깨를 포함해야 한다. 교통류를 입체화할 때 지하차도와 고가차도 중 지형, 지질, 공사비 등에 따라 결정한다.

(2) 측도

측도의 폭은 교차로에서의 좌우회전 교통량에 따라 정해지지만 적어도 1차로 외에 주정차대를 포함한 폭으로 한다.

(3) 입체교차 유출입부

유출입부란 본선이 측도와 접속하는 부분의 근처이며 여기서 교통의 분합류가 이루어진다. 입체교차 유출입부에서는 그림 4.38과 같이 본선보다 차로수가 많아지므로 차로의 확폭 구간을 설치해야 한다.

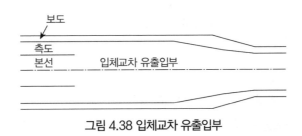

그림 4.38 입체교차 유출입부

다. 인터체인지
(1) 인터체인지의 배치계획

인터체인지의 배치계획은 일반국도 등 주요도로와의 교차점 또는 접근지점에 계획하고 항만, 공항 등 중요한 지역을 통과하는 주요도로와 교차점 또는 접근지점, 인구 3만 이상의 도시 부근, I/C 세력권 인구가 5만~15만 정도 되게 배치하며 유출입 교통량이 3만대/일 이하가 되도록 배치하고

출입시설 간 간격이 최소 2km, 최대 30km 이하가 되도록 배치하며 총 비용 대 편익비가 최대가 되도록 배치한다.

(2) 인터체인지의 위치선정

인터체인지 위치선정은 교통조건, 사회적조건, 자연조건에 대하여 상세히 조사하여 교통조건조사는 그 지역의 도로망 현황 및 교통량이 주된 항목으로 하고, 사회적 조건조사는 보상비산정과 형식선정에 필요한 용지조사, 매장문화재조사 등으로 하며 자연조건조사는 지형, 지질, 배수, 수리, 기상에 관한 것을 포함하여 조사한다.

(3) 인터체인지의 구성
① 연결로

I/C의 연락 차도로서 높이가 다른 도로 사이를 연결하기 위하여 설치한 도로 연결로의 형식은 그림 4.39와 같이 직결형, 준직결형, 루프형의 3가지로 분류한다.

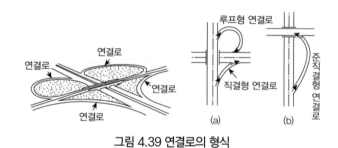

그림 4.39 연결로의 형식

② 가속차로

연결로의 설계속도는 직결도로의 설계속도보다 낮으므로 가속차로가 필요하고 연결도로에서 들어오는 차량은 가속차로를 주행하면서 속도를 조절하여 본선도로에 합류한다.

③ 감속차로

본 도로에서 연결로로 나가는 차량은 연결로 설계속도까지 낮추기 위한 차로이며 감속차로의 길이는 일반적으로 가속차로의 길이보다 짧다.

④ 변이구간

변속차로에서 가속, 감속하기 위한 테이퍼 구간으로 충분한 길이로 확보해야 한다.

4.4 도로 부대시설물

1) 횡단보도

가. 기본방향

횡단보도의 위치는 교차로의 상황, 자동차 및 보행자의 교통량 등을 종합적으로 고려하여 위치결정을 한다. 횡단보도는 보행자가 최단거리로 횡단할 수 있도록 교차점 내측에 설치한다.

나. 설치방법

횡단보도의 폭은 유형보도 폭의 2배 정도로 하되 최소 4.0m 이상으로 설계하며 도로별 횡단보도 폭은 다음과 같다. (그림 4.40 참고)

구분	대로	중로	소로	비고
횡단보도 폭(m)	8.0	6.0	4.0	

횡단보도 폭원은 교통영향평가에서 제시한 폭원으로 설계하며 횡단자전거도의 설치위치는 횡단보도에서 교차로 쪽에 설치하는 것을 원칙으로 하되 도로 여건을 감안하여 조정한다.

┃ 횡단보도 예시도

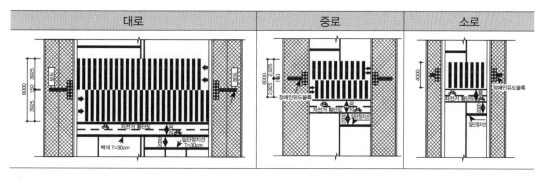

주) 국토해양부, 도로의 구조·시설기준에 관한 규칙 해설 및 지침, 2008

그림 4.40 횡단보도

다. 보행자 도로 연결구간

보행동선은 보행활동의 연속성과 안정성을 유지하는 동시에 목적한 장소에 가장 짧은 시간에

도달할 수 있도록 그림 4.41과 같이 배치하도록 계획한다.

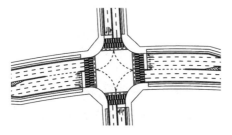

주) 국토해양부, 도로의 구조·시설기준에 관한 규칙 해설 및 지침, 2008

그림 4.41 보행자 연결구간

2) 노면표시

가. 설계기준

도로에서 교통이 안전하고 원활한 운행을 도모하기 위한 도로표시(marking)는 경찰청령「도로 교통법 시행규칙」에 적합토록 설치한다. 노면표시는 도로관리청이 설치하는 구획선과 경찰이 설치하는 도로 표시로 구분한다.

나. 표시 및 치수기준

▌차도중앙선 및 차도외측

도로의 각종 차선 표시 및 노면표시는 그림 4.42를 기준하여 설치하여야 한다.

종류		표식	표준수법(cm)	비고
중앙선	점선	W ▬ ▬ ▬ $L_1 \| L_2$	W=15~20 L1=L2=300	2차로의 차도에 설치하는 경우(도로 양측으로 넘어 갈 수 있음을 표시)
	실선 (단선)	W ▬▬▬▬	W=15~20	2차로 이상의 차도에 설치하는 경우
	실선 (복선)	W ▬▬▬ S ▬▬▬	W=10~15 S=20~30	4차로 이상의 차도에 중앙분리대 없이 설치하는 경우

주) 국토해양부, 도로의 구조·시설기준에 관한 규칙 해설 및 지침, 2008

그림 4.42 차선 및 노면표시

종류		표식	표준수법(cm)	비고
차로 경계선	점선		W=10~15 L1=300~1,000 L2=(1~2)L1	일반의 경우
	실선		W=10~15	2차로 이상의 차도에 설치하는 경우
차도 외측선	실선		W=15~20	차도와 보도의 구분이 없는 도로에서 길가 장자리 구역을 설치

• 노면표시는 교통관리안전시설로서 도로구조를 보존하고 교통상의 안전과 원활을 도모하는 데 필요하며 도로이용자에게 규제 또는 지시의 정보를 전달하는 기능이 복합적으로 이루어지는 시설임
• 도로에서 안전하고 원활한 운행을 도모하기 위한 도로표시(Markig)는 경찰청 「도로교통법 시행규칙」에 적합하도록 백색, 황색, 청색으로 설치

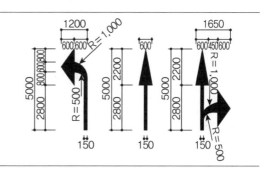

주) 국토해양부, 도로의 구조·시설기준에 관한 규칙 해설 및 지침, 2008

그림 4.42 차선 및 노면표시(계속)

3) 도로 반사경

도로 반사경은 도로의 곡선부나 주행속도에 따라 좌우의 시거가 확보되지 못한 교차로 등에서 다른 차량이나 보행자, 전방의 도로 상황을 사전에 확인하여 안전한 주행을 위해 설치하는 시설이다. 다른 자동차 또는 보행자를 사전에 확인하기 위하여 설치해놓은 거울로써 도로의 굴곡부, 시거가 불량한 교차로 등에는 도로 및 교통상황에 따라 설치한다.

4) 보호 펜스

초등학교 주변 통학로 보·차도경계부에 어린이 보호용 가드 펜스 및 보호구역 표지판 설치한다.

5) 스쿨존(어린이 보호구역)

가. 설계방향

초등학교 주변은 통학로 교통안전을 위해 School Zone(초등학교 정문에서 반경 300m)을 설정하며 School Zone 내 도로는 유색 아스팔트(컬러)로 포장하여 어린이 교통안전을 도모한다. 또한 초등

학교 주변도로는 보도를 확보하여 보차분리를 실시한다.

6) 험프식 횡단보도

험프(Hump)식 횡단보도는 횡단보도를 인도의 높이로 맞춰 높인 것으로 보행자에게는 차도와 보도 사이에 턱을 없애주는 대신 통행차량의 과속주행을 방지하기 위해 차량의 속도를 제어한다. 설치장소는 단독주택지에 보행자 전용도로의 연결 확보와 소로 횡단구간이 필요한 지점에 차량의 속도 규제가 필요하다고 판단되는 구간에 설치한다.

▌형상 및 재원

험프식 횡단보도의 폭은 그림 4.43과 같이 4m 이상으로 하여 충분한 보행공간을 확보하고 도로 구간에 설치하는 경우에는 횡단보도와 연결되는 보도 부분을 직진차로와 연결하여 설치하고 야간의 사고 방지를 위한 안전시설물을 설치한다.

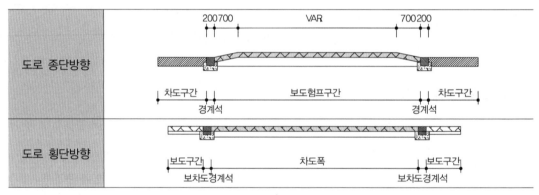

주) 국토해양부, 도로의 구조·시설기준에 관한 규칙 해설 및 지침, 2008

그림 4.43 험프식 횡단보도

7) 장애인 유도블럭

가. 목적

현재까지 각종 공공시설이 건강한 정상인을 기준으로 설계, 시공되어 있어 장애인들이 사회활동을 하면서 이를 불편 없이 이용할 수 있도록 하기 위하여 장애인 유도블럭을 설치한다. 장애인 유도블럭 설치는 장애인들이 단지 내의 편의시설을 이용하는 데 불편이 없는 인간존중의 단지조성을 목적으로 한다.

나. 설치기준

설치장소는 도로의 횡단보도 및 일시대기용 안전 분리대, 보도와 차도의 교차지점(경계), 공공이용시설, 지상·지하경사로 등의 출입구와 버스정류장 등이다. (그림 4.44 참고)

장애인 유도블럭의 종류는 직선보행 중에 위험 장소나 횡단보도 등의 목적지점의 위치, 인지목적으로 하는 위치표시용 블록과 선형블록이라 하여, 계속적 직선보행의 유도를 목적으로 하는 유도표시용 블록 및 직선보행 중에 교차부, 분기부 등의 굴절지점에 있어서 방향전환 표시의 목적으로 하는 굴절점 표시용 블록으로 구분한다. 선형블록은 방향을 제시하여 통행이 장애가 없도록 설치하고, 점형블록은 굴절부 단차부분, 위험장소 등의 30cm 전방에 설치한다.

▌시공예시도

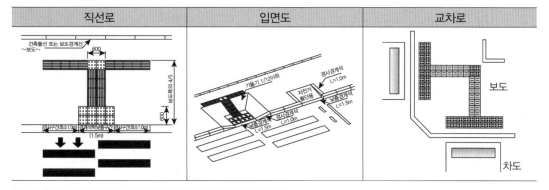

주) 국토해양부, 도로안전시설 설치 및 관리지침(장애인 안전시설), 2011

그림 4.44 장애인 유도블럭

4.5 포장공법 선정

1) 개 요

포장의 종류에는 여러 가지가 있으나 차량의 노면도로로서 적합한 포장은 아스팔트 콘크리트 포장과 시멘트 콘크리트 포장으로 대별할 수 있으며, 포장 종류의 선택은 이들 포장에 대한 비교 검토를 통하여 결정한다. 포장공법 결정을 위해 고려해야 할 요소로는 도로의 교통기능 및 교통량, 타 포장과의 공법비교, 유지관리에 대한 용이도 및 경제성, 재료구득의 난이도, 내구성 및 시공 용이도, 사업지구의 특성 및 도로의 기능 등이 있다.

2) 포장구조

경제성 및 시공성, 유지관리 등을 고려한 그림 4.45와 같이 포장단면 공법을 적용하며, 단지 내 포장설계 시 중차량 증가 및 기온상승 변화로 내유동성 개선방안을 검토한다. (중간층 도입)

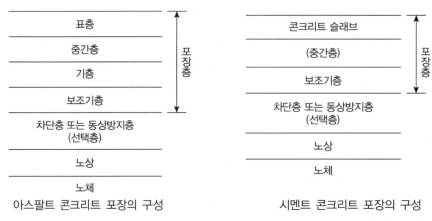

그림 4.45 각 포장의 구성

4.6 차도포장

1) 개 요

포장의 공용성을 높이기 위해서 이용자 통행의 편리성과 쾌적감을 제공하고, 도로이용자 관점에서 아스팔트 포장의 구성과 콘크리트 포장의 구성상태를 평가하여 서비스 능력이 우수하도록 설계한다. 도로의 기능적, 구조적, 안전적 공용성이 높게 측정될 수 있는 포장의 물리적 손상특성과 주관적 평가를 서로 상관시켜 객관적 서비스지수를 제공해야 한다.

2) 포장공법의 비교검토

가. 아스팔트 및 시멘트 콘크리트 포장 비교

아스팔트 콘크리트 포장과 시멘트 콘크리트 포장에 대하여 다음과 같이 검토한다. (그림 4.46, 표 4.57 참고)

구분	아스팔트 콘크리트 포장	시멘트 콘크리트 포장
하중 전달	교통하중을 표층 → 기층 → 보조기층 → 노상으로 확산 분포시켜 하중을 절감하는 형식 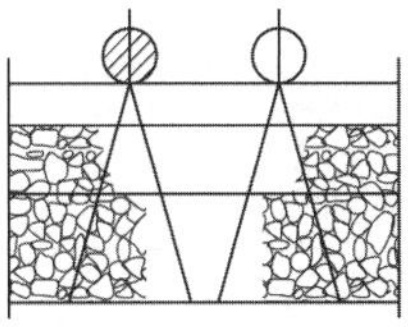	교통하중을 콘크리트 슬래브가 직접 지지하는 형식 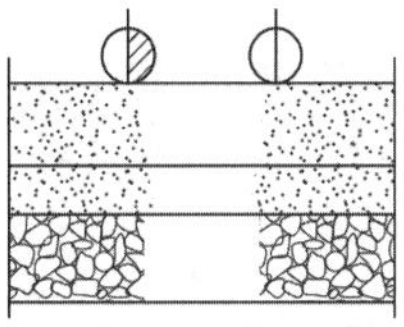
표층	• 교통하중을 일부지지, 하부 층으로 전달 • 표면수의 침입을 방지하여 하부 층 보호	슬래브 자체가 빔으로 작용하여 교통하중에 의해 발생되는 응력을 휨 저항으로 지지
기층	• 입도조정처리 또는 아스팔트 혼합물로 구성 • 표층과 일체가 되어 교통 하중에 의한 전단에 저항하며 하중을 분산시켜 보조기층으로 전달	표층에 포함됨
보조 기층	• 입상재료 또는 토사 안정처리재료 등으로 구성 • 상부층에서 전달된 교통하중을 지지하며 노상으로 전달 • 포장층 내 배수기능 담당 • 미립질의 노반토사가 기층부로 침투하는 것을 방지 • 동결작용의 손상효과를 최소화	• 빈배합 콘크리트 또는 시멘트 및 아스팔트 안정처리로 구성 • 콘크리트 슬래브에 대한 균일한 지지력 확보 • 줄눈부 및 균열 부근의 우수침투 및 펌핑현상 방지 • 균등하고 안정적이며 영구적인 지지력 제공 • 노상반력 계수 증대
구조 특성	• 포장층 일체로 하중을 지지하고 노상에 윤하중 분포 • 포장두께는 교통 하중과 노상 지지에 의해설계 • 기층 또는 보조기층에도 큰 응력이 작용 • 반복되는 교통하중에 민감	• 콘크리트 슬래브 자체로 하중 및 온도변화에 대해 지지 • 슬래브에 불규칙한 균열방지를 위해 가로 수축줄눈은 4~6m 간격으로 줄눈설치 • 골재 맞물림 작용 및 다우웰바를 통해 슬래브 간 하중 전달

주) 국토해양부, 국도건설공사 설계 실무 요령, 2008

그림 4.46 각 포장의 특성

표 4.57 각 포장의 특성

구분	아스팔트 콘크리트 포장	시멘트 콘크리트 포장
수명	약 10~20년	약 30~40년
시공성	• 신속성 및 간편성 측면에서 유리 • 단계시공 방식에 유리	• 줄눈설치 및 콘크리트 양생으로 다소불리 • 시공기계 대형화
내구성	중차량이 많은 도로에서 소성변형 발생	중차량에 대한 적응도 양호
시공기간	즉시 교통 개방	양생기간 필요
공용성	• 공사 후 즉시 교통개방 • 평탄성 및 승차감 양호 • 소음이 적음	• 장기간 양생 필요(보통 포틀랜드 시멘트 사용할 때 14일 이상 소요) • 수축줄눈의 설치로 승차감 불량 • 소음 발생
적용도로	• 연약지반에 축조된 도로 • 조기 교통 개방이 필요한 도로 • 교량, 암거, 터널 등 구조물이 많은 구간에서 경제성, 시공성 양호 • 승용차의 구성비가 높은 관광지 인접도로 • 확장공사를 시행하는 도로	• 중차량의 구성비가 큰 도로 • 절성토 경계부가 많은 도로 • 신설 도로 • 2차선 분리 도로

주) 국토해양부, 국도건설공사 설계 실무 요령, 2008

표 4.57 각 포장의 특성(계속)

구분	아스팔트 콘크리트 포장	시멘트 콘크리트 포장
토질영향 (연약지반)	적응성 양호	침하량이 크거나 부등침하 발생에 따른 조기 파손
기술개발	• 시공경험의 풍부로 시공 용이 • 즉시 교통개방이 용이	• 콘크리트 품질관리, 양생, 평탄성, 줄눈시공 등 고도의 숙련 필요 • 양생기간이 필요
유지보수	• 보수가 빈번하며 약 8년 후 1차 덧씌우기(T=5cm) 및 향후 7년마다 덧씌우기 포장실시(교통지체현상 초래) • 유지관리비 고가 • 국부적 파손 시 보수 양호 • 잦은 유지보수로 교통 소통 지장	• 변동성 큼 • 유지관리비 저렴 • 국부적 파손 시 보수가 어려움 • 공용개시 15년 후에 아스콘 덧씌우기 포장실시
재생이용	가능성 있음(여러 가지 방법으로 활용)	소요경비 과다(파쇄에너지가 크며, 강도에도 문제가 있음)

주) 국토해양부, 국도건설공사 설계 실무 요령, 2008

▌아스팔트 포장 공법 비교검토

아스팔트 포장은 가열, 고분자개질, 내유동성 포장 등으로 그림 4.47과 같이 구분할 수 있다.

구분	가열아스팔트포장(HMA)	고분자개질아스팔트포장(PMA)	내유동성아스팔트포장(SMA)
단면	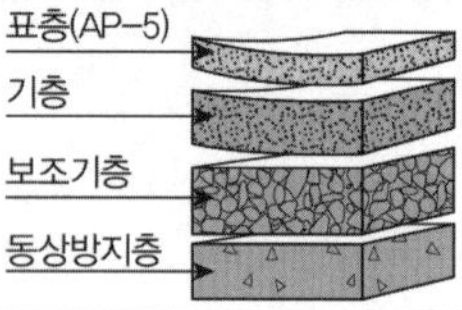 표층(AP-5) 기층 보조기층 동상방지층	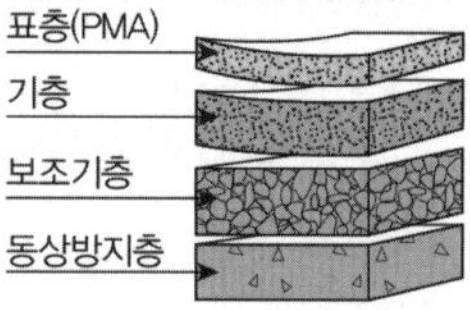 표층(PMA) 기층 보조기층 동상방지층	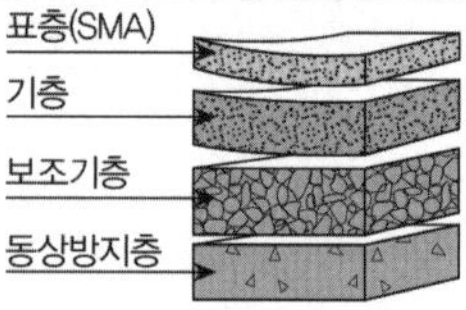 표층(SMA) 기층 보조기층 동상방지층
혼합물 특성	소성변형방지를 위해 별도의 중간층 형성 일반적인 포장형식이나 중간층을 기층으로 대체함	• 일반아스팔트와 고무계 개질재인 SBS를 결합시킨 개질아스팔트 사용 • 개질재 사전 배합(Premix Type)	• 섬유안정제첨가 • AP 함량이 많음 • 다짐이 큰 장비 사용 • 골재의 맞물림 결합강도 발현
시공성	• 중간층의 별도생산 필요 • 신속성, 간편성 유리	• 슈퍼팔트 전용탱크 필요 • 생산 및 시공성 불편	별도의 배합설계 및 섬유안정제 투입공정 필요강도 발현
내구성	중차량이 많은 도로에서 소성변형 우려	소성변형에 대한 저항성 우수	소성변형에 대한 저항성 우수
유지 보수	• 잦은 보수로 교통장애 • 유지보수가 고가 • 부분보수 용이	• 유지보수 빈도 감소 • 재료 구득 곤란으로 유지보수 매우 불리	• 유지보수 빈도 감소 • 부분보수 다소 불리
공용성	• 공사 후 즉시 교통개방 • 평탄성 및 승차감 양호 • 소음이 적음	• 공사 후 즉시 교통개방 • 평탄성 및 승차감 양호 • 소음이 적음	• 공사 후 즉시 교통개방 • 평탄성 및 승차감 양호 • 소음이 적음
경제성	공사비 보통	소량생산 곤란 등으로 경제성 불리	공사비 고가
적용성	• 신설 및 확장도로 • 조기 교통 개방이 요구되는 곳	• 신설 및 확장도로 • 조기 교통 개방이 요구되는 곳	• 신설 및 확장도로 • 반복 휨응력에 대한 적응성 양호

주) 국토해양부, 국도건설공사 설계 실무 요령, 2008

그림 4.47 아스팔트 공법 비교

3) 동결깊이 및 포장두께 산정(예)

가. 동결깊이

동결지수는 포장 내 동결관입 깊이를 산정하기 위한 대표적인 척도로서 포장의 구조와 노상토를 동결시키는 대기온도의 강우와 지속시간의 누가영향으로 표시한다. 동결지수 단위는 온도·일(℃·일, ℉·일)이며 동결기간 동안의 일평균기온과 임의의 기준 온도와의 차이를 누가하여 온도·일에 대한 시간곡선을 그리고 최고점 최저점의 차이로 동결지수를 정의한다.

나. 수정동결지수산정

(1) 지점별 동결지수

우리나라 전국 지역별 동결지수는 표 4.58과 같이 적용한다.

표 4.58 전국 지점별 동결지수

지역	측후소 지반고(m)	동결지수 (℃·일)	동결기간 (일)	지역	측후소 지반고(m)	동결지수 (℃·일)	동결기간 (일)
충주	69.4	528.4	89	고흥	60.0	83.5	49
서산	26.4	313.2	76	해남	22.1	102.6	49
울진	49.5	121.6	57	장흥	43.0	130.1	52
청주	59.0	411.6	78	순천	74.0	179.9	64
대전	67.2	317.7	68	남원	89.6	272.4	67
추풍령	245.9	303.9	78	정읍	40.5	223.9	61
포항	2.5	98.5	52	임실	244.0	420.3	86
군산	26.3	194.9	61	부안	7.0	244.7	61
대구	57.8	160.9	54	금산	170.7	372.5	77
전주	51.2	233.5	61	부여	16.0	330.0	74
울산	31.5	83.6	46	보령	15.1	254.8	76
광주	73.9	141.4	55	천안	24.5	405.4	78
부산	69.2	49.6	27	보은	170.0	461.7	76
통영	25.0	37.4	27	제천	264.4	610.2	91
목포	36.5	75.6	33	홍천	141.0	635.4	98
여수	67.0	62.2	31	인제	199.7	614.5	91
완도	37.5	38.1	26	이천	68.5	511.0	89
제주	22.0	4.1	3	양평	49.0	619.7	91
남해	49.8	148.9	38	강화	46.4	486.2	89

주 1) 동결지수 ℉·일과 ℃·일 사이에는 ℉·일×5/9＝℃·일의 관계가 있음
　　2) 국토해양부, 국도건설공사 설계 실무 요령, 2008

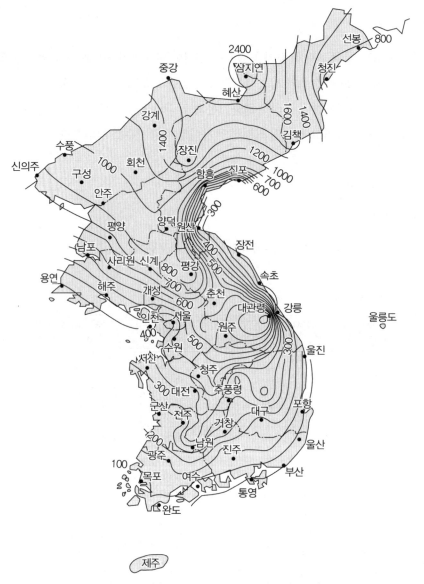

남북한지역 전국 동결지수 선도(국토해양부 2007. 1.)

주) 적용 시 주의사항 : 본 동결지수선도의 적용은 북위 38.4°(속초~철원) 이하인 지역으로 제한하며 표고는 100m 기준으로 보정함

그림 4.48 전국 동결지수 선도

(2) 좌표별 전국 동결지수(단위 : ℃ · 일)

위치가 북위 36°02′00″(36.03°), 동경 126°41′00″(126.68°)일 경우는 다음과 같다.

표 4.59 좌표별 동결지수

동경 (radian) \ 북위 (radian)	34			35					36					37					38	
	0.40	0.63	0.83	0.02	0.22	0.41	0.61	0.80	0.03	0.23	0.40	0.63	0.83	0.02	0.22	0.41	0.61	0.80	0.03	0.23
126 0.4	77	99	94	121	151	184	213	228	240	264	294	320	343	368	387	416	478	501	491	484
126 0.6	66	120	122	133	158	196	236	245	235	277	315	345	368	388	394	377	431	473	481	480
126 0.8	60	123	139	142	160	208	247	256	256	316	353	379	405	425	431	399	403	444	469	477
127 0.0	73	126	146	158	185	233	261	257	286	343	374	404	440	463	487	441	410	451	472	478
127 0.2	68	106	133	173	216	271	317	271	301	332	366	411	453	483	505	505	493	493	493	487
127 0.4	53	70	50	158	210	268	319	315	328	337	356	421	468	499	519	586	579	545	520	500
127 0.6	42	61	92	135	176	219	264	294	323	348	397	444	484	522	552	621	615	569	534	509
127 0.8	36	62	91	120	143	158	221	265	289	318	383	426	480	545	577	612	617	582	548	514
128 0.0	29	56	84	116	142	155	210	246	257	254	305	343	431	522	569	597	605	592	568	512
128 0.2	20	42	69	108	150	180	215	234	265	282	285	280	377	477	536	559	564	558	550	465
128 0.4	11	30	48	95	142	180	201	215	271	322	337	339	373	429	477	506	508	481	426	346
128 0.6	5	25	52	90	137	182	196	182	261	360	401	373	368	389	417	443	449	386	312	220
128 0.8	−	19	44	76	122	179	195	198	264	347	385	359	342	342	351	358	357	276	221	178
129 0.0	−	10	29	50	91	138	168	194	245	286	308	303	290	282	277	260	214	161	152	139
129 0.2	−	−	16	35	65	99	128	154	185	211	226	226	218	208	200	180	151	125	113	108
129 0.4	−	−	−	25	47	72	93	112	126	150	162	163	156	143	142	131	114	99	90	87

주) 표고 100m 기준
국토해양부, 국도건설공사 설계 실무 요령, 2008
국토해양부, 도로설계편람, 2001

(3) 수정동결지수 산정(예)

- 측후소 지반고 : 전국기준표고 100.0m
- 사업지구 내 계획도로의 최고 표고 : 27.82m
- 동결지수 : 235℃·일(좌표별 동결지수표 참조)
  − 북위 : 36°02′(radian 36.03), 동경 : 126°41′(radian 126.68≒126.6)＝235℃·일
- 동결기간 : 61일(지점별 동결지수표 참조)
- 수정동결지수(℃·일)＝동결지수＋0.5×동결기간×$\dfrac{표고차(m)}{100}$

다. 동결깊이 산정

(1) 간편식에 의한 동결깊이 산정

간편식(Terada식)

$$Z = C\sqrt{F}$$

여기서, Z : 동결깊이(cm)

C : 정수(표 4.60 참고)

F : 수정동결지수(213.0℃·일)

표 4.60 C 값

F	100	200	300	400	500	600	700
C	3.7	4.1	4.4	4.6	4.7	4.8	4.9

주) 한국도로교통협회, 아스팔트 포장 설계·시공 요령, 1997

(2) 미공병단 제시 도표

- 노상 함수비 : 15%
- 보조기층 함수비 : 7%
- 보조기층 재료의 건조단위중량 : 2.16t/m³
- 수정동결지수 : 383℉·일
- 동결심도 : 78cm(그림 4.49 참고)

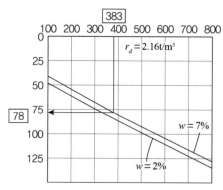

설계동결지수 800 ℉·일 이하일 때

그림 4.49 동결지수와 동결심도

표 4.61 동결가능성을 위한 흙의 분류

토군	토군의 종류	0.02mm보다 작은 입경의 비율(중량)	통일분류법에 의한 흙의 분류
F1	자갈 및 자갈 혼합토	3~10	GW, GP, GW-GP, GP-GW
F2	자갈및 자갈 혼합토	10~20	GM, GW-GM, GP-GM, SW, SP, SM, SW-SM, SP-SM
F2	모래	3~15	GM, GW-GM, GP-GM, SW, SP, SM, SW-SM, SP-SM
F3	자갈 및 자갈 혼합토	20 이상	GM, GC SM, SC CL, CH
F3	모래(매우 가는 실트질 모래 제외)	15 이상	GM, GC SM, SC CL, CH
F3	점토, PI>12	−	GM, GC SM, SC CL, CH
F4	모든 실트	−	−
F4	매우 가는 실트질 모래	15 이상	−
F4	점토, PI>12	−	−
F4	호상점토 및 가는 입자의 대상 침전물	−	−

주) 국토해양부, 도로설계편람, 2001

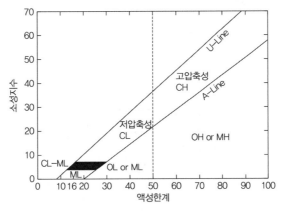

주) 토질시험법, 구미서관, 2011

그림 4.50 흙의 컨시스텐시에 의한 분류

표 4.62 통일분류법(U.S.C.S)에 사용되는 기호

토질의 종류		제1문자	토질의 속성		제2문자
조립토	자갈 gravel	G	조립토	입도 분포 양호(Well-graded) 세립분 거의 없음(74μ 이하 5% 이하 함유)	W
조립토	모래 sand	S	조립토	입도 분포 불량(Poorly-graded) 세립분 거의 없음	P
세립토	실트 silt	M	조립토	Silt 세립분의 12% 이상 함유, Atjs 아래 소성지수 4 이하	M
세립토	점토 clay	C	조립토	Clay-binder 세립분 12% 이상 함유, A선 위,소성지수 7 이상	C
유기질토	유기질의 실트 및 점토 organic soil	O	세립토	압축성 낮음(low compressibility) WL≤50	L
유기질토	이탄 peat	Pt	세립토	압축성 높음(high compressibility) WL≥50	H

주) 국토해양부, 도로설계편람, 2001

(3) 최신 아스팔트 포장에 의한 도표

- 수정동결지수 : 213.0℃·일

- 동결심도 : 63cm

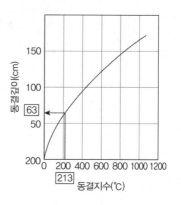

라. 산출방법별 동결깊이 비교

도로 포장설계를 위한 동결깊이는 표 4.63과 같이 비교하여 선정한다.

표 4.63 동결깊이 적용사례

구분		아스팔트 포장 설계·시공요령		최신 아스팔트 포장
		간편식	미공병단 제시 도표	
발행처		국토해양부 한국도로교통협회('97. 7.)		일본포장 위원회
방법		테라다(Terada)식	미 공병단의 한냉 지방 포장설계방법	아스팔트 포장 요람 제시식
산출방법	동결깊이 (Z)	동결지수를 이용하여 구함 $Z = C\sqrt{F}$	수정동결지수를 구하여 건조밀도와 함수비를 이용하여 도표에서 구함	수정동결지수 구하여 도표이용 구함

주) 국토해양부, 도로설계편람, 2001

4) 포장 구조 계산

가. 포장 치환두께 산정

포장 치환두께의 산정은 그림 4.51 및 표 4.64를 비교하여 결정한다.

① 역청재료층의 두께(p) : 15~21cm로 가정하고 계산

② 비동결성 재료치환 최대깊이(c) : a−p로 계산

③ 비동결성 재료층의 두께(b) : 다음 도표를 이용

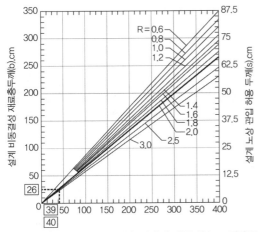
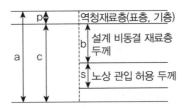

노상 동결 관입 허용법에 의한 설계비동결성 재료층두께(c), cm 결정도표

주) 국토해양부, 도로설계편람, 2001

그림 4.51 노상동결 관입 허용법에 의한 포장 치환두께

a＝노상 동결 관입을 허용하지 않는 비동결성 재료층과 표
　층두께의 합
c＝a－p
Wb＝비동결성 재료층의 함수비
Ws＝노상토 함수비
$r = \dfrac{Ws}{Wb}$ 중차량 통행지역 ≤2.0
　　　　저교통량 통행지역 ≤3.0

전체 포장 두께＝역청재료층(p)＋비동상재료층(b)

역청 재료층(p)＝표층(5cm)＋중간층(6cm)＋기층(10cm)＝21cm

표층(5cm)＋중간층(5cm)＋기층(10cm)＝20cm

소요치환 비동상 재료층 두께(c)＝60cm－21cm＝39cm

60cm－20cm＝40cm

표 4.64 소요치환 비동상 재료층의 두께에 따른 비동상 재료층의 두께

전체동결깊이 (a,cm)	역청재료층 (p,cm)	소요치환 비동상 재료층두께(c,cm)	비동상 재료층 두께(b, cm)	전체포장 두께 (p＋b, cm)	포장두께 결정 (cm)
60	21	39	25	46	46cm로 결정
	20	40	26	46	

나. 설계 CBR 산정

▌ 토질조사 지점별 CBR값(예)

TEST PIT(No.)	1	2	3	4	5	6	7	계
CBR(%)	8.70	8.5	11.8	13.9	11.3	26.0	23.2	103.4

주) 평균 CBR＝103.4÷7＝14.77

▌설계 CBR(예)

설계 CBR 계산용 계수는 다음과 같다.

토질조사 개수(N)	2	3	4	5	6	7	8	9	10 이상
d2	1.41	1.91	2.24	2.48	2.67	2.83	2.96	3.08	3.18

주) 한국도로교통협회, 아스팔트포장설계·시공 요령, 1997

▌설계 CBR 산정(예)

$$설계\,CBR = 평균\,CBR - \frac{CBR\ 최대치 - CBR\ 최소치}{d2} = 14.8 - \frac{26.0 - 8.5}{2.83} = 8.6\%$$

표 4.65 설계 CBR과 계산 CBR의 관계

구분	설계 CBR	계산 CBR
1	2	$2 \leq CBR < 3$
2	3	$3 \leq CBR < 4$
3	4	$4 \leq CBR < 6$
4	6	$6 \leq CBR < 8$
5	8	$8 \leq CBR < 12$
6	12	$12 \leq CBR < 20$
7	20	$CBR > 20$

주) 국토해양부, 도로설계 편람, 2001

동상방지층 부설에 따른 설계 CBR 수정

– 노상설계 CBR : 8%

– 동상방지층 설계 CBR : 20.0%(『도로설계편람』, 국토해양부, 2001)

– 노상 수정 설계 CBR :

$$\left(\frac{동방층\ 두께 \times 동방층\ CBR^{1/3} + 노상층\ 두께 \times 노상층\ CBR^{1/3}}{노상층\ 총두께} \right)^3$$

표 4.66 동상방지층 두께에 따른 노상 수정 설계 CBR

동상방지층		노상층			비고
두께(cm)	CBR(%)	두께(cm)	CBR(%)	수정 CBR	
15	20	85	8.0	9.36	대로2류, 3류. 중로1, 2류
20	20	80	8.0	9.84	
21	20	79	8.0	9.94	
22	20	78	8.0	10.04	
23	20	77	8.0	10.14	
24	20	76	8.0	10.24	
25	20	75	8.0	10.34	
26	20	74	8.0	10.44	
27	20	73	8.0	10.55	
28	20	72	8.0	10.65	
29	20	71	8.0	10.75	
30	20	70	8.0	10.86	
31	20	69	8.0	10.96	
32	20	68	8.0	11.07	
33	20	67	8.0	11.18	
34	20	66	8.0	11.28	
35	20	65	8.0	11.39	

설계 CBR 수정은 다음과 같다.

구분	동방층 두께(cm)	CBR
동상방지층	15	9.36

주) 국토해양부, 도로설계편람, 2001

다. 장래 교통량 분석

(1) 교통량 증가율 추정

교통량 증가율 추정은 교통영향평가에서 제시한 결과를 이용한다. 발생교통량과 통과교통량을 합한 총 교통량을 인구이용 및 도로폭 차선수 비에 의해 각 도로별로 포장설계에 필요한 교통량을 예측한다.

(2) 설계 교통량 결정

교통영향평가에서 제시된 장래교통량추정치를 분석하여 계획노선별, 차종별 설계 교통량 결정하고 설계 교통량은 개통목표연도 이후 10년, 장기목표연도는 20년으로 설정한다.

(3) 노선별 교통량 분석

가로별 교통량 산출은 교통영향평가서상의 수요예측과정을 검토하여 목표연도별 발생교통량을 산출하고 발생교통량을 노선별로 배정한다. 장래교통분석 프로그램을 사용하여 현재의 가로망 및 장래 신설계획 구간을 포함하여 각 노선별, 목표연도별로 교통량 배분을 한다. 사업지구 첨두 시 발생교통량은 1일 교통량으로 변환하여 산정한다. 사업지구 내 연도별 발생교통량을 가로별로 배분하여 각 연도별 가로발생 교통량을 예측한다. (표 4.67 참고)

표 4.67 장래연도별 연평균 일교통량(양방향교통량)

구분	연도	장래추정교통량						비고
		승용차	버스 보통	소형	화물차 보통	대형	계	
대로2류	2014	19,451	856	325	303	97	21,032	
	2015	19,538	866	336	303	97	21,140	
	2016	19,635	866	336	303	97	21,237	
	2017	19,732	877	336	303	97	21,345	
	2018	19,830	877	336	303	108	21,454	
	2019	19,927	877	336	303	108	21,551	
	2020	20,036	888	336	314	108	21,682	
	2021	20,133	888	336	314	108	21,779	
	2022	20,231	899	347	314	108	21,899	
	2023	20,328	899	347	314	108	21,996	적용
대로3류	2014	5,556	249	97	87	32	6,021	
	2015	5,556	249	97	87	32	6,021	
	2016	5,556	249	97	87	32	6,021	
	2017	5,556	249	97	87	32	6,021	
	2018	5,578	249	97	87	32	6,043	
	2019	5,588	249	97	87	32	6,053	
	2020	5,559	249	97	87	32	6,064	
	2021	5,610	249	97	87	32	6,075	
	2022	5,621	249	97	87	32	6,086	
	2023	5,632	249	97	87	32	6,097	적용
중로1류	2014	7,105	314	119	108	32	7,678	
	2015	7,115	314	119	108	32	7,688	
	2016	7,126	314	119	108	32	7,699	
	2017	7,137	314	119	108	32	7,710	
	2018	7,148	314	119	108	32	7,721	
	2019	7,159	314	119	108	32	7,732	
	2020	7,170	314	119	108	32	7,743	
	2021	7,180	314	119	108	32	7,753	
	2022	7,191	314	119	108	32	7,764	
	2023	7,202	314	119	108	32	7,775	적용

주) 국토해양부, 도로설계편람, 2001

표 4.67 장래연도별 연평균 일교통량(양방향교통량) (계속)

| 구분 | 연도 | 장래추정교통량 | | | | | 계 | 비고 |
| | | 승용차 | 버스 | 화물차 | | | | |
			보통	소형	보통	대형		
중로2류	2014	9,996	444	173	152	54	10,819	
	2015	10,007	444	173	152	54	10,830	
	2016	10,018	444	173	152	54	10,841	
	2017	10,029	444	173	152	54	10,852	
	2018	10,661	444	173	152	54	10,884	
	2019	10,083	444	173	152	54	10,906	
	2020	10,105	444	173	152	54	10,928	
	2021	10,126	444	173	152	54	10,949	
	2022	10,137	444	173	152	54	10,960	
	2023	10,159	455	173	152	54	10,993	적용

주) 국토해양부, 도로설계편람, 2001

(4) 8.2ton 등가 단축하중 계수

차종별 8.2ton 등가 단축하중계수(ESAL)는 표 4.68과 같이 『도로설계편람』(국토해양부, 2001)에 기록된 차종별 단축하중계수 값을 적용한다.

표 4.68 8.2톤 등가 단축하중계수

차종		차축구성	Pt=2.5	Pt=2.0
승용차		2A4T	0.0002	0.001
버스	소형	2A4T	0.001	0.005
		2A6T	0.001	0.005
	보통	2A6T	0.849	0.838
트럭	소형	2A4T	0.004	0.004
	보통	2A6T	0.612	0.629
	대형	3A10T	2.048	2.131
트랙터+세미트레일러		4A 이하	1.687	1.699
		5A	1.810	1.817
		6A 이상	0.847	0.794
풀 트레일러		5A 이하	3.288	3.323

주 1) 2A는 2축, 4T는 4륜을 말함
   2) 트럭 트레일러(5A 이하) 및 트랙터+세미트레일러(4A 이하, 5A, 6A 이상)을 포함
   3) 국토해양부, 도로설계편람, 2001

표 4.69 8.2ton 등가단축하중 계수 적용하여 누가환산 교통량 산정

구분	연도	장래추정교통량						8.2ton 환산 교통량						연간 365 × 103	누가 환산 대수
		승용차	버스 보통	화물차 소형	화물차 보통	화물차 대형	계	승용차	버스 보통	화물차 소형	화물차 보통	화물차 대형	계		
대로 2류	2014	19,451	856	325	303	97	21,032	4	727	1	185	199	1,116	407	407
	2015	19,538	866	336	303	97	21,140	4	735	1	185	199	1,125	410	818
	2016	19,635	866	336	303	97	21,237	4	735	1	185	199	1,125	410	1,228
	2017	19,732	877	336	303	97	21,345	4	745	1	185	199	1,134	414	1,642
	2018	19,830	877	336	303	108	21,454	4	745	1	185	221	1,157	422	2,064
	2019	19,927	877	336	303	108	21,551	4	745	1	185	221	1,157	422	2,486
	2020	20,036	888	336	314	108	21,682	4	754	1	192	221	1,173	428	2,914
	2021	20,133	888	336	314	108	21,779	4	754	1	192	221	1,173	428	3,342
	2022	20,231	899	347	314	108	21,899	4	763	1	192	221	1,182	431	3,774
	2023	20,328	899	347	314	108	21,996	4	763	1	192	221	1,182	431	4,205
대로 3류	2014	5,556	249	97	87	32	6,021	1	211	0	53	66	332	121	121
	2015	5,556	249	97	87	32	6,021	1	211	0	53	66	332	121	242
	2016	5,556	249	97	87	32	6,021	1	211	0	53	66	332	121	363
	2017	5,556	249	97	87	32	6,021	1	211	0	53	66	332	121	484
	2018	5,578	249	97	87	32	6,043	1	211	0	53	66	332	121	605
	2019	5,588	249	97	87	32	6,053	1	211	0	53	66	332	121	726
	2020	5,559	249	97	87	32	6,064	1	211	0	53	66	332	121	847
	2021	5,610	249	97	87	32	6,075	1	211	0	53	66	332	121	969
	2022	5,621	249	97	87	32	6,086	1	211	0	53	66	332	121	1,090
	2023	5,632	249	97	87	32	6,097	1	211	0	53	66	332	121	1,211
중로 1류	2014	7,105	314	119	108	32	7,678	1	267	0	66	66	400	146	146
	2015	7,115	314	119	108	32	7,688	1	267	0	66	66	400	146	292
	2016	7,126	314	119	108	32	7,699	1	267	0	66	66	400	146	438
	2017	7,137	314	119	108	32	7,710	1	267	0	66	66	400	146	584
	2018	7,148	314	119	108	32	7,721	1	267	0	66	66	400	146	730
	2019	7,159	314	119	108	32	7,732	1	267	0	66	66	400	146	876
	2020	7,170	314	119	108	32	7,743	1	267	0	66	66	400	146	1,022
	2021	7,180	314	119	108	32	7,753	1	267	0	66	66	400	146	1,168
	2022	7,191	314	119	108	32	7,764	1	267	0	66	66	400	146	1,314
	2023	7,202	314	119	108	32	7,775	1	267	0	66	66	400	146	1,460
중로 2류	2014	9,996	444	173	152	54	10,819	1	372	1	96	115	584	213	213
	2015	10,007	444	173	152	54	10,830	1	372	1	96	115	584	213	427
	2016	10,018	444	173	152	54	10,841	1	372	1	96	115	584	213	640
	2017	10,029	444	173	152	54	10,852	1	372	1	96	115	584	213	853
	2018	10,661	444	173	152	54	10,884	1	372	1	96	115	584	213	1,067
	2019	10,083	444	173	152	54	10,906	1	372	1	96	115	584	213	1,280
	2020	10,105	444	173	152	54	10,928	1	372	1	96	115	584	213	1,493
	2021	10,126	444	173	152	54	10,949	1	372	1	96	115	584	213	1,707
	2022	10,137	444	173	152	54	10,960	1	372	1	96	115	584	213	1,920
	2023	10,159	455	173	152	54	10,993	1	381	1	96	115	594	217	2,137

주) 국토해양부, 도로설계편람, 2001

(5) 포장설계방법

도로의 포장설계방법은 현재 국내에서 널리 적용되고 있는 AASHTO(SN법)과 일본도로협회 설계방법(TA법) 및 한국형 도로 포장설계법을 교통량에 따라 구분하여 적용한다. 포장설계에서는 교통량이 많은 도로는 설계 교통량의 정량화 방법, 건축공사의 대형차 반영, 교통량에 의한 오차, 배수의 영향, 지역영향 등을 고려해 비교적 신뢰성이 있는 설계법으로 적용한다. (표 4.70 참고)

표 4.70 포장설계법의 비교검토

비교항목	SN 설계법	TA 설계법	한국형도로포장
제정기관	미국주도로교통 공무원협회 제정 (1972)	일본도로협회 제정(1978)	국토해양부(2011)
공용기간	10년, 20년	10년	5년, 10년, 20년
교통조건	설계 기간 내에 예상되는 8.2ton 등가 단축하중 누가 통과횟수	공용계수 10년 후 대형차 1방향 교통량(L−D교통)	• 차종별 축하중 분포 및 통행 패턴 • 차종별 하중재하 특성을 사용한 교통하중
환경조건	지역계수(R)를 고려하여 포장두께 지수에 반영	• 동결깊이(Z)를 처리 • $Z=C\sqrt{F}(C:3\sim5)$	• 포장층 내부 온도 • 보조기층 및 노상층 함수량 변화
노상 의 강도	노상토지지력계수(S) $=3.8\log CBR+1.3$	설계 CBR	노상, 보조기층 및 쇄석기층의 재료 특성을 이용한 탄성계수와 포아송비
재료조건	• 상대강도계수 • SN(설계포장두께 지수)	• 등가환산계수 • TA(설계소요 두께)	• 다층 탄성이론에 기반을 둔 구조 해석 • 포장의 피로균열, 영구변형, 평탄성을 고려한 공용해석
장점	• 차종별 내지 축별 하중을 단위 하중으로 환산하므로 하중의 신뢰도가 있음 • 서비스지수 개념의 도입으로 포장설계가 실용적이며 합리적임 • 최소 아스팔트 두께가 필요치 않으므로 시공이 경제적 • 대형차량의 통행이 많은 도로에 서포장구조가 안전	• 교통량 분석이 간편 • 단지 내 도로에서 교통량 분석이 어려울 경우 통상 유사한 단지의 교통량을 적용하여 계산된 대형차 혼입률에 어느 정도의 신뢰성을 가질 수 있음 • 연계도로가 없는 단지 내 도로의 교통량 추정도 가능	• 골재, 아스팔트, 토질 등의 포장 재료의 특성 적용 • 지역별 온도, 포장체 함수량 분포 등 환경특성 반영 • 교통특성의 정량화 및 도로의 파손특성을 반영 • 새로운 포장재료의 도입 용이
단점	• 교통량 분석이 복잡 • 단지 내 도로 내지 미개설 도로에 대한 연계도로의 경우 교통량 분석의 신뢰감이 떨어짐	• 차종별 환산하중이 없으므로 포장파괴에 관여하는 하중의 신뢰도가 떨어짐 • 최소 아스팔트 두께가 규정되어 있어 비경제적 시공이 될 수 있음 • 서비스지수 개념이 없으므로 승차감을 고려할 수 없음 • 교통량 분석이 간편하나 교통량의 변화가 크고 차형이 중형화되면 비실용적임	• 한국형 도로 포장설계법으로 적용 후 공용목표연도의 포장 상태 미확인으로 경험적인 측면과 실제 적용성 부족 • 산업단지의 특성과 단지 내 교통 흐름인 단속류 형태의 자료구축을 통한 보완 필요

주) 국토해양부, 아스팔트 포장 설계·시공 요령, 1997

라. AASHTO 설계법에 의한 방법

AASHTO 설계법에 의한 설계절차는 그림 4.52와 같이 절차에 따라 시행한다.

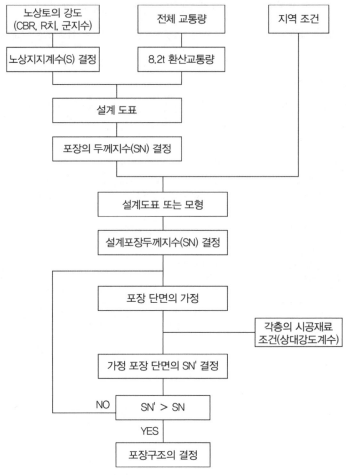

주) 국토해양부, 아스팔트 포장 설계·시공 요령, 1997

그림 4.52 AASHTO 설계법 설계절차

(1) 노상지지력계수(SSV)

노상지지력계수는 AASHTO interim Guide에 제시된 방법에 따라 CBR값과 노상의 지지력계수와의 관계를 일원화시킨 계산에 의해 구한다.

- 노상설계 CBR 평균(동상방지층 15cm일 때) : 9.36%
- 노상지지력계수 : $S = 3.80 \log CBR + 1.3 = 3.80 \log 9.36 + 1.3 = 4.99$

- 보조기층(쇄석) CBR : 50% 적용

- 보조기층 지지력계수 : S = 3.80 log CBR + 1.3 = 3.80 log 50 + 1.3 = 7.76

- 입도조정기층(쇄석) CBR : 80% 적용

- 입도조정기층 지지력계수 : S = 3.80 log CBR + 1.3 = 3.80 log 80 + 1.3 = 8.53

(2) 최종 서비스지수(Pt)

도로의 공용성을 도입하여 노면의 상태를 평가하는 지수를 측정 시 서비스지수(Pt)라 하며, 도로별 기능의 중요성을 감안하여 표 4.71과 같이 결정한다.

표 4.71 도로별 서비스지수

구분	최종 서비스지수(Pt)	비고
간선도로 또는 지방도급 이상의 주요도로	2.5	보조간선도로 적용 (대2, 3류 및 중1류)
군도 이하의 대형차량이 많지 않은 도로	2.0	집산도로(중2, 3류 및 소로)

주) 국토해양부, 아스팔트 포장 설계·시공 요령, 1997

(3) 지역계수(R)

지역계수는 포장이 시공되는 지역의 기후조건을 반영하기 위한 척도로서 표 4.72와 같이 노상토의 온도와 함수량의 연간변화를 고려한 가중 평균치로서 0~5의 계수로 정의되며 R = 1.5 적용한다.

표 4.72 지역계수

구분	지역계수	비고
대전 이남	1.5	적용
서울 이북 및 표고 500m 이상	2.5	
기타 지역	2.0	

주) 국토해양부, 도로설계편람, 2001

(4) 설계차로 교통량 산정

$$W_{8.2} = D_D \times D_L \times W'_{8.2}$$

여기서, $W_{8.2}$: 8.2ton 등가단축하중(ESAL) 교통량

$W'_{8.2}$: 설계공용기간 동안의 양방향 전단면 8.2ton ESAL 누가예상통과 횟수

D_D : 방향분배계수(0.3~0.7) → 0.5 적용

D_L : 차선분배계수, 1방향이 2차로인 경우 차로당 분배 비율(표 4.73 참고)

주) 국토해양부, 아스팔트 포장 설계·시공 요령, 1997, p.17

표 4.73 차로 분배계수(D_L)

1방향 차로수	설계차로에 대한 8.2t ESAL 백분율(%)	설계적용	비고
1	100	1.0	
2	80~100	0.9	
3	60~80	0.7	
4	50~75	0.6	

주) 국토해양부, 아스팔트 포장 설계·시공 요령, 1997

(5) 설계기본식에 의한 소요 SN 계산

SN값은 노상조건, 교통량, 지역계수와의 상호관계에서 산출되는 지수로서 아스팔트 포장구조 설계도표로 소요 SN을 구하는 방법은 AASHTO 설계기본식에서 나온 결과와 오차가 크므로 설계 기본식을 이용 전산을 활용 하여 시행착오법으로 소요 SN 산정한다.

$$\log_{10}(W_{8.2}) = 9.36 \times \log_{10}(SN+1) - 0.20 + \frac{\log\left(\frac{4.2-Pt}{4.2-1.5}\right)}{0.40 + \left(\frac{1094}{SN+1}\right)^{5.19}} +$$

$$\log_{10}\left(\frac{1}{Rf}\right) + 0.372(SSV - 3.0)$$

여기서, $W_{8.2}$: 설계공용기간 동안 8.2톤(18Kips) 등가단축하중(Equivalent Single Axle Load : ESAL)의 누가통과예상횟수

SSV : 노상지지력계수(Soil support Value) $= 3.8 \times \log CBR + 1.30$

Pt : 최종 서비스지수 $= 2.00~2.50$

Rf : 지역계수(Regional Factor) $= 1.50$

SN : 소요전체 포장층의 구조적 강도를 표시하는 포장두께 지수

$(SN = a_1d_1 + a_2D_2 + a_3D_3 + \ldots\ldots + aiDi = \sum aiDi)$

ai : i번 층의 상대강도계수

Di : i번째 층의 두께(cm)

주) 국토해양부, 아스팔트 포장 설계·시공 요령, 1997

각 도로별 지지력계수는 아래와 같이 산정할 수 있다. (①, ②, ③, ④ 참고)

① 노선명 : 대로2류

설계차로교통량($W_{8.2}$)	1,893,000	설계CBR		지지력계수(SSV)
서비스지수(P_t)	2.5	기층	80.0	8.53
지역계수(R_f)	1.5	보조기층	50.0	7.76
		노상	9.36	4.99

포장두계지수(소요SN) 산출

보조기층상면(SN_2)	2.395	노상면	3.548
$log(W_{8.2})$	우변계	$log(W_{8.2})$	우변계
6.277	6.277	6.277	6.277
판정	O.K	판정	O.K

검산 : $log(W_{8.2})$ = AASHTO 기본식 우변계이면 O.K

② 노선명 : 대로3류

설계차로교통량($W_{8.2}$)	545,000	설계CBR		지지력계수(SSV)
서비스지수(P_t)	2.5	기층	80.0	8.53
지역계수(R_f)	1.5	보조기층	50.0	7.76
		노상	9.36	4.99

포장두계지수(소요SN) 산출

보조기층상면(SN_2)	1.942	노상면	2.889
$log(W_{8.2})$	우변계	$log(W_{8.2})$	우변계
5.736	5.736	5.736	5.736
판정	O.K	판정	O.K

검산 : $log(W_{8.2})$ = AASHTO 기본식 우변계이면 O.K

③ 노선명 : 중로1류

설계차로교통량($W_{8.2}$)	730,000	설계CBR		지지력계수(SSV)
서비스지수(P_t)	2.5	기층	80.0	8.53
지역계수(R_f)	1.5	보조기층	50.0	7.76
		노상	9.36	4.99

포장두계지수(소요SN) 산출

보조기층상면(SN_2)	2.041	노상면	3.032
$log(W_{8.2})$	우변계	$log(W_{8.2})$	우변계
5.863	5.863	5.863	5.863
판정	O.K	판정	O.K

검산 : $log(W_{8.2})$ = AASHTO 기본식 우변계이면 O.K

④ 노선명 : 중로2류

설계차로교통량(W$_{8.2}$)	1,069,000	설계CBR		지지력계수(SSV)
서비스지수(P$_t$)	2.0	기층	80.0	8.53
지역계수(R$_f$)	1.5	보조기층	50.0	7.76
		노상	9.36	4.99

포장두계지수(소요SN) 산출

보조기층상면(SN$_2$)	2.148		노상면	3.049
log(W$_{8.2}$)	우변계		log(W$_{8.2}$)	우변계
6.029	6.029		6.029	6.029
판정	O.K		판정	O.K

검산 : log(W$_{8.2}$) = AASHTO 기본식 우변계이면 O.K

표 4.74 재료별 상대강도계수(ai)

층별	공법·재료	품질규격	상대강도계수(cm당)	
			기준	적용
표층 (a1)	아스팔트 콘크리트	마샬 안정도 500kg 이상	0.145	0.145
		마샬 안정도 750kg 이상	0.157	0.157
기층 (a2)	아스팔트 안정처리 시멘트 안정처리 린 콘크리트 입상재료(석산쇄석) 입상재료(하상골재쇄석)	마샬 안정도 500kg 이상	0.096-0.132	0.110
		1축압축강도(7일) 30kg/cm^2 이상	0.072-0.132	0.075
		1축압축강도(7일) 50kg/cm^2 이상	0.079-0.081	0.080
		CBR 80 이상	0.051-0.056	0.055
		CBR 80 이상	0.040-0.044	0.053
보조기층 (a3)	막자갈(강모래 + 자갈) 석산쇄석 시멘트 안정처리	CBR 30 이상	0.043	0.034
		CBR 80 이상	0.052	0.051
		CBR 30 이상	0.048-0.050	0.034

주 1) 국토해양부, 도로설계기준, 2005
　　2) 국토해양부에서 '아스팔트포장 구조단면개선' 에 의거 시험 의뢰한 값으로 일반적으로 사용하고 있음

표 4.75 포장층별 최소두께치수

층종류	최소두께(cm)
아스팔트 콘크리트 표층	5≤
아스팔트 안정처리기층(보조기층 위)	5≤
린 콘크리트 보조기층	15
아스팔트 콘크리트 기층	10
입상재료기층	15
쇄석보조기층	
모래/자갈 선택층 위에 부설되는 경우	15
모래/선택층 위에 부설되는 경우	20
비선별 모래/자갈 보조기층	20
슬래그 보조기층	20
시멘트 또는 토사약액처리 보조기층	20

주) 국토해양부, 도로설계기준, 2005

(6) 설계차선당 표층 및 기층의 최소두께

교통량(ESAL×10³)	최소두께		본사업지구 적용
	아스팔트 콘크리트	입상재료 기층	
500 이하	3(또는 표면처리)	10	대로2,3류, 중류1,2류
50~150	5	10	
150~500	7	10	
500~2,000	8	15	
2,000~7,000	9	15	
7,000 이상	10	15	

주) 국토해양부, 도로설계편람, 2001

(7) 포장단면 검토

설계포장두께 지수(SN)

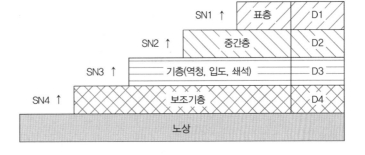

- $D*_1 \geq \dfrac{SN_1}{a_1}$

- $SN*_1 = a_1 D_1 \geq SN_1$

- $D*_2 \geq \dfrac{SN_2 - SN*_1}{a_2}$

- $SN*_1 + SN*_2 \geq SN_2$

- $D*_3 \geq \dfrac{SN_3 - (SN*_1 + SN*_2)}{a_3}$

- $SN*_1 + SN*_2 + SN*_3 \geq SN_3$

- $D*_4 \geq \dfrac{SN_4 - (SN*_1 + SN*_2 + SN*_3)}{a_4}$

- $SN*_1 + SN*_2 + SN*_3 + SN*_4 \geq SN_4$

※ D, SN, : 상기 그림 및 식으로부터 구한 최소 소요 값
※ $D*$, $SN*$, : 실제 사용되는 값으로 최소 소요 값 이상이어야 함
주) 국토해양부, 아스팔트 포장 설계·시공 요령, 1997, p.38

(8) 도로별 설계소요 SN값

노선명	log(W$_{8.2}$)	소요 SN(개통10년)		
		입도기층 상면	보조기층 상면	노상층 상면
대로2류	6.277	2.145	2.395	3.548
대로3류	5.736	1.733	1.942	2.889
중로1류	5.863	1.823	2.041	3.032
중로2류	6.029	1.928	2.149	3.109

(9) 노선별 포장단면 결정 및 포장단면 검토(SN법)

① 대로2류 포장단면검토

구분	층구분	상대강도 계수	두께 가정	필요 두께 계산		층별 SN	설계 SN*	필요 SN	비고
대로 2류	표층	0.157	5	D1 =	5×0.157 =	0.785	0.785		표층 가정
	중간층	0.145	6	D2 =	6×0.145 =	0.870	1.655		중간층 가정
	기층	0.110	11	D3 =	$\dfrac{SN2 - SN1*}{a2}$	1.21	2.865	SN2 = 2.395	필요≤설계이면, O.K 2.395≤2.865 O.K
				=	$\dfrac{2.395 - 1.655}{0.110}$				
					= 6.73				
	보조 기층	0.051	15	D4 =	$\dfrac{SN4 - SN3*}{a3}$	0.765	3.63	SN3 = 3.548	필요≤설계이면, O.K 3.548≤3.63 O.K
				=	$\dfrac{3.548 - 2.865}{0.051}$				
					= 13.39				
	계		37	3.63					
	동상방지층		15	※ 동결을 고려한 설계 포장두께가 46cm이므로 동상방지층 최소두께 15cm 적용					
	총두께		52						

② 대로3류 포장단면검토

구분	층구분	상대강도 계수	두께 가정	필요 두께 계산			층별 SN	설계 SN*	필요 SN	비고
대로 3류	표층	0.157	5	D1 =	5×0.157 =		0.785	0.785		표층 가정
	중간층	0.145	5	D2 =	5×0.145 =		0.725	1.510		중간층 가정
	기층	0.110	10	D3 =	$\dfrac{SN2 - SN1^*}{a2}$		1.100	2.610	SN2 = 1.942	필요≤설계이면, O.K 1.942≤2.610 O.K
				=	$\dfrac{1.942 - 1.510}{0.110}$					
					= 3.93					
	보조 기층	0.051	15	D4 =	$\dfrac{SN4 - SN3^*}{a3}$		0.765	3.375	SN3 = 2.889	필요≤설계이면, O.K 2.889≤3.375 O.K
				=	$\dfrac{2.889 - 2.610}{0.051}$					
					= 5.47					
	계		35							
	동상방지층		15	※ 동결을 고려한 설계 포장두께가 46cm이므로 동상방지층 최소두께 15cm 적용						
	총두께		50							

③ 중로1류 포장단면검토

구분	층구분	상대강도 계수	두께 가정	필요 두께 계산			층별 SN	설계 SN*	필요 SN	비고
중로 1류	표층	0.157	5	D1 =	5×0.157 =		0.785	0.785		표층 가정
	중간층	0.145	5	D2 =	5×0.145 =		0.725	1.510		중간층 가정
	기층	0.110	10	D3 =	$\dfrac{SN2 - SN1^*}{a2}$		1.100	2.610	SN2 = 2.041	필요≤설계이면, O.K 2.041≤2.610 O.K
				=	$\dfrac{2.041 - 1.510}{0.110}$					
					= 4.83					
	보조 기층	0.051	15	D4 =	$\dfrac{SN4 - SN3^*}{a3}$		0.765	3.375	SN3 = 3.032	필요≤설계이면, O.K 3.032≤3.375 O.K
				=	$\dfrac{3.032 - 2.610}{0.051}$					
					= 8.27					
	계		35							
	동상방지층		15	※ 동결을 고려한 설계 포장두께가 46cm이므로 동상방지층 최소두께 15cm 적용						
	총두께		50							

④ 중로2류 포장단면검토

구분	층구분	상대강도 계수	두께 가정	필요 두께 계산		층별 SN	설계 SN*	필요 SN	비고
중로 2류	표층	0.157	5	D1 =	5×0.157 =	0.785	0.785		표층 가정
	중간층	0.145	5	D2 =	5×0.145 =	0.725	1.510		중간층 가정
	기층	0.110	10	D3 =	$\dfrac{SN2 - SN1^*}{a1}$	1.100	2.610	SN2 = 2.149	필요≤설계이면, O.K 2.149≤2.610 O.K
				=	$\dfrac{2.149 - 1.510}{0.110}$				
					= 5.81				
	보조 기층	0.051	15	D4 =	$\dfrac{SN4 - SN3^*}{a3}$	0.765	3.375	SN 3 = 3.109	필요≤설계이면, O.K 3.109≤3.375 O.K
				=	$\dfrac{3.109 - 2.610}{0.051}$				
					= 9.78				
	계		35						
	동상방지층		15	※ 동결을 고려한 설계 포장두께가 46cm이므로 동상방지층 최소두께 15cm 적용					
	총두께		50						

마. 한국형 포장설계법

국내 도로포장은 교통량의 증가와 더불어 중차량, 저속주행 등으로 포장 파손이 심화되고 있으며 국내적 현실이 제대로 반영되지 않은 기존 도로포장 구조설계 적용은 도로의 목표연도까지 실제 공용수명 저하로 이어진다. AASHTO 도로포장 구조설계는 포장 표면에 나타나는 포장의 거동을 관측하여 포장의 공용성과의 관계를 정립하였으며, 몇 번의 개정을 거쳐 현재 사용하고 있으나 주어진 입력조건하에서 포장층 두께를 산정하기에 대안에 대한 비교분석이 쉽지 않다.

이러한 문제점을 보완하고 해결하기 위해 2011년 국토교통부에서 역학적－경험적 설계개념을 도입하여 그림 4.53과 같이 도로포장 구조설계를 개발하였으며 설계적 활용과정 및 프로그램 개선사항 등 지속적으로 보완 중에 있다.

(1) 한국형 포장설계법 흐름도

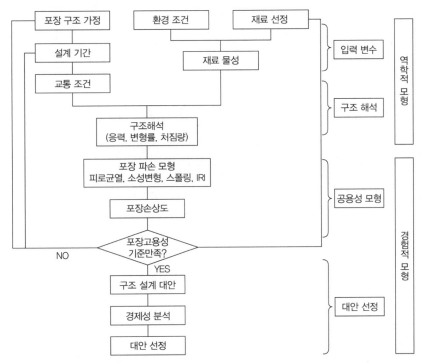

주) 국토해양부, 아스팔트 포장 설계·시공 요령, 1997

그림 4.53 한국형 포장설계법 흐름도

(2) 한국형 포장설계법 이용한 노선별 포장단면 산정(예)

AASHTO법으로 산정한 포장단면을 포장구조 단면으로 가정하여 포장단면을 산정한다.

〈도로 정보〉

구분	설계속도(km/h)	차로수	공용기간	설계등급	포장형식	기상관측소
대로2류	60	4차로	10년	등급2	아스팔트 콘크리트	군산
대로3류	50	4차로	10년	등급2	아스팔트 콘크리트	군산
중로1류	50	3-4차로	10년	등급2	아스팔트 콘크리트	군산
중로2류	50	3-4차로	10년	등급2	아스팔트 콘크리트	군산

〈기상 데이터〉

기준연도	Data	종류
2004년	과거 10년 Data	평균값 사용

〈계절 구분〉

계절	춘계	하계	추계	동계
기간(월)	3-5	6-8	9-11	12-2

〈기상 자료〉

구분	1월	2월	3월	4월	5월	6월	7월	8월	9월	10월	11월	12월
최고온도(℃)	6.3	8.8	12.1	18.3	22.6	26.6	29.4	31.8	27	23.2	14.8	7.8
최저온도(℃)	−5.1	−4	−0.3	5.3	12	18	20.7	21.7	16.6	9.8	1.9	−5.8
구름량	6.8	6.5	6.7	6.4	6.7	7.5	8.4	7.6	7	5.9	6.4	6.9
강수량(mm)	33.1	39.2	44.7	84.9	97.9	139.3	349.5	220.4	137.3	34.3	31.3	39.8

(3) 대로2류

대로2류의 포장단면 구조를 표 4.76과 같이 가정하여 설정한다.

표 4.76 포장단면 설정

구분	두께(m)	재료물성
표층	0.05	아스팔트 콘크리트
중간층	0.06	아스팔트 콘크리트
기층	0.10	아스팔트 콘크리트
보조기층	0.15	입상층

① 표층

ㄱ 층 두께 : 0.05m, 재료물성 : 아스팔트 콘크리트

ㄴ 재료

a. 골재 입도 : 밀입도 19mm, b. 바인더 종류 : PG64-22

ㄷ 물성

a. 공극률 : 4%, b. 아스팔트 함량 : 5.1%, c. 점도 : 10.7, d. 아스팔트 유효 함량(Veff) : 9%,

e. 19mm 누적 잔류량 : 5%, f. 9.5mm 누적 잔류량 : 32%, g. 2.5mm 누적 잔류량 : 50%,

h. 0.075mm 통과량 : 5%

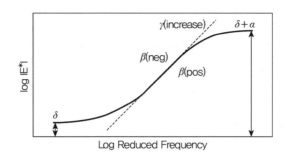

i. δ : 3.0621%, j. α : 1.4655%, k. β : -0.2013%, l. γ : 0.8517%, m. c : 0.9328%

㉣ 모형

　　a. 피로모형계수 : 3.0621%, f1 : -11.99222, f2 : -3.4502, f3 : 0.6935,

　　b. 강도감소계수 : a1 : -0.3431, b1 : 0.6175, c1 : -0.7734, a2 : -2.88618, b2 : 2.93253

　　　　c2 : -0.731347, d2 : -0.225089

　　c. 영구변형 : a : 0.168558826, b : 1.035918777, c : 0.832909281, d : 0.071072086

② 중간층

㉠ 층 두께 : 0.06m, 재료물성 : 아스팔트 콘크리트

㉡ 재료

　　a. 골재 입도 : 밀입도 19mm, b. 바인더 종류 : PG64-22

㉢ 물성

　　a. 공극률 : 2%, b. 아스팔트 함량 : 5.1%, c. 점도 : 3, d. 아스팔트 유효 함량(Veff) : 3%,

　　e. 19mm 누적 잔류량 : 97.5%, f. 9.5mm 누적 잔류량 : 82.5%, g. 2.5mm 누적 잔류량 : 5%,

　　h. 0.075mm 통과량 : 5%

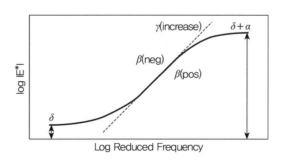

i. δ : 2.1962%, j. α : 2.4639%, k. β : -0.8287%, l. γ : 0.4915%, m. c : 1.1021%

ⓐ 모형

    a. 피로모형계수 : 2.1962%, f1 : 2.094595E-10, f2 : −3.486, f3 : 0.4212

    b. 강도감소계수 : a1 : −0.3764, b1 : 0.6955, c1 : −0.7971, a2 : −2.88618, b2 : 2.93253,

            c2 : −0.731347, d2 : −0.225089

    c. 영구변형 : a : 0.2035588, b : 1.085919, c : 0.7879093, d : −4.108928

③ 기층

  ㉠ 층 두께 : 0.1m, 재료물성 : 아스팔트 콘크리트

  ㉡ 재료

    a. 골재 입도 : 밀입도 25mm, b. 바인더 종류 : PG64-22

  ㉢ 물성

    a. 공극률 : 4%, b. 아스팔트 함량 : 5.1%, c. 점도 : 10.7, d. 아스팔트 유효 함량(Veff) : 8.2%,

    e. 19mm 누적 잔류량 : 19.5%, f. 9.5mm 누적 잔류량 : 41.5%, g. 2.5mm 누적 잔류량 : 56%,

    h. 0.075mm 통과량 : 4%

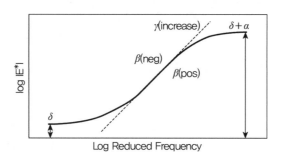

    i. δ : 3.3064%, j. α : 1.3077%, k. β : 0.0214%, l. γ : 0.7355%, m. c : 0.8334%

  ㉣ 모형

    a. 피로모형계수 : 3.3064%, f1 : 1.07497904882008E-10, f2 : −3.2682, f3 : 0.4961

    b. 강도감소계수 : a1 : −0.658, b1 : 1.2336, c1 : −1.0673, a2 : −2.88618, b2 : 2.93253,

            c2 : −0.731347, d2 : −0.225089

    c. 영구변형 : a : 0.203558826, b : 1.085918777, c : 0.781909281, d : −4.108927914

④ 보조기층

  ㉠ 층 두께 : 0.15m, 재료물성 : 입상층

ⓒ 물성

　　a. 최대건조중량 : 21.58kN/m³, b. 균등계수 : 30, c. #4체 통과량 : 45%, d. 함수비 : 6.2%

ⓒ 모형

　　a. K_1 : 88.83, b. K_2 : 0.31

⑤ 노상층

　ⓐ 층 두께 : 1m, 재료물성 : 입상층(노상동결관입 허용법으로 동상방지층 22cm 적용)

　ⓑ 물성

　　a. 최대건조중량 : 19.62kN/m³, b. 균등계수 : 14.5, c. #200체 통과량 : 8%,

　　d. 최적함수비 : 10.5%

　ⓒ 모형

　　a. K_1 : 138.32, b. K_2 : 0.34, c. K_3 : −0.4

• 공용성 분석

　− 허용 피로 균열율 : 20%

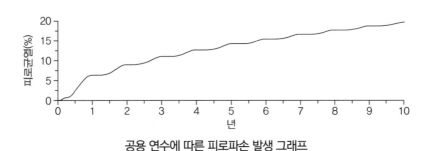

공용 연수에 따른 피로파손 발생 그래프

　− 영구변형 한계값 : 1.3cm

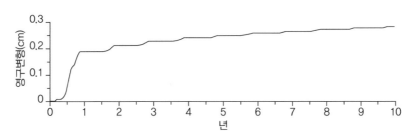

공용 연수에 따른 영구변형 발생 그래프

– 평타성지수 한계값 : 3.5m/km

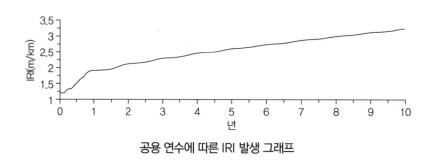

공용 연수에 따른 IRI 발생 그래프

결과 요약

① 설계기준 20.0%에 만족하였음. 공용기간 10년 동안 19.85%의 균열률 발생

② 설계기준 1.3cm에 만족하였음. 공용기간 10년 동안 0.58cm의 러팅 발생

③ 설계기준 3.5m/km에 만족하였음. 공용기간 10년 동안 3.24의 평탄성지수 증가

④ 포장설계(안)은 설계 공용수명을 확보하였으므로, 대안으로 적용할 수 있음

　　국토교통부는 도로 포장의 수명 연장을 통한 국가 예산의 절감 및 기술 수준을 높이기 위한 '한국형 포장설계법 개발과 포장성능 개선 방안 연구'를 발주하여 2001년부터 한국건설기술연구원, 한국도로공사 및 한국도로학회와 시작하였으며, 약 10년간의 연구를 통해 한국형 도로 포장설계법과 설계 프로그램을 개발하였다.

　　한국형 도로 포장설계법은 여러 복합적 인자를 고려하여 구조해석과 공용성 해석을 실시하기 때문에, 그 계산 과정이 상당히 복잡하며, 이에 모든 계산을 자동으로 수행할 수 있는 한국 도로 포장설계프로그램을 제시하였다.

　　[국가건설기술센터(www.kcsc.re.kr), 한국형도로포장설계프로그램(KPRP)에 의거 설계]

바. TA법에 의한 방법

도로폭원 12m 미만의 소로는 교통영향평가를 통한 단지 내 교통량 추정이 어려우므로 선택적으로 그림 4.54와 같이 TA법으로 설계한다.

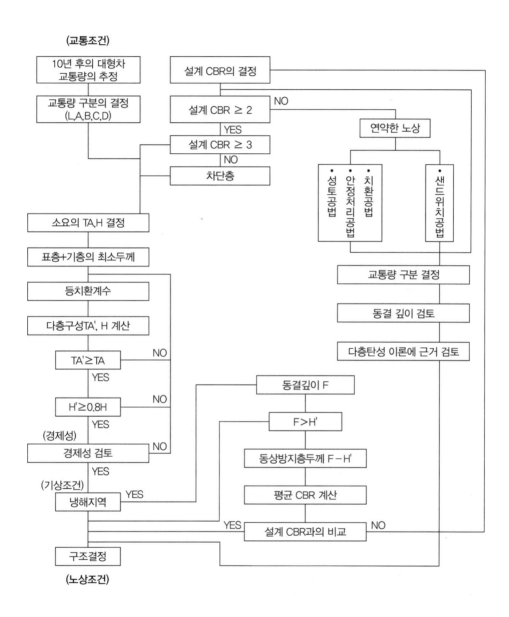

범례 • TA : 목표로 하는 등치환산두께(cm)　　• H : 목표로 하는 포장 두께(cm)
　　　• TA' : 단면의 등치환산 두께(cm)　　　• H' : 단면의 포장두께(cm)
주) 국토해양부, 아스팔트 포장 설계·시공 요령, 1997

그림 4.54 TA설계절차도

(1) 설계 교통량 구분

TA법에서 교통량 증가율 추정은 교통영향평가에서 비례증가율로 산출한 결과를 이용한다. 설계 교통량은 개통목표연도 이후 10년, 장기목표연도 20년으로 설정하는데 일반적으로 설계 교통량은 추정 10년 후 대형차 평균 1일 1방향 교통량으로 다음과 같이 구분한다. (표 4.77 참고)

표 4.77 교통량의 구분

교통량 구분	대형차 교통량(대/일, 일방향)	본 사업지구 적용	비고
L 교통	100 미만	소로2류 및 소로3류	국지도로
A 교통	100~250	중로3류 및 소로1류	국지도로
B 교통	250~1,000	중로1류 및 중로2류	집산도로
C 교통	1,000~3,000	대로2류 및 대로3류	보조간선도로
D 교통	3,000 이상	대로1류 및 광로	주간선도로

주) 국토해양부, 아스팔트포장설계·시공 요령, 1997

(2) TA와 포장 총두께의 목표값 산정(예)

노상의 설계 CBR과 설계 교통량의 구분에 따라 표 4.78에서 정한 TA(등치환산두께)보다 적지 않도록 포장의 각층의 두께를 결정한다.

표 4.78 설계CBR과 TA값

설계 CBR	목표로 하는 TA값									
	L 교통		A 교통		B 교통		C 교통		D 교통	
	TA	전두께	TA	전두께	TA	전두께	TA	전두께	TA	전두께
2	17	52	21	61	29	74	39	90	51	105
3	15	41	19	48	26	58	35	70	45	83
4	14	35	18	41	24	49	32	59	41	70
6	12	27	16	32	21	38	28	47	37	55
8	11	23	14	27	19	32	26	39	34	46
12	11	−	13	21	17	26	23	31	30	36
20 이상	11	−	13	21	17	26	20	23	26	27

주 1) 설계 CBR 12란 12 이상 20 미만을 말함. 여기서 TA는 포장을 표층용 가열 아스팔트 혼합물로 할 때에 필요한 두께임
　　2) 노상이 깊이 방향으로 다른 경우에 설계 CBR이 3 미만이더라도 최상의 CBR이 3 이상이고 두께가 30cm이면 차단층을 고려할 필요가 있음

(3) 포장의 구성

포장의 구성을 결정하는 데는 표층과 중간층의 최소두께와 기층, 보조기층 각층의 최소두께에

대한 규정에 따라 과거에 사용한 단면을 참고하여 TA'(설정된 단면의 등치환산두께)가 TA목표치보다 적지 않도록 단면 구성을 결정한다. (표 4.79, 표 4.80, 표 4.81 참고)

$$TA' = a1T1 + a2T2 + a3T3 \cdots\cdots anTn$$

여기서, a1, a2, a3 ········ an : 등치환산계수

T1, T2, T3 ········ Tn : 각층의 두께(cm)

주) 국토해양부, 아스팔트 포장·설계 시공요령, 1997

표 4.79 표층+중간층 최소두께

교통량 구분	표층+중간층의 최소두께(cm)	비고
L, A교통	5	
B교통	10(5)	
C교통	15(10)	
D교통	20(15)	

주 1) ( )는 기층에 역청 안정처리를 사용할 경우 최소두께
　 2) 국토해양부, 아스팔트 포장·설계 시공요령, 1997

표 4.80 기층 및 보조기층의 최소두께

공법·재료	1층의 최소 두께	비고
역청안정처리	굵은 골재 최대입경의 2배이고 5cm	
그 밖의 재료	굵은 골재 최대입경의 3배이고 10cm	

주) 국토해양부, 아스팔트 포장·설계 시공요령, 1997

표 4.81 등치환산계수

구분	공법·재료	품질규격	등치환산 계수
표층 중간층	표층용 가열아스팔트 혼합물 중간층용 가열아스팔트 혼합물	• 가열혼합 : 마샬 안정도 700kg 이상 • 가열혼합 : 마샬 안정도 500kg 이상	1.00
기층	역청안정처리	• 가열혼합 : 마샬 안정도 350kg 이상 • 상온혼합 : 마샬 안정도 250-350kg	0.80 0.55
	시멘트 안정처리	일축압축강도(7일) 30kg/cm^2	0.55
	석회 안정처리	일축압축강도(10일) 10kg/cm^2	0.45
	입도조정쇄석, 입도조정고로슬래그	수정 CBR 80 이상	0.35
	수경성 입도조정 고로슬래그	• 수정 CBR 80 이상 • 일축압축강도(14일) 12kg/cm^2 이상	0.55
보조 기층	막부순돌, 고로슬래그 모래 등	• 수정 CBR 30 이상 • 수정 CBR 20 이상 30 미만	0.25 0.20
	시멘트 안정처리	일축압축강도(7일) 10kg/cm^2	0.25
	석회 안정처리	일축압축강도(10일) 7kg/cm^2	0.25

주 1) ( ) 내는 양생일수임
　 2) 국토해양부, 아스팔트 포장·설계 시공요령, 1997

5. 상수공

5.1 기본방향

상위 관련계획의 검토를 통한 계획목표연도 설계방향을 수립하고 인근지역 급수 현황을 반영하여 주변지역 주민의 안정적인 급수공급 계획을 수립한다. 관망은 물이 정체되지 않고 단수가 적은 망목식으로 하여 BLOCK SYSTEM을 원칙으로 현장 상황에 맞게 수리계산이 간단한 수지상식과 비교 검토 후 채택한다. 상수도 보급률은 100%로 하고 총량적 방법에 의한 용도별 사용수량으로 공급계획을 수립한다. 급수원단위는 상위계획의 지표를 사용하여 그림 4.55와 같이 일원화된 상수계획을 수립한다. 시설물은 경제성과 유지관리를 고려하여 조건에 부합되는 적정규모의 시설물로 계획하고 배수방식은 자연유하식에 의한 직접급수로 공급토록 계획한다.

▍상수도 설계 흐름도

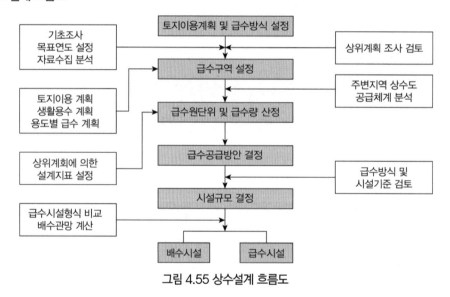

그림 4.55 상수설계 흐름도

5.2 용수공급 계획

용수공급은 수도정비기본계획과 광역상수도계획에 의거하여 수립한다. 용수수요는 주거단지 상주인구 및 산업시설용지의 인구를 위한 생활용수량을 반영하여 계획하고 효율적이고 합리적인 관망 구성으로 안정적인 용수 공급계획을 수립한다. 시설물은 경제성과 유지관리를 고려하여 계획에 부합되는 적정규모의 시설물로 계획한다. 배수방식은 일반적으로 배수지에서 자연유하로 공급하는 간접급수방식으로 검토한다.

1) 계획목표연도

가. 생활용수

생활용수는 토지이용계획상의 단지조성 완료연도를 목표로 하여 장래 소요 급수량을 예측하고 주택단지 개발계획의 단계별 목표연도 등을 검토하여 설정한다.

나. 공업용수

생활용수의 계획목표연도 설정방법과 동일하나 가능하면 상위계획상의 계획목표연도와 일치되도록 설정한다.

2) 상수도공급 흐름도

상수가 공급되는 흐름은 다음 그림과 같이 수원지에서 송·배수관을 거쳐 급수관으로 공급된다.

| (도수관) | | (송수관) | | (배수관) | | (급수관) | |
| 수원지 | ⇒ | 정수장 | ⇒ | 배수지 | ⇒ | 급수지역 | ⇒ | 각세대 |

5.3 계획급수량 산정

1) 계획급수인구

가. 생활용수

생활용수는 개발계획 및 영향평가상의 계획인구, 가구 수, 단독주택지의 전세율 등을 설계에 반영하고 지구 경계 부근의 기존 급수인구 등도 계획급수인구에 반영한다.

2) 원단위 추정

가. 생활용수

급수인구 1인당 1일 소비량으로서 가정용, 영업용, 산업용 및 기타용으로 소비되는 수량을 포함한 생활용수에서 공급되는 공업용수량은 제외한다.

원단위 추정방법은 계획지역과 유사한 타 도시의 예를 참고로 추정하는 방법과 해당 지자체의 상수도계획 또는 도시계획 목표연도의 급수량에 의거하여 산정하는 방법이 있다.

나. 공업용수

산업용수량의 추정은 "상수도 수요량 예측업무 편람"(환경부, 국토교통부, 2008) 또는 지자체 실측조사 등 문헌조사 결과치를 적용하여 산정한다.

5.4 급수량 산정

1) 계획급수인구

계획급수인구는 인구에 보급률을 곱해서 산정한다. 총량적 방법의 경우 단독 및 공동주택 급수 인구의 합으로 산정한다.

① 공동주택＝세대 수×세대당 인구수
② 단독필지＝필지 수×전세율×세대당 인구수

2) 계획 1일 평균급수량 산정

계획 1일 평균급수량은 계획급수인구에 계획 1일 1인 평균급수량(L/인·일)을 곱해서 산정한다. 여기서 계획 1일 1인 평균급수량은 1인 1일당 사용수량 및 단위건물 바닥면적당 사용수량과 각 지 자체 수도정비기본계획의 상수도 원단위, 계획상 급수계획 등을 참고하여 결정한다.

계획 1일 평균급수량은 계획급수인구×1인 1일 평균 급수량(L/인·일)으로 산정한다.

3) 계획 1일 최대급수량

계획 1일 최대급수량은 계획 1일 평균급수량을 계획부하율로 나누어 산정하며, 계획 1일 평균 급수량의 1.1~1.4배에 해당한다. 여기서 계획 1일 최대급수량은 취수, 도수, 정수, 송수 등의 제 시 설 설계규모산정에 기준이 되는 수량이고, 계획부하율은 70~85%를 표준으로 한다.

계획 1일 최대급수량은 계획급수인구×1인 1일 최대 급수량(L/인·일)으로 산정한다.

4) 계획시간 최대급수량

계획시간 최대급수량은 계획 1일 최대급수량에 표 4.82와 같이 시간계수를 곱해서 산정한다. 시간최대급수량은 하루 24시간 중 물 사용량이 최대가 되는 시간대의 급수량으로 배수관 관경결정에 기초가 되는 수량이다. (표 4.82 참고)

계획시간 최대급수량은 계획급수인구×1인 1일 시간최대 급수량(L/인·일)으로 산정한다.

표 4.82 시간계수

	대도시와 공업도시 : 1.3
시간계수	중도시 : 1.5
	소도시 또는 특수지역 : 2.0

5) 산업용수 급수량

산업용수 급수량은 업종별 공장부지계획면적에 산업용수 원단위를 곱하여 산정한다. (참고 1, 2)

(참고 1) 1일 1인당 사용수량 및 단위건물바닥면적당 사용수량(상수도 시설기준 표 9.2.9)

건물종류	단위급수량(1일당)	사용시간(h/d)	특기 사항	유효면적당 인원 등	비고
단독주택	200~400L/인	10	거주자 1인당	0.16인/m^2	
공동주택	200~350L/인	15	거주자 1인당	0.16인/m^2	
독신아파트	400~600L/인	10	거주자 1인당		
관공서 사무소	60~100L/인	9	근무자 1인당	0.2인/m^2	남 50L/인, 여 100L/인 사원식당, 임대인 제외
공장	60~100L/인	작업시간 +1	근무자 1인당	앉은 작업 0.3/m^2 서서하는 작업 0.1인/m^2	남 50L/인, 여 100L/인 사원식당, 샤워수량 별도가산
종합병원	1,500~3,500L/병상 30~60L/m^2	16	연면적 1m^2당		설비내용 등에 따라 상세하게 검토
호텔전체	500~6.000L/bed	12			설비내용 등에 따라 상세하게 검토
호텔객실	350~450L/bed	12			각 객실에만
요양소	500~800L/인	10			

(참고 1) 1일 1인당 사용수량 및 단위건물바닥면적당 사용수량(상수도 시설기준 표 9.2.9) (계속)

건물종류	단위급수량(1일당)	사용시간(h/d)	특기 사항	유효면적당 인원 등	비고
다방	20~35L/손님 55~130L/점포(m²)	10		점포면적에는 주방면적포함	주방에서 사용되는 수량이며, 화장실 세척용수 등은 별도가산
음식점	55~130L/손님 110~530L/점포(m²)	10		점포면적에는 주방면적포함	상동
사원식당	25~50L/손님 80~140L/점포(m²)	10		점포면적에는 주방면적포함	상동
급식소	20~30L/식	10			상동
백화점 슈퍼마켓	15~30L/m²	10	연면적 m²당		작업원분과 공조용수를 포함

(참고 2) 제조업 24개 업종의 부지면적 원단위(상수도 수요량 예측 업무편람, 환경부, 국토해양부, 2008)

구분	업종	부지면적원단위(m³/천m²·일)	비고
C10	식료품	11.13	
C11	음료	6.94	
C12	담배	–	
C13	섬유제품 ; 의복제외	36.20	
C14	의복, 의복액세서리 및 모피제품	13.90	
C15	가죽, 가방 및 신발	32.71	
C16	목재 및 나무제품 ; 가구제외	1.88	
C17	펄프, 종이 및 종이제품	3.22	
C18	인쇄 및 기록매체 복제업	9.51	
C19	코크스, 연탄 및 석유정제품	2.68	
C20	화학물질 및 화학제품(의약품 제외)	8.08	
C21	의료용 물질 및 의약품	9.82	
C22	고무제품 및 플라스틱제품	4.64	
C23	비금속 광물제품	4.31	
C24	1차 금속	3.66	
C25	금속가공제품 ; 기계 및 가구 제외	6.47	
C26	전자부품, 컴퓨터, 영상, 음향 및 통신장비	14.62	
C27	의료, 정밀, 광학기기 및 시계	19.35	
C28	전기장비	6.24	
C29	기타 기계 및 장비	4.95	
C30	자동차 및 트레일러	3.59	
C31	기타 운송장비	2.89	
C32	가구	2.18	
C33	기타 제품	10.05	

5.5 배수관망 계획

1) 개요

배수관망계획은 사업지구 내 각 수요지점에 적정한 수압유지, 안정된 수량확보 등을 목적으로 용수를 공급하는 시설로써, 용수의 원활한 운송과 배분기능, 등압성, 개량의 편의를 도모할 수 있도록 관망계획을 한다. 배수관망을 Hardy-cross 방법으로 전산처리 시 관망을 형성하는 관로중 대구경일수록 유효한 작용을 하며, 관망 수리계산에 미치는 영향이 크고 소구경일수록 그 영향이 작으므로 관망을 간략하게 하기 위하여 수리적 영향이 작은 관로는 생략한다.

2) 관망구성 방법

사업지구의 규모 등을 고려하여 관망구성 형태는 그림 4.56과 같이 격자형(망목식) 복식 배수 관망을 원칙으로 하며 배수관망에서의 균등수압확보를 감안하여 소로의 경우에도 배수관을 배치하여 관에 흐르는 유량이나 손실수두를 고려 후 균등수압이 되도록 시행착오법에 의한 최적관경을 결정하여야 한다.

구분	망목식		수지상식
	단식	복식	
형태	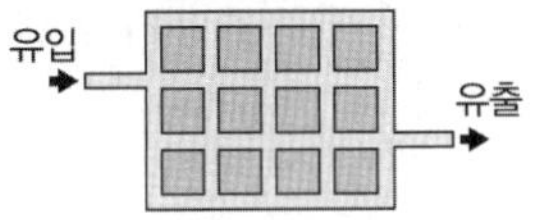		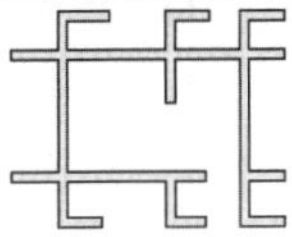
장점	• 수압유지 용이 • 물이 체류하지 않음 • 화재 시 등 변화하는 사용량에 대처 용이 • 단수 시 대상 지역이 좁음	• 단식의 장점 동일 • 누수방지에 효과적 • 구량 및 수압관측이 쉬움 • 수압분포 균등 • 단수지역 설정이 용이 • 관망계산이 간단	• 수리계산이 간단 • 제수밸브 적게 소요 • 공사비가 적음
단점	• 관망수리계산이 복잡 • 관의 포설비가 많음	• 관거 포설비가 많음 • 관거부설을 위한 도로폭이 넓어야 함	• 수량을 서로 보충할 수 없음 • 관말에 물이 정체
적용	소도시에 유리	대도시에 유리	농·어촌 지역의 자연취락 지역에 유리

그림 4.56 관망구성방식

3) 배수관망 계산 조건설정

배수관망계산은 관수로의 유량공식인 Hazen-Williams 공식을 사용하여 Hardy Cross 법에 의하여 전산처리한다. 관말에서 최소동수압 유지 및 전 배수구역의 균등급수가 가능하도록 관망계획을 수립한다. Block System의 배수관망해석을 실시하여 배수관로의 부설위치 및 관경을 결정하고, 수리적·경제적으로 가장 유리한 관망이 될 때까지 반복 계산하여 최종적인 관망을 결정한다. (그림 4.57 참고)

Hardy Cross법 개요	• 최초 각 관로의 가정유량을 정하여 반복계산을 함으로써 보정유량을 확실히 구할 수 있다. • 전산처리에 의한 연산순서가 이론과 부합되며, 빠른 반복계산과 손실수두, 동수경사도, 유량을 소수점 이하 3~5자리수까지 산정한다.

가. Hazen-Williams 공식

$$V = 0.84935 \cdot C \cdot R^{0.63} \cdot I^{0.54}$$

$$Q = A \cdot V$$

여기서, V : 평균유속(m/sec), I : 동수경사(h/L), Q : 유량(m³/sec), C : 유속계수, R : 경심(m),
h : 마찰손실수두(m), L : 관로연장(m)

▌배수방식 비교

구분	직접배수방식	간접배수방식
특징	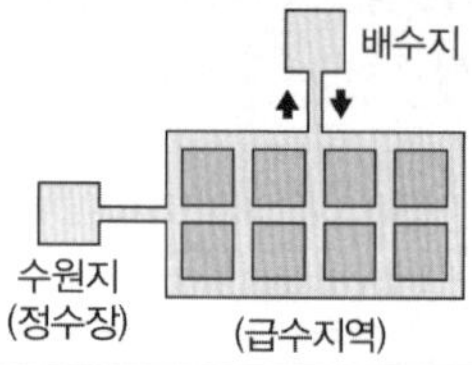 • 정수장에서 급수구역으로 직접 일최대 생산량을 공급하며, 일최대 생산량으로 부족한 시간최대 수요 시에는 야간급수 시 남는 양을 배수지에 저수시켜 수요량을 충족시킴으로 수요의 시간적 변화에 대처한다. • 복잡한 배수계통이 아닌(소수 수원, 급수 범위가 좁고 급수구역의 지반고 차이가 심하지 않은 곳) 적은 용량의 소도시에 적합하다.	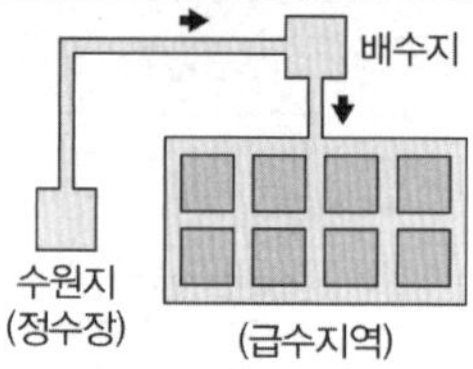 • 정수장에서 일최대 생산량을 일단 배수지로 모두 송수 후 배수지에서 급수구역으로 급수되며, 수요의 시간적 변화에 대처하는 방법은 직접 배수방식과 동일하다. • 복잡한 배수계통(다수의 수원, 급수범위가 넓고 급수구역의 지반고 차이가 심한 곳)에서 배수계통을 분할할 수 있으므로 장래 확장 시에도 배수계통분할 등 운영 용이하다.
배수지의 활용	배수지의 전용량이 급수구역의 시간적 수요변화에 대하여 신속한 대처가 다소 늦어 배수지 전용량의 충분한 활용이 어렵다.	배수지로 일단 모두 송수되므로 배수지 전용량의 활용이 가능하다.
송·배수 관로이용	• 송·배수관로가 동일관로로 이용되므로 관경이 간접배수 방식에 비해 작다. • 송·배수관로가 급수구역에 직접 연결되어 있어 급수구역 수요의 급격한 증감 시 배수지 기능이 저하된다.	• 송·배수관로의 분리로 배수관경이 다소 커지며, 송수관로는 별도 부설하여야 한다. • 송수관로가 배수지에 직접 연결되므로 배수지 기능은 저하되지 않는다.

그림 4.57 배수방식 비교

나. 관망계산 시 필요한 Data Base

관망계산 시 필요한 Data Base로는 관로 Data는 관경, 관로연장 및 유속계수가 필요하며, 절점 Data는 배수지(배수위(H.W.L, L.W.L)), 수요절점(계획지반고, 절점수량), 관경(배수관망계산에 필요한 관경), 관로연장(배수관망계산에 필요한 관로연장) 등이 필요하다.

다. 관망계산 시 필요한 유속계수(C)

관망계산에 있어서 Hazen-Williams 공식의 C는 표 4.83과 같이 관내면의 조도와 굴곡 등의 상황에 따라 다르지만, 일반적으로 마찰손실과 굴곡 등에 의한 손실을 고려하여 적용한다.

표 4.83 유속계수

관종	C치	비고	관종	C치	비고
원심력 철근콘크리트관	130	• 굴곡부 손실 등을 고려하여 • C=110~120 정도가 안전	내충격수도관	110	부설 후 20년
P.S 콘크리트관	130		주철관	110	
경질염화비닐관	110		도복장강관	110	

주) 한국토지주택공사, 토목공사 설계 및 적산지침, 2012

배수관망 계산의 유속계수 C=100~130 정도로 예상되나 장래급수 공급의 안정도를 고려하여 C=110을 적용한다(내충격수도관 & 주철관).

4) 분담유량 결정

관망분담 급수량은 블록별, 인구별에 대한 급수량 산정에 의해 계산한다. 각 지점의 분담급수량은 1일 최대급수량에 소화용수량을 합산한 유량이 시간최대 급수량보다 작으므로 시간최대급수량으로 적용한다.

5) 유속

배수관은 최소유속에 대한 규정은 없으나 유속에 대한 검토는 통상 형성된 관망 중에서 이상 부하가 걸리지 않도록 관경을 조정한다.

6) 관말수압

　최소 동수압은 최소150kpa(1.53kgf/cm²)을 표준으로 하고 있으나, 최근에는 최소 동수압이 5층까지 직결급수 할 수 있는 300kpa까지 요구되고 있다(상수도시설기준, 2010, p.791 참조). 화재발생시 소화용수는 소방펌프의 가압으로 방수되므로 화재발생지점 부근에서 부압이 발생하지 않아야 한다. 사업지구 내 모든 격점의 수압은 소화용수량 및 부지 계획고에 의한 지형적인 여건을 고려하여 관말수압이 150~600kpa을 유지토록 하여 안정되고 경제적인 급수가 되도록 그림 4.58과 같이 계획한다.

┃ 관망계산 흐름도

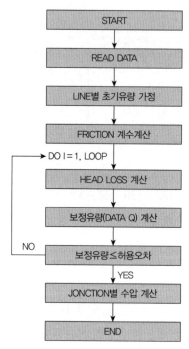

주) 한국토지주택공사, 토목공사 설계 및 적산지침, 2012

그림 4.58 관망계산 흐름도

5.6 관로설계

1) 기본방향

　생활용수를 공급함에 있어 깨끗하고 위생적인 맑은 물을 공급하기 위하여 한국산업규격(KS규정)에 해당하는 제품 또는 동등 이상의 제품, 신기술 지정 자재, 조달청우수제품 등으로 표 4.84와 같이 선정하여 품질이 우수한 자재를 검토 적용한다.

표 4.84 생활용수 자재 기준사항

구분	기준 사항	비고
지상 구조물	미관, 가로경관, 경제성	
지하 구조물	유지관리, 경제성	

2) 자재선정 기준

관에 받는 외압강도와 매설 지반 특성을 고려한 기초형식을 감안하여 결정한다. 검토 대상 관종은 제품의 신뢰성과 시공성, 경제성, 유지관리 등을 감안하고 국내의 사용실적이 풍부하여 이미 검증된 제품 선정한다. (표 4.85 참고)

표 4.85 상수자재 선정기준

구분	선정기준
관종	• 내마모성 및 내식성이 내·외압에 충분히 견딜 수 있는 내구성 • 경제성, 시공성 및 수밀성이 좋을 것 • 식수 공급관으로 위생적이며 시공 후 유지관리가 편리할 것 • 염해 및 부식환경에 유리할 것 • 부등침하에 따른 누수방지 및 접합방법
제수밸브	• 내구성이 강하고 조작성이 편리하여 수밀성이 우수할 것

▌관종선정 흐름도

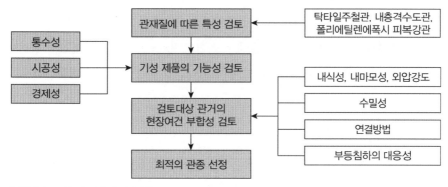

주) 한국토지주택공사, 토목공사 설계 및 적산지침, 2012

그림 4.59 상수관종 선정 흐름도

3) 관접합 방식 결정

관접합 방식은 닥타일 주철관은 KP 메카니칼 및 플랜지접합으로 내충격수도관은 편수칼라 접합을 일반적으로 적용한다. (그림 4.60 참고)

┃ 이형관 보호공

항목 \ 구분	관보호 콘크리트	이탈 방지 압륜	비고
형상	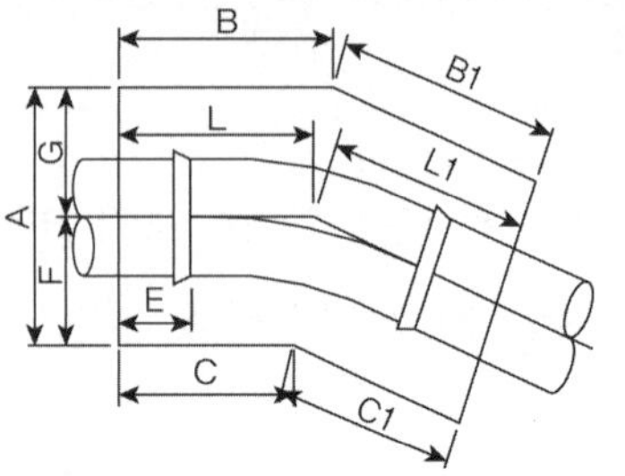	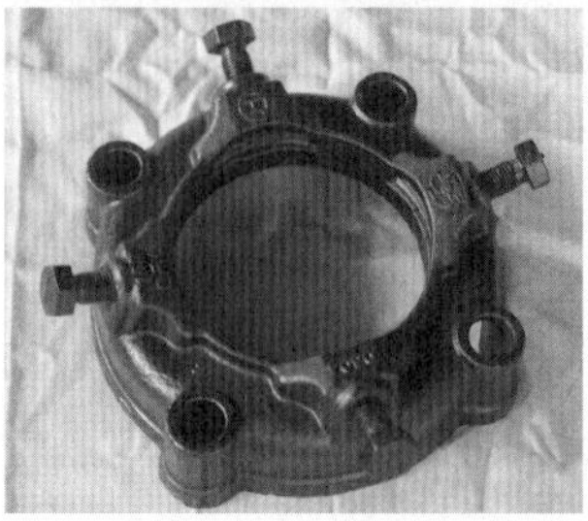	
개요	일반관접합 시설 후 곡관부에 대한 콘크리트 관보호 실시	관접합 시 이탈 방지 압륜 재료를 사용하여 관접합 실시	
장점	• 관보호의 일반적인 공법이며, 가장 많이 사용 • 관보호 효과가 뛰어남	• 관접합으로 관보호 효과를 높이므로 시공성이 우수함 • 관로 유지관리에 용이	
단점	이탈 방지 압륜에 비해 시공성 및 유지관리 저하	관보호 콘크리트에 비해 관보호 효과 저하	

주) 한국토지주택공사, 토목공사 설계 및 적산지침, 2012

그림 4.60 이형관보호공

4) 관매설 위치 및 깊이

관매설은 우·오수관 및 맨홀설치 혹은 각종 변실 설치 등을 고려하여 설치한다. 교통하중과 충격을 고려하여 차도측은 가급적 1.2m 이상 보도측은 1.0m 토피를 유지토록 매설한다. 배수관을 타지하매설물과 교차 또는 근접하여 매설할 때에는 적어도 30cm 이상 이격하되 오수관보다 상부에 설치한다. 배수관로 매설 후 노면에 관로 표시 못을 20m 간격으로 설치토록 계획한다.

5) 관기초

매설관의 기초는 지반의 상태, 하중조건 및 사용 관종의 특성을 고려하여 설치하고 상수관 보호를 위해 바닥면 고르기 후 석분 및 모래기초를 계획한다.

6) 급수분기관 설치기준

급수분기관은 단독, 공동주택 및 업무, 상업용지 등 1필지당 1개소 분기토록 한다. 배수관에서 급수관을 분기할 경우에는 분기관의 관경에 따라 T자관, Y자관의 이형관으로 분기하며, 소구경 분기관의 경우 분수전을 사용하여 분기한다.

급수관을 분수전으로 이용하여 분기할 때는 분수전과 분수전 사이에 30cm 이상의 간격을 두어 설치도록 한다. 또한 설치 시 배수본관에 천공을 한 후 분수전을 체결하므로 분수전의 직경은 배수관 직경의 50% 이하(통상 사용가능 직경은 50m/m 이하)를 적용한다. 급수분기관을 T자관, Y자관으로 분기할 경우 급수분기관의 관경은 배수관의 관경보다 작아야 한다. 분기관은 철제품 표식하며 말구에 ELP관을 매설한다.

지상에서 분기관 매설 위치파악 및 설치 여부 확인이 가능하도록 대지경계석에 인접하여 각 필지별로 지수전을 설치한다.

소방법에서 규정하는 옥내소화전 설치대상이 되는 규모의 건축물이 입주할 것으로 예상되는 경우 해당 필지의 분기관 직경은 배수본관의 직경을 감안하여 옥내소화전 설치가 가능하도록 충분한 직경을 확보하여 분기한다.

7) 부대시설물 계획

상수도관로의 송수기능 확보 및 적절한 유지관리를 위하여 제수밸브 및 공기밸브, 배출수 설비 등의 부대시설이 필요하다. 이들의 기능이 충분히 발휘될 수 있는 적절한 위치에 각종 변실 계획을 수립한다.

가. 제수밸브

사업지구에서 최소한의 밸브조작으로 단수구역을 최소화하며, 배수관의 분기점과 교차점에 1~3개의 밸브를 설치하고 이토관과 계통이 다른 배수관의 연결관에도 설치한다. 분기점 및 교차점에서 D100~400mm 제수밸브에 대한 밸브실은 표 4.86과 같이 구형밸브실을 설치한다.

밸브실 기준

표 4.86 밸브실 구분

구분	밸브실 명	적용관종	적용관종(mm)	적용장소
소형	밸브실보호공	닥타일관	D80~300	보도 및 소로, 도로폭이 6m 이하로서 중차량 통행이 빈번하지 않은 도로
중형	원형밸브실	닥타일관	D80~300	도로폭 15m 이하의 도로, 소형밸브실 설치가 곤란한 장소
대형	구형밸브실(A)	닥타일관	D80~250	도로폭 20m 이상의 차도
	구형밸브실(B)	닥타일관	D300~600	D400mm 이상 제수밸브 설치 시, 도로폭 20m 이상 차도에 D300mm 제수밸브 설치 시
	구형밸브실(C)	강관	D700 이상	D700mm 이상 제수밸브 설치 시
기타	이토 및 배기밸브실	닥타일관	D80~300	도로폭 15m 이하의 도로

주) 한국토지주택공사, 토목공사 설계 및 적산지침, 2012

나. 상수도 점검구 설치

(1) 설치대상

상수도 점검구는 단지 내 80mm 이상의 생활용수 배수관에 설치함을 원칙으로 한다. 도로폭이 좁은 단독택지 내(80~100m/m) 관로 등과 같이 점검구 설치 시 공간이 협소할 경우 소화전 배치 또는 퇴수 드레인으로 대처하는 등 필요시 적용관경을 조정할 수 있다.

(2) 배치간격 및 형식

최소수량의 점검구가 설치되도록 관망구성 및 점검구의 배치간격은 표 4.87을 기준으로 한다.

표 4.87 점검구 배치간격

관경(m/m)	배치 간격(m)
D80~D100	250
D150 이상	1,000

주) 한국토지주택공사, 토목공사 설계 및 적산지침, 2012

(3) 변실의 설치

공기변실 및 제수변실 등을 최대한 활용하며, 변실은 타 지하매설물과 간섭되지 않도록 표 4.88과 같이 적정규격을 배치한다. 맨홀뚜껑의 경우 점검을 위한 작업공간이 확보될 수 있도록 적정규격을 설치하여야 한다. 관경 D400(m/m) 이상의 경우 변실의 뚜껑은 최소 D900(m/m) 이상으로 한다.

표 4.88 변실 규격

규격	변실 설치	비고
D400mm 이상	구형변실	D400mm 이상 시 맨홀뚜껑은
D300mm 이하	원형맨홀	D900mm 이상 설치

주) 한국토지주택공사, 토목공사 설계 및 적산지침, 2012

다. 공기밸브

공기밸브는 암거횡단부 및 관로의 돌출부에 설치하거나 제수밸브의 중간에 돌출부가 없는 경우에는 높은 곳의 제수밸브 바로 밑에 설치한다. 공기밸브의 보호 및 유지관리를 위하여 철근콘크리트 구조의 변실을 설치한다. 공기밸브는 그림 4.61과 같이 관경은 80~500mm으로 쌍구공기밸브 또는 급속공기밸브를 설치한다.

그림 4.61 공기밸브

라. 이토변실

상수도 관저에 남는 이토나 모래 등의 부유물을 배출하여 평소 유지관리상 관 내부 청소와 정체수의 배제 등을 위하여 이토변실을 그림 4.62와 같이 설치한다. 관로의 종단상 국부적으로 가장 낮은 곳에 가급적 적당한 배출수로 또는 하수 BOX 암거 횡단부분에 설치하며, 이토관의 관경은 본관 관경의 1/2~1/4로 하고 유지관리를 위해 제수밸브 및 변실을 설치한다.

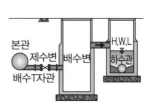

그림 4.62 이토변실

마. 소화전

소화전은 도로의 교차점이나 분기점 부근으로 소방활동에 유리한 지점에 설치하며, "소방용수시설의 설치기준"에 따라 토지이용계획상 주거지역, 상업지역 공업지역은 100m 이하, 그 외 지역은 140m 이하로 설치한다. (소방기본법 시행규칙 제6조 별표 3)

단구 소화전은 관경 150mm 이상, 쌍구 소화전은 관경 300mm 이상의 배수관에 설치 부득이한 경우 관경 80mm 이상의 배수관에도 설치하며, 소화전 구경은 65mm로 계획한다. 설치기준은 중로이상 지상식, 보도가 없는 소로는 공원 등에 설치하고, 설치가 불가피할 경우에는 지하식으로 설치한다. (그림 4.63 참고)

그림 4.63 소화전

6. 우수공

6.1 기본방향

원활한 우수배제에 의한 침수예방 및 생활환경을 보호하여야 하며 수자원 및 토양오염을 방지해야 한다. 우·오수 분류식으로 계획하고 그림 4.64와 같이 주변지역을 고려하여 배수계획을 수립해야 한다. 계획지표 및 우수배제계획은 각 지자체의 하수도정비 기본계획에 의거 대상지역 내 유역면적을 포함하는 전 구역을 대상으로 하여 지역 여건과 가로망계획을 충분히 검토 후 수용해야한다. 기본배수 체계에 대한 조사·분석 결과 최대한 활용해야 하며, 하수도 시설기준 및 토목설계지침의 제반기준을 준수해야 한다.

┃ 계획 우수량 산출 흐름도

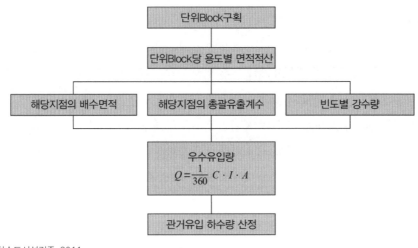

주) 환경부, 하수도시설기준, 2011

그림 4.64 우수량 산출 흐름도

6.2 우수처리계획

1) 배수유역의 결정

전체의 배수구역은 각 노선에 대한 그림 4.65와 같이 배수구역(집수구역)으로 분할하며 다음 그림에서 (a)는 지표면 경사를 고려하지 않은 경우이며, 경사가 급한 지역에 대해서는 (b)와 같이 등고

선을 참고하여 분할한다.

┃ 배수구역 분할방법

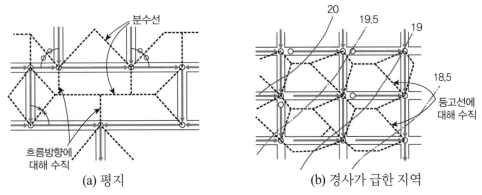

그림 4.65 배수구역 분할

2) 계획우수 유출량

　계획우수 유출량은 표 4.89와 같이 일반적으로 하수설계에 이용하고 있는 합리식을 적용하여 산출한다. 우수관거의 여유율 적용은 유송잡물의 유수저해, 토사퇴적, 지하수의 유입 등 계획유량과 실제 발생유량과의 차이를 고려하여 지역 여건에 따라 계획 우수량의 10~20%의 여유율을 적용한다.

$$Q = \frac{1}{360} \cdot C \cdot I \cdot A$$

　여기서, Q : 계획우수 유출량(m³/sec)

　　　　C : 유출계수

　　　　I : 강우강도(mm/hr)

　　　　A : 유역면적(ha)

표 4.89 유출량공식(우수 유출량 비교)

구분	합리식	경험식	SCS 합성법
공식	$$Q=\frac{1}{360}C\cdot I\cdot A$$ Q: 최대계획우수유출량(m³/S) C: 유출계수 I: 강우강도(mm/hr) A: 배수면적(ha)	$$Q=\frac{1}{360}C\cdot I\cdot A\sqrt[n]{S/A}$$ Q: 최대 계획우수유출량(m3/S) C: 유출계수 I: 강우강도(mm/hr) A: 배수면적(ha) S: 지표평균경사(‰) n: 정수 Burkli-Ziegler식 : 4 Brix식 : 6	$$Q=\frac{(P-Ia)^2}{P-Ia+S}$$ $$S=\frac{1,000}{CN}-10$$ Q: 강우초기로부터 누가 유출고(in) C: 강우초기로부터 누가 강우고(in) Ia: 초기손실량(m, 유출 직전까지의 차단, 지표저류, 침투의 누계) S: 최대 침투가능량 CN: 유출곡선 번호
개요	가장 일반화된 식으로 유달시간에 상당하는 강우강도의 비가 배수구역내에 균등히 내릴 때 지체현상이 생기지 않는 최대 유출량 산출법	특정지역의 강우 관측 자료를 바탕으로 만들어진 것으로 배수구역의 지형, 지세 등에 의해 지체현상이 고려되는 것으로 특정도시에 적용하기 위한 특정계수가 산정되어야 함	미농무성 토양보전국에서 만들어진 식으로 첨두홍수량뿐만 아니라 유출수문곡선을 작성할 수 있으며 첨두유출량은 CN과 유달시간의 지배를 받음
적용 면적	500ha 미만	100ha 미만	2,600ha 미만

주) 환경부, 하수도시설기준, 2011

가. 확률연수

확률연수는 표 4.90과 같이 10~30년을 원칙으로 하지만 최근 국지성 집중호우에 대처가 어렵고 침수피해를 입는 지역이 증가하고 있으므로 신규개발지역은 합리적인 규모 내에서 확률연수의 상향조정이 필요하다. 확률연수는 주간선 하수관거(D1300mm 이상)에서는 20년 빈도를, 간선 및 지선 관거(D1200mm 이하)에서는 10년 빈도를 적용하는 것이 일반적이다.

▍적용 확률연수

표 4.90 확률연수

구분	LH공사	하수도시설기준	비고
지선(D600mm 미만)	10년	10~30년	
간선(D600mm 이상)	10년		
주간선(D1, 300mm 이상)	20년		
유수지 및 배수펌프장	30년 이상	30~50년	

주) 환경부, 하수도시설기준, 2011

3) 강우강도

강우강도는 배수계획 등에서 유출량을 산정할 때 사용되는 공학적 용어로서 단위시간당 내리는 강우량의 크기를 말하고 단위는 mm/hr로 표시되며, 합리식에 적용되는 강우강도 공식은 Talbot 형, Sherman형, Japanese형, Cleveland형 등을 적용한다.

- Talbot형 : $I = \dfrac{a}{t \pm b}$

- Sherman형 : $I = \dfrac{a}{t^n}$

- Japanese형 : $I = \dfrac{a}{\sqrt{t} \pm b}$

- Cleveland형 : $I = \dfrac{a}{t^n + b}$

여기서, I : 강우강도(mm/hr)

$\quad\quad t$: 강우지속시간(min)

$\quad\quad a,\ b,\ n$: 정수

4) 유출계수

유출계수는 토지이용별 기초유출계수 및 총괄 유출계수, 토지용도에 적용되는 기초유출계수, 하수도정비 기본계획 유출계수, 공종별 유출계수 등을 종합 검토하여 지역 특성에 맞는 "지표면별 (토지이용별) 기초 유출계수"를 적용한다.

평균유출계수＝$\sum$(지표면별 면적×지표면별 기초 유출계수)/$\sum$(지표면별 면적)

가. 공종별 유출계수

① 하수도 시설기준의 주택단지의 적정유출량 산출을 위한 공종별 기초 유출계수는 표 4.91과 같다.

표 4.91 공종별 유출계수

공종	유출계수	공종	유출계수
단독주택	0.80	어린이공원	0.45
공동주택	0.65	근린공원	0.30
근린생활시설	0.80	학교	0.40
상업용지	0.80	공용의 청사	0.75
도로	0.85	종교용지	0.75

② 하수도시설기준(2011)의 토지이용도별 기초유출계수의 표준 값은 표 4.92와 같다.

표 4.92 용도별 유출계수

표면형태	유출계수	표면형태	유출계수
지붕	0.85~0.95	공지	0.10~0.30
도로	0.80~0.90	잔디, 수목이 많은 공원	0.05~0.25
기타불투수면	0.75~0.85	경사가 완만한 산지	0.20~0.40
수면	1.00	경사가 급한 산지	0.40~0.60

주) 환경부, 하수도시설기준, 2011

③ 토지이용도별 총괄유출계수의 범위는 표 4.93과 같다.

표 4.93 용도별 총괄 유출계수

토지이용		유출계수
상업지역	도심지역	0.70~0.95
	근린지역	0.50~0.70
주거지역	단독주택 단지	0.30~0.50
	독립주택 단지	0.40~0.60
	연립주택 단지	0.60~0.75
	교외 지역	0.25~0.40
	아파트	0.50~0.70
산업지역	산재지역	0.50~0.80
	밀집지역	0.60~0.90

주) 환경부, 하수도시설기준, 2011

④ 토지용도에 적용되는 기초유출계수 범위는 표 4.94와 같다.

표 4.94 용도별 기초유출계수

토지이용		유출계수범위
교통시설지		0.80~0.90
상업업무시설지		0.70~0.95
공공용도지		0.65~0.75
주택지		0.50~0.75
주거·상업혼합지		0.70~0.95
공업지		0.60~0.90
경작지		0.10~0.25
나지		0.30~0.40
도시부양시설	조경수목식재지	0.10~0.25
	시가화지역	0.60~0.75
녹지 및 오픈스페이스		0.50~0.75

주) 환경부, 하수도시설기준, 2011

나. 유역별 유출계수 및 유출량

유출계수는 지표의 경사, 지표상태, 강우강도, 배수면적, 배수시설, 도로의 포장상태 등에 따라 달라서 공종별 기초 유출계수와 배수구역의 면적비율을 구하고 가중평균에 의하여 유역별 평균유출계수를 산출하여 사용한다.

▮ 유달시간(유입시간＋유하시간)

유입시간은 배수구역 최원점에서 우수관거 최상단까지 강우도달시간으로 산정하며(Kerby식 적용), 유하시간은 최상류 관거시점에서 해당지점 간 거리를 계획유량에 상응한 유속으로 나누어 산정한다. (표 4.95~표 4.99 참고)

표 4.95 유달시간

구분			본설계적용	
유달시간 (T1＋T2)	유입시간 (T1)	사업지구 내	평균유입시간T1 ＝7분(하수도시설기준, P.38)	
		사업지구 외	$T1 = \left(\dfrac{2}{3} \times 3.28 \times \dfrac{\ell \cdot n}{\sqrt{S}} \right)^{0.467}$	ℓ : 사면거리(m) S : 사면구배(H/ L) n : 지체계수
	유하시간 (T2)	−	$T2 = \dfrac{L}{60 \times V}$	L : 관거연장(m) V : 평균유속(m/S)

주) 환경부, 하수도시설기준, 2011

▌유입시간의 표준치

표 4.96 유입표준시간

하수도 시설기준		미국토목학회	
인구밀도가 큰 지역	5분	완전포장, 하수도가 완비된 밀집지구	5분
인구밀도가 적은 지역	10분		
평균	7분	비교적 경사도가 적은 발전지구	10~15분
간선오수관거	5분	평지의 주택지구	20~30분
지선오수관거	7~10분		

주) 환경부, 하수도시설기준, 2011

▌Kerby식의 지체 계수(n)

표 4.97 Kerby 지체계수

표면상태	n
매끄러운 불투수표면	0.02
매끄러운 나지	0.10
경작지나 기복이 있는 나지	0.20
활엽수	0.50
초지 또는 잔디	0.40
침엽수, 깊은 표토층을 가진 활엽수림대	0.80

주) 환경부, 하수도시설기준, 2011

▌유입시간(T1)

표 4.98 지구 내외 유입시간

사업지구 내 유입시간(T1) : 7분 적용 지구 외 유입시간(T1)	• 사업지구 외 산지의 유입시간은 일반적으로 Kerby식을 적용 • $T1 = \left(2/3 \times 3.28 \dfrac{\ell \times n}{\sqrt{s}}\right)^{0.467}$ 　－T1 : 유입시간(min)　　　－ℓ : 사면거리(m) 　－s : 사면구배(%)　　　　－n : 조도계수와 유사한 지체계수

▌유하시간(T2)

표 4.99 지구 내 인공, 자연수로 유하시간

사업지구 내 유하시간(T2) :
인공수로
	• 유하시간은 관거의 구간거리와 계획유량에 대응하는 유속으로 구한 구간별 유하시간을 합하여 구하며 관거 내의 유하시간은 관종별 경제적인 유속 및 관내의 퇴적방지 등을 고려, 0.8 ~ 3.0m/sec로 산출
	• $T2 = \dfrac{L}{V \times 60}$
	  −T2 : 유하시간(min) −V : 유속(m/sec)
	  −L : 관거연장(m)

사업지구 내 유하시간(T2) :
자연수로
	• $T2 = \dfrac{L}{W \times 60} = \dfrac{L}{20 \times 60 \times S^{0.6}}$
	  −W : 홍수도달속도(m/sec) −W : 20×(H/L)$^{0.6}$
	  −L : 유로연장(m) −H : 표고차(m)
	  −S : 경사도

5) 우수관거 수리계산

우수관거 수리계산을 위한 설계절차는 그림 4.66과 같이 단계별로 설계한다.

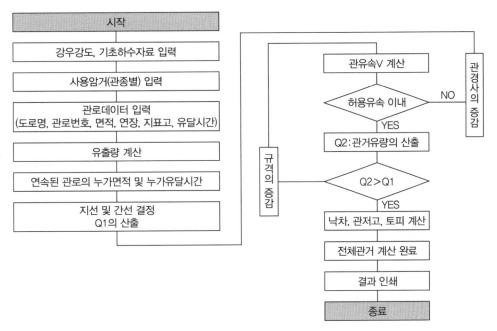

주) 환경부, 하수도시설기준, 2011

그림 4.66 우수관거설계 흐름도

6) 계획관거의 유량계산

하수의 수리계산에서는 일반적으로 표 4.100과 같이 Manning 및 Kutter 공식을 가장 많이 사용한다. 유량 계산 시 토사퇴적 등에 의한 유수저해, 계획유량과 실제 발생유량과의 차이를 고려하여 계획우수량의 10~20%의 여유율을 적용한다. (표 4.101, 표 4.102 참고)

표 4.100 계획우수량 산정공식

유출량 산정(Manning 공식)	유속(Velocity)
$Q = A \times V$	$V = 1/n \times R^{\frac{2}{3}} \times I^{\frac{1}{2}}$
• Q : 우수관 통수유량(m³/sec) • A : 계획관거의 단면적(m²) • V : 관거 내의 유속(m/sec)	• V : 유속(m/sec) • R : 경심(A/P) • I : 동수구배(‰) • n : 조도계수

유속은 상류에서 하류로 갈수록 크게 하여 차례로 관거에 침전되는 것을 방지토록 설계한다. 일반적으로 관거의 경사는 지표 경사에 따라 결정하는 것이 경제적이므로 최소한의 흙쌓기량이 나오도록 완만한 경사로 설계 조정하고 유속은 0.8~3.0m/sec 범위에서 설계한다. (표 4.101 참고)

▌Manning 공식의 조도계수(n)

표 4.101 종류별 조도계수

구분	관재질	n
관거	• 철근콘크리트관	0.013
	• 경질염화비닐관 및 강화플라스틱복합관	0.010
	• 주철관	0.011~0.015
	• 콘크리트	
	－매끄러운 표면	0.012~0.014
	－거친 표면	0.015~0.017
	－장방형 암거	0.015
	• 콘크리트관	0.011~0.015
	• 주름형의 금속관	
	－보통관	0.022~0.026
	－포장된 인버트	0.018~0.022
	• 아스팔트라이닝	0.011~0.015
	• 플라스틱(매끄러운 표면)	0.011~0.015
개거	• 인공수로	
	－아스팔트	0.013~0.017
	－벽돌	0.012~0.018
	－콘크리트	0.011~0.020
	－자갈	0.020~0.035
	－식물	0.030~0.040

주) 환경부, 하수도시설기준, 2011

▌단면의 유효수심

표 4.102 단면의 유효수심

구분	유효수심	비고
원형관	만관(100%)	
암거	단면의 90%	
개수로	단면의 80%	

주) 환경부, 하수도시설기준, 2011

6.3 관거계획

1) 관거의 매설위치 및 심도

가. 관거의 매설위치

우수관거는 지하매설물의 현황을 고려, 차도중앙에 매설하고 대로 이상의 도로에는 주변 여건 등을 고려하여 좌우 양쪽 또는 차도중앙에 매설한다.

나. 관거의 매설심도

관거의 최소 토피고는 동결심도 및 차륜의 하중을 고려하여 H = 1.0m 이상을 기준으로 계획한다.

2) 관종 및 최소관경

가. 우수관종 선정

우수관종 선정은 내구연한과 초기 공사비, 유지보수비용 등을 고려하여 시공이 간편하고, 내식성과 내구성이 우수한 관종으로 선정한다.

나. 원형관 최대관경 및 우수암거 최소관경 결정

우수암거 최소규모는 강우 시 퇴적된 토사의 준설이나 유지관리를 위한 준설장비 및 사람이 작업할 수 있는 공간이 확보되도록 표 4.103과 같이 설계에 적용한다. 우수 암거에 인입될 수 있는 적정 원형관의 규격은 우수암거와 원형관이 접속되는 지점의 시공 여유폭을 고려하여 계획한다.

┃최소관경

표 4.103 최소관경

구분		우수	오수	비고
본관	단지	D450mm	D300mm	오수량이적은초기관주 : D200mm
	주택	D450mm	D200mm	
연결관	단지	D250mm	D150mm	
	주택	• 일반 : D200mm • 지하주차장 등 상부 : D150mm 또는 200mm	D150mm	

주) 한국토지주택공사, 토목공사 설계지침, 2018

3) 관거접합

관거접합은 원활한 통수능력과 급경사지에 적합한 관정접합으로 선택한다. 급구배지는 최소 토피 유지와 굴착깊이 감소를 위해 단차접합을 적용하며, 암거는 계단접합을 적용한다.

일반적으로 관거접합 방법은 그림 4.67과 같다.

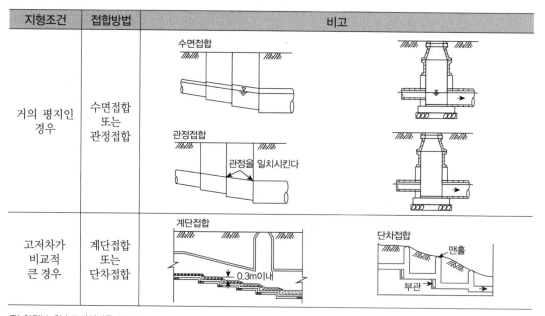

지형조건	접합방법	비고
거의 평지인 경우	수면접합 또는 관정접합	
고저차가 비교적 큰 경우	계단접합 또는 단차접합	

주) 환경부, 하수도시설기준, 2011

그림 4.67 관거의 접합

4) 관기초 검토

우수관의 기초는 도로 토공이 다짐된 상태로 완료된 후 터파기하여 부설하므로 기초지반이 양호한 상태이나, 매설 후 관상부의 매설토 중량 및 차량하중 등이 작용하게 되므로 관의 강도유지보강을 위해 구조계산 후 관기초를 설치한다. 사용모래는 현장 여건에 따라 석분으로 사용할 수 있다.

가. 기초선정 방법

저항모멘트(Mr)≥안전율×기초타입별 최대휨모멘트(Mmax) 또는 기초타입별 관의 내하력≥ 안전율×(연직토압＋활하중)

※ 만약 만족하는 조건이 없으면 360° 콘크리트 기초로 검토한다.

나. 기초 하중적용

- 광로, 대로 : DB-24 Ton
- 중로 : DB-18 Ton
- 소로 : DB-13.5 Ton

다. 관기초 형식

〈강성관의 경우〉

하수관 기초형태 및 규격을 선정하기 위하여 반드시 구조계산을 실시하여야 하며, 시공성 등을 감안 다음 규격 이상으로 설치한다. (그림 4.68, 3.69, 표 4.104 참고)

표 4.104 받침각별 K값

받침각(°)	K값	
	콘크리트받침	자유받침
60	−	0.377
90	0.303	0.314
120	0.243	0.275
180	0.220	−

단, 안전율은 1.1을 적용한다.

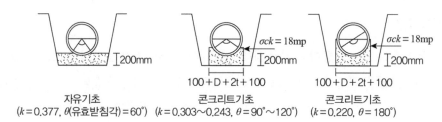

자유기초
($k=0.377$, θ(유효받침각)$=60°$)

콘크리트기초
($k=0.303\sim0.243$, $\theta=90°\sim120°$)

콘크리트기초
($k=0.220$, $\theta=180°$)

주 1) 자유기초 : 모래, 마사토(화강암질 풍화토), 석분 등
  2) 콘크리트 기초폭(mm) : $100+D+2t+100$

그림 4.68 받침각별 k값

암반지역 및 연약지반은 구조계산 결과에 관계없이 시공성 및 관보호를 위해 다음과 같이 기초를 설치해야 한다. 다만, 구조계산결과 표준치보다 상회할 경우에는 구조계산 결과에 따른다.

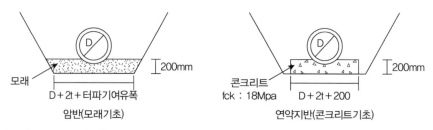

주) 터파기 여유폭은 터파기 비탈면 기울기의 종류별 터파기 여유폭을 적용한다.
  환경부, 하수도시설기준, 2011

그림 4.69 암반 및 연약지반 기초

〈연성관의 경우〉

연성관은 기초를 설치해야 하며 구조계산 결과 및 지반조건에 따라 다음 표에서 정하는 기준 이상으로 설치해야 한다. (표 4.105 참고)

표 4.105 연성관 기초

절토지역	원지반 불량 성토지역	연약지반
180° 모래기초	무근콘크리트 기초	무근 or 철근콘크리트 기초 (철근 13mm, 간격 20cm)

주 1) 모래기초는 20mm 이하 쇄석, 재생골재, 재생모래를 대체 사용할 수 있다.
  2) 연약지반은 3.10.2 연약지반 판정기준에 따른다.
주) 환경부, 하수도시설기준, 2011

6.4 부대시설

1) 우수받이 설치

우수받이 설치는 차·보도 구분이 있는 경우에는 그 경계로 하며, 차·보도 구분이 없는 경우에는 도로와 대지와의 경계에 설치한다. 도로 옆의 물이 모이기 쉬운 장소나 L형 측구의 유하방향 하단부에 반드시 설치하며, 교차로 구간은 각 도로의 종단곡선의 조합을 고려하여 설치위치를 선정하며, 2호 우수받이로 설치한다. (표 4.106 참고)

도로 편경사 구간은 중분대의 유무, 인접 필지의 배수 등을 고려하여 설치위치 및 간격을 조정하며, 도로의 종단경사가 5% 이상인 소로의 하단부 및 연장 약 20m 이상 보행자 전용도로에는 적정 간격의 횡단 그레이팅 배수로를 설치한다. 우수받이의 차집능력을 향상시키기 위해 L형 측구경사는 6%로 적용한다.

▌우수받이의 형상별 용도

표 4.106 우수받이 용도

명칭	내부 치수	용도
차도 측 1호 우수받이	400×500mm	L형측구의 폭이 50cm 이하의 경우에 사용
차도 측 2호 우수받이	400×1,000mm	• L형측구의 폭이 50cm 이하의 경우에 사용 • 교차로나 도로의 종단경사가 큰 곳에 사용

주) 환경부, 하수도시설기준, 2011

가. 우수받이의 선정

우수받이는 제품으로 생산되고 있는 PE 차도용 우수받이와 현장 타설 콘크리트우수받이가 있다. 우수받이 뚜껑은 우수가 용이하게 유입되도록 스틸그레이팅을 설치한다. (표 4.107, 표 4.108 참고)

우수받이 크기별, 도로 차선별 적정 우수받이 설치간격

표 4.107 우수받이 설치간격

도로차선(편도)	유입부규모(cm)	간격(m)										비고
		측구 횡경사 4%					측구 횡경사 6%					
		평지	종경사 2%	종경사 5%	종경사 7%	종경사 10%	평지	종경사 2%	종경사 5%	종경사 7%	종경사 10%	
1	40×50	30	25	20	20	20	30	30	30	30	30	
2		20	20	20	15	15	25	25	25	20	20	
3		15	10	10	10	10	20	20	20	15	15	
4		10	10	10	*	*	20	15	15	10	10	
2	40×100	30	30	30	30	30	30	30	30	30	30	
3		30	25	25	25	25	30	30	30	30	30	
4		30	20	20	20	20	30	30	30	30	30	
5		20	20	20	20	20	30	30	30	30	30	

주 1) 한국토지주택공사, 토목 설계지침, 2018
   2) *는 부적정/노면의 횡경사가 2%일 때의 값임
   3) ▨▨▨ : L형 측구 횡경사 6% 설치 간격을 표준으로 하며, 현장여건 및 기술적 판단에 따라 조정

편경사 구간의 설치간격

편경사 구간은 다음과 같이 설치한다.

표 4.108 편경사 구간의 설치간격

구분	도로기준	위치 및 간격
중분대 없는 경우	외측	설치 안 함
	내측	대로 이상 : 13m에 1개소
중분대 있는 경우	외측	중분대측 L형 측구에 20m에 1개소
	내측	대로 이상 : 20m에 1개소

주) 한국토지주택공사, 토목 설계지침, 2018

도로교차부의 우수받이 설치

가각부중 가장 낮은 지점에 설치하며 교차도로의 종·횡단구배에 의하여 도로 교차점 우수받이를 설치한다.

2) 맨홀 규격 및 설치간격

맨홀은 다음을 고려하여 결정한다. 맨홀은 관거의 방향, 구배, 관경이 변화하는 장소, 낙차의 발

생장소와 관거의 합류, 접합하는 장소에 반드시 설치한다. 맨홀은 관거의 직선부에 있어서도 관거에 따라 다음 표의 주어진 간격으로 설치한다. (표 4.109, 표 4.110 참고)

▌맨홀의 관경별 최대간격

표 4.109 관경별 맨홀간격

관경	D=600mm 이하	D=1,000mm 이하	D=1,500mm 이하	D=1,500mm 초과	비고
최대간격(m)	75	100	150	200	

주) 한국토지주택공사, 토목 설계지침, 2018

▌맨홀의 형상별 용도

표 4.110 맨홀 형상별 용도

명칭	규격	용도
1호맨홀	내경 90cm 원형	내경 500mm 이하 관의 기점과 중간점 및 회합되는 가장 큰 두 개의 관경의 합이 800mm 이하
2호맨홀	내경 120cm 원형	내경 800mm 미만의 중간점 및 회합되는 가장 큰 두 개의 관경의 합이 1150mm 이하
특2호맨홀	내면120× 120cm 각형	내경 800~1000mm 이하의 중간점 및 회합되는 가장 큰 두 개의 관경의 합이 1600mm 이하
특3호맨홀	내면140× 120cm 각형	내경 1200mm 이하 관의 중간점과 회합되는 가장 큰 두 개의 관경의 합이 2000mm 이하
특4호맨홀	내면150× 150cm 각형	회합되는 가장 큰 두 개의 관경의 합이 2100mm 이상
특5호 맨홀	내부치수 Dx120cm 각형 (D는 내경＋인버트 폭)	현장여건상 1, 2호 맨홀 및 특2, 3, 4호 맨홀이 설치 안 되는 경우에 600 mm 이상의 관에 적용
암거맨홀	내면 90× 90cm 각형	암거의 중간점 및 관, 암거연결부의 암거본체
부관 맨홀	–	분류식 오수관 및 합류식 하수관의 경우의 유입관과 유출관과의 단차가 60cm 이상인 경우

주) 한국토지주택공사, 토목 설계지침, 2018

6.5 유지관리 계획

관거의 유지관리를 위해 수밀성 및 CCTV 검사 등을 표 4.111, 표 4.112와 같이 실시한다.

▌수밀 및 CCTV 검사

표 4.111 관거의 검사

구분	내용	비고
검사목적	관거누수, 접합상태 및 우·오수관 오접 확인	전체 공사량 100%
수밀검사	• 대상 : 오수관 • 방법 　-1,000mm 초과 : 육안검사 　-1,000mm 이하 : 하수도 시공관리, 지침상 수밀 검사법	전체 공사량 100%
내부검사	• 대상 : 우·오수관 및 Box암거 • 방법 　-1,000mm 이상 : 육안검사 　-1,000mm 이상 : CCTV검사	전체 공사량 100%

주) 한국토지주택공사, 토목 설계지침, 2018

▌오접합 방지용 관로표식

표 4.112 관로의 표식

구분		내용			
목적		관식별 및 관 파손 최소화와 우·오수 오접방지를 위해 식별 표시			
표시 방법	구분	우수	오수	상수(생활)	상수(공업)
	색상	회색	흑갈색	청색	백색
	글씨	백색	백색	백색	흑색

주) 한국토지주택공사, 토목공사 설계 및 적산지침, 2012

6.6 비점오염원 처리시설

1) 기본방향

초기 강우 시 비점오염물 제거를 위해 비점오염원 처리시설을 도입한다. 부지확보가 어려운 곳, 하천 방류지점의 우수관로 종점부, 물류단지, 도로 및 교량, 각종 주차장 등에는 장치형 시설을 적용한다. 하천 주변 및 도심지 경관과의 조화, 공원으로 활용이 용이한 지역 등에는 저류형 시설을 적용한다.

2) 설치근거

수질환경보전법 제53조 및 동법 시행령 제37조 등의 규정에 의하여 도시의 개발(25만m² 이상) 등 이에 준하는 사업에 대해 비점오염원 저감시설을 설치하도록 의무화하고 있다.

6.7 배수위 영향검토

1) 기본방향

하천홍수위에 대한 배수위를 계산하여 사업지구 내 침수 여부 및 우수의 원활한 배제를 검토한다. 방류부 지점의 하천계획 홍수위를 기점수위로 하여 관거의 동수두를 검토한다.

2) 배수위 계산

방류부의 수위를 기점으로 관 상류부 손실수두에 의한 수위상승을 산정하여 도로 및 단지 침수 여부를 검토한다.

$$손실수두(hL) = f \cdot \frac{\ell}{4R} \cdot \frac{v^2}{2g} = I \cdot \ell$$

여기서, f : 마찰손실수두, R : 동수반경
  ℓ : 관로연장, V : 유속
  g : 중력가속도, I : 동수경사

6.8 저류지 설계

1) 개요

개발로 인하여 증가되는 홍수 유출량과 토사 유출량을 개발 이전 상태로 유지될 수 있도록 저류지를 설치하고 수리·수문에 의한 유입 및 유출부 등을 설계한다. 자연재해대책법 제38조와 동법시행령에 의거 재해영향평가를 시행하고 결과를 반영한다. 영향평가는 홍수유출 증가에 따른 재해, 토사유출 증가에 따른 재해, 사면 불안정에 따른 재해를 평가한다. (그림 4.70 참고)

2) 홍수조절 방식

ON-LINE방식	OFF-LINE방식
유역으로부터의 모든 유출수를 저류지로 유입	유역으로부터의 유출수중 일정유량만 저류지로 유입

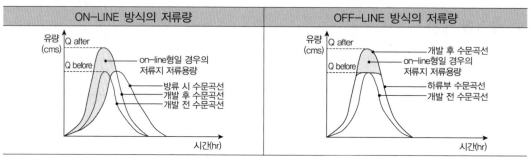

| • 친수적 공간조성 용이
• 수리계산이 단순함
• 보편적 이용 가능
• 저감효과 극대화
• 초기유입량 저류로 설치면적 과다
• 토지이용상 불리
• 유지관리 어려움 및 적용의 한계성 | • 시설면적 최소화
• 유지관리 용이
• 위치에 따른 제약 없음
• 적용성 양호
• 수리계산 다소 복잡
• 저감효과 다소불리 |

주) 한국토지주택공사, 토목 설계지침, 2018

그림 4.70 홍수조절 방식

7. 오수공

7.1 기본방향

토공계획에 의한 원활한 오수배제 계획수립을 수립하여야 하며, 유지관리 및 수질오염방지, 장래 환경에 미치는 영향을 고려 자연유하에 의한 분류식으로 계획한다. 오수량 산정은 총량적 방법에 의한 용도별 사용수량으로 오수계획을 수립한다. 관로의 수리계산은 수리적, 경제적으로 가장 유리한 관로계획으로 수립하고 관로의 배치 및 구조의 기능은 유지관리상의 조건, 수밀성, 시공상의 조건 등을 검토하여 그림 4.71과 같이 결정한다. 관로는 토지이용계획, 획지분할계획, 부지정지계획, 타 지하매설물 설치계획 등을 고려하여 방향과 매설위치 등을 결정한다.

▌계획오수량 산출 흐름도

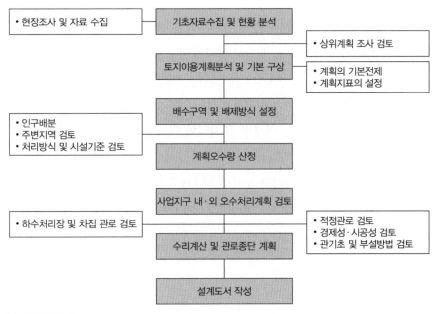

주) 환경부, 하수도시설기준, 2011

그림 4.71 계획오수량 산출 흐름도

7.2 하수처리 계획

1) 계획목표연도

하수도 계획의 목표연도는 계획수립 시부터 원칙적으로 20년 후로 한다.

2) 하수시설계획

오수관과 오수펌프장은 계획시간 최대오수량을 기준으로 계획하고, 하수처리장 시설은 계획 1일 최대오수량을 기준으로 계획한다. 하수의 계획유입수질은 계획오염부하량을 계획 1일 최대오수량으로 나눈값으로 산정한다.

3) 계획오수량 산정

계획오수량은 생활오수량(가정오수량 및 영업오수량), 공장폐수량, 지하수량 및 여유유량으로 구분하여 산정한다.

가. 계획인구의 산정

계획인구는 계획목표연도의 계획구역 내 발전방향을 예측하여 다음사항을 기초로 결정한다. 계획총인구는 국토계획 및 도시계획 등에 의해 정해진 인구를 기초로 결정하며 계획이 결정되지 않은 경우는 계획구역 내의 행정구역단위별로 과거의 인구증가추세에 의해 계획목표연도의 인구를 산정한다. 계획구역 내의 인구분포는 토지이용계획에 의한 인구밀도를 참고로 하여 계획인구를 배분하여 산정한다. 주간인구의 유입이 현저히 큰 지역에 대해서는 주간인구를 고려한다.

상업 및 근린생활시설 등 업무·영업용수를 이용하는 용도지역의 계획인구는 택지개발지구 또는 국민임대주택단지의 경우는 실시계획 승인서상의 계획인구를 적용하고, 기타 주택건설사업지구 등은 건축물의 용도별 오수발생량 및 단독정화조 처리대상인원 산정방법(환경부고시 제2013-6호 참고)을 적용한다.

나. 생활오수량

생활오수량은 아래 산식의 계산에 의하여 산정된 오수량의 범위 안에서 토지이용에 따라 기초생활오수량과 영업오수량으로 배분한다.

$$1인 1일 최대 오수량 = 1인 1일 최대급수량 \times 유수율 \times 오수전환율$$

여기서 유수율은 목표연도의 상수도 유수율이 파악된 지역은 해당 유수율을 적용하고, 파악되지 않은 지역은 0.8을 적용한다. 그리고 오수전환율은 0.9를 적용한다.

다. 지하수량

지하수량은 1인 1일 최대오수량의 10% 이하로 산정한다.

라. 계획 1일 최대오수량

계획 1일 최대오수량은 1인 1일 최대오수량에 계획인구를 곱한 후 공장배수량, 지하수량 및 기타 배수량을 가산한 것으로 산정한다.

마. 계획 1일 평균오수량

계획 1일 평균오수량은 계획 1일 최대오수량의 70~80%를 표준으로 한다.

바. 계획시간 최대오수량

계획시간 최대오수량은 계획 1일 최대오수량의 1시간당 수량의 1.3~1.8배를 표준으로 한다.

4) 관망유량 계산

하수의 수리계산에서는 일반적으로 Manning 및 Kutter 공식을 가장 많이 사용한다. 오수관거의 경우 계획시간 최대오수량에 대해 소구경관거(200~600mm)에서는 약 100%, 중구경관거(700~1,500mm) 약 50~100%, 대구경관거(1,650~3,000mm) 약 25~50% 정도의 여유를 갖도록 하는 것이 좋다. (표 4.113, 그림 4.72 참고)

▌계획오수량 산정공식

유출량 산정(Manning 공식)	유속(Velocity)
$Q = A \times V$	$V = 1/n \times R^{\frac{2}{3}} \times I^{\frac{1}{2}}$
• Q : 우수관 통수유량(m^3/sec) • A : 계획관거의 단면적(m^2) • V : 관거 내의 유속(m/sec)	• V : 유속(m/sec) • R : 경심(A/P) • I : 동수구배(‰) • n : 조도계수

오수관거의 유속범위를 계획하수량에 대하여 최소 0.6m/sec, 최대 3.0m/sec로 계획한다.

▌Manning 공식의 조도계수(n)

표 4.113 조도계수

구분	관재질	n
관거	• 철근콘크리트관 • 경질염화비닐관 및 강화플라스틱복합관 • 주철관 • 콘크리트 －매끄러운 표면 －거친 표면 －장방형 암거 • 콘크리트관	0.013 0.010 0.011~0.015 0.012~0.014 0.015~0.017 0.015 0.011~0.015

주) 한국토지주택공사, 토목 설계지침, 2018

표 4.113 조도계수(계속)

구분	관재질	n
관거	• 주름형의 금속관 　－ 보통관 　－ 포장된 인버트 • 아스팔트라이닝 • 플라스틱(매끄러운 표면)	0.022~0.026 0.018~0.022 0.011~0.015 0.011~0.015
개거	• 인공수로 　－ 아스팔트 　－ 벽돌 　－ 콘크리트 　－ 자갈 　－ 식물	0.013~0.017 0.012~0.018 0.011~0.020 0.020~0.035 0.030~0.040

주) 한국토지주택공사, 토목 설계지침, 2018

▌오수량 산정 Process

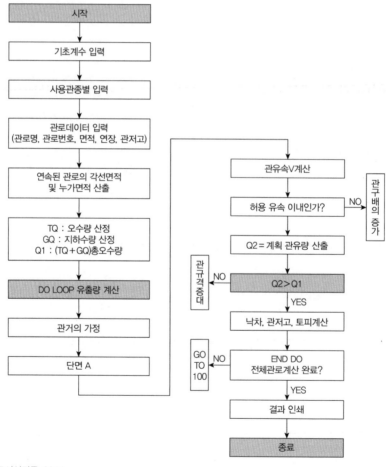

주) 환경부, 하수도시설기준, 2011

그림 4.72 오수량 산정 흐름도

7.3 오수관거계획

1) 관종선정

가. 기본방향

하수관의 관종선정은 관거가 받는 외압강도와 매설지역의 지반 특성을 고려한 관의 기초 등을 감안하여 결정한다. 특히 오수관거는 각종 오수에 대하여 내마모성과 내부식, 내화학성 등에 강한 관종을 선택한다. 관거의 매설심도가 깊어 지하수위가 높을 때에는 접합부의 연결이 불완전 할 경우 다량의 누수와 토사가 관거에 유입하므로 수밀성과 내구성을 고려하여 접합방법을 선정한다. 검토 관종은 제품의 신뢰성과 시공성, 경제성 등을 감안하여 국내에서 많이 사용되고 있는 관종으로 비교 검토한다.

나. 오수관종 검토 기본방향

오수관종으로는 각종 오수에 포함된 화학물질 등에 대한 내부식성과 수밀성, 외압에 대한 변형성이 없는 관이 요구되며 시공성, 경제성, 내구성, 사용실적 등을 종합적으로 검토하여 표 4.114와 같이 적용하도록 한다.

표 4.114 오수관의 검토사항

관종 구분	피복 파형강관	레진 콘크리트관	수지파형 강관	유리섬유 복합관	이중벽 PVC관	유황 폴리머관	고강도 PE 삼중벽관
외압강도	◉	★	◉	◉	◉	★	◉
수밀성	◉	★	◉	★	★	★	◉
내구성	◉	★	◉	◉	★	★	◉
시공성	◉	◉	◉	◉	◉	◉	◉
사용실적	○	○	◉	◉	○	○	◉
경제성	◉	○	○	○	◉	○	◉

주) ★ : 우수, ◉ : 양호, ○ : 보통, × : 불량
한국토지주택공사, 토목 설계지침, 2018

2) 매설위치 및 심도

오수관 매설 위치 및 심도는 표 4.115와 같이 동결깊이 이하로 매설하되 토질, 지하수 등을 고려하여 결정한다.

표 4.115 관의 매설위치와 심도

매설위치	• 지하매설물 간의 혼잡을 피하기 위해 다음과 같이 계획 • 대로 : 도로양측보도 • 중로 이하 : 도로 편측보도 및 도로
매설심도	차륜하중, 관의 연결, 동결심도 및 타 지하매설물과의 교차 등을 고려하여 매설 심도를 결정하되 관거의 최소 토피고는 관 상단을 기준으로 1.0m 이상으로 계획

주) 한국토지주택공사, 토목 설계지침, 2018

3) 관거의 접합

관거의 방향, 경사 또는 관경이 변화하는 개소 및 관거가 합류하는 개소에 맨홀을 설치하며, 유수를 수리적으로 원활하게 유하시키기 위하여 관거의 접합 방법을 표 4.116과 같이 비교·검토하여 결정한다.

표 4.116 관거접합의 비교

구분	수면접합	관정접합	관중심접합	관저접합
특징	• 수리학적인 계획수위를 일치시켜 접합 • 비교적 양호한 접합방법	• 유수는 원활한 흐름을 기할 수 있으나, 굴착 깊이가 증가 할 수 있음 • 펌프배수일 경우 양정에 유리 • 수위저하가 가장 크며 급경사지에 적합	• 수면접합과 관정접합의 중간방법 • 계획하수량에 대응하는 수위산출이 필요 없음 • 수면접합에 준용	• 굴착고를 줄여 공사비를 절감할 수 있음 • 펌프배수의 경우 양정에 유리

주) 한국토지주택공사, 토목 설계지침, 2018

4) 관기초

① 강성관의 경우

하수관 기초형태 및 규격을 선정하기 위하여 반드시 구조계산을 실시하여야 하며, 시공성 등을 감안 다음 규격 이상으로 설치한다. 단, 안전율은 1.1을 적용한다. (표 4.117, 그림 4.73 참조)

표 4.117 받침각별 k값

받침각	k값	
	콘크리트받침	자유받침
60°	−	0.377
90°	0.303	0.314
120°	0.243	0.275
180°	0.220	−

주) 한국토지주택공사, 토목 설계지침, 2018

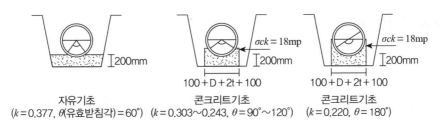

자유기초
($k=0.377$, θ(유효받침각)$=60°$)

콘크리트기초
($k=0.303\sim0.243$, $\theta=90°\sim120°$)

콘크리트기초
($k=0.220$, $\theta=180°$)

주 1) 자유기초 : 모래, 마사토(화강암질 풍화토), 석분 등
   2) 콘크리트 기초폭(mm) : $100+D+2t+100$

그림 4.73 기초 형태별 k값

암반지역 및 연약지반은 구조계산 결과에 관계없이 시공성 및 관보호를 위해 다음과 같이 기초를 설치해야 한다. 다만, 구조계산결과 표준치보다 상회할 경우에는 구조계산 결과에 따른다.

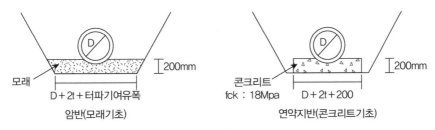

주) 터파기 여유폭은 터파기 비탈면 기울기의 종류별 터파기 여유폭을 적용한다.

그림 4.74 암반 및 연약지반 기초

② 연성관의 경우

연성관은 기초를 설치해야 하며 구조계산 결과 및 지반조건에 따라 다음 표에서 정하는 기준 이상으로 설치해야 한다. (표 4.118 참고)

표 4.118 지역별 기초

절토지역	원지반 불량 성토지역	연약지반
180° 모래기초	무근콘크리트 기초	무근 or 철근콘크리트 기초 (철근 13mm, 간격 20cm)

주 1) 모래기초는 20mm 이하 쇄석, 재생골재, 재생모래를 대체 사용할 수 있다.
   2) 연약지반은 3.10.2 연약지반 판정기준에 따른다.
   3) 한국토지주택공사, 토목 설계지침, 2018

7.4 부대시설물 계획

1) 맨홀

맨홀은 일반적으로 관거의 유지관리, 환기상태, 제반 여건을 검토하여 표 4.119와 같이 설치한다.

표 4.119 맨홀 설치 및 간격

설치위치	• 맨홀은 일반적으로 관거 내의 점검, 청소 등을 위한 사람의 유입을 위하여 축조되며, 관거 내의 통풍, 환기 및 관거의 접합 등을 고려하여 규격 및 설치개소를 결정한다. • 맨홀은 관거의 기점, 방향, 경사 및 관경 등이 변하는 곳, 단차가 발생하는 곳, 관거가 회합하는 곳이나 관거의 유지관리상 필요한 장소에 반드시 설치한다.
설치간격	맨홀은 유지관리 측면에서 많이 설치하는 것이 좋으나 공사비 증가와 시공성, 주행성 및 보행성의 저해 요인이 많으므로 본 설계에서는 관거의 방향, 경사, 관경 등이 변하지 않는 직선구간의 경우에도 관경, 도로 여건에 따라 하수도시설기준의 규정에 준하여 조정 설치한다.

▌맨홀의 관경별 최대간격

관경(mm)	D600 이하	D1,000 이하	D1,500 이하	D1,500 초과
최대간격(m)	75	100	150	200

주) 한국토지주택공사, 토목 설계지침, 2018

가. 맨홀의 종류 및 구조

접합관경의 규격 및 구조, 타 지하매설물과의 관계, 유지관리의 용이성을 고려하여 하수도시설 기준 및 한국토지주택공사 설계기준에 제시된 규격을 비교하여 표 4.120과 같이 맨홀 규격을 표준 화하여 계획한다.

표 4.120 맨홀 형상별 용도

명칭	규격	용도
1호맨홀	내경 90cm 원형	내경 500mm 이하 관의 기점과 중간점 및 회합되는 가장 큰 두 개의 관경의 합이 800mm 이하
2호맨홀	내경 120cm 원형	내경 800mm 미만의 중간점 및 회합되는 가장 큰 두 개의 관경의 합이 1150mm 이하
특2호맨홀	내면 120×120cm 각형	내경 800~1000mm 이하의 중간점 및 회합되는 가장 큰 두 개의 관경의 합이 1600mm 이하
특3호맨홀	내면 140×120cm 각형	내경 1200mm 이하 관의 중간점과 회합되는 가장 큰 두 개의 관경의 합이 2000mm 이하
특4호맨홀	내면 150×150cm 각형	회합되는 가장 큰 두 개의 관경의 합이 2100mm 이상

주) 한국토지주택공사, 토목 설계지침, 2018

표 4.120 맨홀 형상별 용도(계속)

명칭	규격	용도
특5호맨홀	내부치수 Dx120cm 각형 (D는 내경 + 인버트 폭)	현장여건상 1, 2호 맨홀 및 특2, 3, 4호 맨홀이 설치 안 되는 경우에 600 mm 이상의 관에 적용
암거맨홀	내면 90×90cm 각형	암거의 중간점 및 관, 암거연결부의 암거본체
부관 맨홀	–	분류식 오수관 및 합류식 하수관의 경우의 유입관과 유출관과의 단차가 60cm 이상인 경우

주) 한국토지주택공사, 토목 설계지침, 2018

7.5 유지관리 계획

1) 수밀검사 및 CCTV

부설된 하수관로에 대하여는 누수 여부 확인과 내부접합, 관거 내의 퇴적상태, 오접 등을 확인하기 위하여 표 4.121과 같이 수밀검사 및 CCTV 검사를 실시한다. 지하수위 이하에 부설되는 관로 또는 수압을 받는 관로에 대하여는 접속부 등이 수압에 누수되지 않도록 수압시험을 실시한다.

표 4.121 관거의 검사

검사명		검사방법	검사량
수밀검사	대상	오수관	전체 공사량의 100%
	방법	• 1000mm 초과 – 육안검사 • 1000mm 이하 – 하수도 시공관리 지침에서 정한 수밀검사방법	
내부검사	대상	오수관	전체 공사량의 100%
	방법	• 1000mm 이상 – 육안검사 • 1000mm 미만 – CCTV에 의한 검사	

주) 한국토지주택공사, 토목 설계지침, 2018

8. 구조물공

8.1 기본방향

구조물은 효율적인 토지이용계획 증대 및 인공구조물로 인한 위화감을 최소화하기 위해 가급적 최소높이로 계획해야 한다. 주변 환경과의 조화와 구조물의 미관, 유지관리 등을 고려하여야 하며, 구조물의 시공성, 안전성, 내구성 및 경제성 등을 종합적으로 고려하여야 한다.

일반적으로 도시 내에 설치되는 도로 지하에 매설되는 암거는 접속부 단면 확보에 따른 원활한 배수를 유도해야 하며, 옹벽은 도로 및 단지계획에 부합하는 적절한 설치로 토지이용의 효율성을 증대해야 한다. 시공 중 및 시공완료 후에는 안정성 검토를 하여야 한다. 쾌적한 단지조성에 부합되도록 콘크리트 구조물을 최소화하고 부득이한 경우 상징성이 고려될 구조물로 고려해야 한다. 하천에 접속되는 암거 구조물의 접속부는 유수 흐름을 고려하여 결정하여야 한다. 또한 모든 구조물은 시방기준에 부합되는 피복두께를 적용하여야 한다.

8.2 옹벽설계

1) 옹벽형식 선정

옹벽설치여건을 고려하여 시공 시 그림 4.75와 같이 품질관리가 용이하고 경제적인 형식으로 선정한다.

구분	블록식 보강토 옹벽	철근콘크리트 옹벽	P.P.E 옹벽
특성	• 콘크리트 블록 • 강봉보강재(토목섬유) • 기타	• 콘크리트, 철근, 거푸집 • 기타	• 프리캐스트 벽체, 기초판 • PC 강봉 및 강관 • 기타
장점	• 토공과 동시 작업으로 공기단축 • 미관이 수려하고 자유로운 선형 • 10m 이상의 옹벽시공도 간단함 • 보강재의 부식우려가 없어 반영구적임 • 절토부의 시공 용이	• 형태나 치수의 융통성이 큼 • 보편적인 공법으로 인력 및 경험 풍부 • 내구성 양호	• 공장 제품으로 품질관리 용이 • 내구성 우수 • 시공 시 거푸집, 비계 등 폐자재 발생 억제 • 뒷채움재로 현장 유용토 사용 용이
단점	• 철저한 시공관리 요구됨 • 자연환경과 조화가 불량하나 컬러화 시공 가능	• 시공과정이 복잡하고 높이에 제한 • 동절기 시공이 어려움 • 자연환경과 조화가 불량	• 전면판 설치 시 중장비 작업공간 필요 • 자연환경과 조화가 불량 • 공사비 고가

그림 4.75 옹벽형식 선정

2) 설계기준

가. 적용설계법

강도설계법의 규정에 따라 구조적 안정성을 확보할 수 있도록 설계한다. (표 4.122~4.125 참고)

나. 주요 재료 사용기준

(1) 콘크리트

표 4.122 콘크리트강도

옹벽형식	압축강도(MPa)	탄성계수(MPa)	온도팽창계수
역 T형	24.0	$0.043\omega_c^{1.5}\sqrt{f_{ck}}$	$1^L \times 10^{-5}$
L형	24.0		
반중력	21.0		
버림	16.0		

주) 국토교통부, 도로옹벽표준도, 2008

(2) 철근

- 항복강도 : 400.0MPa
- 탄성계수 : 200,000MPa

(3) 토질정수 적용

표 4.123 토질정수

구분	성토부(뒷채움)	절토부(지지기반)
내부마찰각	30°	30°
점착력	C=0	C=0
단위중량	$\gamma = 19\,kN/m^3$	$\gamma = 19\,kN/m^3$

다. 철근의 덮개기준

표 4.124 철근덮개 기준

구분		시방규정(mm)	사용피복(mm)	비고
옹벽	노출면	30	80	
	지중면	60	80	
	기초	80	80	

라. 콘크리트의 신축 및 수축이음(토지공사)

표 4.125 신축 및 수축이음

구조물	신축이음	수축이음
옹벽	• 20m/1개소(역 T형, L형) • 10m/1개소(중력식, 반중력식)	5m/1개소

주) 한국토지주택공사, 토목설계지침, 2008

3) 토 압

가. 적용방법

토압은 벽면에 작용하는 분포하중으로 하여 Coulomb의 토압공식을 적용함을 원칙으로 한다. 교대, 역 T형 옹벽 또는 부벽식 옹벽과 같이 토압이 뒷굽에서부터 위로 연직하게 세운 가상면에 작용하는 안정계산과 같은 경우 Rankine 토압을 사용한다.

나. 토압강도

주동토압(가동벽)은 교대에 적용하며 다음과 같이 산정한다.

- 사질토 : $Pa = Ka \cdot (q + \gamma \cdot h)$
- 점성토 : $Pa = Ka \cdot (q + \gamma \cdot h) - 2 \cdot C \cdot \sqrt{Ka + Ka \cdot q}$

정지토압(고정벽)은 라멘, 날개벽 등에 적용하며 다음과 같이 산정한다.

$$Ps = Ks \cdot (q + r \cdot h)$$

다. 토압계수

Coulomb 토압계수는 단면설계 시 적용(주동토압이 벽면마찰각과 평행하게 작용)한다.

$Ps = ks \cdot (q + r \cdot h)$

$Pa =$ 주동토압 강도(kN/m^2)

$Ps =$ 정지토압 강도(kN/m^2)

$q =$ 노면 활하중(kN/m^3)

$r =$ 흙의 단위중량(kN/m^3)

h =토압이 착용하는 깊이(m)

Ka =주동토압 계수

$$Ka = \frac{\cos^2(\phi-\theta)}{\cos^2 \cdot \theta\cos(\theta+\delta)\left[1 \pm \sqrt{\dfrac{\sin(\phi+\delta)\sin(\phi+\alpha)}{\cos(\theta+\delta)\cos(\theta-\alpha)}}\right]^2}$$

또, $\phi \pm \alpha < 0$의 경우에는 $\sin(\phi \pm \alpha) = 0$으로 한다.

Rankine 토압계수는 안정검토 시 적용(주동토압이 뒷채움 경사각과 평행하게 작용)한다.

$$-Ka = \cos\alpha \cdot \frac{\cos\alpha \mp \sqrt{(\cos^2\alpha - \cos^2\phi)}}{\cos\alpha \pm \sqrt{(\cos^2\alpha - \cos^2\phi)}}$$

정지토압계수(Ks)는 다음과 같이 산정한다.

$$Ks = 1 - \sin\phi$$

옹벽의 토압 산정 시 배면토에 사면이 형성될 경우는 Coulomb의 이론에 따라 도해법으로 토압을 구하는 방법인 Culmann의 도해법(시행쐐기법)을 적용한다.

라. 적용토압

안정계산용 토압은 시행쐐기법을 적용하며 벽면마찰력은 무시(Ranking)한다. 지진 시 토압은 Mononobe-Okabe 토압공식을 적용하며 상세한 내용은 「내진설계」에 준한다.

4) 하중조합

가. 설계하중조합

평상시의 하중계수는 콘크리트구조설계기준(건교부, 2012)을 적용한다. 지진 시의 하중계수는 내진설계지침서(한국토지공사, 2001)의 계수값을 적용한다.

하중조합은 다음과 같다. (표 4.126 참고)

$$U = 1.4(D+F)$$
$$U = 1.2(D+F+T) + 1.6(L+\alpha Hv + Hh) + 0.5(Lr \text{ or } S \text{ or } R)$$

$$U = 1.2D + 1.6(Lr \text{ or } S \text{ or } R) + (1.0L \text{ or } 0.65W)$$

$$U = 1.2D + 1.3W + 1.0L + 0.5(Lr \text{ or } S \text{ or } R)$$

$$U = 1.2(D + Hv) + 1.0E + 1.0L + 0.2S + (1.0Hv \text{ or } 0.5Hv)$$

$$U = 1.2(D + F + T) + 1.6(L + \alpha Hv) + 0.8Hh + 0.5(Lr \text{ or } S \text{ or } R)$$

$$U = 0.9(D + Hv) + 1.3W + (1.6Hh \text{ or } 0.8Hh)$$

$$U = 0.9(D + Hv) + 1.0E + (1.0Hh \text{ or } 0.5Hh)$$

여기서, D : 고정하중, 또는 이에 의한 단면력

E : 지진하중, 또는 이에 의한 단면력

F : 유체의 중량 및 압력에 의한 하중 또는 단면력

Hv : 흙, 지하수 또는 기타 재료의 자중에 의한 연직 방향 하중 또는 단면력

Hh : 흙, 지하수 또는 기타 재료의 횡압력에 의한 수평방향 하중 또는 단면력

L : 활하중 또는 이에 의한 단면력

Lr : 지붕활하중 또는 이에 의한 단면력

R : 강우하중, 또는 이에 의한 단면력

S : 적설하중, 또는 이에 의한 단면력

T : 온도, 크리프, 건조수축 및 부등침하의 영향에 의한 단면력

W : 풍하중, 또는 이에 의한 단면력

α : 보정계수

나. 강도감소계수

표 4.126 강도감소계수

부재		강도감소계수(ϕ)
휨, 휨+축방향인장	보통 철근콘크리트	0.85
	공장에서 생산된 프리케스트 프리스트레스트 콘크리트 부재	0.85
축방향인장		0.85
축방향 압축 휨+축방향 압축	나선철근으로 보강된 철근콘크리트	0.70
	그 외의 철근콘크리트	0.65
전단·비틀림		0.75
콘크리트 지압		0.65
무근콘크리트		0.55

주) 국토교통부, 콘크리트구조설계기준, 2012

5) 지반의 허용지지력

가. 적용 지지력

(1) 대표적인 지지력 공식

지반의 대표적인 지지력 공식은 표 4.127과 같이 비교 검토하여 결정한다.

표 4.127 각 지지력 공식

제안자	지지력 공식	적용지반
Skempton	$qu = C \cdot NC + \gamma \cdot Df$	점성토지반
Tschebotarioff	$qu = C\left(2\pi + \dfrac{2Df}{B}\right) + \gamma + Df$	점성토지반
Guthlac wilson	$qu = 5.52\,C\left(1 + 0.377\dfrac{Df}{B}\right) + \gamma + Df$	점성토지반
Meyerhof	$qu = 3N \cdot B\left(1 + \dfrac{Df}{B}\right)$	사질토지반
Terzaghi	$qu = \alpha \cdot c \cdot Nc + \beta \cdot \gamma_1 \cdot B \cdot Nr + \gamma_2 \cdot Df \cdot Nq$	사질토～점성토지반

Terzaghi 공식은 사질토지반에서 점성토지반까지 넓은 범위의 지반에 적용되는 지지력 공식으로써 이론적 근거가 명확하고 재시험 결과와도 잘 일치되며 기초의 여러 형상에도 잘 적용되므로 가장 널리 이용되고 있는 Terzaghi 지지력 공식을 적용한다. (표 4.128, 표 4.129 참고)

점성토 및 사질토지반의 허용지지력(종합적 지지력 공식)은 다음과 같다.

$$qa = 1/3\,(\alpha \cdot C \cdot Nc + \beta \cdot \gamma_1 \cdot D \cdot N\gamma + \gamma_2 \cdot Df \cdot Nq)\,(\text{kN/m}^2)$$

여기서, qa : 허용지지력(kN/m^2)

c : 기초저면하에 있는 흙의 점착력(kN/m^3)

γ_1 : 기초수위하에 있는 흙의 단위체적중량(kN/m^3)

　　(지하수위하에 있는 경우는 수중단위체적중량)

γ_2 : 기초저면에서 지표면까지에 있는 흙의 단위체적중량(kN/m^3)

　　(지하수위하에 있는 부분에 대해서는 수중단위체적중량)

α, β : 기초의 형상계수, Df : 기초의 근입깊이(m)

B : 기초저면의 최소폭

(2) 형식계수

지반의 지지력 산정 시 형식계수는 표 4.128에 따라 결정한다.

표 4.128 형식계수

기초저면의 형상	연속	정방형	장방향	원형
α	1.0	1.3	$1+0.3\dfrac{B}{L}$	1.3
β	0.5	0.4	$0.5-0.1\dfrac{B}{L}$	0.3

주) B: 구형의 단면길이, L: 구형의 장변길이, Nc, $N\gamma$, Nq: 지지력계수

(3) 지지력계수

지반의 지지력 산정 시 지지력계수는 표 4.129에 따라 결정한다.

표 4.129 지지력계수

ϕ	Nc	Nr	Nq	비고
0	5.3	0	3.0	
5	5.3	0	3.4	
10	5.3	0	3.9	
15	6.5	1.2	4.7	
20	7.9	2.0	5.9	
25	9.9	3.3	7.6	
28	11.4	4.4	9.1	
32	20.9	10.6	16.1	
36	42.9	30.5	33.6	
40이하	95.7	114.0	83.2	

6) 안정검토

가. 활동에 대한 안정

활동은 저판과 흙 또는 가상활동면의 마찰저항력으로 안정을 유지하여 안전율이 평상시 1.5, 지진 시 1.2 이상 되어야 한다. 활동방지벽을 설치할 경우는 활동방지벽의 높이는 일반적으로 저판높이의 2/3배 이상 저판폭 B의 10~15% 이내로 한다.

$$\text{안전율 계산}: F \cdot S = \frac{(W+P_V) \cdot \mu}{P_h}$$

나. 전도에 대한 안정

평상시 전도에 대한 저항모멘트는 작용 전도모멘트의 2.0배 이상이어야 한다. 또한 하중의 합력이 작용하는 위치는 평상시 저판의 중심으로부터 저판폭의 1/6 이내, 지진 시에는 저판 폭의 1/3 이내 범위에 있어야 한다.

$$\text{안전율 계산}: F \cdot S = \frac{W \cdot x + P_V \cdot B}{P_H \cdot y'}$$

다. 지지력에 대한 안정

저판에 작용하는 최대 지반반력은 기초지반의 허용지지력을 초과하지 않아야 한다. 기초지반의 극한지지력에 대한 허용지지력은 상시에는 안전율 3.0, 지진 시에는 안전율 2.0으로 나눈 값을 사용하며, 지하수위의 영향을 고려하여 결정한다. 옹벽저판의 지지층은 하부에 암밀층이 없고 저판폭의 2.0배 이내에 사질토층이어야 한다. 기초저면의 깊이는 동결심도 이상이어야 하며 최소깊이를 1.0m 이상으로 한다.

7) 부대공

가. 옹벽배면 배수

배면 및 하단부에 배수층을 설치하여 하단부에 저면배수를 원칙으로 한다.
필터재료의 입도분포 및 입경은 다음과 같다.

[(D15)f/(D85)s] < 5
4 < [(D15)f/(D15)s] < 20
[(D50)f/(D15)s] < 25
[(D85)f/배수공의 직경] > 1.0 ~ 1.2

입자분리를 피하기 위해 필터재료는 75m/m 이상의 치수가 포함되면 안 되며, 가는 입자가 내부에서 이동하는 것을 방지하기 위해 NO.200체(0.074mm) 통과율이 5% 이하여야 한다.
옹벽 배수공의 직경은 건교부 구조물 표준도에 의거 100m/m로 한다. 필터층 하단부 아래로 물이 유입되는 것을 방지하기 위해 차단층(비닐)을 설치한다. 필터 시공방법은 필터재료를 화학섬유로 제조된 부식되지 않는 마대 또는 부직포에 담아 필터주머니를 만들어 옹벽 배면에 쌓아 올린다.

※ 마대 및 부직포에 대한 투수계수 : ks(여과재료)/ks(노상토) > (10~100)

나. 신축 및 수축이음

(1) 신축이음

신축이음의 간격은 중력식, 반중력식 옹벽은 10m/1개소로 하고, 역 T형, L형, 역 L형 옹벽은 20m/1개소로 한다. 절연폭은 1.2cm/1개소로 하고 재료는 고무스폰지 제품을 사용한다.

(2) 수축줄눈

수축줄눈의 간격은 그림 4.76과 같이 5m/1개소로 한다.

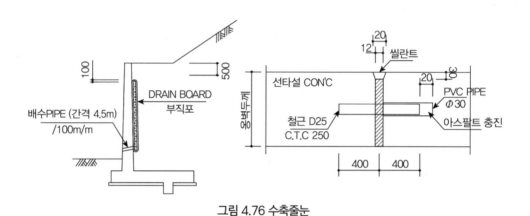

그림 4.76 수축줄눈

8.3 암거설계

1) 수로암거의 형식 선정

현장타설 RC암거보다 조립식 PC암거가 우수한 점은 있으나 자재생산 및 시공 전 과정에 걸쳐 철저한 품질관리가 요구된다. 따라서 암거는 경제성 및 시공성을 고려하여 대상위치의 환경에 적합한 형식을 선정하여야 한다.

2) 수로암거의 형식 비교

수로암거의 형식은 제반여건을 비교 검토하여 그림 4.77에 따라 결정한다.

개요		
구분	현장타설 암거	조립식 P.C 암거
재료의 강도	• 콘크리트 : f_{ck}=24.0MPa • 철근 : f_y=400.0MPa	• 콘크리트 : f_{ck}=35.0MPa • 철근 : f_y=400.0MPa
시공성	• 가장 일반적인 공법 • 이형부에 대한 적응력 우수 • 시공완료 시까지 장기간 소요	• 공장제품으로 현장조립거치 • 공사기간 단축 • 도심지에 주로사용
수밀성	연결부 최소화로 수밀성 우수	건설신기술로 수밀성 입증
경제성	일반적으로 가장 경제적	일반적으로 고가(10~40%)
품질관리	• 많은 공정으로 관리복잡 • 다짐불량 및 수화열에 의한 균열 발생	공장제작으로 품질관리 용이

그림 4.77 수로암거 형식

3) 암거의 설계

가. 기본방향

수리계산 결과와 도로계획고에 의해 BOX 규격을 결정한다. 철근콘크리트 구조물의 설계방법은 강도설계법 적용을 원칙으로 하고 이때 강도설계법에 따르는 철근콘크리트 구조물은 처짐, 균열 등을 고려한 사용성도 확보되어야 한다.

나. 적용기준(적용설계법)

철근콘크리트 구조물의 설계방법은 계수하중에 의한 극한 강도 설계법의 적용을 원칙으로 하며 사용하중에 의한 별도 설계법의 실제 응력 및 부제력에 의해 사용성 검토를 수행한다. 구조물은 일반적으로 활하중의 효과가 지배적인 구조물로서 콘크리트구조설계기준에 의한 설계가 도로교설계기준에 의한 설계보다 안전측의 결과를 보이므로 콘크리트구조설계기준에 의한 설계를 원칙으로 한다.

다. 주요 재료의 사용기준

(1) 탄성계수

- 콘크리트 : 콘크리트의 압축강도가 30.0MPa를 이하인 경우 다음 식을 적용한다.

$$Ec = 0.077 \, W_c^{1.53} \sqrt{f_{cu}}$$

- 철근 : $Es = 2.0 \times 105$(MPa)
- 탄성계수비 : $n = Es/Ec$

(2) 강도

① 콘크리트

콘크리트의 설계기준 강도는 구조물의 목적에 적합한 강도를 선정하여 통일을 기하며 구조물 종류별로는 표 4.130, 표 4.131과 같다.

표 4.130 구조물별 콘크리트 설계기준

f_{ck}(MPa)	적용대상 구조물
35.0	PC 암거 구조물 or 조립식 Open Channel
24.0	현장타설 암거, 조립식 PC Manhole
16.0	기초 콘크리트

② 철근

표 4.131 철근의 강도

철근의 종류	항복점강도(f_y)
SD 300, 400	300, 400(MPa)

주) 국토교통부, 콘크리트구조설계기준, 2012

라. 철근 배근 구조세목

(1) 최소철근비

부재의 예상치 못한 급격한 파괴를 피하고 연성파괴를 유도하기 위하여 P_{min}은 $0.25 \times \sqrt{f_{ck}}/f_y$ 와 $1.4/f_y$ 중 큰 값 이상이어야 하며, 사용철근비는 $P_{min} < P < P_{max}$ 범위로 한다.

여기서, 최소철근비 $P_{\min} = 0.25 \sqrt{f_{ck}/f_y}$ (콘크리트강도 30MPa 이상)

최대철근비 $P_{\max} = 0.75Pb$

철근의 수축, 온도철근의 간격은 슬래브 두께의 5배 이하 또한 450mm 이하여야 한다.

(2) 조립식 PC BOX 암거 구조물의 철근피복

「콘크리트구조설계기준 해설」에 준하여 심한 침식 또는 염해를 받는 피복은 50mm 이상을 기준으로 한다. 기타 특별한 경우는 콘크리트 표준시방서(건설부, 1999)의 규정에 준한다.

(3) 철근 이음장 및 정착길이

콘크리트구조설계기준의 규정에 준한다.

(4) 토질조건

뒷채움 흙의 단위중량은 γ = 19.00 kN/m³(95% 다짐 시)을 적용하고 뒷채움 흙의 내부마찰각은 ϕ = 30°를 적용한다.

(5) 설계하중

안정검토 시에는 하중계수를 곱하지 않은 사용하중을 적용하고 단면설계에는 강도설계법에 의한 극한하중을 적용하며, 구조계산 시 고정하중, 토압, 수압, 노면활하중, 지진 시 하중 등의 영향을 고려하여 설계한다.

(6) 자중

재료별 단위중량은 표 4.132와 같이 적용한다.

표 4.132 재료별 단위중량

재료	단위중량(kN/m³)	재료	단위중량(kN/m³)
철근콘크리트	25.0	토사	20.0
무근콘크리트	23.5	토사(수 중)	10.0
모르타르	21.5	지하수	10.0
아스팔트	23.0	도상자갈, 쇄석	19.0

(7) 고정하중 및 수평토압

되메우기 작업은 모래 또는 양질의 저압축성 토사를 사용하고 지표면 침하를 최소화하기 위해 충분한 다짐을 실시하게 되므로 되메우기 토사는 양질의 모래층 정도로 볼 수 있으며, 안전측의 값으로 판단되는 값을 토압 계산 시 적용한다.

- 내부마찰각 : $\Phi = 30°$(되메우기 토사는 양질의 사질토)
- 토압계수 : 정지토압 계수

  ※ Ko = 1 - sinΦ = 0.5

- 토압계수 : 주동토압 계수

  $$\text{※}\ K_A = \frac{\cos^2(\phi - \beta)}{\cos^2\beta\cos(\beta+\delta)\left\{1+\sqrt{\dfrac{\sin(\phi+\delta)\sin(\phi-\alpha)}{\cos(\beta+\delta)\cos(\beta-\alpha)}}\right\}^2}$$

(8) 활하중

활하중은 토피에 따라 구조물에 작용하는 영향이 서로 다르다. kugler 공식에 의한 방법을 일반적으로 적용하며 축하중은 종방향으로 성토구간을 통해 55°각으로 분포되는 것으로 가정하고 충격하중 또한 성토 깊이에 따라 다르게 적용한다. 축하중은 횡방향으로 1.5m의 범위에 분포하는 것으로 하며 토피 2.0m 이내는 30%의 충격 영향을 고려한다.

(9) 노면 활하중(DB-24 기준)

노면의 활하중은 표 4.133에 따라 선정하여 적용한다.

표 4.133 토피별 활하중

토피(m)	노면 활하중(Pvl, kN/m²)	비고
D/B0 ≥ 0.5		
1.0	39.0	
1.5	25.0	
2.0	18.0	토피의 중간값은 노면활하중 상위값을 적용
2.5	14.0	
3.0	11.0	
3.5 이상	10.0	

주) 한국토지주택공사, 토목설계기준, 2018

표 4.133 토피별 활하중(계속)

D/B0<0.5		
D/B0	Pvl×D(kN/m²)	비고
0.1	17.0	D/B0의 중간값은 Pvl×D 상위값을 적용
0.2	27.0	
0.3	33.0	
0.4 이상	36.0	

주) 한국토지주택공사, 토목설계기준, 2018

(10) 온도변화 및 건조수축의 영향

BOX를 설계할 때는 일반적으로 온도변화 및 건조수축의 영향은 배제해도 된다. 일반적으로 BOX는 토피가 있으므로 온도 변화는 토피 두께의 증가와 더불어 급격히 감소하여 토피 두께 50cm 정도에서 그 변화가 대단히 작아진다. 즉, 온도 변화와 건조수축의 영향을 고려하는 경우와 고려하지 않는 경우의 휨모멘트 비를 구하면 다음 표와 같이 되어 무시할 수 있는 값이므로 이들 영향은 생각지 않아도 된다. (표 4.134 참고)

표 4.134 휨모멘트 비

B×H(m)	$\dfrac{M_n + M_t + M_S}{M_n}$	$\dfrac{M_n + M_S}{M_n}$	비고
6×4	1.16	1.10	허용응력의 할증 1.15
8×4	1.17	1.10	
10×4.5	1.19	1.12	

주) M_t : 온도 변화(-10℃)의 영향에 따른 휨모멘트
M_s : 건조수축(-15℃)의 영향에 따른 휨모멘트
M_n : 온도 변화 및 건조수축을 고려하지 않을 경우의 휨모멘트

(11) 내진설계(응답변위법)

내진설계 시 응답변위법은 그림 4.78과 같이 선정한다.

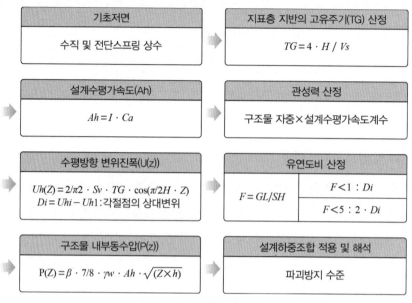

그림 4.78 응답변위법 절차

마. 하중조합

하중계수는 하중의 공칭값과 실제하중의 불가피한 차이 및 하중을 작용 외력으로 변화시키는 해석상의 불확실성, 구조물 수명 동안 발생 가능한 초과하중, 외부환경 등의 변동을 고려하기 위한 안전계수이다.

하중조합은 콘크리트구조설계기준(2012)에 따라 다음과 같이 적용한다.

$$U = 1.4(D + F)$$
$$U = 1.2(D + F + T) + 1.6(L + \alpha Hv + Hh) + 0.5(Lr \text{ or } S \text{ or } R)$$
$$U = 1.2D + 1.6(Lr \text{ or } S \text{ or } R) + (1.0L \text{ or } 0.65W)$$
$$U = 1.2D + 1.3W + 1.0L + 0.5(Lr \text{ or } S \text{ or } R)$$
$$U = 1.2(D + Hv) + 1.0E + 1.0L + 0.2S + (1.0Hv \text{ or } 0.5Hv)$$
$$U = 1.2(D + F + T) + 1.6(L + \alpha Hv) + 0.8Hh + 0.5(Lr \text{ or } S \text{ or } R)$$
$$U = 0.9(D + Hv) + 1.3W + (1.6Hh \text{ or } 0.8Hh)$$
$$U = 0.9(D + Hv) + 1.0E + (1.0Hh \text{ or } 0.5Hh)$$

강도 감소계수는 재료의 공칭강도와 실제 강도의 불가피한 차이, 재료의 강도 및 시공상의 오차 등에 대한 허용범위와 응력의 감소를 가져올 가능성 및 연성도와 부재의 중요도 등에 대하여 응력의 종류별로 1보다 작은 값을 곱해주는 안전계수이다. 휨모멘트 또는 휨모멘트와 축인장력이 동시에 작용하는 보통 철근콘크리트부재는 $\phi_f = 0.85$를 적용하고, 전단력과 비틀림 모멘트는 $\phi_v = 0.75$를 적용한다.

바. 사용성 검토

구조물은 외력에 대해 안전하고 사용성도 확보되어야 한다. 암거 구조물 또는 부재가 사용기간 중 충분한 기능과 성능을 유지하기 위하여 사용하중하에서 사용성과 내구성을 검토하며, 균열, 처짐 등 구조물의 기능, 내구성 및 미관 등 사용 목적에 손상을 주는지에 대하여 검토한다.

균열의 검토는 콘크리트 인장연단에 가장 가까이에 배치되는 철근의 중간간격 s가 다음과 같이 계산된 값 중에서 작은 값 이하로 되도록 한다.

$$s = 375 \times \frac{210}{f_s} - 2.50 \, C_C$$

$$s = 300 \times \frac{210}{f_s}$$

여기서, C_C : 인장철근이나 긴장재의 표면과 콘크리트 표면 사이의 최소두께

(철근이 하나만 배치된 경우에는 인장연단의 폭을 s로 한다.)

f_S : 사용하중 상태에서 인장연단에서 가장 가까이에 위치한 철근의 응력

(근사값으로 f_y의 2/3를 사용하기도 한다.)

처짐을 계산하지 않는 보 또는 1방향 Slab 최소두께는 표 4.135와 같다.

표 4.135 슬래브의 최소두께

부재	최소두께, h			
	단순지간	1단 연속	양단 연속	캔틸레버
	큰 처짐에 의해 손상되기 쉬운 칸막이벽이나 기타 구조물을 지지 또는 부착하지 않은 부재			
1방향 슬래브	$l/20$	$l/24$	$l/28$	$l/10$
• 보 • 리브가 있는1방향 슬래브	$l/16$	$l/18.5$	$l/21$	$l/8$

주) 국토교통부, 콘크리트구조설계기준, 2012
※ 이 표의 값은 보통콘크리트(w_c = 2,300kg/m³)와 설계기준항복강도 400MPa 철근을 사용한 부재에 대한 값이며 다른 조건에 대해서는 그 값을 다음과 같이 수정해야 한다.
1,500~2,000kg/m³ 범위의 단위체적질량을 갖는 구조용 경량콘크리트에 대해서는 계산된 h값에(1.65 - 0.00031w_c)를 곱해야 하나, 1.09보다 작지 않아야 한다.
f_y가 400MPa 이외인 경우는 계산된 h값에 (0.43 + f_y/700)를 곱해야 한다.

사. 암거 종방향 해석

암거 종방향 해석 검토 대상은 연약지반에 설치되는 경우, 종·횡단방향 구간의 절·성토경계에 설치되는 경우, 종단방향으로 토질변화가 예상되는 경우 등 지반지지력계수의 차이로 부등침하가 예상되는 경우로 한다. 부재설계는 T형보나 직사각형보로 해석한다.

지반지지력계수는 다음과 같이 산정한다.

$$\text{단층지반}\ K_{V1} = K_{(B \times B)},\ K_{(B \times B)} = K_{VO}(B_V/30)^{-3/4}$$
$$K_{VO} = 1/30 \times \alpha \times E_O,\ E_O = 28 \times N$$
$$K_V = K_{V1} \times B_V \times L\ (B_V = \text{횡방향폭},\ L = 1\text{m})$$

$$\text{복층지반}\ K_{V3} = \cfrac{h}{\cfrac{h_1}{K_{V1}} + \cfrac{h_2}{K_{V2}}} = \frac{K_{V1}K_{V2}(h_1 + h_2)}{K_{V1}h_2 + K_{V2}h_1}$$
$$K_V = K_{V3} \times B_V \times L\ (B_V = \text{횡방향폭},\ L = 1\text{m})$$

활하중 재하는 암거 종방향 단위길이당 하중은 횡방향폭을 고려하여 표준트럭 하중을 종방향 길이당 적용한다.

$$P = \frac{2T}{3.0} = \frac{2 \times 9.6 \times 9.8}{3} = 62.7(\text{kN/m})$$

아. 신축이음

RC암거의 경우는 15~30m/1개소씩 신축이음을 표 4.136과 그림 4.79와 같이 설치한다.

표 4.136 신축이음 설치

적용장소	상판	측벽	저판
보통의 경우	I	I	I
토피 1.0m 이하로 차도부에 신축줄눈을 두는 경우	I	I	II
연약지반상 수밀을 요하는 경우	I	I	I, III

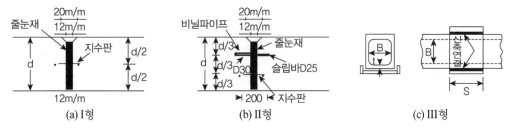

(a) I형   (b) II형   (c) III형

주) 한국토지주택공사, 토목설계기준, 2018

그림 4.79 신축이음 상세

9. 교량공

9.1 기본방향

교량은 도로 및 단지계획에 부합하는 적절한 구조물 설치로 토지이용의 효율성을 증대하도록 한다. 구간별 경관 concept에 부합된 경관설계 및 주변여건과 조화를 이루는 구조형식을 선정하고 내진설계로 구조물의 안정성을 확보한다. 또한 시공이 용이한 구조 형식을 채택하고, 내구성 증진 및 유지관리 비용을 절감하도록 한다. 주변과 조화되는 구조형식 및 문양거푸집 적용으로 노출면의 시각적 다양화를 추구하며 구조부재의 선 및 형상은 곡선 처리한다.

9.2 교량계획

교량계획 시 안전한 교량을 위해 가설위치, 수리영향 등 외적 제 조건을 고려하여 환경 영향을 최소화하면서 경제적인 교량이 계획되어야 한다. 또한 시공성과 유지관리 등도 고려해야 한다. (그림 4.80 참고)

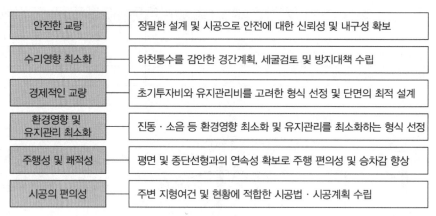

주) 국토교통부, 도로교 설계기준(한계상태설계법), 2016

그림 4.80

1) 교량계획 시 검토사항

교량설계를 위한 계획 시 상부구조와 하부구조로 나누어 세부적으로 검토해야 한다. (표 4.137~4.139 참고)

▌상부구조

교량의 상부구조는 지역의 부합성, 안전성, 시공성, 경제성, 조형미 등을 고려하여 표 4.137과 같은 내용을 검토해야 한다.

표 4.137 교량계획 시 검토사항(상부구조)

검토항목	중점 검토사항
부합성	• 기수립된 관련계획과 연계하여 무리가 없는 형식일 것 • 종평면 선형에 부합할 수 있는 구조형식일 것
안전성, 내구성	시공 시는 물론 장기적 측면의 구조적 안정성 확보
시공성	가설지점의 현황에 적합한 공법적용이 가능할 것
경제성	교량의 효용에 비한 공사비가 적절할 것
유지관리	교량의 공용수명을 확실히 유지할 수 있는 일상적 관리가 용이한 구조일 것
조형미, 기능성	개별교량의 조형미와 기능성 측면의 상호보완 및 상반적 측면 고려
편이성	주행차량의 승차감 및 편이성이 양호할 것

주) 국토교통부, 도로교 설계기준(한계상태설계법), 2015

▌하부구조

교량의 하부구조는 안정성, 시공성, 기능성, 경제성 등을 고려하되 조형미, 내구성 등을 다각적으로 고려하여 표 4.138과 같은 내용을 검토해야 한다.

표 4.138 교량 계획 시 검토사항(하부구조)

검토 항목	중점 검토사항
안전성	상부구조와 연계하여 구조적 안전성 확보
시공성	교량형식과 지형에 따른 시공성 확보
조형미	상부구조는 물론 주위경관과 조화를 이룰 수 있는 조형미 고려
기능성	하천이나 도로 등 형하공간의 제약조건을 감안한 기능성 확보
경제성	구조적 안정성 측면의 문제가 없는 전제하의 경제성 확보
내구성 및 유지관리	• 장기적 측면의 내구성 확보 • 유지관리의 편이성 확보

주) 국토교통부, 도로교 설계기준(한계상태설계법), 2015

▌기초

교량의 기초부분은 지형, 하중상태 등을 고려하여 직접기초, 말뚝기초(기성, 현장)형식을 표 4.139와 같이 검토해야 한다.

표 4.139 교량기초 검토사항

구분	선정기준
직접기초	• 기초의 지반이 확실한 경우 • 세굴의 우려가 적은 경우 • 기초의 심도가 말뚝의 최소 근입 깊이가 유지될 수 없을 정도로 얕은 경우
기성 말뚝기초	• 기초의 심도가 깊은 곳 • 세굴의 우려가 적은 경우 • 항타시공상 환경적 문제가 없을 경우 • 전석이나 호박돌 직경이 약 100mm 이하인 경우
현장타설 말뚝기초	• 기초의 심도가 깊은 곳 • 기초 시공 시 차수공사비가 고가인 경우 • 상부하중이 매우 크고 기초심도가 깊을 경우가 아니면 적용배제
우물통 기초	• 기초의 심도가 깊은 곳 • 상부하중이 큰 경우 • 말뚝시공이 불가능한 경우가 아니면 적용배제

주) 국토교통부, 도로교 설계기준(한계상태설계법), 2016

2) 교량형식 선정 방향

교량계획 시 교량의 형식은 상위계획, 안정성, 시공성, 조화성, 미관성 등을 종합적으로 검토하여 그림 4.81과 같은 내용으로 향후 유지관리에 편리하고 비용을 최소화할 수 있어야 한다.

기본방향	실시설계 반영계획
상위계획 및 타 시설과의 조화	• 관련계획 및 향후계획을 포함한 최적 교량위치 선정 • 현장여건을 감안한 경간장 및 교량형식 선정 • 도로 등 타 시설과의 조화 및 연계성 반영
안전성, 시공성 및 경제성에 대한 균형 있는 계획	• 구조적으로 안전성이 있는 교량형식 선정 • 교량가설의 편의성 및 시공성 감안 • 최적형식 선정에 적합한 최적설계로 경제성 추구 • 내진성이 우수한 구조형식 선정
주변경관과의 조화성, 교량의 미적 설계	• 주변지형 여건에 적합한 형식 선정 • 조형감 있는 상하부 구조의 균형미 고려
환경훼손, 공해발생 등 환경영향 최소화 (환경친화적 설계)	• 소음, 진동을 최소화하는 형식 및 공법 선정 • 하부구조 기초굴착 및 토공범위 축소
유지관리 비용 절감, 편의성	• 유지관리 최소화를 위한 표준화 고려 • 유지관리의 편의성 및 경제성 고려
시공중 설계변경 요소의 최소화	• 현장조사로 현지여건 최대한 설계반영 • 민원발생 요인의 충분한 사전검토로 설계반영 • 상세한 시공계획 수립 • 지하 매설물의 사전조사로 피해 최소화

주) 국토교통부, 도로교 설계기준(한계상태설계법), 2015

그림 4.81

가. 상부구조 형식

상부구조의 형식은 시공성, 경제성, 유지관리의 편이성, 경관 등을 종합적으로 판단하여 선정해야 한다.

(1) 구조형태에 의한 형식

도로교에서 주로 사용하는 구조형태로 재료에 따른 분류는 다음과 같다.

① RC교는 Slab, 함형, Box등을 기본으로 검토한다.
② P.S.C교(P.F교)은 I형 Beam, Box Girder, Slab 등을 검토한다.
③ 강교는 I형 Girder, Box Girder, Truss교, Arch교 중에서 검토한다.

(2) 지지형태에 의한 형식

단순지지형태에 비해 연속지지형태는 경제적인 단면이 가능하고, 신축이음개소가 적어 주행감이 좋으며 유지관리 측면에서 장점이 있다.

(3) Girder와 상판의 연결상태에 의한 형식

철근콘크리트 바닥판을 Girder가 지지하도록 만든 것이 Girder교로서, 바닥판과 Girder 사이를 전단연결재 등을 이용하여 일체화시키느냐 여부에 따라 합성 또는 비합성 Girder로 나눌 수 있다.

(4) 경간분할

횡단하천의 상황, 경제성, 외관, 용도 등의 관점에서 경간분할을 검토해야 한다. 하천의 유수(또는 교통) 흐름에 악영향을 최소화하고 가급적 규정치 이상의 건축한계 여유폭, 여유고를 확보하도록 한다. 사용재료 및 형식에 따른 상부구조의 표준 적용지간을 참고로 구조적으로 무리가 없고 경제적인 경간분할이 되도록 한다.

나. 하부구조 형식

하부구조계획은 상부구조계획과 서로 연관된 것으로서 경제성, 시공의 안전성, 구조적 안정성, 미관, 하천의 수리저항성 및 기초구조와의 연관성 등을 고려하여 형식을 선정한다.

9.3 교량설계

1) 구조물 설계기준

가. 교량설계등급

- 교량은 도로교 설계기준(한계상태설계법, 2016. 8.)에 준하며 콘크리트 구조기준을 적용하는 옹벽 및 암거 구조물은 강도설계법은 준용하여 적용한다.
- 설계 차량활하중 KL-510으로 설계하는 교량을 1등교로 하며, 2등교는 1등교 활하중 효과의 75%를 적용하고, 3등교는 2등교 활하중 효과의 75%를 적용한다.
- 교량의 등급은 원칙적으로 발주자가 표 4.140을 기준으로 정한다.

표 4.140 교량설계등급

설계등급	경간장
1등교 (KL-510)	• 고속국도 및 자동차 전용도로상의 교량 • 교통량이 많고 중차량의 통과가 불가피한 도로, 국방상 중요한 도로상에 가설되는 교량, 장대교량 • 교통량이 많고 중차량의 통과가 빈번한 특수산업시설에 인접한 지방도, 시도 및 군도상의 교량
2등교 (1등교의 75%)	• 일반국도, 특별시도와 지방도상의 교통량이 적은 교량 • 시도 및 군도 중에서 중요한 도로상에 가설하는 교량
3등교 (2등교의 75%)	• 산간벽지에 있는 지방도 • 시도 및 군도 중에서 교통량이 극히 적은 곳에 가설되는 교량

주) 국토교통부, 도로교 설계기준(한계상태설계법), 2015

나. 다리밑 공간(통과높이) 및 경간장

• 하천정비기본계획의 계획빈도를 따르며 하천정비기본계획이 미수립된 경우에는 하천 관련 기관과 협의하여 결정하거나 하천 설계기준에 따라 적용한다.

• 교량 등 하천점용시설물을 설치하는 경우 설치 위치의 적정성을 평가하여야 한다. 부득이한 경우를 제외하고는 제체 내에는 교대 등 교량에 관련된 하천점용시설물을 설치하지 말아야 한다. 교대, 교각을 제방 정규단면에 설치하면 제체 접속부에서의 누수발생으로 인하여 제방의 안정성을 저해시킬 수 있을 뿐만 아니라 통수능의 감소로 치수에 어려움을 초래할 수 있다. 따라서 교대 및 교각 위치는 제방의 제외지 측 비탈 끝으로부터 10m 이상 떨어져야 한다. 단, 계획홍수량이 500m³/sec 미만인 하천에서는 5m 이상 이격해야 한다. 부득이 제방 정규단면에 교대 또는 교각을 설치할 경우에는 제방의 구조적 안정성이 확보될 수 있도록 충분한 검토와 대책을 강구해야 한다. 교각의 유하방향 투영 면적이 전 하폭에 걸치게 되는 교량을 계획하지 말아야 한다. 통과높이는 표 4.141과 같이 계획홍수위에 여유고를 더한 높이 이상으로 하여야 하며, 현재의 계획제방높이 또는 현재의 제방높이보다 낮아서는 안 된다. (표 4.142 참고)

▌계획홍수량과 다리밑 공간과의 관계

표 4.141 계획홍수량과 여유고 공간

계획홍수량(m³/sec)	여유고 공간(m)
200 미만	0.6 이상
200~500	0.8 이상
500~2,000	1.0 이상
2,000~5,000	1.2 이상
5,000~10,000	1.5 이상
10,000 이상	2.0 이상

주 1) 여유고(교량받침하단과 계획홍수위까지의 높이)는 상한치 적용을 원칙으로 함
   2) 한국도로교통협회, 도로교설계기준, p.3
   3) 도로설계요령, 한국도로공사 제3권 교량편, p.15
   4) 한국수자원 학회, 하천설계기준, p.535

■ 타 시설과의 다리밑 공간과의 관계

표 4.142 다른 시설과의 여유고 공간

구분	여유고 공간(m)
국도(주간선도로)	4.50 이상
철도	7.01 이상
고속철도	9.01 이상

주) 한국도로교통협회, 도로교설계기준

다. 교량의 경간장 결정

경간장은 산간협곡이라든지 그 밖의 하천의 상황, 지형의 상황 등에 의해 결정되는데 치수상 지장이 없다고 인정되는 경우를 제외하고는 다음 식에서 구한 값 이상으로 한다. 단, 값이 70m가 넘는 경우에는 70m까지 줄일 수 있다.

$$L = 20 + 0.005\,Q$$

여기서, L : 경간장(m), Q : 계획홍수량(m³/sec)

그리고 다음의 각 항목에 해당하는 교량의 경간장은 하천 관리상 특별한 지장이 없는 한 위항의 규정에 관계없이 표 4.143 다음의 값으로 한다.

■ 교량의 경간길이

표 4.143 교량의 경간 길이

계획홍수량(m³/sec)	경간길이(m)
500 미만, 하천폭 30m 미만인 경우	12.5 이상
500 미만, 하천폭 30m 이상인 경우	15.0 이상
500 이상~2,000 미만	20.0 이상
주운을 고려해서 할 경우	주운을 필요한 최소경간장 이상

주) 단, 하천의 상황 및 지형학적 특성상 위항에서 제시된 경간장 확보가 어려운 경우, 치수에 지장이 없다면 교각 설치에 따른 하천폭 감소율(설치된 교각폭의 합계/설계홍수위에 있어서의 수면의 폭)이 5%를 초과하지 않는 범위 내에서 경간장을 조정할 수 있다.

2) 설계적용방법

가. 설계방법

① 한계상태설계법(LSD)은 구조물이 사용목적에 적합하지 않게 되는 어느 한계상태에 도달되는

확률을 적정수준 이하로 제한하는 설계방법

② 허용응력설계법(WSD)은 철근콘크리트를 탄성체로 보고 재료에 적합한 안전율을 고려한 허용 응력을 사용하여 설계하는 방법

③ 강도설계법(USD)은 설계하중이 작용하여 부재가 파괴될 때에 콘크리트의 압축응력 분포를 알 아내어 이에 맞도록 적합한 하중율(Load Factor)을 갖고 설계하는 방법

나. 적용구조물

적용 구조물에 따라 각 설계법을 선정하여 표 4.144와 같이 설계해야 한다.

표 4.144 구조물별 설계법

적용설계법	주요 대상구조물		비고
한계상태 설계법 (LSD)	RC 구조물	• 합성형교 콘크리트 바닥판 • 라멘교(문형, π형), 함형교 • T-BEAM교 • 슬래브교 및 속빈 슬래브교 • 교대, 교각	• 한계상태는 극한한계상태, 극한상황한계상 태, 사용한계상태, 피로한계상태로 구분하여 검증 • 사용하중하에서 균열, 처짐 등 사용성 검토
	PSC 구조물	PSC BEAM 계열 교량	
	강교 및 강재 가시설구조물	• STEEL BOX, STEEL PLATE교 • STEEL ARCH교 및 기타, 특수강교 • 기타 강재 가시설물	
강도설계법 (USD)	RC 구조물, 옹벽, 암거, 접속슬래브		사용하중하에서 균열, 처짐 등 사용성 검토
허용응력 설계법 (WSD)	PSC 구조물		강도설계법으로 안정성 검토
	강교 및 강재 가시설구조물, 가교		필요시 허용 피로 응력 검토

주) 국토교통부, 도로교 설계기준(한계상태설계법), 2015

다. 한계상태설계법의 적용

국토교통부 고시에 따라 2015년 1월 1일부터 수행 중인 과업에 대해 한계상태설계법을 적용해야 하며 예외적으로 지침 및 기준이 제시되지 않은 사항에 대해서는 교량 안전성을 감안하여 기존 설계법을 준용할 수 있다.

한계상태설계법을 적용하기 위해 설계변수 등 일부 항목을 발주자가 결정해 주어야 가능하다.

3) 한계상태설계법의 설계원칙

가. 한계상태

도로교설계기준(한계상태설계법)은 사용한계상태, 피로한계상태, 극한한계상태, 극단상황한계상태의 총 4가지의 한계상태를 규정한다.

① 사용한계상태

정상적인 사용조건하에서 응력, 변형 및 균열폭을 제한

② 피로한계상태

기대응력범위의 반복 횟수에서 발생하는 단일 피로설계트럭에 의한 응력 범위를 제한

③ 극한한계상태

교량의 설계수명 이내에 발생할 것으로 기대되는, 통계적으로 중요하다고 규정한 하중조합에 대하여 국부적/전체적 강도와 안정성을 확보

④ 극단상황한계상태

지진 또는 홍수 발생 시 또는 세굴된 상황에서 선박, 차량 또는 유빙에 의한 충돌 시 등의 상황에서 교량의 붕괴를 방지

별도의 규정이 없는 한 교량의 각 구성요소와 연결부는 각 한계상태에 대하여 다음 식을 만족하여야 한다. 사용한계상태에 대한 저항계수는 1.0을 적용하며, 극단상황한계상태에 대한 저항계수는 볼트와 콘크리트를 제외하고는 1.0을 적용한다. 모든 한계상태는 동등한 중요도를 갖는 것으로 고려해야 한다.

$$\sum \eta_i \gamma_i Q_i \leq R_r$$

여기서,
- 최대하중계수가 적용되는 하중의 경우

$$\eta_i = \eta_D \eta_R \eta_I \geq 0.95$$

- 최소하중계수가 적용되는 하중의 경우

$$\eta_i = \frac{1}{\eta_D \eta_R \eta_I} \leq 1.0$$

여기서, R_r : 계수저항은 콘크리트부재에 대하여는 $R_r = R\{\Phi_i X_i\}$, 그 외에는 $R_r = \Phi R_n$ 을 적용한다. (여기서, Φ_i 및 X_i 는 재료 계수 및 재료의 기준강도, Φ 및 R_n 은 저항계수 및 공칭저항)

Q_i : 하중효과

γ_i : 하중계수 : 하중효과에 적용하는 통계적 산출계수

η_i : 하중수정계수 : 연성, 여용성, 구조물의 중요도에 관련된 계수

η_D : 연성에 관련된 계수

η_R : 여용성에 관련된 계수

η_I : 구조물중요도에 관련된 계수

나. 연성

교량 구조계는 극한한계상태 및 극단상황한계상태에서 파괴 이전에 현저하게 육안으로 관찰될 정도의 비탄성 변형이 발생할 수 있도록 형상화 및 상세화되어야 한다.

콘크리트 구조의 경우 연결부의 저항이 인접구성요소의 비탄성 거동에 의해 발생하는 최대 하중효과의 1.3배 이상이면 연성요구조건을 만족하는 것으로 간주할 수 있다.

에너지 소산장치는 연성을 제공하는 방법으로 인정될 수 있다.

① 극한한계상태에 대해서는

$\eta_D \geq 1.05$: 비연성 구성요소 및 연결부

$= 1.00$: 이 설계기준에 부합하는 통상적인 설계 및 상세

≥ 0.95 : 이 설계기준이 요구하는 것 이외의 추가 연성보강장치가 규정되어 있는 구성요소 및 연결부

② 기타 한계상태인 경우 $\eta_D = 1.00$

다. 여용성

특별한 이유가 없는 한 다재하경로구조와 연속구조로 하는 것이 바람직하며 각 부재는 여용성 분류에 따라 다음의 값을 사용한다.

① 극한한계상태인 경우

$\eta_R \geq 1.05$: 비여용부재

$= 1.00$: 통상적 여용수준

≥ 0.95 : 특별한 여용수준

② 기타 한계상태인 경우

$\eta_R = 1.00$

라. 구조물의 중요도

이 절은 극한한계상태와 극단상황한계상태에만 적용한다.

① 극한한계상태

$\eta_I \geq 1.05$: 중요교량

$= 1.00$: 일반 교량

≥ 0.95 : 상대적으로 중요도가 낮은 교량

② 기타 한계상태인 경우

$\eta_I = 1.00$

4) 한계상태별 하중조합 정의 및 하중조합 계수

가. 개요

한계상태별 하중조합과 하중계수를 표 4.145와 같이 표현하였으며, 설계 시 최대 하중조합 효과가 반영되도록 하여 구조물 검토가 이루어지도록 규정하고 있다.

각 하중조합에서 정과 부의 극한상태가 모두 검토되어야 하며, 한 하중이 다른 하중의 효과를 감소시키는 하중조합에서는 그러한 하중에 최소하중계수를 적용한다. 또한 상시 하중효과에 대해서

는 γ_p에 관한 하중계수에서 제시된 두 가지 하중계수 중에서 큰 하중조합 효과를 주는 하중계수를 적용한다. 단면에 상시하중효과가 구조물의 안정성이나 내하성능의 증가를 가져오는 경우에는 최소 하중계수가 적용되어야 한다.

나. 하중조합과 하중계수

구조물설계 시 하중조합과 하중계수는 표 4.145와 같이 적용하여 설계한다.

표 4.145 하중조합과 하중계수

한계상태 하중조합	DC DD DW EH EV ES EL PS CR SH	LL IM BR PL LS CF	WA BP WP	WS	WL	FR	TU	TG	GD SD	이 하중들은 한 번에 한 가지만 고려			
										EQ	IC	CT	CV
극한 I	γ_p	1.80	1.00	–	–	1.00	0.50/1.20	γ_{TG}	γ_{SD}	–	–	–	–
극한 II	γ_p	1.40	1.00	–	–	1.00	0.50/1.20	γ_{TG}	γ_{SD}	–	–	–	–
극한 III	γ_p	–	1.00	1.40	–	1.00	0.50/1.20	γ_{TG}	γ_{SD}	–	–	–	–
극한 IV – EH, EV, ES, DW, DC만 고려	γ_p	–	1.00	–	–	1.00	0.50/1.20	–	–	–	–	–	–
극한 V	γ_p	1.40	1.00	0.40	1.0	1.00	0.50/1.20	γ_{TG}	γ_{SD}	–	–	–	–
극단상황 I	γ_p	γ_{EQ}	1.00	–	–	1.00	–	–	–	1.00	–	–	–
극단상황 II	γ_p	0.50	1.00	–	–	1.00	–	–	–	–	1.00	1.00	1.00
사용 I	1.00	1.00	1.00	0.30	1.0	1.00	1.00/1.20	γ_{TG}	γ_{SD}	–	–	–	–
사용 II	1.00	1.30	1.00	–	–	1.00	1.00/1.20	–	–	–	–	–	–
사용 III	1.00	0.80	1.00	–	–	1.00	1.00/1.20	γ_{TG}	γ_{SD}	–	–	–	–
사용 IV	1.00	–	1.00	0.70	–	1.00	1.00/1.20	–	1.0	–	–	–	–
사용 V	1.00	–	–	–	–	–	0.50	–	–	–	–	–	–
피로 – LL, IM & CF만 고려	–	0.75	–	–	–	–	–	–	–	–	–	–	–

주) 국토교통부, 도로교 설계기준(한계상태설계법), 2015

다. γ_p에 관한 하중계수

γ_p에 관한 하중계수는 표 4.146에 제시된 값을 기준으로 적용한다.

표 4.146 γ_p에 관한 하중계수

하중의 종류	하중계수	
	최대	최소
DC : 구조부재와 비구조적 부착물	1.25 1.50(극한한계상태 조합 IV에서만)	0.90
DD : 말뚝부마찰력	1.80	0.45
DW : 포장과 시설물	1.50	0.65
EH : 수평토압		
• 주동	1.50	0.90
• 수동	1.35	0.90
EV : 연직토압		
• 전체 안정성	1.00	—
• 옹벽 및 교대	1.35	1.00
• 강성 암거(예, 콘크리트 박스)	1.30	0.90
• 뼈대형 강성구조물(예, 라멘형)	1.35	0.90
• 연성 암거(예, 파형강판)	1.95	0.90
• 박스형 연성 강재암거	1.50	0.90
ES : 상재토하중	1.50	0.75
EL : 시공 중 발생하는 구속응력	1.0	1.0
PS : 프리스트레스힘		
• 세그멘탈콘크리트교량의 상부, 하부구조	1.0	
• 비세그멘탈콘크리트교량 상부구조	1.0	
• 비세그멘탈콘크리트교량 하부구조		
−Ig를 사용하는 경우	0.5	
−Ieffective를 사용하는 경우	1.0	
• 강재 하부구조	1.0	
CR, SH : 크리프, 건조수축		
• 세그멘탈콘크리트교량의 상부, 하부구조	DC에 대한 γ_p 사용	
• 비세그멘탈콘크리트교량 상부구조	1.0	
• 비세그멘탈콘크리트교량 하부구조		
−Ig를 사용하는 경우	0.5	
−Ieffective를 사용하는 경우	1.0	
• 강재 하부구조	1.0	

주) 국토교통부, 도로교 설계기준(한계상태설계법), 2015

라. 극한한계상태 하중조합 정의

극한한계상태 하중조합은 표 4.147과 같이 극한 단계별로 조합한다.

표 4.147 하중조합별 정의

하중조합	정의
극한 I	일반적인 차량 통행을 고려한 기본하중조합, 풍하중 미고려
극한 II	발주자가 규정하는 특수차량이나 통행허가차량을 고려한 하중조합, 풍하중 미고려
극한 III	거더 높이에서의 풍속 25m/s를 초과하는 설계 풍하중을 고려하는 하중조합
극한 IV	활하중에 비하여 고정하중이 매우 큰 경우에 적용하는 하중조합
극한 V	차량 통행이 가능한 최대 풍속과 일상적인 차량 통행에 의한 하중효과를 고려한 하중조합

마. 극단상황한계상태 하중조합 정의

극단상황한계상태 하중조합은 표 4.148과 같이 극단 단계별로 조합한다.

표 4.148 극단상황별 하중조합의 정의

하중조합	정의
극단상황 I	지진하중을 고려하는 하중조합
극단상황 II	빙하중, 선박 또는 차량의 충돌하중 및 감소된 활하중을 포함한 수리학적 사건에 관계된 하중조합, 이 때 차량충돌하중 CT의 일부분인 활하중은 제외

바. 사용한계상태 하중조합 정의

사용한계상태 하중조합은 표 4.149와 같이 사용 단계별로 조합한다.

표 4.149 사용한계상태의 하중조합 정의

하중조합	정의
사용 I	• 교량의 정상 운용 상태에서 발생 가능한 모든 하중의 표준값과 25m/s의 풍하중을 조합한 하중조합 • 교량의 설계 수명 동안 발생 확률이 매우 적은 하중조합 • 철근콘크리트의 사용성 검증, 옹벽과 사면의 안정성 검증
사용 II	차량하중에 의한 강구조물의 항복과 마찰이음부의 미끄러짐에 대한 하중조합
사용 III	• 교량의 정상 운용 상태에서 설계 수명 동안 종종 발생 가능한 하중조합 • 부착된 프리스트레스 강재가 배치된 상부구조의 균열폭과 인장응력 크기 검증
사용 IV	• 설계 수명 동안 종종 발생 가능한 하중조합 • 연직 활하중 대신 수평 풍하중을 고려한 하중조합 • 부착된 프리스트레스 강재가 배치된 하부구조의 사용성 검증
사용 V	설계 수명 동안 작용하는 고정하중과 수명의 약 50% 기간 동안 지속하여 작용하는 하중을 고려한 하중조합

사. 피로한계상태 하중조합 정의

피로한계상태 하중조합은 표 4.150과 같이 피로상태를 고려하여 조합한다.

표 4.150 피로상태 하중조합의 정의

하중조합	정의
피로	피로설계트럭하중을 이용하여 반복적인 차량하중과 동적응답에 의한 피로파괴를 검토하기 위한 하중조합

5) 한계상태설계법의 주요 설계하중

가. 고정하중 : DC, DW

고정하중은 구조물의 자중·부속물과 그곳에 부착된 제반설비, 토피, 포장, 장래의 덧씌우기와 계획된 확폭 등에 의한 모든 예측 가능한 중량을 포함한다. 고정하중을 산출할 때는 다음 표 4.151에 나타낸 단위질량을 사용하여야 한다. 다만, 실질량이 명백한 것은 그 값을 사용한다. 구조부재와 비구조적 부착물의 중량(DC)과 포장과 설비의 고정하중(DW)으로 분리하여 다른 하중계수를 적용한다.

표 4.151 재료의 단위질량

재료	단위질량(kg/m^3)	재료		단위질량(kg/m^3)
강재, 주강, 단강	7,850	시멘트 모르타르		2,150
주철, 주물강재	7,250	역청재(방수용)		1,100
알루미늄합금	2,800	목재	단단한 것	960
철근콘크리트	2,500		무른 것	800
프리스트레스트 콘크리트	2,500	용수	담수	1,000
콘크리트	2,350		해수	1,025
아스팔트 포장재	2,300	−		−

주) 국토교통부, 도로교 설계기준(한계상태설계법), 2015

나. 차량활하중 : LL

(1) 설계 차량활하중

① 차량활하중

교량이나 이에 부수되는 일반구조물의 노면에 작용하는 차량활하중(KL-510)은 표준트럭하중과 표준차로하중으로 이루어져 있으며, 이 하중들은 재하차로 내에서 횡방향으로 3000mm의 폭을 점유하는 것으로 가정한다.

② 하중모형모델

산업화에 따른 물동량의 증가 및 차량의 대형화 등의 영향을 고려하고, 현행 차량하중 모형의 불합리성을 개선하고 국내외 통계자료 및 연구결과를 반영하여 4축 하중모형인 "KL-510" 모델을 제시

③ 표준트럭하중

표준트럭의 중량과 축간거리는 그림 4.82와 같다.

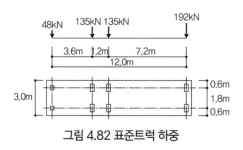

그림 4.82 표준트럭 하중

④ 표준차로하중

표준차로하중은 경간장이 길어질수록 연행할 확률이 감소하는 것을 고려하여 경간장에 따라 등분포하중이 감소하도록 규정하고 있으며, 종방향으로 균등하게 분포된 하중은 다음 표와 같고, 횡방향으로는 3000mm의 폭으로 균등하게 분포되어 있으며, 충격하중은 적용하지 않는다.

$$L \leq 60\text{m} \quad w = 12.7(\text{kN/m})$$

$$L > 60\text{m} \quad w = 12.7 \times \left(\frac{60}{L}\right)^{0.10} (\text{kN/m})$$

여기서, L : 표준차로하중이 재하되는 부분의 지간

(2) 활하중 재하방법

활하중의 재하방법으로 한계상태설계법에서는 ① 표준트럭하중의 영향과 ② 표준트럭하중 영향의 75%와 표준차로하중의 영향의 합 중 큰 값으로 설계하중을 사용하도록 규정하고 있다. 활하중의 동시재하의 경우에도 설계활하중이 동시에 작용될 확률이 작다는 사실에 근거하여, 활하중의 최대 영향은 다음 표 4.152 의 다차로 재하계수를 곱한 재하차로의 모든 가능한 조합에 의한 영향을 비교하여 결정하여야 한다.

▌다차로 재하계수

표 4.152 다차로 재하계수

재하차로의 수	다차로재하계수 'm'
1	1.0
2	0.9
3	0.8
4	0.7
5 이상	0.65

주) 국토교통부, 도로교 설계기준(한계상태설계법), 2015

(3) 피로하중

① 피로의 영향을 검토하는 경우의 활하중은 KL-510 표준트럭하중의 80%를 적용하며, 충격하중 조항을 적용한다.

② 피로하중의 빈도는 단일차로 일평균트럭교통량($ADTT_{SL}$)을 사용한다. 이 빈도는 교량의 모든 부재에 적용하며 통행차량수가 적은 차로에도 적용한다. 단일차로의 일평균 트럭교통량에 대한 확실한 정보가 없을 때는 다음 식의 차로당 통행비율을 적용하여 산정할 수 있다.

$$ADTT_{SL} = p \times ADTT$$

여기서, $ADTT$: 한 방향 일일트럭교통량의 설계수명기간 동안 평균값

$ADTT_{SL}$: 한 방향 한 차로의 일일트럭교통량의 설계수명기간 동안 평균값

p : 한 차로에서의 트럭교통량 비율

(트럭이 통행 가능한 차로수 1차로=1.00, 2차로=0.85, 3차로 이상= 0.8)

(4) 충격하중 : IM

① 원심력과 제동력 이외의 표준트럭하중에 의한 정적효과는 다음에 규정된 충격하중의 비율에 따라 증가시켜야 한다.

② 정적 하중에 대한 충격하중계수는 표 4.153과 같다. (1 + IM/100)

③ 충격하중은 보도하중이나 표준차로하중에는 적용되지 않는다.

표 4.153 충격하중계수

성분		IM
바닥판 신축이음장치를 제외한 모든 다른 부재	피로한계상태를 제외한 모든 한계상태	25%
	피로한계상태	15%

주) 국토교통부, 도로교 설계기준(한계상태설계법), 2015

(5) 풍하중 : 차량에 작용하는 풍하중(WL), 구조물에 작용하는 풍하중(WS)

① 일반 중소지간 교량의 설계풍압

박스거더교, 플레이트거더교, 슬래브교에 작용하는 풍압은 표 4.154와 같다. 활하중 재하 시에는 풍압을 절반만 재하할 수 있다. 활하중이 재하될 때에는 교명상 1.5m 높이에서 1.5kN/m의 풍하중이 활하중에 작용하여 상부구조로 전달되는 것으로 본다.

표 4.154 거더교의 풍압(kPa)

단면형상	풍압(kPa)
$1 \leq B/D < 8$	$[4.0 - 0.2(B/D)]$
$8 \leq B/D$	2.4

여기서, B = 교량 총폭(m) D = 교량 총높이(m)
주) 국토교통부, 도로교 설계기준(한계상태설계법), 2015

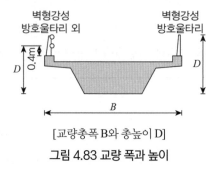

[교량총폭 B와 총높이 D]
그림 4.83 교량 폭과 높이

② 하부구조물에 작용하는 풍압

하부구조에 직접 작용하는 풍압은 교축직각방향 및 교축방향에 작용하는 수평하중으로 한다. 그러나 동시에 2방향으로 작용하지 않는 것으로 한다. 풍압의 크기는 다음 표 4.155의 값을 사용하거나, 유효연직투영면적에 대하여 바람방향 1차 모드 고유진동수에 따라 강체 및 유연 구조물에 따라 구분하여, 다음 식을 사용하여 구한다. 다음 식을 적용할 경우에 항력계수로 원형 및 트랙형 단면의 경우에 0.6, 각형 단면의 경우에 1.2를 사용할 수 있다.

표 4.155 기타 교량 부재에 작용하는 풍합(kPa)

단면 형상	풍상측 재하	풍하측 재하
원형	1.5	1.5
각형	3.0	1.5

주) 국토교통부, 도로교 설계기준(한계상태설계법), 2015

구조물의 정적설계를 위한 단위면적당 작용하는 풍압 $p(Pa)$

$$p = \frac{1}{2}\rho V_D^2 C_d G_r \qquad f_1 > 1H_z$$

$$p = \frac{1}{2}\rho V_D^2 C_d G_f \qquad f_1 \leq 1H_z$$

여기서, f_1은 구조물의 바람방향 1차 모드 고유진동수이고, 항력계수 C_d는 기존문헌, 실험, 해석 등의 합리적인 방법으로 산정한다. 거스트계수 G는 풍속의 순간적인 변동의 영향을 보정하기 위한 계수

(6) 온도변화 : 평균온도(TU), 온도경사(TG)

① 평균온도(TU)

온도에 관한 정확한 자료가 없을 때, 온도의 범위는 다음 표 4.156에 나타낸 값을 사용한다. 온도에 의한 변형효과를 고려하기 위하여 설계 시 기준으로 택했던 온도와 최저 혹은 최고 온도와의 차이 값이 사용되어야 한다.

표 4.156 온도의 범위

기후	강교(바닥판)	합성교(강거더와 크리트바닥판)	콘크리트교
보통	$-10\sim50°C$	$-10\sim40°C$	$-5\sim35°C$
한랭	$-30\sim50°C$	$-20\sim40°C$	$-15\sim35°C$

주) 국토교통부, 도로교 설계기준(한계상태설계법), 2015

② 온도경사(TG)

바닥판이 콘크리트인 강재나 콘크리트 상부구조에서 수직 온도경사는 그림 4.84와 같이 택한다.

┃ 콘크리트와 강재상부구조물에 발생하는 온도의 수직변화곡선

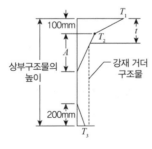

주) 국토교통부, 도로교 설계기준(한계상태설계법), 2015

그림 4.84 콘크리트와 강재구조

그림에서 "A"의 제원은 다음과 같다.

③ 두께가 400mm 이상인 콘크리트 상부구조물의 경우 : A =300mm

④ 400mm 이하의 콘크리트 단면의 경우 : A = 실제 두께보다 100mm 작은 값

⑤ 강재로 된 상부구조물인 경우 : A =300mm, t = 콘크리트 바닥판의 두께

상부의 온도가 높을 때의 T_1과 T_2의 값은 표 4.157과 같다. 하부의 온도가 높을 때의 값은 다음 표에 정해진 값에 콘크리트 포장에는 -0.3을, 아스팔트 포장에는 -0.2를 곱하여 구한다. 현장조사에 의하여 T_3의 값을 정하지 않는 경우, T_3의 값은 영(0 ℃)으로 하여야 한다. 그러나 3℃를 넘어서는 안 된다.

표 4.157 온도경사 기본 값

T_1(℃)	T_2(℃)
23	6

주) 국토교통부, 도로교 설계기준(한계상태설계법), 2015

(7) 원심하중 : CF

① 원심하중은 표준트럭하중의 축중량에 계수 C를 곱한 값이다. C는 다음 식과 같다.

$$C = \frac{4}{3} \frac{v^2}{gR}$$

여기서, v : 도로 설계속도(m/s)

　　　　 g : 중력가속도(m/s²)

　　　　 R : 통행차선의 회전반경(m)

② 도로의 설계속도는 도로 설계기준(2012)에서 규정된 값보다 적어서는 안 된다.

③ 활하중의 동시 재하에 규정된 동시재하계수를 적용해야 한다.

④ 원심하중은 교면상 1800mm 높이에서 수평으로 작용하는 것으로 한다.

(8) 기타하중

보도하중, 프리스트레스, 콘크리트 크리프 및 건조수축, 토압, 수압, 부력, 파압, 지진하중, 지점침하, 제동하중, 차량 및 선박 충돌하중, 마찰력 등에 대하여 도로교 설계기준에 준한다.

6) 주요 재료 사용기준

가. 콘크리트

KS F 2403에 적합한 재료를 기준으로 한다. (표 4.158 참고)

표 4.158 설계기준강도

설계기준강도(MPa)	골재 최대지수(m/m)	적용
40	20	P.S.C BEAM
35	25	현장타설말뚝
27	25	• 라멘교 (SLAB, 측벽, 기초, 날개벽) • R.C SLAB교
	25	• GIRDER교 상부 SLAB(ST.BOX, ST.PLATE, PREFLEX, P.S.C BEAM) • 교량하부구조(교각)
24	20	중분대 구체, 난간방호벽
	25	• 교량하부구조(교대, 날개벽) • 암거(구체, 날개벽) • 암거유출입부 접속저판 • 역T형 옹벽, L형 옹벽 • 접속슬래브 (교량 및 암거) • 방음벽 기초 • 버스정차대 계단
	25(수중)	수중콘크리트(현장타설말뚝)
21	20	L형측구(형식1, 2, 성토부 L형 다이크)
	25	• L형측구(형식1, 2, 3) • 콘크리트 다이크 • U형측구(형식1, 2, 3) • V형측구 및 산마루측구 • 깎기, 쌓기부 도수로, 도수로 집수거, 방수거, 다이크 집수거 • 우수받이 • U형개거 • 콘크리트 포장(부체도로) • 경계표주 • 낙석방책기초, 가드펜스 기초 • 복주식, 편지식, 문형식 표지판기초
	25	• U형측구(형식5, 6) • 배수관기초, 날개벽, 차수벽, SURROUNDING, 접속저판 • 집수정 • 차수벽 받침 콘크리트
18	25	• 중력식 옹벽 • 단주식 표지판기초
	25	MASS 콘크리트
16	25	버림 콘크리트

주 1) 국토교통부, 국도건설공사 설계실무요령, 2016
　 2) 구조 계산 및 장비사용에 따라 골재치수와 슬럼프치는 변경될 수 있으며, 슬럼프치는 펌프카 타설 시 15, 인력 타설 시 8, 슬리폼 페이퍼 장비 사용 시 별도 슬럼프치로 적용할 수 있다.
　 3) 지역 특성을 감안하여 구조기술사와 상의, 사용장비 등의 특성에 따라 조정 가능.
　 4) 구조물별 사용 콘크리트 강도기준은 꼭 지켜야 할 원칙이 아니며, 현지 여건과 구조검토 결과 및 노출환경등급 따라 조정 적용할 수 있다.
　　 (※ 암거의 기준강도는 암거표준도에 따라 적용)

① 설계압축강도

$$f_{cd} = \phi_c 0.85 f_{ck}$$

여기서, f_{cd} : 설계압축강도

ϕ_c : 콘크리트 재료저항계수

0.85 : 장기하중이 편심으로 작용할 경우의 유효계수로 휨 - 압축을 받는 부재

1.0 : 그 밖의 부재

② 설계인장강도

$$f_{ctd} = \phi_c f_{ctk}$$

여기서, f_{ctd} : 설계인장강도

ϕ_c : 콘크리트 재료계수

③ 재료의 설계값은 재료 기준값에 표 4.159와 같은 재료계수를 곱하여 결정한 값이다.

표 4.159 조합별 재료계수

하중조합	콘크리트 ϕ_c	철근 또는 프리스트레스 강재 ϕ_s
극한하중조합-I, II, III, IV, V	0.65	0.90
극단상황하중조합-I, II	1.0	1.0
사용하중조합-I, III, IV, V	1.0	1.0
피로하중조합	1.0	1.0

주) 국토교통부, 도로교 설계기준(한계상태설계법), 2015

나. 철근

철근은 KSD 3504의 적합한 재료를 표 4.160과 같이 사용하여야 한다.

표 4.160 구조물별 사용기준

종류	항복강도	적용구조물
SD 400	f_y =400MPa	• 바닥판, 거더, 라멘, 가로보, 교대, 교각 • 암거, 옹벽, 중분대, 방호벽 중분대기초
SD 300	f_y =300MPa	f_{ck} =27MPa 미만 구조물

① 철근의 설계조건

- 철근의 설계강도 $f_{yd} = \phi_s f_y$
- 철근의 항복 이후 응력 – 변형률 관계(그림 참조)
- 철근의 평균 단위 질량 : 7850kg/m³
- 철근의 평균 탄성계수 $E_s = 200$GPa(kN/mm²)
- 철근의 열팽창계수 $12 \times 10^{-6 \circ}\text{C}^{-1}$

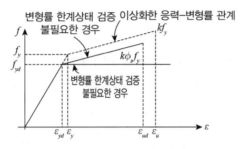

철근의 항복 이후 응력 – 변형률 관계

다. 일반강재

KS D 3515(용접구조용 압연강재)에 적합한 재료를 기준으로 한다.

① 인장강도는 P_r은 다음의 두 값 중에서 작은 값

$$P_r = \phi_y P_{ny} = \phi_y f_y A_g : \text{전단면 항복}$$
$$P_r = \phi_u P_{nu} = \phi_u f_u A_n U : \text{순단면 파단}$$

여기서, P_{ny} : 전단면의 항복에 대한 공칭인장강도(N)

f_y : 항복강도(MPa)

A_g : 부재의 전단면적(mm²)

P_{nu} : 순단면의 파단에 대한 공칭인장강도(N)

f_u : 인장강도(MPa)

A_n : 부재의 순단면적(mm²)

U : 전단지연을 고려하기 위한 감소계수(부재내의 모든 요소에 인장력이 작용될 경우 1.0)

ϕ_y : 인장부재의 항복에 대한 저항계수

ϕ_u : 인장부재의 파단에 대한 저항계수

② 인장과 휨의 조합

$$\frac{P_u}{P_r} < 0.2인 \ 경우 : \frac{P_u}{2.0P_r} + \left(\frac{M_{ux}}{M_{rx}} + \frac{M_{uy}}{M_{ry}}\right) \le 1.0$$

$$\frac{P_u}{P_r} \ge 0.2인 \ 경우 : \frac{P_u}{2.0P_r} + \left(\frac{M_{ux}}{M_{rx}} + \frac{M_{uy}}{M_{ry}}\right) \le 1.0$$

여기서, P_r : 전단면의 항복에 대한 공칭인장강도(N)

M_{rx}, M_{ry} : x와 y축에 관한 설계휨강도(N·mm)

M_{ux}, M_{uy} : 설계하중에 의한 x와 y축에 관한 휨모멘트(N·mm)

P_u : 설계하중에 의한 축방향력(N)

- 축방향 인장력과 휨모멘트를 동시에 받아 순압축응력이 작용하는 플랜지는 국부좌굴에 대한 검토가 필요하다.

라. PS 강재

KS D 7002(PS강선 및 PS강연선) 및 KS D 3505(PC강봉)에 적합한 재료를 기준으로 한다.

7) 사용한계상태

가. 노출 환경과 한계 기준

① 교량과 그 부대시설의 구성요소는 표 4.161에 정해진 노출 환경으로 구분하여 설계하여야 하며 부재에 발생하는 균열폭은 노출 환경 상태에 따라 정해진 한계 균열폭을 초과하지 않아야 한다.

② 교량 구조물과 그 부재의 소요 사용 성능을 확보하기 위해서는 이 절에서 정한 노출 환경에 따른 응력과 균열폭 제한 규정을 시공 중인 임시 상황뿐만 아니라 운용 중인 정상 상황에서 예측되는 적합한 하중조합에서 적용하여야 한다.

③ 부재 설계에 적용하는 영(0)응력과 균열폭 한계 기준은 다음 표에 주어진 값으로 하여야 한다. 이 표에 주어진 영응력 한계 기준과 균열폭 한계 기준을 동시에 만족시키도록 설계하여야 한다. 여기서 영응력 상태란 인장측 연단 콘크리트가 압축인 상태를 의미한다. (표 4.162 참고)

표 4.161 노출 환경에 따라 요구되는 최소 설계등급

노출 환경	최소 설계등급			
	포스트 텐션	프리 텐션	비부착 프리스트레싱	철근 콘크리트
건조 또는 영구적 수중 환경(EC1)	D	D	E	E
부식성 환경(습기 또는 물과 장기간 접촉 환경; EC2, EC3, EC4)	C	C	E	E
고부식성 환경(염화물 또는 해수에 노출된 환경; ED1, ED2, ED3, ES1, ES2, ES3)	C(1)	B	E	E

주 1) 국토교통부, 도로교 설계기준(한계상태설계법), 2015
　2) 고부식성 환경 포스트텐션부재의 최소 설계등급은 C등급을 적용하되 과업에 따라 상향 적용할 수 있다.

표 4.162 한계상태 설계등급

설계등급	한계상태 검증을 위한 하중조합		표면 한계균열폭(mm)
	영(0)응력 한계상태	균열폭 한계상태	
A	사용하중조합-I	−	−
B	사용하중조합-III/IV	사용하중조합-I	0.2
C	사용하중조합-V	사용하중조합-III/IV	0.2
D	−	사용하중조합-III/IV	0.3
E	−	사용하중조합-V	0.3

주) 국토교통부, 도로교 설계기준(한계상태설계법), 2015

8) 내구성 및 피복두께

가. 일반사항

① 콘크리트 교량은 사용수명 기간 동안 각각의 요소에 현저한 손상이 없어야 하며 과도한 유지 보수를 하지 않아도 사용성, 강도 및 안정성의 요구조건을 만족하여야 한다.

② 철근의 부식방지를 위해서 피복콘크리트의 밀도와 품질, 두께를 확보하여야 하며, 균열폭 기준을 만족하여야 한다. 콘크리트의 밀도와 품질을 얻기 위해서는 표 4.163에 규정한 최소콘크리트 기준압축강도 이상의 압축강도를 적용하여야 한다.

표 4.163 노출환경등급에 따른 최소 콘크리트강도(MPa)

노출 환경 (표 4.164)	부식										콘크리트의 손상					
	탄산화에 의한 부식				염화물에 의한 부식			해수의 염화물에 의한 부식			위험 없음	동결/융해 침투		화학적 침투		
	EC1	EC2	EC3	EC4	ED1	ED2	ED3	ES1	ES2	ES3	E0	EF1/ EF2	EF3/ EF4	EA1	EA2	EA3
최소 콘크리트 강도 (MPa)	21	24	30		30		35	30	35		18	24	30	30		35

주) 국토교통부, 도로교 설계기준(한계상태설계법), 2015

나. 환경조건

① 노출 조건은 외부하중에 추가하여 구조물이 노출되어 있는 화학적이고 물리적인 조건을 말한다.

② 환경 조건은 일반적으로 표 4.164와 같이 분류할 수 있다.

표 4.164 환경 조건에 따른 노출등급

노출 등급	환경 조건	해당 노출등급이 발생할 수 있는 사례
1. 부식이나 침투 위험 없음		
E0	• 철근이나 매입금속이 없는 콘크리트 : 동결/융해, 마모나 화학적 침투가 있는 곳을 제외한 모든 노출 • 철근이나 매입금속이 있는 콘크리트 : 매우 건조	공기 중 습도가 매우 낮은 건물 내부의 콘크리트
2. 탄산화에 의한 부식		
EC1	건조 또는 영구적으로 습윤한 상태	• 공기 중 습도가 낮은 건물의 내부 콘크리트 • 영구적 수중 콘크리트
EC2	습윤, 드물게 건조한 상태	• 장기간 물과 접촉한 콘크리트 표면 • 대다수의 기초
EC3	보통의 습도인 상태	• 공기 중 습도가 보통이거나 높은 건물의 내부 콘크리트 • 비를 맞지 않는 외부 콘크리트
EC4	주기적인 습윤과 건조 상태	EC2 노출등급에 포함되지 않는 물과 접촉한 콘크리트 표면

주 1) 국토교통부, 도로교 설계기준(한계상태설계법), 2015
　 2) 중공 구조물의 내부는 차도로부터의 배수 또는 누출수에 의해 영향을 받을 수 있는 표면을 제외하고 노출등급 EC3으로 간주할 수 있다
　 3) 규정에 따라 방수처리된 표면은 노출등급 EC3으로 간주할 수 있다.
　 4) 이것은 차도로부터 6m 이내에 있는 모든 난간, 벽체, 교각을 포함하며, 또한 차도로부터 배출되는 물에 노출되기 쉬운 신축이음부 (expansion joints) 하부 교각의 윗부분과 같은 표면을 포함한다.

표 4.164 환경 조건에 따른 노출등급(계속)

노출 등급	환경 조건	해당 노출등급이 발생할 수 있는 사례
3. 염화물에 의한 부식		
ED1	보통의 습도	공기 중의 염화물에 노출된 콘크리트 표면
ED2	습윤, 드물게 건조한 상태	염화물을 함유한 물에 노출된 콘크리트 부재
ED3	주기적인 습윤과 건조 상태	• 염화물을 함유한 물보라에 노출된 교량 부위 • 포장
4. 해수의 염화물에 의한 부식		
ES1	해수의 직접적인 접촉 없이 공기 중의 염분에 노출된 해상대기 중	해안 근처에 있거나 해안가에 있는 구조물
ES2	영구적으로 침수된 해중	해양 구조물의 부위
ES3	간만대 혹은 물보라 지역	해양 구조물의 부위
EC4	주기적인 습윤과 건조 상태	EC2 노출등급에 포함되지 않는 물과 접촉한 콘크리트 표면
5. 동결/융해 작용		
EF1	제빙화학제가 없는 부분포화상태	비와 동결에 노출된 수직 콘크리트 표면
EF2	제빙화학제가 있는 부분포화상태	동결과 공기 중 제빙화학제에 노출된 도로 구조물의 수직 콘크리트 표면
EF3	제빙화학제가 없는 완전포화상태	비와 동결에 노출된 수평 콘크리트 표면
EF4	제빙화학제나 해수에 접한 완전포화상태	• 제빙화학제에 노출된 도로와 교량 바닥판 • 제빙화학제를 함유한 비말대와 동결에 직접 노출된 콘크리트 표면 • 동결에 노출된 해양 구조물의 물보라 지역
6. 화학적 침식		
EA1	조금 유해한 화학환경	천연 토양과 지하수
EA2	보통의 유해한 화학환경	천연 토양과 지하수
EA3	매우 유해한 화학환경	천연 토양과 지하수

주 1) 국토교통부, 도로교 설계기준(한계상태설계법), 2015
    2) 중공 구조물의 내부는 차도로부터의 배수 또는 누출수에 의해 영향을 받을 수 있는 표면을 제외하고 노출등급 EC3으로 간주할 수 있다.
    3) 규정에 따라 방수처리된 표면은 노출등급 EC3으로 간주할 수 있다.
    4) 이것은 차도로부터 6m 이내에 있는 모든 난간, 벽체, 교각을 포함하며, 또한 차도로부터 배출되는 물에 노출되기 쉬운 신축이음부(expansion joints) 하부 교각의 윗부분과 같은 표면을 포함한다.

다. 콘크리트 피복두께

① 일반사항

- 콘크리트 피복두께는 철근(횡방향 철근, 표피철근 포함)의 표면과 그와 가장 가까운 콘크리트 표면 사이의 거리이다.
- 공칭피복두께 $t_{c,nom}$는 도면에 명시하여야 한다. 공칭피복두께 $t_{c,nom}$는 최소피복두께 $t_{c,min}$와 설계 편차허용량 $\Delta t_{c,dev}$의 합으로 구한다.

- $t_{c,nom} = t_{c,\min} + \Delta t_{c,dev}$

② 최소피복두께

- 부착과 환경조건에 대한 요구사항을 만족하는 $t_{c,\min}$ 중 큰 값을 설계에 사용하여야 한다.

- $t_{c,\min} = \max\{t_{c,\min,b}\,;\,t_{c,\min,dur} + \Delta t_{c,dur,\gamma} - t_{c,dur,st} - t_{c,dur,add}\,;\,10mm\}$

  부착력을 안전하게 전달하고 충분한 다짐을 위하여 최소피복두께는 다음 표에 주어진 $t_{c,\min,b}$ 값보다 더 큰 값을 사용하여야 한다.

  철근과 프리스트레싱 강재의 내구성을 고려한 최소피복두께 $t_{c,\min,dur}$ 는 환경조건에 관련된 노출등급에 따라 각각 표 4.165 및 표 4.166에 제시되어 있다.

  염화물 또는 해수에 노출되는 고부식성 환경에 대한 추가적인 안전을 확보하기 위하여 최소피복두께를 $\Delta t_{c,dur,\gamma}$ 만큼 증가시켜야 한다.

- $\Delta t_{c,dur,\gamma} = 5mm(ED1/ES1),\ 10mm(ED2/ES2),\ 15mm(ED3/ES3)$

  요구하는 최소 강도보다 아래에서 정하는 값 이상 큰 강도를 사용하는 경우, 시공과정에서 철근 위치의 변동이 없는 슬래브 형상의 부재인 경우, 콘크리트를 제조할 때 특별한 품질 관리방안이 확보되었다고 승인받은 경우에는 최소피복두께를 각각 5mm 감소시킬 수 있다.

  E0등급이나 탄산화에 노출된 경우(EC 등급) : 5MPa

  염화물이나 해수에 노출된 경우(ED, ES 등급) : 10MPa

  코팅과 같은 추가 표면처리를 한 콘크리트의 경우 $t_{c,dur,add}$ 만큼 최소피복두께를 감소시킬 수 있다.

표 4.165 부착에 대한 요구사항을 고려한 최소피복두께 $t_{c,\min}$

강재 종류	최소피복두께($t_{c,\min,b}$)
일반	철근 지름
다발	등가 지름
포스트텐션 부재	• 원형 덕트 경우 : 덕트의 지름 • 직사각형 덕트 경우 : 작은 치수 혹은 큰 치수의 1/2배 중 큰 값으로서 50 mm 이상인 값 단, 두 종류의 덕트에 대하여 피복두께가 80mm보다 큰 경우는 없음.
프리텐션부재	• 강연선 및 원형 강선 경우 : 지름의 2배 • 이형 강선 경우 : 지름의 3배

주) 국토교통부, 도로교 설계기준(한계상태설계법), 2015

표 4.166 철근 및 프리스트레싱 강재의 내구성을 고려한 최소피복두께 $t_{c,min,dur}$ (mm)

강재 종류	노출등급						
	E0	EC1	EC3/EC3	EC4	ED1/ES1	ED2/ES2	ED3/ES3
철근	20	25	35	40	45	50	55
프리스트레싱 강재	20	35	45	50	55	60	65

주) 국토교통부, 도로교 설계기준(한계상태설계법), 2015

③ 설계 편차 허용량

- 공칭피복두께는 최소피복두께에 설계 편차 허용량($\Delta t_{c,dev}$)을 더하여야 한다. 소요 최소피복두께는 현장시공기준에 제시된 허용편차량에 따라 증가시켜야 하며, 이는 구조물의 종류에 따라 달라진다.
- 설계 편차 허용량 $\Delta t_{c,dev}$는 10 =mm를 적용한다.
- 특정 상황에 따라 설계 편차 허용량 $\Delta t_{c,dev}$는 감소시킬 수 있다.
  모니터링 항목에 콘크리트의 피복두께 측정을 포함하는 품질보증 시스템을 적용하는 경우, 설계편차 허용량 $\Delta t_{c,dev}$를 다음과 같이 감소시킬 수 있다.

$$10mm \geq \Delta t_{c,dev} \geq 5mm$$

  모니터링에 매우 정밀한 측정 장치를 사용하고, 프리캐스트 부재 등과 같이 규준에 맞지 않는 부재는 적용되지 않았다면 설계편차 허용량 $\Delta t_{c,dev}$를 다음과 같이 감소시킬 수 있다.

$$10mm \geq \Delta t_{c,dev} \geq 0mm$$

라. 발주자 결정사항 : 「도심지 교량의 도로교설계기준(한계상태설계법)」 적용

교량등급은 1등교(도심지 교량 적용)의 경우 표 4.167, 표 4.168에 의하여 정한다.

표 4.167 하중수정계수

구분		값
연성계수 ηD	일반교량	1.0
여용도계수 ηR	단순지지교량(단재하경로)	1.0
중요도계수 ηI	일반교량	1.0

- 하중수정계수 $\eta i = \eta D \times \eta R \times \eta I$

표 4.168 하중계수

구분		값
온도변화 (γ_{TG})	활하중 미고려 시 사용한계상태조합	1.0
	활하중 고려 시 사용한계상태 조합	0.5
	극한한계상태조합, 극단상황한계상태조합	0.0
지점침하(γ_{SD})		1.0
지진 시 활하중(γ_{EQ})	활하중 관성력 고려	0.5

9) 내진설계

가. 기본방향

지진에 의해 교량이 입는 피해의 정도를 최소화시킬 수 있는 그림 4.85와 같이 내진성 확보를 위해 필요한 최소 설계 요구 조건을 규정하도록 한다.

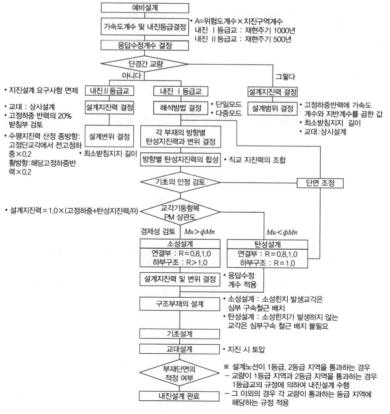

주) 국토교통부, 국도건설공사실무요령, 2016

그림 4.85 내진설계 흐름도

나. 설계 일반사항

① 지진 재해도 해석결과에 근거하여 우리나라의 지진구역을 표 4.169와 같이 설정한다.

표 4.169 가속도 계수＝지진구역계수×위험도 계수

지진구역		행정구역
I	시	서울특별시, 인천광역시, 대전광역시, 부산광역시, 대구광역시, 울산광역시, 광주광역시
	도	경기도, 강원도 남부,[1] 충청북도, 충청남도, 경상북도, 경상남도, 전라북도, 전라남도 북동부[2]
II	도	강원도 북부,[3] 전라남도 남서부,[4] 제주도

주 1) 강원도 남부(군, 시) : 영월, 정선, 삼척시, 강릉시, 동해시, 원주시, 태백시
전라남도 북동부(군, 시) : 장성, 담양, 곡성, 구례, 장흥, 보성, 여천, 화순, 광양시, 나주시, 여천시, 여수시, 순천시
강원도 북부(군, 시) : 홍천, 철원, 화천, 횡성, 평창, 양구, 인제, 고성, 양양, 춘천시, 속초시
전라남도 남서부(군, 시) : 무안, 신안, 완도, 영광, 진도, 해남, 영암, 강진, 고흥, 함평, 목포시
행정구역의 경계를 통과하는 교량의 경우에는 구역계수가 큰 값을 적용.
2) 국토교통부, 도로교 설계기준(한계상태설계법), 2015. 2.

평균 재현주기별 최대유효 지반가속도의 비를 의미하는 위험도계수는 다음 표와 같다. 이 표에서 기준은 평균재현주기 500년 지진이다. (표 4.170, 표 4.171, 표 4.172 참고)

표 4.170 지진구역 계수(재현주기 500년에 해당)

지진구역	I	II
구역계수	0.11	0.07

표 4.171 위험도 계수

재현주기(년)	500	1000
위험도계수	1	1.4

② 교량의 내진등급은 표와 같이 교량의 중요도에 따라서 내진 I등급과 내진 II등급으로 분류한다. 교량은 표에서 내진등급별로 규정된 평균재현주기를 갖는 설계지진에 대하여 설계한다.

표 4.172 내진등급과 설계지진수준

내진등급	교량	설계지진의 평균재현주기
내진 I등급교	• 고속도로, 자동차전용도로, 특별시도, 광역시도 또는 일반국도상 교량 • 지방도, 시도 및 군도 중 지역의 방재계획상 필요 도로에 건설된 교량, 해당도로의 일일 계획교통량을 기준으로 판단했을 때 중요한 교량 • 내진 I등급교가 건설되는 도로 위를 넘어가는 고가교량	1000년
내진 II등급교	내진 I등급교에 속하지 않는 교량	500년

주) 국토교통부, 도로교 설계기준(한계상태설계법), 2015

③ 지반의 영향은 교량 지진하중을 결정하는 데 고려되어야 한다. 지반계수 S는 표 4.173에 정의된 지반 종류에 근거한다.

표 4.173 지반의 분류

지반 종류	지반 계수(S)	지반종류의 호칭	지표면 아래 30m 토층에 대한 평균값		
			전단파 속도 (m/s)	표준관입시험 (N치(1))	비배수 전단강도 (kPa)
I	1.0	경암지반 보통암지반	760 이상	–	–
II	1.2	매우 조밀한 토사지반 또는 연암지반	360에서 760	>50	>100
III	1.5	단단한 토사지반	180에서 360	15에서 50	50에서 100
IV	2.0	연약한 토사지반	180 미만	<15	<50
V	–	부지 고유의 특성평가가 요구되는 지반			

주) 국토교통부, 도로교 설계기준(한계상태설계법), 2015

ㄱ 탄성 지진 응답계수(m번째 진동모드)

탄성 지진 응답 계수

$$C_{sm} = \frac{1.2AS}{T_m^{2/3}} \leq 2.5A \qquad (T_m \leq 4\text{sec})$$

$$C_{sm} = \frac{3AS}{T_m^{4/3}} \leq 2.5A \qquad (T_m > 4\text{sec})$$

(중력가속도 g 에 대한 무차원계수)

여기서, A : 지진 가속도 계수

S : 지반 특성에 대한 무차원 계수

T : 고유치 해석 또는 다른 적합한 방법에 의하여 결정된 교량의 주기

지반종류 V는 부지의 특성 조사가 요구되는 다음 경우에 속하는 지반으로서, 전문가가 작성한 부지종속 설계응답스펙트럼을 사용하여야 한다.

• 액상화가 일어날 수 있는 흙, 퀵클레이와 매우 민감한 점토, 붕괴될 정도로 결합력이 약한 붕괴성 흙과 같이 지진하중 작용 시 잠재적인 파괴나 붕괴에 취약한 지반

– 이탄 또는 유기성이 매우 높은 점토지반

– 매우 높은 소성을 갖은 점토지반

– 층이 매우 두꺼우며 연약하거나 중간 정도로 단단한 점토

ⓛ 응답수정 계수

내진설계를 위해 추가로 규정한 설계요건을 모두 충족시키는 경우, 교량의 각 부재와 연결부분에 대한 설계 지진력은 탄성지진력을 응답수정계수로 나눈 값으로 한다. 다만, 하부구조의 경우 축방향력과 전단력은 응답수정계수로 나누지 않는다.

벽식교각의 약축방향은 기둥규정을 적용하여 설계할 수 있다. 이때 응답수정계수 R은 단일 기둥의 값을 적용할 수 있다. (표 4.174 참고)

표 4.174 응답수정 계수

하부구조	R	연결부분	R
벽식교각	2	상부구조와 교대	0.8
철근콘크리트 말뚝 가구(Bent) 1. 수직말뚝만 사용한 경우 2. 한 개 이상의 경사말뚝을 사용한 경우	3 2	상부구조의 한 지간 내의 신축이음	0.8
단일 기둥	3	기둥, 교각 또는 말뚝 가구와 캡빔 또는 상부구조	1.0
강재 또는 합성강재와 콘크리트 말뚝 가구 1. 수직말뚝만 사용한 경우 2. 한 개 이상의 경사말뚝을 사용한 경우	5 3	기둥 또는 교각과 기초	1.0
다주 가구	5		

주 1) 국토교통부, 도로교 설계기준(한계상태설계법), 2015
  2) 연결부분은 부재 간에 전단력과 압축력을 전달하는 기구를 의미하며, 교량받침과 전단키가 이에 해당됨, 이때 응답수정계수는 구속된 방향으로 작용하는 탄성지진력에 대하여 적용됨

다. 해석 및 설계에 대한 규정

(1) 해석방법

교량의 지진해석방법은 단일모드스펙트럼해석법을 사용하는 것을 기본으로 한다. 정밀한 해석을 요한다고 판단되는 교량에 대해서는 다중모드 스펙트럼해석법 또는 공인된 해석법을 사용할 수 있다.

(2) 탄성력 및 탄성변위

내진 I등급교의 탄성력과 탄성변위는 단일모드스펙트럼 해석법 또는 다중모드스펙트럼 해석

법을 사용하여 두 개의 직교축에 대하여 독립적으로 해석하고, 하중 경우 1과 하중 경우 2에 따라 조합하여야 한다. 두 개의 직교축은 교량의 종방향축과 횡방향축으로 하는 것이 표준적이지만 설계자가 임의로 정할 수 있다. 곡선교는 양측 교대를 연결하는 현을 종방향으로 정할 수 있다.

(3) 직교 지진력의 조합

부재 각각의 주축에 대한 설계지진력은 단일모드스펙트럼 해석법 또는 다중모드스펙트럼 해석으로 구한 탄성 지진력을 다음과 같이 표 4.175를 조합하여 사용한다.

표 4.175 직교 지진력의 조합

구분	하중조합	비고
하중 경우-1	1.0× | 종방향 해석으로 구한 종방향 탄성지진력 | + 0.3× | 횡방향 해석으로 구한 종방향 탄성지진력 |	$V_z^D = 1.0 \mid V_z^L \mid + 0.3 \mid V_z^T \mid$ $V_y^D = 1.0 \mid V_y^L \mid + 0.3 \mid V_y^T \mid$ $M_z^D = 1.0 \mid V_z^L \mid + 0.3 \mid V_z^T \mid$ $M_y^D = 1.0 \mid V_y^L \mid + 0.3 \mid V_y^T \mid$ $P^D = 1.0 \mid P^L \mid + 0.3 \mid P^T \mid$
하중 경우-2	1.0× | 횡방향 해석으로 구한 횡방향 탄성지진력 | + 0.3× | 종방향 해석으로 구한 횡방향 탄성지진력 |	$V_z^D = 0.3 \mid V_z^L \mid + 1.0 \mid V_z^T \mid$ $V_y^D = 0.3 \mid V_y^L \mid + 1.0 \mid V_y^T \mid$ $M_z^D = 0.3 \mid V_z^L \mid + 1.0 \mid V_z^T \mid$ $M_y^D = 0.3 \mid V_y^L \mid + 1.0 \mid V_y^T \mid$ $P^D = 0.3 \mid P^L \mid + 1.0 \mid P^T \mid$

주) 국토교통부, 도로교 설계기준(한계상태설계법), 2015

(4) 단경간교의 설계규정

상부구조와 교대 사이의 연결부에 대하여 고정하중 반력에 규정된 가속도 계수와 규정된 지반계수를 곱한 값의 수평지진력이 작용한다고 보고 종방향 및 횡방향에 대하여 안전하도록 설계하여야 한다.

(5) 설계지진력

설계지진력은 상부구조, 상부구조의 신축이음 및 상부구조와 하부구조상단 사이의 연결부, 하부구조 상단으로부터 기둥이나 교각의 하단까지(단, 후팅, 말뚝머리 및 말뚝은 포함하지 않음), 상부구조와 교대의 연결요소에 대하여 적용한다.

설계지진력은 직교조합된 탄성지진력을 응답수정계수 R로 나눈 값으로 한다. 단일모드스펙트럼 또는 다중모드스펙트럼의 지진력은 다른 설계력과 함께 전체하중 조합식에 조합하여야 하며 이

때 설계지진력의 부호는 양 또는 음 중 불리한 경우를 취한다.

$$최대하중 = 1.0(D + B + F + H + EM)$$

여기서, D : 고정하중, B : 부력, F : 유체압,

　　　　H : 횡토압, EM : (2)항의 설계지진력

　내진설계를 위해 추가로 규정한 설계요건을 충족시키지 못할 경우 응답수정계수를 적용한 지진하중을 사용한다.

(6) 기초의 설계지진력

　확대기초, 말뚝머리 및 말뚝을 포함하는 기초의 설계지진력은 직교조합된 탄성지진력을 하부구조(기둥 또는 교각)에 대한 응답수정계수 R의 1/2로 나눈 값으로 한다. 단, 말뚝가구의 설계지진력은 탄성지진력을 해당 구조의 응답수정계수 R로 나눈 값으로 한다.

라. 내진설계 방법

(1) 단일모드 스펙트럼 해석법

　종방향 및 횡방향 지진에 의한 부재의 단면력과 처짐을 계산하는 등가정적 지진하중 $Pe(x)$는 다음 식으로 산정할 수 있다.

$$Pe(x) = \frac{\beta C_s}{\gamma} \omega(x) \nu s(x)$$

여기서, $Pe(x)$: 등가정적 지진하중이며, 진동의 기본모드를 대표하기 위해 가하는 단위 길이당 하중강도

　　　　Cs : 탄성지진 응답계수(2.5A보다 크게 취할 필요는 없음)

$$Cs = \frac{1.2A \cdot S}{T^{2/3}}$$

여기서, A : 가속도 계수

S : 지반 특성에 대한 무차원의 계수

T : 교량의 주기

$$T = 2\pi \sqrt{\frac{\gamma}{P_o \cdot g \cdot \alpha}}$$

여기서, g : 중력가속도, 9.81m/s^2

$\omega(x)$: 교량 상부구조와 이의 동적거동 영향을 주는 하부구조의 단위길이당 고정하중

$Vs(x)$: 균일한 등분포하중 P_o에 의한 정적 처짐

$$\alpha = \int \nu s(x)dx$$

$$\beta = \int \omega(x)\nu s(x)dx$$

$$\gamma = \int \omega(x)\nu s(x)^2 dx$$

(2) 다중모드 스펙트럼 해석법

① 일반사항

다중모드 스펙트럼 해석법은 비정형 교량의 3방향 연계 효과와 최종 응답에 대한 다중모드의 기여 효과를 결정하기 위해 공인된 공간뼈대 선형 동적해석 프로그램을 사용하여 수행하여야 한다.

② 수학적 모형

교량은 그 구조물의 강성과 관성효과를 실제에 가깝게 모형화하기 위해 3차원 공간 뼈대 구조물로써 모형화해야 한다. 구조 질량은 최소한 3개의 이동 관성항을 갖는 집중질량으로 모형화하여야 하며, 구조 질량은 하부 구조를 포함하여 관련된 모든 요소들을 고려하여야 한다.

상부구조는 최소한 각 경간단부의 연결부와 지간의 1/4지점마다 절점을 가진 공간 뼈대부재의 접합체로 모형화해야 한다. 신축이음부와 교대의 불연속 부분도 상부구조에 포함하여야 하며, 이 때 집중질량의 관성효과를 적절하게 분배시켜야 한다.

하부구조에서 중간기둥 또는 교각들은 일반적으로 인접 지간길이의 1/3보다 짧은 길이를 갖는 짧고 강성이 강한 기둥에 대해서는 중간 절점이 불필요하나, 길고 유연한 기둥은 기둥단부의 연결부 외에 2개의 1/3지점을 중간 절점으로 모형화하여야 한다. 하부구조의 모형은 상부구조에 대한 기둥의 편심을 고려해야 한다.

③ 해석모드

응답은 최소한 지간수의 3배로부터 최대 25개까지의 진동모드의 영향을 고려하는 것을 원칙으로 하며 해석 모형의 정확도를 확보하기 위해서는 질량 기여도(Mass Participation Factor) 합이 90% 이상을 확보하는 것이 좋다.

* 고속도로 교량의 내진설계편람(부록, 한국도로공사)

④ 부재의 단면력과 변위의 조합 방법

부재의 단면력과 변위는 개별 모드들로부터 각각의 응답 성분을 조합하여 계산하여야 하며 제곱합평방근법(SRSS, Square Root of the Sum of the Squares)과 완전 2차 조합법(CQC, Complete Quadratic Combination Technique)을 사용하는 것이 좋다.

* 고속도로 교량의 내진설계편람(부록, 한국도로공사)

(3) 교대의 내진설계

지진 시에 독립식 교대에 작용하는 토압은 Mononobe-Okabe에 의해 개발된 등가정적 하중법으로 계산할 수 있으며, 이때 토압은 교대의 배면에 균등하게 분포하고 그 합력은 교대 높이의 1/2에 작용하는 것으로 가정한다.

교축방향 변위를 허용하는 독립식 교대는 구조물의 경제성을 도모하기 위해서는 교대를 교축방향 변위가 전혀 발생하지 않도록 설계하기보다는 작은 변위를 허용하는 조건에 대해 설계하며 이때 적용할 수평지진계수 Kh는 0.5A가 권장되고 예상되는 변위는 250A mm로 볼 수 있다.

교축방향 변위를 구속하는 독립식 교대에 Mononobe-Okabe의 등가정적하중법에 의한 토압보다 큰 수평토압이 작용되지만 이 토압은 수평지진계수 Kh를 1.5A로 적용하여 Mononobe-Okabe의 방법으로부터 개략적으로 계산할 수 있다.

주동토압

$$PAE = \frac{1}{2} \cdot \gamma \cdot H^2 \cdot (1 - Kv) \cdot Kae$$

여기서, KAE는 지진 시 주동토압으로서

$$KAE = \frac{\cos^2(\phi - \theta - \beta)}{\cos\theta\cos^2\beta\cos(\delta + \beta + \theta) \cdot \left[1 + \left\{\frac{\sin(\phi + \delta) \cdot \sin(\phi - \theta - i)}{\cos(\delta + \beta + \theta) \cdot \cos(i - \beta)}\right\}\right]^2}$$

수동토압

$$PAE = \frac{1}{2} \cdot \gamma \cdot H^2 \cdot (1-Kv) \cdot Kae$$

여기서, KPE는 지진 시 수동토압으로서

$$KPE = KPE = \frac{\cos^2(\phi-\theta+\beta)}{\cos\theta\cos^2\beta\cos(\delta-\beta+\theta) \cdot \left[1-\left\{\frac{\sin(\phi-\delta) \cdot \sin(\phi-\theta+i)}{\cos(\delta-\beta+\theta) \cdot \cos(i-\beta)}\right\}\right]^2}$$

γ : 흙의 단위체적중량

Kh : 수평지진계수

H : 교대높이

Kv : 연직지진계수

ϕ : 흙의 내부마찰각

i : 뒷채움 흙의 경사각

$\theta : \tan^{-1}\left(\frac{K_h}{1-K_v}\right)$

β : 교대 배면의 수직에 대한 각

δ : 흙과 교대사이의 마찰각

10) 교량기초 설계

가. 개요

지반조사 및 분석	기초형식 및 공법선정	기초의 안정성 검토	기초 지지력 검증방안수립
• 기초지지층의 심도 • 상부하중의 응력범위 • 기초지반의 역학적 특성	• 지반조건을 고려한 기초 형식의 선정 • 시공성, 경제성 분석 • 말뚝재료 및 시공법 선정	• 기초지지력 및 침하량 • 지진하중에 대한 검토	• 직접 : 평판재하시험 • 말뚝 : 정재하시험 　　　동재하시험

(1) 설계기준

교량기초의 설계기준은 구조물 기초설계기준 해설(국토해양부, 2009), 도로교 설계기준 해설(하부구조편, 대한토목학회) 및 기타 국내외 기준을 종합 분석하여 표 4.176과 같이 선정한다.

표 4.176 허용지지력 안전율 기준

구분	도로교 설계기준	구조물 기초설계기준	한국도로공사 도로설계편람	일본도로교 시방서
평상시	3	3	3	3
지진 시	2	2	2	2

① 말뚝기초 허용침하량 기준

구조물의 허용침하는 구조물의 기능 및 안정성이나 미관의 피해가 허용치 이내로 일어나는 침하량(전체침하, 부등침하)으로 정한다. 국내 각 기관의 허용침하량 기준은 표 4.177과 같이 25.0～125.0mm의 범위로 기관마다 다소 차이를 보인다. (도로교 설계기준, 2008)

표 4.177 허용침하량 기준

구분	구조물 기초설계기준	국도건설공사 설계실무요령	한국도로공사 도로설계요령 (모래지반)	New York City Code	비고
허용침하량(mm)	40.0～125.0	50.0	25.0	25.0	

② 말뚝기초의 수평변위

말뚝기초의 수평방향 허용변위량은 표 4.178과 같이 상부구조물의 조건에 따라 정해지는 허용변위량과 하부구조의 조건에 따라 결정되는 허용변위량을 함께 고려해야 한다. 하부구조의 조건에 따라 정해지는 허용수평 변위량은 말뚝지름의 1% 정도로 하는데, 지름이 1,500mm 이하인 말뚝은 현재까지의 실적을 고려하여 15.0mm로 한다. (도로교 설계기준, 2008)

표 4.178 말뚝기초의 수평허용변위량

구분	도로교 설계기준	일본 도로교시방서	미국 FHWA
평상시(mm)	15.0	15.0	15.0
지진 시(mm)	−	22.5	25.0

③ 부등침하량 기준

실제로 상부구조물에 유해한 것은 부등침하 및 각 변위로서 허용침하량 자체를 수치적으로 제한하기보다는 상부구조 및 하부구조 조건을 고려하여 기초의 부등침하와 각 변위를 검토하는 것이 합리적이다. 국내 각 기관별 각변위(부등침하) 기준은 다음 표 4.179와 같다. (도로교 설계기준, 2008)

표 4.179 기초의 부등침하량

구분	한국도로공사 도로설계요령	국도건설공사 설계실무요령	구조물 기초 설계기준
허용각변위(δ)	1/200~1/250	1/300	1/300~1/600
허용부등침하	20.0mm	–	–

나. 기초형식 선정

(1) 기초형식 선정 시 고려사항

구조물 기초는 상부 및 하부구조에 작용하는 하중을 안전하게 지지해야 하며 표 4.180과 같이 다음 조건을 만족해야 한다. (도로교 설계기준, 2008)

표 4.180 기초형식 선정 시 검토사항

구분	주요 검토사항
지지력	기초하부 지반에 전달되는 하중으로 유발된 지반의 전단파괴에 대한 충분한 안전율을 만족시킬 수 있는 지지력 확보
변위	재하하중에 대한 연직 및 수평방향의 변위량이 허용치 이내
단면	구조체에 발생한 응력이 허용치를 초과하지 않으면서 내구성이 구조물의 수명을 보장할 수 있는 단면

(2) 기초형식 선정 흐름도

기초형식 결정은 그림 4.86과 같이 내적(구조물 특성, 지반조건 등) 및 외적(현장조건, 시공성) 요인에 의해 선정되어야 하며, 일반적으로 다음과 같은 요인을 고려해야 한다.

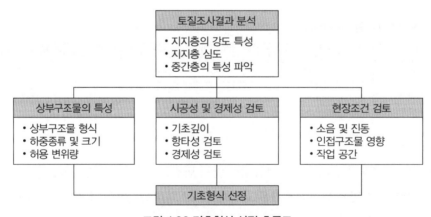

그림 4.86 기초형식 선정 흐름도

(3) 기초형식의 종류 및 선정

기초형식은 현장여건(지반조건, 주변 환경), 하중조건을 면밀히 검토하여 각 교량별로 기초 형식을 표 4.181과 같이 비교 검토하여 선정한다. 기초형식 선정 시 직접기초의 적용 가능성을 우선적으로 검토하였으며, 직접기초의 적용이 불가능한 곳에 대해서는 깊은기초를 적용한다. 깊은기초형식의 선정 시에는 시공성, 안정성 등의 상세검토를 통하여 적절한 기초형식을 선정한다.

표 4.181 기초형식의 종류

구분	직접기초	깊은기초	
		말뚝기초	케이슨기초
하중지지 개념			
	• 연직력 : 저면반력 • 수평력 : 기초저면의 전단저항 (마찰저항)	• 연직력 : 선단저항 및 주면마찰 저항 • 수평력 : 말뚝 휨강성 주변 지반의 수동저항	• 연직력 : 저면반력 • 수평력 : 측면반력 및 전단저항 (마찰저항)
적용기준	• 기초심도 : 6.0m 내외 • 연직하중 : 제한 없음 • 터파기 영향권 내 장애물이 없고 시공 중 배수처리가 곤란하지 않을 것	• 기초심도 : 6~60m • 연직하중 : 말뚝1본당 • 기성말뚝 100tonf 내외 • 현장말뚝 500tonf 내외	• 기초심도 : 6~30m 내외 • 연직하중 : 1500tonf 이상 • 지하수 영향 큰 지역, 하상, 수상 등 특수지역
공법별 구분	• 독립기초 • 복합기초 • 줄기초 • 전면(Mat)기초	• 항타말뚝 • 매입말뚝 • 현장타설말뚝 (AllCasing, Earth Drill, RCD, Micro Pile 등)	• 오픈케이슨 • 공기케이슨 • 특수케이슨 • 강관널말뚝웰

주) 도로교설계기준해설, 2008

(4) 말뚝기초 재료의 선정

① 말뚝기초 재료 선정

말뚝기초로 계획된 교량기초에 적용할 말뚝재료에 대하여 그림 4.87과 같이 비교·검토하여 선정한다.

구분	강관말뚝	고강도콘크리트말뚝(P.H.C)	복합말뚝
개요도			
적용 범위	• 쌓기, 연약지반 및 일반지반 • 지지층이 깊은 경우 • 10cm 이하의 자갈층 • 풍화암까지 항타 가능 • 30cm 이상의 호박돌, 전석, 암반은 항타 곤란	• 15m 이하 지지층에 양호 • 지하수위가 높은 지역 불리 • 30cm 이상의 호박돌, 전석이 있을 경우 항타 곤란 • 건축 구조물의 기초 말뚝에 주로 사용	• 쌓기, 연약지반 및 일반지반 • 지지층이 깊은 경우(15m 이상) • 매입말뚝 적용 시 가능한 공법으로 다양한 토질에 적용
시공 방법	• 항타기를 이용한 직타 또는 천공 후 항타 • 중공 말뚝 시공 시 별도의 시멘트 풀 주입 불필요	• 항타기를 이용한 직타 또는 천공후 항타 • 매입말뚝 적용 시 시멘트풀 주입	PHC 말뚝의 절단 및 연결이 어려우므로 지지층 확인을 통한 말뚝 길이의 사전 검증이 필요함
시공 조건	• Pile 이음, 절단용이 • 운반과 취급용이	• Pile 이음 및 절단이 곤란하므로 15m 이하의 심도에 적용	• 서로 다른 재료의 이음부 시공에 유의하여야 함 • 중량물이므로 운반 시 편하중에 의한 파단 등에 대한 취급주의 필요
장·단점	• 상부 풍화암은 천공할수 있으므로 소정의 심도까지 근입 가능 • 재료특성상 수평력, 모멘트에 대한 저항성이 우수 • 공장제품으로 품질관리 용이 • 직타 시 공사비 저가 • 항타 시 소음과 진동유발 • 부식 우려 있음	• 재료의 부식이 없어 내구성이 비교적 큼 • 수직하중이 지배적인 구조물에 적합하나 수평력 및 모멘트에 대한 저항은 상대적으로 떨어짐 • 절단과 연결이 어려워 현장 적용성 결여 • 중량이므로 운반 시 세심한 주의 요망	• 말뚝선단 근고액 감소로 환경성 우수 • 말뚝재료비가 저렴하여 경제성 우수 • 말뚝길이 10m 이내일 경우 공사비 고가

주) 도로교설계기준해설, 2008

그림 4.87 말뚝재료 특성

② 말뚝기초 두께 선정

  ㉠ 강관말뚝 두께 적용기준

  강관말뚝 각 부분의 두께는 강도계산상 필요한 두께에다 부식에 의해 감소두께를 더한 것으로 결정되는데 최소 9mm 이상으로 한다. 강관말뚝의 부식감소 두께는 말뚝이 흙 혹은 물에 접하는 면에 대해서 고려함. 다만, 강관의 안쪽면에 대해서는 고려하지 않아도 된다. (도로교설계기준해설, 2008)

ⓛ 강관말뚝 부식두께 적용기준

　　지중에 관입된 강관말뚝의 부식두께는 표 4.182와 같이 육상토와 염분함유토로 구분하여 각
각 2.0mm, 2.5mm를 적용한다.

표 4.182 강관말뚝 부식두께기준

구분	부식두께	대책	적용
육상토중	일반적으로 2mm의 부식두께 고려	강관말뚝 두께 증가 : +2.0mm	2.0mm
염분함유토중	0.03mm(평균년부식율)× 80년(평균내구연한)=2.4mm	강관말뚝 두께 증가 : +3.0mm	2.5mm

주) 고속도로건설공사 교량설계기준, 2001, 도로교설계기준해설, 2008

ⓒ 염화물 상태평가 기준

　　전염화물 이온량에 따른 철근부식의 가능성을 기준을 적용하여 표 4.183과 같이 강관말뚝의
부식 여부를 판단하는 것으로 한다.

표 4.183 염화물의 철근부식 기준

전염화물 이온량	철근부식의 가능성
염화물≤0.3kg/m^3	염화물에 의한 부식이 발생할 우려 없음
0.3kg/m^3 < 염화물<1.2kg/m^3	염화물이 함유되어 있으나, 부식발생 가능성 낮음
1.2kg/m^3≤염화물<2.5kg/m^3	향후 염화물에 의한 부식발생 가능성 높음
염화물≥2.5kg/m^3	철근부식 발생

주) 안전점검 및 정밀안전진단 세부지침해설서(교량), 2011

다. 말뚝기초 시공성 검토

(1) 검토개요

　　설계구간 중 적용 가능한 말뚝시공법인 매입공법과 타입공법에 대해 교량기초 말뚝공사 시 소
음 및 진동 영향으로 인해 발생 가능한 환경공해로 인한 피해 및 민원 발생의 소지를 미연에 방지하
여 원활한 시공관리가 되도록 한다.

　　항타시공 관리의 목적은 과도한 항타에 의한 말뚝체 파손방지와 체계적인 시공관리에 의한 품
질확보 및 소요지지력 확보에 있다.

(2) 환경영향 검토

　과업구간의 지층조건 및 주변현황을 고려한 말뚝 항타 시 소음·진동 영향평가에 의한 항타 가능 여부를 검토하도록 한다. 말뚝 항타에 따른 소음, 진동 영향을 거리감쇠식 및 Attewell & Farmer 제안식에 의해 이격거리별로 산정한다.

　말뚝 시공 중 발생되는 소음·진동치가 각종 규제기준치의 허용치 이내로 포함되는지 검토하여 구간별 지층 조건 및 주변현황 등을 고려하여 말뚝 시공방안을 제시한다. 진동속도에 대한 기준치는 대상구조물에 따라 다르며 국가별로도 다양한 기준을 제시하고 있으므로 이러한 기준들을 정리하여 적절한 진동 규제기준치를 선정한다. (표 4.184, 표 4.185, 표 4.186 참고)

① 진동규제기준

표 4.184 부산 및 서울지하철 적용기준

등급	I	II	III	IV
건물의 형식	문화재 (역사적으로 매우 오래된 건물)	주택, 아파트, 상가 (작은 균열 지닌 건물)	주택, 아파트, 상가 (균열없는 양호한 건물)	산업시설용공장 (콘크리트 보강건물)
최대허용진동속도 (cm/sec)	0.2	0.5	1.0	1.0~4.0

주) 도로교설계기준해설, 2008

표 4.185 생활진동 규제기준(단위 : dB(V))

대상지역	주간 (08:00~18:00)	심야 (22:00~05:00)
주거지역, 녹지지역, 관리지역 중 취락지구·주거개발진흥지구 및 관광·휴양개발진흥지구, 자연환경보전지역, 그 밖의 지역에 소재한 학교·종합병원·공공도서관	65 이하	60 이하
그 밖의 지역	70 이하	65 이하

표 4.186 진동규제 관리기준

국내 진동 규제 관리기준 현황
• 국내 진동허용기준에 대한 규제기준은 소음진동 관리법 시행규칙 등에 명시 • 서울 및 부산지하철의 경우 허용기준으로 독일 DIN 4150으로 평가함

표 4.187 항타에 의한 진동 예측(Attewell & Farmer의 제안식)

$$V = 32.36 \left(\frac{\sqrt{W}}{R} \right)^{1.61}$$

여기서, V: 최대진동속도(mm/sec)
$\quad\quad W$: 해머에너지(KN-m)
$\quad\quad R$: 수평거리(m)

항타장비		RAM 중량(kN)	stroke(m)	항타효율
유압	5.0tf	49.05	1.2	0.9
	7.0tf	68.67	1.2	0.9
디젤	3.5tf	34.34	2.85	0.6
	4.5tf	44.15	2.85	0.6

표 4.188 말뚝 항타 시 이격거리별 항타진동 산정결과

이격거리(m)			30	40	50	80	100	110	120	250
진동 속도 (cm/sec)	유압	5.0tf	0.339	0.213	0.149	0.070	0.049	0.042	0.036	0.011
		7.0tf	0.444	0.279	0.195	0.092	0.064	0.055	0.048	0.015
	디젤	3.5tf	0.352	0.222	0.155	0.073	0.051	0.043	0.038	0.012
		4.5tf	0.431	0.271	0.189	0.089	0.062	0.053	0.046	0.014

말뚝 항타 시 발생되는 이격거리별 진동속도를 산정한 결과 120m 이상 이격되어 시공하는 경우에 허용 진 공속도 0.05cm/sec(≒65dB(V))를 만족하는 것으로 나타난다.

② 소음규제기준

소음에 대한 기준치는 대상지역, 시간대별(주간, 심야)로 기준을 제시하고 있으며 이러한 국내 기준을 검토하여 소음규제기준치를 표 4.189, 표 4.190과 같이 선정한다.

표 4.189 생활소음 규제기준(단위 : dB(A))

대상지역	시간별 대상소음	조석 (05:00~08:00) (18:00~22:00)	주간 (08:00~18:00)	심야 (22:00~05:00)
주거지역, 녹지지역, 준도시지역 중 취락지구 및 운동 휴양지구 등	공장·사업장	50 이하	55 이하	45 이하
	공사장	60 이하	65 이하	50 이하
기타지역	공장·사업장	60 이하	65 이하	55 이하
	공사장	65 이하	70 이하	50 이하

표 4.190 고소음 발생장비의 소음도 측정 예(환경연구원 자료)

공정	기계명	작동원리	O.A 소음도(dB(A))				측정대수	비고
			7m		15m			
			범위	평균	범위	평균		
기초공사	항타기	드롭식	93/95	94	88/90	89	4	Con-Pile
	항타기	디젤식	99/110	103	96/101	99	8	Con-Pile
	항타기	디젤식	106/108	107	100/103	102	3	천공 후H-Beam
	항타기	유압식	101/104	103	92/93	93	2	Con-Pile
	항타기	유압식	89/92	91	83/85	84	2	Con-Pile
	항타기	유압식	96/99	97	90/92	91	4	보조강관항타 (연약지반)
	항타항발기	진동식	80/91	85	75/86	80	3	H-Beam 항타
	드릴마스터	공압식	103/107	105	99/100	100	2	강관타입

▌소음규제 관리기준

국내 소음규제 관리기준 현황
국내 소음허용기준에 대한 규제기준은 소음진동관리법 시행규칙 등에 명시

▌항타에 의한 소음 예측(거리감쇠 공식)

$$SPL_i = SPL_0\,(SPLr) - 20\log\,(r/r_0)$$

여기서, SPL_i : 수음점에서 거리가 r 지점에서 개별투입장비의 발생소음도(dB(A))

$SPL_0\,(SPLr)$: 소음원으로부터 r_0 지점에서 장비합성 소음도(dB(A))

r : 소음원으로부터 예측점까지의 거리(m)

r_0 : 소음원으로부터 기준점까지의 거리(m, =15m)

표 4.191 말뚝 항타 시 이격거리별 소음 산정결과

구분	기준소음도	이격거리(m)									
	15m	50m	100m	150m	200m	250m	300m	400m	500m	800m
디젤해머	99.0	88.54	82.52	79.00	76.50	74.56	72.98	70.48	68.54	64.46
드롭해머	89.0	78.54	72.52	69.00	66.50	64.56	62.98	60.48	58.54	54.46
유압해머	89.3	78.84	72.82	69.30	66.80	64.86	63.28	60.78	58.84	54.76

주) 국토교통부, 국도건설실무요령, 2016

(3) 매입공법 검토

교량의 말뚝기초 매입공법은 그림 4.88을 참고하여 선정해야 한다.

구분	선굴착 말뚝매입공법		강관 내부굴착 말뚝공법
	S.I.P 공법	S.D.A 공법	P.R.D 공법
시공순서	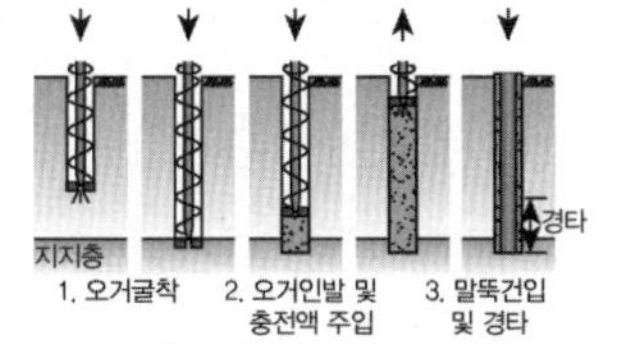 1. 오거굴착 2. 오거인발 및 충전액 주입 3. 말뚝건입 및 경타 지지층	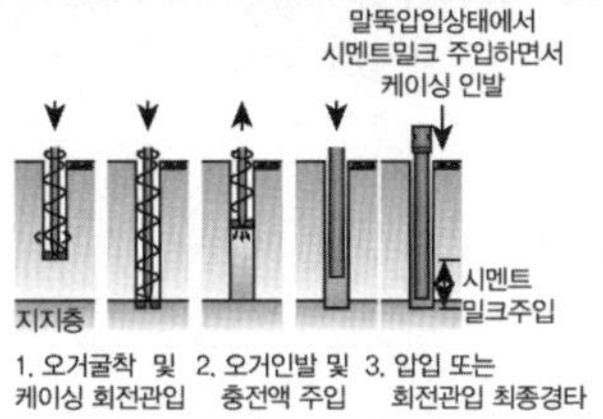 말뚝압입상태에서 시멘트밀크 주입하면서 케이싱 인발 시멘트밀크주입 1. 오거굴착 및 케이싱 회전관입 2. 오거인발 및 충전액 주입 3. 압입 또는 회전관입 최종경타 지지층	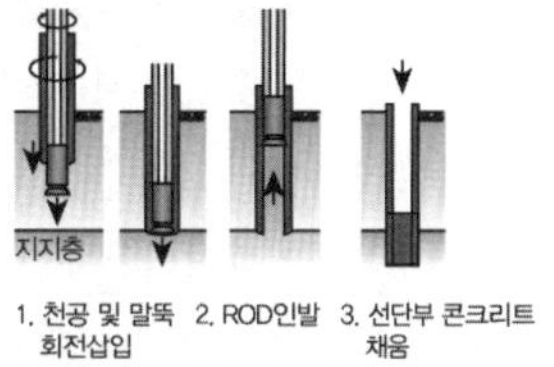 1. 천공 및 말뚝 회전삽입 2. ROD인발 3. 선단부 콘크리트 채움 지지층
공법개요	• Screw Auger장비를 사용하여 지지층까지 선굴착 • 시멘트 페이스트 등 주면고결액을 주입한 후 말뚝을 자중에 의해 관입 및 햄머에 의해 최종경타 처리	• 상부 Auger Screw와 하부 Casing Screw를 상호 역회전하며 지반을 천공 • 강관 내부에 1차 시멘트 밀크주입 후 Auger Screw 인발 • 말뚝회전 압입 후 2차 시멘트밀크 주입과 케이싱인발 및 마무리 항타 또는 경타처리	• 저압 Air Percussion으로 굴진하면서 내부를 배토 • 상호 역회전하는 내측Shaft(Hammer Rod)와 외측강관을 이용하여 강관내부를 Air Percussion으로 천공 • 마무리경타 또는 항타처리
장점	• 선굴착하므로 지지층 확인 용이 • 말뚝주면을 고결시키므로 주면 마찰력 및 횡방향 저항에 유리	• 굴진 중 굴착토를 육안관찰하여 지지층확인 및 선단지지력 확보가 용이함 • 케이싱을 이용하여 천공하기 때문에 붕괴 우려가 있는 지층에 적합	• 대상지층에 따른 제약이 없으며, 최대깊이 30m까지 시공가능 • 강관 선단에 Ring Bit가 부착되어 지지층까지 근입하므로 선단지지력 양호
단점	• 굴착 배토 시 지반응력이완, 굴착공 붕괴로 말뚝지지력 감소 • 말뚝관입 후 두부까지 그라우팅 충진(후속작업 필요)	• 심도가 깊은 경우 선단부 완전 배토가 어려움 • 별도의 케이싱이 필요함으로 작업공정이 다소 복잡하며 케이싱 인발에 의한 유격(공벽)이 많이 발생	• 공사비 고가 • Air Percussion에 의한 굴착이 이루어지므로 풍화암지지 시 육안에 의한 지지층확인이 어려움 • 마무리항타를 실시할 경우 별도의 햄머조합이 필요함
적용범위	• 안정된 토사 및 풍화암 지반 • 15cm 이하의 자갈, 전석이 존재하고 공벽함몰이 발생하지 않는 지반	• 15cm 이하의 자갈, 전석 분포 지반 • 공벽이 함몰되는 경우	• 15cm 이상의 자갈, 전석 분포 지반 • 지지층 심도가 깊은 경우

주) 국토교통부, 국도건설실무요령, 2016

그림 4.88 매입공법 분류

9.4 교량 부대시설

1) 기본방향

교량 부대시설 설계 시 기본방향은 표 4.192를 고려하여 결정한다.

표 4.192 교량부대시설 설계 시 고려사항

구분	고려사항
안전성	• 상시 및 지진 시에 구조물의 안정성에 유해한 영향이 없어야 함 • 시공실적 분석 및 평가를 통한 사용 신뢰성 확보
유지관리	• 유지관리와 교체가 용이하며 충분한 내구성을 갖춘 형식 • 유지보수 사례분석을 통한 가시설의 문제점을 개선한 형식
경제성	• 계획 시 초기공사비 및 수명과 유지관리비를 함께 고려 • 동일한 효과를 발휘하는 부대시설 중에서 가능한 경제적인 시설로 계획
조형성	• 수심이 낮은 하천에 적합 • 시공성 양호 • 홍수 시 법면유실 우려 • 공사비 저렴

주) 국토교통부, 국도건설실무요령, 2016

2) 차량방호시설

주행 중 진행차량의 진로이탈에 의한 교량 밖으로의 추락 방지가 가능해야 하고 유지관리가 양호하며 일조권 및 조망권을 고려한 주변경관과의 조화를 이루어야 한다. 특히 주행차량의 안전확보 및 운전자의 시선유도가 용이하며 복원성이 양호한 형식이어야 한다.

가. 방호울타리 등급 및 적용

교량 부대시설중 방호울타리 설계 시 등급 결정은 표 4.193을 참고하여 검토해야 한다.

표 4.193 방호울타리 적용 등급

설계 속도	적용구간	등급								
		SB1	SB2	SB3	SB3 -B	SB4	SB5	SB5 -B	SB6	SB7
저속구간 60km/시 미만	기본구간	◎	○							
일반구간 60km/시 70km/시 80km/시	기본구간		◎	○						
	위험구간					◎	○			
	• 특수구간(타 도로와 교차 등) • 특수 중차량 통행이 많은 구간						◎		○	

주 1) 국토교통부, 국도건설실무요령, 2016
　2) 1. ◎ 표시는 일반적으로 설치하는 등급
　　　2. ○ 표시는 도로 여건이나 시설물 개발 수준 등 위험도에 따라 상향적용 가능한 등급
　　　3. 신설등급(SB3-B, SB-5)인 고속구간 B에 대해서 기술개발이 충분히 이루어질 때까지 고속구간 A 등급 방호울타리의 설치가 가능함

표 4.193 방호울타리 적용 등급(계속)

설계 속도	적용구간	등급								
		SB1	SB2	SB3	SB3 -B	SB4	SB5	SB5 -B	SB6	SB7
고속구간 A 90km/시 100km/시	기본구간			◎			○			
	위험 구간						◎		○	
	• 특수구간(타 도로와 교차 등) • 특수 중차량 통행이 많은 구간								◎	○
고속구간 B 110km/시 120km/시 이상	기본구간				◎			○		
	위험구간							◎	○	
	• 특수구간(타 도로와 교차 등) • 특수 중차량 통행이 많은 구간								◎	○

주 1) 국토교통부, 국도건설실무요령, 2016
　　2) 1. ◎ 표시는 일반적으로 설치하는 등급
　　　　2. ○ 표시는 도로 여건이나 시설물 개발 수준 등 위험도에 따라 상향적용 가능한 등급
　　　　3. 신설등급(SB3-B, SB-5)인 고속구간 B에 대해서 기술개발이 충분히 이루어질 때까지 고속구간 A 등급 방호울타리의 설치가 가능함

나. 위험구간

교량 부대시설의 위험구간은 중앙분리대 및 교량구간이 되며 도로 옆이 절벽인 구간(기울기가 1 : 1보다 급하고 높이가 4m 이상)과 도로가 수심 2m 이상 수면에 인접한 수중추락위험 구간으로 차량속도가 높아지는 내리막 긴 직선 이후 급커브 구간 등을 말한다.

다. 교량용 방호울타리 형식 비교

교량용 방호울타리의 형식은 표 4.194를 참고하여 검토 결정해야 한다.

표 4.194 방호울타리 형식 비교

구분	고강도 알루미늄 방호울타리	콘크리트 방호울타리 + 알루미늄난간	콘크리트 방호울타리
형상			
재질	고강도 알루미늄 합금	콘크리트 + 알루미늄	콘크리트

주) 한계상태설계법을 준용하여 방호벽·난간기초의 피복두께 변경(전면 9cm, 배면 7cm)
　　국토교통부, 국도건설실무요령, 2016

표 4.194 방호울타리 형식 비교(계속)

구분	고강도 알루미늄 방호울타리	콘크리트 방호울타리＋ 알루미늄난간	콘크리트 방호울타리
지지 구조 특성	알루미늄을 바닥판에 Anchor로 고정시켜 강재의 강성에 의해 차량의 이탈 방지	콘크리트의 강성에 의해 차량의 이탈을 방지하고 상부에 설치된 강재 레일에 의하여 차량의 전도 방지	콘크리트의 강성에 의하여 차량의 이탈을 방지하는 강성방호 구조
특징	• 시공 용이함 • 경제성 불리 • 운전자 시야확보 및 경관확보 가능 • 고강도 알루미늄 합금 사용으로 성능 우수 • 불소도장으로 다양한 색상연출 가능 • 100% 재활용 가능한 친환경소재 알루미늄 사용 • 차량충돌 시험 통과제품 사용	• 시공 용이함 • 경제성 보통 • 시설의 유지보수 용이 • 차량의 이탈 및 전도방지 • 충돌 시 소성 복원력이 없어 안전에 문제가 있으나 콘크리트 방호벽에 비하여 양호함 • 미관 양호 • 가시성 양호	• 시공 용이함 • 경제성 우수 • 시설의 유지보수 용이 • 확실한 차량의 이탈 방지 • 충돌 시 소성 복원력이 없어 안전성이 떨어짐 • 시선유도 양호 • 가시성 다소 불량

주) 한계상태설계법을 준용하여 방호벽 · 난간기초의 피복두께 변경(전면 9cm, 배면 7cm)
　국토교통부, 국도건설실무요령, 2016

라. 교면포장

교량 상판 위에 포장하는 교면포장은 여러 종류가 많이 있으나 일반적으로 표 4.195를 검토하여 선정해야 한다.

표 4.195 교면포장의 종류

구분	아스팔트콘크리트포장 (Asphalt Concrete)	쇄석매스틱아스팔트포장 (Stone Mastic Asphalt)	고분자개질아스팔트포장 (Styrene Butadiene Styrene)	라텍스콘크리트포장 (Latex Modified Concrete)
단면도				
개요	• 가장 일반적인 교면포장 형식 • 아스팔트(AP-5) 혼합물 생산 • 일반화되어 특별관리 불필요	• 골재 간 맞물림 효과의 극대화를 위해 2.5mm 이상 굵은 골재 위주 채택 • AP 함량 과다로 인한 흘러내림방지를 위해 섬유 보강재를 현장투입한 고분자 천연개질아스팔트	AP-5에 열가소성 에라스토모인 SBS를 분자결합 공법으로 혼합하여 탄성력과 유연성을 향상시킨 고무계 고분자 개질아스팔트	보통콘크리트에 일정비율의 라텍스(물 50%＋S/B Polymer 50%)를 혼합하여 콘크리트의 제성질을 개선한 고분자 개질 콘크리트

주) 국토교통부, 국도건설실무요령, 2016

표 4.195 교면포장의 종류(계속)

구분	아스팔트콘크리트포장 (Asphalt Concrete)	쇄석매스틱아스팔트포장 (Stone Mastic Asphalt)	고분자개질아스팔트포장 (Styrene Butadiene Styrene)	라텍스콘크리트포장 (Latex Modified Concrete)
장점	• 국내 대다수 교량 시공으로 경험 축적 • 방수층 설치 및 단계별 시공 가능 • 시공성 양호	• 균열억제 효과 • 소성변형 저항성 우수 • 미끄럼 저항성 증가 • 강도 우수 • 고온 및 중차량에 대한 내구성 우수	• 균열억제 효과 • 접착성 및 소성변형 저항성 우수 • 기존 아스콘과 생산, 시공방법 동일 • 휨강도 우수 • 고온 및 중차량에 대한 내구성 우수	• 균열억제 효과 • 접착력 우수 • 슬래브 콘크리트와 일체화로 교량바닥 단면력 증대 • 결함발견 용이 • 저온 및 피로균열 저항성 양호
단점	• 교량 사하중 증가 • 중차량에 대한 내구성 약함	• 교량 사하중 증가 • 포설 시 특별관리로 품질관리 어려움	• 교량 사하중 증가 • 슈퍼팔트 전용 저장 탱크 필요	• 전문기술자 및 특수장비 필요 • 초기투자비 고가
유지관리	국부적 파손보수 용이 (재료구독이 쉬움)	국부적 파손보수 다소 불리	추가설비가 필요 없고 재료 구독이 쉬움	구조적 결함 발견 용이
시공사례	국내 대부분 교량	• 방화대교 • 굴현대교 • 경인, 경부고속도로 확장공사	• 영종대교 • 올림픽대로 • 경남, 호남, 서울 외곽 고속도로	중부고속도로 확장구간 시공

주) 국토교통부, 국도건설실무요령, 2016

마. 교면방수

교면방수에는 여러 종류가 많이 있으나 일반적으로 표 4.196을 검토하여 선정해야 한다.

표 4.196 교면방수의 종류

구분	고무아스팔트계 도막식	복합식	쉬트식	침투식
단면도	아스콘 화이바티슈 개량아스팔트 씰 프라이머 교량상판	아스콘 양면샌드시트(2mm) 개량아스팔트 씰 프라이머 교량상판	아스콘 교면시트(4mm) 프라이머 교량상판	아스콘 침투제(액상) 교량상판
개요	주로 아스팔트 합성고무 등으로 품질을 개선한 고체를 슬래브에 가열 융해	양면 샌드가 부착된 교면시트를 시트와 동질의 재료인 개량 아스팔트 콤파운드로 도포하며 부착시키는 공법	부직폴 또는 직포에 가열 용해한 고무혼합 AP를 항침피복시킨 쉬트를 접착용 AP 또는 가열하여 슬래브에 접착	콘크리트 슬래브 표면의 미세공극에 방수재의 침투로 방수막 형성
공정	레이탄스 제거 → 청소 → 고무 접착제 도포 → 방수제 도포 → 아스콘 포설	레이탄스 제거 → 청소 → 고무 접착제 도포 → 방수제 도포 → 아스콘 포설	레이탄스 제거 → 청소 → 아스팔트 고무계 접착제 도포 → sheet 부착 → 연결부 처리 → 아스콘 포설	레이탄스 제거 → 청소 → 방수제 살포 → 아스콘포설

주) 국토교통부, 국도건설실무요령, 2016

표 4.196 교면방수의 종류(계속)

구분	고무아스팔트계 도막식	복합식	쉬트식	침투식
장점	• 접착성 우수 • 시공성 용이 • 연결부 없는 연속시공이 가능, 바닥판의 형상과 무관하게 설치 가능	• 기계화 시공으로 일정한 시공품질 유지 • 도막과 시트의 단점 보완 • 바닥판과의 접착력 및 펀칭 저항성 우수	• 방수성능 우수 • 도막두께 일정 • 연성으로 균열, 진동에 강함 • 시공 용이, 방수층 균일	• 시공 간편 • 공사비 저렴 • 시공사례 많음
단점	• 방수 후 장기간 미포장 시 품질저하 우려 • 아스콘 골재에 의한 집중하중 부위는 방수층의 펀칭 가능성이 있음 • 아스콘 밀림에 대한 저항력이 약함	• 시공 시 장비투입 필수 • 심한 굴곡 부위 시공 시 취약함	• 밀림 및 요철현상이 있음 • 겹치는 부분 누수 우려 • 동계철 시공 곤란 • 곡선, 거친 바닥판 시공 어려움 • 극한 기온 시 수축부분 박리	• 침투깊이 확인 곤란하며 고강도 콘크리트에 적용 곤란 • 시공 전 별도의 택코팅 필요 • 크랙 부분의 초기 열화 • 휘발성으로 방수효과 일시
적용 기준	• PC 및 강상판형 교량 • 공용 중 진동으로 슬래브에 미세균열 발생이 우려되는 거더교 • 적설지역에 염화칼슘 살포로 상부슬래브의 피해가 우려되는 교량			상부슬래브 설계기준 강도가 35MPa 이하

주) 국토교통부, 국도건설실무요령, 2016

최근 도시개발기법 및 미래도시

CHAPTER 05

최근 도시개발기법 및 미래도시

1. 도시개발 방향

1.1 지속 가능한 환경친화적 도시개발

지속 가능한 개발(ESSD, Environmentally Sound and Sustainable Development) 개념은 20세기 도시환경문제에 대한 자각에서 비롯된 새로운 도시개발 개념이다. ESSD는 "미래세대의 필요를 만족시키는 능력을 손상시키지 않으면서도 현세대의 필요를 만족시킬 수 있는 개발"이다. (1986, 우리들 공동의 미래(Our Common Future) 보고서, 환경과 개발에 관한 세계위원회)

1992년 브라질 Rio de Janeiro에서 개최된 '환경과 개발에 관한 UN회의'를 통해 일반화되면서 오늘날 도시개발에 있어 가장 중요한 개념으로 정착되었다. 지속 가능한 도시란 광의적으로 사회·경제적 함의까지 포함하는 넓은 개념이지만 일반적으로 개발과 환경보전을 조화시키는 개념으로서 자연생태계의 수용범위 안에서 개발된 도시라는 의미로 에코폴리스(Eco-polis), 생태도시, 환경친화적 도시로도 불린다.

지속 가능한 환경친화적 도시개발요건은 개발물량을 가급적 최소한으로 축소하고, 개발행위가 일어난 때에는 환경훼손을 최소화, 개발행위의 결과 사후에 발생하게 되는 오염물질의 배출 최소화해야 한다.

▌지속 가능한 환경친화적 도시개발계획 수립 주요원칙

지속 가능한 환경친화적 도시개발계획의 주요 원칙으로는 우선 자연적 여건에 순응하는 계획을 수립하여야 한다. 이를테면 녹지와 생태계는 가급적 보호해야 하고 개발대상지 전체로서 연계체계가 형성될 수 있도록 계획해야 한다. 불투성지표면과 절개지의 발생을 최소한 억제해야 하고 자연적인 통풍과 일조가 효과적으로 이루어질 수 있도록 토지이용, 도로망, 건물 배치 시에 특히 유의하도록 한다.

토지이용의 원칙으로는 분산적 집중과 혼합용도개발을 추구하는 것이 바람직하다. 분산적 집중은 고밀개발을 추구하되 일정지역에 과도한 집중을 피하고자 하는 뜻이고, 혼합용도개발은 도시의 다양한 기능을 인접시켜 배치하여 불필요한 교통의 발생을 최소화하도록 한다. 교통망체계는 녹색교통을 중심으로 골격을 만드는 것이 좋다. 즉, 교통의 우선순위는 보행, 자전거, 대중교통에 두고 승용차교통은 최소화하도록 한다. 공급처리시설은 자원절약을 극대화할 수 있는 방식으로 계획하여야 한다. 이를테면 중수도시스템의 도입, 폐기물 소각시설이나 화력발전소 등 대규모 배열원의 폐열 재이용, 태양열이나 풍력 등 신·재생에너지의 활용방안을 강구해야 한다.

이밖에도 신규개발 수요를 신시가지 개발보다는 제한적이나마 기존 시가지의 고도이용을 통해 충족시키고, 자연적 여건에 적합한 토지이용을 설정한다든가, 환경친화적인 각종 조치들을 전체적으로 체계화하여 통합효과를 거둘 수 있도록 하는 일 등도 매우 중요하다.

1.2 자원·에너지 절약형 도시개발

그동안의 도시개발은 자원과 에너지는 값싸고 무한하다는 착각 속에 단지 도시생활의 풍요로움과 편리함만을 추구하는 데 치중함으로써 결과적으로 에너지 낭비적인 도시를 양산하였다. 2차 세계대전 이후 자동차의 급속한 대중화는 도시 활동의 공간적 분리와 저밀도 개발을 통한 도시의 외연적 확산과 교통발생의 분산을 초래하였다.

이로 인한 엄청난 교통발생과 비용 그리고 그에 따른 환경오염이 발생되는 등 환경문제가 범지구적 관심을 끌게 되고 특히 1970년대 오일쇼크 이후 계속되는 고유가 시대를 맞게 되면서 에너지 절약형 도시개발은 매우 중요한 도시개발 패러다임으로 정착되었다.

▌자원·에너지 절약형 도시개발계획 주요방향

자원·에너지 절약형 도시개발계획의 주요방향은 혼합적 토지이용, 컴팩트 개발, 대중교통지향개발, 녹색교통체계 도입 등이 있다.

혼합적 토지이용(MXD, Mixed use Development)은 주거, 상업, 산업 및 위락 등 용도별 시설을 혼합한 토지이용계획을 통해 교통수요는 물론 자원·에너지의 소비 절감이 가능하며, 컴팩트 개발(Compact development)은 적정수준의 고밀개발, 직주근접 혼합 토지이용, 대중교통과 보행 및 자전거 이용을 촉진시켜 자동차 이용수요 및 교통거리 감소로 에너지절약 및 환경오염을 저감할 수 있다. 대중교통지향개발(TOD, Transit Oriented Development)은 교통문제를 미연에 방지하기 위해 계획초기부터 대중교통 접근성이 뛰어난 곳에 도시기능을 배치하는 방식(역세권 고밀, 고층형 업무·주택단지를 공급)을 적용하며, 녹색교통체계 도입은 자전거도로, 보도체계 등 녹색교통체계 도입 및 이를 대중교통과 연계시켜 자가용 승용차 이용을 최소화하도록 한다.

1.3 대중문화 의식을 반영한 도시개발

도시 측면에서 모더니즘에 가장 먼저 문제를 제기한 사람은 제인 제이콥스(Jane Jacobs)였다. 제이콥스는 근대 도시계획과 용도지역제가 미국 도시들이 갖고 있던 다양성을 파괴하였고 이로 인해 활력 없고 단조로운 도시들로 전락하였다고 비판하며 모더니즘 시대 도시의 표준화와 단순화에 의한 효율성의 추구에 반론을 제기하였다(그림 참조).

1972년 세인트루이스의 프루트이고(Pruitt-Igoe) 아파트의 폭파는 근대건축과 근대정신의 붕괴를 알리는 상징으로 이해되었다. 프루트이고는 1950년대 모더니즘 건축의 모범으로 미국 건축가협회상을 수상한 바 있으나, 이 고층 아파트가 시간이 지나면서 거주자들의 편향성으로 슬럼화 되어 더 이상의 운영이 어렵다고 판단되어 시당국에 의해 폭파된 사례이다.

1980년대 기존의 정치 경제 문화구조가 해체되면서 그동안 위계적이고 획일화된 중심 체제하에서 억압된 다양한 주체들과 요소들이 스스로의 다원적인 정체성을 주창하기 시작하였다. 공간적으로 모더니즘 도시구조의 해체는 중심으로부터 자유로워졌으면서도 고유한 의미를 가진 개체들의 차별화된 공간들이 병렬적으로 공존하는 공간구성을 가능하게 만들었다. 위계 집중 중심 체계의 공간 역학보다 차별 분산 지방 개체에 중점을 두는 후기 산업시대의 도시는 기본적으로 보편적인 추상적 논의 대신 시간과 공간 속에 자의식적으로 한정되어 있는 국지적 담론을 추구하는 포스트모더니즘을 공간적으로 반영한 것이다.

후기 산업시대의 도시는 포스트모더니즘의 사상과 함께 다양성과 문화, 사회, 환경의 질적 향상을 추구하는 도시재생 및 관리 중심적 도시로써 복합용도 및 전통계승을 기본으로 한다. 또한 도시의 주거지 위주의 물리적 계획에서 지역의 사회, 문화, 환경 등을 중시하는 지속 가능한 개발로 전환되고 있으며, 지역주민의 합의에 의한 도시재생의 중요성이 부각되고 있다.

1) 토지이용

용도의 분리는 급속한 공업화로 인해 주거환경이 악화되자 이를 막기 위하여 토지의 용도를 정하여 주거환경을 보존하고자 하였던 1962년 미국의 유클리드지역제(Euclidean zoning) 합헌을 시작으로 본격적으로 시작되었다. 이러한 용도분리의 개념은 국제주의의 르코르뷔지에의 이론에서도 고밀, 중밀, 저밀로 주거지역을 분화하고, 산업업무와 상업지구를 주거지역과 분리하는 계획안을 고안했으며, 영국의 전원도시인 초기 신도시들을 비롯하여 현대 신도시들의 계획 원리로도 사용되었고, 우리나라의 도시계획도 용도지역을 기본으로 이루어지고 있다.

그러나 선진 도시들의 경우 산업 구조가 변화하면서 용도의 분리가 가져다주었던 장점이 오히려 문제가 되는 경우가 발생되기도 한다. 공업 및 상업, 업무지역과 주거의 용도분리는 직주 간의 거리를 증가시켜 불필요한 통행을 유발하게 하였고, 각 용도 간의 자동차 통행으로 인한 환경문제를 유발시켰다. 주거지역이 아닌 지역들의 야간 공동화 현상이 지역을 슬럼화시키는 주요인이 되었고, 주거지역의 경우에도 지역 내 보행 통행의 감소로 도시의 활력이 떨어지게 되었다.

최근 여러 도시 문제들을 해결하기 위하여 과거와는 다른 새로운 계획이론들이 등장하는데 미국의 뉴어버니즘(New Urbanism)과 영국의 어번 빌리지(Urban Village), 일본의 콤팩트시티(Compact City) 등이 대표적이다. 이러한 이론들은 복합용도 개발을 기본으로 하고 있으며, 자동차 통행보다 대중교통과 보행을 중심으로 한 교통체계를 우선으로 한다. 이를 통해 도심 지역의 공동화를 방지하고 필요 이상의 자동차 통행으로 인한 환경문제를 해소하며, 도시 내의 거리에 활력을 불어넣어 과거와는 다른, 사람들이 생활하는 활력 있는 도시를 추구한다.

2) 도로

산업의 발달과 자동차 기술의 증가로 인해 초기의 전원도시와 미국의 근대 도시계획 초기의 도시들은 자동차 중심의 도로체계를 기본으로 계획되었다. 이는 용도분리를 가속화시켰고, 주거지역은 더욱 외곽으로 확장되어 나갔으며, 통근교통 거리가 계속 증가하게 되었다. 이에 선진 도시들은 적극적으로 대중교통 중심의 도로체계를 적용하고자 노력하고 있으며, 최근 이러한 대중교통 체계 중심의 전환은 지하철, 버스뿐만 아니라 자전거의 적극적인 활용을 통해 과거의 도로체계와는 다른 형태로 나타나고 있다.

과거의 자동차 중심도로체계는 지역의 근린 생활시설 및 공원 등 지역의 중심시설들이 주요 도로 주변에 집중되어 있어, 지역 내 주민들이 보행을 통해 접근하는 데 어려움이 있었다. 또한 지역 내의 모든 지역들을 자동차를 통해 통행하다 보니 보행의 안정성도 크게 떨어지게 된다.

그러나 대중교통 중심의 체계로 개발할 경우 지역의 중심시설들은 지역의 중앙에 입지하게 되어, 지역 내 모든 사람들에게 동일한 접근성을 제공하며, 지역 내 대부분의 지역에 대중교통으로의 접근이 가능지면서 자동차를 이용하지 않은 일상생활을 가능하게 한다.

이와 더불어 지역 내 보행 통행의 안전성까지 보장하게 된다. 이와 같은 계획 방식은 TOD(대중교통지향 개발) 등과 함께 대중교통과 지역의 중심시설을 연계하는 계획으로 나타나게 된다. 대중교통의 중심지역은 입체적으로 개발되어 그 연계성을 높이고자 하는데 교통, 업무, 상업, 주거 등 다양한 용도들이 한 지역에 복합적으로 개발되어 용도 혼합이 이루어지게 되며 프랑스의 라데팡스(La Defense)와 일본 도쿄의 록폰기 힐스(Roppongi Hills) 등이 대표적인 사례라 할 수 있다.

3) 보행

보행체계의 경우 도로체계의 변화와 매우 밀접한 연관을 갖는데, 초기 자동차 중심의 체계에서 보행로의 확보는 도로와 보행로를 분리하여 계획하는 것으로 시작하였는데, 보차분리의 개념은 자동차의 통행으로부터 사람의 통행을 보호한다는 측면에서 매우 중요한 논리로 정착되고 있다. 그렇지만 여전히 자동차로가 주된 상황에서 보행로는 상대적으로 외진 곳에서 형성되고, 오히려 보행로 주변이 으슥한 위험 공간이 되기도 하는 현상이 발생하였다.

보차분리의 폐해에 대한 획기적 방안으로 입체화가 제안되었는데, 이는 막대한 비용을 발생시키고 대규모 개발이 아니고서는 적극적으로 실현하기 부담이 큰 어려움이 있다. 그러나 보행과 자전거 통행의 중요성이 계속 강조되는 상황에서 자동차 교통의 비중은 점차 감소하고 보행로가 우선되는 시대로의 전환을 위하여 자동차는 보행자를 위해 감속운행을 하여야 하고, 보행로를 우선으로 하는 시민의 적극적 참여에 의한 전환이 이루어져야 한다. 입체화의 비용부담을 줄이기 위하여, 주거 단지 등에는 보행로 우선 계획으로 도로 패턴을 보행자도로 패턴으로 처리하고, 도로는 좁고 구불거리게 하여 차량이 속도를 내지 못하도록 하는 적극적인 방식을 채택함으로써 보차분리보다는 보차혼용계획으로 그 효과를 높이고 있다.

4) 녹지

도시공간에 있어서 매우 중요한 녹지는 과거에는 신도시 개발에 있어서 전원도시의 개념과 같이 주변의 녹지를 충분히 확보하여, 전원 속에 도시가 있는 형태를 선호하였다. 또한 국제주의의 영향을 받아 고층화가 일반화되어가던 도시에서는 고밀도의 건물 계획으로 인해 확보되는 지상의 대규모 공간을 오픈스페이스로 충분히 확보하는 방식으로, 도시 내 거대한 녹지를 확보하여 주거환경을 개선하고자 하는 계획이 주를 이루고 있다.

그러나 거대한 녹지의 유지 관리 비용에 문제가 발생하기 시작하였고 광대한 녹지가 지역 내 커뮤니티 및 활동적인 공간으로 활용되지 못하고 방치되는 경우가 나타나기도 한다. 미국 및 유럽의 고층 주거단지들은 결국 철거되고 저층의 주택으로 변모하면서 자연스럽게 단지 내 거대한 녹지들은 분화되어 소규모 녹지로 변모되는 공간의 변화를 겪게 된다. 또한 도시 내 보행환경이 중시되는 사회문화가 조성되면서, 소규모 녹지들을 연계시켜 보행동선을 통해 네트워크화되도록 계획되며 이러한 방안이 최근 도시개발에 있어 매우 중요한 계획 요소로 인식되고 있다.

5) 근린주구

페리(Clarence Arthur Perry)의 초등학교를 중심으로 한 근린주구 이론이 주거단지 계획에 이용되어왔는데, 이는 초등학생의 통학을 제외하고는 주거단지의 실제적인 커뮤니티 기능을 수행하는 데는 한계가 있다는 지적이 대두되었다.

최근 미국의 뉴어버니즘(New Urbanism)과 영국의 어번 빌리지(Urban Village)의 주거단지 기본계획에서는 TND(전통근린주구계획)에 있어 근린주구의 중심을 초등학교 대신 상업, 업무, 공공시설을 복합한 공간과 공원, 광장 등으로 전환하고 있다. 또한 세계의 휴먼도시들은 열린 공간에서 자연과 이웃 그리고 더 나은 미래를 계획하고 있다.

대표적인 사례로 중앙공원(central park)을 중심으로 상업 및 공공시설 혼합 배치로 커뮤니티를 형성한 미국의 플로리다의 시사이드와 광장을 중심으로 근린주구를 형성한 영국 도싯의 파운드베리 등이 있다.

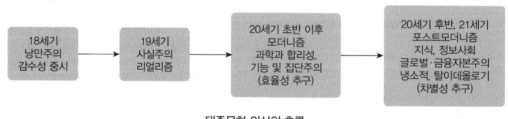

대중문화 의식의 흐름

2. 최근도시개발기법

2.1 복합용도개발(MXD, Mixed-use Development)

MXD는 혼합적 토지이용의 개념에 근거하여 주거와 업무, 상업, 문화 등 상호보완이 가능한 용도를 서로 밀접한 관계를 가질 수 있도록 연계·개발하는 것을 말한다. 미국의 ULI(Urban Land Institute, 1976)에서 규정한 복합용도 개발의 주요 개념은 독립적인 수익성을 지니는 3가지 이상의 용도를 수용해야 하고, 혼란스럽지 않은 보행동선체계로 모든 기능을 서로 연결하여 물리적·기능적으로 통합되어야 하며, 하나의 개발계획에 의하여 일관성 있게 개발되어야 한다는 것이다.

종래에는 주거와 상업, 업무의 복합화로 이루어진 주상복합건물이나 주상복합단지 등 다소 소극적인 수준에서 복합개발을 의미했으나 최근에는 도시계획적 차원에서 주거, 산업, 학술, 연구 등의 복합화로 이루어진 테크노폴리스, 텔레포트, 인텔리젼트시티 등 첨단기술과 연계된 적극적인 복합화·혼합화되는 추세이다. (그림 5.1 참고)

주) 서울시 도시계획 포털(http://urban.seoul.go.kr) (m.blog.naver.com/minqahn/221170344397)

그림 5.1 복합용도개발

2.2 압축도시개발(Compact city Development)

콤팩트시티는 지속 가능한 도시형태(sustainable city)를 구현하기 위한 도시정책으로 제시되었으며, 유럽연합(EU)에서는 도시문제와 더불어 환경정책의 일환으로 콤팩트시티를 지향하고 있다. 20세기 중반 자동차 보급의 증가로 도시의 외형팽창이 진행되었고 이런 흐름 속에서 많은 도시문제가 발생하였다. 도시 중산층의 대규모 거주지 교외 이동, 도심 공동화 현상, 에너지소비 증가 및 공해 발생, 도시 외곽의 무분별한 환경 파괴 등 복합적인 여러 문제들이 고착화되어갔다.

콤팩트시티란 도시 내부 고밀/집적개발을 통해 현대도시의 여러 문제의 해결을 도모함과 동시에 경제적 효율성 및 자연환경의 보전까지 추구하는 도시개발 형태로 도시 내부의 복합적인 토지이용, 대중교통의 효율적 구축을 통한 대중교통수단의 이용촉진, 도시외곽 및 녹지지역의 개발 억제, 도시정체성을 유지하기 위한 역사적인 문화재의 보전 등을 포함하는 개념이다.

이런 상황에서 유럽 여러 나라의 도시정책은 지속 가능한 개발을 지향하는 콤팩트시티의 실현을 목표로 하게 된다. (그림 5.2 참고)

주) 서울시 도시계획 포털(http://urban.seoul.go.kr) (m.blog.naver.com/minqahn/221127524407)

그림 5.2 압축도시개발

2.3 스마트시티 도시개발(Smart city Development)

1) 개요

스마트시티는 ICT기술을 통해 교통, 환경, 상하수도, 행정, 의료, 교육 등 모든 자원적 시스템을 효율적으로 사용할 수 있도록 하여 시민들에게 편의와 안전을 제공하는 도시를 의미한다. 인터넷을 통해 교통 상황을 미리 받아볼 수 있고 주변 환경과 변화에 대해 즉각적인 판단을 할 수 있으며 시민의 더 나은 인프라와 시스템의 향유에 도움을 주는 것이다.

이미 미국·중국·일본 등은 스마트시티에 대한 계획을 추진 중이며 EU는 환경보호를 위한 에너지 사용 절감에 중점을 두고 스마트시티를 고려 중이다. 스마트시티 프로젝트는 새로운 사업의 장을 열었고 기획 설계 운영 관리 등 새로운 부가가치를 창출하는 고부가가치 수출상품이 되었다. 또한 스마트시티에서 비롯한 산업 육성과 IT 인프라 구축도 주목해야 할 점이다.

2) 스마트시티 유형

스마트시티는 스마트홈에서 지역의 미세먼지 등 정보를 실시간으로 제공받고, 현재 교통 상황에 맞는 최적의 교통수단을 제공받을 수 있는 개인 맞춤형 환경 교통서비스 제공하고, 자율주행 대중교통, 드론택시 같은 새로운 교통수단과 지능형 교통시스템 등으로 출퇴근 시간을 획기적으로 줄일 수 있다.

스마트시티에서 사무실, 차량 등은 자유롭게 공유할 수 있어서 도시공간과 자원을 효율적으로 활용할 수 있는 필요할 때 빌려 쓰는 공유경제 활성화가 가능하다. 또한 새로운 전자결재 시스템의 도입으로 점심시간에 무인 편의점에 들러 샌드위치를 골라서 안면인식 결재시스템으로 편리하게 구매할 수 있다. 시민 참여형(Bottom up) 도시계획으로 시청에서는 시민들이 제안한 사업의 타당성을 검토하고 의견 수렴을 거쳐 시민들이 필요로 하는 사업을 시행할 수도 있다. 주민들은 태양광, 지열 등 신·재생에너지는 전기를 생산하고 스마트그리드로 절약한 전기를 사고팔아 수익을 남기는 에너지 생산을 통한 수익창출을 할 수 있다.

지능형 CCTV가 행동과 소리를 감지해 신고 없이도 경찰이 상황을 파악하여 출동하는 범죄·재난으로부터 안전한 도시를 만들며 화재감시 센서가 화재를 인식하며 신속하게 상황을 전파하고 통합센터에서는 출동하는 소방관에게 가장 빠르게 길을 안내하여 골든타임을 확보할 수 있다. 스마트홈에서는 개인건강 및 일정 관리를 통해 침대에서 건강을 체크해 감기 기운 등이 있으면 AI 비서가 집의 온도와 습도를 체크해서병원 예약까지 할 수 있다.

3) 스마트도시 건설기술

스마트도시 건설기술은 그림 5.3과 같이 건설사업의 기획, 설계, 조달, 시공 및 유지관리의 전 과정을 IT 혁신기술(사물인터넷 IoT, 클라우드 Cloud, 빅데이터 Big Data, 모바일 Mobile)과 융합, 공기단축과 비용 절감으로 고객수요에 대응한 시설물을 구축하는 지능화 기술을 말한다.

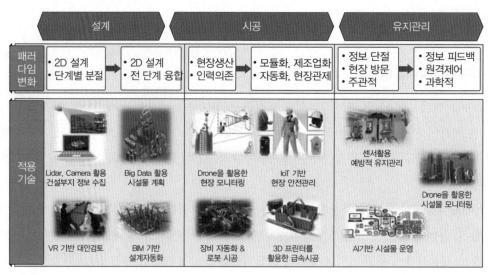

주) 제19회 건설정책포럼(토목학회, 2018. 6. 8.)

그림 5.3 스마트시티 도시개발

2.4 스마트성장관리(Smart urban growth management)

20세기 도시계획의 여러 복합적인 문제를 해결하기 위해서 1980년대 말 미국에서 제시된 도시성장관리기법 수단으로 경제성장, 환경보호, 삶의 질 개선 등 다양한 목표를 지향하는 성장형태를 의미한다.

2차 세계대전 이후 미국에서는 승용차 이용자의 증가, 도로망의 확대, 도시 중산층의 거주지 교외 이동 등으로 인해 도시의 평면적인 확산이 지속되었다. 이러한 흐름 속에서 환경오염, 자연공간의 파괴, 교통문제, 기성시가지의 쇠퇴 등 여러 도시문제가 고착화되어갔다. 이런 다양한 도시문제를 해결하고 효율적인 도시성장을 이루기 위해 1980년대 말에 스마트 성장 이론이 미국에서 제시되었다.

스마트성장이란 개인승용차와 고속도로를 중심으로 하는 개발패턴 위주의 과거 도시정책만으로는 기존의 도시문제를 해결하고 도시환경을 개선하는 데 한계가 있음을 인식하고 스마트한 방법, 즉 다양한 도시구성원의 상호 교류에 의한 의사결정을 바탕으로 경제성장을 지속하면서 도시와 환경문제를 개선하고 발전을 도모하는 도시정책모델이다.

스마트성장은 기본적으로 무질서하고, 무계획적인 교외확산에 의한 기존의 도시개발방식에 대한 반성과, 유럽을 중심으로 확산된 친환경적 도시개발(ESSD, Environmentally Sound and Sustainable Development) 개념의 실현추세에 대한 미국의 대안적인 도시계획패러다임이다. 이는 도시계획 및 개발형태 측면에서 계획에 의한 개발과 도심 고밀개발을 지향하고, 토지이용계획 측면에서 혼합토지이용을 수용하며, 교통계획 측면에서 도보, 대중교통을 강조하고, 도시설계 측면에서 공공공간을 강조하며, 계획과정 측면에서 정부 간, 이해집단 간 조정과 협의를 중시하고 있다. (그림 5.4 참고)

주) 서울시 도시계획 포털(http://urban.seoul.go.kr) (m.blog.naver.com/minqahn/221127524407)

그림 5.4 스마트성장관리

▌스마트 성장 이론의 성장원칙

스마트 성장 이론의 성장원칙은 다음과 같다.

① Create Range of Housing Opportunities and Choices : 다양한 소득 및 연령 계층들을 배려한 다양한 주거유형을 제공한다.

② Create Walkable Neighborhoods : 걷기 편리한 근린주구를 조성한다.

③ Encourage Community and Stakeholder Collaboration : 커뮤니티와 이해관계자의 협력을 강화한다.

④ Foster Distinctive, Attractive Communities with a Strong Sense of Place : 강한 장소성을 가진 독특하고 매력적인 커뮤니티를 조성한다.

⑤ Make Development Decisions Predictable, Fair and Cost Effective : 예측 가능하고, 공정하고, 비용 효율적으로 개발을 결정한다.

⑥ Mixed uses Land Uses : 토지이용을 복합화한다.

⑦ Preserve Open Space, Farmland, Natural Beauty and Critical Environmental Areas : 오픈스페이스, 농지, 양호한 자연경관, 중요한 환경지역 등을 보전한다.

⑧ Provide a Variety of Transportation Choices : 다양한 교통수단 선택을 제공한다.

⑨ Strengthen and Direct Development Towards Existing Communities : 기존 커뮤니티에 대한 개발을 강화한다.

⑩ Take Advantage of Compact Building Design : 고밀 개발된 건물 형태의 이점을 살린다.

2.5 대중교통지향형 개발(TOD, Transit Oriented Development)

대중교통지향형 개발(TOD)은 미국 캘리포니아 출신의 건축가 Peter Calthorpe에 의해 제시된 이론으로 개인 승용차 의존적인 도시에서 탈피하여 대중교통 이용에 역점을 둔 도시개발 방식이다. 토지이용과 교통의 연관성을 강조하고 대중교통 중심의 복합적 토지이용과 보행친화적인 교통체계 환경을 유도하고자 하는 방식으로 도시계획적인 측면에서 TOD는 무분별한 도시의 외연적 확산을 억제하고 승용차 중심의 통행 패턴을 대중교통 및 녹색교통 위주의 통행 패턴으로 변화시키는 기법으로 인식된다. TOD의 개념은 피터 캘솝(Feter Calthope)이 1993년 그의 저서 『The Next American Metropolis』에서 처음 정립하였다.

도심지역을 대중교통체계가 잘 정비된 대중교통지향형 복합용도의 고밀지역으로 정비하고, 외곽지역은 저밀도의 개발과 자연생태지역의 보전을 추구한다. 대중교통지향형 개발의 성공을 위해서는 교통체계의 개선만으로는 한계가 있으며, 근본적으로 대중교통 이용 자체의 편리성과 함께 더 나아가 대중교통 이용으로 인한 도시생활의 편리성과 효율성이 보장되어야 한다.

이러한 대중교통지향형 개발의 구체적 방법론의 개요는 다음과 같다. 전철과 버스 등 대중교통 중심의 안전하고 편리한 도시교통시스템을 구축하고, 정거장을 중심으로 한 도보접근 가능지역(반경 400~800m)에 중심상업지역을 배치하여 업무·주거·여가시설 등을 효과적으로 혼합한다. 업무시설의 주차장 용량 및 방사형 도로확장 등을 제한함으로써 개인승용차 교통량을 억제하고 교외 환승가능한 곳에 주차장 공급을 유도한다. 정거장 주변의 고밀개발지에는 보행자 위주의 교통시설을 건설하고 환승과 접근이 용이한 이동시스템을 구축하여 보행성과 대중교통과의 연계성을 높인다. (그림 5.5 참고)

주) 서울시 도시계획 포털(http://urban.seoul.go.kr) (m.blog.naver.com/ltg870830/220715870383)

그림 5.5 교통지향형 개발

2.6 뉴어버니즘(New Urbanism)

뉴어버니즘(New Urbanism, 신도시주의)은 1980년대 미국에서 무분별한 도시확산으로 인한 문제점들을 해결하기 위한 대안으로서의 새로운 도시계획의 신조류이다. (그림 5.6 참고)

뉴어버니즘은 도시의 사회문제가 무분별한 도시확산과 밀접한 관계가 있으며 이러한 사회문제를 해결하기 위해 도시개발에 대한 근본적 접근 방법의 전환이 필요하다는 인식으로부터 출발한 도시계획이론이다.

미국의 개발원칙을 체계적으로 변화시키는 것을 목적으로 1993년 10월 버지니아주 알렉산드리아에서의 모임에서 비롯되어 순수 전문가 조직체가 아닌 서로 다른 분야의 설계전문가와 공공 및 민간의 정책 결정권자, 도시설계나 도시계획에 관심을 가지는 시민들의 연합체로서 뉴어버니즘 협회가 구성되었다.

이러한 뉴어버니즘 운동을 체계적으로 전개시키기 위하여 공공정책, 개발행위, 도시계획과 설계를 이끌고자 하는 뉴어버니즘 헌장(27개조)을 수립하여 기본원칙을 제시하였다. 뉴어버니즘 헌장의 기본원칙사항으로서 근린주구는 용도와 인구에 있어서 다양하여야 하며, 커뮤니티 설계에 있어서 보행자와 대중교통을 중요하게 다루며, 복합적인 토지이용을 추구하여야 한다. 또한 도시와 타운은 어디서든지 접근이 가능하면서 물리적으로는 공공공간과 커뮤니티 시설에 의

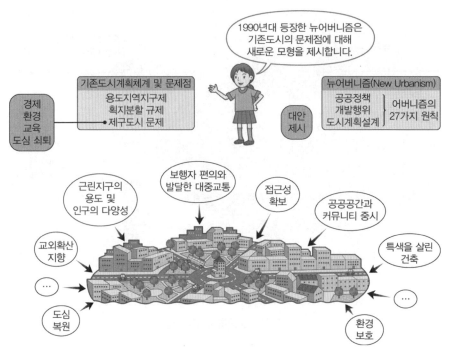

주) 서울시 도시계획 포털(http://urban.seoul.go.kr) (m.blog.naver.com/PostView.nhn?blogId=daon48&logNo=221275636352)

그림 5.6 뉴어버니즘개발

해 형태를 갖추면서 도시적 장소는 그 지역의 역사와 문화 등 지역적 특성과 관행을 존중하도록 강조하고 있다.

　결국 뉴어버니즘은 기존 도시에 대한 반성을 통해 도시를 재구성, 인간과 환경 중심의 공간으로 되살리는 새로운 운동이다.

3. 앞으로의 미래도시

3.1 미래도시 개념

　도시는 과거, 현재, 미래를 동시에 지니고 있는 시간의 지배를 받는 생명체, 즉 유기체이다. 얼핏 생각하면 생명이 없는 것처럼 보여도 우리 인체처럼 모든 기능을 도시도 가지고 있다. 따라서 도시는 사람을 다루듯 각 분야별 종합 진단을 거친 후 처방을 내려 치료해야 한다. 과거를 보면 현재를 알 수 있고 현재를 보면 미래를 알 수 있듯이, 미래에 보다 나은 도시가 되기 위해서는 과학적인 진단조사를 시행한 후 계획을 수립하는 데 최대한 노력을 기울여야 할 것이다.

우리나라의 미래 도시에 영향을 줄 수 있는 요인은 지형학적, 인구 구조적 문제뿐만 아니라 지구온난화, 통일, 식수, 다문화, 식량, 토양오염, 에너지 등 다양한 요소들이 포함되고 있다. 이러한 요소들의 특징은 미래도시에 있어 기회 요인이 될 수도 있고 아니면 위기 요인이 될 수도 있는 양면성을 지니고 있는 것이다. 특히 예전에는 일어날 수 없는 일들을 요즘은 당연한 것으로 받아들이는 일이 많아지고 있다. 불과 얼마 전까지만 해도 우리나라에서 물을 사서 먹는다는 것은 상상도 못 할 일이었다. 특히 휴대전화가 일상화된 요즘, 한때 국민의 소중한 공중전화기는 얼마 지나지 않아 없어질지 모르며, 이미 자취를 감추고 있는 공중전화카드의 경우 몇 년 후에는 박물관에나 가서야 만날 수 있을지도 모를 일이다.

이러한 불확실한 미래를 예상한다는 것은 그만큼 어렵지만 현재 우리의 여건, 즉 현안과제를 꼼꼼히 살펴본다면 우리나라 현실에 적합하고 실현 가능한 미래의 도시의 모습을 그릴 수 있을 것이다. 보이지 않는 추상적인 개념도시보다는 지형학적 특성에 맞는 구현 가능한 미래의 도시를 예측하여 대비하는 것이 합리적이라고 본다.

그렇다면 과연 미래도시는 어떠한 모습일까? 미래도시에 영향을 줄 수 있는 현재의 특징은 무엇이 있을까? 우리는 먼저 미래도시에 영향을 줄 수 있는 현안과제를 주제별로 살펴보고 도시의 미래를 살펴보고자 한다.

3.2 통일시대를 대비한 한반도 구상안

통일은 우리 민족이 풀어야 할 숙제이다. 통일은 어떻게 보면 정치적인 사안일 수 있으나 정치와 정책이 도시에 영향을 주는 특성상, 통일은 분명 우리 도시에 큰 영향을 미칠 것이라는 데는 그 누구도 의심하지 못할 것이다.

현재 우리 사회에서는 아직도 통일에 대한 부정적인 인식이 존재하고 있다. 예를 들어 "2010년 통일의식조사"에 의하면 통일이 필요하다는 의견은 59%로서 전체 응답자의 절반을 넘고 있다. 그러나 이러한 수치는 2007년의 64%에 비해 낮아졌다. 그뿐만 아니라 '그저 그렇다'가 20%, '필요하지 않다'는 응답도 21%로 나타나 통일을 긍정적으로만 바라보지 않는 국민도 무시할 수 없을 정도로 존재하고 있음을 알 수 있다. 이처럼 통일을 부정적으로 바라보는 데에는 여러 가지 이유가 있으나, 가장 중요한 이유 중 하나는 통일비용 부담에 대한 우려가 아직도 광범위하게 확산되어 있기 때문인 것으로 판단된다. 실제로 독일이 통일을 이룬 것에 대한 부러움과 우리도 통일을 할 수 있다는 희망에 가득 차 있던 우리 국민들은 독일의 통일과정을 바라보면서 한반도 통일에 대한 우려를 하기 시작한 것이 사실이다.

통일은 경제적인 부담 외에도 사회적, 문화적, 환경적으로 많은 변화를 가져다줄 것이다. 특히 중요한 것은 기존의 다른 정치적인 체제에서 살아온 사람들의 의식이다. 반세기가 넘게 오랫동안 다른 체제에서 살아왔기 때문에 사회적응 문제가 통일 이후의 가장 중요한 요인이 될 것이다. 또한 전쟁, 분단으로 인한 상처를 우리의 자원으로 만들어야 할 것이다. 군사보호구역은 전 세계에서 유래를 찾아보기 힘들 정도로 자연이 잘 보호된 지역이다. 이러한 지역을 그 누구도 개발할 수 없게 지정하여 판문점과 더불어 세계인의 관광지로 조성해야 한다.

이렇듯 우리는 각계각층 다양한 분야에서 통일에 대한 준비를 해야 한다. 싫든 좋든 통일은 우리나라에서 계속되어왔던 이슈이고 앞으로도 그럴 것이다. 이러한 통일을 단지 경제적인 부담이라는 측면에서 바라보기보다는 오히려 상생과 한반도의 기회로 삼아 우리민족과 나라가 보다 더 발전하기 위한 토대가 되어야 한다.

1) 드레스덴 선언(안)

가. 드레스덴 선언 대북 3대 제안

드레스덴 선언은 2014년 3월 28일 우리나라 대통령이 통일 독일의 상징적 도시인 옛 동독 지역의 드레스덴공과대학에서 가진 연설을 통해 남북 평화통일 조성을 위한 대북 3대 제안을 발표한 선언이다. '한반도 통일을 위한 구상'이라는 제목의 연설에서 ▲남북 공동번영을 위한 민생 인프라 구축 ▲남북 주민 간 동질성 회복 등 다음 세 가지 구상을 북한 측에 제안한 바 있다.

(1) 인도적 문제의 우선 해결

인도적 문제의 우선 해결과 관련해서는 분단으로 상처받은 이산가족들의 아픔부터 덜어야 한다. 그 대안으로 이산가족 상봉의 정례화를 제안했다. 구체적인 방안을 북한 측과 협의해나갈 것이며 국제적십자위원회와 같은 국제기관과도 필요한 협의를 할 것이라고 밝혔다. 아울러 "앞으로 한국은 북한 주민들에 대한 인도적 차원의 지원을 확대해나갈 것"이라며 "UN과 함께 임신부터 2세까지 북한의 산모와 유아에게 영양과 보건을 지원하는 '모자패키지(1,000days) 사업'을 펼칠 것"이라고 말했다.

(2) 민생 인프라 구축

민생 인프라 구축과 관련해서는 '복합농촌단지'를 조성하기 위해 남북한이 힘을 합치자면서 "한국은 북한 주민들의 편익을 도모하기 위해 교통, 통신 등 가능한 부분의 인프라 건설에 투자하고,

북한은 한국에게 지하자원 개발을 할 수 있도록 한다면 남북한 모두 혜택을 받을 수 있을 것"이라고 말했다. 나아가 현재 추진 중인 나진·하산 물류사업 등 남·북·러 협력사업과 함께 신의주 등을 중심으로 남·북·중 협력사업을 추진하자고 제안했다.

(3) 동질성 회복

남북 간 동질성 회복 방안에 대해서는 "정치적 목적의 사업, 이벤트성 사업보다는 순수 민간 접촉이 꾸준히 확대될 수 있는 역사연구와 보전, 문화예술, 스포츠 교류 등을 장려해나갈 것"이라며 이런 구상의 실현을 위해 '남북교류협력사무소' 설치를 북측에 제안했다. 또 남북한과 유엔이 함께 DMZ(비무장지대) 세계평화공원을 조성하자는 제안도 거듭 내놓았다. (그림 5.7 참고)

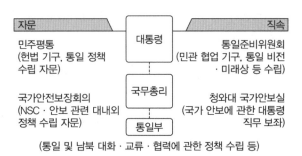

주) 정부, 통일준비위원회, 2014

그림 5.7 정부의 통일업무조직

나. 통일준비위원회

통일준비위원회는 한반도 평화통일에 대한 국민적 공감대를 확산하고 통일추진의 구체적 방향을 제시하며, 민관협력을 통하여 한반도 통일을 체계적으로 준비하기 위한 기구이다.

2014년 7월 15일 통일준비위원회를 출범하면서 "통일은 단순히 남과 북의 물리적 통합을 넘어서 새로운 한반도의 미래를 설계하고 한민족의 대도약을 이끄는 성장 동력이 되도록 해야 한다"며 "분단 70년의 긴 역사에 적응하며 살아온 우리들에게 통일시대로 가는 길은 힘들고 불안한 길이 될 수도 있지만, 함께 지혜를 모으고 희망의 길을 개척해나간다면 통일시대의 문이 분명히 열릴 것"이라고 강조했다.

2014년 3월 독일에서 발표한 드레스덴 구상과 그 정신을 어떻게 실천해나갈지 다양한 방안들에 대해 논의해 주어야 한다며 통일준비와 관련한 구체적인 청사진 마련을 주문했다.

드레스덴 선언은 "남북한 주민들의 인도적 문제를 우선 해결하고, 민족 동질성 회복을 위한 노력을 펼쳐가는 것은 통일을 이뤄가기 위해 가장 시급하고도 기초적인 준비과정"이라며 "내륙철도와 남북 철도 연결과 같은 대규모 사회기반 시설과 함께 주거환경 개선이라든가 마을도로 확충과 같은 민생 인프라 구축을 위해 남북한이 협력하는 방안을 마련할 필요가 있다"고 말했다. 또 "무엇보다 통일의 첫 단추를 끼우기 위해서는 한반도의 긴장 완화가 선행돼야 한다"며 "문화 예술과 스포츠 분야의 교류 협력 통해 마음의 교류를 확대해나갈 필요가 있다"고 진단했다.

비무장지대(DMZ) 평화공원 설립과 관련해서는 "그동안 긴장과 대치의 상징 지대였던 DMZ에 평화 공원을 조성한다면 세계에 한반도의 통일의 시작을 알리고, 긴장 완화를 위해서도 매우 의미 있고 효과적인 사업이 될 것"이라고 재차 제안했다.

통일준비위원회에서 "한반도의 통일은 동북아에 상당한 경제적 파장을 줄 것으로 예상되고 세계의 기업들도 주목하게 될 것"이라며 "얼마나 많은 새로운 투자 기회와 성장 동력을 줄 수 있는지, 이로 인해 얼마나 많은 일자리가 창출될 수 있는지 청사진을 만들어 제시할 수 있다면 통일에 대한 우리 국민들의 인식은 더욱 달라질 것"이라고 의견들이 제시되었다.

통일준비위원회 민간위원들은 위원회 운영 기본방향을 발표하면서 통일시대를 견인할 신경제 성장 모델 제시, 생활 속에 녹아드는 통일준비 실천과제 발굴, 북한 공간 및 사회·경제적 정보 통합·관리 시스템 구축 등의 계획을 밝힌 바 있다.

통일준비위원회는 통일과 관련된 기능을 갖고 있다. 통일 준비를 위한 기본방향에 관한 사항, 통일준비 관련 제반 분야의 과제발굴 연구에 관한 사항, 통일에 대한 세대 간 인식 통합등 사회적 합의 촉진에 관한 사항, 통일 준비를 위한 정부기관, 민간단체, 연구기관 간 협력 등에 관한 사항, 그 밖에 통일준비에 관하여 대통령이 위원회에 자문할 필요가 있다고 인정하는 사항을 결정하고 실행한다.

통일준비위원회 구성은 위원장 1명과 부위원장 2명을 포함하여 50명 이내의 위원으로 구성한다. 위원회의 위원장(이하 "위원장"이라 한다)은 대통령이 되고, 부위원장은 위원 중에서 위원장이 지명하는 사람이 된다. 위원회의 위원은 기획재정부장관, 외교부장관, 통일부장관, 국방부장관 등 통일 준비와 관계된 중앙행정기관 및 이에 준하는 기관 중 위원장이 지정하는 기관의 장, 대통령비서실 및 국가안보실의 외교·안보·통일 관련 업무를 보좌하는 정무직공무원 중 위원장이 지명하는 사람, 「정부출연연구기관 등의 설립·운영 및 육성에 관한 법률」에 따라 설립된 연구기관 중 위원장이 지정하는 정부출연연구기관의 장, 통일에 관한 학식과 경험이 풍부한 사람 중에서 위원장이 위촉하는 사람이 된다.

2) 통일 한국의 지정학적 발전 축(안) (3대 벨트)

가. 서해안 산업/물류/교통 벨트

서해안 라인으로 목포에서 시작해서 신의주까지 연결되는 라인이 중국의 핵심 도시(중국 동북

3성 중 경제활동이 가장 활발한 랴오닝성)로 연결되는 최단 경로가 될 뿐만 아니라, 서울과 평양이라는 남북한의 수도를 지나가는 라인이기도 하다. 물론 둘 다 해안에 딱 붙어 있지는 않지만 벨트 안에 있다고 보면 된다. 그러므로 명실상부한 핵심 라인이 된다. 통일 이후의 부동산 이야기는 별도 포스트로 고민 중에 있지만, 부동산도 예외는 아닐 것이다.

가장 우선적으로 기차와 도로가 구축되는 쪽도 서해안 벨트로 예상된다. 그것들이 인간으로 보면 혈관과 같은 역할을 하게 된다. 그렇다면 인구와 산업시설도 따라서 서해안 벨트를 따라 더욱 가깝게 붙기 위해 이동하게 된다. 한반도의 대동맥이 되는 것이다. 물론 피를 뿜어내는 심장은 여전히 서울과 수도권이다.

나. 동해권 에너지/자원 벨트

동해권 벨트는 결정적인 맹점이 있긴 하다. 동해안 라인이 서해안 라인에 비해 훨씬 길다는 점, 길다는 것은 경제성이 다소 떨어질 수 있다고도 볼 수 있다. 따라서 북한을 통해 대륙으로 연결되는 노력과 돈은 더 들 수밖에 없다. 이 정도가 한계점이긴 하다.

하지만 한국의 핵심 석유화학, 철강, 조선, 자동차 단지가 있는 옥포국가산단(거제도), 녹산국가산단(부산), 온산국가산단(울산), 포항이 동해안 벨트의 하단부를 차지하고 있다. 구미국가산단도 얼마든지 어렵지 않게 동해권 벨트와 연결될 수 있다. 이 하단부에서 호랑이의 등뼈를 타고 북한의 나선까지 철도로 연결되어 러시아에 제품이 공급된다면 어떤 일이 일어날까. 거기다 마그네사이트, 아연, 납 등이 매장되어 있는 북한의 단천지역 특구도 지나가는 라인이다. 새로운 가능성을 발굴할 여지가 많기도 하다.

다. DMZ 환경/관광 벨트

조금 아래 가로 라인이긴 하지만 사실 지금도 서울/수도권과 속초/강릉/양양으로 이어지는 가로축은 핫하다. 차로 가더라도 2∼3시간이면 동해바다를 볼 수 있다. 여기서 상정한 벨트는 휴전선이 지나는 DMZ라인을 관광지역화하는 구상을 담고 있다. 충분히 가능성이 있지만 조금 크게 보면 서울/수도권∼속초/강릉 라인의 확장으로 보는 편이 나아 보인다. 더 넓게 보면 인천∼서울/수도권∼속초/강릉으로 연결되는 가로축이다.

여기서 눈여겨봐야 할 점은 DMZ라는 라인보다는 이미 잘 닦여 있는 한반도의 잘록한 허리를 눈여겨보는 게 낫지 않을까. 잘록한 허리라는 의미는 가장 단거리로 관통한다는 의미이다. 한국을 관광하기 위해 들어온 외국인이 인천국제공항에 내려서 수도권 말고 다른 관광지 한 곳을 간다면 어디로 갈까. 속초로 가서 동해바다 보고 금강산에 가는 게 어떨까. 지금 우리에겐 상상력이 필요하다.

분명한 건 차로 5~7시간을 가야 하는 부산이나 신의주를 편하게 생각하지는 않을 것이다. 물론 남북한의 공항들을 연결하는 특성을 기반을 두고 발전 방향을 생각해볼 수 있지만 육로가 우선이란 생각이다. (그림 5.8 참고)

3대 벨트 구축을 통해 한반도 신성장동력 확보 및 북방경제 연계 추진

3대 벨트	부분	예상 프로젝트
서해안 산업·물류·교통 벨트	내용 : 수도권, 개성공단, 평양·남포, 신의주를 연결하는 서해안 경협벨트 건설	
	산업	• 개성공단 확대 개발 • 평양, 남포, 신의주 경제특구·산업단지 개발
	교통·물류	• 경의선 철도·도로 연결 및 현대화 • 남·북·중 육상운송로 연결 • 남포항, 해주항 현대화
	전력	화력발전소 신규 건설 및 송배전망 현대화
동해권 에너지·자원 벨트	내용 : 금강산, 원산·단천, 청진·나선을 남북이 공동개발 후 우리 동해안과 러시아를 연결	
	에너지	• 남·북·러 가스관 건설 • 수력발전소 현대화 및 화력발전소 신규 건설
	자원	단천 자원 특구 개발
	교통·물류	경원선, 동해선 철도·도로 연결 및 현대화
	산업	• 원산, 금강산, 칠보산 등 동해안 관광지구 개발 • 원산, 함흥, 청진, 나진·선봉 등 주요 도시 경제특구, 산업단지 개발
DMZ 환경·관광 벨트	내용 : 설악산, 금강산, 원산, 백두산을 잇는 벨트 구축 및 DMZ 생태·평화안보 관광지구로 개발	
	환경	• 고유하천 공동관리 • 접경 생물권 보전지역 지정
	관광	세계 생태평화공원 및 문화 교류 센터

그림 5.8 한반도 3대 벨트

3.3 저성장 및 인구감소에 따른 도시환경변화

세계 인구는 이미 70억 명이 넘어서 인구가 나날이 늘어 가고 있지만 우리나라는 전 국가적인 저출산 현상으로 인해 우리나라의 도시인구 증가율이 선진국 수준으로 하락했다. 현재 우리나라 총인구가 5,000만 명을 돌파했지만 2000년 이후 인구 증가율이 급속히 둔화되었으며, 2018년에 5,182만 명을 정점으로 감소할 전망이다. 출산율 저하와 평균수명 연장으로 2018년 고령사회로 진입하고, 2026년에는 초고령 사회에 도달할 전망이다.

우리는 미래의 도시를 걱정하지 않을 수 없다. 보편적으로 인구수는 국력의 최우선 척도다. 인구

5,000만 명은 1인당 국민소득 3만 달러와 맞물려 강대국의 요건으로 본다. 이를 충족한 나라는 현재 일본, 미국, 프랑스, 이탈리아, 독일, 영국뿐이다. 우리나라의 소득 3만 달러와 인구가 5,000만 명이라는 현상은 전 세계에서도 보기 드물고 급격한 경제성장을 통한 도시의 성장이 있었기 때문이다. 그런데 '고도성장', '한강의 기적' 같은 말에 익숙한 우리 국민에게 '저성장'이란 익숙지 않은 단어이다. 적어도 '저성장'이라는 단어는 선진국의 문턱을 넘어선 후 다가올 먼 미래의 이야기쯤으로 치부되던 세상이었다. 하지만 저성장의 징후는 이미 한국경제 곳곳에서 감지되고 있다. 국민소득이 추계되기 시작한 1953년부터 2008년까지 55년간 한국경제는 연평균 6.7%씩 성장했다. 이 가운데 1968~1970년, 1976~1978년, 1986~1988년은 평균 10% 이상의 높은 성장을 이루기도 했다. 1982년부터 1991년까지 평균 9.1% 성장했던 한국경제는 다음 10년(1992~2001) 동안에는 평균 5.6% 성장하는 데 그쳤다. 이후 글로벌 금융위기의 영향이 가시화되기 전인 2008년까지 경제성장률은 평균 4.5%로 더 낮아졌다.

경제구조가 어느 정도 성숙한 상태에 접어들게 되면 과거와 같은 고성장은 달성하기 점점 어려워진다. 1인당 국민소득이 3만 달러 수준인 한국경제도 장기적으로 성장률 하락은 피할 수 없는 수순이다.

특히 인구증가율의 감소, 저출산, 고령화 등으로 인구구조가 변화하고 도시화가 정체되면서 지역 간 인구이동 패턴에 변화가 감지된다. 우리나라는 1960년대 이촌향도(離村向都)에서 이도향촌(離都向村) 현상이 발생하고 베이비부머의 은퇴시작으로 귀농귀촌(歸農歸村)이 가시화되는 형국이다. 특히 고속교통망(수도권 광역전철망, 고속철도(KTX) 등)이 확충되면서 대도시로의 집중현상(빨대현상)이 발생함과 동시에 대도시 외곽지역으로의 분산도 확대되는 경향이 있다. 이제 도시화의 한계로 도시성장(S자곡선)이 한계점에 도달하여 수도권이나 대도시의 인구 유입력이 약화된 반면에 인구분산 압력은 오히려 증대되는 현상이다. 특히 세종시, 혁신도시 등 공공기관 이전이 가시화되면서 인구분산을 촉진한다. 또한 도시화가 정체되고 부분적으로 탈(脫)도시화 현상이 나타나면서 혁신도시, 신시가지 개발로 인한 교외지역의 개발이 이루어지고 원도심 공동화(空洞化) 현상, 수도권 공공기관의 지방이전으로 기존도시의 활력이 유출되는 것이 우려되는 가운데 이전 부지 활용방안의 부재 등 새로운 도시문제가 부각되고 있다.

3.4 다문화·다양성 시대의 도시

도시를 구성하는 요소 중에 가장 핵심이 바로 '사람'이다. 시민은 개개인으로 본 인간이기도 하고 인간의 집합인 사회이기도 하다. 여기서 시민이라 함은 당해 도시지역에 상주하고 있는 자연인을 의미한다. 이는 도시가 바로 사람이 모여 사는 정주환경이라는 뜻과 더불어 이러한 인적요소의 정주로 인해 도시가 집합사회로 존재하게 되는 의의까지도 부여하게 된다. 즉 사람이 바로 도시의 사회, 문화, 경제적 활동의 주역이라는 의미이다. 따라서 다양한 배경을 가진 사람들이 도시에서 서로 조화를 이루면서 살아가는 것이 활력 있고 살고 싶은 도시로서의 전제조건이다.

지난 20년 동안 한국의 체류 외국인은 급속히 증가하였다. 국내 90일 이상 체류자격을 가진 등록 외국인은 1992년 6만 5천여 명에 불과했으나 2009년 87만여 명으로 증가했다. 여기에 국적취득자와 외국인의 자녀(한국국적)까지 포함하면 110만 명에 이른다.

국내 외국인이 늘어난 가장 큰 원인은 경제성장에 따라 국내 저임금 노동인력의 부족이 심화된 것과 중국 및 동남아 국가들과의 임금격차가 커진 데에 있다. 1993년 외국인 산업연수생 제도가 도입되었고, 2004년 고용허가제가 실시됨에 따라 오늘날 매년 일정 수의 외국인 노동자들이 한국의 산업현장에 유입되고 있다. 한편 2007년 방문취업제의 실시로 중국 및 중앙아시아 동포들에 대한 출입국 규제가 완화되면서 중국동포들의 입국이 급격히 증가하기 시작했다.

또한 요즘은 우리나라를 기회의 땅으로 여겨 동남아시아에서는 코리아 드림티켓을 잡기 위한 전쟁 아닌 전쟁이 펼쳐지고 있다. 한국어 학원에 발 디딜 틈 없이 사람들이 몰려드는가 하면 삼삼오오 모여 늦은 시간까지 한국어를 배우기 위해 노력하고 있다. 이들이 이토록 한국어 배우기에 열심인 이유는 한국어 능력 시험 때문이다. 시험에 합격하면 한국에서 일할 수 있는 기회를 얻게 된다.

노동자 다음으로 큰 비중을 차지하는 외국인 유형은 결혼이민자이다. 결혼이민자 역시 1990년대 이후 급격히 증가하고 있으며 내적인 구성도 변화하고 있다. 2001년 결혼이민자의 수는 2만 5천여 명에 불과하였으나 2011년에는 14만 4천여 명으로 급격하게 증가하였고 전체 외국인 주민의 10.2%를 차지하고 있다. 90년대 중반 이후 중국과 베트남 등의 동남아시아 여성들이 중심이 되고 있다. 결혼이민자 중 절반 이상은 중국국적이며, 중국국적을 제외하면 동남아(31.8%)의 비중이 가장 높다. 이러한 결혼이민자의 증가는 곧 소위 '다문화가족'의 증가로 이어지고 있다.

그 밖에 유학생과 전문인력들이 있지만 비중이 크지 않다. 유학생과 전문인력 역시 그 수가 꾸준히 증가하고 있지만 노동자와 결혼이민자의 증가세에는 미치지 못한다. 이상에서 볼 때 한국의 다문화 현상은 전형적으로 전후 국제적인 인구이동 패턴을 보여준다고 할 수 있다. 전후 국가 간 인구이동의 특징은 주로 경제적인 이유로 인하여 제3세계 국가로부터 선진국으로의 이동이 활발해졌다는 점이다.

다문화가족 비중의 증가는 사회갈등의 확산과 이에 대응하는 예산의 증가를 유발한다. 전체 인구 대비 다문화인구 비중의 증가는 중단기적으로 사회갈등비용의 증대를 수반한다. 다문화인구의 '초기진입기'에는 갈등이 표면화되지 않지만 전체 인구 대비 비중이 10% 내외가 되는 확산기에는 사회적 마찰이 본격화될 가능성이 있다. 프랑스에서도 다문화 인구 비중이 10%가 넘어서면서 다양한 사회적 마찰이 수면 위로 부상한 적이 있다. 우리나라는 현재 총인구 대비 다문화인구 비중이 낮아 사회갈등비용이 적게 소요되지만 향후 다문화인구 증가에 대비해 단계적 정책 설계가 필요하다.

해외에서는 '다문화'를 도시발전의 긍정적인 요인으로 받아들이는 움직임이 활발하다. 유럽에서는 다문화를 도시의 활력과 혁신, 창조, 성장의 원천으로 삼는 '인터컬처럴 시티(Inter-Cultural City)'라는 개념이 등장했다. '동화정책'으로 시작한 이주민 정책을 '다문화정책'으로 모색해온 결과 다른 다양성을 생각한다는 개념으로서 이문화 간의 대화정책을 모색하는 인터컬처럴 시티가 등장했다고 배경을 설명했다. 다양성이 가진 장점은 바로 '융합은 곧 창조와 혁신'이다. 이주민이 느끼는 문화적 차이를 인정하지만 동시에 그것을 지나치게 강조하거나 특별히 여기지 않는 정책을 실천하여 이주민을 다른 배경을 가진 동일한 지역주민으로 받아들인다는 것이다.

특히 우리나라에서 태어난 2세들에 대한 배려가 필요하며, 그들이 우리 사회 속에서 당당한 한국인으로 살아갈 수 있게 노력해야 하고 서로를 이해하며 문화를 공유하는 가운데 도시정책을 새롭게 재조정해야 할 것이다.

3.5 기후변화에 대비한 도시구상

온실가스 배출을 줄여야 한다고 목소리를 높이기 시작한 게 불과 십여 년 전의 일이다. 그러나 세계 각 나라, 세계 각 도시는 아직도 기후변화 대응에 대한 의견을 한곳에 모으지 못하고 방황하고 있다. 그렇다면 과연 기후변화는 미래에 우리인류, 우리도시에 어떠한 영향을 미칠까? 그것은 미래가 도래하지 않고서는 알 수 없는 일이다. 하지만 최근 일어나고 있는 기후변화 현상은 먼 미래의 인류가 이 지구상에 없을 수도 있을 것이라는 부정적인 시각이 팽배할 정도로 심각하다.

우리나라는 지난 20년간 급속한 산업발전과 높은 화석연료 의존도에 기인하여 온실가스 배출량이 빠른 속도로 증가하였으며, 최근 지속 가능한 성장을 위해 전통적인 '산업경제'에서 혁신적인 '녹색경제' 모델로 전환하려고 한다. 특히 우리나라는 기후변화에 관한 정부 간 위원회 IPCC(Intergoverment Panel on Climate Change)가 개발도상국에 권고한 감축 범위의 최고수준인 30% 감축계획을 발표하였다. 우리나라가 가장 기후변화 대응에 적극적인 것 같지만 사실상 온실가스 배출량은 1998년 439만 톤에서 2009년 608백만 톤으로 169백만 톤 증가한 반면, EU는 동일기간 5,192백만 톤에서 4,615백만 톤으로 감소하였다. 이처럼 실질적으로 온실가스 배출량을 줄이려는 정부의 정책이 아직까지 표면적인 성과를 보이지 못하고 있다.

하지만 세계적 환경문제라 간주되는 기후변화가 구체적인 문제로 나타나는 장소는 단위지역이다. 기후변화는 전 지구적이면서도 지역적인 문제로 발현하므로 각 지역의 대응이 중요하다. 따라서 기후변화와 해당 지역사회의 상관성에 대해 깊이 있게 고민하여 적절한 조처를 취하지 않으면 안 된다.

현재 지구적인 기후변화로 극단적인 날씨변화가 초래되고, 이러한 날씨변화의 빈도나 규모, 분포가 기후변화의 지대한 영향을 받는다는 사실은 알려져 있지만 지구적 변화와 지역의 변화가 어떻게 인과적으로 결합되어 있는지는 아직 제대로 알려져 있지 않으며 밝혀내기도 쉽지 않을 것이다. 그럼에도 불구하고 지역적 논의는 여전히 유의미하다. 아울러 현재 교토의정서의 감축목표가 대부분 국가단위로 주어지고 있지만 구체적인 감축과정의 행위는 지역에서 실행되지 않으면 안 된다. 중앙과 지방을 어떻게 연계해서 실행할지에 대해서는 보다 구체적인 고민이 필요한 시점이다.

특히 기후변화는 극심한 홍수 등을 유발하여 도시기능을 마비시킬 수도 있으며, 해수면 상승은 장기적으로 해안도시를 침수위험에 노출시키고 있다 기후변화에 따른 재해가 도시의 물리적 계획 대상인 주민생활공간, 도시계획시설, 건축시설에 미치는 영향은 지대하다. 해안변, 하천변, 지하공간, 산기슭 등 도시 내 취약공간의 주민, 도시계획시설(기반시설), 건축시설이 기후변화에 따른 재해에 취약하다. 특히 고령자, 유아, 저소득층은 홍수뿐 아니라 가뭄 폭염 등 기후변화에 따른 재해 전반에 취약하며, 도시계획시설(기반시설)은 홍수, 폭염 등에 의해 도로 등 교통시설과 물 공급시설이 크게 영향을 받는다.

도시는 기후변화의 주요원인인 이산화탄소를 배출하는 원인제공자인 동시에 기후변화로 인한 재해에 가장 큰 영향을 받는 당사자이므로 도시 차원의 대응이 중요하다. 비록 온실감축에 대해 전 지구적인 합의는 못 끌어낸 상태이지만, 우리나라 도시 차원에서 적극적인 형태의 온실감축정책을 정책적으로 시행해야 한다. 아직까지 중앙정부에서는 기후변화정책을 수동적으로 운영하는 데 그치고 있어 이에 대한 분발이 필요하다. (그림 5.9 참고)

세계 각국의 도시들은 에너지·환경 분야에서 다양한 정책을 시행 중인데 이를 살펴보면 기후변화 대응을 위한 지방자치단체의 역할과 기능을 네 가지로 나누어볼 수 있다.

첫째, 에너지소비자, 온실가스 배출원으로서 지방자치단체의 역할이 중요하다. 도시가 보유한 건물과 설비, 차량의 에너지 소비를 모범적으로 절감하여 온실가스 절감에 기여할 수 있고 비용 절감에 따른 혜택도 주민들에게 제공할 수 있다. 그리고 도시는 메탄의 주요한 발생지인 하수처리장이나 폐기물 매립지 같은 시설들을 소유·운영하고 있다. 이런 메탄을 포집해서 온실가스 배출을 줄이고 열병합 발전에 활용할 수 있다.

둘째, 도시는 에너지의 생산과 배분의 주체이다. 지방분권의 역사가 깊은 유럽과 미국에선 시 정부가 전기, 가스, 수도 등의 자원을 공급하는 역할을 맡기도 한다. 시민들의 지지가 있고 지방자치단체가 철학과 의지가 있을 경우 에너지 효율 향상과 재생가능에너지에 초점을 둔 에너지 전환정책이 시행될 여지는 높아진다.

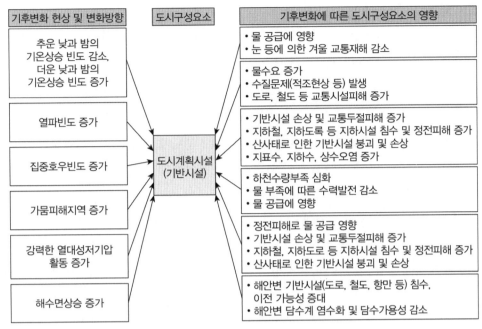

기후변화 현상 및 변화방향	도시구성요소	기후변화에 따른 도시구성요소의 영향

그림 5.9 기후변화가 도시시설에 미치는 영향

셋째, 도시는 규제자와 개발주체로 역할을 한다. 토지이용계획과 수송체계의 조직은 지방자치단체의 주요한 업무이다. 도시는 인공환경의 형태를 결정하고 에너지 소비에 막대한 영향을 미치는 교통기반(거리, 도로, 대중교통시설)의 공공투자에 지대한 영향을 미친다. 도시계획 의사결정과정에서 에너지 요소를 고려하는 것은 매우 중요하다. 그리고 지방자치단체는 건물규정이나 자동차 주차, 교통관리 등과 같은 에너지사용의 다양한 분야들에 영향을 미치는 규제를 관할한다.

넷째, 도시는 촉진자의 역할도 한다. 시민, 기업, 공공기관 등은 에너지 최종 소비자들이다. 에너지 소비자들의 소비 양식은 해당 지역 전체의 에너지 효율의 조건을 결정짓게 한다. 지방자치 단체는 정보 제공, 동기 부여 등을 통해 최종 소비자들의 에너지 소비양식에 영향을 줄 수 있다. 한편 지방자치 단체가 기후변화 대응을 위한 정책과 조치를 시행할 경우 지역사회에는 그에 따른 편익이 발생한다. 지방자치단체가 에너지 효율 향상과 재생가능에너지 확대를 추구한다면 지역사회의 다른 환경문제, 경제문제 또한 완화되거나 해결될 수 있을 것이다.

도시는 이산화탄소를 내뿜는 가해자이기도 하지만 피해자이기도 하다. 즉, 도시가 기후변화 대응을 위한 가장 기본적인 토대이다. 따라서 도시 차원에서 정책적으로 움직이면 도시에서 내뿜는 상당량의 이산화탄소를 줄일 수 있으며 도시 간의 거버넌스를 구축하여 대응해 나아간다면 큰 발전이 있을 것이다. 특히 도시에는 대중교통 활성화, 건물부문 에너지효율화, 자원재활용, 신·재생에너지 생산 등 온실가스 배출억제를 위한 다양한 역할을 수행할 영역이 있다. 지구 차원의 보편적 공익보다는 자국의 이익을 우선시하는 국제협상의 분위기에서 기후변화와 기후변화 적응을 위한 국제사회의 대응이 실효를 거두기가 쉽지 않다. 이에 비해 외교적인 부담이 없는 도시정부는 보다 능동적이고 적극적으로 기후변화에 대응할 수 있는 잠재력이 있다.

중앙정부에서 부처별로 추진하고 있는 환경·에너지 등의 사업뿐만 아니라 각 도시 특유의 여건을 활용하여 이산화탄소를 줄일 수 있는 방안을 모색해야 한다. 이러한 정책을 구현하기 위해서는 앞서 언급한 대로 참여가 필요하다. 이때 참여란 단순히 시민단체, 환경단체의 참여뿐만 아니라 이산화탄소 감축이라는 대전제 아래 함께 할 수 있는 모든 사람들의 참여를 말하며, 이것이 가장 중요한 요소가 될 것이다.

기후변화 대응을 위한 도시 차원에서의 정책적 수단들은 다양하다. 도시는 정치, 경제, 사회, 문화 모든 부문에서 기후변화 대응에 도움이 될 수 있는 모든 정책적 역량을 집결해야 한다. 지구온난화이슈에 대해 국제적 협상결과에 따른 중앙정부의 정책에 편승하려는 도시정부의 소극적인 태도로는 이제 시민들에게 환영받지 못할 것이다. 이미 기후변화가 도시지역에 상당히 영향을 미치고 있다. 따라서 각 도시 지구의 지속 가능성이라는 대의명분을 위해, 또한 각 도시의 지속 가능한 발전을 위해 도시정부의 적극적이고 현실적인 대응이 필요한 시점이다.

3.6 우주환경의 도시

우리나라 첫 우주발사체 나로호(KSLV-I)가 2013년 1월 30일 오후 4시 창공을 향해 힘차게 날아올랐다. 그리고 11시간 28분 만에 마침내 나로호 발사의 성공 여부를 가늠하는 첫 교신이 이뤄졌다. 2002년 8월에 닻을 올린 나로호 개발사업이 결실을 맺은 것이며 숱한 시행착오 끝에 이룬 성과였다. 비록 로켓 1단부는 러시아의 힘을 빌렸지만 '우리 땅에서, 우리 로켓으로, 우리의 위성'을 제 궤도 안에 안착시킨 것이다. 이로써 우리나라는 11번째 '스페이스 클럽' 회원이 되었다.

'나로호' 개발 및 발사에 따른 경제적 효과는 약 1.8~2.4조 원에 달하는 것으로 추정된다. 분명 나로호의 성공은 이처럼 우리나라에 엄청난 경제적인 효과를 가져다주고, 우주항공기술과 기타 파생산업의 인프라 및 투자가 늘어나 우리나라의 중추적인 미래산업이 될지도 모른다. 그러나 도시의 지속 가능성 관점에서 보면 이는 또 다른 의미를 지닌다.

현재 지구의 인구는 약 70억 명을 넘어섰으며, 우리가 살고 있는 지구의 자원은 언젠가는 고갈되어 소멸될 수 있을 것이다. UN 세계 인구 추계에서는 2,100년경 총 인구가 101억 명에 이를 것으로 예상하고 있어 언젠가는 지구에서의 도시개발이 포화상태에 이를지도 모른다는 우려스러운 예측이 가능하다. 일부 학자들은 지구에서 인류가 생존하기에 모든 것이 여유롭고 풍요로운 세계인구가

10억 명 선이 적정선이라고 주장하기도 한다. 만약 10억 명이 적정인구라고 하면 현재의 70~100억 명은 숨이 막힐 지경이다. 더구나 2012년 세계 식량불안 보고서(SOFI)에 따르면 전 세계 기아 인구가 8억 7천만 명으로 집계됐다. 이 중 5세 이하 저체중아는 1억 명에 달하는 것으로 알려졌다. 지구에서 여전히 8명 중 1명은 먹을 것이 없어 굶고 있으며 기아로 인한 만성 영양실조에 걸린 어린이들이 수억 명이라고 세계 식량 농업기구(FAO)가 지적하고 있다. 결국 인류의 팽창으로 인한 욕망의 경쟁에서 망가지는 것은 어쩌면 지구뿐 일 수도 있다. 이제 70억 명의 인구는 인류와 우리가 살고 있는 지구에게 새로운 이정표를 던졌다. 앞으로 100억 명 혹은 5백억 명 시대가 온다면 무슨 일이 벌어질까? 결국 인류는 지구에서 포화상태가 되기 이전에 지구 밖인 우주에서 또 다른 도시를 건설하려 할 것이다.

이는 인류가 이미 지구의 포화상태를 미리 예측하여 새로운 도시공간을 우주에 건설하는 새로운 패러다임을 현실화하려는 일련의 증거이다. 그렇다면 우리도 이제는 우주 항공 산업을 단순히 현재의 시점에서의 부와 명예가 아니라 미래인류의 도시공간창출로서의 새로운 개념을 접근하여 탈 지구 시대의 도시건설을 위한 새로운 패러다임에 적응해야 할 것이다.

3.7 도시설계의 미래방향

1) 도시설계(단지설계)의 관점

최근에 기존의 도시개념을 탈피해서 21세기, 세계의 휴먼도시에서 만날 수 있는 풍경이다. 철골과 콘크리트 일색의 회색 도시가 인간을 고립시켰던 지난 20세기, 휴먼도시는 이에 대한 해법으로 등장했다. 환경친화적 도시, 미국의 뉴어버니즘(New Urbanism)과 영국의 어번 빌리지(Urban Village) 운동으로 만들어진 세계의 휴먼도시들은 숨 가쁜 개발의 속도를 조금만 늦추자고 말한다. 그리고 열린 공간에서 자연과 이웃, 더 나은 미래를 만나볼 수 있어야 한다.

지금, 우리의 도시가 변하고 있다. 비슷한 개념으로 예를 들면 압축도시(Compact City)가 있다.

압축도시는 도시 내부 고밀개발을 통해 도시 문제(경제성, 효율성, 환경보호 등)를 해소하고자 복합적인 토지이용, 대중교통 활성화, 도시외곽 및 녹지지역의 개발 억제 등을 강조하는 도시정책 개념이다.

현대 도시환경계획 분야에서는 인간과 자연의 생활환경을 얼마나 조화롭게 발전시킬 수 있느냐를 가장 큰 과제로 여기고 있으며, 가장 많이 논의 되는 이슈로 지속 가능한 개발의 개념이 제기되었다. 지속 가능한 개발은 1987년 "우리공동의 미래(Our Common Future)"에서 '미래 우리 후손의 욕구를 충족시킬 수 있는 능력과 여건을 저해하지 않으면서 현 세대의 욕구를 충족시키는 개발'이라고 정의하였으며, 이후 국제회의들을 통해서 그 개념을 세계적인 패러다임으로 확산되어 나가도록 추진하고 있다.

가. 지정학적·물리학적 측면

도시공간의 지정학적, 물리학적 측면에서의 도시설계의 방향은 그 지구가 가지고 있는 특징적 자원을 고려하되 개발 과정에서 도심과 부도심의 역할을 어떻게 배치할 것인지 그리고 도시의 용도 지역 등과 관련하여 종합적으로 도시구조의 위계적 질서를 어떻게 부여할 것인지를 세부 지역별로도 고려해야 한다.

나. 사회적·문화적 측면

인간에게 친근한 도시를 만들자는 뉴어버니즘 이론(New Urbanism)에 따른 도시다. 이에 따르면 3~5층의 건물과 보행 중심의 도시로 설계한다. 일터와 상점, 주택이 함께 어우러져 자동차를 타고 먼 거리를 이동할 필요가 없는 도시구조다. 또 주민들의 커뮤니티 의식을 높이도록 설계한다. 인간 중심 도시마을의 특징을 보면 지속 가능성을 위한 밀도 높이기와 걷기 편한 도시구조가 있다. 지속 가능성을 위한 밀도 높이기는 적정한 고밀도가 지속 가능한 사회를 만드는 데 필수적이라는 것이다. 고밀도로 사는 것이 토지이용 효율을 높이고, 이에 따라 개발 수요를 줄여 자연환경 파괴를 줄일 수 있다. 또 모여 살기 때문에 짧은 거리에서 여러 가지 기능을 해결할 수 있고, 대중교통 수단의 이용도 늘릴 수 있다.

미국의 교외 지역처럼 자동차가 없으면 아무것도 할 수 없는 것이 환경적인 측면에서 가장 지속 가능성이 낮은 도시형태이다. 따라서 상업 기능과 업무 기능이 주거와 함께 들어갈 뿐 아니라 밀도도 높이는 것을 도시 디자인의 핵심으로 본다.

걷기 편한 도시구조의 대표사례는 영국 파운드베리다. 파운드베리는 런던에서 기차로 3시간 거리의 남서부에 위치한 소도시다. 파운드베리의 주 교통수단은 걷기 또는 자전거 타기다.

파운드베리의 도로설계 주안점은 어떻게 하면 자동차가 속도를 못 내고 조심해서 다니도록 만드느냐인 것이다. 자동차 위주의 발상을 완전히 거꾸로 적용한 것이다. 이곳에서는 다른 지역과 연결되는 주간선도로를 빼고는 쭉 뻗은 직선도로를 찾기 어렵다. 모두 구불구불한 골목일 뿐, 그마저 집들 사이로 이리저리 어긋나게 배치돼 있다. 마치 집을 모두 지은 뒤 그 사이로 남은 공간을 길로 쓰는 듯한 모습이다. 또 걷기 편하도록 상가나 학교 등도 집과 근거리로 걸어서 10분 이내에 위치하도록 배치했다.

2) 도시설계(단지설계)의 미래방향

가. 기본원칙 : 자연, 인간, 개발의 조화

단지설계 시 자연(自然)과 인간(人間) 그리고 개발(開發)에 따라 공간적으로 용도지역, 용도지구 등에 의한 각종 제한 및 규제에 따라 도시공간의 위계적 유연성이 형성하게 된다.

세계의 모든 나라는 모두가 지역개발사업을 실행하고 있다. 각 국가에 있어서 지역개발은 공업화와 도시화가 주가 되는데, 여기에는 대개 인간의 생활환경의 저해요인이 공해 또는 자연파괴라는 형태로 부수되게 마련이다. 인간과 자연을 연결하는 것이 단지 경제적 행위뿐이라고 생각했던 과거의 개발입장은 자연을 경제적 가치를 낳는 원천으로서만 여겼다. 그러나 여러 가지 환경문제가 야기된 오늘에는 환경을 보전하기 위하여 개발을 억제해야 한다는 의견이 지배적이다. 이렇듯 지역개발과 자연보호는 상반되는 관계에 있으며, 이율배반적인 양자의 관계를 어떻게 조화시킬 것인가 하는 것이 문제이다. 즉 지역개발은 최적 규모를 고려한 최적입지가 선정되어야 하며 많은 제한요소들을 감수하는 조건하에서 신중하게 행해져야 한다. 도시공간이 거주자의 인성을 배려하는 계획 및 설계가 되어야 한다.

나. 도시설계 방향

한국은 해방 이후 최근까지 경제성장 및 국가개발에 대한 요구가 모든 정책과정에 있어서 최우선과제였고, 이에 따라 급속한 경제성장을 이룰 수 있었다. 그 과정에서 정부가 주도하는 공간정책은 경제성장에 적합한 구조로의 도시 및 국토환경 재편을 목표로 추진되었고 그 결과 급속한 도시화, 양적인 팽창, 주거환경의 개선이 이루어졌다. 이 과정에서 기존도시에서부터 신도시에 이르기까지 많은 도시설계 경험이 축적되었다. 한편, 최근 도시 여건 변화와 함께 새로운 도시적 담론이 진행되고 있고 질적 가치향상에 대한 고민이 논의되고 있다. 이러한 과정에서 한국 도시가 가지고 있는 공간구조, 이미지, 생성원리에 대한 고찰 없이 일방적으로 조성되어온 도시공간의 양적성장에 대한 반성과 한국도시의 정체성 모색에 대한 필요성이 대두되고 있다. 과연 한국적 도시공간이 무엇이며, 한국의 도시가 가지고 있는 정체성이 무엇인가에 대한 논의가 바로 그것인데, 세계 10위권의 경제규모를 가지고 있는 국가로서 공간 환경에 대한 문화적 수준에 대해 고민하게 되는 부분이며 앞으로 한국에서의 도시설계 패러다임을 모색하는 시점이라고 할 수 있다. 따라서 한국의 도시에 적합한 도시설계 패러다임을 제시하는 것이다. 이것은 지금까지 한국에서 있었던 도시적 논의와 지식체계를 포용하면서 또한 그것이 한국적 도시상황에 적합하고 앞으로 한국의 도시공간을 조성하는 데 도움을 줘야 하는 것을 전제로 한다. 이를 위해 이론고찰과 실제 도시공간의 분석, 전문가 자문 및 인터뷰 그리고 일반인과 전문가를 대상으로 한 설문조사를 진행하며 해외에서의 도시설계 패러다임 사례를 검토해야 한다. 이러한 도시설계는 한국의 도시를 둘러싸고 있는 사회적 경제적 문화적 여건 변화의 흐름을 살펴보고 해방 이후 한국에서 진행 된 도시설계의 특성을 고찰하기 위해서 사회적 경제적 배경과 그 결과로 나타나는 도시설계의 특성을 분석해야 한다. 그리고 최종적으로 이러한 한국도시의 상황적 여건과 지금까지의 도시설계 특성을 바탕으로 앞으로의 한국적 상황에서 도시설계 패러다임을 모색해 지속 가능한 단지설계가 이루어져야 한다.

지속 가능한 단지설계를 위해서는 대중교통중심(TOD)의 교통체계구성, 물 순환형 친수환경 생태도시를 위한 Blue Network 구축, 도시 전체에 안전하고 쾌적한 보행자도로가 조성됨과 동시에 생태계의 연결이 이루어질 수 있는 Green Network 구축, 생태통로, 바람통로, 열섬 차단 벨트를 계획, 자연과 조화된 Green 및 White Network 구축, 안전한 주거도시, 미래형 첨단도시 조성을 위한 IT기술을 이용한 스마트시티 구축 등의 계획이 시행되어야 한다.

① 현재 및 후세대에 지속적으로 대물림할 수 있는 인간 존중형 환경도시
② 환경 여건에 맞는 유형별 적용 가능한 설계모델을 제시
③ 쾌적하고, 생산적이며 차별성이 있어 경쟁력 있는 도시설계
④ 인간의 인성을 체득화할 수 있는 다양성의 공간구조

3) 미래도시의 세부유형

도시기본계획의 토지이용계획은 인구 저성장시대에 대비하여 다양한 여건 변화를 반영하여 수립될 필요가 있다. 이를 위해서는 저출산·고령화, 1인 가구의 증가 등의 여건 변화를 반영하는 지표를 선정하여 도시의 유형을 분류하고 이에 따른 토지이용계획 개선방안이 제시되어야 한다. 이를 위해 지표를 이용하여 도시를 분류하고, 도시 유형별로 기 수립된 도시기본계획의 목표연도 계획인구와 현재 인구 간의 실현성과 토지이용 특성을 분석하고 이를 바탕으로 도시 유형별 토지이용계획 개선방안을 제시해야 한다.

성장형 도시는 기존의 도시기본계획수립지침을 그대로 적용하되, 외연적 확산과 난개발 방지를 위해 외곽지역에 대한 계획적인 관리가 되어야 할 것이다. 저성장형과 정체형 도시는 자연적 증가분과 사회적 증가분을 통한 달성 가능한 계획인구의 설정이 가장 중요하고, 난개발을 방지하고 계획적인 관리를 위해 성장관리를 통해 도시관리가 이루어져야 할 것이다.

감소형 도시는 인구가 감소하고 있기 때문에 축소형 도시계획이 필요하고, 개발이 이루어지고 있지 않는 지역에 대해서는 용도지역의 변경을 통해 관리할 필요가 있다. 최근 개정된 도시기본계획수립지침에서는 단계별 목표인구가 80% 이상 달성하지 못했을 경우 현실에 맞게 축소 조정하도

록 하고 있지만, 실제 수립되고 있는 도시기본계획을 살펴보면 아직까지 반영은 제대로 되고 있지 않은 것으로 나타났다. 보다 현실적인 계획을 위해서는 일괄적으로 적용되고 있는 지침을 다양한 여건을 반영하여 세분화하여 각각의 유형에 따라 계획을 수립할 수 있도록 지침을 개정할 필요가 있다고 할 수 있다. 최근 인구변화추세를 살펴보면, 2018년을 정점으로 우리의 총인구는 감소가 시작되고, 이 시기부터 인구의 고령화 비율은 14.3%로 변화하며, 2026년에는 20%를 넘을 것으로 예측하고 있다. 이러한 현상 속에 기존의 각 분야에서 인구증가를 예상하여 만들어진 수많은 계획은 다시 재수립되고 있다. 하지만 이 시대를 살아가는 사람들의 삶의 질에 대해 비록 수많은 분야에서 이뤄지고 있지만, 아직도 삶의 질 지표 자체에 대한 적합한 연구는 아직도 부족한 실정이다. 이는 기존의 여타 삶의 질 지표에서 중요도를 차지하는 경제적 또는 문화적 요소가 오히려 하위에 놓였다는 점에서 인구감소라는 주제가 담고 있는 중요성을 보여준다. 특히 환경 요소가 가장 상위에 놓인 것에서 삶의 질 지표가 단순히 현재에 국한하지 않고 미래에 대한 고려까지 보여주는, 즉 '지속 가능성 (sustainability)'에 대한 관점도 생각해볼 수 있다. 고령화사회에 대한 우려는 복지예산과 복지시설에 대한 지표 설정에서도 엿볼 수 있고, 교육의 요소에서 아동·청소년에 대한 관련된 부분에서 나타난다. 안전에 대한 관심도 자연재해보다는 도시생활에서 누구나 쉽게 접할 수 있는 범죄, 교통사고, 화재 등에 상대적으로 우선순위가 높게 나타난 것도 유의할 만한 사실이다.

① 모든 공간에서 자기 삶의 중심을 느낄 수 있는 도시
② u-Eco city(지속 가능한 생태도시)
③ 홀로그램도시 – 부분이 전체와 맞먹는 가치 있는 도시
④ 미래첨단주거도시 – 산업형 도시(자족형 도시)
⑤ 인간의 편의와 안전을 공유할 수 있는 스마트도시

CHAPTER 06

테마가 있는 도시개발

도시미래이미지구상을 통한 하남풍산지구 생태 및 경관 주거단지 개발계획

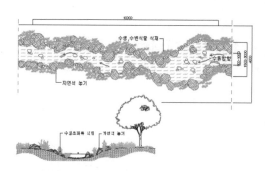

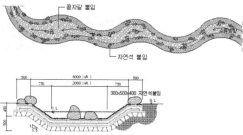

CHAPTER 06

테마가 있는 도시개발

1. 하남풍산지구 생태 및 경관 주거단지 조성계획

1.1 생태 및 경관 주거단지 계획의 필요성

최근에 동탄, 판교, 김포, 파주 등 제3기 신도시가 개발 중에 있다. 과거 분당, 일산, 평촌 등 제2기 신도시는 자족성 및 개발밀도 등에서 부족한 측면도 있었으나, 도시설계기법의 도입으로 경관이 개선되고 환경에 대한 높은 관심으로 환경친화적인 신도시개발로 들어섰다고 평가할 수 있다. 제3기 신도시들은 제2기 신도시들에 비해 차별성을 지니고 한층 더 발전된 도시로 계획추진되어야 한다. 새로운 신도시들이 탄생하고 있는 시점에서 환경친화적이고 지속 가능한 생태 및 경관 주거단지 계획의 필요성이 더욱 강조되고 있다.

생태 및 경관 주거단지 계획의 필요성은 다음과 같이 네 가지를 들 수 있다.

첫째, 높은 주거환경의 질에 대한 수요 증대이다. 향상된 삶의 질을 원하는 신도시 수요자들의 욕구를 충족시키기 위해 고객위주, 사용자 중심(user-mind)의 계획을 수립하여야 하며, 건강하고 풍요로운 삶(well-being)을 지속시킬 수 있는 주거환경을 창출해야 한다. 둘째, 조성 후 비용투자에 대하여 효과적으로 대처할 수 있는 계획이어야 한다. 개발계획 수립단계부터 환경보존을 위한 시설계획(녹지확보, 물순환체계 도입 등)을 통하여 향후 발생될 수 있는 사회적 손실비용을 최소화할 필요가 있다. 셋째, 차별화된 계획기법의 적용이다. 기존의 도시개발은 도시 전체의 환경, 경관 등에 대한 종합적인 고려보다는 단지별 경제성이나 효율성을 우선시키는 경향이 많아, 도시 콘셉트 적용상의 부조화와, 건축물과 주위환경의 부조화, 주택단지 간 부조화 등 전체적으로 도시가 당초 기획한 대로 조화롭게 개발되지 못하는 폐단이 있었다. 이러한 폐단을 막기 위해서는 기본계획 이전에 환경보존을 위한 생태시스템 도입과 경관 및 이미지 창출을 위한 경관계획을 수립하여 기존의 규제위주의 계획에서 탈피하고, 통합된 계획기법을 적용한다. 넷째, 녹색창조를 통한 친환경 개발이다. 신도시 수요자의 최대욕구는 쾌적하고 건강한 도시환경일 것이다. 공원과 녹지공간을 충분히 확보하고, 이러한 녹지들은 체계적인 network를 형성시켜야 하며, 오염, 소음, 사고 등을 저감할 수 있는 계획이어야 한다.

이번 장에서는 해외 선진신도시의 개발사례를 비교해봄으로써 하남풍산 택지개발사업지구의 개발계획 수립 시 적용 가능한 계획요소를 도출해보고 아울러 생태 및 주거단지 창출을 위한 수립과정과 개발방향에 대하여 제언해보고자 한다.

1.2 선진신도시 주요 벤치마킹

1) 선진신도시

일본의 다마 뉴타운, 코호쿠 뉴타운, 영국의 밀턴케인즈 등 해외 신도시의 계획개념 및 주요 계획내용을 검토해보고자 한다.

가. 일본 – 다마(多摩) 뉴타운

다마 뉴타운은 동경도 행정권역에 속하는 타마시, 하찌오지시, 이나기시, 마치다시의 4개 권역의 일부이며 총면적 2,980ha, 목표인구 30만 명의 도시를 실현하기 위한 사업으로서 1965년 도시계획으로 결정된 신주택개발사업에 의해 시작된 이래 아직까지도 개발이 활발하게 진행 중인 동경도 New Town이다. 동경도로의 인구집중을 억제하고 모도시 주변의 무질서한 도시확장(Urban Sprawl)을 계획적으로 조절하기 위해 조성되었다.

목표인구 30만 명의 다마 뉴타운은 현재 342,200명의 신도시로 성장하였으며 동경, 도시기반정비공단, 도쿄도 주택공급공사의 3개 사업체가 21개 주구로 구성된 구역의 개발을 담당하고 있으며, 현재 5개 토지구획정리 사업지구가 선정되어 사업이 진행 중에 있다.

주요 계획내용	다마 뉴타운 전경
• 상업지역과 공원·녹지의 연접계획 • 지형을 살린 녹지체계 및 가로경관 형성 • Bed-Town의 틀을 탈피하여 복합적인 도시기능의 입지를 촉진 • 도로를 주변부에 설치하고 주동과 오픈스페이스 직접 연계	

조망에서의 경관을 고려한 아파트 배치

경사지를 활용한 테라스하우스

보차분리를 위한 보행축

나. 일본 – 코호쿠 뉴타운

코호쿠 뉴타운은 요코하마 중심부에서 북서 측으로 12km, 동경 중심에서 남서쪽으로 약 25km 떨어진 거리에 위치해 있으며, 도쿄 등 대도시 인구유입이 급증하던 60년대 주택공급 및 난개발 방지 차원의 신도시계획 필요성이 대두되어 1969년에 계획되었다. 요코하마시 지하철을 연장하여 기존 도심과의 공간소통을 원활하게 함으로써 신도시로서의 기능을 발휘하였다.

면적은 약 415만 평, 계획인구는 약 22만 명으로 도시정비공단이 개발주체가 되어 구획정리방식으로 개발되었다.

주요 계획내용	코호쿠 Green Matrix System
• 기존수림을 최대한으로 보전하여 보행자공간의 구성요소로 활용 • 원래의 구릉지 녹지대를 녹도나 보행자전용도로로 연결하여 Green Matrix System 이라 불리는 녹지체계 계획 • 수공간이 계획되어 녹지와 水景이 일체화된 풍부한 자연공간으로 계획(실개천, 습지조성 등)	

Green Matrix System의 녹지공간　Green Matrix System과 도로의 교차　Green Matrix System 내에 조성된 실개천

다. 일본 – 마쿠하리 베이타운

　　마쿠하리(幕張) 베이타운은 동경에서 서측으로 약 30km 지점인 지바현 지바시에 위치해 있으며 면적은 약 160만 평, 계획인구는 26,000명으로 사업주체는 지바현 기업청이다.

　　1972년 계획되어 2010년까지 업무지구, 교육시설, 주거지구, 타운센터 등이 복합되어 있으며 지바현의 21세기 개발전략인 '지바신산업 삼각구상'(마쿠하리 신도심 구상/나리타 국제공항 도시구상/카쯔사 과학공원)의 하나로 중추적인 지역개발사업이다.

주요 계획내용	마쿠하리 베이타운 기본계획도
• 격자형태의 가로망을 적용하고 주동은 유럽풍의 가구중정(街區中庭)형으로 계획 • 가구중정형(街區中庭型)을 "연도형주택"이라 하여, 친밀감 있는 거리와 차분한 중정을 양립한 주동형식 고려 • 중심업무지역 내 건물들을 deck로 연결 • 가로와 주동이 일체감 있게 디자인되어 감성이 풍부한 거리경관 형성	

중정형 주택　　　　보행자 중심의 보행테크 연결　　　장소성을 부여한 실개천의 시작부

라. 영국 – 밀턴케인즈

영국 런던 도심 북서 측 약 70km 지점에 위치한 Milton Keynes는 신도시 건설을 통한 대도시의 다핵화를 유도하고 런던의 과밀화 문제를 해소하기 위한 방안으로 계획되었다. 개발기간은 1967～2000년까지의 장기개발계획이었으며, Milton Keynes 개발공사가 주체가 되어 사업을 진행하였고 지구면적은 약 2,700만 평이고, 25만 명의 인구를 목표로 조성되었다.

주요 계획내용	밀턴케인즈 토지이용계획도
• 도시로의 접근성을 위해 바둑판형 도로조성 • Round About이라는 신호등 없는 교통체계 도입 • Red Way(보행자전용도로)의 조성을 통해 자동차와 사람이 만날 수 없도록 설계 • 각 건물의 후정을 두고 Cul-de-sac 이용	

2) 생태주거단지

이상에서는 해외선진신도시의 계획개념 및 주요 계획내용을 살펴보았으며, 다음으로 선진신도시의 생태주거단지로서 주요 생태 측면의 계획내용을 검토해보고자 한다.

가. 캘리포니아 – 데이비스시 Village Homes

주요 생태계획 내용	현황사진
• 모든 집을 남향으로 지어 열공급(heating)을 위한 태양의 이용을 최대화(Solar greenhouse) • Village Home의 17에이커를 농경지로 활용 • 공동부지에는 관목과 과일나무 등을 심음 • 지붕 위 빗물은 잔디밭에서 얇은 저습지로 흐른 뒤, 가정집 공동공간으로 흐르도록 함	

나. 일본 – 마리나이스트

주요 생태계획 내용	현황사진
• 환경과 조화를 이루는 인프라, 선진 복합도시 개발에 주안점을 두고 기반시설 정비를 진행 • 녹지공간 및 단지 외곽부에 공동주차장을 설치 • 보도에 친수공간을 조성하여 쾌적한 보행공간 확보 • 단독주택지 내 건축선을 1m 후퇴시켜 주민을 위한 쾌적한 공간을 연출 • 환경친화적인 도로계획	 

다. 독일 – 하노바시 크론스베르그 단지

주요 생태계획 내용	현황사진
• 물개념을 도입한 생태주거단지 • 반자연우수관리체계 : 우수는 단지 안에 가두어지며, 점차적으로 저수지 등으로 방류 • 간선도로 옆 언덕 밑에 물가두는 지역(Retention Area)을 공원으로 배치 • 직강화되어 있던 하천을 자연형 하천으로 만든 후, 하천의 물흐름 속도를 낮춤 • 거주공간 문 앞에서 수로를 볼 수 있는 단지개발 기법 도입	 

라. 일본 – 다마신도시

주요 생태계획 내용	현황사진
• 크고 작은 녹지를 체계적으로 확보하고, 다마강을 회복해 수림대, 광장, 도섭지 등을 설치하여 친수공간화 • 건물들은 효율성이 높은 전열재와 물 재활용 및 고형폐기물 활용 시스템 설치 • 투수성포장 및 우수이용 우물 등 수자원 활용 시스템 • 자연식생 보존, 실용녹화, 옹벽 및 사면녹화 등 녹화시스템	  기존 지형을 이용한 완충녹지대 / 주동 간 녹지시설   단지 내 실개천 / 지형지세를 활용

마. 영국 – 밀턴케인즈

주요 생태계획 내용	현황사진
• 녹지를 최대한 보존 및 계획 • 에너지효율이 높은 주택의 조성계획 • 기존의 녹지, 하천을 보존하고 모든 녹지의 네트워크를 조성 • 자연공원이 강과 운하를 따라 녹색 띠를 형성하며 13개의 인공호수를 조성 • 가로, 세로 1km의 격자형으로 계획된 하나의 지역 커뮤니티에는 시민농장이 하나씩 위치	  평면도 / 선형공원 및 주요 오픈스페이스  주거단지 내부 전경

바. 영국 – 밀레니엄 빌리지

주요 생태계획 내용	현황사진	
• 물의 활용 및 보전이 대상지 설계의 특징임 • 템스강과 연결된 습지는 동식물의 서식처로 조성되어 새로운 생태계 형성 • 주거의 지속성을 확보하기 위하여 상하, 좌우로 확장 가능한 유통형 평면계획 수립 • 생태공원을 활용하여, 단지 전체를 관통하는 green corridor 역할을 하도록 함 • 저에너지 설계와 효율적인 CHP(Combined Heat and Power Plant : 열병합발전소)에 물을 데울 수 있는 공간 제공	조감도	고층동 전경
	기본계획도	생태공원 조성

1.3 생태 및 경관 주거단지 개발계획 수립 – 하남풍산 택지개발사업지구

1) 사업개요

가. 개요

- 위치 : 경기도 하남시 풍산동, 덕풍동, 신장동 일원
- 면적 : 1,015,993m²(307,338평)
- 수용인구 : 17,304인
- 수용가구 : 5,768세대
- 추진경위
  - 2002. 6. : 택지개발예정지구 지정고시

사업대상지

- 2003. 3. : 도시관리계획 승인(변경)고시(GB 해제)
- 2003. 3. : 택지개발예정지구 지정(변경)고시
- 2003. 6. : 택지개발계획 승인고시
- 2003. 12. : 택지개발예정지구 지정변경, 개발계획 승인변경 및 실시계획 승인고시
- 2004. 5. : 개발착수
- 2012. 12. : 사업준공

▌ 토지이용계획표

구분		면적		구성비(%)	비고
		m²	평		
계		1,015,993	307,338	100.0	
주택 용지	소계	401,484	121,449	39.6	5,768세대
	단독주택용지	72,919	22,058	7.2	280세대
	공동주택용지	324,701	98,222	32.0	5,488세대
	근린생활시설	3,864	1,169	0.4	
상업시설용지		32,923	9,959	3.2	
공공시설용지		581,586	175,930	57.2	

2) 개발계획 수립절차

한국토지공사는 하남풍산지구 기본계획 이전에 차별성 있는 계획을 창출하기 위하여 '생태주거단지 지침개발 및 풍산지구 적용사례연구'와 '하남시 풍산지구 도시미래이미지구상' 용역을 각각 발주하였다. 생태주거단지 지침개발을 통해 비전설정, 현황조사, 생태시스템기본구상, 부문별생태시스템기본구상, 공간별생태시스템기본설계를 실시하였으며, 도시미래이미지구상을 통해 도시이미지조사·분석, 테마설정, 미래이미지구상, 토지이용계획 대안/검토, 경관기본가이드라인을 제시하였다.

한국토지공사는 상기의 두 연구용역을 통합·조정(coordinate)함과 동시에 도시계획, 건축, 환경 등 관련 전문가들의 자문을 실시하여 하남풍산지구의 기본구상과 기본계획, 지구단위계획에 연구용역 결과를 각각 반영시킴으로써 기존의 규제 위주의 계획기법에서 탈피하고 새로운 통합계획기법을 적용하였다.

즉, 해당지역의 위치, 지리, 환경, 인문·사회 등 제반 여건이 종합분석 된 후 용역 결과에 의거 하남풍산지구에 가장 잘 어울릴 수 있는 개발 콘셉트 및 테마 등을 설정해놓고 여기에 맞는 세부계획을 조정 수립함으로써 새로운 개념의 생태 및 경관 주거단지 계획을 목표로 개발방안을 착수하였다.

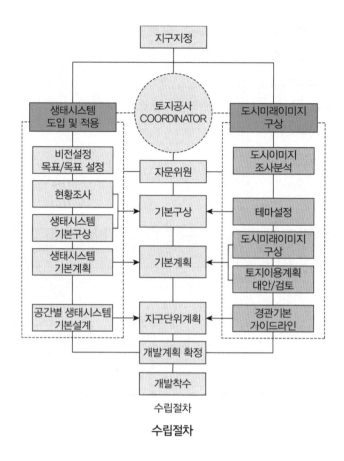

수립절차

수립절차

3) 생태주거단지 지침개발 및 적용방안

가. 전반적인 지침의 적용 : Rogers, R 모형[1]의 적용

하남풍산지구는 생태주거단지 지침개발을 위해 Rogers, R 모형을 계획 시 적용하였다. 1차로 도출된 구성요소로는 지형, 토양, 물, 녹지, 바람, 대기, 경관, 야생동물, 에너지, 자원, 생태공원 등으로 이들을 풍산지구 여건 및 환경 등을 고려하여 세부분리 및 통합하여 도입하고자 하는 6가지 중점 구성요소를 도출하였다. 중점 구성요소 및 세부 구성요소는 다음 표와 같다.

---

1   Rogers, R 모형은 도시구성요소들을 각각 분리하여 분석한 후, 각 요소들이 상호 연계되어 도시체계를 형성할 수 있도록 통합하는 전략계획을 수립하는 방법이다. Rogers가 적용한 5가지 도시구성요소는 Social Fabric, Plan of Water, Agriculture, Movement, Energy이다.

중점 구성요소	세부 구성요소
지형 및 토양	지형, 토양, 식재지반, 스카이라인(경관)
물	물, 하천축(경관), 야생동물
녹지	녹지, 생태공원, 녹지축(경관), 야생동물
바람	바람, 바람길, 대기, 가로축, 하천축, 녹지축
농업	농업, 자원
에너지	에너지, 자원, 폐기물

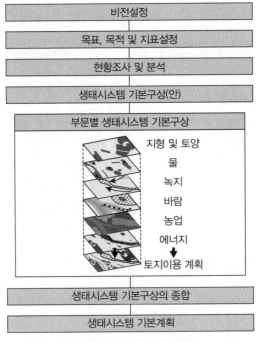

생태주거단지 지침개발 절차

나. 생태시스템 기본구상 – 부문별 생태시스템 기본구상

지형 및 토양, 물, 녹지, 바람, 농업, 에너지 등의 생태시스템 구성요소들의 전반적인 현황조사 및 분석을 실시하고 전반적인 생태시스템의 기본구상을 도출하여 각각의 구성요소에 대하여 부문별 생태시스템 기본구상을 수립한다.

▌부문별 생태시스템 기본구상

지형 및 토양 생태시스템 기본구상

- 기존의 지형적 특성을 최대한 보전
- 인접산의 침식 및 유실방지
- 오염토양지는 생물학적 방법을 통해 복원

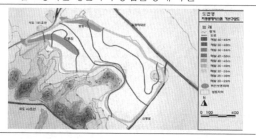

물 생태시스템 기본구상

- 습지의 훼손을 최소화
- 소하천을 따라 숲과 주변산책로를 조성
- 습지 및 녹지의 연계를 통한 야생동물 및 조류 유치

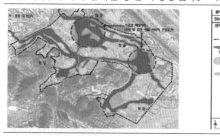

녹지 생태시스템 기본구상

- 기존의 녹지를 최대한 보전 및 복원
- 녹도 코리더는 하천 및 습지를 따라 조성
- 중앙녹지를 거점녹지로 점녹지와 연계

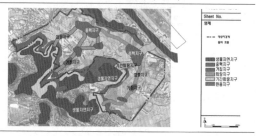

바람 생태시스템 기본구상

- 바람통로 확보지 선정
- 바람통로와 평행하게 수목식재 및 공지, 초지 등을 조성

농업 생태시스템 기본구상

- 다양한 작물식재로 농촌경관 연출
- 농경지 내 녹지공간 확보 및 경작지 보호
- 교육 및 체험의 장으로 조성

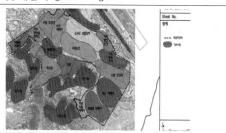

에너지 생태시스템 기본구상

- 자동차도로의 최소화
- 폐열에너지 적극 활용
- 태양에너지의 단지별 집열

다. 생태시스템 기본구상의 종합

생태시스템 기본구상의 종합에서는 Rogers. R 모형의 적용을 통해 지형 및 토양, 물, 녹지, 바람, 농업, 에너지 등 부문별로 작성된 기본구상안을 중첩한 후 최종 생태시스템 구상안을 설정하도록

한다. 이때 가능한 각 부문별 요소들의 기본구상안이 최대한 반영될 수 있도록 해야 하며, 부문별 기본구상의 지침들이 충분히 반영될 수 있도록 최종 생태시스템 기본구상안을 작성한다.

하남풍산지구의 생태시스템 기본구상안은 다음 그림과 같이 대상지 인접 산림과 연계된 곳을 거점지역으로 생태공원과 퍼머컬쳐 조성지로 구상하였으며, 대상지의 녹지 및 수계는 네트워크로 연계되도록 하였다. 바람과 경관을 고려하여, 주거단지의 밀도 등을 고려하였다.

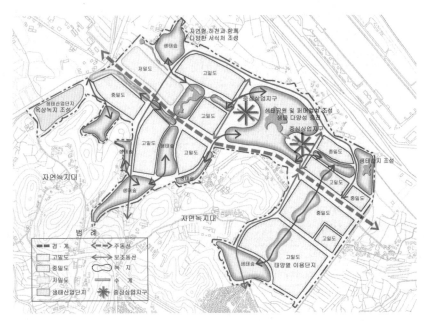

생태시스템 기본구상도

라. 생태시스템 기본계획(안)

앞에서 제시된 생태시스템 기본구상안에 대하여 생태적 관점에서 부문별 요소의 기본방향 및 목적에 부합되는 기본계획안을 발전시킨다. 기본계획 시 부문별 기본구상단계의 지침서를 충분히 반영시킬 수 있도록 한다. 이 단계에서는 토지이용 기본계획이 포함되며, 부문별 구상안의 중첩을 통해 도출된 생태시스템 기본계획과 일반적인 토지이용계획 과정을 통해 도출된 기존안과의 절충점을 모색해보고, 이를 통해 절충안을 도출하고자하는 작업들이 이루어지게 된다.

마. 공간별 생태시스템 가이드라인

공간별 생태시스템 기본설계에서는 공간별로 생태주거단지를 특성화시켜 조성된다. 대상지의 현황파악을 토대로 ① 옥상녹화시범 생태주거단지, ② 우수활용형 생태주거단지, ③ 에너지절약형 생태주거단지, ④ 수변활용형 생태주거단지, ⑤ 생태공원 및 퍼머컬쳐 공간, ⑥ 오·폐수 활용형 생태주거단지, ⑦ 태양에너지 활용형 생태주거단지로 나누어 대상지 현황에 맞추어 배치한다. 모든 대상지가 생태주거단지로 조성되나, 이러한 특성을 다소 부각시키는 데 의의가 있다.

▌공간별 생태시스템 기본설계

구분	단지 특성
①	옥상녹화시범 생태주거단지
②	우수활용형 생태주거단지
③	에너지 절약형 생태주거단지
④	수변 활용형 생태주거단지
⑤	생태공원 및 퍼머컬쳐 조성공간
⑥	오폐수 활용형 생태주거단지
⑦	태양에너지 활용형 생태주거단지

▌종합 지침표

구분	소구분	지침	
		정성적 지침	정량적 지침
전반적 사항	자전거도로(폭)	주거단지 전 지역에 자전거도로 조성	폭 2m 이상
	방음녹지대	도로와 주거단지 사이에 다층구조의 녹지대 조성	녹지폭 25m 이상
	건폐율	녹지량 확보를 위해 건폐율은 최소화함	• 단독 : 55% • 연립 : 35% • 아파트 : 16%
	용적률	녹지량 확보를 위해 감소된 건폐율을 용적률의 완화로 보상	• 단독 : 120% • 연립 : 180% • 아파트 : 165~200%
지형 및 토양	경사지 개발	• 자연경사지역은 개발하지 않고 보전 • 지형 및 경사에 순응하는 단지 개발	경사도 15%(14.4°) 미만
	도로변 경사	장애인, 노인 및 자전거 통행에 불편하지 않도록 경사도 완화	경사도 2% 이내
	표토의 활용	대상지에서 발생되는 양호한 표토는 가적한 후 녹지지반 조성 시 활용	• 70% 이상 활용 • 약 30cm의 표토 활용
물	습지네트워크	생태네트워크 핵심지역에는 습지를 조성하고 이를 중심으로 연결시킴	―
	습지의 보전	• 습지인접지역에는 시설배치 규제함 • 습지주변 완충녹지 조성	• 15m 이내 시설물 배치 금지 • 완충녹지폭 20m 이상 유지
	우수활용	• 우수 및 중수도를 화장실과 관수용으로 활용 • 우수보전 및 활용을 위한 투수성 포장재료의 사용 • 우수저류시설 주변에 습지식물 식재	100% 활용
	수질	대상지 내 습지 주변 수질정화식생의 도입으로 수질개선 도모	2급수 이상 유지

구분	소구분	지침	
		정성적 지침	정량적 지침
녹지	녹지네트워크	양호한 자연환경과 우량농지, 보전목적의 용도지역 등을 중심으로 생태네트워크 계획 수립	–
	녹지율	• 공공녹지는 생물서식공간이 될 수 있는 다층식재 조성 • 자투리 땅 및 아파트 베란다 등을 활용한 녹지율 증진	30% 이상
	옥상녹화	• 공공건물은 옥상녹화를 의무화함 • 매칭펀드제도 도입을 통한 지원	• 조경면적의 60/100 인정 • 공사비 75% 이상 지원
	지하주차장 상부녹화	• 녹지량 확보를 위해 지하주차장 상부 녹화 의무화 • 녹지공간의 50%를 조경면적으로 인정	상부 50% 이상 녹화
	생태주차장	• 공공기관의 모든 주차장은 생태주차장을 의무화 • 민영주차장 조성 시 보조금 지급	50% 이상 보조금 지급
	벽면녹화	주거단지 내에 발생되는 옹벽은 입면녹화를 의무화	벽면의 50% 이상 녹화
	보행녹도폭	야생동물 이동통로의 역할도 가능할 수 있도록 다층 식재 조성	• 폭 15~20m 이상 • 3열 식재
바람	바람통로	바람길 형성을 위해 건축물의 층고 제한 및 녹지대 조성을 의무화	• 5층 이하로 건축물 층고 제한 • 50m 이상의 녹지대 조성
농업	식량 자급률	퍼머컬쳐 등을 통해 단지 내의 식량 소비량을 내부에서 해결할 수 있도록 함	30% 이상
	농지의 보전	• 농지보전을 위해 농업보호구역으로 지정하여 건축물 층고 제한 및 밀도 제한 • 농지를 활용한 농업생태공원 조성	• 4층 이상 건축물 조성 금지 • 고밀도 건축물 조성 금지
에너지	재생에너지	음식물 쓰레기는 컴포스트 등을 활용하여 녹지의 퇴비 등으로 활용	음식쓰레기 100% 활용
	태양에너지	• 태양 및 풍력에너지 생산을 최대화함 • 냉난방시스템에 활용	100% 태양열을 이용하는 냉난방 시스템 도입
	방출열 회수율	방출열의 회수율을 높이고 폐열을 충분히 활용	• 회수율 50% 이상 • 폐열 활용률 100%
	단지 배치	태양에너지를 최대한 활용할 수 있도록 단지 배치	주택 60% 이상은 정남에서 ±30° 각 도로, 30% 이하는 ±45°, 10% 이하는 동서로 배치

4) 하남풍산 도시미래이미지구상(TIPS)

가. 구상절차

도시미래이미지구상(TIPS, Total Image Planning System)은 도시의 미래에 대해서 예상되는 지역의 얼굴을 분명히 할 수 있도록 기본계획 이전에 해당지역 전체와 연계된 도시의 미래상을 구상하는 것이다.

이를 통하여 도시형성 시 보다 바람직한 개발방향의 설정과 가이드라인을 제시하고 지역의 잠재적인 특성이 반영된 지역문화의 정착과 도시의 정체성을 확보할 수 있다.

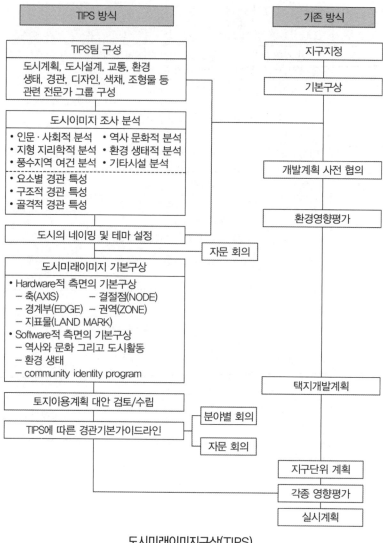

TIPS 방식	기존 방식

TIPS 방식

TIPS팀 구성
도시계획, 도시설계, 교통, 환경
생태, 경관, 디자인, 색채, 조형물 등
관련 전문가 그룹 구성

도시이미지 조사 분석
• 인문·사회적 분석　• 역사 문화적 분석
• 지형 지리학적 분석　• 환경 생태적 분석
• 풍수지역 여건 분석　• 기타시설 분석
• 요소별 경관 특성
• 구조적 경관 특성
• 골격적 경관 특성

도시의 네이밍 및 테마 설정
　자문 회의

도시미래이미지 기본구상
• Hardware적 측면의 기본구상
　– 축(AXIS)　　– 결절점(NODE)
　– 경계부(EDGE)　– 권역(ZONE)
　– 지표물(LAND MARK)
• Software적 측면의 기본구상
　– 역사와 문화 그리고 도시활동
　– 환경 생태
　– community identity program

토지이용계획 대안 검토/수립

TIPS에 따른 경관기본가이드라인
　분야별 회의
　자문 회의

기존 방식

지구지정

기본구상

개발계획 사전 협의

환경영향평가

택지개발계획

지구단위 계획

각종 영향평가

실시계획

도시미래이미지구상(TIPS)

나. 도시미래이미지구상

(1) 테마의 전개

하남시는 2002년 UN/Habitat가 지정하는 Best Practice 도시로 선정되었으며, 이는 생태도시로 나아가는 첫걸음의 큰 성과로 볼 수 있다. 이러한 맥락에서 하남풍산지구에 생태주거단지 조성은 큰 의미가 있다고 할 수 있다.

하남풍산지구는 양호한 생태환경과 음악, 물이라는 요소를 테마의 가시 요소로 하고 내포된 이미지는 고유의 전통사상인 태극과 오행의 원리를 적용, 응용하여 전개하였다. 우주의 원리인 태극

(太極)의 음양(陰陽)과 인체의 오감(五感)의 조화를 도시공간구조로 이미지화하였으며, 태극도형은 음(陰, 청색)과 양(陽, 적색)의 상호작용을 형상화한 것으로 창조와 조화를 의미한다.

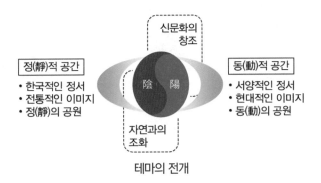

테마의 전개

(2) 기본구상

지구중심의 태극연못은 음(陰)의 영역인 전통적 이미지와 양(陽)의 영역인 현대적 이미지를 구현하였다. 또한 인체의 오감을 이미지화하여 느낄 수 있는 오감공원을 계획하였으며, 지구중앙을 수계축과 인체의 오감을 표현한 공원의 자연스러운 조화를 통한 Green Network를 형성하였다.

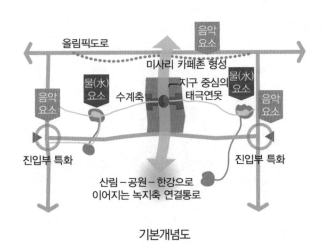

기본개념도

(3) 공원·녹지체계 구상

기본이미지는 음양과 오감공원의 조화를 형상화하였으며, 지구 중심의 태극연못이 양과 음의 조화를 나타내도록 하였다. 중심의 시각을 이미지화한 중앙공원과 수계축을 따라 오감(촉각, 청각, 후각, 미각, 시각)공원이 사방으로 펼쳐지도록 계획하였다.

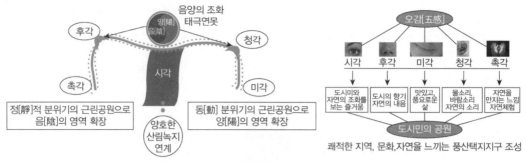

공원·녹지 체계도   오감공원 기본개념도

(4) 주요 랜드마크 구상

주요 랜드마크 구상은 지구중심 랜드마크 구상, 진출입부 랜드마크 구상, 추억만들기 랜드마크 구상을 수립하였으며, 이에 대해서는 4장의 하남풍산 생태주거단지 주요 계획내용에서 상세히 설명하고자 한다.

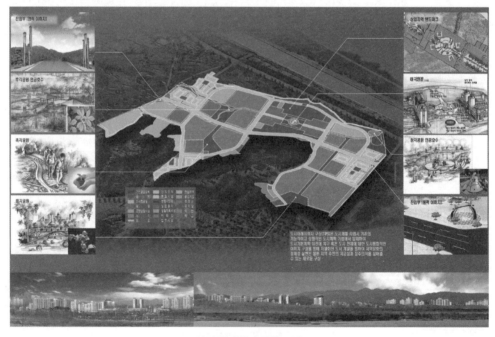

도시미래이미지 종합구상도

1.4 하남풍산 생태 및 경관 주거단지 주요 계획내용

여기에서는 하남풍산 생태주거단지 지침과 도시미래이미지구상에서 수립한 계획내용을 통합·조정하여 최종적으로 하남풍산지구에 적용된 주요 계획내용을 살펴보고자 한다.

1) Naming 설정

가. 테마개념

하남시는 UN이 선정한 생태도시로서의 위상을 지니고 있으며, 다음 표와 같은 여러 가지 모티브를 분석하여 풍산지구의 테마에 어울리는 공통점을 찾아내면 그 요소는 양호한 생태환경이 도출된다. 풍산지구의 대표적인 테마요소로 한강, 물을 머금는 논, 미사리 조정경기장 등에서 물(水)과 미사리 카페촌에서 연상되는 음악을 기본테마로 설정하였다.

▌하남시의 테마 모티브 요소

구분	테마 모티브	비고
환경	• 순수 자연이 살아 있는 땅 • 수도권의 아껴놓은 땅 • 세계 환경산업 교류의 거점도시 • 환경산업 육성의 장, 교육의 장 • 세계환경의 메카도시(UN 선정 세계적인 생태도시) • 상처받은 생명의 휴식처	하남시 면적의 98.4%가 개발제한구역
문화	백제의 얼이 살아 있는 문화도시	백제의 도읍 하남위례성(B.C. 6년 온조왕)
기타	미래 지향적인 전원도시	그린벨트 조정에 따른 정부 추진 광역도시계획 수립 중

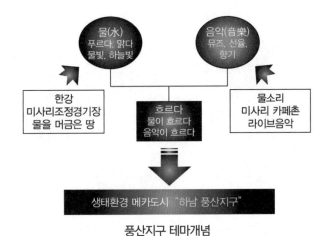

풍산지구 테마개념

나. 풍산지구 naming

풍산지구의 테마개념을 구상하여 지구의 naming을 "물과 음악이 흐르는 생태환경의 메카도시" 하남풍산으로 설정하였다.

생태환경, 환경공생, 생명을 깨우는 생태환경도시

우주의 원리, 음양(陰陽)의 조화를 도시구조에 구현

**"물과 음악이 흐르는 생태환경의 메카도시"
하남 풍산지구**

풍산지구 naming

2) 오감공원의 배치

가. 기본구상

오감공원은 생태주거단지 지침에서 제시된 생태시스템 기본구상과 도시미래이미지구상에서 제시된 공원·녹지 기본구상을 통합하여 배치하였다. 생태시스템 기본구상에서는 생태시스템 핵심지역을 생물서식처 조성 및 녹지조성에 적합한 곳을 설정하였다. 또한 두 지역(생태시스템 거점지역, 생태시스템 핵심지역)을 녹지생태축으로 연결하였으며, 대상지 내 기존하천과 주된 바람통로를 최대한 활용하여 하천 생태축을 구상하였다. 도시미래이미지구상에서 공원녹지 기본구상은 음양(陰陽)과 오감공원의 조화를 형상화하였으며 중심의 시각을 이미지화한 중앙공원과 수계축을 따라 오감(촉각, 청각, 후각, 미각, 시각)공원이 사방으로 펼쳐지도록 배치하였다.

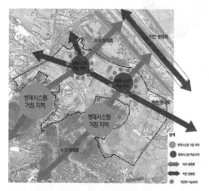

생태주거단지 지침 - 생태시스템 기본구상

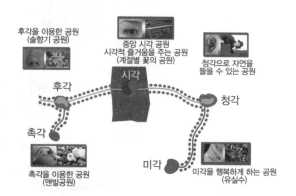

도시미래이미지구상 - 공원녹지 기본구상

나. 오감공원의 배치

지구 내 중심인 중앙광장의 태극연못을 중심으로 시각공원을 배치하였으며, 좌측은 음의 영역으로 후각공원과 촉각공원, 우측은 양의 영역으로 청각공원과 미각공원을 각각 배치하였다.

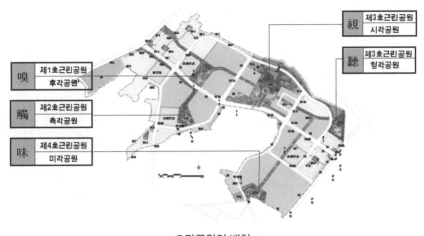

오감공원의 배치

다. 생태 및 조경계획

(1) 1호 근린공원(후각공원) 조경계획

단지 내 실개천의 합류지점으로서 생태연못을 조성하여 생태시스템 핵심지역으로 기능을 부여한다. 태극의 음(陰)의 영역으로서 한국의 전통적인 이미지를 형상화한 정(靜)적인 이미지를 연출하며 향기 나는 수목, 초화류, 허브식물을 이용한 향기정원을 조성한다.

후각공원 조경계획

- 공원명 : 후각공원(내음터)
- 면적 : 22,247m²
- 공원테마
  - 도시의 향기와 자연의 내음
  - 대체습지개념 도입을 통한 수변공간 및 생물서식공간 조성

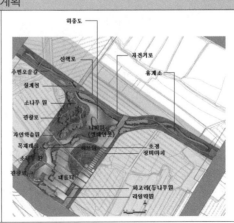

(2) 3호 근린공원(시각공원) 조경계획

산림−공원−한강으로 이어지는 녹지축 및 단지 내 수계축이 만나는 지점으로 단지 내 생태시스템의 핵심지역이자 상징공간으로서 지구중심의 태극연못을 배치하고 음양의 공간을 분할한다. 대규모 습지와 생태숲을 조성하고 단지 내 조류, 어류, 야생식물의 서식처 및 퍼머컬쳐 공간을 조성하고 아울러 시각적인 즐거움을 제공하도록 한다.

시각공원 조경계획

- 공원명 : 시각공원(빛깔마당)
- 면적 : 80,732m^2
- 공원테마
  − 도시미와 자연의 조화를 보는 즐거움
  − 풍산지구 내 생태공원 및 퍼머컬쳐 조성구간

3) 생태실개천의 도입

가. 기본방향

단지주민의 삶의 질 향상과 쾌적한 생활환경조성을 목적으로 물을 주제로 한 사업지구테마('물과 음악이 흐르는 도시') 부각을 통한 특색 있는 주거단지로 조성한다. 음의 영역(자연 및 생태환경 이해구간)과 양의 영역(적극적인 친수활동 및 시설이용구간)으로 실개천의 유형을 설정하여 구간별 주제특성에 부합하는 계획을 수립한다.

나. 유형별 실개천 계획

지구 중심부의 태극연못을 기준으로 서쪽은 음(陰)의 영역으로서 자연 및 생태환경의 이해구간으로, 동쪽은 양(陽)의 영역으로서 적극적인 친수활동 및 시설이용구간으로 유형을 설정하여 계획한다.

유형별 실개천 계획

다. 실개천 유형

(1) 자연형 'A' Type

지구중심 태극연못을 중심으로 좌측지역은 음(陰)의 영역으로 정적 이미지를 나타내고 실개천의 유형은 어린 시절의 향수를 불러일으킬 수 있는 흐르는 시냇물의 자연적인 이미지 연출을 도모하여 자연 및 생태환경의 이해를 돕는 수환경계획을 수립한다. 또한 단지 내 어린이공원과 녹지를 따라 곡선형의 맑은 물이 굽이쳐 흐르는 시냇물을 조성하여 주변의 녹지와 조화를 도모한다.

(2) 인공형 'B' Type

지구중심 태극연못을 중심으로 우측지역은 양(陽)의 영역으로 동적 이미지를 나타내고 이 지역의 실개천 유형은 물을 적극적으로 체험하는 공간으로 계획한다. 물놀이장, 인공개울 등 물을 주제로 한 체험놀이시설과 함께 물을 만지고 물속에 들어가서 놀 수 있는 친수환경을 조성한다. 또한 물의 특성을 적극적으로 활용하여 이용자의 참여를 유도하도록 한다.

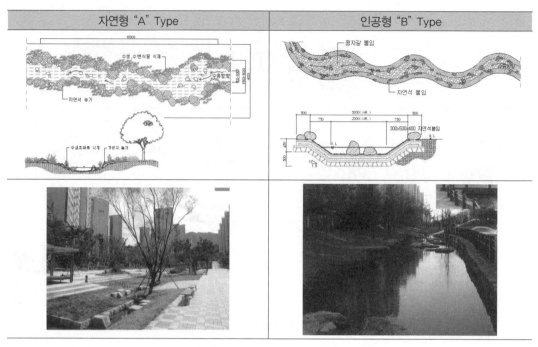

자연형 "A" Type	인공형 "B" Type

실개천 유형

라. 유지수량확보 방안

초기단지 내 실개천 및 연못에 필요한 원수는 한강 등에서 취수하여 채우고, 채워진 물을 가압펌핑하여 순환시키며 증발, 침투수량과 수질유지를 위해 총담수량의 약 10%를 매일 원수로 보충한다. 누수방지를 위해 차수효과가 높은 자연친화적인 벤토나이트 방수공법을 적용하고 실개천의 목표 수질인 II급수 수준을 유지하기 위해 저류조의 담수량을 수처리토록 계획한다.

세부계획 기준	물순환 체계
• 폭원 : 수로폭 3.0m 내외, 수면폭 2.0m 이상 • 월류수심 : 0.05~0.10m(평균수심 0.3m) • 경사 : 0.5% 미만 • 유속 : 0.20~0.30 m/sec • 연장 : 2.0km • 유량 : 700m³/일	진동천 / 후각A / 청각 / 후각B / 방탱이천 / 처리시설 / 기계실 / 한강취수 압송 / 자연유하 / 원수 및 보충수급수 / 침전

4) Green Network 형성

풍산지구는 테마 오감공원과 이를 동서로 연결하는 수경녹지축, 남북을 연결한 녹도 조성으로 지구 전체에 Green Network를 형성하였다. 지구 주변의 크고 작은 녹지 및 자전거도로, 보행 등의 연계성을 고려하여 하남시 전체 녹지체계와 조화를 이루도록 하였으며, 나무, 돌 등의 자연소재를 사용한 시설물 도입 등 친환경적인 공원·녹지를 조성토록 하였다.

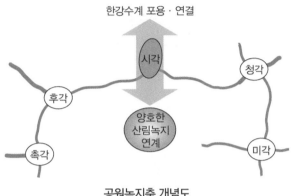

공원녹지축 개념도

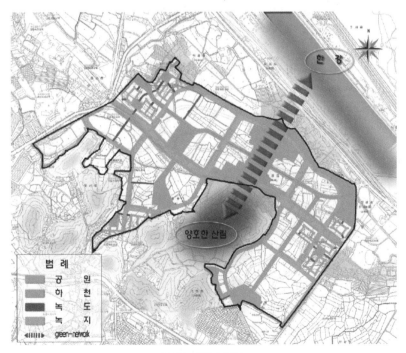

공원녹지축 구상도

5) 주요 랜드마크 구상

가. 지구중심 랜드마크 구상

지구중심의 랜드마크 구상은 한국전통의 태극사상과 음양오행의 원리를 지구 중앙부에 구현함으로써 풍산지구의 상징적인 공간으로 구상하였다.

음(陰)과 양(陽)의 결합을 나타내는 상징물인 태극문양 형태의 연못이나 분수를 조성하여 조화(Harmony)의 정신을 나타내며, 지구 중앙공원(시각공원)은 음양의 상징인 태극을 중심으로 태극기를 표현한 태극광장을 조성한다. 또한 음양을 나타내는 태극연못을 중심으로 사각의 괘(掛) 모양으로 펼쳐진 건곤감리의 사상을 형상화하여 4개의 광장으로 구현하여 지구의 상징성을 부각시킨다.

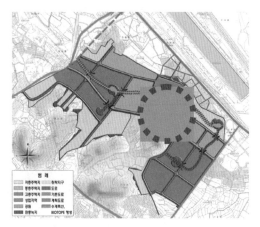

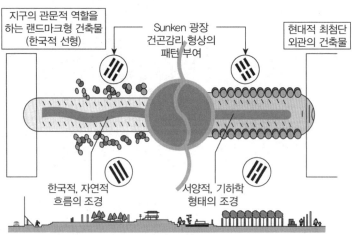

태극광장 개념도

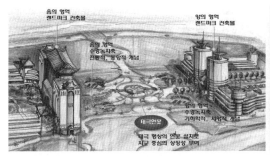

태극광장 이미지 스케치   태극 연못

나. 진출입부 랜드마크 구상

　　지구중심부의 상업지역을 기준으로 지구의 서쪽과 동쪽에 동양적인 정(靜)의 이미지와 서양적인 동(動)의 이미지를 도입하고, 지구 양쪽의 진입부에 정과 동을 상징하는 시설물을 조성하여 풍산지구를 출입하는 사람들에게 진입성을 강화시킨다. 주도로축의 양쪽 진입부를 지구의 테마인 태극(太極)의 음양 이미지에 맞게 물과 음악의 요소를 도입하여 지구의 상징성을 부여하고 진입부를 특화시킨다.

• 동적 이미지의 진입부
　－동적 공간을 상징화하여 바다분수의 활동적이고 역동적인 모습을 음악분수로 표현
　－음악을 테마로 하여 악기인 하프를 형상화한 조형시설물

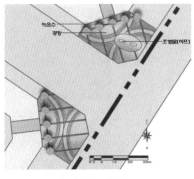

조경설계도   상징문주

- 정적 이미지의 진입부
  - 정적 공간을 상징화하여 물을 조용히 느끼고 감상할 수 있는 투명한 소재의 조형 열주 배열
  - 밤에는 열주 주변에 조명을 설치하여 부드러운 분위기의 야경 연출

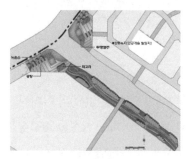

조경설계도

상징문주

다. 추억만들기 랜드마크 구상

　지구중심부인 시각공원에 논의 일부를 잔존시킴으로써 문화와 자연을 함께 즐길 수 있는 휴식 및 교육·체험공간을 조성한다. 시각공원의 적절한 곳에 소규모로 논풍경을 입지시키고 농기구전시장, 전통놀이 체험장, 자연학습장, 퍼머컬쳐(permaculture), 텃밭(옥수수, 보리, 수수 등) 등을 조성함으로써 풍산지구에 신설되는 초·중학교 학생을 대상으로 견학, 체험의 장으로 조성하고 아울러 지역주민들의 커뮤니티 형성에도 도움이 될 수 있는 장소로 제공한다.

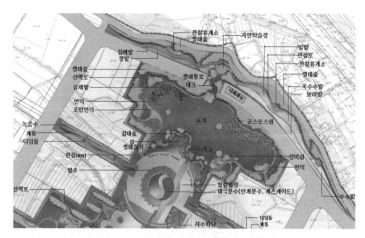

시각공원 내 생태공원 및 퍼머컬쳐

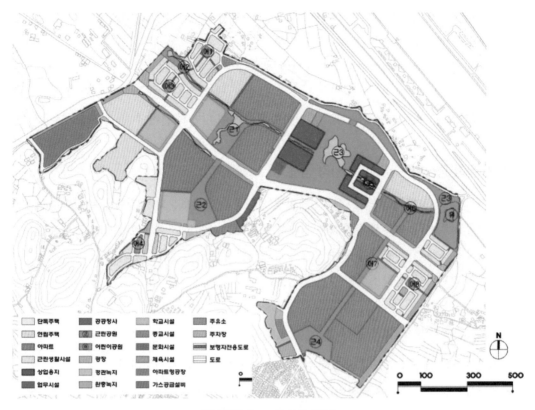

	단독주택		공공청사		학교시설	주유소
	연립주택		근린공원		종교시설	주차장
	아파트		어린이공원		문화시설	보행자전용도로
	근린생활시설		광장		체육시설	도로
	상업용지		경관녹지		아파트형공장	
	업무시설		완충녹지		가스공급설비	

하남풍산지구 토지이용계획도

1.5 생태 및 경관 주거단지의 개발방향 제언

이상에서 해외 선진신도시의 개발사례를 비교해봄으로써 벤치마킹할 수 있는 계획요소들을 검토해보았다. 또한 하남풍산지구에서는 타 사업지구에서 적용해보지 못한 생태주거단지 도입을 위한 생태시스템 지침개발과 그 지역의 도시미래이미지구상을 별도로 수립하여 개발계획을 수립한 사례를 살펴보았다.

기존의 택지개발 계획은 사업지구 전체의 생태환경, 경관 등에 대한 종합적인 고려가 부족한 측면이 있었으며 그로 인해 전체적으로 사업지구가 당초 기획한 개발 콘셉트대로 조화롭게 개발되지 못하는 폐단이 있었다. 하남풍산지구는 그러한 폐단을 막고자 택지개발사업지구로는 최초로 생태시스템 지침개발 및 도시미래 이미지구상 등을 통하여 생태 및 경관주거단지 도입을 위한 개선된 개발 계획안을 도출하였다는 데 큰 의의가 있다.

앞으로는 택지개발 계획 시 해당지역의 위치, 지리, 생태환경, 경관요소, 인문·사회 등 제반 여건에 대한 면밀한 조사·분석을 통하여 사업지구를 가장 잘 표현할 수 있는 개발 콘셉트 및 테마 등 지역 전체의 이미지를 설정한 후 토지이용, 교통, 공원·녹지 등 세부계획을 조정 수립함으로써 새로운 개념의 생태 및 경관 주거단지로써의 보다 개선된 택지개발 계획을 수립할 수 있을 것으로 확신한다.

이에 생태 및 경관 주거단지의 향후 개발방향에 대하여 다음과 같이 추가 제언해보고자 한다.

가. 삶의 질이 향상되는 주거단지환경 창출

- 신(新)수요와 조화되는 건강·교육·체험적 생태공간과 정보문화가 결합된 주거환경체제 및 시설을 도입한다. 외부성 투자비용에 대한 효과적인 대처로 사회적 비용을 저감토록 한다.
- 생태자원의 보전 및 관리를 통해 건강하고 쾌적한 주거단지를 조성한다.
- 다양한 경관확보 및 창조적인 경관을 연출한다.

나. 통합된 계획기법 도입

- 지역현황과 테마를 최대한 반영할 수 있는 통합된 계획기법을 시도한다.
- 생태시스템 도입방안 및 도시미래이미지구상 등 각각의 전문 측면에서 구상된 내용을 종합계획기법으로 통합한다.
- 마스터 플래너 및 블록디자이너(건축, 조경가)와 사업주체(시행자, 건설업체)의 조정·유도적 계획결과를 도출한다. (Coordinator)

다. 환경보존적 생태시스템 도입

- 생물지리적 접근계획(Bioregional Planning)을 통하여 생태정의를 실현한다.
- 지역의 생태자원(지형 및 토양, 물, 녹지, 바람, 농업, 에너지 등)을 종합적으로 고려한 생태시스템기본계획을 수립하고 적용한다. 생태자원을 반영한 녹지환경네트워크(Green network) 및 수환경네트워크(Blue network)를 조성한다. 습지, 연못, 실개천 등 소규모 비오톱 공간을 조성하고 보전한다. 자연에너지를 최대한 활용하고 폐기물을 자원화함으로써, 물질순환 체계를 구축한다.

라. 맥락적 지구경관 구상

- 통합이미지구상(TIPS, Total Image Plannig System)을 도입하고 적용한다.

- 기존 경관의 유지·관리와 신(新)경관을 합리적으로 조성한다.
- 지역의 잠재적 특성을 개성적인 이미지로 표출시킨다.
- 도시이미지 창출을 통하여 정주의식을 고취시키고 도시경관을 향상시킨다.

마. 인위적 계획에서 감성적 계획으로 개선

- 기존의 인위적이며 규제위주의 계획에서 탈피한다.
- Hardware보다 Software 계획기법을 강화한다.
- 테마, 체험, 관찰, 친환경요소 등 감성적 계획요소를 적극 도입한다.

바. 친환경요소의 공동분담제 도입 시행

- 쾌적한 국토환경을 조성하고 충분한 녹지를 확보한다.
- 공공기관과 건설업체 및 수요자 간의 조정 및 유도를 통하여 친환경요소(공원, 녹지 등)에 대한 공동 분담제를 도입 시행한다.

평택소사벌지구 신·재생에너지 시범도시 개발계획(Solar-Geo City)

2. 평택소사벌지구 신·재생에너지 시범도시 개발계획

◎ Solar-Geo City란

최근 국제사회는 기후변화협약에 의한 온실가스배출 감축 의무화, 석유·석탄 등 에너지 고갈에 대비한 고유가 추세 등으로 점차 화석에너지를 대체할 수 있는 신·재생에너지의 기술개발 및 보급 확대에 매진하고 있는데, Solar-Geo City란 이러한 신·재생에너지 중 태양에너지 및 지열에너지 시스템을 도시 전반에 구축한 도시를 말하며, 2006년 4월 7일 산업자원부와 한국토지공사가 협약 체결하여 평택소사벌 택지개발 사업지구를 신·재생에너지 시범도시(Solar-Geo City)로 추진키로 하였다.

2.1 신·재생에너지란

1) 개념 및 분류

가. 개념

신에너지 및 재생에너지의 약어로 석탄, 중유, 액화천연가스(LNG) 등 화석연료를 에너지로 이용하지 않고 환경친화적인 햇빛, 바람, 물, 쓰레기매립장가스 등을 이용하여 에너지를 생산하는 것이다.

① 신에너지(3) : 연료전지, 수소에너지, 석탄액화가스화
② 재생에너지(8) : 태양광, 태양열, 지열, 풍력, 조력, 폐기물소각, 바이오, 소수력

나. 분류

(1) 신에너지

① 연료전지(Fuel Cell)

연료(주로 수소)와 산화제(주로 산소)를 전기화학적으로 반응시켜 그 반응에너지를 전기로 직접 생산해내는 직류발전장치이다. 즉, 연료의 연소에너지를 열로서가 아니고, 전기에너지로서 이용하는 것으로서, 연료의 산화(酸化)에 의해서 생기는 화학에너지를 직접 전기에너지로 변환시킨 장치이다.

연료전지는 일종의 발전장치라고 할 수 있으며 산화·환원반응을 이용한 점 등 기본적으로는 보통의 화학전지와 같지만, 닫힌 계 내에서 전지반응을 하는 화학전지와 달리 반응물이 외부에서 연

속적으로 공급되어, 반응생성물이 연속적으로 계외(系外)로 제거되는 점에 그 차이가 있다.

② 수소에너지

물의 전기분해로 가장 손쉽게 제조할 수 있으나 아직까지 제조비용의 경제성이 낮아 새로운 제조기술을 연구 중에 있고, 연소할 때 연기를 내뿜지 않는 청정에너지로서 미래의 무공해 에너지원으로서 중시되며, 인류 궁극의 연료로 지목되고 있다. 1973년 말의 석유 위기 이래 각국에서 활발히 전개되고 있는 탈(脫)석유기술 개발에는 수소에너지 개발도 포함되어 있다.

현재 세계의 수소 소비량은 수백 억 m³에 달하지만 대부분 석유탈황(石油脫黃), 암모니아 제조 등 화학공업 부문의 원료적인 것으로 쓰이며, 그 제조기술이 물을 원료로 해서 값싸게 대량생산할 단계에 아직 이르지 못하고 있으므로 열원(熱源)으로서의 이용도는 아주 낮은 편이다.

③ 석탄액화가스화

가스화 복합발전기술은 석탄, 중질잔사유 등의 저급원료를 고온·고압의 가스화기에서 수증기와 함께 한정된 산소로 불완전연소 및 가스화시켜 일산화탄소와 수소가 주성분인 합성가스를 만들어 정제공정을 거친 후 가스터빈 및 증기터빈등을 구동하여 발전하는 신기술로이다. 이 기술은 이미 세계대전 중에 독일에서 자국의 부족한 항공기 및 휘발유 연료를 충당하기 위해 최초로 개발되었으며, 현재는 미국, 일본, 영국, 서독, 캐나다와 같은 선진국을 중심으로 경제성 향상을 위해 국가적인 차원에서 반응조건의 완화와 품질개선을 위한 연구가 중점적으로 수행되고 있다.

(2) 재생에너지

① 태양광 발전

태양광 발전시스템은 반도체 소자인 태양전지(solar cell)를 이용하여 전기를 생산하는 기술로 태양전지 모듈, 축전지 및 전력변환장치로 구성되어 있다. 태양전지에 햇빛이 비치면 전지 내에 전위차가 발생하고, 여기에 도선을 연결하면 전류가 흐르게 된다. 규소와 같은 반도체로 만들어진 얇은 판의 태양전지는 햇빛에너지의 10~20% 정도를 전기에너지로 변환시킬 수 있다.

태양광 발전으로 생산된 전기는 크게 독립형이나 계통연계형 방식으로 공급된다.

독립형은 생산된 전기를 인버터를 거쳐 가전제품에 직접 공급하거나 자가 축전기에 저장하였다가 공급하는 방식이며, 계통연계형은 낮에 생산된 전기를 직접 공급하고 남는 경우 한국전력계통으로 송전하고 야간에 다시 한전에서 배전받는 방식이다.

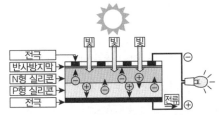

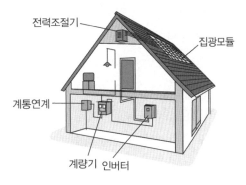

※ 태양전지에 빛이 부딪치면, 플러스와 마이너스를 갖는 입자
(정공과 전자)가 생성되고, **마이너스의 전기는 n형실리콘**에, **플러스 전기는 p형 실리콘** 쪽에 모이게 된다. 그 결과 전극에 전구를 연결하면 전류가 흐르게 된다.

태양전지의 원리   **태양광발전 개요도**

② 태양열

검은색의 물체에 빛이 쬐이면 표면에서 빛에너지가 열에너지로 바뀌어 물체가 점점 뜨거워지는데, 이런 원리를 이용한 것이 바로 태양열시스템으로 전기를 생산하는 태양광시스템 기술에 비해 훨씬 간단한 편이다.

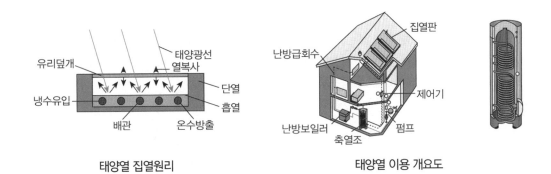

태양열 집열원리   **태양열 이용 개요도**

태양열시스템은 냉난방, 급탕에서 산업·발전용까지 재생에너지원 중에서 활용잠재성이 가장 크며 경제성이 높은 에너지로 평가받고 있다. 우리나라는 일사량도 풍부하고 전국적으로 고르게 분포되어 있어 전국 어느 지역에나 설치가 가능하며, 100% 국산기술로 생산된 태양열설비시스템이 개발되어 있어 설치비도 비교적 저렴하고 투자회수기간도 짧아 비교적 경제적인 재생에너지원이다.

③ 지열

지열은 심층부의 지열수로부터 토양(ground), 지하수(ground water), 지표수(surface water)에 이르기까지 지구가 포함하고 있는 열을 통칭할 수 있다. 즉, 지열이란 태양복사열과 지구 내부에서 발생하는 열이 지중(토양, 지하수, 지표수 등)에 저장된 것을 말하며, 이는 전체 태양 복사 에너지 중 약 47%를 차지한다.

땅속은 계절에 따른 온도변화 없이 일정하게 온도를 유지하는 거대한 축열체와 같다. 연중 일정하게 온도를 유지할 수 있는 땅의 축열성능을 이용한 지열 냉난방시스템은 땅속에 매설된 파이프를 부동액이 순환하면서 동절기에 상대적으로 높은 온도의 열을 건물 내로 전달하고 하절기에는 건물 내의 열을 흡수하여 땅속에 축열하는 방식으로, 지중에 매설되는 배관의 형상에 따라 수직형 (vertical type)과 수평형(horizontal type)으로 구분된다.

④ 풍력

풍력발전이란 풍력에너지를 풍차에 의해 기계적 에너지로 변환하여, 전기를 생산하는 방식으로 풍력에너지는 일반적으로 5m/s의 풍속이나 200W/m²의 풍력이 확보되어야 상업용 발전이 가능하며, 수풍면적의 반지름 1m, 풍속 10m/s에서는 약 1kW를 얻을 수 있다.

풍력발전의 이용 시스템으로는, 교류의 풍력발전기를 직접 전력계통에 이용하는 직접이용 시스템과 풍력발전기의 전기를 축전지에 축적하여 전력계통에 병렬하는 축전이용 시스템의 2가지가 있다. 전자는 풍력변화의 영향을 직접 받는 데 비해, 후자는 풍력이 변동하여도 축전지로 보충하기 때문에 평균적으로 이용할 수 있는 장점이 있으나 설비비가 비싸다. 풍력에너지를 동력원에 이용한 대표적인 예는 네덜란드의 풍차인데, 미국·영국에서는 100~1,000kW급이 이미 실용화되고 있다.

⑤ 조력

조력발전이란 조석이 발생하는 하구나 만을 방조제로 막아 해수를 가두고 수차발전기를 설치하여 해수면의 수위차를 이용하여 발전하는 방식으로서 해양에너지에 의한 발전방식 중에서 가장 먼저 개발되었다.

현재 개발 가능한 조력자원을 보유한 국가는 세계에서 손꼽을 정도로 한정되어 있기 때문에 이들 국가에서는 조력자원을 미래의 중요한 대안에너지 자원의 하나로 지목하여 이에 대한 조사와 연구를 활발히 진행 중에 있다.

⑥ 폐기물소각

업장 또는 가정에서 발생되는 가연성 폐기물 중 에너지 함량이 높은 폐기물을 열분해에 의한 오일화기술, 성형고체연료의 제조기술, 가스화에 의한 가연성 가스 제조기술 및 소각에 의한 열회수 기술 등의 가공·처리 방법을 통해 고체 연료, 액체 연료, 가스 연료, 폐열 등을 생산하고, 이를 산업 생산활동에 필요한 에너지로 이용될 수 있도록 한 재생에너지이다.

이 에너지의 특징은 비교적 단기간 내에 상용화가 가능하고, 타 신·재생에너지에 비하여 경제성이 매우 높고 조기보급이 가능하다는 것이다. 특히 폐기물 자원의 적극적인 에너지자원으로의 활용, 인류 생존권을 위협하는 폐기물 환경문제의 해소, 지방자치단체 및 산업체의 폐기물 처리 문제 해소 등 폐기물의 청정 처리 및 자원으로의 재활용 효과가 지대한 것이 특징이다.

⑦ 바이오에너지

태양광을 이용하여 광합성되는 유기물(주로 식물체) 및 동 유기물을 소비하여 생성되는 모든 생물 유기체(바이오매스)의 에너지를 바이오에너지라 한다.

바이오에너지 생산기술이란 동 생물 유기체를 각종 가스, 액체 혹은 고형연료로 변환하거나 이를 연소하여 열, 증기 혹은 전기를 생산하는 데 응용되는 화학, 생물, 연소공학 등을 일컫는다.

※ **바이오매스란** 태양에너지를 받은 식물과 미생물의 광합성에 의해 생성되는 식물체·균체와 이를 먹고 살아가는 동물체를 포함하는 생물 유기체를 일컫는다.

⑧ 소수력

소수력발전은 물의 유동을 이용한 시설용량 10,000kW 이하의 수력발전을 말하는데, 국내 소수력발전은 1982년 이후 정부의 지원으로 현재까지 40개 지역에(시설용량 약 53,408kW) 설치되었으며, 연간전력생산량은 약 1억kWh에 달하고 있다.

소수력발전은 전력생산 외에 농업용 저수지, 농업용 보, 하수처리장, 정수장, 다목적댐의 용수로 등에도 적용할 수 있는 점을 감안할 때 국내의 개발잠재량은 풍부하다. 또한 청정자원으로서 개발할 가치가 큰 부존자원으로 평가받고 있다.

2) 신·재생에너지 기술 개발 및 이용·보급의 필요성

산업혁명 이후 경제의 발달과 인구의 도시집중, 도시화 등에 의해 야기되고 있는 환경문제는 지구온난화, 오존층 파괴, 수질 및 대기오염 등 다양한 형태로 인류의 미래를 위협하고 있다. IPCC[2]의 연구결과에 따르면, 지구의 평균기온이 지난 1세기 동안 약 0.6℃ 상승했으며, 2100년에는 1990년 대비 1.4~5.8℃ 상승할 것으로 예상하고 있다.

이에 반해 우리나라의 경우는 최근 100년 동안 평균기온 상승폭이 1.5℃로 전 세계 평균기온 상승폭을 훨씬 초과하고 있어 상대적으로 기온의 변화가 심각함을 보여주고 있다.

....

2   주) IPCC : Intergovernmental Panel on Climate Change(기후변화에 관한 정부 간 협의체)

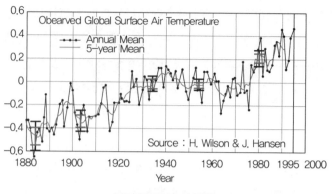

지구 평균기온의 변화

이러한 지구환경문제의 부각과 함께 최근 세계적으로 지구환경보전의 중요성과 자원절약 및 폐기물의 최소화를 위한 노력이 다양하게 전개되고 있으며, 우리나라도 환경친화적인 신·재생에너지의 기술개발과 활용에 대한 관심이 급속히 고조되고 있다.

우리나라는 1997년 12월 교토의정서 채택 시 IMF 구제금융의 지원대상국으로, 1차 의무이행기간(2008~2012) 중 온실가스배출 감축의무부담은 면제되었으나, 2차 의무이행기간 중(2013~2017) 온실가스배출 감축의무부담이 가시화될 것으로 전망되고, 2002년 말 현재 온실가스 배출량 세계 10위인 우리나라가 감축의무부담 시 산업·경제활동에 미치는 영향은 매우 클 것으로 예상되고 있다.

이러한 정황을 감안할 때 지속 가능한 에너지 공급체계를 위한 미래에너지원으로서, 우리나라와 같은 에너지 빈국도 기술개발을 통해 에너지자원을 확보할 수 있다. 화석연료에 비해 이산화탄소의 발생이 절감되거나 이산화탄소 발생이 없는 환경 친화적인 비고갈성 무한청정에너지원인 신·재생에너지의 필요성이 점차 강화되고 있다.

2.2 신·재생에너지 기술개발 및 이용·보급 정책

1) 개요

「신에너지 및 재생에너지 개발·이용·보급 촉진법」 및 「신·재생에너지설비의 지원·설치·관리에 관한 기준」에 의하면, 국가가 보조하는 지원사업은 일반보급보조사업, 태양광주택10만호보급사업, 국민임대주택태양광보급사업 및 신·재생에너지지방보급사업이 있다.

일반보급보조사업이란 개발된 신·재생에너지기술의 상용화를 위한 신·재생에너지설비의 시범보급과 상용화된 자가용 신·재생에너지설비의 보급에 소요되는 비용을 정부가 보조하는 사업이다.

태양광주택10만호보급사업이란 일반주택·공동주택 및 국민임대주택에 태양광설비를 설치하는 데 소요되는 비용을 정부가 보조하는 사업이다.

신·재생에너지지방보급사업은 시·도지사가 관할 지역 내에 신·재생에너지설비를 보급하는 데 소요되는 비용의 일부를 정부가 지원하는 사업이다.

2) 정부 지원제도

가. 신·재생에너지설비 설치비용의 국가 지원비율

구분		지원비율(%)	비고
일반보급사업	시범보급사업	최대 80 이내	정부지원기술개발 활용조건
	태양광발전설비	최대 70 이내	
	풍력발전설비		
	소수력발전설비		
	지열이용설비	최대 50 이내	
	태양열이용설비		
	바이오이용설비		
태양광주택 10만 호 보급사업	공동주택	최대 70 이내	
	일반주택	최대 70 이내	
국민임대주택태양광보급사업		최대 100 이내	경쟁낙찰단가 기준
신·재생에너지 지방보급사업	기반구축사업 • 교육·연수·홍보 • 자원 및 타당성조사 • 모니터링사업 등	최대 100 이내	국가가 보조하는 사업비를 제외한 사업비의 50% 이상을 지자체가 부담하는 조건
	설비보급사업	최대 70 이내	
융자지원사업	신·재생에너지설비의 설치 및 운전자금	최대 100 이내	
	공용화품목의 개발·제조 및 수급조절사업	최대 80 이내	• 중소기업 80% 이내 • 중소기업동업자 70% 이내 • 기타 50% 이내
	기술의 사업화 지원	최대 100 이내	

나. 발전차액지원제도

① 발전차액지원제도

신·재생에너지 설비의 투자 경제성 확보를 위해 신·재생에너지 발전에 의하여 공급한 전기의 전력거래가격이 산업자원부장관이 정하여 고시한 기준가격보다 낮은 경우, 기준가격과 전력거래가격과의 차액(발전차액)을 지원해주는 제도이다.

② 적용대상 전원별 설비용량 및 기준가격

대상전원	설비용량기준	기준가격(원/kWh)			
		자가용 설비	사업용 설비		
태양광	3kW 이상	716.40			
풍력	10kW 이상	SMP+CP	107.66		
소수력	3MW 이하	SMP+CP	73.69		
조력	50MW 이상 (방조제 旣설치용)	62.81			
LFG	50MW 이하	SMP+CP	20MW 미만	65.20	
			20MW~50MW	61.80	
폐기물소각 (RDF 포함)	20MW 이하	SMP+CP			

※ 주요 용어설명
• 기준가격 : 산업자원부장관이 고시한 발전원별 가격. 표준설비의 발전원가와 적정이윤을 고려한 가격(원별, 설비유형별로 상이)
• SMP(System Marginal Price) : 거래시간별로 일반발전기(원자력, 석탄 제외)의 전력량에 대해 적용하는 전력시장가격
• CP(Capacity Payment) : 가용 가능한 발전설비에 대하여 실제 발전 여부와 관계없이 미리 정해진 수준의 요금(신규투자 유인)

3) 지원사례

가. 태양광발전 설치사례(케이피이)

① 개요

- 사업명 : 동아대학교 태양광 발전시스템 설치공사
- 용량 : 계통연계형 태양광 발전시스템 50kWp
- 설치장소 : 부산광역시 사하구 하단 2동 동아대학교 승학캠퍼스
- 총사업비 : 475,000천 원(정부지원 70%, 자체부담 30%)
- 사업기간 : 2006. 4. ~ 2006. 12.

② 시스템 구성

- 설치용량 : 50kWp
- 태양전지 모듈 수량 : 168Wp · 300EA
- 모듈결선 : 8S×24P, 9S×12P
- 인버터 : 1상당 3대씩 3상 연결

나. 태양열시스템 설치사례(그랑솔레이)

성우원	
공사분류	일반보급사업 (정부 50% 무상지원)
소재지	부산광역시 연제구 연산9동 10-50번지 본관건물 남쪽 옥상
집열면적	48매(면적 : 135.936m^2)
축열용량	6,600ℓ
공사금액	100,000천 원
준공	2006. 1.

다. 지열시스템 설치사례(수원 카톨릭대학교 지열냉난방시스템 공사)

설치장소	경기도 화성시 봉담읍 왕림리 226	
건물규모	기숙사 1~5층, 도서관 1~3층	
적용시스템	축열식 지열냉난방시스템(SCW)	
시스템용도	냉난방, 급탕, 바닥난방	
수축열조	13.6×13.6×5m	
	911ton(철근콘크리트구조물)	
급탕규모	18ton	
적용평수	13,880m^2(4,199평)	
히트펌프	440RT(수축열 일부적용)	
공사기간	2005. 12. 9.~2006. 2. 15.	
천공수	10공	
천공깊이	400m	

라. 연료전지 설치 사례

- 설치용도 : RIST/포항공대/가속기연구소 전력공급
- 설치장소 : 포항공대 실험동
- 설치규모 : 250KW급
- 사용연료 : LNG(시간당 54Nm^3)
- 추진일정
  - 설치시공 : 2005. 2.~3.
  - 시운전 : 2005. 4.
  - 정상발전 : 2005. 5.~현재

2.3 선진국 신·재생에너지 적용사례

1) 일본

일본은 1990년대 들어 환경을 고려한 종합 에너지기술개발계획인 「New Sunshine계획」을 수립하여 1993년부터 2020년까지 1조 5,500억 엔을 투자하는 계획을 발표하였다. 또한 교토의정서에서 결정된 자국의 감축목표를 달성하고 환경과 조화를 이루는 사회·경제 시스템이 구축된 지속 가능한 사회를 이루기 위해 에너지기술 분야에서 선도적 역할을 꾸준히 추구하면서 수소에너지, 석탄액화 등 첨단 미래기술을 포함하는 모든 기술 분야에 광범위하게 투자하고 있다.

가. 일본 NEDO(신에너지산업기술종합개발기구)

NEDO는 1980년 원자력 이외의 에너지 중 실용화 전망이 있는 석유대체에너지의 효율적인 연구개발과 재정적인 지원을 목적으로 정부출자금을 중심으로 설립된 일본의 공공기관으로 우리나라의 에너지관리공단과 유사한 기관이다.

이러한 NEDO의 지원을 받고 있는 산요전기에너지연구소는 박막형 태양전지라 불리는 태양전지를 개발하였는데, 기존의 결정형 태양전지는 구부리면 깨지지만 박막형은 구부려도 전혀 지장이 없어 평면뿐만 아니라 곡면에서 자유롭게 사용될 수 있다. 그림에서 보는 A4 사이즈 규모의 박막형 태양전지는 사무실 실내 조명만으로 LED 전구 하나 정도를 밝힐 수 있다.

박막형 태양전지

나. 요코하마시 수도국 코스즈메 정수장(小雀浄水場) 태양광 발전

코스즈메 정수장은 요코하마시(横浜市)와 요코스카시(横須賀市)의 공동 정수시설인데, 요코하마시 수도국은 지구온난화 방지를 위해 「에너지 절약형 수공급 시스템 구축」을 목표로 하고 있으며, 그 시책의 일환으로서 코스즈메 정수장의 태양광 발전 시스템이 완성되어, 2001년 3월 14일부터 운전을 개시하였는데, 이 시스템은 NEDO와의 공동연구사업으로 설치되었다.

코스즈메 정수장 태양광 발전은 여과조의 이물질 투입을 방지하기 위하여 복개화를 도모함과 동시에 복개 상부에 태양전지를 부착하여 태양광 발전이 가능하도록 하였다. 발전용량은 여과조 하나에 10kW 규모로 30개의 여과조에 태양전지를 설치하여 총발전 전력 300kW의 태양광 발전시스템이 구축되었다. 생산된 전기는 상용 전원과 접속해 정수장의 운전이나 조명, 공기정화 등 전원의 일부로 사용되는데, 이러한 가동식 복개(FRP제)의 상부를 이용한 태양광 발전 시스템은 일본에서도 최초이다.

태양전지 탑재형 차광장치 시스템

다. 愛·地球博「신에너지 등 지역집중실증연구」

2005년 3월 25일부터 9월 25일까지 개최된 일본 아이치현의 세계박람회는 하나뿐인 지구를 미래의 후손에 물려주기 위해서는 지구에 살고 있는 모든 사람이 '지구시민'이라는 자각으로 지구 차원에서 생각하고 연대하며 공동으로 행동해야 한다는 메시지와 함께 이 박람회에 신·재생에너지시스템을 실험적으로 도입하였다. NEDO와 함께 다수의 기업이 공동으로 구성한 소위 「신에너지 컨소시엄」은 「신에너지 등 지역집중 실증연구」의 일환으로 박람회 단지 내부에 「인산형(PAFC)」, 「용융 탄산염형(MCFC)」, 「고체산화물형(SOFC)」 등 3가지 타입의 연료전지 발전, 태양광 발전, 풍력 발전뿐만 아니라 전력저장 시스템을 조합한 환경친화적인 순환형 시스템인 「신에너지 플랜트」를 구축하였다. 여기서 발전된 전력으로 「나가쿠테니혼칸」관에서 소비하는 전력을 100% 공급하고, 남는 전력은 글로벌 코몬5에 건설된 「NEDO 파빌리온」에 공급되도록 하였다. 또한 연료전지의 운전 시 발생하는 열을 흡수식 냉동기의 열원으로 사용하여 냉방에 활용함으로 에너지 이용효율을 더욱 향상시켰다.

꽃의 지구　　　　　　　　신에너지 실증발전소　　　　　　　NGO 지구촌꽃의 지구

2) 독일

독일은 EU 국가들 중에서 기후변화협약에 가장 적극적으로 대응하고 있는 대표적인 국가로, 교토의정서에서 정해진 온실가스를 1990년 대비 2012년까지 21%, 2020년까지 40% 절감한다는 목표를 세우고 있다. 또한 1차 에너지 중에서 재생가능에너지가 차지하는 비율을 2010년까지 4.2%로 늘리고, 전력은 2010년 12.5%에서 2020년에 20%까지 늘린다는 계획이다. 그리고 2050년까지 총 에너지공급에서 재생가능에너지가 차지하는 비율이 최소 50% 이상이 되도록 한다는 커다란 목표를 세우고 있다.

가. Ufa(Union Film AG)Fabrik

베를린의 남쪽에 위치하고 있는 18,000m² 규모의 UfaFabrik은 영화필름을 복사하고 보관하는 구 유니온사의 공장지역으로, 1961년 베를린 장벽이 세워지고 난 후 이전까지의 기능을 상실하게 되었다가 1979년 2차 석유파동 이후 환경보호운동이 시작되면서 지금과 같은 환경친화적이고 지속 가능한 단지로 재탄생하게 되었다.

① 열병합발전시스템

UfaFabrik에 80년대 초반에 베를린에서 최초로 열병합발전시스템이 도입되었는데, 화물차 디젤엔진(Mao-Diesel)을 발전기로 이용하고 열교환기를 통하여 엔진 냉각수와 배기가스에서 폐열을 회수하여 난방과 급탕에 이용하였다.

1994년 Mao-Diesel은 컴퓨터로 자동 제어되는 6기통 엔진 2기로 새롭게 교체되었으며, 연료로 천연가스가 사용되는데, 석탄이나 석유에 비해 배기가스의 유해성분이 두드러지게 감소되었다. 열병합발전으로 연간 30만 kWh의 전력이 생산되는데 이는 UfaFabrik 전력소비의 75%에 해당한다.

② 태양에너지이용

UfaFabrik은 열병합발전 외에도 지붕에 Siemens-M 110 타입의 태양전지모듈 480장이 설치되었다. 최대전력생산규모는 53kW로, 여기서 생산된 직류전력은 변환기를 통하여 교류로 변환되어 UfaFabrik의 전력선에 공급되고 잉여전력은 전력공급사에 판매된다.

③ 중앙제어장치

난방, 환기, 바이오필터, 냉방 및 제과점의 싸이로 시설 등은 중앙 컴퓨터실에서 감시·제어된다. 특별히 개발된 "전력－열－관리 소프트웨어"는 에너지 실수요를 미리 계산하여 열병합발전시스템을 최적으로 운전함으로 연료사용을 최소화하고 있다. 이 시스템은 문제가 발생한 지점을 모니터에 표시하여 유지 및 보수가 보다 용이하도록 해준다.

④ 대기 친화형 냉장시설

UfaFabrik은 대기에 악영향을 미치는 FCKW/FKW(불화염소탄화수소/불소탄화수소) 대신 프로판을 냉매로 사용하는 대기 친화형 냉장시설을 도입하였으며 중앙의 냉각기와 열병합발전기에서 발생하는 폐열은 열교환기로 회수하여 급탕에 사용한다.

⑤ 쓰레기 분리수거 및 퇴비화

UfaFabrik은 연간 약 1,000m³의 쓰레기가 발생하는데, 이전에는 쓰레기를 연소시키거나 또는 매립하였다. 그러나 현재는 유리와 종이뿐만 아니라 알루미늄과 합성수지를 분리하여 수거하고 있으며, 종전에는 부엌과 제과점에서 발생하는 쓰레기, 나뭇잎, 나뭇가지, 동물분비물 등 유기물을 한곳에 모아 퇴비로 만들기 위해 1년 정도 소요되었는데, 유기물 부패 촉진 회전통 2대를 설치한 후, 퇴비화 시 음식 쓰레기 퇴비화 시설 간격을 6~8주로 단축하였다.

나. 쾨페닉 알베르트 – 슈바이처 지구

이 단지는 독일 연방 과학기술부의 지원을 받아 2001년 5월부터 리모델링 계획이 수립된 주거단지로 개보수를 통하여 혁신적으로 현대화되었다. 리모델링의 중점적 목표는 통합형 에너지콘셉트

(단열, 설비, 제어 등)를 세워 건축물의 에너지 소비를 최적화하는 데 있다.

독일 연방 과학기술부가 알베르트－슈바이처－거리 프로젝트를 통하여 달성하고자 하는 목표를 한마디로 요약하면 난방, 급탕, 전력 등 총 에너지 소비를 기존 대비 50% 이하로 줄이는 것이다. 동시에 실내공기의 질과 차음성능을 향상시킬 뿐만 아니라 난방 및 환기에 대한 자동제어를 통해 쾌적한 주거환경을 창출하는 미래형 주거단지 개발이다.

쾨페닉 알베르트 - 슈바이처 지구 전면 파사드와 옥상의 태양광설비 시스템

다. 연방수상 관저

자연과 지구환경을 보호하고 자연자원을 소중하게 여기는 독일 정부의 의지를 보여주기 위해 연방수상 관저에 새로운 개념의 에너지공급시스템이 도입되었는데, 관저에 필요한 대부분의 전력과 열은 바이오디젤(바이오매스) 열병합발전기에서 생산되며, 전력의 일부는 수상관저 지붕에 평면으로 설치된 태양광발전시스템에서 공급받는다. 이 시스템은 1,300㎡ 규모로 정격최대출력은 150kWp 정도이다. 여기서 생산된 직류전력은 총 90기의 인버터를 통해 교류로 변환되어 분산식으로 관저 내 전력망에 공급된다.

관저 일부 공간은 중앙공조시스템에 의해 급·배기된다. 필터링된 외기와 배기 중의 일부 환기공기를 혼합하여 급기하는 방식으로 냉난방에너지를 절약하였으며, 열회수기가 설치되어 대부분의 열을 환수함으로 에너지절약에 크게 기여하고 있다.

태양광발전시스템

열회수시스템

라. 연방의회 건물

독일 연방의회건물은 리모델링 과정에서 아주 혁신적이고 친환경적인 개념의 에너지공급시스템을 실현하였는데, 난방과 냉방을 위한 냉·온열과 전기는 기본적으로 바이오디젤(Bio-Diesel)을 이용한 열병합발전시스템에 의해 생산되며, 이 시스템의 효율성을 극대화하기 위해서 땅속 깊이 매설된 별도의 온열 및 냉열의 저장장치가 종합적으로 사용되고 있다.

이 열병합발전시스템에서 생산되는 열에너지 중 과다 생산된 열은 지하 300m 아래에 최고 70℃로 저장하였다가 비열이 높은 염수를 열저장 및 운송매체로 이용하여 20~65℃ 열을 회수하여 사용한다.

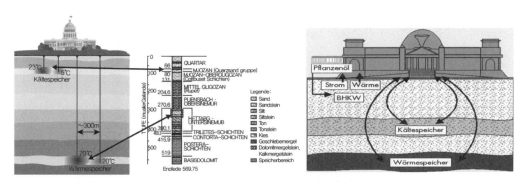

연방의회 건물의 축열시스템

한편, 연방의회건물의 최상층에는 높이 23m, 하부 폭 40m의 커다란 유리돔이 설치되어 있는데, 유리돔의 중심에 위치한 나팔 모양의 배기구에는 4×0.6m 크기의 360개 반사경이 30줄로 나열되어 태양광이 총회장소의 깊숙한 곳까지 유입되도록 하였다.

반사거울에는 컴퓨터에 의해 운전되는 이동식 차양장치가 부착되어 있는데, 이 장치는 태양의 궤도를 추적하면서 직사광선이 총회장소에 직접 반사되어 눈부심이 발생하지 않도록 빛을 산란시키고 차단해준다. 돔의 중앙에 설치된 깔대기 모양의 배기구는 총회장의 오염된 실내공기가 건물 밖으로 자연스럽게 배출될 수 있도록 굴뚝역할을 한다.

연방의회건물 돔의 채광장치, 환기시설, 차양장치(왼쪽부터)

마. 아들러스호프

독일의 아들러스호프 주택단지 내 Austin & Frank 독일건축사무소가 설계한 베를린 훔볼트대학 물리학연구소는 도시생태학적 요소를 최대한 감안하여 건설하였다. 프로젝트의 구심점은 분산형 우수관리시스템을 개발하여 건축물의 에너지소비를 최소화하는 데 있다.

이 건물에는 우수관이 없으며 대신 건물 주변에 자연적인 침투시설을 설치하여 우수가 모두 지하로 스며들게 하였다. 건물에 유입되는 우수는 중앙연못과 침수조에 저장하여 벽면녹화와 지붕녹화의 관개수로 사용하고, 새로운 공조시스템을 개발하여 건물의 냉방에너지를 최소화하고 있다.

옥상에 설치된 녹지공간은 빗물을 일시 저장함으로 우수억제 및 조절역할을 수행한다. 건물 주위로는 우수관이 없기 때문에 물이 잘 스며드는 침투시설을 설치하였으며, 우수의 증발을 촉진하여 건물 주변의 기후가 자연적으로 쾌적한 상태로 조절되도록 하였다.

훔볼트 대학 물리학연구소의 우수관리시스템

3) 네덜란드

다른 선진국처럼 네덜란드도 에너지기술개발 프로그램을 통해 에너지사용 효율을 높이고 지구온난화의 주범인 이산화탄소 저감을 위해 재생에너지의 기술개발부터 보급정책까지 정부주도로 장기적이면서 지속적으로 추진하고 있다.

가. Amersfoort

네덜란드 위트레흐트주 Amersfoort에 위치한 Nieuwland에 대규모의 태양광 녹색발전 주택단지가 조성되었다. 5,500가구가 입주하는 이 단지에 설치되는 1.0MW급 태양광발전시스템은 주거단지에 설치되는 사례로는 세계 최대의 규모로서, 무엇보다도 건축물과 조화를 이룰 수 있도록 설계단계에서부터 신·재생에너지시스템이 고려되었다. 또한 풍력, 바이오 발전 등과 같은 타 신·재생에너지발전시스템과 기술적으로 문제없이 연계되도록 하였다는 점이 주목할 만하다. 이 중 2,500가구는 태양열시스템과 태양광시스템을 연계하여 전기에너지와 열에너지를 동시에 생산·공급하고 있다.

각 가정에는 디지털 모니터가 설치되어 전력 생산량과 소비량을 사용자가 실시간 확인할 수 있으며, 센터에서 이를 수집하여 단지 내에서 생산된 에너지를 모니터링할 수 있도록 하였다.

특히 1998년에 지어진 제로에너지주택은 미래형 주택으로 눈여겨볼 만하다. 이 주택은 외부로부터 에너지공급이 전혀 없는 이른바 에너지자급자족형 제로에너지주택으로 2세대가 하나의 블록을 지어 건설되었다.

나. Heerhugowaard

Alkmaar에서 동북쪽으로 5km 정도 떨어진 곳에 위치한 Heerhugowaard에 태양의 도시(The city of Sun)가 건설되고 있다. Alkmaar는 영국과 독일, 네덜란드가 공동으로 참여하고 있는 유럽 연합의 거대 프로젝트인 태양광 프로젝트에 참여하기 위해 1980년대부터 착수준비를 하였으며, 현재 진행되고 있는 태양의 도시 프로젝트를 지역숙원사업으로 알크마르에 유치할 수 있게 되었다.

120ha에 2,800세대가 들어서며, 5MW급 태양광발전설비시스템이 구축되면 태양에서 청정한 전력을 생산하는 세계최대규모의 주택단지가 될 것이다. 2002년 착공에 들어간 이 단지는 2005년 방문 당시 공사가 한창 진행 중이었으며, 2006년에 완공될 계획으로 추진 중이었다.

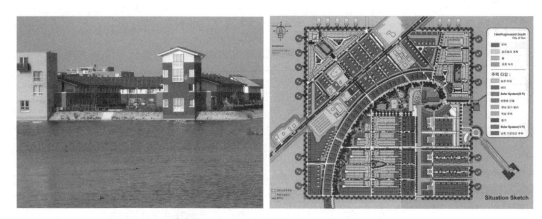

태양의 도시 단지개발계획 조감도 및 설치사례

2.4 신·재생에너지 시범도시(Solar - Geo City) 조성계획

1) 시범사업의 필요성

2005년 2월 기후변화협약에 대한 「교토의정서 발효」로 국제사회에서 온실가스(CO_2) 배출감축이 의무화(1차, 38개국, 1990년 대비 5.2% 감축)되었으며, 우리나라는 세계 9위의 온실가스 배출국으로 2차 이행기간(2013~2017)에는 의무화 가능성이 높은 실정이다.

이와 관련, 국무총리 산하에 「기후변화협약대책위원회」를 구성·운영 중이며, 산자부는 「신·

재생에너지 기술개발 및 이용·보급 확대」정책을 추진하는 등 다각적인 대응전략을 시행 중에 있는 바, 대내외 환경변화에의 신속한 대응과 관련 산업의 활성화 지원 등 정책적 파급효과가 기대되는 「신·재생에너지시스템 시범도시」조성사업이 절실히 필요하다.

2) 대상도시 선정

가. 대상도시 분석

시범대상도시는 정책적 지원효과를 극대화할 수 있도록 인구, 산업, 교육시설 등이 집중된 수도권지역에서 선정하는 것이 효과적으로 판단하고, 계획 초기단계부터 신·재생에너지시스템 구축이 고려되어야 하는 점을 감안, 최근 토지공사, 주택공사, 각 지방공사 등이 수도권에서 추진 중인 택지개발사업지구 중 2004~2005년 중 지구지정, 2005~2006년 중 개발계획승인 지구를 중점적으로 분석하였다.

① 대상도시 현황(수도권 2005.12. 기준)

지구명	위치 (개소)	면적 (천m²)	세대수 (호)	지구지정	개발계획 (예정)	준공 (예정)	시행자
총계	(12)	50,526	208,765				
소계	(2)	14,033	34,065				경기지방공사
광교테크노밸리	수원	11,071	20,000	'04.06.30	'05.09	'10.12	〃
오산궐동	오산	2,962	14,065	'04.12.30	'06.10	'13.01	〃
소계	(2)	5,747	34,500				주공
수원호매실	수원	3,126	19,000	'04.12.31	'05.12	'10.12	〃
의정부민락2	의정부	2,621	15,500	'05.03.25	'06.03	'11.12	〃
소계	(8)	30,746	140,200				토공
김포양촌	김포	3,304	15,000	'04.08.31	'06.12	'10.12	〃
남양주별내	남양주	5,104	21,000	'04.12.03	'05.12	'11.12	〃
양주옥정	양주	6,105	26,500	'04.12.30	'06.12	'11.06	〃
양주광석	양주	1,200	4,800	'04.12.30	'06.12	'10.06	〃
평택소사벌	평택	3,022	15,600	'04.12.30	'06.07	'11.12	〃
화성향남2	화성	3,107	15,600	'04.12.30	'06.07	'10.06	〃
안성뉴타운	안성	3,984	19,700	'05.12.30	'06.12	'11.12	〃
고양삼송	고양	4,920	22,000	'04.12.31	'06.03	'11.12	〃

② 대상도시 선정기준

위치	수도권남부	○	수도권중부	△	수도권북부	△
사업규모	200~400만㎡	○	200만㎡ 미만	△	400만㎡ 초과	×
사업일정	'06 하반기 개발계획	○	'06 상반기 개발계획	△	개발계획 완료	×
준비성	관련연구용역 수행	○	관련연구용역 검토	△	관련연구용역 미검토	×
파급효과	400만㎡ 초과	○	200~400만㎡	△	200만㎡ 미만	×
공공성	공기관 시행	○	공기업 시행	△	민간기업 시행	×
수행능력	공기관 및 공기업 (국비보조)	○	공기관 및 공기업	△	민간기업	×

주) 양호 : ○(3점) 보통 : △(2점) 불량 : ×(1점)

③ 대상도시 평가표

구분	위치	사업규모	사업일정	준비성	파급효과	공공성	수행능력	점수
광교테크노	△	×	×	×	○	△	△	12
오산궐동	△	○	○	×	△	△	△	15
수원호매실	△	○	×	×	△	△	△	13
의정부민락2	△	○	△	×	△	△	△	14
김포양촌	△	○	○	×	△	△	△	15
남양주별내	△	×	×	×	○	△	△	12
양주옥정	△	×	○	×	○	△	△	14
양주광석	△	△	○	×	×	△	△	13
평택소사벌	**○**	**○**	**○**	**○**	**△**	**△**	**○**	**19**
화성향남2	○	○	○	×	△	△	△	16
안성뉴타운	○	○	○	×	△	△	△	16
고양삼송	△	×	△	×	○	△	△	13

나. 신·재생에너지시스템 시범도시 선정

대상도시에 대한 선정기준을 설정하고 대상도시의 제반여건을 분석·평가한 결과, 점수가 가장 높게 나타난 평택소사벌지구를 신·재생에너지시스템 시범도시로 선정하였다.

3) 시범도시 조성계획

가. 사업개요

- 위   치 : 경기도 평택시 비전동, 죽백동, 동삭동 일원
- 면   적 : 3,021,281㎡ (913,938평)
- 사 업 비 : 약 15,000억원
- 사 업 기 간 : 2006.7 ~ 2011.12
- 사 업 목 적
  - 자연친화형 청정생태환경도시 건설
  - 신·재생에너지시스템의 에너지혁신도시 건설
- 용 역 현 황
  - 도시경관계획　　　　　　　　- 기본계획 및 지구단위계획
  - 생태환경계획　　　　　　　　- 기본 및 실시설계
  - 신·재생에너지시스템계획

나. 기본구상

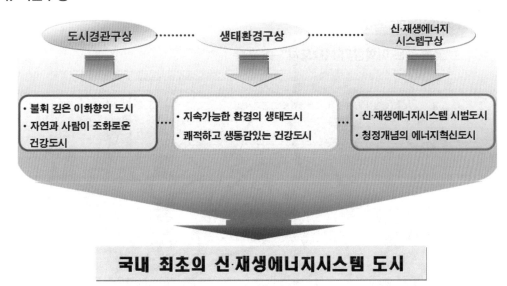

다. 부문별 구상

도시구상 시 도시의 미래에 대해 예상되는 얼굴을 분명히 할 수 있도록 기본계획 이전에 도시의 미래상을 전반적으로 구상하는 것이다. 그리고 개발방향의 설정과 가이드라인을 제시하고 지역 특성이 반영된 지역문화의 정착과 도시의 정체성을 확보하는 것이다. (도시미래이미지구상 : TIPS)

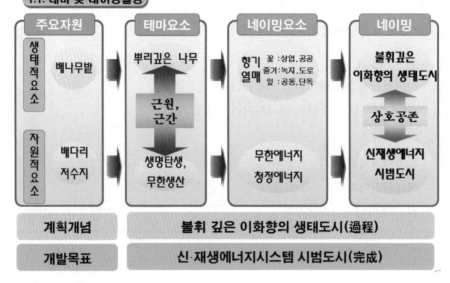

1.3. 주요랜드마크 구상 – 배다리저수지 전망타워

① 하단부는 피로티 형식으로 하여 보
　행공간 확보

② 전망타워 하부에 신·재생에너지 홍
　보관, 상부에 전망대 설치

③ 전망대 유리창에 홀로그램으로 배
　나무숲 영상을 투영하여 이화향의
　도시 상징

④ 벽면은 태양에너지 집광판을 부착
　하여 신·재생에너지 도시 이미지 부
　가

2. 생태환경구상

2.1. 생태환경 현황의 조사 및 분석

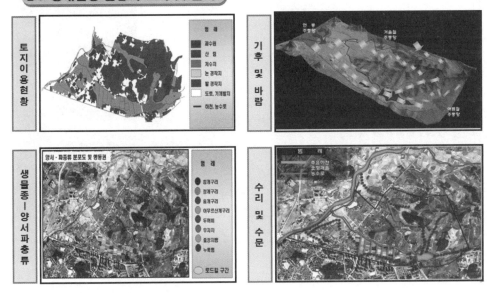

토지이용현황

기후 및 바람

생물종 – 양서파충류

수리 및 수문

가. 생태녹지시스템

1) 기본 방향
○ 녹지총량의 질적 · 양적 증진
○ 생태환경의 보전, 복원, 향상, 창출

2) 주요 기법
○ 생태환경을 고려한 단지 조성
○ 양호한 산림의 보전 : 참나무림의 보전
○ 단절된 생태계 연결 : Under-pass형
　생태통로, 연결녹지 등 조성
○ 단지내 소규모 비오톱 조성
○ 벽면 녹화시스템 도입

생태환경을 고려한 단지 조성

생태통로

Over-bridge 형　　　Under-pass 형

단지내 소규모 비오톱　　　벽면 녹화시스템

나. 물순환시스템

1) 기본 방향
○ 안정적 수량 확보
○ 습지 총량의 유지

2) 주요 기법
○ 안정적 수량의 확보 :
　- 기존 수원 + 하수처리장 처리수
　- 중수 및 빗물 활용, NDS 도입
○ 안전한 수질 유지 및 개선 방안
　- 유입수원의 수질 개선
　- 배다리저수지 및 이곡천 수질개선
○ 습지총량유지를 위한 향상습지 조성

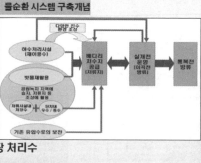

물순환 시스템 구축개념

단지 주변 소하천변 녹지공간

공원내 실개천

향상습지

● 향상습지 위치

3. 신·재생에너지 시스템 구상

3.1. 도입 배경 및 목적

기후변화협약
- 1992년 유엔환경개발회의 (리우선언)
- 1997년 교토의정서(Kyoto Protocol)채택
- 2005년 교토의정서 발효

정부 정책
- 신·재생에너지 기술개발 및 보급 확대
⇒ 2011년 총에너지 수요의 5% 보급

고유가 시대
- 총에너지 소비량의 97% 수입에 의존
- 에너지수입 지출 과다 - 총수입 1/4
- 건물부문 에너지 소비 - 전체 25%

목 적
- 정부정책의 선도적 지원 및 대표적 에너지 절약형도시 구상
⇒ 신·재생에너지시스템 시범도시 건설

3.2. 도입 계획

구분		태양광	태양열	지열	연료전지	비고
주택부문	단독주택	O	O			
	공동주택	O				
공공시설부문	학교	O	O	O	O	
	공공시설	O	O	O	O	
	테마공원등	O				
	상징타워(홍보관)	O		O	O	

라. 종합개발구상

토지이용구상
- 지역 및 생활권별 중심성을 고려한 시설배분
- 다양한 문화, 쇼핑, 엔터테인먼트 기능 도입

교통·동선구상
- 자연친화형 가로망 구성 및 가로경관의 다변화
- 주요 도로에 보행자 및 자전거 Network체계

공원·녹지구상
- 다양한 체험을 고려한 테마공원 조성
- 녹지 및 수순환체계의 네트워크화

지역Community 구상
- 저수지 및 이곡천 공간을 Public Community 화
- 지역정서를 느낄 수 있는 농촌체험학습장 조성

마. 종합개발계획

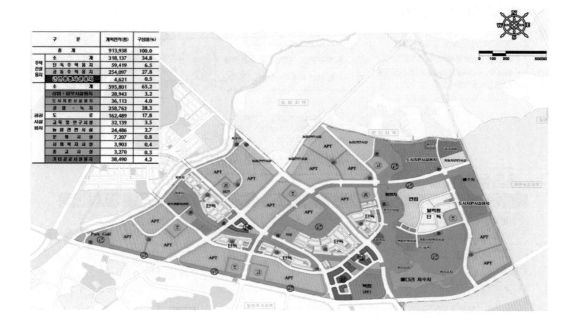

구 분		계획면적(평)	구성비(%)
총 계		913,938	100.0
주택 건설 용지	소 계	318,137	34.8
	단독주택용지	59,419	6.5
	공동주택용지	254,097	27.8
	근린생활시설용지	4,621	0.5
공공 시설 용지	소 계	595,801	65.2
	상업·업무시설용지	28,943	3.2
	도시지원시설용지	36,112	4.0
	공 원 · 녹 지	258,762	28.3
	도 로	162,489	17.8
	교육 및 연구시설	32,139	3.5
	농림관련시설	24,486	2.7
	운 행 시 설	7,207	0.8
	사 회 복 지 시 설	3,903	0.4
	종 교 시 설	3,270	0.3
	기타공공시설용지	38,490	4.2

바. 신·재생에너지 시설 계획

① 시설도입계획

구분		태양광	태양열	지열	연료전지
주택부문	공동주택	○			
	일반주택	○	○		
공공시설 부문	학교	○	○	○	○
	공공청사	○	○	○	○
	테마공원 등	○			
	홍보관(상징탑)	○		○	○

② 예상 발전량

구분		소계	태양광	태양열	지열	연료전지
주택부문	공동주택	4,261	4,261			
	일반주택	4,501	2,255	2,246		
공공시설 부문	학교	2,254	200	126	398	1,530
	공공청사	6,974	586	404	1,484	4,500
	테마공원 등	175	175			
	상징타워	2,116	82		386	1,648
합계		20,281	7,559	2,776	2,268	7,678

※ 신·재생에너지 보급목표 : 약 5.0%
- 2011년 정부목표 : 5%(태양광, 태양열, 지열, 연료전지 부분 : 0.36%)

③ 소요비용 및 투자분담(단위 : 억 원)

구분	설치비	재원조달(안)		비고
		토공	정부·분양자 등	
단독주택	196		196	태양광, 태양열
공동주택	267		267	태양광
학교	52		52	태양광, 태양열, 지열, 연료전지
공공청사	158		158	
테마공원	11	11		태양광
홍보관에너지	46	46		태양광, 지열, 연료전지
홍보관 건립	143	143		기타 부대시설 포함
합 계	873	200(23%)	673(67%)	

※ 평택소사벌지구의 사업기간 및 건축공사기간을 감안 연차별 분할지원
   공공시설의 수요자는 건축공사비의 5% 자체부담

④ 정부의 지원 방안

신·재생에너지의 조속한 보급 확대와 관련 산업의 육성지원 등 다양한 정책목표 실현을 위해 국내 최초로 시행하는 시범보급사업임을 감안, 정부와 「신·재생에너지 시범보급사업 협약」을 체결하였다.

2.5 부문별 신·재생에너지 조성계획

1) 평택소사벌지구 신·재생에너지시스템 설치 규모

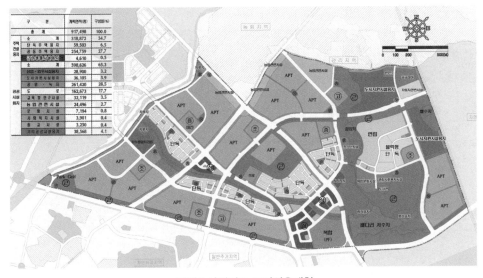

평택소사벌지구 토지이용계획

구분		설치규모 및 비용				
		설치규모	정격출력/면적	전력/열 생산 (MWh/a)	TOE 환산 (TOE/a)	설치비용 (억 원)
전기	태양광	62,752m²	6,275kWp	7,559	1,623	471
	연료전지	4,001MWh/a	913kWel	4,001	859	183
열	연료전지	전기에너지의 91.9%	913kWel	3,678	316	0
	지열	2,268MWh/a	147RT	2,268	195	7
	태양열	2,776MWh/a	9,255m2	2,776	239	69
합계				**20,282**	**3,232**	**729**

2) 단독주택 : 624세대

토지이용계획에서 주거지역의 단독주택 624세대에 태양광, 태양열을 도입한다.

신·재생에너지 시스템 구상 - 단독주택

신·재생에너지 설치규모 및 비용

구분		설치규모 및 비용				
		설치규모	정격출력/면적	전력/열 생산 (MWh/a)	TOE 환산 (TOE/a)	설치비용 (억 원)
전기	태양광	18,720m²	1,872kWp	2,255	484	140
열	태양열	12m²/세대	7,488m²	2,246	193	56
합계				**4,501**	**677**	**196**

3) 공동주택(아파트, 연립주택) : 842천m²

토지이용계획에서 공동주택의 아파트, 연립주택 842천m²에 태양광을 도입한다.

신·재생에너지 시스템 구상 - 공동주택

▌ 설치 가용면적 산정

구분	계획(안)면적(m²)	건폐율(%)	설치면적비율(%)	설치가용면적(m²)
공동주택	842,179	14	30	35,372

▌ 신·재생에너지 설치규모 및 비용

구분		설치규모 및 비용				
		설치면적 (m²)	정격출력 (kWp)	연간전력생산 (MWh/a)	TOE 환산 (TOE/a)	설치비용 (억 원)
전기	태양광	35,372	3,537	4,261	915	265

4) 학교(초·중·고등학교) : 8개소

토지이용계획 중 공공시설인 학교 용지 8개소에 태양열, 태양광, 연료전지, 지열을 도입한다.

신·재생에너지 시스템 구상 - 학교

▌신 · 재생에너지 설치규모 및 비용

구분		설치규모 및 비용				
		설치규모	정격출력/면적	전력/열 생산 (MWh/a)	TOE 환산 (TOE/a)	설치비용 (억 원)
전기	태양광	1,650m²	165kWp	199	43	12
	연료전지	797MWh/a	182kWel	797	171	36
열	연료전지	전기에너지의 91.9%	182kWel	733	63	0
	지열	398MWh/a	26RT	398	34	1
	태양열	126MWh/a	419m2	126	11	3
합계				**2,253**	**322**	**52**

5) 공공시설 : 14개소

유치원, 보육시설, 공공청사, 종합의료시설, 사회복지시설, 체육시설 등 14개소에 태양광, 태양열, 연료전지, 지열을 도입한다.

신 · 재생에너지 시스템 구상 - 공공시설

▌신 · 재생에너지 설치규모 및 비용

구분		설치규모 및 비용				
		설치규모	정격출력/면적	전력/열 생산 (MWh/a)	TOE 환산 (TOE/a)	설치비용 (억 원)
전기	태양광	4,870m²	487kWp	586	126	37
	연료전지	2,345MWh/a	535kWel	2,345	504	107
열	연료전지	전기에너지의 91.9%	535kWel	2,156	185	0
	지열	1,484MWh/a	96RT	1,484	128	4
	태양열	404MWh/a	1,348m²	404	35	10
합계				6,975	978	158

6) 공원 등 : 약 400개

토지이용계획 중 공원부지에 공원 등 약 400개소에 태양광을 계획한다.

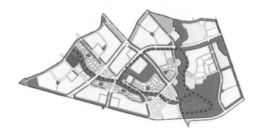

신·재생에너지 시스템 구상 - 공원 등

▌신·재생에너지 설치규모 및 비용

구분		설치규모 및 비용				
전기	태양광	설치면적 (m²)	정격출력 (kWp)	연간 전력생산 (MWh/a)	TOE 환산 (TOE/a)	설치비용 (억 원)
		175	145	1,450	38	11

※ 공원 내 거리 8km에 20m당 1개 공원 등을 설치할 때 필요한 전력을 태양광으로 생산한다.

7) 상징타워

신·재생 시범도시의 정체성을 위해 중앙부에 상징타워를 계획하에 태양광, 연료전지, 지열을 도입한다.

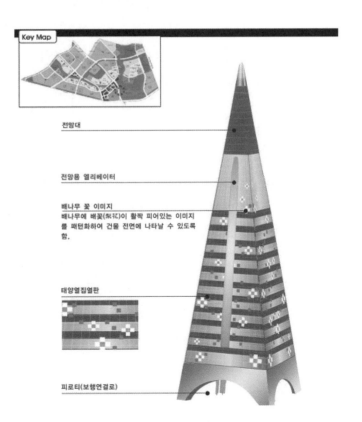

▌신·재생에너지 설치규모 및 비용

구분		설치규모 및 비용				
		설치규모	정격출력/면적	전력/열 생산 (MWh/a)	TOE 환산 (TOE/a)	설치비용 (억 원)
전기	태양광	686m²	69kWp	83	18	5
	연료전지	858MWh/a	196kWel	858	184	39
열	연료전지	전기에너지의 91.9%	196kWel	789	68	0
	지열	386MWh/a	25RT	386	33	1
합계				2116	303	45

2.6 성공적 신·재생에너지 시스템 구축을 위한 제언

평택소사벌지구는 이상과 같이 신·재생에너지의 개념과 필요성, 정부의 신·재생에너지 정책, 국내외의 신·재생에너지 기술개발 및 적용사례 등 체계적인 조사·분석 과정을 거쳐 국내 최초이자 세계적 수준의 신·재생에너지 시범도시로 조성계획을 수립하게 되었다.

이러한 신·재생에너지 시범도시를 조성하고자 하는 주요 목적은 앞에서 언급한 바와 같이, 국제기후변화협약이나 에너지 고갈위기에 대비하여 신·재생에너지 기술개발 및 보급·확대의 필요성이 국가의 주요 정책과제로 부각되고 있는 점을 감안하였다.

최대 에너지 소비주체인 도시를 건설하는 공기업으로서 한국토지공사의 역할인식을 바탕으로 택지개발사업 초기단계부터 신·재생에너지시스템 기반의 주거단지를 조성하여 정부의 "기후변화협약 종합대책"이나 "신·재생에너지기술개발 및 이용보급 확대" 정책에 적극 참여하고, 더불어 화석에너지의 사용을 최소화한 에너지혁신도시 건설을 통해 미래세대가 쾌적한 환경 속에서 건강하게 생활할 수 있는 지속 가능한 도시를 건설하는 데 있다 할 것이다.

한편 본 시범도시의 필요성을 인식한 정부도 한국토지공사와 "신·재생에너지공급 시범보급사업 협약"을 체결하여 대규모 국고보조 등 정책적 지원을 결정하게 되었는데, 본 시범도시는 앞으로 조성되는 신도시, 택지 및 산업단지 등 다양한 조성사업의 좋은 사례가 될 것으로 기대하며, 이를 계기로 관련 분야 산·학·연 등의 성장 기반이 강화되기를 기대하고 있다.

이에 주택단지 또는 신도시 등 건설 시 효과적인 신·재생에너지시스템 도입을 위한 향후 개발 방향에 대하여 다음과 같이 추가 제언해보고자 한다.

① 정부정책과 연계된 체계적 개발
- 투자비용에 대한 효과적 대처로 사회적 비용 저감
- 정부와 국민, 기업의 지속적 관심으로 에너지혁신 초석 마련
- 기후변화협약 등 대내외 환경변화에 적절히 대응할 수 있는 기반 확보
- 신·재생에너지의 필요성에 대한 국민적 관심 고취 및 홍보

② 신·재생에너지설비의 사후관리 철저
- 신·재생에너지설비 설치 후 지속적 이용이 가능하도록 정기적인 점검과 체계화된 관리 필요
- 사업주체(시행자, 건설업체)와 신·재생에너지설비 설치/관리 업체 간의 지속적 커뮤니케이션을 위한 협의체를 구성·운영한다.

도농복합형 전원시범도시 개발계획(화성향남 2지구 중심)

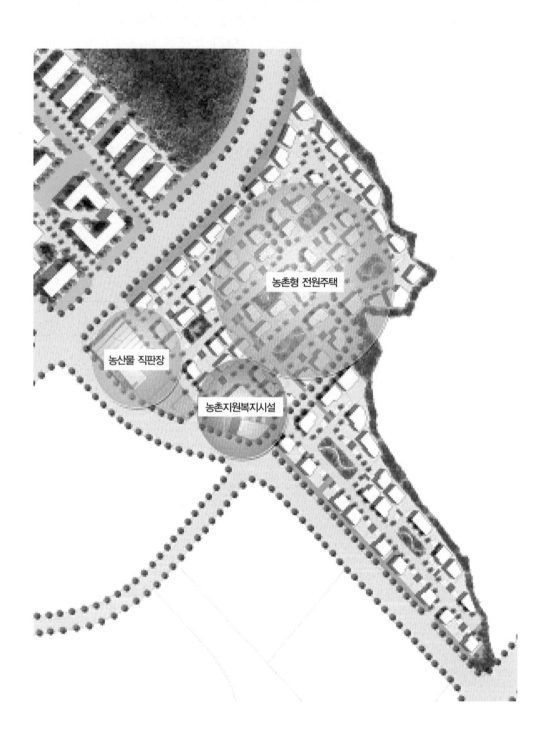

3. 화성향남 2지구 도농복합형 전원시범도시 개발계획

3.1 도농복합형 전원도시 계획방향

1) 도농통합의 개념

가. 도농통합의 기원

① 전원도시론(Ebenezer Howard, 1898)

　도농통합의 개념은 19세기 공업화의 도시과정에서 도시주택문제를 해결하기 위한 수단으로 제시된 전원도시론에서 출발하게 되었다. 전원도시론은 농촌적 생활을 영위하면서도 교육과 문화, 여가생활 등 도시적인 생활서비스가 갖추어진 자급자족형 신도시 개념이다.

② 도농통합 제시(Berner, 1972)

　전원도시론을 근간으로 개별 경영체의 영농규모 확대와 농촌인구 유지를 위해 안정된 농업활동 외 취업기회를 중소도시에서 제공하기 위한 수단으로 도농통합을 제시한 것이다.

③ 도시와 농촌의 연계(Rondinelli, 1983)

　농촌지역 발전은 도시와 고립된 상태에서 달성될 수 없으므로 중소도시의 경제적 다양성과 농촌자원을 효율적으로 활용할 수 있도록 도시와 농촌의 연계를 제기한 것이다.

나. 국내

　도농통합시 지정(1995)은 도농통합이론에 따라 "도농복합형태의 시 설치에 따른 행정특례 등에 관한법률"에 의거 도시와 농촌을 하나의 행정구역단위로 통합하는 통합 시 지정(1995~2000 : 40개)이며 이와 같은 공간적 통합은 단순히 행정구역단위의 통합만을 의미하며 기능적 통합의 연구 및 개발방안 필요성이 대두되고 있다. 기능적 통합이란 농촌에 중심을 두되 종래의 동질적인 농촌공간유지정책을 포기하고 도시적 요소와 농촌적 요소가 섞인 다원적 공간조성을 의미, 즉 동일한 마을에서 도시생활과 전원생활, 다양한 직업과 가치관을 가진 주민과 원주민들이 농촌경관을 해치지 않으면서 조화를 이루는 주거군을 형성한다.

2) 상위 국토정책의 변화

가. 정부의 주택정책 기조변화

우리나라 국토정책은 1972년부터 10년 주기로 작성되기 시작한 국토개발종합계획에서 주요 기조를 찾을 수 있다. 1차부터 3차 국토종합개발에 나타난 주택정책기조는 주로 주택보급률확산에 따른 대량공급 정책에 역점을 두었다.

제4차 국토종합개발계획(2002~2020)은 "살기 좋은 우리 동네 만들기"를 주요 목표로 선정함으로써 기존의 양적 공급위주에서 벗어나 쾌적하고 살기 좋은 근린공동체 형성에 주택정책의 중심을 두었다. 주요 추진계획방향으로는 커뮤니티 중심의 주거문화와 다양한 주택의 안정적 공급, 재고주택의 효율적 보존 및 관리, 소외계층의 주거정의 실현 등이 제시되었다.

4차 국토종합계획 제5대 주거부분 기본방향

기본방향	정책기조
커뮤니티 중심의 주거문화 형성	• 기존 단위주택중심의 공급 → 커뮤니티 중심의 주거단지 조성 • 미래의 주거단지는 문화지향적, 생태보존적, 자원 절약적 주거단지로써 공동체 의식을 갖고 더불어 사는 삶을 실현하도록 유도
다양한 주택의 안정적 공급	• 다양한 주거수요에 대응하는 주택공급 • 적정한 주거비 부담
재고주택의 효율적 관리	• 공동주택관리의 과학적 유지, 보수, 관리시스템 개발 • 주거단지 정비와 연계된 관리활동(관리서비스 질의 다양화)
소외계층의 주거정의 실현	• 주거복지정책의 적극적 도입과 시행 • 복지정책대상의 확대 적용(노인, 장애인 등 다양한 계층 포함)
주택산업 선진화 및 주거정책 인프라의 개선/정비	• 지식기반 산업으로써 고부가가치 산업인 주택산업 육성 • 최저주거기준과 유도기준 제시 • 국민 주거향상수단을 위한 법률 제정

나. 국토관리계획의 방향전환

주택정책의 변화와 함께 국토관리계획 또한 제4차 국토종합개발계획 이후 큰 변화를 보여주고 있다.

이러한 도시와 농촌의 분리에 의한 기존국토관리체계는 국토의 용도지역에도 반영되어 도시지역은 주로 주거와 상업, 업무, 공업 등 개발중심의 용도로 지정되었고 농촌은 생산녹지나 자연녹지, 농경지 등 보존중심의 용도로 지정됨에 따라 도시와 농촌의 불균형적 개발을 촉진하는 배경이 되기도 하였다.

도시(생활권 개념)	이분법적 개발체계	농촌(정주권 개념)
시급단위 개발 • 고층 고밀의 단지개발		면단위 개발 • 문화마을 조성 • 농촌휴양자원 개발사업

제3차 국토종합개발계획까지의 국토관리체계

국토종합개발계획이 수도권의 인구집중과 지가상승을 불러일으키고 도시지역의 가용택지부족 등의 문제를 유발시키자 제4차 국토종합개발계획 이후부터는 수도권 집중억제와 지방도시 및 농어촌 육성을 위해 국토관리체계를 도시와 농촌의 이분법적 체계에서 벗어나 상호 상생의 관계로 통합 관리하는 방안이 마련되었다.

이와 함께 시·군 행정권 통합을 위해 도시와 농촌을 통합 관리하는 도농통합정책을 시도하였으며 도시관리체계도 도시농촌 통합기본계획수립에 의한 종합적 관리를 추진하기에 이르렀다. 이러한 도농통합관리 체계의 추진과 함께 가용택지 부족에 따른 대체용지 개발의 필요성이 제기되었고 이에 대응하여 지역성에 근거한 농지 및 개발제한구역의 선택적 전용과 산지개발의 필요성이 제기됨으로써 도농통합지역의 대부분을 준도시지역이나 준농림지역으로 지정하여 개발 가능성을 열어두었다.

이에 2003년도에는 단순히 도시와 농촌의 통합에 의한 도농통합지역관리 차원에서 벗어나 기존의 도시와 비도시지역으로 구분 관리되어왔던 국토관리체계를 하나로 통합하여 관리하는 종합적 관리체계로 전환하였다.

이를 위해 국토개발 관련법 또한 국토3법(국토건설종합계획법, 국토이용관리법, 도시계획법)에서 국토2법(국토기본법, 국토의 계획 및 이용에 관한 법률)으로 개편하였고 "선계획-후개발" 원칙에 따라 도농통합지역 관리도 도시기본계획수립 범위 내에 포함되어 계획적 개발을 전제로 하도록 유도하고 있다.

3) 지자체의 도농통합지역의 주택정책 기조 및 개발방향

가. 지자체의 주택정책기조 및 촉진전략

(1) 경기도

경기도의 주택정책기조는 친환경적 시범단지 조성하고 도농통합형 주거단지 모델을 개발하는 것이며 생활권 중심의 공동체시설을 충족(공원 및 주차장 등)하고 지역 정체성을 확보하는 것이다.

(2) 화성시

화성시는 쾌적한 도시환경을 조성하고 친환경적 도시건설과 직주 근접형 신도시를 개발하여 도농 간 주거환경 격차를 해소하고 아파트 및 연립주택 확대하는 것이다.

나. 도농통합지역의 주택정책 및 개발방향

(1) 경기도

경기도의 주요 시책은 살기 좋은 주거환경, 지역 특성에 적합한 정주환경을 조성하는 것이며 그 개발방향은 생활권단위의 중심으로 거점마을조성, 직주 근접형 전원도시를 개발하는 것이다(농업인과 비농업인이 함께 공존하는 정주지 조성).

(2) 화성시

도시와 농촌이 상호 보완적 기능이 있는 주거단지 조성을 계획하여 도시민에게 자연환경 제공하고 농촌주민에게 도시 편익시설 등을 제공하는 것이다.

다. 지자체의 정책의지

이러한 지자체의 정책의지는 지역 간 주거환경의 질적 수준 격차를 해소하고 지역성, 지역고유 자연환경 보존하는 저밀도 전원형 주거단지 등을 장소마케팅으로 도농통합지역의 활성화를 도모하는 것이다.

4) 도농통합형 전원도시의 계획방향모색의 필요성

(1) 도시 – 농촌 간 주거환경 수준비교

① 거주현황(전용면적, 대지면적, 주택유형, 소유현황, 거주기간)
② 주택부대시설 및 설비수준(화장실, 부엌, 목욕, 취사, 난방)
③ 생활시설수준(상수도, 식수사용실태, 주차시설)
④ 주택노후화 정도(건축연도 등)

(2) 거주만족도 및 생활환경수준 비교

① 주택에 대한 만족도(농촌↑)
② 거주지역 선택 이유
  • 도시 : 경제적 사정 > 사업상 > 직장 > 옛날부터 살아옴
  • 농촌 : 옛날부터 살아옴 > 사업상 > 직장 > 경제적 사정

③ 주택에 대한 불만 이유
- 도시 : 작아서 > 낡아서 > 일조통풍 > 난방시설
- 농촌 : 낡아서 > 작아서 > 화장실 불편 > 경제적 가치가 없어서

④ 주거지역에 대한 만족도(농촌↑)

⑤ 주거지역에 대한 불만 이유
- 도시 : 교통사정 > 주차시설 > 공해 등
- 농촌 : 편익시설문제 > 교통사정 > 공해 등

(3) 도농통합지역 주거지 개발의 특성 및 문제점

① 주거환경수준 비교결과 농촌지역이 상대적으로 낮음을 알 수 있고 자치단체에서는 90년대 이후 부터 주거환경 정비사업 시행

② 농촌 생활환경 정비사업
- 문화마을 조성사업(전국 190개 지구)
- 전원주택단지 및 아파트개발(민간업자)

③ 도농통합지역 주거지 개발의 문제점
- 난개발의 확산 : 지역 전체에 대한 계획 없는 소규모, 단위사업
- 소규모에 따른 부대복리시설 및 편의시설 부족
- 지역주민의 생활을 수용하지 못하는 단지계획
- 지역환경과 일체되지 못한 건축물 디자인
- 계획수준의 저열화 및 질 낮은 시공수준
- 획일적이고 불필요한 부대복리시설 설치
- 영세 민간사업자의 부실화로 인한 주민피해 증가

④ 전원도시 계획방향 설정의 틀
- 자연환경이나 생활여건 등을 고려한 지역 특성의 주거환경계획을 전제
- 공간환경특성, 거주자의 계층특성, 잠재수요 요구분석 필요

3.2 화성향남 2지구 개발개요

1) 개발배경 및 목적

가. 개발배경

지난 근대화, 산업화, 도시화 과정에서 대도시 중심의 이른바 성장거점이 집중적으로 개발되었고 농촌은 도시민을 위한 식량 공급 기지이자 도시용 토지개발을 위한 유보지 정도로 인식되어왔다.

도시의 거대화와 함께 교통, 통신의 발달로 도시와 농촌이 기능적으로 급속하게 통합되어가면서 기존의 개념으로 보았을 때 도시도 아니고, 농촌도 아닌 도·농 복합 성격의 지역이 등장하게 되었다.

화성시는 2000년 12월 20일 도농복합시로 승격되었으며 도농복합시의 도시공간구조 및 상위계획을 반영한 중심도시로서 향남2지구의 개발계획이 필요하다.

나. 개발목적

도농복합도시의 도시공간구조 및 상위계획을 반영한 화성시 중심생활권으로서 향남2지구의 도시 – 농촌 간 유기적 연계를 강조한 쾌적한 주거 및 자족기반 확보방안 등 계획개발이 필요하다.

단순한 토지이용에 의한 용도 구분에 머무르는 것이 아닌, 도농복합도시가 지니고 있는 지역 고유의 어메니티를 활용한 차별화된 도시경관 형성 및 개발기법 제시한다.

따라서 도농통합도시 지역구조의 이해와 면밀한 현안문제 검토를 통해 도농복합형 도시개발 모델을 정립함과 동시에 각 계획 간의 연계방안 및 제도개선방안을 제시하는 등 입체적으로 개발코자 한다.

2) 개발의 범위

가. 공간적 범위

① 위치 : 화성시 발안생활권 및 화성향남 2택지개발지구
② 면적 : 3,202,858m²

나. 내용적 범위

① 도농복합도시 개념 및 관련 제도 이해
② 도농복합지역의 지역개발방향 모색의 필요성

③ 국내외 도농복합지역의 입지별 개발특성 및 계획기법 연구·분석

④ 도농복합지역의 계획방향 및 모델정립

⑤ 화성향남2지구 도농복합형 전원도시 개발전략 및 개발계획수립

⑥ 도농복합도시 개념 및 관련 제도 이해

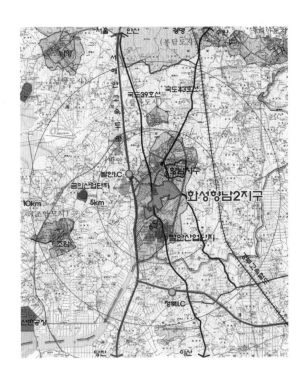

3) 개발의 주요내용

① 도농복합지역의 지역개발방향 모색의 필요성

② 국내외 도농복합지역의 입지별 개발특성 및 계획기법 연구·분석

③ 도농복합지역의 계획방향 및 모델정립

④ 화성향남2지구 도농복합형 전원도시 개발전략 및 기본구상수립

⑤ 도농복합도시 지역개발방향 정립의 필요성 제시

⑥ 도농복합도시의 지역 공간구조 및 현안문제 검토를 통한 도농복합형 도시개발모델 제시

⑦ 개발모델에 준거한 중심생활권으로서 향남2지구의 도입기능 및 개발구상, 경관 형성 방안 등 개
발방안

주요 이슈	중점 검토사항
도농복합도시 지역개발방향 정립의 필요성	• 도농복합도시의 개념정립 및 관련법제도 검토 • 제외국의 관련법제도 검토 및 시사점 도출 • 도농복합도시 지역개발 특성 및 문제점 분석 • 도농복합도시 지역개발 기본방향 정립
도농복합형 도시개발모델 제시	• 국내외 도농복합도시 개발사례 분석 및 계획기법 비교 • 도농복합도시의 공간구조 해석 및 입지별 주요 계획방향과 계획요소 도출 • 도입기능, 적정개발밀도, 경관조성 등 도농복합형 도시개발 모델 제시
화성향남2지구 개발전략 및 기본구상 수립	• 화성시 공간구조상의 향남2지구 입지적 특성 및 현황 여건 분석 • 개발 잠재력 및 문제점 도출 • 도농통합형 도시개발을 위한 생활권 설정 및 도입기능 구상 • 기본구상(안) 작성 및 부문별 구상 • 경관 형성 및 도시특화방안 제시

4) 개발의 방법

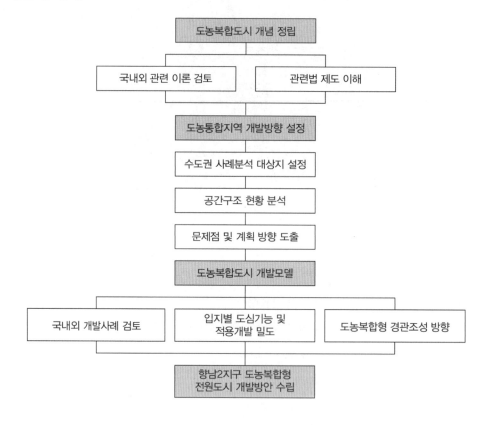

3.3 화성향남 2지구 도농복합형 전원도시 개발전략 및 기본구상수립

1) 입지 및 주변여건 분석

가. 대상지 현황

(1) 대상지 개요

① 대상지 : 화성향남2 택지개발지구

② 면적 : 3,202,858m^2

③ 위치 : 서울남측 52km, 수원 남서측 15km, 오산서측 10km 지점에 위치

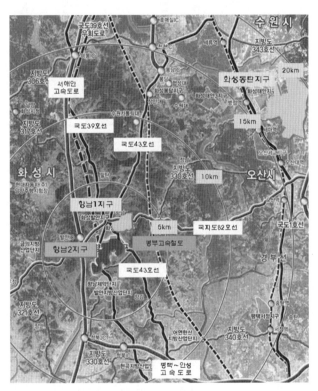

향남 2지구 위치도

(2) 광역교통망 현황

① 지구 서측 1.5km에 서해안고속도로(발안IC)가 통과하며 국도43호선과 39호선 및 국가지원지방
  도82호선과 팔탄 북부 우회도로가 통과

② 서해안 I.C 국도 39, 43, 82호선이 인천, 수원, 안산, 오산과 연계되고 지방도345호선이 갈천, 증거

를 거쳐 정남으로 연계되며 진행 중인 지방도330호선은 관리 – 화리 – 현리 – 상신리 – 기아자동차, 현대자동차까지 관통됨

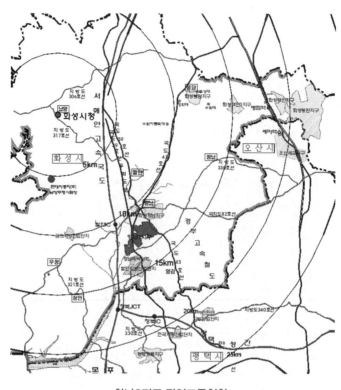

향남2지구 광역교통현황

(3) 인문사회적 특성

① 향남면 총인구 : 16,551명

② 향남면 총가구 : 6,539호

③ 농가 : 1,475호/비농가 : 5,064호

④ 남양만으로 연계한 경지 정리된 400ha의 논과 기타 지역 2,500ha의 토지와 임야를 이용한 농·축산업이 고루 발달

⑤ 3.1 운동 순국유적지가 위치

(4) 자연적 특성

① 표고분석

표고분석은 지구 내 지역에 대한 지형의 표고별로 분포도를 나타낸다.

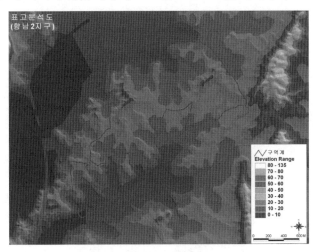

향남2지구 표고분석

구분	계	0-10	10-20	20-30	30-40	40-50	50 이상
면적(㎡)	3,176,010	62,480	561,862	1,249,837	1,001,562	284,849	15,420
비율(%)	100	2.0	17.7	39.3	31.5	9.0	0.5

② 경사도분석

경사도분석은 지구 내 지역에 대한 경사도에 따라 분포도를 나타내었다.

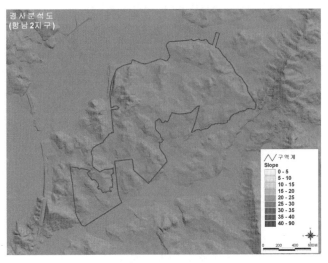

향남2지구 경사도 분석

구분	계	0-10	10-20	20-30	30-40	40 이상
면적(m²)	3,176,010	2,802,910	320,691	38,775	11,156	2,478
비율(%)	100	88.2	10.1	1.2	0.4	0.1

③ 토지이용현황

토지이용현황은 지구 내의 지역에 대한 지목별로 분포도를 나타내고 있다.

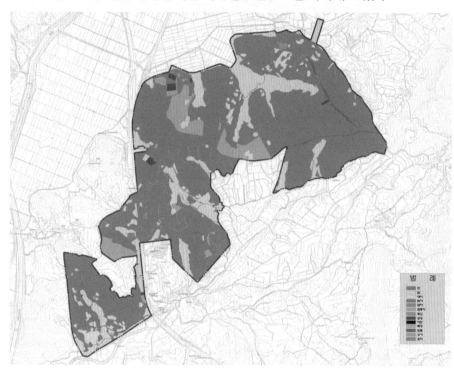

향남2지구 토지이용현황

구분	계	대지	농지	임야	기타
면적(천 m²)	3,176	129	1,380	1,254	413
비율(%)	100	4.1	43.5	39.4	13.0

(5) 대상지 현황

지구 내외 대상지의 현황은 이동상황에 대한 모습을 전경으로 나타내고 있다.

향남2지구 현황사진

(6) 대상지 주변 개발현황

① 북서측에 발안 구시가지 및 향남1지구 입지

② 남측에 인접하여 향남제약공단 및 발안지방산단(558천 평, 토공)과 북서측 2.1km 지점에 발안택지지구(62천 평, 주공) 입지함

화성향남지구 택지개발사업

구분	내용
사업개요	• 위치 : 경기도 화성시 향남면 행정리, 방축리, 도이리 일원 • 사업면적 : 1,636,788m²(495,128평) • 사업기간 : 2002. 2.~2006. 12. • 수용인구 : 31,722인(10,713세대)
사업 목적	• 주변의 산재된 산업단지 배후주거단지로서 역할 수행 • 경기 서남부지역의 균형개발과 정비를 위한 계획적 개발사업 추진 • 친환경적 주거단지 건설로 쾌적하고 차별화된 단지조성
추진경위 및 향후추진계획	• 1997. 2. 27. 택지개발예정지구 지정(건설교통부 고시 제1997-68호) • 2008. 12. 사업 준공
사업시행자	• 한국토지공사

화성향남지구 택지개발사업(계속)

구분	내용
토지이용계획	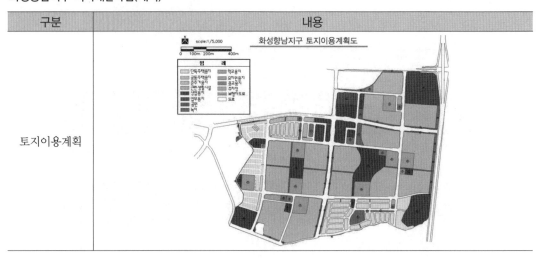

발안지방산업단지 개발사업

구분	내용
사업개요	• 위치 : 경기 화성시 향남면 구문천리, 상신리, 하길리 일원 • 사업면적 : 1,845,700㎡(558,324평) • 사업기간 : 1997~2006
사업목적	• 서해안시대에 대비한 경기지역 경제발전의 거점적 역할 수행 • 수도권 내 성장관리와 지역경제 활성화 도모 • 경제적이고 효율적인 산업단지 개발 공급
추진경위 및 향후추진계획	• 1997. 9. 1. 지구지정 및 개발계획승인 • 2001.12.14. 용지보상 착수 • 2002. 9. 4. 공사착공 • 2005. 3. 공사 준공 • 2006.12. 사업 준공
사업시행자	• 한국토지공사
토지이용계획	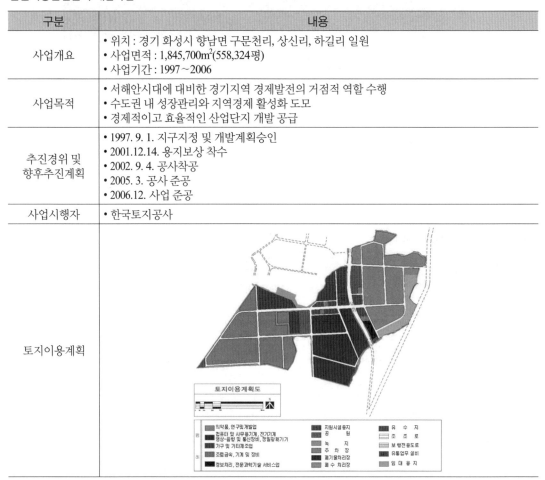

나. 대상지 주변 현황 분석

① 향남2지구 북측으로 향남1지구와 발안지구가 각각 농림지역 및 취락지역으로 분리되어 개발되고 있어 차후 향남2지구와의 통합생활권 구축방안이 마련되어야 할 것이다.

② 대상지 인접 주변지역에는 소규모 취락이 분포하며 공공시설이 부족한 실정이므로 향남2지구가 중심지로서 배후농촌지역을 지원해주는 기능이 필요하다.

③ 남측으로 발안산업단지와 향남제약공단이 위치하여 산업근로자의 배후주거지기능이 필요하다.

④ 대상지 남서측에 4호, 5호 근린공원이 위치하고 주변 양호한 녹지축을 보존하는 녹지계획이 이루어져야 한다.

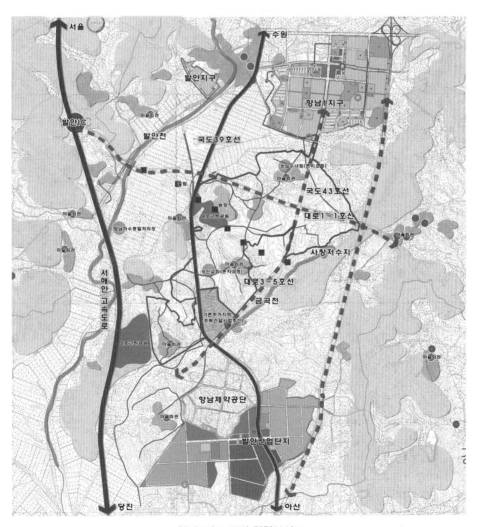

향남2지구 주변 현황분석도

2) 관련계획 검토

가. 청정화성 2020

(1) 생활권별 구상

생활권	행정구역	발전구상
태안 생활권	태안 봉담 동탄 정남	• 본격적인 R&D(연구개발) 기능 및 첨단산업벨트조성 • 시가지정비사업의 추진 • 복합유통단지개발로 지역생활편의성 제고(정남) • 택지수요의 계획적 수용과 청정형 전원주택 단지조성 • 문화관광 및 휴양수요의 흡수
발안 생활권	향남 우정 장안 양감 팔탄	• 발안(향남) 조암의 시가화 급성장에 따른 교육·문화중심 기능강화 • 공업수요의 계획적 수용으로 지역환경 보전 • 남양호, 화옹호 및 관광자원의 가치 극대화 • 온천지구를 체류형 관광기지로 개발 • 발안, 조암지역의 시가지정비 및 개발 조기 추진
남양 생활권	남양 서신 송산 마도 비봉 매송	• 남양의 중심지 기능강화 • 자연자원의 가치 극대화 • 지역고용기반의 확충 • AUTOPIA 조성계획 및 부품관련 유통기지 조성 • 시화매립지 2단계 개발의 도시적 개발추진 강화
화성시 공간구조	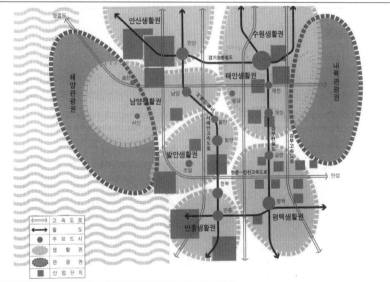	

나. 화성도시기본계획

(1) 도시기본구상

① 도농복합 정주체계 형성 및 지역균형개발도모

② 자족적 기능의 완벽한 산업시설 확보를 통한 지역경제 성장유도

③ 효율적이며 기능적인 교통정책의 실현

④ 도시와 전원생활이 공존하는 친환경적 도시조성

⑤ 교육·연구기능 및 문화·관광 중심도시로 육성

(2) 생활권 계획

생활권 구분

대생활권	중심생활권	소생활권
1개 대생활권	3개 중권	15개 소권
화성대생활권	태안생활권	4개 소권
	발안생활권	5개 소권
	남양생활권	6개 소권

(3) 발안생활권

발안생활권 구상

발안생활권	
행정구역	향남, 우정, 장안, 양감, 팔탄
특성	아산만권 배후도시인 향남면 등이 포함되는 본 권역은 54,000명 이상이 거주하고 있는 구역으로서 권역 내에 기아자동차가 위치하고 있으며, 근접해 있는 포승국가공단(247만 평) 등을 비롯한 아산만권의 대규모 산업체에 커다란 영향을 받고 있는 지역임
기본방향	서해안의 중추산업지대로서의 경제활력을 지역생활편의성 향상으로 연결하고 관광자원개발과 농업생산환경을 중시
발전구상	• 발안(향남), 조암의 시가화 급성장에 따른 교육·문화중심기능 강화 • 공업수요의 계획적 수용으로 지역환경 보전 • 남양호, 화옹호 및 관광자원의 가치 극대화 • 온천지구를 체류형 관광기지로 개발 • 발안, 조암지역의 시가지정비 및 개발 조기 추진

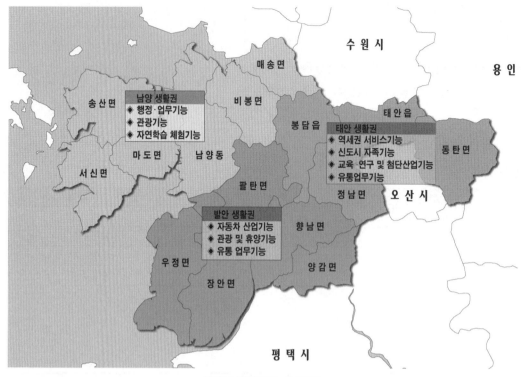

화성시 생활권별 개발방향

다. 화성중장기 발전계획

(1) 지역 현안과제

① 낙후한 기존 시가지

발안/조암권은 화성시의 남부지역에 위치하고 있으며 수도권의 주요 발전축과 원격화되어 있어 개발 및 발전 속도가 비교적 낮은 수준이었으나, 최근 서해안고속도로의 개통, 평택항 개발 등 개발여건이 성숙됨에 따라 발전 속도가 점차 증가하고 있는 상황이다.

현재 지역 중심으로는 팔탄, 향남, 조암 등이 있으나, 지금까지 도시기반시설 정비, 계획적 개발의 유치 등 지역 발전을 향상시킬 수 있는 기회가 많지 않았기 때문에 비교적 낙후된 모습을 보이고 있다.

② 산업시설의 무계획적 입지

발안/조암권의 특징은 서해안 고속도로와 1번국도 사이에 위치하고 있고 전반적으로 평탄한 지형과 간선시설 활용 가능성, 저렴함 토지 가격 등으로 중·소규모의 산업시설이 집중적으로 입주하고 있다는 것이다.

그러나 이 지역은 공장 등 산업시설이 계획적으로 입주할 수 있는 도시 공간, 시설 및 여건이 마련되어 있지 않은 관계로 과거 준농림 지역에 개별공장이 집중적으로 입주하여 지역 이미지와 생활여건, 자연경관 등 여러 부문에 걸쳐 부정적 영향을 제공하는 요인으로 작용하고 있다.

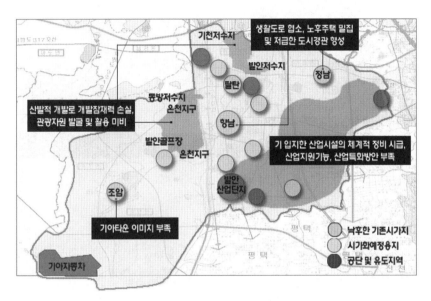

발안/조암권 지역 현안과제

(2) 지역개발 추진전략

① 산업중심지로의 성장 촉진방안

　㉠ 산업지원 업무단지 조성

　㉡ 중소기업 근로자들을 위한 배후주거단지 조성

　㉢ 산업시설의 체계적 정비 및 특화

② 관광자원의 효율적 활용을 위한 관광밸트의 구축

　발안/조암지역에 산재하여 있는 관광자원을 효과적으로 개발·발전시키고, 그 효과를 주변지역에 파급시킬 수 있도록 관광벨트를 구축하도록 한다.

③ 낙후된 기존 중심시가지의 활성화

　㉠ 혼용방식의 사업방식에 의한 도시개발과 기성시가지 정비 동시 추진

　㉡ 기존 상업중심지를 현대식 특화 상점거리로 재편

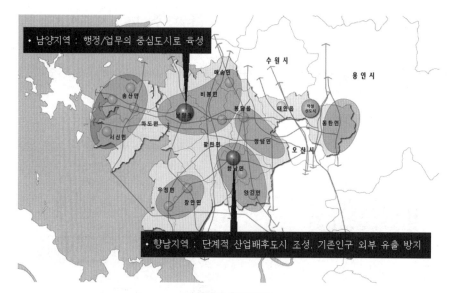

지역개발 추진전략

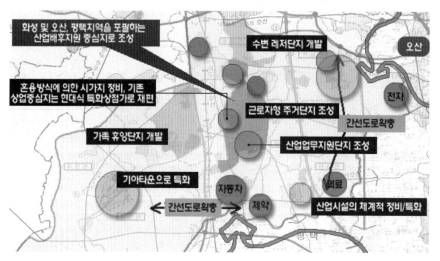

지역개발 추진전략

(3) 지역종합정비계획의 주요내용

① 산업지원 업무단지 개발계획 수립

② 산업특화지역의 조성방안 및 정비계획

③ 기업근로자 주택단지 개발모형 및 기업형 도시 개발방안

④ 혼용방식에 의한 기성시가지 정비 사업화 계획

⑤ 온천관광단지 등 관광단지의 개발계획 및 주요기능 유치계획

⑥ 산업중심지로서의 성장을 위한 도시기반시설 설치계획

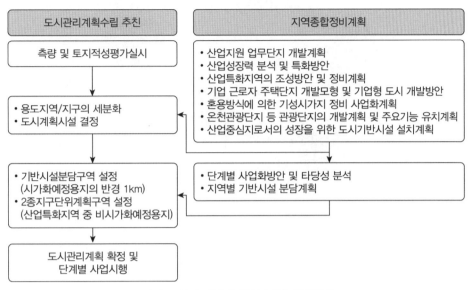

발안/조암권 지역정비의 단계별 추진방안

3) 향남2지구 계획목표 설정

가. 향남2지구의 개발방향 설정

(1) 도농복합생활거점

① 주변지역을 포괄하는 생활중심기능 확보
② 신구주민이 융화될 수 있는 안정적 생활기반 구축

(2) 전원생활 체험도시

① 자연자원(수림, 농경지)을 활용한 어메니티 창출
② 도시경관과 농촌경관의 조화 유지
③ 신입주민에 농촌체험기회 부여

(3) 지역산업 지원중심

① 화성시 산업구조 개선 및 지원 중심도시
② 농업생산성 향상을 위한 도농교류기능 확보

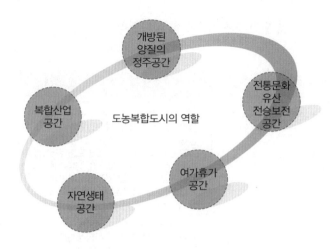

나. 주요 추진전략

① 향남2지구의 주요 추진전략은 산업, 주거, 생활환경, 경관 및 자연환경 보전, 교통 측면으로 구분할 수 있다.

② 우선 산업 측면에서 지역성장산업의 지원체제의 구축 및 농촌특화산업을 강구해야 한다.

③ 바이오산업, 농촌관광산업, 자연친화 산업의 육성을 통해 지역 고용창출을 높이는 역할을 할 수 있다.

④ 생산, 가공, 유통에 이르는 농업활동 제품을 지역의 상품화로 발전시켜 지역농촌의 도농교류를 활성화하며 농촌은 농업생산기반으로 보전할 수 있도록 한다.

⑤ 주거 측면에서 추진전략은 기존 농촌 커뮤니티의 보전과 전원생활을 하기 위해 유입하는 도시민을 위한 쾌적한 정주환경을 만드는 데 있다.

⑥ 주변 산업근로자를 위한 임대주택 공급 등 안정적 정주기반 구축이 필요하다.

⑦ 생활환경 측면에서는 주변배후 농촌지역을 포괄하는 생활권설정으로 상업, 위락, 문화, 교육 서비스가 제공되어야 한다.

⑧ 도농교류의 활성화를 위한 지역생산품의 판매와 전통문화 체험의 장, 시민농원 등의 조성 및 관련 프로그램의 개발이 필요하다.

⑨ 경관 및 자연환경 보전 측면에서는 주변지역과 유기적으로 연계된 녹지축을 설정하여 광역녹지축의 유입을 유도한다.

⑩ 자연지평을 고려한 개발로 주거 밀도 및 주택유형을 다양하게 배분한다.

⑪ 교통 측면에서는 주변 농촌지역과 향남2지구의 연계도로망을 갖춰 주변 농촌지역으로 서비스가 편리하도록 계획한다.

⑫ 주요 도시와 연계를 위한 대중교통 터미널을 설치하도록 한다.

주요 추진전략

산업 측면	• 지역성장산업의 지원체제의 구축 및 농촌특화산업(바이오산업, 농촌관광산업, 자연친화산업)의 전략적 육성을 통한 고용 잠재력 확대 • 생산,가공,유통에 이르는 농업활동의 상품화(그린투어리즘)을 통한 농촌경제 활성화 및 농업 생산기반 보전 • 지역 내 고용촉진을 위한 교육 훈련프로그램 확대(고용센터, 직업훈련원, 기술계고등 학교 등)
주거 측면	• 기존 농촌 커뮤니티의 보전과 전원형도시민을 위한 정주환경(전원주택, 별장형 주택 등) 조성 • 임대주택공급 등을 통한 산업종사자의 안정적 정주기반 구축
생활환경 측면	• 주변배후 농촌지역을 포괄하는 생활권 설정 및 상업 위락, 문화, 교육서비스 제공 • 도농 교류 활성화를 위한 지역농산물판매, 지역전통문화 체험의 장, 시민농원 등의 조성 및 관련 프로그램 개발 및 지역홍보의 충실(지자체의 역할 중요)
경관 및 자연환경 보전 측면	• 주변지역과 유기적으로 연계된 공원 녹지 체계 구축 • 자연지형을 고려한 주거 밀도 및 주택유형 배분 • 주변지역의 자연 및 농업환경보전을 위한 완충녹지대 설치
교통 측면	• 기존취락 등 주변지역과의 연계 도로망 확보 • 주변마을 및 중심지와 연계된 정기대중교통망 구축 • 주요 도시로의 연계를 위한 대중교통 터미널 설치

다. 주요 도입기능 및 시설

① 자족기능의 확보를 위해 중소기업진흥을 위한 시설을 도입하도록 한다. 중소기업전시장, 창업 보육, 산학연 교류센터 등의 시설도입이 필요하다.

② 배후 농촌지역의 활성화를 위한 시설로 첨단농업과 벤처농업을 교육, 지원할 수 있는 시설도입이 필요하며 시민농원, 체험 농장 등 그린투어리즘을 활성화할 수 있는 시설을 도입하도록 한다.

③ 향남2지구는 발안생활권의 중심지로서 상업기능이 배후 지역의 상권의 중심지 역할을 하도록 기능을 설정한다.

④ 문화복지시설 또한 배후 농촌지역을 고려한 농촌지원복지센터시설과 산업근로자를 위한 복지시설이 필요하며, 화성시 남부권의 부족한 복지기능을 충족하기 위한 도입시설이 필요하다.

⑤ 쾌적한 환경을 보존한 주거형태를 추구함으로써 농촌시범주거단지 등 특화된 주거단지를 조성하며 커뮤니티회랑의 도입으로 열린학교, 공공시설, 녹지가 어우러진 특화주거환경을 조성한다.

주요 도입기능

주요기능	도입시설	이미지
산업고도화 기능	• 중소기업진흥센터 • 중소기업전시장 • 창업보육센터 • 산학연교류센터 • 첨단산업 R&D(BIO환경산업중심)	
농업고도화 농촌경제 활성화 기능	• 첨단농업 R&D • 벤처농업단지 • 시민농원 등 체험학습농장 • 농산물 직판장 • 농촌관광안내소 • 전통축제마당	
상업업무 기능	• 할인점등 쇼핑센터 • 전문쇼핑몰 • 행정·금융 기관 • 시민광장	
문화복지 기능	• 예술문화센터 • 야외공연장 • 종합병원 • 근로자복지시설 • 노인복지시설	
주거교육기능	• 농촌정비시범주거단지 : 전원형 연립주택, 농촌형 단독주택 • 근로자임대아파트 • 커뮤니티회랑 : 열린학교, 청사 등	

4) 향남2지구 전원도시 특화 기본구상 제안

가. 주요 제안사항

(1) 교통동선구상

① 기본방향

    ㉠ 인접지역(택지개발지구·공단 등)과 주변 시가지·취락을 유기적으로 연결하는 교통체계

    ㉡ 녹색교통(자전거·보행자) 위주의 친환경적 가로환경 조성으로 전원적 특성 제고

② 제안내용

　　㉠ 광역간선도로 : 서해안고속도로, 국도39·43·82호선, 서수원~평택 간 고속도로 연결도로

　　㉡ 도시간선도로 : 남북간선도로(대로3-5호선), 동서간선도로(발안I.C~향남I.C)

　　㉢ 생활 가로 : 남북간선도로 보조기능 및 커뮤니티시설이 집적된 생활권 연계 보차공존도로

　　㉣ 집분산도로 : 생활권 내의 효율적 교통처리를 위한 순환형 도로체계, 자연지형을 살린 기존
　　　능선로를 확장, 주변 농촌지역 연계

교통동선구상

(2) 공원녹지구상

① 기본방향

　　㉠ 주변 생태자원(수림·농경지·하천)을 유기적으로 연결하는 에코네트워크 구축

　　㉡ 도농복합도시 특성이 강조될 수 있는 풍부한 공원녹지 및 전원경관 연출

② 제안내용

　　㉠ 주변 생태2등급지역을 연결하는 생태녹지축 설정, 중앙공원 및 체험농장 배치

　　㉡ 생태녹지축에 환상형의 에코 빌리지(농촌시범주거단지) 조성

　　㉢ 생활권별로 근린공원을 확보하여 도시전체를 연결하는 녹지체계 구축

ⓔ 생활가로변에 공공시설이 통합 설계된 커뮤니티회랑 조성

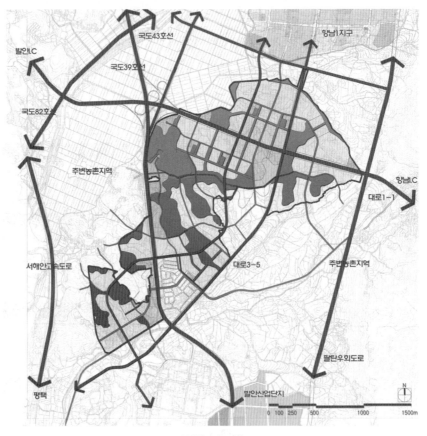

공원녹지구상

(3) 자족기반시설구상

① 지역성장산업의 지원체제의 구축 및 농촌특화산업(바이오산업, 농촌관광산업, 자연친화산업)
의 전략적 육성을 통한 고용 잠재력 확대

② 생산 가공 유통에 이르는 농업활동의 상품화(그린투어리즘)를 통한 농촌경제 활성화 및 농업생
산기반 보전

③ 지역 내 고용촉진을 위한 교육, 훈련 프로그램 확대(고용센터, 직업훈련원, 기술계고등학교 등)

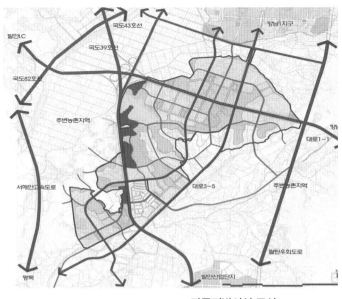

자족기반시설 구상

(4) 도농복합형 시범주거단지구상

① 주변 농촌지역 정비 및 개발 시, 모델이 될 수 있는 시범주거단지 건설

② 사업지구 입주자에게 전원생활을 체험할 수 있는 정주환경 제공

③ 농촌마을종합개발사업, 문화마을조성사업 등 농림부 추진사업 적용

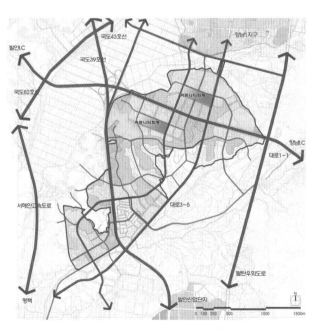

커뮤니티회랑 구상

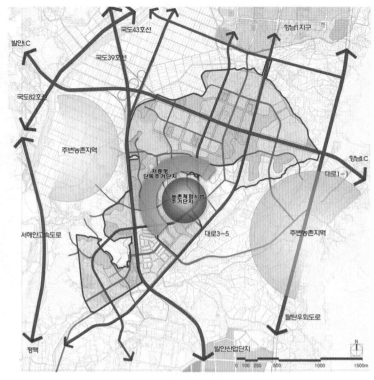

시범주거단지구상

(5) 커뮤니티회랑구상

① 기본방향

ㄱ 근린생활권 주민의 교류 및 소속감을 제고하는데 필수적인 커뮤니티 시설이 선형 회랑(폭 120~200m)에 통합 설계되어 조성된 생활가로 공간

ㄴ 생활가로변의 개방형 공공시설(열린학교 등) 조성으로 커뮤니티 활성화

ㄷ 도심부와 배후주거단지를 연계하는 보행축, 생활녹지축, 바람통로 형성

ㄹ 개별 시행자(공사, 교육청, 지자체, 건설사) 협의체 구성 후 통합설계

② 도입시설

ㄱ 교육보육시설 : 열린학교(초·중·고), 탁아소, 유치원 등

ㄴ 문화여가시설 : 마을박물관, 전시장, 학교 내 운동장·체육관·강당 등

ㄷ 농업관련시설 : 지역특산품 판매시설, 농협

ㄹ 공공청사 : 주민자치센터, 동·면사무소, 우체국, 파출소 등

ㅁ 근린생활시설 : 소규모 상점, 학원 등 생활편의시설

ⓗ 공원녹지 : 근린공원, 어린이공원 등

ⓢ 생활가로 : 보행자 통행이 우선되는 보차공존도로

ⓞ 주거단지 : 단지 내 연도형 상가, 알파룸, 노인정 등

(6) 전략사업지 PF사업구상

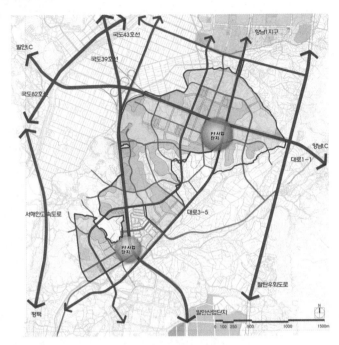

전략사업지 PF 구상

① 기본방향

ⓐ 상업 레저복합개발을 통한 차별화된 도시이미지 부여

ⓑ 레저기능 도입으로 도농교류 활성화 및 향남2지구의 지역중심성 강화

ⓒ 도입기능 : 쇼핑센터, 주상복합, 위락공원, 문화중심시설 등

② 제안배경

ⓐ 일체화된 단지조성으로 중심지 환경의 질 제고

ⓑ 주상복합 등 수익성 사업과 연계 위락공원 및 문화공간 공급가능성 확대

ⓒ PF사업을 통한 상업용지 조기 활성화 유도

(7) 토지이용구상

토지이용구상

나. 향남2지구 개발계획 반영(안)

(1) 기본방향

① 도시경관구상, 환경생태구상, 도농복합구상을 종합하여 개발계획에 반영한다.

② 지역정체성 및 차별성 있는 도시, 환경친화적 자족도시, 도농복합형 전원도시를 실현할 수 있도록 개발 계획을 수립하여 발안생활권 중심도시로 조성한다.

(2) 추진전략

계획목표	추진전략
Growth Pole City 생활권 중심거점 기능을 수행하는 도시	• 주변 생활권을 서비스하는 다양한 편익시설 및 기반시설 설치 • 주거, 상업, 업무, 문화를 복합하는 복합용지(PF사업지) 개발 • 생활권중심지 기능을 수행하는 품격 있고 활력 있는 도시이미지 제공
Well-being City 자연과 사람의 녹색건강 도시	• 광역녹지축 및 생태보전축을 고려한 공원녹지 Network 구축 • 수자원이 부족한 대상지의 한계를 극복하는 물순환시스템 도입 • 생태공원, 에코브리지, 녹색교통 등을 도입, 환경스트레스 저감
Rural City 도시와 농촌이 어우러진 도시	• 도농복합형 주거단지 개발에 의한 새로운 도시개념 도입 • 노령화 인구에 대비하는 주거유형 창출 • 주변 농촌자원을 활용하는 다양한 그린 투어리즘 도입
Garden City 쾌적하고 편리한 도시	• 개발테마에 부합하는 공공공간 조성기법(커뮤니티회랑) 도입 • 도시의 자족성을 확보하기 위한 용지 확보 • 지역 간 Social Mix를 추구하는 주거단지 개발

향남2지구의 추진전략은 화성시 중장기 발전계획을 참고하여 도농복합형 전원도시로서 계획을 위해 생활권 중심도시, 녹색건강 도시, 도시와 농촌의 전원도시, 쾌적한 도시를 목표를 지향하여 도농복합형 시범도시로 개발계획을 구상하였다.

(3) 부문별 구상

도시구상 시 도시의 미래에 대해 예상되는 얼굴을 분명히 할 수 있도록 기본계획 이전에 도시의 미래상을 전반적으로 구상하는 것이다. 그리고 개발방향의 설정과 가이드라인을 제시하고 지역 특성이 반영된 지역문화의 정착과 도시의 정체성을 확보하는 것이다. (도시미래이미지구상 : TIPS)

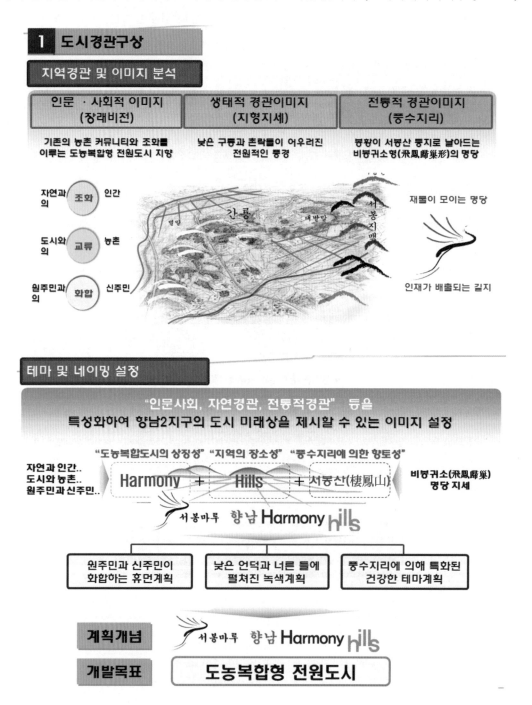

도시경관종합구상

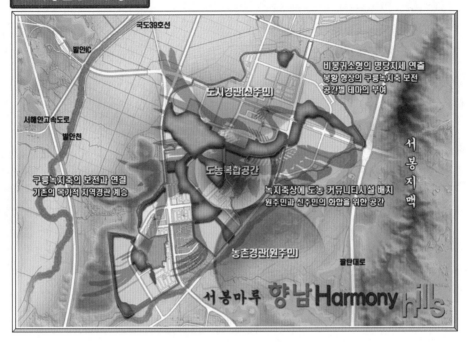

주요 랜드마크 구상 (공원별 테마부여)

오음공원

시민공원

대밭공원

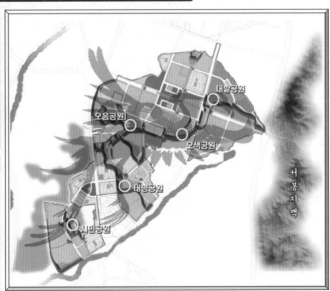

오색공원

태평공원

주요 랜드마크 구상 (상징조형물, 진출입부)

자연적 랜드마크

인공적 랜드마크

- 북문(North Gate): 번영
- 서문(West Gate): 비상
- 도심 4개 결절부
- 동문(East Gate): 희망

자연적 랜드마크
전원적이고 목가적인 이미지의 계승
지역경관의 보전

인공적 랜드마크
도시중심부의 상징적 이미지 연출
도시경관의 창출

- 남문(South Gate): 도약

서봉지맥

진입부 연출

결절부 연출

---

2 생태환경구상

생태환경 조사분석

녹지자연도 / 생태자연도

- 절대보전지역
  - 녹지자연도 7등급 : 5.2%
  - 생태자연도 1등급 : 0%
- 상대보전지역
  - 녹지자연도 6등급 : 12.2%
  - 생태자연도 2등급 : 0.7%

향 분석 / 수계현황

- 향 분석
  - 대부분 향이 없는 평지 지형
  - 기타지역은 동향 및 남향으로 구성
- 수계현황
  - A: 발안천, B: 금곡천, C: 사창저수지
  - 대상지 내 폭 1m 이하의 농수로가 흐름

녹지자연도

생태자연도

향 분석도

수계현황도

생태환경 구상

5대 지생태망(Net-tope) 구상

녹색건강도시 실현 전략 및 과제

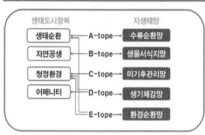

생태환경 종합구상

녹지축 설정＋수류순환망＋미기후관리망＋환경순환망 구상

생태환경구상 실행방안

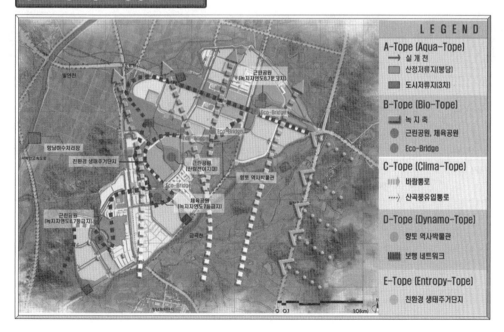

3 도·농복합구상

도·농 복합도시 개념

도시와 농촌의 상호보완적 서비스기능제공

교육 · 문화 · 편익
↕
자연 · 레저 · 위락

배후농촌과 도시의 조화

• 사회적분야
• 경제적분야
• 문화적분야

↓

도·농복합도시

도시와 농촌의 상생발전 실현
(기존주민 + 신주민)

추진 배경

● **화성시 도시기본계획 미래상 구현**
(도농복합형 생활권 중심지 조성)

● **도시와 농촌의 균형발전 도모**

● **향후 도농복합지역에서의** 도시개발
모델 제시

도·농 복합구상 기본방향

산 업

• 지역산업 지원
체제구축

• 농촌특화산업
지원

주 거

• 기존 농촌
커뮤니티의 보전

• 전원형 도시민을
위한 정주환경
조성

생활환경

• 주변 배후 농촌
지역을 포괄하는
생활권 설정

• 상업/위락/문화/
교육서비스제공

경관 및 자연환경보전

• 주변 농촌경관과
어울리는 경관
계획 수립

• 주변지역과
연계된 공원 ·
녹지체계 구축

교 통

• 기존 취락 등
주변지역과의
연계도로망 확보

• 대중교통망확보

↓

도농복합형 도시모델 제시

도·농복합종합구상도

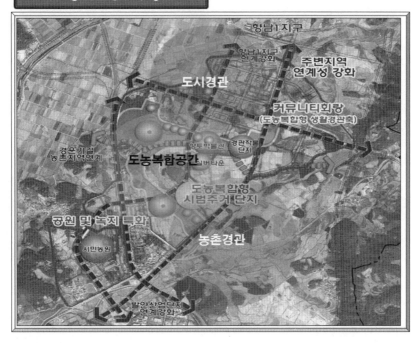

도·농복합형 전원도시 세부 특화방안

향토문화공원

향토적 특성을 담아 농촌어메니티를 적극 활용

경운기길

주변농촌지역 연계 농업종사자들이 이용 할 수 있는 도로망 구축

실버타운

도시/농촌의 고령화 사회에 대비한 실버타운

3세대복합형 연립주택

도시이주민, 은퇴 노인 및 일반세대가 복합된 유기적 공동체 주택단지

경관작물단지

계절변화에 따라 다채로운 농촌경관을 연출하는 공원

도·농복합 시범주거단지

기존주민과 신주민의 공동체 활성화 공간으로 전원적 농촌체험 주거단지

농산물 직판장

지역농산물판매장으로 지역특산물 홍보, 판매장소

농촌지원복지시설

시범단지내 주민과 주변 농촌주민을 위한 복지시설

시민 공원

텃밭, 과수, 농작물 등 주민들이 스스로 조성하는 공원

(4) 토지이용계획

최종 토지이용계획은 다음과 같다.

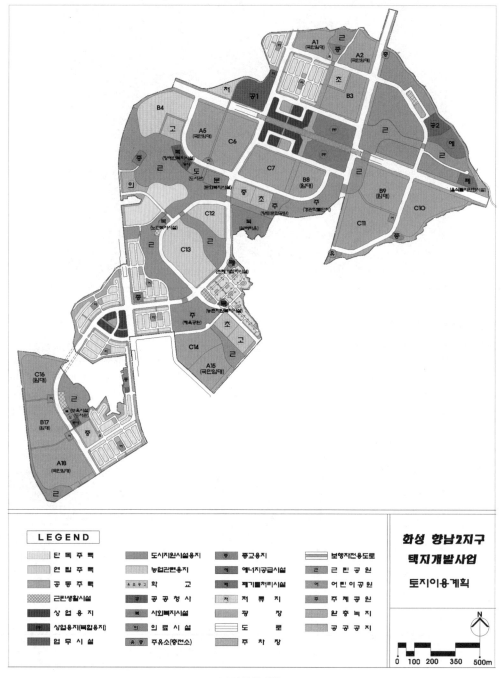

토지이용계획

향남2지구 토지이용계획 면적

구분			면적(m²)	구성비(%)	비고
총계			3,202,858	100.0	
주택 건설 용지	소계		1,181,427	36.9	단독 : 공동＝22.1 : 77.9
	단독주택		259,418	8.1	일반형, 블록형, 시범형
	공동주택		910,396	28.4	
		연립주택	161,749	5.0	
		아파트	748,647	23.4	
	근린생활시설		11,613	0.4	
공공 시설 용지	소계		2,021,431	63.1	
	상업용지		54,098	1.7	
	복합용지		63,235	2.0	주상복합(800세대) 포함
	업무용지		825	0.01	
	도시지원용지		142,244	4.4	
	농업관련용지		1,512	0.1	시범형 단독주택지 내 텃밭용지
	공원		544,665	17.1	도서관 2개소(7,027m²), 문화복지시설(11,576m²), 보육시설(1,600m²), 노인복지시설(3,333m²), 저류지 2개소 포함
		어린이공원	19,449	0.6	11개소
		근린공원	419,021	13.1	6개소
		주제공원	106,195	3.4	3개소
	녹지		251,621	7.9	
		경관녹지	–	–	
		완충녹지	251,621	7.9	
	광장		29,195	0.9	2개소
	도로		649,627	20.3	보행자도로 포함
	주차장		20,620	0.6	
	학교		92,240	2.9	9개교
		유치원	2,085	0.1	2개소
		초등학교	36,155	1.1	3개소
		중학교	26,000	0.8	2개소
		고등학교	28,000	0.9	2개소
	공공청사		53,203	1.7	공공청사 1개소(32,966m²), 동사무소 2개소(5,049m²), 파출소 1개소(1,818m²), 차량등록사업소(13,370m²)
	사회복지시설		39,695	1.2	실버타운(31,058m²), 농촌지원복지시설(1,879m²), 장애인복지시설(6,758m²), 보육시설(공원 내 시설 1,600m²), 노인복지시설(공원 내 시설 3,333m²)
	의료시설		12,280	0.4	1개소
	종교용지		17,552	0.5	5개소
	위험물저장 및 처리시설		4,625	0.2	주유소 1개소(2,633m²), 가스충전소 1개소(1,992m²)
	전기공급설비		–	–	
	에너지공급설비		21,075	0.7	1개소
	공공공지		2,800	0.1	시범형단지 내
	저류지		10,519	0.3	총 3개소 중 공원 내 2개소 입지
	폐기물처리시설		9,800	0.3	음식물자원화시설(8,000m²), 쓰레기자동집하시설(1,80m²)

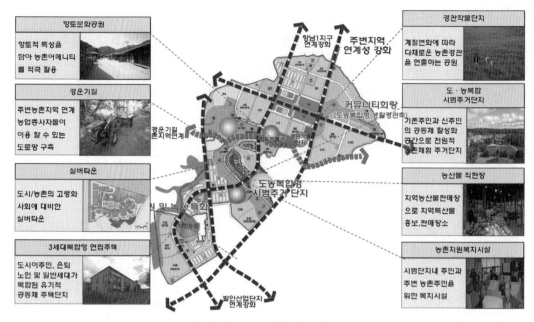

향남2지구 도농복합도시 특화방안

3.4 도농복합형 전원도시 특화를 위한 조성계획

1) 향남2지구 도농복합형 전원도시 특화를 위한 조성방안

가. 기본방향

(1) 교통체계 : 주변 연계성 강화

① 향남1지구와 발안산업단지까지 연계된 생활권이 이루어지도록 계획한다.

② 주변의 농촌지역으로 이동하는 농업인을 위해 농기계가 이동할 수 있는 도로망(경운기길)을 조성한다.

(2) 커뮤니티회랑(도농복합적 생활경관축)

① 공원과 녹지로 연계된 축으로 공공시설 및 편익시설이 이어진 생활 경관축을 형성한다.

② 지역커뮤니티 시설의 선형배치를 통한 주민교류 증진 및 지역공동체 형성에 기여하도록 한다.

③ 문화, 교육(열린학교), 상업, 여가, 공원, 공공청사, 생활가로, 근린생활시설을 연계하도록 한다.

(3) 도농복합형 특화 주거단지

① 새로운 이주자와 기존 주민이 함께 공용할 수 있는 주거단지로 전원생활을 할 수 있으며, 주민 간 커뮤니티 활성화를 이룰 수 있는 단지를 조성한다.

② 단지 내 커뮤니티기능을 수행할 수 있고 주변 농촌지원을 할 수 있는 복지센터를 계획함으로써 주변 농촌지역에서도 이용할 수 있도록 한다.

③ 농산물 직판장시설로 주변 농촌의 생산물을 직접 판매, 홍보할 수 있도록 하여 직업창출의 효과를 부가한다.

(4) 공원 및 녹지 특화

① 향남2지구 내 중앙공원, 근린공원을 특화하여 특색 있는 도농복합 공간으로 조성한다.

② 체육공원, 생태공원, 향토박물관, 경관작물단지, 시민농원 등으로 지형에 맞는 이색 공간으로 조성한다.

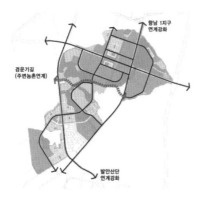

교통체계(주변 연계성 강화)

커뮤니티회랑(도농복합적 생활경관축)

도농복합형 특화 주거단지

공원 및 녹지 특화

2) 특화 기능별 조성방안

가. 커뮤니티회랑(도농복합형 생활경관축)

(1) 도입배경

① 다양한 공공·편익서비스 제공을 통한 공동체 형성의 매
   개체 역할 부여로 주민교류 촉진 및 생활권의 활력 증진
   한다. 주민전체가 공유하는 공간의 확대 및 다양화로 주
   민커뮤니티를 활성화한다.

② 학교시설, 커뮤니티시설, 사회교육 및 복지시설, 공공시
   설 등 주민편익시설을 복합적으로 구성하여 지역 커뮤
   니티의 구심적 역할을 수행한다. 각 시설 간 유사하거나
   연계통합이 가능한 시설들을 대상으로 복합화하여 토지
   이용 및 예산투자의 효율성을 확보한다.

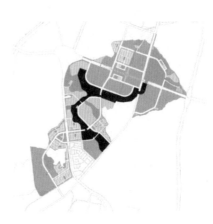

(2) 커뮤니티회랑의 개념

공간의 개방유도로 프로그램의 연계성 강화 및 주민교류 활성화를 유도한다.

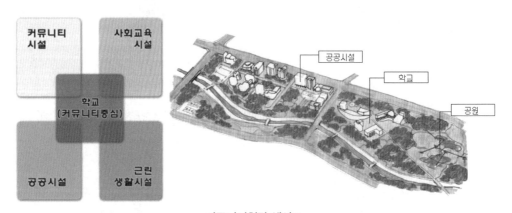

커뮤니티회랑 예시도

① 커뮤니티회랑의 기능
   ㉠ 도심부와 주거단지를 연결하는 주 보행축 및 생활녹지축
   ㉡ 오픈스페이스 위주의 저층저밀 개발을 통해 바람통로 기능 수행
   ㉢ 열린학교 도입을 통한 공교육 기능 강화 및 지역사회 교류 제고

② 커뮤니티회랑의 시설
　㉠ 교육보육시설 : 열린학교(초·중·고), 탁아소, 유치원 등
　㉡ 문화여가시설 : 마을박물관, 전시장, 학교 내 운동장, 체육관, 강당 등
　㉢ 공공청사 : 주민자치센터, 동·면사무소, 우체국, 파출소
　㉣ 근린생활시설 : 소규모상점, 학원 등 생활편익시설
　㉤ 공원녹지 : 근린공원, 어린이공원, 시민농원, 경관보전작물단지, 향토문화공원 등

(3) 커뮤니티회랑의 조성방안

① 기본원칙
　학교를 커뮤니티 활동의 중심시설로서 활동하며, 이를 위해 열린학교 개념을 도입한다.

② 조성방안
　㉠ 물리적 복합화
　　• 일정한 공간적 범역에 다양한 시설을 함께 설치하여 서비스를 가능한 동일한 장소에서 제공하는 것을 말한다.
　　• 지역주민이 여러 장소에 분산되어 입지한 시설들을 방문함으로써 발생하는 시간적, 금전적 비용의 절감을 유도한다.
　　• 공공자원인 토지의 이용효율을 극대화한다.

　㉡ 기능적 복합화
　　• 복지 서비스를 관련 시설 간의 유기적 연계를 통해 효과적으로 제공한다.
　　• 시설의 개별 입지로 인한 서비스의 단편성과 비연속성을 극복하고 통합성과 연속성을 제고한다.

③ 물리적 복합화와 기능적 복합화의 관계
　㉠ 물리적 복합화와 기능적 복합화는 상호 보완적인 관계이다.
　㉡ 물리적 복합화는 기능적 복합화가 전제되었을 때 의미를 가진다.
　㉢ 기능적 복합화는 물리적 복합화의 필요조건으로 물리적 복합화보다 광범위한 의미를 가진다.

④ 커뮤니티시설 복합화 가능용도

㉠ 시설이용 특성(이용주체, 이용주기, 서비스 권역)및 입지 특성을 종합적으로 고려하여 물리적·기능적으로 복합화한다.

㉡ 기본방향은 학교 및 복합커뮤니티를 중심으로 고려한다.

커뮤니티시설 복합화 가능용도

구분	구성요소	비고
교육·보육시설	탁아소, 유치원, 초등학교, 중학교, 고등학교, 도서관, 평생교육관	물리적·기능적 개방
문화·여가시설	마을박물관, 전시장, 야외공연장, 학교운동장, 체육관, 강당, 놀이터	학교시설 내 확보 가능
공공·행정시설	주민자치센터, 동사무소, 우체국, 파출소, 소방파출소, 구청	물리적·기능적 개방
근린생활시설	소규모 상점, 학원 등 생활편의시설	교육유해시설 입주 제한
보건·복지시설	병원, 치과병원, 한의원, 약국, 보건소, 경로당, 마을회관, 종합복지센터, 청소년 회관	학교 운동장, 인접 주거단지 조경 공간과 통합
공원녹지	근린공원, 어린이공원, 광장, 보행자도로, 완충녹지, 경관녹지, 공공공지, 보차 공존도로	주거단지 차량 진출입제한
주거단지	단지 내 상가, 거실의 부속실, 진입광장, 연도형 주택	커뮤니티회랑 인접시설

(4) 열린공립학교

- 많은 프로그램의 수용을 위한 넓고 전문화된 공간의 필요성
- 직업구조의 변화로 전문화된 직업 교육 제공
- 다양한 연령대를 대상으로 구체적인 교육 공간 조성
- 여가생활, 관심 분야를 중심으로 커뮤니티 형성
- 삶의 수준 향상으로 질 높은 커뮤니티 공간 계획
- 프로그램의 원활한 공유를 위한 통합설계
- 시설의 질적 수준 제고를 위한 전문화된 공간 조성
- 학교를 핵으로 한 커뮤니티 중심 공간 형성

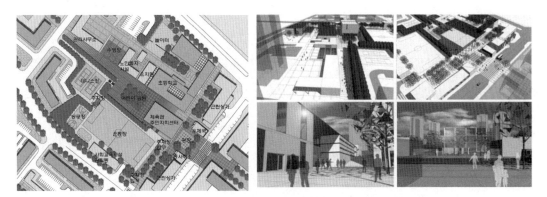

열린학교 예시도

① 시설의 조성 및 관리운영 방안

　㉠ 민간투자사업 추진방식

　　지금까지 대부분의 공공시설은 정부에서 건설하고 운영하였으나, 최근에는 민간의 투자를 유도하여 민간이 직접 건설하고 운영하는 민간투자사업으로 바뀌고 있다.

　　그중 BTL 사업방식은 민간투자사업방식 중 가장 효율적인 방식으로 평가되고 있는 방식으로 학교, 공공 청사, 문화·복지시설 등의 복합개발에 효율적이다.

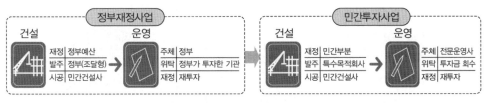

정부투자사업과 민간투자사업 비교

　㉡ BTL(Build-Transfer-Lease) 방식

　　사회기반시설의 준공과 동시에 당해 시설의 소유권이 국가 또는 지방자치단체에 귀속되며, 사업시행자에게 일정기간의 시설관리운영권을 인정하되, 그 시설을 국가 또는 지방자치단체 등이 협약에서 정한 기간 동안 임차하여 사용·수익하는 방식이다.

© 관련법규

BTL 관련법규

구분	내용
관련법규	사회기반시설에 대한 민간투자법(제4조 및 제21조, 부대사업의 시행)
대상시설	학교, 공공청사, 문화·복지시설 등

복합화
방안
	• 기능적으로 연관되는 시설을 동시 입주시켜 활용하는 복합시설 형태로 개발
	  －학교의 경우 학교부지 내 교사, 체육관, 공연장, 주차장 등을 복합시설로 개발
	• 복합화에 대한 인센티브 부여
	  －복합화방식 사업추진 지자체에게 국고 보조율 지급 우대
	• 다양한 부대사업 허용
	  －학교시설에 가능한 부대사업

② BTL 사업방식절차

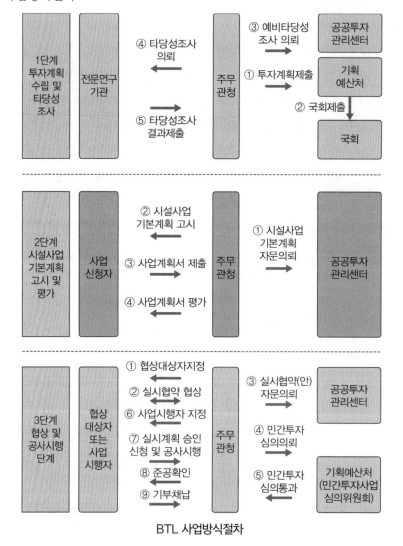

BTL 사업방식절차

② 열린학교 사례

　㉠ 성동구 금호초등학교

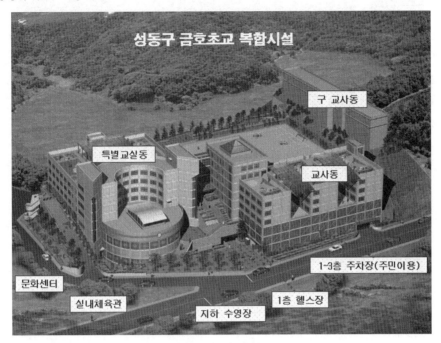

성동구 금호초등학교

- 시설 개황
  - 부지면적 : 4,706평
  - 건축개요 : 지하 3층, 지상 6층
  - 연면적, 총사업비 : 6,339평, 224억 원
  - 학교 : 3,201평(50%), 110억 원(교육특별교부금)
  - 주차장 : 1,816평(29%), 56억 원(서울시)
  - 복합문화센터 : 1,325평(21%), 58억 원(구청)
  - 학교 개축 사업 시 수영장, 체육관, 도서관, 주차장을 복합화 → 지역 커뮤니티센터

- 시설의 특징
  - 시설투자비 절감
  - 교육청은 실내체육관, 수영장 등 문화시설을 무상이용 → 연간 60억 원 절감효과
  - 구청은 학교부지 무상사용 → 1,200평, 60억 원 절감
  - 시설 복합화에 따른 이용률 증대, 교육환경개선

ⓛ 조후시 조후초등학교(일본)

조후시 조후초등학교(일본)

- 시설 개황
  - 시설내용 : 소학교 교사동＋체육관＋온수풀
  - 시설개념 : 21세기 꿈을 가진, 특색 있고, 지역에 열린 소학교
  - 사업방식 : BTO/서비스구매형
  - 총사업비 : 457억 원(세금포함)
  - 사업기간 : 건설 15개월, 운영 15년
  - 사업시행자 : 調和소학교 시민서비스(주)

- 시설의 특징 : 調和소학교에 있어 '21세기에 어울리는 꿈을 가진 소학교 시설'을 목표로 아동의 교육 효과라는 면을 기본으로 생애학습시설로서의 기능면, 지역 거점으로서의 학교 시설의 역할 등이 충분히 발휘될 수 있도록 '특색 있는 학교 만들기', '지역에 열린 학교 만들기'를 목적으로 새로운 교사 등의 정비 및 운용과 유지관리 사업을 실시

지역정보도서관(주민개방)　　　　　　　　　　수영장

나. 도농복합형 특화 주거단지

(1) 도입배경

농촌과 도시는 상호 유기적 연관관계이며 여러 분야에서 보완적 관계를 유지하며 농촌은 도시의 문제점을 해결할 수 있는 가능성을 가지고 있다. 그러나 농촌은 도시와 다른 주거문화를 가지고 있으며, 주택의 형태나 기능도 도시형 주택과 다르므로 도농복합지역에 개발되는 주택은 도시형의 편리함과 농촌의 쾌적함이 절충된 주거개발이 이루어져야 한다.

(2) 기본목표

도농복합형 주거단지는 도시 이주민과 기존 농촌주민의 생활양식을 절충한 단지로 지역성, 친환경성, 전통성, 커뮤니티를 바탕으로 주거성, 커뮤니티, 농촌성을 향상시키는 목표로 계획한다.

(3) 주거단지구성

① 시범주거단지

농촌형 전원주택, 농촌지원복지센터, 농산물 직판장 시설이 도입된 단지로, 단지 내 주민과 주변 농촌지역 주민이 이용하기 편리한 위치에 복지센터, 농산물 직판장을 위치시켜 기존 주민과 신규주민의 교류의 역할을 하도록 한다.

② 실버타운

고령화 사회로의 변화에 대응하고 농촌적 인구특성에 부합된 주거유형을 공급한다.

③ 3세대형 연립주택

　　다양한 연령계층이 혼합될 수 있는 주거유형을 공급함으로써 전통적 개념에서의 커뮤니티활성
화를 도모한다.

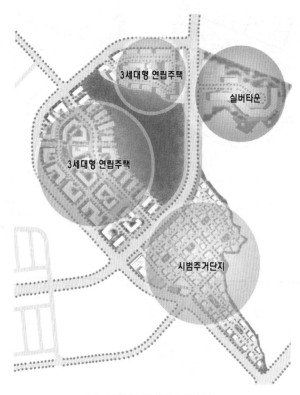

도농복합형 주거단지 구상도

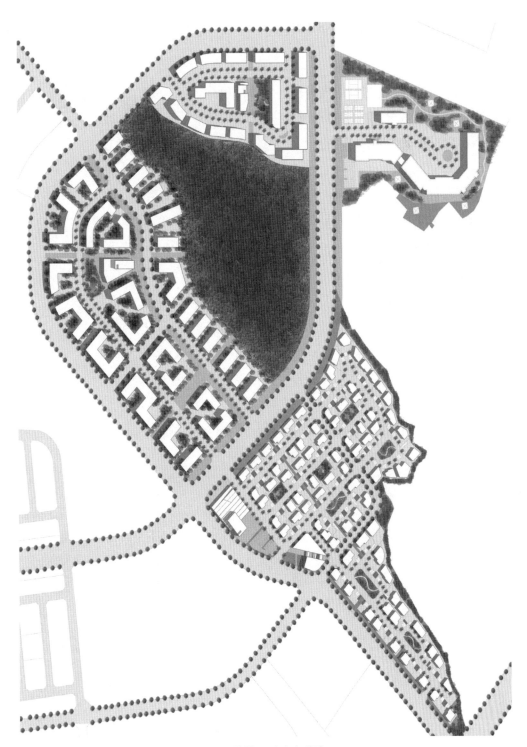

도농복합형 주거단지 배치도

다. 도농복합형 특화 주거단지 – 시범주거단지

(1) 기본개념

새로운 이주자와 기존 주민이 함께 공용할 수 있는 주거단지로 전원생활을 할 수 있으며, 주민 간 커뮤니티 활성화를 이룰 수 있는 단지를 조성한다.

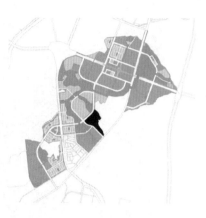

(2) 기본구상

① 농촌형 전원주택임을 감안하여 120평형 필지규모 전원형 주택단지를 조성한다.

② 소규모 마을단위의 공동체 형성을 위한 오픈스페이스 공간을 확보한다.

③ 커뮤니티기능과 주변지역주민이 이용 가능한 농촌지원복지센터를 도입한다.

④ 지역특산물 생산자와 수요자의 직거래가 가능한 농산물 직판장을 도입한다.

(3) 주요 도입시설

① 농촌형 전원주택

기존 주민 및 신주민의 정착을 위한 주거단지로 전원형 단독주택지 실수요자에게 분양하며 기존 주민과 새로운 이주자의 혼합을 유도한다.

② 농촌지원복지센터

주변 농촌인구와 시범단지 내 주민이 공동으로 이용할 수 있는 커뮤니티센터기능을 담당하는 농촌지원복지시설로 한다.

③ 농산물 직판장

지역특산물의 경쟁력을 살리고자 공급자와 소비자의 직거래 장터를 조성한다.

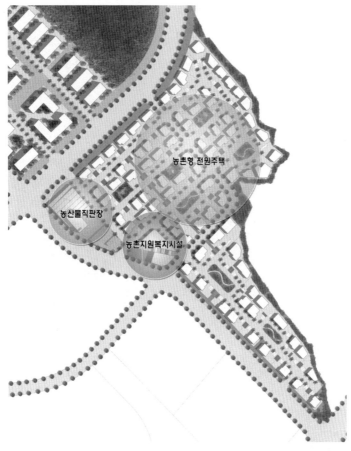

도농복합형 시범주거단지구성

(4) 농촌형 전원주택

① 기본개념

기존 주민 및 신주민의 정착을 위한 주거단지로 실수요자에게 우선 공급함으로써 기존 주민과 새로운 이주자의 혼합을 유도한다.

농업기반공사에서 제공하는 농촌경관주택을 예시로 마당과 농업생산용지, 부속공간이 주어지는 전원형 주택을 유도한다.

② 기본구상

ⓐ 대도시 직장인, 은퇴자, 주말농장 수요자등 도시민의 인구유입을 위한 주택유형을 제시한다. (타운하우스, 텃밭이 있는 주택)

ⓑ 부속공간과 마당을 활용한 다양한 기능의 공간들을 지역의 환경조건에 맞추어 배열하거나

특정한 건축요소를 선택적으로 사용하면서 지역적 특성을 부각시킨다.

ⓒ 단독주택의 담장, 지붕형태, 마감재료 등의 통일감을 형성하여 전원적인 경관을 유도한다.

ⓔ 농업생산용지를 가로변에 위치하여 전원적 경관을 연출, 공용오픈스페이스 주변으로 배치한다.

- 농촌경관주택
  - 농촌형 주택을 유도하여 농촌경관에 적합한 단독주택단지를 조성한다.
  - 1층 상부를 평슬라브로 계획 다용도공간으로 활용, 테라스를 건조공간 등 휴게공간으로 조성한다.
  - 배치에 부속동이라는 개념을 도입하여 간단한 농기계보관 및 농작물수납창고로 이용한다.
  - 앞마당 – 주거공간 – 뒷마당으로 배치하여 작업공간과 이웃 간의 커뮤니티공간을 형성한다.

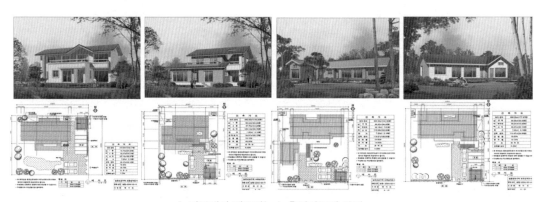

농림부에서 제공하는 농촌경관주택 사례

③ 조성방안

조성방안	내용		비고
공급대상	실수요자 우선공급		
관리·운영	분양자		
대지면적	120평형 (주변 지형에 따라 평수의 변화를 줌)		전원주택을 고려한 면적
농업 생산용지	대지 내 5-6평형		텃밭조성용 부지 (건축을 할 수 없는 용지임)
공급가격	대지	감정가격공급	
	농업생산용지	감정가격공급	

④ 지구단위계획 지침(안)

조성방안	내용	비고
용도지역	제1종 일반주거지역	
건폐율	50% 이하	마당공간과 농업생산용지 공간 확보를 위함
용적률	120% 이하	3층 이하
건축 제한 사항	단독주택지 내 텃밭용지는 농업관련용지로 건축을 제한하는 용지임	
건축물 허용용도	제1종전용주거지역 내 건축할 수 있는 건축물 중 건축법시행령 별표 1호에 의한 다음의 용도 • 단독주택(다중주택제외)	
건축물 불허용도	허용용도 이외의 용도	

택지공급가격기준

구분	용도별	공급지역(수도권)
조성원가 이하	• 임대주택건설용지 　-60m² 이하 주택용지 　-60m² 초과 85m² 이하 주택용지 • 국민주택규모의 용지	• 60% • 수도권 : 85% • 수도권 : 95%
조성원가 수준	• 공공용지 • 협의양도인 택지	• 100% • 수도권 : 감정가격
조성원가 이상	• 단독주택건설용지 • 국민주택규모의 용지 　-60m² 초과 85m² 이하 주택용지 • 국민주택규모 초과용지 　-85m² 초과용지 • 임대주택건설용지 　-85m² 초과 149m² 이하 주택용지 • 기타공공용지(학교용지포함)	감정가격
	상업용지 등(택지개발촉진법시행령 제13조의2 제2항 단서)	경쟁입찰에 의한 낙찰가격

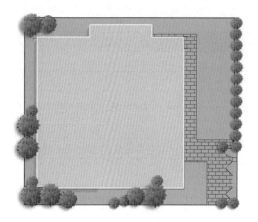

일반주거지역 건폐율 60% 공간예시

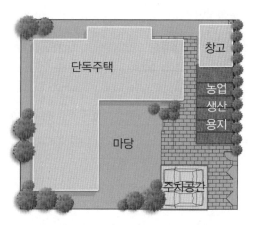

전용주거지역 건폐율 50% 이하 공간예시

농촌형 전원주택 예시도

(5) 농촌지원복지센터

① 기본개념

　　㉠ 주변 농촌인구와 시범단지 내 주민이 공동으로 이용할 수 있는 커뮤니티센터기능을 담당하는 농촌지원복지시설을 구상한다.

　　㉡ 농촌지역의 급속한 고령화현상과 농업인구의 50% 이상이 여성농업인인 실정에 맞도록 노인 및 여성 관련 복지시설을 주요 도입시설로 설정한다.

② 기본구상

　　㉠ 여성농업인의 능력개발과 지위향상, 삶의 질 향상과 여성농업인의 전문인력화를 위한 교육, 경영상담, 문화, 교양, 건강프로그램을 지원하기 위한 여성농업인 센터를 설치한다.

　　㉡ 공동 취미실이나 방과 후 어린이 학습프로그램, 동호회 활동을 할 수 있는 다목적 공간(여성 농업인센터, 주민건강관리실, 친환경 농업교육시설, 마을정보센터 등)을 설치한다.

주요 도입시설

도입시설	소요연면적(평)		시설내역
여성 농업인센터	약 200	대상	주변지역 여성농업인, 농업인자녀
		프로그램	고충상담, 농번기 영유아보육, 방과 후 학습 지도, 농번기 문화 활동, 교양강좌, 도농 교류사업지도
농촌주민 건강관리실	약 100	대상	주변 농촌주민, 시범단지 내 주민
		프로그램	피로회복 및 체력단련, 찜질방, 건강측정 농촌의료서비스 개선을 위한 기술지원단 운영지원
친환경 농업교육시설	약 300	대상	주변 농촌주민, 시범주거지내 주민
		프로그램	지자체 농업기술센터 유치 또는 주변농업대학과 연계한 프로그램
마을 정보센터	약 100	대상	주변 농촌주민, 시범단지 내 주민
		프로그램	회의, 교육, 상담, 상거래, 쉼터 등 다목적 이용 공동이용 정보화 장비 설치 및 정보화 교육장 구축
계	약 700		

③ 조성방안

조성방안	내용	비고
공급주체	한국토지공사	
공급대상	화성시	
관리·운영	화성시, 지자체(농림부지원)	여성농업인센터, 농촌주민건강관리실 등 농림부에서 추진사업으로 농림부지원가능
대지면적	약 560평	여성농업인센터, 농촌주민건강관리실, 친환경농업교육시설, 마을정보센터 등 도입시설의 소요면적 약 700평
공급가격	조성원가	기존커뮤니티보전과 주변 농촌을 지원하는 복지시설로서 시설조성 후 기부채납

④ 지구단위계획 지침(안)

조성방안	내용	비고
용도지역	제2종일반주거지역	
용도	사회복지시설용지	
건폐율	60% 이하	
용적률	230% 이하	
건축물 허용용도	노유자시설 중 사회복지시설 및 근로복지시설	여성농업인센터, 농촌주민건강관리실, 친환경농업교육시설, 마을정보센터 등
건축물 불허용도	허용 이외의 용도	

농산물 직판장, 농촌지원복지센터 예시도

㉠ 여성농업인센터
- 여성농업인센터의 정의
  - 여성농업인 관련 시설이자 여성농업인의 권익보호 및 복지증진을 주요한 목적으로 설립된 시설을 말한다.
  - "여성농업인의 권익보호 및 복지증진을 주요한 목적으로 설립된 시설로서 대통령령에 의해 정해진 것"을 의미한다.

- 센터 운영의 법적 근거
  「농업·농촌기본법」 제14조(여성농업인의 육성)와 「여성발전기본법」 제18조~제25조가 원용된다.

농업·농촌 기본법

제14조(여성농업인의 육성) 국가 및 지방자치단체는 농업정책의 수립·시행에 있어서 여성농업인의 참여를 확대하는 등 여성농업인의 지위향상과 전문인력화를 위하여 필요한 시책을 수립·시행하여야 한다.

2002년 10월에 「여성농어업인육성법」이 발효됨

제1조(목적) 이 법은 여성농업인 및 여성어업인의 권익보호·지위향상·모성보호·보육여건 개선·삶의 질 제고 및 전문인력화를 적극적으로 지원함으로써 건강한 농어촌가정 구현과 농어업의 발전 및 농어촌 사회의 발전에 이바지함을 목적으로 한다. 〈개정 2005.8.4〉

㉡ 여성농업인센터 운영비지원 대상자의 선정기준
- 「여성농어업인육성법시행령」 제5조(운영비지원 대상자의 선정기준)는 다음과 같이 규정한다.
- 이 시행령은 「여성농어업인육성법」 제13조(여성 농어업인 관련시설의 설치·운영)에 근거하여, 국가 및 지 자체가 여성농어업인 관련 시설에 대하여 운영비를 지원하고자 하는 때에는 다음 사항을 고려하여야 한다고 명시하고 있다.
- 같은 법 제2항에서는 "제1항의 규정에 의하여 운영비의 지원 대상을 선정함에 있어 세부적인 기준은 농수산부장관이 정하여 고시한다"고 특별히 규정되어 있다.

㉢ 여성농업인센터 운영현황
여성농업인센터는 2001년 충북 영동, 충남 서천, 경북 안동, 경남 진주의 4곳에 처음 시범 실

시된 이후 전국으로 확대되었다. 2002년 이후 센터는 시범 운영되었던 4곳을 포함하여 각 도별로 2개씩, 전국 18곳에 설치되어 운영 확대되고 있는 중이다.

2003년의 여성농업인센터 운영실태

지역별		고충 상담	보육 활동	방과 후 학습 지도	여성농업인		
					교육활동	단체활동	도농교류활동
경기	용인	145	39	120	107일/1,657명	3일/105명	8일/165명
	여주	223	20	45	41일/829명	5일/434명	5일/223명
강원	양구	199	12	31	31일/937명	4일/126명	2일/102명
	횡성	203	6	41	62일/964명	10일/1,240명	8일/355명
충북	영동	127	30	22	37일/774명	8일/304명	31일/216명
	청주	37	7	15	2일/180명	1일/34명	2일/125명
충남	서천	163	12	30	26일/465명	29일/1,701명	11일/720명
	홍성	88	9	43	42일/807명	2일/110명	−
전북	진안	84	16	13	4일/54명	−	−
	부안	182	25	52	22일/321명	5일/251명	1일/305명
전남	장성	89	23	22	105일/1,917명	11일/251명	−
	나주	131	7	44	112일/2,029명	−	−
경북	안동	104	25	84	30일/453명	4일/212명	4일/320명
	영양	73	40	50	48일/518명	−	−
경남	진주	122	40	55	77일/2,429명	1일/600명	6일/174명
	거창	85	35	85	49일/613명	16일/613명	3일/150명
제주	북제주	235	22	20	12일/371명	1일/35명	−
	남제주	−	8	3	−	1일/20명	−
합계		2,290	376	775	807일/15,318명	101일/6,036명	8181일/2,855명

자료 : 농림부

센터에 대한 연도별 지원 실적 및 계획

구분		2001	2002	2003(예산안)	2004 이후
사업량	센터수	−	18	18	163
사업비 (백만 원)	계	−	2,160	1,710	33,960
	국고보조	−	1,080	855	16,980
	지방비	−	756	599	12,048
	자부담	−	324	256	4,932

자료 : 농림부

⑤ 조성사례

　　㉠ 진주여성농업인 센터

　　　• 2001년 농림부 시범사업 진주여성농업인센터 개소

　　　• 주요시설 : 상담실, 어린이공부방, 여성 농민교육실 등

　　　• 주요사업 : 상담실, 공부방, 어린이집, 여성농민교육사업, 주말농장, 도농교류사업, 기타
　　　　사업

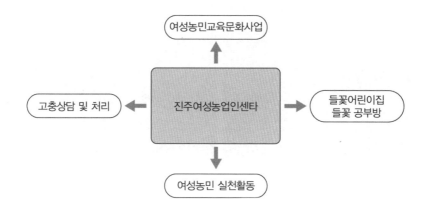

　　　• 여성농민교육사업 – 여성농민대학, 양성평등교육, 문화교실

　　　• 도농교류사업 – 도시농촌교류사업, 도시여성 농촌 일손찾기 연락소 사업

ⓒ 영양여성농업인센터
- 주요시설 : 센터체육관, 과학실, 컴퓨터실, 어린이집, 실외놀이터, 어린이집, 독서실, 강의실 등
- 주요사업 : 여성농업인상담, 어린이집 운영, 방과 후 학습지도와 환경 마련, 노인위탁사업, 전문 강좌 개설, 문화 활동 지원, 도농교류

ⓒ 제주한남마을정보센터
- 소재지 : 남제주군 남원읍 한남리 359-2번지
- 규모 : 93m²(약 28평)
- 주요장비 : PC 16대, 빔프로젝트 1식, 방송, 영상시스템 1식, 프린터, 복합기, 스캐너, 디지털카메라, 디지털캠코더, LAN 시설 등
- 운영프로그램 : 지역주민 정보화교육, 좋은 영화 함께 보기

(6) 농산물 직판장

① 기본개념

지역특산물의 경쟁력을 살리고자 공급자와 소비자의 직거래 장터를 조성한다.

② 기본구상

상품화가 가능한 향토자원을 발굴해서 DB화하고 우수 향토 상품은 지리적 표시제, 공동브랜드 개발로 상품성을 제고한다. 농촌 젊은층의 일자리 제공, 농산물 판매, 직접 가공하는 모습을 견학할 수 있도록 한다.

○ 주요 도입시설

주요시설	시설내역
판매시설	직영매장, 잡화/먹거리 매장, 도매식 매장
지원 및 기타시설	화물적하시설, 저온저장고, 창고 등 기타지원시설
옥외 행사장	농축산물 직거래장터 및 농업 관련 행사 유치를 위한 옥외 행사 공간

③ 조성방안

조성방안	내용	비고
공급주체	한국토지공사	
공급대상	일반매각	
대지면적	약 1000평	
공급가격	감정가격	택지공급가격기준

④ 지구단위계획 지침(안)

조성방안	내용	비고
용도지역	제1종일반주거지역	
용도	근린생활시설	
건폐율	60% 이하	
용적률	200% 이하	
건축물허용용도	제2종일반주거지역	1층 바닥면적의 50% 이상을 제1종 근린생활시설 중 마을공동구판장으로 권장
건축물불허용도	허용용도 이외의 용도	

택지공급가격기준

구분	공급대상자	공급방법	공급가격
상가부지	• 생활대책 • 기타실수요자		감정가격 낙찰가격
시장	• 국가·지자체(농수산물도매시장) • 농수산물유통공사 등(농수산물공판장) • 생활대책 • 기타 실수요자	수의계약 수의계약 수의계약 경쟁입찰	조성원가 감정가격 감정가격 낙찰가격
종교용지	• 협의양도자(종교법인 소유토지) • 기타 실수요자	수의계약 추첨	기존면적 : 조성원가의 110% 추가면적 : 감정가격,감정가격
유치원	• 국가, 지자체 • 협의양도자(유치원시설 및 부지) • 기타 실수요자	수의계약 수의계약 경쟁입찰	조성원가 기존면적 : 조성원가의 110% 추가면적 : 감정가격,낙찰가격
공용의 청사	국가·지자체	수의계약	조성원가
주차장	• 국가·지자체 • 기타 실수요자	수의계약 경쟁입찰	조성원 낙찰가격
자동차정류장	• 국가·지자체 • 매체 시설용 • 기타 실수요자	수의계약 수의계약 추첨	조성원가 감정가격 감정가격
종합의료시설	• 국가·지자체 • 기타 실수요자	수의계약 추첨	조성원가 감정가격
통신시설	한국전기통신공사	수의계약	감정가격
집단에너지 시설	집단에너지 사업법에 의한 실수요자	수의계약	감정가격
전기공급시설	전기사업법에 의한 실수요자	수의계약	감정가격
중소기업용 도시형공장 벤처기업집적시설 소프트웨어 사업용시설	• 국가·지자체 • 중소기업진흥공단 • 기타 실수요자 (관할 지자체장의 추천)	수의계약 수의계약 수의계약	조성원가 조성원가(단, 상업용지 및 근린생활 시설용지는 감정가격) 감정가격
농업관련시설	• 국가·지자체 • 기타 실수요자	수의계약 추첨	감정가격 감정가격
사회복지시설	• 국가·지자체 • 사회복지법인(다만, 사회복지사업법에 의한 사회복지시설중 수용보호시설 유지법인으로 관할 지방자치단체자의 추천을 받은 경우에 한함) • 기타 실수요자 (관할 지자체장의 추천)	수의계약 수의계약 수의계약	조성원가 조성원가 감정가격

⑤ 조성사례

　㉠ 문경시 농특산물 직판장

　　• 문경시 관내에서 생산되는 농·특산물의 우수성 홍보와 제값받기 지원대책 및 안정적인
　　　판로확보를 위해 농·특산물직판장을 설치

　　• 직판장의 운영방법에 관한 세부적인 규정

　　　- 직영을 원칙으로 하되, 시장이 필요하다고 인정할 경우 일부 또는 전부를 농·특산물 생
　　　　산·유통에 관한 업무를 주 사업으로 하는 자에게 위탁운영

　　• 위탁운영 기간 : 3년

　　• 위탁사용료 : 문경시공유재산관리조례 제22조의 제1항 규정 적용, 다만 시장이 지역경제
　　　의 활성화 및 지역 농·특산물의 홍보·판매활성화를 위해 필요하다고 인정하여 시 의회의
　　　동의를 얻은 경우에는 무상

　㉡ 별내 택지개발지구

　　• 사업명 : 별내 농업협동조합 농산물 종합유통시설 개점사업

　　• 사업주체 : 남양주시 별내 농업협동조합

　　• 위치 : 별내 택지개발사업지구 도시지원시설 내

　　• 사업지 면적 : 8,256m²(2,500평 예정)

　　• 건폐율/용적률 : 약 50% / 93%

　　• 개발예정 농축수산물 종합유통시설 개요

　　○ 옥외 농산물 직거래장터 및 행사장(전면부)

　　　농협특성에 맞는 정기적인 지역농산물 직거래장터 유치 및 농민 관련 행사를 위한 옥외
　　　직거래장터 등 공간을 구성한다.

　　○ 농산물 판매 및 부대시설

층별	시설별 배치	계획면적(평)
지하 1층	기계/전기실, 지하주차장, 창고	1,662평
1층	농산물종합유통시설, 농협은행, 작업장, 오물처리장등	1,164평
2층	업무시설, 전시시설, 복지시설, 부대시설, 근린생활시설	1,148평
계		3,974평

○ 농축수산물 집하 및 물류시설(별도)

층별	시설별 배치	계획면적(평)
1층	저온창고, 상온창고, 가공처리장, 잔류 농약실험시설, 소각시설, 하주휴게실, 상담실 등	300
	계	300

○ 노인복지시설 및 지역특산물 전시장

층별	시설별 배치	계획면적(평)
2층	노인복지시설, 전시시설, 문화센터, 복지식당, 부대시설, 고객휴게시설 등	500
	계	500

ⓒ 일본 카와바무라

　○ 설치 및 운영

　　- 시설물의 대부분은 카와바무라에서 설치하고, 제3섹터인 (주)전원플라자를 설립하여 운영을 위탁하고 있다.

　　- 시설 설치비 : 총 33억 엔(재원의 90% 이상을 지방채를 발행하여 조달)

　　- 출자금 : 카와바무라 60%, (주)세타가야카와바 고향공사 16.7%, 기타

　　- 전원플라자 : 지역특산물의 경쟁력을 살리고자 직접적으로 홍보, 판매. 농촌젊은층의 일자리제공, 농산물판매, 직접 가공하는 모습을 견학할 수 있도록 함. 250농가가 등록되어 가와바무라 우유로 요구르트제조, 햄, 소시지, 맥주 생산공장 겸 레스토랑 등 직접 운영

카와바무라 주요시설

시설명	주요기능
플라자 센터	카와바무라의 방문객 안내 센터 역할 휴게소, 관광안내소, 연수원, 조리공방, 관리사무소
밀크 공방	지역 내 낙농가(600두 이상)가 생산한 우유의 가공·판매 저온살균 우유, 요구르트, 아이스크림 등 생산(최대 800L/일)
돈육 공방	외지에서 돈육을 공급받아 독일식 햄과 소시지 가공·판매
맥주 공방	지역특산 맥주의 생산·판매(연간 100kL)
파머즈마켓	약 300호의 농가가 참여하여 농산물 판매 1999년 매출액 1억 5천만 엔
전문점	물산센터 등에서 지역의 특산물을 판매
음식점	손으로 빚은 메밀우동 등 판매
기타	주변에 사과원, 포도원, 블루베리원 등의 입지 추진 중

라. 도농복합형 특화 주거단지 – 실버타운

(1) 실버타운

① 기본개념

2000년 이후 우리나라는 이미 고령화 사회로의 접근이 점점 가속화되고 있는 실정이다. 농촌지역에서의 그 특성은 더욱 두드러지게 나타나고 있으나, 이에 대응한 실버타운 개발은 주로 고소득층을 겨냥한 민간 건설사업에 의존하고 있고 중·하류층의 대다수 노인들의 주거 및 복지에 대해서는 공공부문에서의 대비책이 전무한 실정이다.

이에 공익 우선차원에서의 중·하류층을 위한 실버타운을 도입하여 고령화가 심화되는 현 농촌 주거대책 문제를 해소한다.

② 기본구상

실버타운은 연립주택 또는 노인전용 아파트 유형으로 건설, 공급하도록 하고 대규모보다는 중소규모단지, 중·고층보다는 저층으로 계획한다.

노인들은 의료시설 이용 빈도가 높으므로 실버타운 내 또는 인근의 종합의료시설 연계하고, 실버타운 내에도 일정규모의 의료, 요양시설을 갖추도록 한다.

운동, 휴식, 종교 등 지원기능과 공동경작지와 문화 및 편의시설을 적절히 계획하도록 한다.

㉠ 도시 근교형 지역기반 노인복지서비스의 바람직한 개발방안
- 자립적인 복지구현이 가능한 종합복지타운을 조성하여 도시은퇴자 및 지역거주민을 유치
  - 복합노인 단지의 주거시설, 의료시설, 부대시설, 생산시설을 이용한 도시민의 유입
- 마을 조성과 관리를 공공기관이 담당하고 서비스는 민간 분야를 활용하여 효율적인 운영모색(지역 커뮤니티 및 대학에서의 사회봉사 연계, 노인요양보험 등 고려)

- 차별적이고 인간친화적인 단지를 개발함으로써 경쟁력 있는 주거단지 조성
- 지역정비에 따른 국가적 복지수준의 향상
  - 안전 : 건강보장, 사회 안전망 구축을 통한 안심할 수 있는 삶
  - 문화 : 전통문화 유지발전, 신문화 수용과 조화, 지역 자긍심고취
  - 생산성 : 능동적 활동, 창의적 생산 활동으로 삶의 보람 추구
- 생산 복지 개념으로 전환(소득참여 기회 제공 등으로 가정 부담경감)
- 자연적 특성이 반영된 건강단지 조성
- 입주자 및 이용객의 수요가 고려된 복합 다기능 시설 개발
- 지역주민의 봉사활동과 참여를 적극 유도
- 노인 및 장애인의 자립생활 지원
- 노후의 생활을 보람 있고 활기차며 건강하게 지낼 수 있는 안식처로 개발 제공

ⓛ 노인복지법상의 시설 유형

노인복지법상의 시설은 크게 노인주거복지시설, 노인의료복지시설, 노인여가복지시설, 재가노인복지시설 등 4가지로 구분된다.

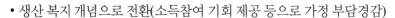

노인주거복지시설	노인의료복지시설	노인여가복지시설	재가노인복지시설
• 양로시설 • 실비양로시설 • 유료양로시설 • 실비노인복지주택 • 유료노인복지주택	• 노인요양시설 • 실비노인요양시설 • 유료노인요양시설 • 노인전문요양시설 • 유료노인전문요양시설 • 노인전문병원	• 노인복지시설 • 경로당 • 노인교실 • 노인휴양소	• 가정봉사원파견시설 • 주간보호시설 • 단기보호시설 • 실비주간보호시설

노인복지법상 시설 유형

ⓒ 노인복지법상의 실버타운

우리나라에서의 실버타운이란 말은 현재 운영하는 단체에 따라 그 의미가 매우 포괄적으로 쓰이고 있으며, 일반적인 의미는 유료노인주거시설을 '실버타운'이라 부르고 있다. 즉, 의료시설, 여가 시설 등 각종 서비스제공시설과 주택(주거시설)을 유료로 노인에게 제공하는 복합주

거단지이며, 노인복지법에 구분에 의하면 노인주거복지시설이 실버타운에 해당된다고 할 수 있다.

이렇게 우리나라는 아직까지 노유자시설과 주택이 어떻게 다른지조차 구분이 되지 않은 초보 단계이며, 현재 노인복지법상의 실버타운의 개념이 어떻게 적용되어야 하는지조차 인식이 미흡한 상태이다.

노인주거복지시설의 종류 및 의미

종류	의미
양로시설	노인을 입소시켜 무료 또는 저렴한 요금으로 급식 기타 일상생활에 필요한 편의를 제공하는 시설
실비양로시설	노인을 입소시켜 저렴한 요금으로 급식 기타 일상생활에 필요한 편의를 제공하는 시설
유료양로시설	노인을 입소시켜 급식 기타 일상생활에 필요한 편의를 제공하고 이에 소요되는 일체의 비용을 입소한 자로부터 수납하여 운영하는 시설
실비노인복지주택	보건복지부장관이 정하는 일정소득 이하의 노인에게 저렴한 비용으로 분양 또는 임대 등을 통하여 주거의 편의, 생활지도, 상담 및 안전관리 등 일상생활에 필요한 편의를 제공하는 시설
유료노인복지주택	노인에게 유료로 분양 또는 임대 등을 통하여 주거의 편의, 생활지도, 상담 및 안전관리 등 일상생활에 필요한 편의를 제공하는 시설

개발유형의 분류

입지별 분류	장점	단점
도시형	• 도시 내 기존의 공공/의료/상업시설 등을 이용 • 가족과의 교류, 생활편의시설 활용	• 지가부담이 크고 부지확보 곤란 • 건물의 고층화가 불가피 • 입주가격 상승 • 자연환경 접촉 불가
도시 근교형	• 도시형보다 비교적 토지가격이 저렴 • 넓은 면적의 부지확보 가능 • 도시로의 진출입 용이	도시 내의 편익시설 이용이 다소 곤란
휴양단지형	• 자연경관이 수려 • 부지가격 저렴 • 종합 개발 시 지역사회발전 기여	• 충분한 도시기능을 누릴 수 없음 • 실버타운의 고립감 • 부지조성비용 상승 • 부대서비스시설 설치 부담
전원형	• 전원풍경 만끽 • 화훼단지, 농원 등 경작활동 참여	부대서비스시설 설치 부담

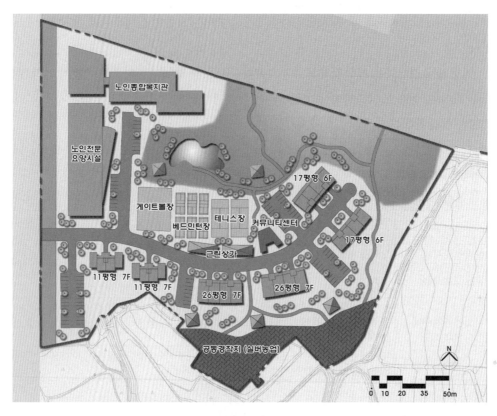

시설	소요면적		비고
노인 전용주택	세대수	150~160세대	1인 독거노인, 부부형
	평형	10~30평형	
노인종합복지관	약 500평		식당, 목욕탕, 물리치료실, 공연장, 취미실, 체력 단련실, 이발소, 미용실, 사무실 등
노인전문요양시설	약 500평		진료실, 병실, 전문목욕시설, 물리치료실, 간호 사실, 린넨실, 식당, 세탁실 등
야외시설	약 1000평		게이트볼장, 배드민턴장, 테니스장, 산책로 등
공동경작지	약 1000평		실버농업경작지
계	약 11,000평		

실버타운(보급형) 개발 예시안

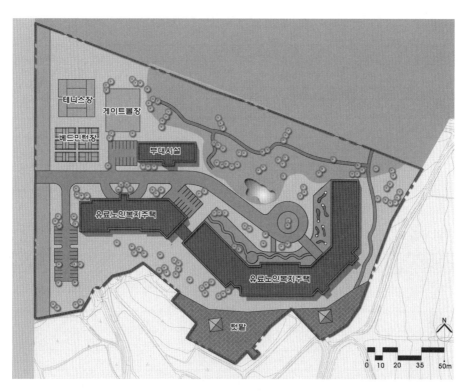

시설	소요면적		비고
유료노인복지주택	세대수	180~200세대	• 건축연면적 : 약 9000평 • 규모 : 지하 2층/지상 5층
	평형	25~40평형	
의료서비스	유료 노인복지주택 내 약 500평		주변병원과 연계체계마련, 24시간 상주 응급치료 시스템, 입주자대상 종합건강진단 실시
레져 스포츠 시설	유료 노인복지주택 내 약 500평		클리닉센터, 종합물리치료실, 피부관리 및 맛사지 실, 게이트볼, 골프연습실, 퍼팅장, 헬스클럽, 단전 호흡, 황토찜질방, 사우나, 수영장
문화시설	유료 노인복지주택 내 약 300평		음악연주실, 분재교실, 난 재배실, 도서실, 쇼핑, 산 책, 문화유적답사, 교양강좌, 서예사군자
생활편의 시설	유료 노인복지주택 내 약 100평		프론트데스크서비스, 청소 및 세탁대행 등 가사지 원서비스, 판매매점
야외시설	약 1000평		공동경작지, 게이트볼장, 배드민턴장, 테니스장, 산책로 등

실버타운(고급형) 개발 예시안

③ 조성방안

조성방안	내용	비고
공급대상	사업자 : 유료노인복지주택 및 관련 주거시설 사업에 참여하고자 하는 복지재단 및 사업자	입주자 : 도시 은퇴노인이나 서울 등 화성시 인근지역의 노인세대
관리·운영	사업자	
대지면적	9000평	
공급가격	공급대상자에 따른 택지공급가격기준	
도입시설	요양시설, 노인 종합복지센터, 노인전용주택, 여가/체육시설 및 공동 작업시설	

④ 지구단위계획 지침(안)

조성방안	내용	비고
용도지역	제2종일반주거지역	
용도	사회복지시설용지	
건폐율	60%	
용적률	230%	
건축물허용용도	노유자시설중 노인복지시설	
건축물불허용도	허용용도 이외의 용도	

⑤ 시설종류별 운영방안

　　㉠ 노인주거시설

　　　• 3단계형 노인복지시설(3 STEP FLEXIBLE CARE)

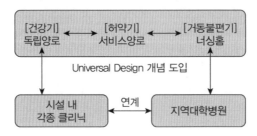

　　　• 운영방안

　　　　- 중장기 임대방식(입주보증금 + 월 생활비)

　　　　- Social Group의 형성

　　　　- ONE-STOP SERVICE 체계

　　　　- 지역거점 의료원과 연계(체계적 건강관리)

　　　　- 전문 생활 케어 서비스 제공을 통한 삶의 질 향상

ⓛ 노인요양시설

- 와상기, 거동 불편기(치매 및 중증노인) 노인을 대상
  - 24시간 CARE SYSTEM
  - 노후안심보장
  - 가족적인 분위기와 병원의 전문성을 갖춘
  - 선진국형 노인전문의료기관
- 운영방안
  - 지역노년층 개방운영
  - 지역거점 의료원과 연계
  - 정기적 치료 및 재활을 필요로 하는 시설 병행개발
  - 만성퇴행성 질병에 대한 치료, 운영 노하우 필요
  - 입주보증금＋월 생활비

ⓒ 재가복지시설

- 독립적인 일상생활을 수행하기 곤란한 노인과 노인부양 가정에 필요한 각종 서비스 제공
- 개발시설
  - 치매상담센터 : 상담, 지원 등의 서비스 제공
  - 가정 봉사원 파견시설 및 교육기관
  - 주간보호시설(Day Care Center)
  - 단기보호시설

• 운영방안

　– 건강, 치료 외 놀이기능이 포함된 이벤트장

　– 지역사회와 결합된 개방형시설, 주민교류

⑥ 조성사례

㉠ 유당마을

• 위치 : 경기도 수원시

• 대지면적 : 3,300평

• 연면적 : 2,200평

• 설립운영 : 재성복지재단

• 시설 : 유료양로시설, 요양시설

A동 : 유료양로시설 및 부대시설

B동 : 집중 케어동

• 프로그램

사업구분	프로그램명
치매예방 및 건강관리	건강 체조, 수지침, 게이트 볼, 산책 치료, 레크리에이션, 종이접기, 신문지 공예, 생활도예, 서예교실, 댄스교실, 주중농장, 한방진료, 목욕서비스, 이·미용 서비스, 발 맛사지
취미·오락	레크리에이션, 민요교실, 댄스교실, 노래교실, 안방극장, 사물놀이
전문교육	교양강좌, 입주자상담, 세무 및 제테크 상담, 실습생지도, 욕구조사, 자원봉사자관리

ⓛ 보리수마을(동해실버타운)

• 위치 : 강원도 양양군

• 대지면적 : 16,300평

• 시설 : 유료노인복지주택 및 옥·내외 부대시설

• 특징 : 휴양 레저형 실버타운

• 정원 : 15평형 360세대

마. 도농복합형 특화 주거단지 – 3세대형 연립주택

(1) 3세대형 연립주택

① 기본개념

　㉠ 도농복합지역의 대다수 가구 특성은 농업을 겸하는 겸업가구나 농업종사자, 1차 산업 근무자, 서비스 업종근무자, 공무원 등 이질적 계층이 혼재해 있다.

　㉡ 노령화와 이농현상에 따라 다른 지역에 비해 노인부부, 독거노인세대 비율이 높아 지역사회의 침체가 심각해지는 상황이다.

　㉢ 고급형 연립, 전원주택지 개발 중심의 주택공급은 기존 주민들의 생활을 수용하기 어려워 지역주민의 가구특성과 생활을 반영한 주택계획이 필요하다.

② 기본구상

　㉠ 다양한 계층을 수용할 수 있는 주호 평면의 다양화

　　맞벌이 가구, 단신 부임자, 독신자, 노인가구 등 3세대 동거형 등 다양한 계층을 수용할 수 있는 평면개발 및 평형의 혼합

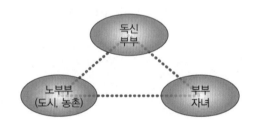

　㉡ 다양한 공급유형의 복합개발

　　개발부지 주변의 공장근로자를 위한 사택, 독신용 임대, 노인전용주택 등 다양한 주택공급유형으로 복합화한다.

　㉢ 단지 내 커뮤니티활성화를 위한 커뮤니티센터 설치

ⓔ 커뮤니티 증진을 위한 주거동의 배치 유도

획일적 배치에서 벗어나 ㄷ, ㅁ 자형의 클러스터 배치유도. 주거동의 출입구가 모두 공용공간을 향해 집중되도록 계획함으로써 자연스런 공동체형성을 도모한다.

ⓜ 주거동 주변의 생활 공간화

주거동 저층부분을 필로티로 계획하거나 출입구 주변과 연계된 휴게공간을 조성하여 주민 간 교류를 증진한다.

ⓗ 주거동 주변의 공동채원조성

단지 내 옥외 조경시설공간의 일부를 공동 채소원으로 조성하고 지속적으로 주민스스로 관리하도록 한다.

ⓢ 거주자가 선택할 수 있는 옵션제 도입

다양한 거주자의 가족특성과 요구를 수용하기 위해 공간크기, 구성, 설비 등의 옵션제를 도입함으로 다양한 평면을 개발하고 취향에 맞는 유형을 선택할 수 있도록 한다.

연립주택 예시도

③ 조성방안

조성방안	내용	비고
공급주체	한국토지공사	
공급대상	실수요자 공급	
관리·운영	사업자	
대지면적	약 27,880평	
공급가격	감정가격	

④ 지구단위계획 지침(안)

조성방안	내용	비고
용도지역	제1종일반주거지역	
용도	연립주택용지	
건폐율	40% 이하	
용적률	100% 이하	
권장용도	타운하우스	타운하우스란 블록형 연립주택용지로 공급되는 단위블록 내에서, 둘 이상의 독립된 주택이 기타 부대시설을 공유하고, 여러 세대의 건축물이 클러스터를 형성하는 연속저층 단독주택을 말함
건축물허용용도	공동주택 중 연립주택	
건축물불허용도	허용용도 이외의 용도	

택지공급가격기준

구분	용도별	공급지역		
		수도권·부산권	광역시	기타지역
조성원가 이하	60m² 이하 임대주택 건설용지	70	70	70
	60~85m² 이하 임대주택 건설용지	95	80	70
	60m² 이하 국민주택 건설용지	수도권 : 95 부산권 : 90	90	80
조성원가 수준	공공용지	100	100	80
	협의양도인 택지	수도권 : 감정가격 부산권 : 110	110	100
조성원가 이상	단독주택 건설용지	감정가격	감정가격	감정가격
	국민주택규모의 용지 (60m² 초과 85m² 이하 주택용지)	감정가격	감정가격	감정가격
	기타공공용지(학교용지 포함)	감정가격	감정가격	감정가격
	상업용지 등(택지개발촉진법 시행령 제13조의2 제2항 단서)	경쟁입찰에 의한 낙찰가격		

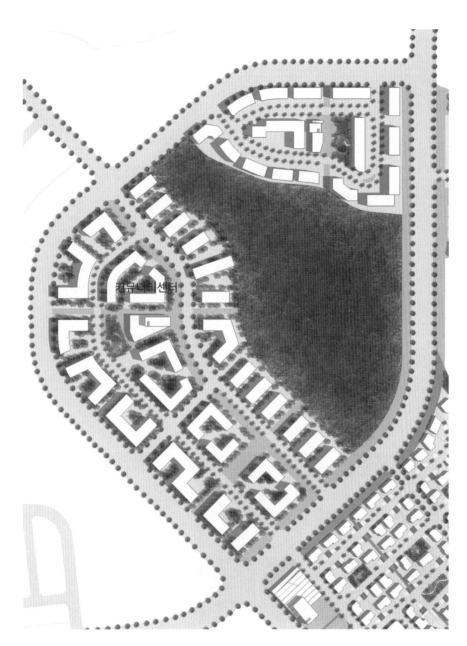

연립주택단지 예시도

⑤ 조성사례

㉠ 파주 헤르만 하우스

구분	내용
위치	• 경기도 파주시 교하읍 문발리 출판정보단지 내(산업단지)
규모	• 토지규모 : 8,508평 • 건축면적 : 3,815평, 연면적 6,995평(용적률 61%) • 타운하우스 총 137세대 및 단지 내 상가 • 공급면적 33.46평(계약면적 50평, 필로티 주차장 세대별 2대)
공급시기	• 04년 6월 착공, 05년 8월 분양시작
사업자	• (주) JB(일산 MBC빌리지 개발업체) • 삼성중공업 시공
사업방식	• 후분양 프로젝트 파이낸싱(부동산펀드를 통한 최초의 타운하우스 개발) • 총 투자액 : 448억 원(토지비＋시공비＋사업간접비) • 대상지에 샘플하우스 설치
분양가	• 33평 분양가가 위치에 따라 4억 8천～5억 6천만 원(평당 1,500～1,750만 원) • 인근 일산 30평대 최고가 아파트 시세 : 1,350만 원(2006년 초 기준) • 최근 거래는 5,000만 원 프리미엄
특이사항	• 대형평형의 약점 • 지역적인 약점(파주지역은 아직까지 인지도 및 수요자 선호도 부족) • 산업단지 내 입지로 인해 주변 인프라시설 미약 　－교통, 교육, 쇼핑시설 등

• 외부

－전면으로 튀어나온 창문의 박스형 프레임 겸 지붕

－빌바오 구겐하임 미술관에 사용된 세련된 외장재인 징크 패널

－현관과 지하에서 바로 통하는 테라스

－취향에 따라 연못, 미니수영장 설치

• 내부

- 집 전면으로 천장 높이에 달하는 대형 유리창 설치
- 홈바가 있는 서재
- 홈씨어터로 꾸민 지하층(음향 전문 기업 소비코에서 설치)
- 다다미를 설치한 요가 및 명상공간
- 전자 벽난로 설치, 바닥은 카펫 처리
- 2~5번의 네 가지 유형 중 지하공간 선택

ⓛ 동백 하우스토리

구분	내용
위치	경기도 용인시 구성읍 동백 택지개발지구 20-1블록(연립주택용지)
규모	• 부지면적 : 8,737평 • 건축면적 : 3,005평, 연면적 8,712평(용적률 99.55%) • 연립주택 9개동(4층) 134세대 및 부대복리시설 • 공급면적 62평~75평(세대당 평균 대지면적 65평)
공급시기	2006년 4월 분양시작(2007년 9월 입주)
사업자	• 솔랙스플래닝 시행 • 남광토건 시공
사업특성	• 사업용지가 266만 원/평 • 기존의 연립주택개발 방식에서 탈피하여 고급 타운하우스를 표방 • 특화된 층별 구성
분양가	• 세대당 8억~11억 수준 • 1,300~1,470만 원/평 수준(강남의 30평대 아파트 가격 수준)
특이사항	• 연립주택 분양사상 처음으로 1순위 분양에 전량 계약 완료 • 계약자중 강남과 분당의 거주자가 많음 • 약 80% 이상은 실수요자 계약 • 최근 시행된 DTI(Debt to Income, 총부채상환비율)의 혜택 　－ 6억 이상 아파트의 경우 주택담보대출 등의 이자비용이 총 연봉의 40%를 넘지 못하 　　게 하는 것으로 연립은 적용대상 제외 　－ 전체 144가구 중 115가구(85%)가 중도금대출 신청

구분	62평형	64평형	66평형	75평형
평면				
세대수	84	24	8	14
전용면적	52.18	53.85	55.17	59.26
공용면적	34.87	35.43	38.69	54.57
공급면적	62.73	64.57	66.88	75.77
계약면적	88.34	90.99	93.96	104.85
전용률	83.1%	83.4%	82.5%	78.2%
비고	주력평형	1층세대	측벽세대	단독코어사용

게스트 하우스

북카페

건강 네트워크

휴식 커뮤니티

보안시설

부대시설

ⓒ 판교 린든그로브

구분	내용
위치	경기도 성남시 수정구 시흥동 282-17외 15필지(자연녹지, 대지조성사업을 통한 연립주택)
규모	• 대지규모 : 5,553평(건폐율 19.87%) • 지하 1층 지상 4층 3개동 52세대(세대당 대지면적 평균 107평) • 65~87평(87평 4세대, 75평 32세대, 65평 16세대)
사업자	(주)코오롱씨앤씨
사업방식	• 단지조성사업을 통해 연립주택 개발 • 택지와 주택을 일괄 분양하는 선시공 후분양제 채택
분양가격	세대당 분양가 14억~20억 원선
특이사항	• 길 맞은편에 판교 포스힐이 입지 • 주변지역이 판교개발과 연계하여 고급주거단지로 개발 중

구분		헤르만하우스	하우스토리	레테보르	린든그로브
대지형태		산업단지 내 주거용지	택지개발지구 내 연립용지	택지개발지구 내 연립용지	단지조성
대지	면적	8,508	8,737	5,291	5,553
	가격		266만 원/평	260만 원/평	
세대수		137	134	59	52
세대당 대지면적		62	65	90	107
주택	형태	타운하우스	연립	연립	연립
	평형	33.5	62~75	70~87	65~87
분양가		4억 8천~5억 6천	8억~11억	11억~15억	14억~20억
평단가		1,500~1,750	1,300~1,470	1,550~1,690	2,100
Target		중	중상	중상	최상
차별화요인		디자인	품질대비 가격		판교 후광 입지 우위

바. 공원 및 녹지 특화

(1) 추진배경

일반적 조성공원과 달리 각각 테마를 부여한 주제공원으로 조성함으로써 향남2지구의 농촌 어메니티를 적극 활용한다.

(2) 주요 도입시설

① 시민농원

시민의 건전한 여가이용의 일환으로 야채 재배를 통하여 가족단위로 흙을 가까이 하고, 건강증진과 풍요로운 정서를 함양하는 휴식의 장을 제공

② 경관작물단지

지역별 특색 있는 경관작물을 재배하여 농촌경관을 아름답게 가꾸고 공익적 기능을 증진함으로써 도농 교류 및 지역사회의 활성화 도모하기 위한 주제공원

③ 향토문화공원

농촌관광의 인프라 구축을 위한 농촌생활을 체험하는 테마공원 조성하고 지역관광을 활성화하며 농촌의 어메니티를 소득 자원화함

(3) 시민농원

① 기본개념

시민의 건전한 여가이용의 일환으로 야채 재배를 통하여 가족단위로 흙을 가까이 하고, 건강증진과 풍요로운 정서를 함양하는 휴식의 장을 제공

② 기본구상

ㄱ 텃밭, 과수, 농작물재배가 가능하도록 하여 주변 주민들이 스스로 가꾸고 조성하도록 함
ㄴ 입주민을 위한 자연학습 체험장 제공
ㄷ 아이들의 체험학습장으로 활용

③ 조성방안

조성방안	내용	비고
공급대상	화성시	
관리·운영	화성시, 지역시민단체와 연계	신청자를 정기적으로 모집하여 운영 관리함
용도지역	공원 내 시설	
대지면적	3500~4900평	세대당 5~7평 정도 조성
공급가격	기부채납	

④ 지구단위계획 지침(안)

조성방안	내용	비고
용도지역	자연녹지지역	
용도	공원	
권장사항	공원조성 시 텃밭, 과수, 농작물재배가 가능하도록 조성하여 시민이 이용할 수 있도록 함	

⑤ 조성사례

　㉠ 한강시민공원

한강시민공원

- 한강변 전원풍경단지에서 가족단위로 농작물을 가꾸고 수확하는 '시민이 참여하는 작물 가꾸기 행사'를 운영하며 씨앗 파종부터 수확까지 작물이 자라는 전 과정에 가족단위 시민 참여 형태이다.
- 수확물은 불우이웃들에게 전달하여 나누는 기쁨에도 참여하게 되며, 가족 중 학생 신청자에 한하여 봉사활동확인서를 발급할 예정이다.
- 농작물 가꾸기 프로그램은 자연학습장과 전원풍경단지로 나뉘어 운영된다.
- 농작물 : 양파, 마늘, 무, 배추, 오이, 호박 등 50여 종이다.
- 한강시민공원 잠실, 뚝섬, 잠원, 이촌, 여의도지구에 시행한다.
- 5개 지구 면적 : 7만 2545m²(2만 1983평)

　○ 희망자선정
- 텃밭 조성 후 한강시민공원사업소를 통해 참여를 원하는 시민의 신청을 받아 1~2평 단위로 가족텃밭을 배정한 뒤 농작물을 심고 가꾸는 등 재배하도록 한다.
  - 3월 중 : 텃밭조성
  - 4월 : 농작물 가꾸기 원하는 시민 접수, 텃밭배정
  - 5월~10월 : 농작물돌보기, 수확
  - 11월 : 여러 복지단체에 수확한 농작물 기증
  - 텃밭을 배정받은 시민들은 이랑 만들기, 파종, 모 기르기, 모 이식 및 가꾸기, 수확과 시식, 복지시설에 수확물을 기증하는 모든 과정에 참여한다.

• 프로그램 예약(한강시민공원사업소 홈페이지에 접수)

텃밭조성사례

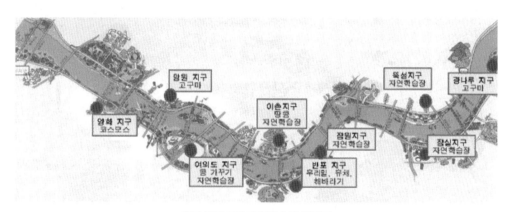

한강시민공원 자연학습장 배치도

ⓛ 시민농원(일본 – 하찌오찌시)

• 시민농원 개설정비사업

시민의 건전한 여가이용의 일환으로, 야채 재배를 통하여 가족단위로 흙을 가까이 하고, 건강증진과 풍요로운 정서를 함양하는 휴식의 장을 제공하는 것을 목표로, 1974년부터 시민농원을 개설하고 있다.

• 농업체험사업

농업에 관심 있는 시민을 모집하여 농업을 체험하는 장을 제공하고, 여가를 통하여 본격적인 농작업 체험을 함으로써, 건전한 여가를 즐길 수 있다. 또한 농가와 시민과의 교류를 촉진하고 도시농업에 대한 이해를 얻는 것을 목적으로 각종 사업을 한다.

일본 하찌오찌시 시민농원

ⓒ 의왕시 자연학습공원

- 위치 : 경기도 의왕시 월암동 543-8번지
- 면적 : 47,866m2(14,637평)
- 조성목적
  - 왕송호수(96ha) 및 주변 환경과 어우러지는 자연학습공원 조성
  - 자연환경을 이해하고 체험할 수 있는 환경교육의 장 조성
  - 인근의 철도박물관과 하수처리장을 연계하여 환경보존을 위한 교육의 장으로 활용
- 주요시설

  방문자 안내소, 습지대, 도섭지, 조류탐사대, 미니동물원, 자연학습 농장, 휴식광장 등

의왕시 자연학습공원

(4) 경관작물단지

① 기본개념

　　지역별 특색 있는 경관작물을 재배하여 농촌경관을 아름답게 가꾸고 공익적 기능을 증진함으로써 도농교류 및 지역사회의 활성화를 도모한다.

② 기본구상

- 계절변화에 따른 각양각색의 다채로운 농촌경관 연출
- 작목(보리, 메밀, 유채 등)을 통한 학습/놀이를 함께 체험하는 테마공원 조성

③ 조성방안

조성방안	내용	비고
공급주체	한국토지공사	
공급대상	화성시	
관리·운영	화성시	시민단체와 연계 주민주도관리유도
대지면적	15,000평	
공급가격	기부채납	작물단지 조성 후 기부채납
재배작물	화성시 특화작물, 다년생 작물(시 협의 후 결정)	

④ 지구단위계획 지침(안)

조성방안	내용	비고
용도지역	자연녹지지역	
용도	주제공원	
권장사항	• 지역별 특색 있는 경관작물을 조성 • 계절변화에 따른 각양각색의 다채로운 농촌경관 연출	

경관작물단지 사례

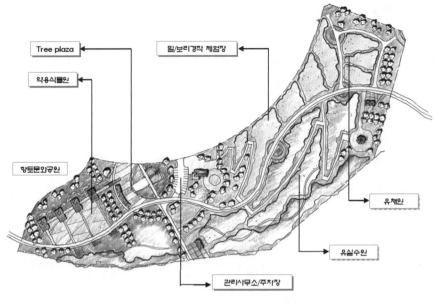

⑤ 조성사례

　㉠ 고창경관농업특구

　　• 특구의 위치 : 전라북도 고창군 공음면 선동리·예전리·용수리 일원(선동리 925-1번지 외 3,889필지)

　　• 특구의 면적 : 6.8km²(207만 평)

　　○ 특화사업의 내용

　　　− 경관농업지구 조성사업 : 계절별로 농업경관조성에 특성을 지닌 작목(보리, 메밀 등)을 선택하여 경관 농업탐방루트에 적정하게 조성하여 경관농업의 다원화, 복합화 추진

　　　− 청정농산물 브랜드화사업 : 친환경 청정농산물 가공제품 상품인증 표시제 도입

　　　− 관광안내시설물사업 : 특구관광안내 조감도 설치 및 경관탐방도로표지 설치로 관광객의 편의 도모

　　○ 경관농업지구 조성(핵심사업)

　　　− 사업 시행기간 : 2005～2009년(5개년)

　　　− 재원조달 방법 : 총사업비 115억 원 중 국비 23억 원 도비 20억/군비 42억/농가부담 30억 농림부의 농촌마을종합개발사업과 전라북도의 청정농산물 테마파크 조성사업 등과 연

계하여 예산확보
  - 시행자 : 고창군수
    1차적으로는 고창군이 담당하되 장기적으로 "청정농산물 테마파크 조성 사업추진위원
    회"와 "청보리밭축제운영위원회" 등을 발전적으로 개편, 법인화한 후 특화사업자로 지
    정할 계획

  ○ 청정농산물 브랜드사업
    - 시행기간 : 2005년(1년)
    - 재원조달방법 : 총사업비 2억 원
    국비 0.4억 원/도비 0.4억 원/군비 0.7억 원/
    - 농가부담 0.5억 원
    - 시행자 : 고창군수

  ○ 관광안내 시설물조성사업
    - 시행기간 : 2005~2009년(5년)
    - 재원조달방법 : 총사업비 1.1억 원(군비)
    - 시행자 : 고창군수

  ○ 경관지구 축제활성화 사업
    - 시행기간 : 2005~2009년(5년)
    - 재원조달방법 : 총사업비 21.5억 원
    - 국비 4.2억 원/도비 3.8억 원/군비 7.9억 원/
    - 농가부담 5.6억 원
    - 시행자 : 고창군수

ⓛ 한강둔치공원 꽃단지
  • 면적 : 5만여 평
  • 관리 : 한강시민공원사업소

경관재배작물

월	재배작물
3월	개나리, 철쭉
5월	유채, 장미
6월	밀
7~8월	해바라기
9월	코스모스
화훼원	루드베키아, 해바라기, 공작초, 금잔화, 샤스타데이지, 칸나 등

한강둔치공원 꽃단지

ⓒ 꽃무지풀무지(가평야생수목원)

- 가평군 대보리 대금산 위치

- 대지 : 1만 5000평

- 야생화 수목원은 1200여 종의야생화 군락지가 14개 테마로 조성

- 남부지방에만 있는 석류 동백나무 등을 볼 수 있는 남부식물원, 식용 가능한 산부추·원추리 등을 심은 산채원, 약초원, 향기원, 양치식물원 등 모두 14개 테마 공간으로 나뉘어 있다.

- 전문가의 지도로 생활도자기와 화분을 직접 만들어 보는 도자기체험과 야생화를 이용해 분경작품을 만들어보는 체험프로그램이 있다.

(5) 향토문화공원

① 기본개념

ⓐ 농촌관광의 인프라 구축을 위한 농촌생활을 체험하는 테마공원 조성

ⓑ 지역관광을 활성화하며 농촌의 어메니티를 소득 자원화한다.

② 기본구상

　㉠ 향토적 특성을 담은 공원으로 교육과 체험을 통한 문화적 지속 가능성 확보

　㉡ 향토박물관 등 지역유물을 전시함으로써 향남2지구의 농촌 어메니티를 활용하고 보존한다.

농촌 어메니티 자원

자원 분야		종류
자연 자원	생태자원	깨끗한 공기, 맑은물, 소음이 없는 환경
	생태자원	비옥한 토양, 미기후, 특이지형, 동물(천연기념물, 보호 및 희귀동물 등), 수자원(하천, 저수지, 지하수 등), 식생(보호수, 노거수, 마을숲, 보호수렴 등), 습지 혹은 생물 서식지
문화 자원	역사자원	전통건조물(문화재, 정자, 사당, 제각 등), 전통주택 및 마을의 전통적 요소, 신앙공간, 마을상징들, 유명인물, 풍수지리나 전설(마을유래, 설화)
	경관자원	농업경관(다락논, 마을평야, 밭, 과수원 등), 하천경관(갈대, 하천의 흐름, 하천변수림 등), 산림경관(산세, 배후구릉지 등), 주거지경관(건축미, 주거지 스카이라인 등)
사회 자원	시설자원	공동생활시설, 기반시설, 공공편익시설 등, 농업시설(공동창고, 공동작업장, 집하장, 농로 등)
	경제활동자원	도농교류활동(관광농원, 휴양단지, 민박 등) 특산물(유기농산물, 특산가공품등)
	공동체 활동자원	공동체활동, 씨족행사, 마을문화활동, 명절놀이 마을관리 및 홍보활동

③ 조성방안

조성방안	내용	비고
공급대상	화성시	
관리·운영	화성시	
대지면적	약 10,000평	
공급가격	조성 후 기부채납	
도입시설	향토문화박물관, 지역유물전시장	연면적 : 약 800평

④ 지구단위계획 지침(안)

조성방안	내용	비고
용도지역	자연녹지지역	
용도	주제공원	
권장사항	향토박물관 등 지역유물을 전시하는 전시장 설치	

향토문화공원 사례

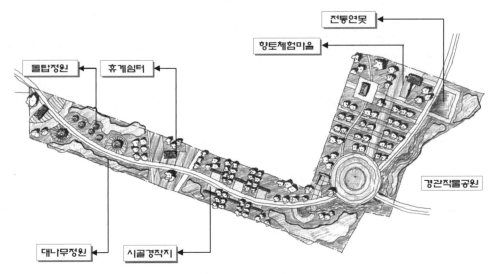

향토문화공원 예시도

⑤ 조성사례

　㉠ 용인동백문화유적 전시관

　　• 위치 : 용인동백지구 제6-1호 근린공원 내

　　• 전시실규모 : 지상 1층 ~ 지상 3층 : 726.345m²(219.71평)

　　• 적정수용인원 : 약 80명

　　• 설계기간 : 2007년 3월(7개월)

　　• 동백지구개발을 하면서 출토된 유물전시와 일반미술품을 전시

　　• 동백지구 기반조사와 발굴조사 실시 과정에서 출토된 유물을 종합전시관에 유적전시관 건립토록 한다.

건축개요

대지위치	용인 동백지구 제 6-1호 근린공원 내
지역지구	자연녹지지역
대지면적	근린공원 127,547m²(38,583평) 중 3,282m²(993평)
건축면적	1,803.44m²(545.54평)
연면적	2757.74m²(834.21평)
건폐율	1.41%
용적률	1.96%
규모	지하 1층, 지상 3층
구조	철근콘크리트조
주요용도	문화 및 집회시설(전시장)
주차대수	지상주차 28대(장애인 주차 2대 포함)

배치계획

1층	기획전시실, 로비, 야외전시
2층	상설전시실
3층	상설전시실, 어린이 체험실

프로그램

발굴이야기	발굴이란 무엇이며, 발굴 시 필요한 도구와 발굴절차, 고고학자가 하는 일에 대해 학습
발굴체험하기/ 고고학자 되어보기	발굴이란 무엇이며, 발굴 시 필요한 도구와 발굴절차, 고고학자가 하는 일에 대해 학습
옛 문화 체험기	옛 우리 조상들의 미술, 음악, 의생활, 식생활을 입체적 체험요소로 구성
Reading Area	초등학생 대상의 쉽고 재미있는 역사관련 도서들을 배치, 편안하고 즐겁게 책을 읽을 수 있는 코너로 구성

동백문화유적전시관 배치도

동백유물전시관 조감도

ⓛ 제주민속촌박물관

시설규모

시설물	동수	면적(m²)	비고
전시가옥	96	4,023.64	전시시설, 공예방 시설
위락시설	7	526.91	공연장 등
편익, 관리시설	142	2,302.01	음식점, 휴게실, 관리실 등
계	1176	6852.56	

주요시설

공예방	목공예, 혁서공예방, 서예방, 대장간, 서각공예, 탈공예, 점집
이용시설	연자매돌리기, 전통혼례, 미니승마장, 민속공연, 씨름, 널뛰기, 가금사육장
편의시설	편의점, 농수산물점, 토산품점, 컴퓨터 사진관, 한라정식당, 휴게실, 매표소, 관리사무실 등

프로그램

상설체험프로그램	다듬이질, 맷돌돌리기, 지게메기, 태왈(설피) 및 나막신신기, 대나무 발 만들기, 돌테, 남테 이용하기, 수경체험
사전예약이 필요한 프로그램	짚방석 만들기, 집줄놓기, 돌담쌓기, 사물놀이 배우기, 흙벽바르기 등
계절별 체험 프로그램	• 봄 – 임춘방 글씨 써주기, 단오쑥뜯기 • 여름 – 봉숭아 물들이기, 감물(감염색)들이기 • 가을 – 고구마 썰어말리기 • 겨울 – 호박죽, 팥죽 무료시식, 메주만들기
민속놀이 체험 프로그램	투호놀이, 구슬치기, 굴렁쇠, 비석치기, 제주 윷놀이, 지게발걷기, 널뛰기, 등돌들기, 그네뛰기, 자치기, 줄달리기, 제기차기, 팽이돌리기 등

ⓒ 충남 홍성 문당 환경농업마을 농촌생활유물관
- 위치 : 충남 홍성 문당 환경농업마을
- 면적 : 대지 300평, 건평 60평
- 준공 : 2002년 4월 준공
- 농촌에서 사용해온 생활용품과 농기구등을 전시, 보관함으로써 후손에게 우리 것의 중요성을 인식시키며, 조상들의 지혜를 배우게 하고, 어른들에게는 어렸을 때 가까이서 아끼며 사용하였던 여러 가지 생활 유품들을 보면서 자라는 자녀에게 조상들의 지혜를 가르치고, 어린 시절의 아름다웠던 추억과 향수를 느끼게 하기 위해 조성한다.
- 특히 이곳에는 "조양문화재 보존회"와 "환경농업교육관"에서 홍동지역의 농경, 생활유물 1,000여 점을 모아 자라나는 후대에게 교육적 가치를 높이고, 농촌문화의 발전상과 우리조

상들의 지혜를 보고 배울 수 있는 자리를 만들었다.

3) 향후추진방향

① 화성향남 2지구의 도농복합 전원도시 개발방향은 시와 시민단체, 시행사의 협조가 지속적으로 이루어져야 성공할 수 있다.

② 특히 공원 및 녹지 특화의 방안으로 시민농원, 경관작물단지, 향토문화공원 등을 조성할 경우 시와 시민단체, 시행사의 지속적인 관리가 필요하다.

③ 시민농원 같은 경우 화성시는 이를 홈페이지에 홍보하고, 희망자를 모집하여 시민농원의 이용자를 관리하여야 한다. 시민농원에서 재배된 생산품은 불우이웃돕기, 김장담그기 등 또 다른 사회적 커뮤니티 활동으로 발전시켜야 한다.

④ 향토문화박물관은 향남2지구 개발 시 출토된 유물 또는 지방색이 있는 주거문화를 보존하기 위한 것으로 차후 화성시의 홍보관 역할을 수행하도록 지원과 관리가 필요하다.

⑤ 농촌지원복지시설은 취지가 주변 농촌주민의 편의를 위한 시설이므로 정부의 농촌 지원 프로그램이 지원되어야 한다.

⑥ 시와 시민단체, 시행사가 연합이 되어 협조가 이루어질 때 향남2지구의 발전을 선도하고 도농 복합전원도시의 성공적인 사례로 다른 도농복합지역의 모범이 될 수 있다.

참고문헌

- 건물 에너지절약을 위한 제도 개선 연구(산업자원부, 2000)
- 건축물의 에너지효율화 강화방안 연구-2004년 정책연구과제(산업자원부, 2004)
- 공공기관 신축건축물에 대한 대체에너지 이용 의무화 안내(산업자원부, 에너지관리공단, 2004)
- 광고카피라이팅(김병희, 커뮤니케이션북스, 2007)
- 국내외 신·재생에너지시스템 개발사례조사(한국토지공사, 2005)
- 국토교통부 홈페이지 누리집(국토교통부, 2019)
- 국토의 계획 및 이용에 관한 법률(국토교통부, 2013)
- 네이버 지식백과, 개념(槪念, concept) (하동석외, 이해하기 쉽게 쓴 행정학용어사전, 2010.
- 네이버 지식백과, 구상(構想, Imagination) (한국문학평론가협회, 문학비평용어사전, 2006.)
- 네이버, 국어사전
- 녹색으로 읽는 도시계획(원제무, 2010)
- 단지계획·설계 실무편람(한국토지공사, 1994)
- 단지설계의 이론과 실무(한국토지공사, 2006)
- 대체에너지이용 의무화를 위한 추진 방안 연구(산업자원부, 2003)
- 도로설계기준(국토해양부, 2012)
- 도로의 구조·시설 기준에 관한 규칙 해설 및 지침(국토해양부, 2012)
- 도시·군계획시설 결정·구조 및 설치기준에 관한 규칙(국토교통부, 2013)
- 도시·군기본계획 수립지침(국토교통부, 2013)
- 도시개발 업무편람(한국토지주택공사, 2012)
- 도시개발론(대한국토·도시계획학회, 2009)
- 도시개발법(국토교통부, 2013)
- 도시계획론(대한국토·도시계획학회, 2009)
- 도시공공시설론(원제무, 2010)
- 도시주거 형성의 역사 (손세관, 열화당 미술 책방, 2004)
- 미국 대도시의 죽음과 삶(Jane Jacobs 지음, 유강은 옮김, 그린비출판사, 2019)
- 보금자리주택 계획기준 및 계획기법 연구(한국토지주택공사, 2010)
- 보금자리주택건설 등에 관한 특별법(국토교통부, 2013)
- 브랜드자산(나운봉·전성률·이석영·차태훈·문철우·조동성, 서울경제경영, 2005)
- 브랜드자산과 통합커뮤니케이션, 그리고 미디어 시너지효과(심재철, 윤태일, 한국홍보학회, 2003)

- 살고싶은 도시 건설을 위한 도시개발편람(한국토지공사, 2008)
- 상수도 수요량 예측 업무편람(국토해양부, 2008)
- 상수도 시설기준(환경부, 2010)
- 생태주거단지 지침개발 및 풍산지구 적용사례 연구(한국토지공사, 2003)
- 서양도시계획사(대한국토·도시계획학회, 2004)
- 서울시 도시계획 포털(http://urban.seoul.go.kr)
- 서울시 알기 쉬운 도시계획 용어집(서울시, 2016)
- 시상상력과 실재와의 관계(WB 예이츠, 동국대학교출판부, 2002)
- 신·재생에너지 이용 의무화를 위한 적용 모듈개발 연구(산업자원부, 2004)
- 신·재생에너지 자금·세제지원 안내(산업자원부, 신재생에너지센터, 2006)
- 신·재생에너지설비 시공 및 설치확인 기준(산업자원부, 2005)
- 신·재생에너지설비의 지원·설치·관리에 관한 기준(산업자원부고시 제2006-9호)
- 신·재생에너지원별 기술개발 현황 및 동향(에너지관리공단)
- 신도시개발 편람·메뉴얼(국토해양부, 2010)
- 아이디어발상법(김병희, 커뮤니케이션북스, 2014)
- 암발파 설계기법에 관한 연구(한국토지공사, 1993)
- 에른스트 카시러(에른스트 카시러 저, 신응철 역, 커뮤니케이션북스, 2016)
- 인간의 모든 감각(최현석, 서해문집, 2009)
- 인구 저성장시대의 도시유형에 따른 도시계획수립방안 연구(한국지역개발학회지, 2014, 26권 4호)
- 인허가프로세스 혁신메뉴얼 – 택지개발사업편(한국토지공사, 2007)
- 자전거 이용시설 설치 및 관리 지침(국토해양부, 2010)
- 전략적 브랜드관리(안광호, 한상만, 전성률, 2003)
- 제2차 신·재생에너지 기술개발 및 이용·보급 기본계획(산업자원부, 2003)
- 중장기 대체에너지기술개발 및 보급기본계획 수립방안 연구(산업자원부, 2003)
- 코랜드형 단지조성을 위한 계획기법(한국토지공사, 2007)
- 택지개발 업무편람(국토해양부, 한국토지주택공사, 2010)
- 택지개발촉진법(국토교통부, 2013)
- 토목공사 설계지침(한국토지주택공사, 2013)
- 토지개발기술(성영준, 예문사, 2000)
- 토지이용계획론(대한국토·도시계획학회, 2009)
- 평택소사벌 택지개발 예정지구 사전환경성검토서(한국토지공사, 2004)
- 하남풍산지구 도시미래이미지구상(한국토지공사, 2003)
- 하수도 시설기준(환경부, 2011)

- 한국지역정보화학회,추계학술대회,발표논문집(한세억, 2017)
- 환경친화적 산지, 구릉지개발 기법 연구(한국토지공사, 2000)
- 환경친화적 주거단지의 조성방안(서울대학교, 김귀곤, 2004)
- 2005 기업을 위한 CDM사업 지침서(에너지관리공단, 2005)
- 2010 에너지비전 에너지정책방향과 발전전략(산업자원부, 에너지경제연구원, 2002)
- KOLAND형 단지설계기법(한국토지공사, 2001)
- PR 커뮤니케이션(김영욱, 이화여자대학교출판부, 2003)

- Balchin, P(1996). Housing Policy in Europe. London : Routledge.
- Belsky, E. & Prakken, J.(2004). Housing wealth effects: housing's impact on wealth accumulation, wealth distribution and consumer spending. National Center for Real Estate Research Report W04 13. MA: Harvard University.
- Bernick, M. and Cervero, R.(1997). Transit Villages in the 21st Century. New York : McGraw Hill.
- Berry. B. J. L(1981). Comparative Urbanization. The Making of the twentieth Century, New York : St. Martin's Press.
- Borzaga, C. & Defourny, JL.(eds.).(2001). The Emergence of Social Enterprise. London : UK Routledge.
- Bracken, lan 1981). Urban Planning methods, rescarh and policy analysis. Methuen London and New york
- Carter(1995). The Study of Urban Geography. Arnold London.
- Cervero, R.(1998). The Transit Metropolis: A Global Inquiry. New York : Island Press.
- Couch 1990). Urban Renewal : Theory and Practice. Hampshier : Mcmillian.
- Defourny, J.(eds. X2001). The emergence of social enterprise. London, New York.
- Doherty, B., et al.(2009). Management for Social Enterprise. London: SAGE.
- Duany, et al.(2010). The Smart Growth Manual. McGrew-Hill.
- Fayolle, A. & Matlay, H.(eds.) (2010). Handbook of Research on Social Entrepreneurship. Cheltenham. UK : Edward Elgar.
- Foley(1962). An approach to metropolitan spatial structure, Explorations into Urban structure University of Pennsylvania Press.
- Ford, L(1999). Lynch Revisited: New Urbanism and Theories of Good City Porm. Cities, 16(4).
- Gallion(1980). The Urban Pattern. New York : Draumonstrauel Co.
- Gans, H.(1962). Urbanism and suburbanism as ways of life: a re-evaluation of definitions. in A Rose(ed). Human Behavior and Social Processes. Boston Houghton Mifflin.
- Gibson(1977). Designing The New City : Systemic Approach. Wiley International.
- H. S Perloff & Berg et al(1975). M de zing the Central Cty. Cambridge Mass Barlinger Publishing Co.

찾아보기

ㄱ

가각설치 237
가구(Block) 98
가구계획 99
가르니에(T. Garnier) 17
가속차로 240
가스공급설비 129
간편식(Terada식) 251
감소형 도시 422
감속차로 240
강우강도 295, 297
개념(槪念, Concept) 41
개발계획 65
개발도구 163
개발밀도 82
개발사업 66
건물군(建物群) 4
건축물 개발 9
격자형 가로망 14
격자형 도로망 20
격자형 도시 22
격자형태의 도시 22
경관계획 73
경관녹지 119
경관작물단지 576, 581
계층적 도시 22
계획 1인 1일 최대급수량 125
계획 1인 1일 평균급수량 125
계획 1일 최대급수량 282
계획 1일 최대오수량 126, 314
계획 1일 평균급수량 282
계획급수량 125
계획급수량 산정 281
계획급수인구 281, 282

계획목표연도 281
계획수립절차 80
계획시간 최대급수량 125, 283
계획시간 최대오수량 126
계획오수량 126, 313
계획우수 유출량 295
계획우수량 126
계획인구 82
고가도로 107
고대도시 13
고대철학 45
고도성장 413
고등학교 122
고령사회 412
고속교통망 413
고정하중 353
공간계획 7
공간배치 4
공공개발 10
공공시설용지 92, 94
공공편익시설계획 123
공급처리시설계획 125
공기밸브 293
공동주택건설용지 82, 83
공업도시 25
공업용수 281, 282
공업용지 개발방식 10
공장촌계획 17
관거접합 304
관광용지 개발방식 10
관기초 318
관기초 형식 305
관로설계 288
관말수압 288
관망 280

광로	108	노상	185
광산도시	25	노상지지력계수	262
광역교통개선대책	135	노체	186
광역도시계획	8	녹색교통	394
교량 부대시설	385	농산물 직판장	544, 555
교량공	339	농촌경관주택	546
교량기초 설계	376	농촌지원복지센터	544, 549
교량설계	343	농촌형 전원주택	544, 545
교량형식	342	뉴어버니즘(New Urbanism)	405, 419
교면방수	389		
교면포장	388	**ㄷ**	
교육의 목표	55		
교통계획	106	다마 뉴타운	428
교통영향분석	133	다마신도시	433
구상	40	다문화·다양성 시대의 도시	413
구조물(옹벽)설계 PROCESS	174	다문화가족	414
국지도로	108	다원적 공간조성	493
국토관리계획	494	다원적 기능	21
그리스	14	다윈(Dawin)	48
극한한계상태	347	다중모드 스펙트럼	374
근린주구	19, 86	단구 소화전	293
근세도시	16	단독주택건설용지	82, 83
근세철학	47	단독주택지	93
근원(source)	60	단원곡선	222
급수분기관	291	단일모드 스펙트럼	373
기능적 통합	493	단지	163
기본구상	71	단지 최저계획고	180
기후변화 현상	415	단지분야	163
기후변화에 대비한 도시구상	415	단지설계	163
		단지설계 모토	166
ㄴ		단지설계업무	167
		단지설계의 기본방향	166
내면의 그림	38	단지조성	174
내부검사	321	단지조성계획	175, 176
내진설계	336	대기 친화형 냉장시설	471
내진설계기준	204	대로	108
네덜란드	475	대상사업지구	59
네트워크화	398	대중교통 중심의 도로	396
노면표시	242	대중교통중심(TOD)	422

대중교통지향형 개발   404
데이비스시   431
도농복합형 시범주거단지구상   519
도농통합시   493
도농통합정책   495
도농통합형 전원도시   493
도농통합형 특화 주거단지   541
도로 및 포장공   213
도로 및 포장설계 PROCESS   173
도로 반사경   243
도로율   109
도로의 횡단구성   214
도시(city)   3
도시·군 관리계획   8
도시·군 기본계획   8
도시개발   8
도시개발사업   140
도시계획   5, 6, 7
도시계획사업   11
도시계획체계   7
도시미래(통합)이미지구상(TIPS)   72, 441
도시미래이미지   60
도시적 집단촌락   24
도시형성   61
도시화국가   28
도시화율   26, 61
도시환경변화   412
동결깊이   249
동결지수   249
동해권 에너지/자원 벨트   411
드레스덴 선언   408
등치환산계수   279
디지털(유비쿼터스)도시   164

ㄹ

랜드마크 구상   444
레도우(Ledoux)   17
로마   15

록폰기 힐스   397
루프곡선   223
르네상스(Renaissance)   16
르코르뷔지에   396
리버럴(liberal)   36

ㅁ

마리나이스트   432
마쿠하리 베이타운   430
말뚝기초   381
망목식   285
매설위치   303
맨홀 규격   308
맴피스(Memphis)   13
메소포타미아(Mesopotamia)   14
명제적 언어   52
모더니즘   395
몽테뉴   47
문화(文化)   54
문화 개념   54
문화운동   20
문화철학   55
물리적 계획(physical planning)   6
물리적 환경   6
물순환체계   427
미공병단   252
미래도시   406
미진동 발파공법   200
민간개발   10
민관 합동개발   10
밀도계획   81
밀라노(Milano)   16
밀레니엄 빌리지   434
밀턴케인즈   428, 431, 433

ㅂ

바빌로니아(Babylonia)   14
바빌론(Babylon)   14

바실리카(Basilica) 15
바이오에너지 463
반동(reaction) 53
반응(response) 53
반향곡선 223
발전차액지원제도 465
발파공법 195
발파설계 190
방사형 도시 20
배수관망계획 285
배수방식 비교 286
배수위 311
배수유역 294
배수층 329
배향곡선 223
버스 정차대 218
법정계획 7
베니스(Venice) 16
변이구간 240
변증법적 사고 46
변통성 53
보금자리주택사업 140
보도 109, 217
보조간선도로 107
보차혼용계획 397
보행권 86
보행자도로 패턴 397
보행자우선도로 107
보행자전용도로 107
보호 펜스 243
복합곡선 222
복합단지개발방식 11
부문별 신·재생에너지 조성 485
분기점인터체인지 238
분담유량 287
브랜드 43
브레인스토밍 39
비도시계획사업 11
비옥토 211

비점오염원 310
비탈면 보호공법 206
비탈면 설계 201
비탈면 안전율 203
비탈면 안정해석 205

ㅅ

사업시행자(Developer) 163
사업장폐기물 127
사용자 중심 427
사용한계상태 347
사전재해영향성 검토 132
4차 산업혁명 29
산업도시 17
산업용수 급수량 283
산업혁명 17
3세대형 연립주택 568
상기(想起) 45
상부구조 340
상상력(想像力) 36
상수공 설계 PROCESS 172
상업용지 94, 96
상징(象徵) 49, 51
상징적 기능 51
상징적 동물 49
상징적 인간관 52
상징적 형식 51
상징타워 489
생태 및 경관 주거단지 427, 456
생태 및 조경계획 447
생태시스템 기본구상 437
생태실개천의 도입 448
생태주거단지 431
생활권 84
생활오수량 314
생활용수 281
생활폐기물 127
서해안 산업/물류/교통 벨트 410

석탄액화가스화 460
선형도시(Linear City) 17
선형설계 220
설계 CBR 255
설계 교통량 257
설계속도 221
설계전문가(Designer) 163
성곽도시 15
성장형 도시 422
세장비 104
소규모 녹지 398
소로 108
소리아 이 마타(A. Soria Y Mata) 17
소수력 463
소화전 293
쇼우(Chaux) 17
수도권 정비계획 27
수밀검사 321
수소에너지 460
수정동결지수 249, 251
수지상식 285
수출줄눈 330
순밀도 82
스마트 도시 23
스마트성장관리 402
스마트시티 도시개발 400
스쿨존 243
스프롤(sprawl) 17
슬럼가 17
시멘트 콘크리트 포장 245, 246
시민 4
시민농원 576, 577
시사이드 398
시설(facility) 5
신·재생에너지도시 164
신·재생에너지시스템 시범도시 477
신·재생에너지지방보급사업 465
신개발 9
신도시개발 28

신에너지 459
신·재생에너지 도시 23
신축이음 330, 339
신탁개발 방식 10
신호(sign) 53
실개천 유형 449
실버타운 559
실상(source) 41
실천적 개념 55
실체적 관점 46
심벌(symbol) 61
쌍구 소화전 293
쓰레기 배출량 128
쓰레기 분리수거 및 퇴비화 471

ㅇ

아고라(Agora) 14
아들러스호프 474
아리스토텔레스 35
아리스토텔레스주의 45
아스팔트 콘크리트 포장 245, 246
아우구스티누스 47
아우렐리우스 46
아크로폴리스(Acropolis) 14
아트(art) 36
아파트 102
아파트용지 93
알고리즘 30
암거설계 330
암석의 유용 208
압축도시개발(Compact city Development) 399
양극도시화 26
어번 빌리지 419
에너지 절약형도시 23
에너지사용계획 137
에너지혁신도시 490
여유고 180
연결녹지 119

연결로	240	이미지(image)	42
연담도시화	27	이미지조사	60
연료전지	459	이산화탄소	416
연립주택	102	이성적 동물	49
연립주택지	93	이집트(Egypt)	13
연방수상 관저	472	이토변실	293
연방의회 건물	473	인구계획	80
연상력 발상법	39	인문학	35
연상력(聯想力)	39	인문학적 도시개발	58
열공급설비	128	인문학적(철학적) 탐구	45
열병합발전시스템	470	인지계통(자극)	49
오감(五感)의 조화	443	일반도로	107
오감공원	443	일반보급보조사업	464
오감공원의 배치	447	일반인터체인지	238
오르막차로	226	일본 NEDO	468
오수공 설계 PROCESS	172	일상생활권	86
오수관종	317	임대주택용지	94
오웬(R. Owen)	17	입체교차(Interchange)	238
옥외체육장	121	입체교차 설계	238
온실가스	415		
옹벽설계	322	**ㅈ**	
완충녹지	119		
용수공급 계획	280	자기인식	45
용적률	82	자동차 중심도로	396
우수공 설계 PROCESS	170	자동차전용도로	107
우수관종	303	자원(resource)	60
우수받이	307	자유학문	35
우주환경의 도시	418	자전거도로	113, 217
원단위	281	자전거보행자겸용도로	113
유달시간	299	자전거자동차겸용도로	113
유속	287	자전거전용도로	107, 113
유속계수(C)	287	작용계통(반응)	49
유역면적	295	장래 교통량	257
유지수량확보	450	장방형 성벽	14
유출계수	295, 297	장비조합	212
유통단지 개발방식	11	장애인 유도블럭	244
이농향도	27	재개발	9
이데아	45	재생에너지	459
이미지 유형	44	저류지	311

저성장	413
적용계수	125
적용토압	325
적응성(Flexibility)	91
전국 동결지수	250
전도에 대한 안정	329
전략사업지 PF	521
전략환경영향평가	129
전면매수방식	10
전원도시	17
정부의 주택정책	494
정서적 언어	52
정지계획	177
제2기 신도시	427
제3기 신도시	427
제3섹터 개발	10
제노바(Genova)	16
제수밸브	291
제인 제이콥스	395
제일성(제일성)	53
제재(題材)	40
조력	462
조르다노 부르노	48
조선시가지 계획령	25
조작자(operators)	53
종단경사	224
종단곡선	226
종단선형	224
좌회전 차로	236
주간선도로	107
주관적 지식(subjective knowledge)	42
주차장	114
주택건설용지	82, 83, 92
주택용지 개발방식	10
준거틀(frame of reference)	41
중로	108
중세도시	15
중세철학	46
중앙분리대	216

중앙제어장치	471
중학교	122
지구중심 랜드마크 구상	452
지속 가능한 개발	393
지속 가능한 단지설계	30, 164
지시자(designator)	53
지열	461
지정폐기물	127
지지력에 대한 안정	329
지하도로	107
진동규제	191
진동제어 발파공법	200
진출입부 랜드마크 구상	453
집단에너지 공급	138
집단에너지사업	128
집단에너지시설	128
집산도로	107
집적(集積)	4

ㅊ

차도	215
차량방호시설	386
차량활하중	353
차로	215
차로수	215
착수계수(initial factor)	4
청정화성 2020	508
초고령 사회	412
초등학교	122
총밀도	82
최대편경사	230
최소곡선 반경	230
최종 서비스지수	263
추억만들기 랜드마크 구상	454

ㅋ

카라칼라(Caracalla)	15
카스트라(Castra)	15

카시러(Cassirer) 45
카훈(Kahun) 13
커뮤니티회랑 520, 532, 534
코호쿠 뉴타운 428, 429
콜로세움(Coloseum) 15
쾌적성(Amenity) 91
쾨페닉 알베르트 - 슈바이처 지구 471
크로소이드곡선 223
키워드법 39

┃ ㅌ

탄소저감도시 23
탄소저감도시, 에너지절약형도시 164
태극과 오행의 원리 442
태극도형 443
태양광 발전 460
태양광주택10만호보급사업 465
태양에너지이용 471
태양열 461
택지개발사업 140
테마계획 75
테마단지 75
테베(Thebes) 13
토공량 187
토공설계 181
토공설계 PROCESS 170
토량환산계수 188
토마스 아퀴나스 47
토지(land) 5
토지 개발 9
토지개발 방식 9
토지이용계획(土地利用計劃) 88
토지이용정보 68
통일준비위원회 409
통학권 86

┃ ㅍ

파스칼 47

파운드베리 398
판테온(Pantheon) 15
8.2TON 등가 단축하중 계수 259
페리(Clarence Arthur Perry) 19, 398
편경사 설치 230
편경사의 접속설치 234
평면교차 설계 235
평면선형 222
폐기물소각 462
폐기물처리시설 127
포럼(Forum) 15
포스트모더니즘 395
포장공법 245
포장구조 246
포장설계방법 261
포장용 골재 209
표상(表象) 41
풍력 462
풍산지구 naming 446
풍산지구 테마개념 445
프로렌스(Firenze) 16
플라톤주의 45
피로한계상태 347

┃ ㅎ

하남시의 테마 모티브 요소 445
하남풍산 택지개발사업 428
하노바시 크론스베르그 432
하부구조 341
하수종말처리시설 127
하수처리 계획 313
하중조합 325, 336
하천설계 PROCESS 173
학교환경위생정화구역 122
학술적 개념 55
한계상태설계법(LSD) 345
한국형 포장설계법 270
합리식 126

항구도시	25
행정단위권	86
행정중심도시	25
향남2지구의 개발방향	513
향토문화공원	576, 584
허용진동치	193
험프식 횡단보도	244
헤겔	56
현대철학	48
호수밀도	82
혼용방식	10
홍수위	175
화성도시기본계획	508
화성중장기 발전계획	510
확률연수	296
환경영향평가	130
환경친화적 도시	419
환상형 도로망	20
환지방식	10
활동	4
활동에 대한 안정	328
획지(Lot)	98
획지계획	99
획지규모	100, 103
획지분할	100
획지의 형상	103
횡단구성	219
횡단보도	241
후기 산업시대	395
히포다무스(Hippodamus)	14

▌기타

AASHTO 설계법	262
Amersfoort	475
BLOCK SYSTEM	280
civic, civitas(시민)	3
DMZ 환경/관광 벨트	411
Green Network	443
Green Network 형성	451
Hardy-cross 방법	285
Hazen-Williams 공식	285, 286
Heerhugowaard	476
Liberal Arts	35
S.S.D의 모토	164
SN값	264
Sustainable Site Design	29
TA법	277
TOD(대중교통지향 개발)	397
U-ECO city	23
Ufa(Union Film AG)	470

저자 소개

김 석 명

어린 시절부터 농촌과 도시문화를 겪으면서 성장하였고, 국내 산업화 시기인 1970, 80년대 도시인구 집중에 따른 도시문제의 심각성을 실체로 느끼며 공부해왔다. 정부의 주택난 해소를 위한 도시개발이 집중적으로 이루어지는 시기에 한국토지주택공사에 입사하여 32년 재임하는 동안 각종 토지개발사업 및 신도시개발사업 등을 담당하며 도시기획에서부터 구상, 계획, 설계, 시공 부문에 이르기까지 많은 신규 도시개발사업을 통하여 다양한 실무기술을 경험하였다. 현재는 국민대학교에서 공학설계입문, 도시개발 이론과 실무 등을 강의하며 후학 양성에 힘쓰고 있다. 또한 학회활동으로는 대한토목학회에서 스마트도시개발위원회 위원장을 맡아 관련 분야의 전문가를 중심으로 연구 및 논의를 활발하게 진행하고 있다.

오랜 기간의 교육과 실무과정에서 오로지 도시토목 분야에만 열중했으며 특히 본인이 직접 참여하여 새로운 도시개발기법으로 추진한 사업지구로는 국내 최초로 도시미래이미지구상(TIPS)을 도입하여 "물과 음악이 흐르는 생태환경도시"인 생태 및 경관 주거단지로 개발한 하남풍산사업지구가 있고, 국제기후보호협약('92)에 대비 온실가스 최소화를 위한 "신·재생에너지시범도시"로 정부 산업자원부와 협약하여 개발한 평택소사벌사업지구가 있으며, 또한 정부의 도농통합도시 추진계획에 맞추어 도시와 농촌이 공존하는 "도농복합형 전원시범도시"의 모델로 제시한 화성향남사업지구가 있다. 이 외에도 용인동백지구사업, 대전신시가지사업, 성남분당신도시사업, 광주전남혁신도시사업 등 다수의 도시개발사업에 참여하였다. 해외도시개발 사업인 쿠웨이트 사우스 사드 알 압둘라 신도시의 자문위원으로도 활동 중이다.

주요 학력

국민대학교 공과대학 토목공학과(학사) 졸업
연세대학교 대학원 토목전공(석사) 졸업
경희대학교 대학원 토목공학과(박사) 졸업

주요 경력

- 1981. 6. ~ 2013. 2. 한국토지주택공사 근무
- 1996. 6. ~ 1998. 6. 민간투자조정위원회 실무위원 (국토연구원)
- 1999. 1. ~ 2001. 2. 성남시 설계자문위원회 위원 (성남시)
- 1996. 4. ~ 2003. 12. 한국토지공사 설계실무위원
- 2003. 4. ~ 2006. 3. 한국지반공학회 편집위원
- 2006. 1. ~ 2010. 4. 사전재해영향성 검토 심의위원(경기도)
- 2009. 3. ~ 2013. 2. 한국도로학회 이사
- 2009.12. ~ 2015. 12. 한국건설관리학회 이사
- 2010. 1. ~ 2010. 12. 서울대학교 공기업 최고경영자과정 수료
- 2012. 1. ~ 2016. 1. 중앙건설기술심의위원회 위원(국토교통부)
- 2017.10. ~ 2019. 4. 쿠웨이트 사우스사드 알 압둘라 신도시 자문위원(LH)
- 2018. 7. ~ 2020. 7. 쿠웨이트 압둘라 신도시 리스크관리위원회 위원(LH)
- 2012. 3. ~ 2013. 2. 한국토지주택대학교 주임교수
- 2013. 3. ~ 현재   국민대학교 교수
- 2014. 5. ~ 현재   LH 공사 기술심의위원회위원
- 2014. 7. ~ 현재   LH 공사 단지설계 자문단 자문위원
- 2015. 5. ~ 현재   경기도시공사 기술자문위원회위원
- 2016. 1. ~ 현재   대한토목학회 이사(스마트도시개발위원회 위원장)
- 2016. 2. ~ 현재   경기도시공사 계약심의위원회위원

나의 토목인상

토목인의 이미지상(김석명, 디자인 등록 제30-0781049호, 특허청장 2015.1.19.)
코뿔소 형상을 모티브로 하여 우직하고 견고하게 나아가는 토목(Civil)인의 기상을 표현한 로고

지구조각가

김석명

토목인은
지구를 만지고 다듬어서

걸을 수 없는 곳에 길을 내고
건널 수 없는 곳에 다리를 놓고
머무를 수 없는 곳에 둥지를 만들어

당신들의 행복을 위해
이름 없는 곳을 살려내는 지구조각가

새벽하늘로부터
조용히 한 날이 시작되듯이

행복이 필요한 당신들에게
어느 날 불현 듯 다가가서

꿈꾸는 미래를 선물하고 싶은
당신들의 지킴이 지구조각가

개정판

도시개발 이론과 실무

초 판 발 행 2019년 8월 15일
초 판 2 쇄 2019년 10월 21일
2 판 1 쇄 2020년 3월 27일

저 자 김석명
발 행 인 전지연
발 행 처 KSCE PRESS

등 록 번 호 제2017-000040호
등 록 일 2017년 3월 10일
주 소 (05661) 서울 송파구 중대로25길 3-16, 대한토목학회
전 화 번 호 02-407-4115
팩 스 번 호 02-407-3703
홈 페 이 지 www.kscepress.com
인쇄 및 보급처 도서출판 씨아이알(Tel. 02-2275-8603)

I S B N 979-11-960900-5-0 93530
정 가 30,000원

이 도서의 국립중앙도서관 출판시도서목록(CIP)은 서지정보유통지원시스템 홈페이지(http://seoji.nl.go.kr)와
국가자료공동목록시스템(http://www.nl.go.kr/kolisnet)에서 이용하실 수 있습니다.
(CIP제어번호 : 2020011877)